中 国 国 家 标 准 汇 编

2006 年修订-2

中国标准出版社　编

中 国 标 准 出 版 社

北　京

图书在版编目（CIP）数据

中国国家标准汇编：2006 年修订. 2/中国标准出版社编. —北京：中国标准出版社，2007

ISBN 978-7-5066-4595-9

Ⅰ.中… Ⅱ.中… Ⅲ.国家标准-汇编-中国-2006 Ⅳ.T-652.1

中国版本图书馆 CIP 数据核字（2007）第 102633 号

中国标准出版社出版发行
北京复兴门外三里河北街 16 号
邮政编码:100045
网址 www.spc.net.cn
电话:68523946 68517548
中国标准出版社秦皇岛印刷厂印刷
各地新华书店经销

*

开本 880×1230 1/16 印张 40 字数 1 188 千字
2007 年 8 月第一版 2007 年 8 月第一次印刷

*

定价 180.00 元

ISBN 978-7-5066-4595-9

出 版 说 明

1.《中国国家标准汇编》是一部大型综合性国家标准全集，自1983年起，按国家标准顺序号以精装本、平装本两种装帧形式陆续分册汇编出版。《汇编》在一定程度上反映了我国建国以来标准化事业发展的基本情况和主要成就，是各级标准化管理机构，工矿企事业单位，农林牧副渔系统，科研、设计、教学等部门必不可少的工具书。

2. 由于标准的动态性，每年有相当数量的国家标准被修订，这些国家标准的修订信息无法在已出版的《汇编》中得到反映。为此，自1995年起，新增出版在上一年度被修订的国家标准的汇编本。

3. 修订的国家标准汇编本的正书名、版本形式、装帧形式与《中国国家标准汇编》相同，视篇幅分设若干册，但不占总的分册号，仅在封面和书脊上注明“2006年修订-1，-2，-3，……”等字样，作为对《中国国家标准汇编》的补充。读者配套购买则可收齐前一年新制定和修订的全部国家标准。

4. 修订的国家标准汇编本的各分册中的标准，仍按顺序号由小到大排列(不连续)；如有遗漏的，均在当年最后一分册中补齐。

5. 2006年度发布的修订国家标准分27册出版。本分册为“2006年修订-2”，收入新修订的国家标准55项。

中国标准出版社
2007年6月

目　　录

ICS 73.060.20
D 32

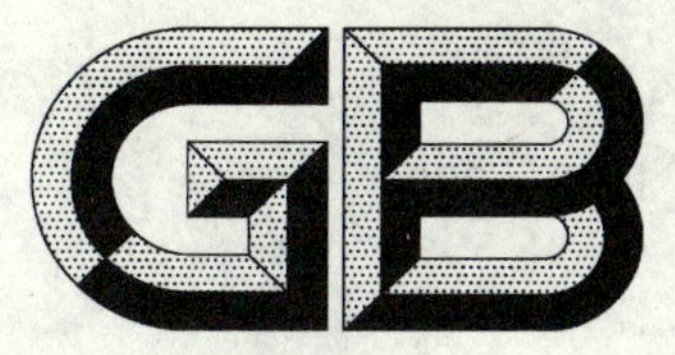

中华人民共和国国家标准

GB/T 1509—2006
代替 GB/T 1509—1979

锰矿石 硅含量的测定 高氯酸脱水重量法

Manganese ores—Determination of silicon content—Perchloric acid dehydration gravimetric method

(ISO 5890-1981,MOD)

2006-09-12 发布 2007-02-01 实施

中华人民共和国国家质量监督检验检疫总局
中国国家标准化管理委员会 发布

前　言

本标准修改采用国际标准 ISO 5890:1981(E)《锰矿石和锰精矿—硅含量的测定—重量法》。

本标准与 ISO 5890:1981 比较,其主要变化如下:

——本标准适用于不含氟的锰矿石和锰精矿中硅含量的测定;

——试料分解时本标准不加高氯酸;

——残渣熔融及沉淀灼烧温度由 1 000℃～1 100℃修改为 950℃～1 000℃;

——沉淀洗涤增加了用硫氰酸铵溶液检验步骤。

本标准代替 GB/T 1509—1979《锰矿石中二氧化硅量的测定》。

本标准与 GB/T 1509—1979 比较,其主要变化如下:

——酸不溶残渣用无水碳酸钠熔融,免去了除硼步骤;

——对测定允许差进行了修改。

本标准由中国钢铁工业协会提出。

本标准由冶金工业信息标准研究院归口。

本标准起草单位:桂林矿产地质研究院。

本标准主要起草人:靳晓珠、杨仲平、李赋屏、黄华鸾、陈祝炳。

本标准所代替标准的历次版本发布情况为:

——GB/T 1509—1979。

锰矿石　硅含量的测定
高氯酸脱水重量法

警告：使用本标准的人员应有正规实验室工作的实践经验。本标准并未指出所有可能的安全问题。使用者有责任采取适当的安全和健康措施，并保证符合国家有关法规规定的条件。

1　范围

本标准规定了用高氯酸脱水重量法测定硅含量。

本标准适用于不含氟的锰矿石和锰精矿中硅含量的测定，测定范围(质量分数)：0.50%～20.00%。

2　规范性引用文件

下列文件中的条款通过本标准的引用而成为本标准的条款。凡是注日期的引用文件，其随后所有的修改单(不包括勘误的内容)或修订版均不适用于本标准，然而，鼓励根据本标准达成协议的各方研究是否可使用这些文件的最新版本。凡是不注日期的引用文件，其最新版本适用于本标准。

GB/T 2011　散装锰矿石取样、制样方法(GB/T 2011—1987，neq ISO 3081：1983)

GB/T 14949.8　锰矿石化学分析方法　湿存水量的测定(GB/T 14949.8—1994，eqv ISO 310：1981)

3　原理

试料用盐酸、硝酸分解，过滤，残渣用碳酸钠熔融，浸出液与主液合并，加高氯酸使硅酸脱水，将沉淀灼烧、称量，然后用氢氟酸挥散除硅，灼烧、称量，由氢氟酸处理前后的质量差计算硅含量。

4　试剂和材料

除非另有说明，在分析中仅使用确认为分析纯的试剂和蒸馏水或与其纯度相当的水。

4.1　无水碳酸钠。

4.2　盐酸，ρ=1.19 g/mL。

4.3　盐酸，1+4。

4.4　盐酸，1+9。

4.5　硝酸，ρ=1.40 g/mL。

4.6　硫酸，1+1。

4.7　高氯酸，ρ=1.67 g/mL。

4.8　氢氟酸，ρ=1.15 g/mL。

4.9　过氧化氢，ρ=1.11 g/cm^3。

4.10　硫氰酸铵溶液，50 g/L。

5　仪器

分析中使用通常的实验室仪器及设备。

6　取制样

按照GB/T 2011规定进行取制样，试样应通过0.080 mm筛孔。

7 分析步骤

7.1 试料量

按表1称取风干试料,精确至0.000 1 g。

同时按GB/T 14949.8测定湿存水含量。

表1

硅含量(质量分数)/%	试料量/g
0.50～2.00	2.0
>2.00～10.00	1.0
>10.00～20.00	0.5

7.2 空白试验

随同试料进行空白试验。

7.3 测定

7.3.1 试料的分解

将试料(7.1)置于250 mL～300 mL烧杯中,用少量水润湿试料,盖上表面皿,加入15 mL～30 mL盐酸(4.2),缓慢加热分解,加入2 mL～3 mL硝酸(4.5),加热至不再有氮氧化物产生,加入30 mL～40 mL热水,滴加2滴～3滴过氧化氢(4.9)将高价锰还原为低价,加热煮沸2 min～3 min,用加有少许纸浆的中速定量滤纸过滤,用带橡皮头的玻璃棒将烧杯中的残渣转至滤纸上,用热盐酸(4.4)洗涤烧杯和残渣4次～6次,热水洗涤3次～4次,收集滤液及洗液于500 mL烧杯中留作主液。

7.3.2 残渣的处理

将残渣连同滤纸转入铂坩埚中,低温加热干燥、炭化,置于700℃～750℃马弗炉中灰化,取出,冷却。加入3 g无水碳酸钠(4.1),混匀,再覆盖1 g无水碳酸钠(4.1)。将铂坩埚置于950℃～1 000℃马弗炉中熔融10 min～15 min,呈均匀的熔体,取出,冷却。

将铂坩埚置于原溶样用的烧杯中,加入50 mL热盐酸(4.3),加热溶解熔融物,用水洗净铂坩埚并取出,将浸取液与主液合并。

7.3.3 硅的分离

加入30 mL高氯酸(4.7)于7.3.2所得溶液中,加热蒸发至开始冒高氯酸白烟,盖上表面皿,继续加热至高氯酸浓烟回流15 min～20 min。取下,溶液冷却后,加入40 mL～50 mL热水、2滴～3滴过氧化氢(4.9),加入5 mL盐酸(4.2),加热溶解可溶性盐类至溶液清亮,立即用加有少许纸浆的中速定量滤纸过滤,用带有橡皮头的玻璃棒将烧杯中的硅沉淀物转至滤纸上。

先用冷水洗涤烧杯和沉淀2次～3次,再用热盐酸(4.4)洗涤至无铁离子[以硫氰酸铵溶液(4.10)检验],最后用冷水洗涤2次～3次。对硅含量(质量分数)在10%以下的样品,弃去滤液和洗液。对硅含量(质量分数)在10%以上的样品,在滤液中加入20 mL高氯酸(4.7),重复蒸发冒烟、过滤、洗涤,所得沉淀按操作步骤7.3.4处理。

7.3.4 硅沉淀的处理

将沉淀连同滤纸置于铂坩埚中,低温加热干燥、炭化,置于700℃～750℃马弗炉中灰化,然后,将温度升至950℃～1 000℃,并灼烧至恒量,取出,置于干燥器中,冷却至室温,称取坩埚连同沉淀的质量(m_1)。

将铂坩埚中的沉淀用几滴水润湿,加入5滴硫酸(4.6)、5 mL～10 mL氢氟酸(4.8),置于电炉上缓慢蒸发至硅和硫酸挥发完全。将含有残渣的铂坩埚置于950℃～1 000℃马弗炉中灼烧至恒量。取出,置于干燥器中,冷却至室温,称取坩埚连同残渣的质量(m_2)。

8 结果计算

按式(1)计算试样中硅含量(质量分数)w_{Si}：

$$w_{Si}(\%) = \frac{0.4674 \times [(m_1 - m_2) - (m_{01} - m_{02})]}{m} \times 100 \times \frac{100}{100 - A} \quad \cdots\cdots\cdots(1)$$

式中：

m_1——铂坩埚连同硅沉淀的质量，单位为克(g)；

m_2——铂坩埚连同残渣的质量，单位为克(g)；

m_{01}——空白试验中铂坩埚连同硅沉淀的质量，单位为克(g)；

m_{02}——空白试验中铂坩埚连同残渣的质量，单位为克(g)；

m——试料量，单位为克(g)；

A——试样中湿存水含量(质量分数)；

0.467 4——SiO_2 换算为 Si 的系数。

注：若以 SiO_2 形式表示硅含量，则将结果乘以换算系数 2.139。

9 允许差

实验室之间分析结果的差值应不大于表 2 所列允许差。

表 2 允许差

%

硅含量(质量分数)	允许差
0.50～1.00	0.07
>1.00～2.00	0.10
>2.00～5.00	0.15
>5.00～10.00	0.20
>10.00～20.00	0.30

10 试验报告

试验报告应包括下列内容：

a) 鉴别试料、实验室和分析日期等资料；

b) 遵守本标准规定的程度；

c) 分析结果及其表示；

d) 测定中观察到的异常现象；

e) 对分析结果可能有影响本标准未包括的操作，或者任选的操作。

ICS 73.060.20
D 32

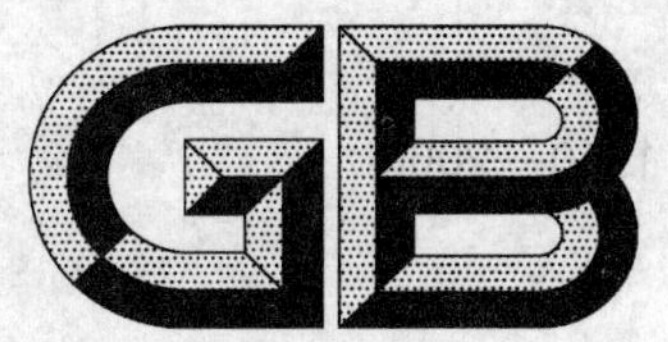

中华人民共和国国家标准

GB/T 1510—2006
代替 GB/T 1510—1979

锰矿石　铝含量的测定
EDTA 滴定法

Manganese ores—Determination of aluminium content—
EDTA titrimetric method

2006-03-02 发布　　2006-09-01 实施

中华人民共和国国家质量监督检验检疫总局
中国国家标准化管理委员会　发布

前　言

本标准代替 GB/T 1510—1979《锰矿石中三氧化二铝量的测定(EDTA 滴定法)》。

本标准是对 GB/T 1510—1979 的修订,与 GB/T 1510—1979 比较,主要变化如下:

——对测定范围进行了调整,测定下限由 0.5%(Al_2O_3)降至 0.10%(Al),由于试样中三氧化二铝通常较低,测定上限由 25.0%(Al_2O_3)降至 12.50%(Al);

——采用碳酸钠-硼酸代替焦硫酸钠分解酸不溶残渣;

——用盐酸-六次甲基四胺代替乙酸-乙酸铵作为滴定体系的缓冲溶液;

——对允许差重新进行了规定。

本标准由中国钢铁工业协会提出。

本标准由冶金工业信息标准研究院归口。

本标准起草单位:四川川投峨眉铁合金(集团)有限责任公司。

本标准主要起草人:唐华应、吴翠萍、薛秀萍、方艳。

本标准 1979 年首次发布。

锰矿石　铝含量的测定
EDTA 滴定法

警告——使用本标准的人员应有正规实验室工作的实践经验。本标准并未指出所有可能的安全问题。使用者有责任采取适当的安全和健康措施，并保证符合国家有关法规规定的条件。

1　范围

本标准规定了用 EDTA 滴定法测定铝含量的原理、试剂和材料、取制样、分析步骤、分析结果的计算、允许差和试验报告等内容。

本标准适用于锰矿石和锰精矿中铝含量的测定，测定范围(质量分数)：0.10%～12.50%。

2　规范性引用文件

下列文件中的条款通过在本标准中的引用而成为本标准的条款。凡是注有日期的引用文件，其随后所有的修改单(不包括勘误的内容)或修订版均不适用于本标准，然而，鼓励根据本标准达成协议的各方研究是否可使用这些文件的最新版本。凡是不注日期的引用文件，其最新版本适用于本标准。

GB/T 2011　散装锰矿石取样、制样方法

GB/T 14949.8　锰矿石化学分析方法　湿存水量的测定

3　原理

试料用盐酸-硝酸分解，硫酸-氢氟酸挥硅，经六次甲基四胺沉淀分离后用盐酸溶解氢氧化铝沉淀，残渣用碳酸钠-硼酸熔融。经强碱分离后，分取滤液在微酸性溶液中加入过量的 EDTA，在 pH＝(5～5.5)时以二甲酚橙为指示剂，用锌标准滴定溶液滴定过量的 EDTA，用氟离子置换出与铝配合的 EDTA，再用锌标准滴定溶液滴定。根据锌标准滴定溶液的消耗量，计算铝含量。

4　试剂与材料

除非另有说明，在分析中仅使用确认为分析纯的试剂和蒸馏水或与其纯度相当的水。

4.1　混合熔剂：2 份碳酸钠和 1 份硼酸研细混匀。

4.2　硝酸(ρ1.42 g/mL)。

4.3　盐酸(ρ1.19 g/mL)。

4.4　盐酸(1+1)。

4.5　盐酸(1+2)。

4.6　盐酸(1+5)。

4.7　盐酸(2+98)。

4.8　硫酸(1+1)。

4.9　氢氟酸(ρ1.17 g/mL)。

4.10　过氧化氢(质量分数，30%)。

4.11　氨水(1+1)。

4.12　盐酸-六次甲基四胺溶液(pH＝5～5.5)：称取 40 g 六次甲基四胺溶于水，加入 20 mL 盐酸(1+1)，用水稀释至 100 mL，混匀。

4.13　六次甲基四胺溶液(5 g/L)。

4.14　氢氧化钠溶液(500 g/L):称取 500 g 氢氧化钠用水溶解后,稀释至 1 L。

4.15　氟化钠饱和溶液。

4.16　铝标准溶液(0.500 0 mg/mL):称取 0.500 0 g 现刮削去表面的高纯金属铝(≥99.99%)于 400 mL聚四氟乙烯烧杯中,加入 10 mL 氢氧化钠溶液(4.14)和 100 mL 水,在电热板上加热溶解完全后,冷却。用盐酸(4.4)中和至沉淀溶解并过量 20 mL,冷却至室温,移入 1 000 mL 容量瓶中,以盐酸(4.7)稀释至刻度,混匀。

4.17　EDTA 溶液(0.01 mol/L):称取 3.73 g 二水合乙二胺四乙酸二钠,溶解后用水稀释至1 000 mL,混匀。此溶液 1 mL 相当于铝量约 0.27 mg。

4.18　锌标准滴定溶液:0.01 mol/L。

4.18.1　配制:称取 0.814 3 g 经 850℃恒温 1 h 后冷却至室温的氧化锌(≥99.95%),用 20mL 盐酸(4.4)加热溶解完全,冷却至室温,转入 1 000 mL 容量瓶中,以水稀释至刻度,混匀。

4.18.2　标定:移取 20.00 mL 铝标准溶液(4.16)三份分别于三只 500 mL 锥型瓶中,加入 100 mL 水、2 滴酚酞指示剂(4.19),用氨水(4.11)、盐酸(4.4)调至红色消失且溶液清亮并过量 5 mL 盐酸(4.6)。加入 50 mL EDTA 溶液(4.17)、25 mL 盐酸-六次甲基四胺溶液(4.12),煮沸 3 min~5 min,冷却至室温,加入 4 滴二甲酚橙指示剂溶液(4.20),用锌标准滴定溶液(4.18.1)滴定至红色,不计体积数;加入 25 mL氟化钠饱和溶液(4.15),煮沸 2 min~3 min,冷却至室温,补加 1 滴~2 滴二甲酚橙指示剂溶液(4.20),再用锌标准滴定溶液(4.18.1)滴定至红色为终点。

按式(1)计算锌标准滴定溶液对铝的滴定度:

$$T=\frac{20.00\times 0.500\ 0}{V-V_0} \qquad \cdots\cdots(1)$$

式中:

T——1 mL 锌标准滴定溶液相当于铝的量,单位为毫克每毫升(mg/mL);

V——标定时消耗锌标准滴定溶液的体积,当 3 份的极差不大于 0.10 mL 时取平均值,单位为毫升(mL);

V_0——标定时试剂空白试验所消耗锌标准滴定溶液的体积,单位为毫升(mL)。

4.19　酚酞指示剂溶液(2 g/L):用(1+1)乙醇配制。

4.20　二甲酚橙指示剂溶液(2 g/L)。

5　仪器

分析中使用通常的实验室仪器。

6　取、制样

按照 GB/T 2011 的规定进行取制样,试样应通过 0.088 mm 筛孔。

7　分析步骤

7.1　试料量

按表 1 称取风干试样,准确至 0.000 1 g。同时称取风干试样,按照 GB/T 14949.8 测定湿存水含量。

表 1

铝含量(质量分数)/%	试料量/g
0.10~5.00	0.50
>5.00~12.50	0.25

7.2　空白试验

随同试料进行空白试验。

7.3　测定

7.3.1　试料溶液的制备

7.3.1.1　将试料(7.1)置于 400 mL 的烧杯中，加入 20 mL 盐酸(4.3)，加热溶液至无明显反应，再加入 5 mL 硝酸(4.2)。继续加热溶至近干，取下稍冷，加入 20 mL 盐酸(4.4)、100 mL 水，加热溶解盐类。取下，趁热用中速滤纸过滤，用热水洗滤纸 10 次～15 次。滤液作为主液 A 保留。

7.3.1.2　将滤纸及残渣移入铂皿或铂坩埚中，于低温灰化后，于 850℃高温炉中灼烧 10 min，取出冷却。加入 2 mL 硫酸(4.8)、滴加 3 mL～5 mL 氢氟酸(4.9)，加热挥硅后，在电热板上加热至硫酸冒烟，取下。稍冷，向铂皿四周吹入少量水，再加热至硫酸冒烟近干。取下，加入 10 mL 盐酸(4.4)，加热使盐类溶解后，将试液与主液 A 合并。

7.3.2　六次甲基四胺分离

7.3.2.1　将溶液(7.3.1)调整体积至约 100 mL～150 mL，煮沸，取下。用氨水(4.11)中和至有沉淀产生，再用盐酸(4.4)调至沉淀恰好溶解，并过量 5 滴～10 滴。加入 20 mL 六次甲基四胺溶液(4.12)，加热微沸并保温(80℃～90℃)15 min～20 min。　取下稍冷，用中速滤纸过滤(铁铝的氢氧化物沉淀多时分两个漏斗)，用热六次甲基四胺溶液(4.13)洗烧杯和沉淀各 5 次～8 次。用 30 mL 热盐酸(4.5)溶解沉淀于原烧杯中，以热盐酸(4.7)洗滤纸至无黄色，再用热水洗滤纸 10 次～15 次。溶液作为强碱分离的主液 B 保留。

7.3.2.2　将滤纸及残渣移入铂皿或铂坩埚中，于低温灰化后，于 850℃高温炉中灼烧 10 min，取出冷却。加入 3 g 混合熔剂(4.1)，置于 950℃高温炉中熔融 10 min，取出稍冷，分次滴加盐酸(4.4)并加热至熔块完全溶解，将此溶液与主液 B 合并。

7.3.3　强碱分离

将溶液(7.3.2)调整体积至约 80 mL～120 mL，加入 10 mL 氢氧化钠溶液(4.14)，用氨水(4.11)中和至有沉淀产生，再用盐酸(4.4)调至沉淀溶解，并过量 10 mL，煮沸 1 min～2 min。取下稍冷，在不断搅拌下一次加入 40 mL 氢氧化钠溶液(4.14)，滴加 8 滴～10 滴过氧化氢(4.10)，煮沸 3 min～5 min。取下冷却至室温，移入 250 mL 容量瓶中，以水稀释至刻度，混匀。用双层中速滤纸干过滤。弃去最初滤液。

7.3.4　酸度调整及滴定

按照表 2 规定准确移取上述滤液(7.3.3)于 500 mL 锥形瓶中，加入 2 滴酚酞指示剂溶液(4.19)，用盐酸(4.4)调至红色消失且溶液清亮并过量 5 mL 盐酸(4.6)，加入比理论计算值过量 5 mL～10 mL 的 EDTA 溶液(4.17)、25 mL 盐酸-六次甲基四胺溶液(4.12)，加热煮沸 3 min～5 min。取下，冷至室温。加入 4 滴二甲酚橙指示剂溶液(4.20)，用锌标准滴定溶液(4.18.1)滴定至红色为终点(不记锌标准滴定溶液的消耗量)。加入 25 mL 氟化钠饱和溶液(4.15)，煮沸 2 min～3 min。取下，冷至室温，补加 1 滴～2 滴二甲酚橙指示剂溶液(4.20)，用锌标准滴定溶液(4.18.1)再次滴定至红色为终点。

表 2

铝含量(质量分数)/%	试液分取比/(mL/mL)
0.10～3.00	200/250
>3.00～12.50	100/250

8　分析结果的计算

按式(2)计算试样中铝含量(质量分数)，其数值以%表示。

$$w(\mathrm{Al})=\frac{T\times(V-V_0)}{m\times r\times 1\,000}\times 100\times\frac{100}{100-A} \qquad \cdots\cdots(2)$$

式中：

T——1 mL 锌标准滴定溶液相当于铝的量，单位为毫克每毫升(mg/mL)；

V——滴定试料消耗锌标准滴定溶液的体积，单位为毫升(mL)；

V_0——滴定空白消耗锌标准滴定溶液的体积，单位为毫升(mL)；

m——试料量，单位为克(g)；

r——试液分取比；

A——风干试样中湿存水的质量分数。

按式(3)将试样中铝含量换算成三氧化二铝含量(质量分数)：

$$w(Al_2O_3) = 1.889\,5 \times w(Al) \quad \cdots\cdots(3)$$

式中：

1.889 5——铝换算成三氧化二铝的换算系数；

$w(Al)$——按式(2)计算试样中铝的含量，单位为质量百分数(%)。

9 允许差

实验室之间分析结果的差值应不大于表 3 所列允许差。

表 3　　%

铝含量(质量分数)	允 许 差
0.10～0.25	0.03
>0.25～0.80	0.05
>0.80～1.50	0.08
>1.50～2.50	0.12
>2.50～5.00	0.18
>5.00～8.00	0.20
>8.00～12.50	0.25

10 试验报告

试验报告应包括下列内容：

a) 鉴别试料、实验室和分析日期等资料；

b) 遵守本标准规定的程度；

c) 分析结果及其表示；

d) 测定中观察到的异常现象；

e) 对分析结果可能有影响而本标准未包括的操作，或者任选的操作。

ICS 73.060.20
D 32

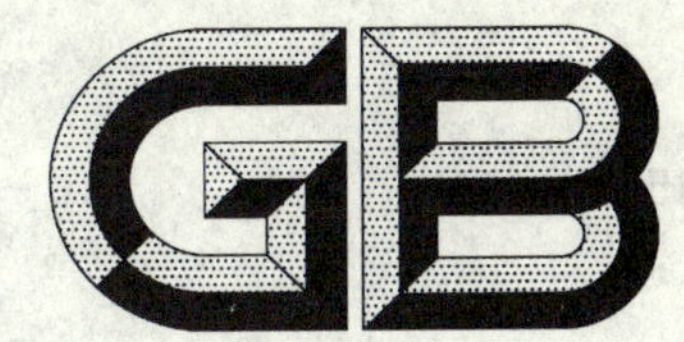

中华人民共和国国家标准

GB/T 1511—2006
代替 GB/T 1511—1979
GB/T 1512—1979

锰矿石 钙和镁含量的测定 EDTA 滴定法

Manganese ores—Determination of calcium and magnesium contents—EDTA titrimetric method

(ISO 6233:1983,MOD)

2006-09-12 发布 2007-02-01 实施

中华人民共和国国家质量监督检验检疫总局
中国国家标准化管理委员会 发布

前　言

本标准修改采用 ISO 6233—1983《锰矿石和精矿—钙和镁含量的测定—EDTA 滴定法》。

本标准与 ISO 6233—1983 比较，主要变化如下：

——ISO 6233—1983 中的 EDTA 滴定法溶样过程中，残余物在 120℃～130℃加热 40 min 时，空白试验用的烧杯可能炸裂，本标准改为使用硫酸冒烟驱除硝酸的方法；

——ISO 6233—1983 中的测定方法按氧化钡含量＜1％和氧化钡含量＞1％分为两种方法，本标准把两者合一。

本标准代替 GB/T 1511—1979《锰矿石中氧化钙含量的测定》和 GB/T 1512—1979《锰矿石中氧化镁含量的测定》等两项标准。

本标准与原标准 GB/T 1511—1979、GB/T 1512—1979 比较，主要变化如下：

——增加了试料的残渣处理；

——改变了滴定指示剂；

——滴定剂均采用乙二胺四乙酸二钠。

本标准由中国钢铁工业协会提出。

本标准由冶金工业信息标准研究院归口。

本标准起草单位：吉林铁合金股份有限公司。

本标准主要起草人：王世媛、马勤。

本标准所代替标准的历次版本发布情况为：

——GB/T 1511—1979；

——GB/T 1512—1979。

锰矿石　钙和镁含量的测定
EDTA 滴定法

警告：使用本标准的人员应有正规实验室工作的实践经验。本标准并未指出所有可能的安全问题。使用者有责任采取适当的安全和健康措施，并保证符合国家有关法规规定的条件。

1　范围

本标准规定了用 EDTA 滴定法测定钙和镁含量。

本标准适用于锰矿石中钙和镁含量的测定，测定范围（质量分数）：钙为 0.75%～18.00%、镁为 1.50%～6.00%。

2　规范性引用文件

下列文件中的条款通过本标准的引用而成为本标准的条款。凡是注日期的引用文件，其随后所有的修改单（不包括勘误的内容）或修订版均不适用于本标准，然而，鼓励根据本标准达成协议的各方研究是否可使用这些文件的最新版本。凡是不注日期的引用文件，其最新版本适用于本标准。

GB/T 2011　散装锰矿石取样、制样方法（GB/T 2011—1987，neq ISO 3081:1983）

GB/T 14949.8　锰矿石化学分析方法　湿存水量的测定（GB/T 14949.8—1994，eqv ISO 310:1981）

3　原理

试料用酸分解，残渣用碳酸钠熔融，用六次甲基四胺和铜试剂分离锰、铁、铝、钛、铜、镍、钒、铬等干扰元素。分取部分溶液在 pH≥12 溶液中，在钙黄绿素指示剂存在下，用 EDTA 标准溶液滴定钙含量，另取部分溶液在 pH 值=10 的溶液中，以铬黑 T 为指示剂，用 EDTA 标准溶液滴定钙、镁合量。

4　试剂和材料

除非另有说明，在分析中仅使用确认为分析纯的试剂和蒸馏水或与其纯度相当的水。

4.1　无水碳酸钠，固体。

4.2　硝酸，ρ=1.42 g/mL。

4.3　盐酸，ρ=1.19 g/mL。

4.4　氢氟酸，ρ=1.15 g/mL

4.5　硫酸，ρ=1.84 g/mL。

4.6　氨水，ρ=0.91 g/mL。

4.7　硫酸，1+1。

4.8　盐酸，1+1。

4.9　盐酸，1+4。

4.10　盐酸，1+50。

4.11　氢氧化钾，200 g/L。用塑料瓶保存。

4.12　二乙基二硫代氨基甲酸钠，100 g/L。简称铜试剂溶液，用时配制。

4.13　蔗糖溶液，40 g/L。

4.14　硫酸铵溶液，50 g/L。

4.15 六次甲基四胺溶液,100 g/L。

4.16 缓冲溶液,pH 值=10。称取 35 g 氯化铵溶解于 200 mL 氨水中(4.6),用水稀释至 500 mL,混匀。

4.17 钙标准溶液:称取 2.497 0 g 基准碳酸钙(经 200℃灼烧 2 h 并于干燥器中冷却至室温)于 250 mL 烧杯中,用 50 mL 盐酸(4.9)加热溶解,煮沸除去二氧化碳,冷却,移入 1 000 mL 容量瓶中,用水稀释至刻度,混匀备用。此标准溶液 1 mL 含 1.00 mg 钙。

4.18 镁标准溶液:称取 1.658 3 g 基准氧化镁(预先在 850℃灼烧 1 h 并于干燥器中冷却至室温)于 250 mL 烧杯中加入 20 mL 盐酸(4.8)加热溶解,冷却移入 1 000 mL 容量瓶中,用水稀释至刻度,混匀备用。此标准溶液 1 mL 含 1.00 mg 镁。

4.19 乙二胺四乙酸二钠(EDTA)标准溶液,$c(C_{10}H_{14}N_2O_8Na_2 \cdot H_2O)=0.01$ mol/L。

4.19.1 乙二胺四乙酸二钠(EDTA)标准溶液的配制

称取 3.7 gEDTA($C_{10}H_{14}N_2O_8Na_2 \cdot H_2O$)于 400 mL 烧杯中,加水微热溶解。用中速滤纸过滤于 1 000 mL容量瓶中,用水稀释至刻度,混匀。

4.19.2 乙二胺四乙酸二钠(EDTA)标准溶液的标定

4.19.2.1 移取 10.00 mL 镁标准溶液(4.18)三份,分别置于 250 mL 烧杯中,加入 15 mL 缓冲溶液(4.16),加入水稀释约 150 mL,加入适量铬黑 T 指示剂(4.21)在不断搅拌下,加入 EDTA 标准溶液(4.19)滴定至溶液由酒红色变成纯蓝色。

按式(1)计算 EDTA 标准溶液对镁的滴定度:

$$T_1=\frac{m_1\times 10.00}{V_1-V_2} \quad \cdots\cdots(1)$$

式中:

T_1——1 mL EDTA 标准溶液(4.19)相当于镁的质量,单位为克(g);

m_1——1 mL 镁标准溶液(4.18)中镁的质量,单位为克(g);

V_1——滴定时消耗 EDTA 标准溶液(4.19)的体积,单位为毫升(mL);

V_2——滴定空白试验溶液时消耗 EDTA 标准溶液(4.19)的体积,单位为毫升(mL)。

4.19.2.2 移取 10.00 mL 钙标准溶液(4.17)三份,分别置于 250 mL 烧杯中,用水稀释至约 150 mL,加入 5 mL 蔗糖溶液(4.13),滴加 1 滴~2 滴孔雀绿溶液(4.20),此时溶液呈蓝绿色,然后用氢氧化钾溶液(4.11)调至溶液无色,再过量加入 10 mL,然后加入适量的钙黄绿素指示剂(4.22),用 EDTA 标准溶液(4.19)滴定至溶液中绿色荧光消失为终点。

按式(2)计算 EDTA 标准溶液对钙的滴定度:

$$T_2=\frac{m_2\times 10.00}{V_3-V_4} \quad \cdots\cdots(2)$$

式中:

T_2——1 mL EDTA 标准溶液(4.19)相当于钙的质量,单位为克(g);

m_2——1 mL 钙标准溶液(4.17)中钙的质量,单位为克(g);

V_3——滴定时消耗 EDTA 标准溶液(4.19)的体积,单位为毫升(mL);

V_4——滴定空白试验溶液时消耗 EDTA 标准溶液(4.19)的体积,单位为毫升(mL)。

4.20 孔雀绿溶液,10 mg/mL。

4.21 铬黑 T 指示剂:0.1 g 铬黑 T 与氯化钾 1∶100 混合并于研钵内研细。

4.22 钙黄绿素指示剂:钙黄绿素∶百里酚酞∶氯化钾=1∶1∶100,混合研细。

5 仪器

分析中使用通常的实验室仪器及设备。

6 取制样

按照 GB/T 2011 规定进行取制样，试样应通过 0.080 mm 筛孔。

7 分析步骤

7.1 试样量

称取 0.50 g 风干试料，精确至 0.000 1 g。

同时按 GB/T 14949.8 测定湿存水含量。

7.2 空白试验

随同试料进行空白试验。

7.3 测定

7.3.1 将试料(7.1)置于 250 mL 烧杯中，加入 15 mL～20 mL 盐酸(4.3)，加热溶解试样后，加入 10 mL硝酸(4.2)加热直至没有小气泡产生，取下，冷却后加入 10 mL 硫酸(4.7)，低温加热至刚冒硫酸烟，取下，冷却。

7.3.2 加入 10 mL～15 mL 盐酸(4.3)，加热 3 min～5 min，溶解盐类，加入 30 mL～40 mL 热水，加热煮沸，冷却，用含有纸浆的快速滤纸过滤，用盐酸洗液(4.10)洗涤残渣和滤纸 3 次～4 次，再用热水洗 3 次～4 次，保留滤液。将滤液蒸至约 100 mL。

7.3.3 将带有残渣的滤纸移入铂坩埚中，于 500℃～600℃灰化，取出稍冷，用 2 滴～3 滴水润湿残渣，加入 2 滴～3 滴硫酸(4.7)、5 mL～7 mL 氢氟酸(4.4)，加热蒸干，于 500℃～600℃灼烧，冷却后加 1 g～2 g无水碳酸钠(4.1)于 900℃～1 000℃熔融 5 min 冷却，分次滴加盐酸(4.8)，加热至熔块完全溶解，将此溶液与主液(7.3.2)合并。

7.3.4 将混合液(7.3.3)煮至 40 mL～50 mL，滴加氨水(4.6)至有氢氧化铁沉淀出现，用盐酸(4.8)溶解至刚好沉淀消失，中和空白试液时，所用氨水(4.6)及盐酸(4.8)的量与试液消耗量相同；加入5 mL硫酸铵溶液(4.14)，加入 30 mL 六次甲基四胺溶液(4.15)，加热溶液至 80℃～90℃，并保温 15 min～20 min，冷却；加入 80 mL 铜试剂溶液(4.12)，移入 200 mL 容量瓶中，用水稀释至刻度，充分混匀，用双层中速滤纸过滤于干的 500 mL 锥形瓶中，弃掉最初滤液。如果溶液大量浑浊，再用双层滤纸过滤一次。

7.3.5 移取 50.00 mL 滤液(7.3.4)两份于 250 mL 烧杯中，一份用于滴定钙含量。用水稀释至体积约 150 mL，加入 5 mL 蔗糖溶液(4.13)，加入 1 滴～2 滴孔雀绿溶液(4.20)，此时溶液呈蓝绿色，然后用氢氧化钾溶液(4.11)调至溶液无色，过量 10 mL，加入适量钙黄绿素指示剂(4.22)，用 EDTA 标准溶液(4.19)滴定至溶液中绿色荧光消失为终点。另一份用于滴定钙和镁合量。用水稀释至约 150 mL，加 15 mL 缓冲溶液(4.16)，加入适量铬黑 T 指示剂(4.21)，用 EDTA 标准溶液(4.19)滴定至溶液由酒红色变成纯蓝色为终点。

8 分析结果的计算

8.1 按式(3)计算试样中钙含量(质量分数)w_{Ca}：

$$w_{Ca}(\%)=\frac{(V_5-V_6)\times T_2}{m\times r}\times 100\times\frac{100}{100-A} \qquad (3)$$

式中：

V_5——滴定钙含量时消耗 EDTA 标准溶液(4.19)的体积，单位为毫升(mL)；

V_6——滴定钙时相应空白实验时消耗 EDTA 标准溶液(4.19)的体积，单位为毫升(mL)；

T_2——1 mL EDTA 标准溶液(4.19)相当于钙的质量，单位为克(g)；

m——试料量，单位为克(g)；

r——试液的分取比；

A——试样中湿存水的质量分数。

8.2 按式(4)计算试样中镁含量(质量分数)w_{Mg}：

$$w_{Mg}(\%)=\frac{[(V_7-V_8)-(V_5-V_6)]\times T_1}{m\times r}\times 100\times\frac{100}{100-A}\quad\cdots\cdots\cdots\cdots(4)$$

式中：

V_5——滴定钙含量时消耗 EDTA 标准溶液(4.19)的体积，单位为毫升(mL)；

V_6——滴定钙时相应空白试验消耗的 EDTA 标准溶液(4.19)的体积，单位为毫升(mL)；

V_7——滴定钙镁合量时消耗 EDTA 标准溶液(4.19)的体积，单位为毫升(mL)；

V_8——滴定钙镁合量时相应空白试验消耗 EDTA 标准溶液(4.19)的体积，单位为毫升(mL)；

T_1——1 mL EDTA 标准溶液(4.19)相当于镁的质量，单位为克(g)；

m——试料量，单位为克(g)；

r——试液的分取比；

A——试样中湿存水的质量分数。

8.3 氧化钙、氧化镁的含量(质量分数)w_{CaO}、w_{MgO}：

$w_{CaO}(\%)=w_{Ca}(\%)\times 1.399\ 2$

$w_{MgO}(\%)=w_{Mg}(\%)\times 1.658\ 3$

9 允许差

实验室之间钙含量分析结果的差值应不大于表1所列允许差。

表1 允许差 %

钙含量(质量分数)	允许差
0.75～2.00	0.20
>2.00～3.50	0.30
>3.50～7.00	0.35
>7.00～18.00	0.50

实验室之间镁含量分析结果的差值应不大于表2所列允许差。

表2 允许差 %

镁含量(质量分数)	允许差
1.50～3.00	0.25
>3.00～6.00	0.35

10 试验报告

试验报告应包括下列内容：

a） 鉴别试料、实验室的分析日期等资料；

b） 遵守本标准规定的程度；

c） 分析结果及其表示；

d） 测定中观察到的异常现象；

e） 对分析结果可能有影响本标准未包括的操作，或任选的操作。

ICS 73.060.20
D 32

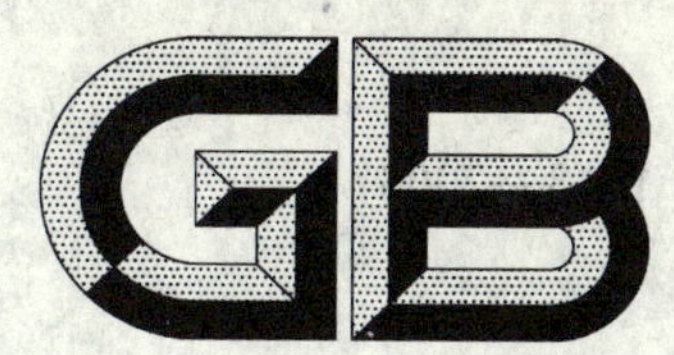

中华人民共和国国家标准

GB/T 1513—2006
代替 GB/T 1513—1979

锰矿石　钙和镁含量的测定　火焰原子吸收光谱法

Manganese ores—Determination of calcium and magnesium contents—Flame atomic absorption spectrometric method

2006-09-12 发布　　2007-02-01 实施

中华人民共和国国家质量监督检验检疫总局
中国国家标准化管理委员会　发布

前言

本标准代替 GB/T 1513—1979《锰矿石中氧化钙、氧化镁量的测定》。

本标准与 GB/T 1513—1979 比较，主要变化如下：

——修改了溶样方法。

——增加了残渣回收的处理。

——对测定范围进行了调整：由原来的氧化钙 0.1%～3%改为钙 0.05%～5.00%；由原来的氧化镁 0.1%～1%改为镁 0.05%～3.00%。

本标准由中国钢铁工业协会提出。

本标准由冶金工业信息标准研究院归口。

本标准起草单位：吉林铁合金股份有限公司。

本标准主要起草人：胡雪光。

本标准所代替标准的历次版本发布情况为：GB/T 1513—1979。

锰矿石　钙和镁含量的测定
火焰原子吸收光谱法

警告：使用本标准的人员应有正规实验室工作的实践经验。本部分并未指出所有可能的安全问题。使用者有责任采取适当的安全和健康措施，并保证符合国家有关法规规定的条件。

1　范围

本标准规定了用火焰原子吸收光谱法测定钙和镁含量。

本标准适用于锰矿石中钙和镁含量的测定，测定范围（质量分数）：钙为 0.050%～5.00%；镁为 0.050%～3.00%。

2　规范性引用文件

下列文件中的条款通过本标准的引用而成为本标准的条款。凡是注日期的引用文件，其随后所有的修改单（不包括勘误的内容）或修订版均不适用于本标准，然而，鼓励根据本标准达成协议的各方研究是否可使用这些文件的最新版本。凡是不注日期的引用文件，其最新版本适用于本标准。

GB/T 2011　散装锰矿石取样、制样方法（GB/T 2011—1987，neq ISO 3081:1983）

GB/T 14949.8　锰矿石化学分析方法　湿存水量的测定（GB/T 14949.8—1994，eqv ISO 310:1981）

3　原理

试料用盐酸和硝酸分解，加热蒸发后过滤，分离不溶物，滤液作为主液保存，残渣以氢氟酸和硫酸处理，用碳酸钾-硼酸混合熔剂熔融回收。将熔融物溶解于盐酸中，保留溶液与主液混合，在镧存在下吸入溶液于火焰原子吸收光谱仪，使用空气-乙炔火焰测定钙和镁含量。

4　试剂与材料

除非另有说明，在分析中仅使用确认为分析纯的试剂和蒸馏水或与其纯度相当的水。

4.1　混合熔剂：3 份碳酸钾（无水）和 1 份硼酸混合。

4.2　盐酸，ρ=1.19 g/mL。

4.3　硝酸，ρ=1.42 g/mL。

4.4　硫酸，ρ=1.84 g/mL。

4.5　氢氟酸，ρ=1.14 g/mL。

4.6　盐酸，1+1。

4.7　盐酸，1+4。

4.8　盐酸，1+50。

4.9　硫酸，1+1。

4.10　背景溶液

称取 12.50 g 锰[≥99.95%（质量分数）]，1.25 g 铁[≥99.9%（质量分数）]，18.75 g 碳酸钾和 6.25 g 硼酸于 500 mL 烧杯中，加入 200 mL 盐酸（4.6）和 25 mL 硝酸（4.3），加热溶解，冷却，移入 1 000 mL 容量瓶中，加入 425 mL 盐酸（4.6），以水稀释至刻度，混匀。

4.11　氯化镧溶液

称取 11.7 g 氧化镧(La_2O_3)于 250 mL 烧杯中，加入 10 mL 水，20 mL 盐酸(4.2)，加热至完全溶解，蒸发至约 5 mL 取下，以水稀释至 100 mL，混匀。此溶液 1 mL 含 100 mg 镧。

4.12 钙标准溶液

4.12.1 称取 2.497 5 g 碳酸钙(于 200℃灼烧并于干燥器中冷却至室温)，加入 50 mL 盐酸(4.7)，加热溶解，冷却，移入 1 000 mL 容量瓶中，以水稀释至刻度，混匀。此溶液 1 mL 含 1 mg 钙。

4.12.2 移取 25.00 mL 钙标准溶液(4.12.1)于 500 mL 容量瓶中，以水稀释至刻度，混匀。此溶液 1 mL 含50 μg 钙。

4.13 镁标准溶液

4.13.1 称取 1.658 3 g 氧化镁(于 800℃灼烧并于干燥器中冷却至室温)，加入 20 mL 盐酸(4.6)，加热溶解，冷却，移入 1 000 mL 容量瓶中，以水稀释至刻度，混匀。此溶液 1 mL 含 1 mg 镁。

4.13.2 移取 5.00 mL 镁标准溶液(4.13.1)于 200 mL 容量瓶中，以水稀释至刻度，混匀。此溶液 1 mL 含25 μg 镁。

5 仪器与设备

分析中，除使用通常的实验室仪器、设备外，还使用原子吸收光谱仪。原子吸收光谱仪应备有空气-乙炔燃烧器，钙、镁空心阴极灯。空气-乙炔气体要足够纯净以提供稳定清澈的贫燃火焰。

所用原子吸收光谱仪应达到下列技术指标：

5.1 最低稳定性

校准曲线中所用最高浓度标准溶液与零浓度标准溶液经各自多次测量，所得到的吸光度之标准偏差，相对于最高浓度标准溶液吸光度平均值的变异系数应分别小于 1.5%和 0.5%。

5.2 特征浓度

本标准钙的特征浓度应小于 0.05 μg/mL，镁的特征浓度应小于 0.005 μg/mL。

5.3 检出限

本标准钙的检出限应小于 0.02 μg/mL，镁的检出限应小于 0.002 μg/mL。

5.4 校准曲线的线性

校准曲线按浓度等分为 5 段，最高段的吸光度差值与最低段的吸光度差值之比不应小于 0.8。

6 取制样

按照 GB/T 2011 规定进行取制样。试样应通过 0.080 mm 筛孔。

7 分析步骤

7.1 试料量

称取风干试料 1.00 g，精确至 0.000 1 g。

同时按 GB/T 14949.8 测定湿存水含量。

7.2 测定

7.2.1 试料溶液的制备

7.2.1.1 试料分解

将试料(7.1)置于 250 mL 烧杯中，加入 40 mL 盐酸(4.6)加热，待试料大部分溶解后，加入 2 mL 硝酸(4.3)，加热至氮氧化物完全分解，继续加热至溶液近干，加入 20 mL 盐酸(4.2)，加热溶解盐类。加入 50 mL～60 mL 热水，用带有纸浆的中速滤纸过滤，小心用带有橡皮的玻璃棒擦烧杯内壁，用热盐酸溶液(4.8)洗烧杯 1 次～2 次。用热盐酸溶液(4.8)洗滤纸和残渣 3 次～4 次，再用热水洗 5 次～6 次，保留滤液(主液)。

7.2.1.2 残渣处理

将滤纸及残渣移入铂坩埚中，于500℃～600℃灰化，冷却，加入2滴～3滴水润湿，加入1 mL硫酸(4.9)，5 mL～10 mL氢氟酸(4.5)，加热至冒硫酸烟，于400℃～500℃灼烧残渣，冷却，加入2.0 g混合熔剂(4.1)，于1 000℃高温熔融5 min，将坩埚置于原250 mL烧杯中，加入10 mL盐酸(4.2)，洗净坩埚，控制溶液体积小于50 mL，将此溶液与主液合并。若溶液浑浊，则过滤于盛有纸浆的滤纸上，用热盐酸溶液(4.8)和水洗净滤纸，弃去未溶残渣。将上述溶液移入200 mL容量瓶中，以水稀释至刻度，混匀。

7.2.2 待测定试料溶液的配制

按表1移取试液及氧化镧溶液和背景溶液配制成待测试液。

表1 待测试液的配制

元素	含量(质量分数)/%	待测溶液中元素含量/(μg/mL)	移取溶液(7.2.1)体积/mL	稀释体积/mL	再移取体积/mL	再稀释体积/mL	氯化镧溶液(4.11)加入量/mL	背景溶液(4.10)加入量/mL
钙	<0.10	<5.0	50.00	100.00	—	—	5.00	0
	≥0.10～0.50	≥2.5～12.5	25.00	100.00	—	—	5.00	10.00
	≥0.50～2.50	≥2.5～12.5	10.00	200.00	—	—	10.00	36.00
	≥2.50～5.00	≥5.0～10.0	20.00	100.00	10.00	100.00	5.00	19.00
镁	<0.20	<0.4	2.00	100.00	—	—	5.00	16.00
	≥0.20～0.40	≥0.2～0.4	1.00	100.00	—	—	5.00	18.00
	≥0.40～1.00	≥0.2～0.5	10.00	100.00	5.00	100.00	5.00	19.00
	≥1.00～3.00	≥0.25～0.5	10.00	200.00	10.00	200.00	10.00	38.00

7.2.3 空白试验

称取1.0 g锰[≥99.95%(质量分数)]和0.10 g铁[≥99.9%(质量分数)]，加入40 mL盐酸(4.6)加热溶解，以下按7.2.1和7.2.2进行。

7.2.4 测量吸光度

将测定溶液(7.2.2)和(7.2.3)于原子吸收光谱仪上，波长422.7 nm和285.2 nm处，用空气-乙炔火焰，以水调零测其吸光度，将试料溶液的吸光度减去空白溶液的吸光度，从校准曲线上查出钙、镁的浓度(μg/mL)。

7.3 校准曲线的绘制

7.3.1 按照表2，在一系列100 mL容量瓶中加入钙标准溶液(4.12.2)和镁标准溶液(4.13.2)，加入5.00 mL氯化镧溶液(4.11)和20.00 mL背景溶液(4.10)，以水稀释至刻度，混匀，于原子吸收光谱仪，在波长422.7 nm和285.2 nm处，分别测其吸光度。

表2 钙、镁校准溶液的配制

钙		镁	
加入标准溶液(4.12.2)/mL	校准溶液含量/μg/mL	加入标准溶液(4.13.2)/mL	校准溶液含量/μg/mL
0	0	0	0
2.50	1.25	0.25	0.062 5
5.00	2.50	0.50	0.125

表 2(续)

钙		镁	
加入标准溶液(4.12.2)/mL	校准溶液含量/μg/mL	加入标准溶液(4.13.2)/mL	校准溶液含量/μg/mL
10.00	5.00	1.00	0.250
20.00	10.00	1.50	0.375
25.00	12.50	2.00	0.500

7.3.2 校准曲线系列每一溶液的吸光度减去零校准溶液的吸光度，为钙、镁校准曲线系列溶液的净吸光度，以钙、镁浓度(μg/mL)为横坐标，净吸光度为纵坐标绘制校准曲线。

8 结果计算

8.1 按式(1)计算试样中的钙或镁含量(质量分数)$w_{Ca,Mg}$：

$$w_{Ca,Mg}(\%)=\frac{c\times V}{m\times 10^6}\times 100\times\frac{100}{100-A} \qquad (1)$$

式中：

c——自校准曲线上查得的钙或镁含量，单位为微克每毫升(μg/mL)；

V——被测溶液的体积，单位为毫升(mL)；

m——被测溶液中所含试料的质量，单位为克(g)；

A——试样中湿存水的质量分数。

8.2 氧化钙、氧化镁的含量(质量分数)w_{CaO}、w_{MgO}：

$$w_{CaO}(\%)=1.399\ 2\times w_{Ca}(\%)$$

$$w_{MgO}(\%)=1.658\ 3\times w_{Mg}(\%)$$

9 允许差

实验室之间分析结果的差值应不大于表3所列允许差。

表 3 允许差

%

元素	钙或镁含量(质量分数)	允许差
钙	0.050～0.100	0.003
	>0.10～0.25	0.03
	>0.25～0.50	0.08
	>0.50～2.00	0.15
	>2.00～5.00	0.25
镁	0.05～0.10	0.01
	>0.10～0.50	0.06
	>0.50～1.00	0.10
	>1.00～2.00	0.12
	>2.00～3.00	0.15

10 试验报告

试验报告应包括下列内容：

a) 鉴别试料、实验室和分析日期的资料；

b) 遵守本标准规定的程度；

c) 分析结果及其表示；

d) 测定中观察到的异常现象；

e) 对分析结果可能有影响而本标准未包括的操作或者任选的操作。

ICS 73.060.20
D 32

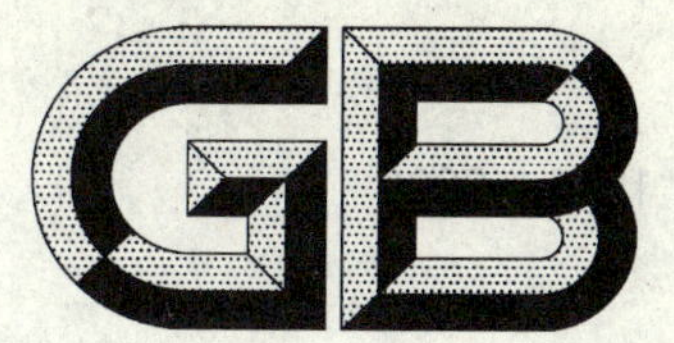

中华人民共和国国家标准

GB/T 1516—2006
代替 GB/T 1516—1979

锰矿石　砷含量的测定
二乙氨基二硫代甲酸银分光光度法

Manganese ores—Determination of arsenic content—Silver diethyldithiocarbamate spectrophotometric method

2006-09-12 发布　　　　2007-02-01 实施

中华人民共和国国家质量监督检验检疫总局
中国国家标准化管理委员会　发布

前 言

本标准代替 GB/T 1516—1979《锰矿石中砷量的测定》。

本标准与 GB/T 1516—1979 相比，主要变化如下：

——测定范围(质量分数)由 0.005%～0.10%改为 0.005%～0.20%；

——在 4.12 中增加了乙酸铅脱脂棉的使用说明；

——对砷化氢气体发生与吸收装置导管和吸收管的长度不作规定，但规定了吸收管 10 mL 刻线至管口的最小距离；

——标准中增加了安全警告；

——对测定允许差进行了修改。

本标准由中国钢铁工业协会提出。

本标准由冶金工业信息标准研究院归口。

本标准起草单位：桂林矿产地质研究院。

本标准主要起草人：靳晓珠、杨仲平、李赋屏、黄华鸾、施意华。

本标准所代替标准的历次版本发布情况为：GB/T 1516—1979。

锰矿石 砷含量的测定
二乙氨基二硫代甲酸银分光光度法

警告：使用本标准的人员应有正规实验室工作的实践经验。本标准并未指出所有可能的安全问题。使用者有责任采取适当的安全和健康措施，并保证符合国家有关法规规定的条件。

1 范围

本标准规定了用二乙氨基二硫代甲酸银光度法测定砷含量。

本标准适用于锰矿石和锰精矿中砷含量的测定，测定范围(质量分数)：0.005%～0.20%。

2 规范性引用文件

下列文件中的条款通过本标准的引用而成为本标准的条款。凡是注日期的引用文件，其随后所有的修改单(不包括勘误的内容)或修订版均不适用于本标准，然而，鼓励根据本标准达成协议的各方研究是否可使用这些文件的最新版本。凡是不注日期的引用文件，其最新版本适用于本标准。

GB/T 2011 散装锰矿石取样、制样方法(GB/T 2011—1987，neq ISO 3081:1983)

GB/T 14949.8 锰矿石化学分析方法 湿存水量的测定(GB/T 14949.8—1994，eqv ISO 310:1981)

3 原理

试料用过氧化钠熔融，水浸取，硫酸酸化，在硫酸介质中，加入碘化钾、氯化亚锡将五价砷还原为三价，然后用金属锌将低价砷还原为砷化氢气体。逸出的砷化氢用二乙氨基二硫代甲酸银-三氯甲烷溶液吸收，生成棕红色的胶态银，于波长525 nm处，测量吸光度，计算砷含量。

4 试剂和材料

除非另有说明，在分析中仅使用确认为分析纯的试剂和蒸馏水或与其纯度相当的水。

4.1 过氧化钠。

4.2 无砷锌粒：直径0.9 mm～1.54 mm，砷含量不大于0.000 010%。

4.3 三氯甲烷。

4.4 过氧化氢，$\rho=1.11\ g/cm^3$。

4.5 硫酸，1+1。

4.6 氯化铵溶液，50 g/L。

4.7 酒石酸溶液，500 g/L。

4.8 硫酸铁溶液：称取22.72 g硫酸铁[$Fe_2(SO_4)_3 \cdot 6H_2O$]溶于少量水中，加入2 mL硫酸(4.5)，移入500 mL容量瓶中，用水稀释至刻度，混匀。此溶液1 mL约含铁10 mg。

4.9 硫酸锰溶液：称取49.2 g硫酸锰[$MnSO_4 \cdot H_2O$]溶于水中，加2 mL硫酸(4.5)，移入500 mL容量瓶中(如浑浊则过滤)，用水稀释至刻度，混匀。此溶液1 mL约含锰32 mg。

4.10 氯化亚锡溶液，200 g/L。称取20 g氯化亚锡[$SnCl_2 \cdot 2H_2O$]，加热溶解于25 mL盐酸中，冷却后，加水稀释至100 mL，混匀，用时配制。配制后加入1 g锡粒，保存于棕色瓶中，5日内有效。

4.11 碘化钾溶液，100 g/L。用时配制。

4.12 乙酸铅脱脂棉：称取10 g乙酸铅溶解于100 mL乙酸溶液(5+95)，将脱脂棉浸入该溶液中，取出挤压后自然风干,保存于磨口瓶中备用。当使用过程中脱脂棉 1/3 变黑时,应更换。

4.13　砷化氢吸收液:称取 2 g 二乙氨基二硫代甲酸银,置于 500 mL 棕色瓶中,加入 480 mL 三氯甲烷和 20 mL 三乙醇胺,加塞摇动使之溶解,放置过夜后使用。如浑浊,则干过滤后使用。

4.14　砷标准溶液

4.14.1　称取 0.132 0 g 预先在 105℃～110℃干燥 2 h 的三氧化二砷(基准试剂),置于 100 mL 烧杯中,加入 5 mL 氢氧化钠溶液(200 g/L)溶解后,以硫酸(4.5)酸化至石蕊试纸变红,移入 1 000 mL 容量瓶中,用硫酸(1+9)稀释至刻度,混匀。此溶液 1 mL 含砷 100 μg。

4.14.2　分取 25.00 mL 砷标准溶液(4.14.1)置于 500 mL 容量瓶中,用水稀释至刻度,混匀。此溶液 1 mL 含砷 5 μg。

5　仪器

分析中使用通常的实验室仪器及砷化氢气体发生与吸收装置。

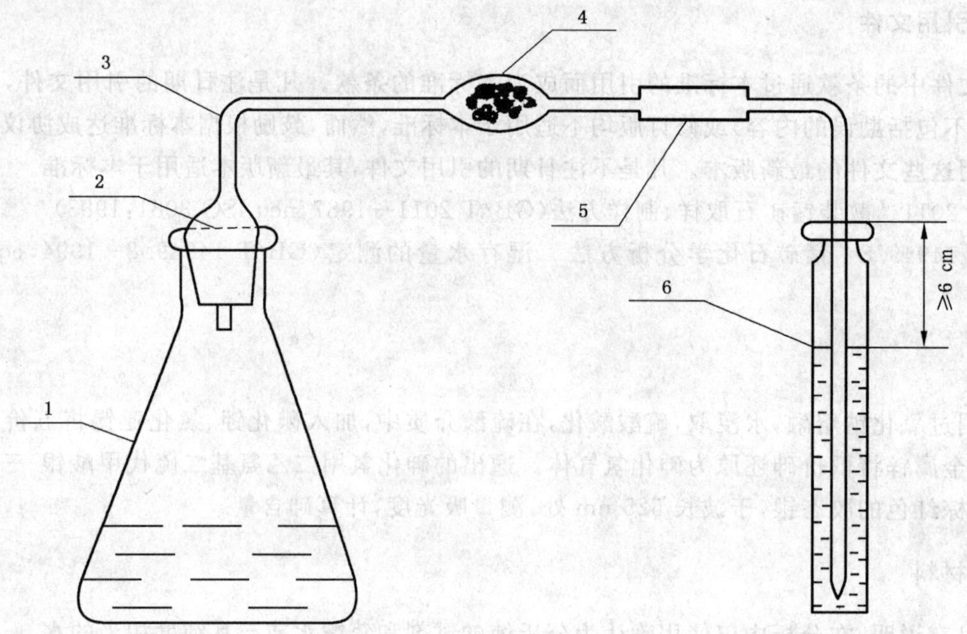

1——砷化氢气体发生瓶(150 mL 锥形瓶);

2——磨口塞;

3——气体导管(内径 ϕ4 mm、出口处内径 ϕ1 mm);

4——玻璃球(球径 ϕ15 mm、内盛乙酸铅脱脂棉);

5——乳胶管;

6——吸收管(10 mL 带塞比色管,为防止氢化发生时吸收液溅出,吸收管管口到 10 mL 刻线距离不应小于 6 cm)。

图 1　砷化氢气体发生与吸收装置

6　取制样

按照 GB/T 2011 规定进行取制样,试样应通过 0.080 mm 筛孔。

7　分析步骤

安全警告:砷化氢气体有毒,氢化发生时应在通风柜中进行;使用前应检查砷化氢气体发生与吸收装置的气体导管各接头处,防止漏气或堵塞。

7.1　试料量

按表 1 称取风干试料,精确至 0.000 1 g。

同时按 GB/T 14949.8 测定湿存水含量。

表 1

砷含量(质量分数)/%	试料量/g	分取溶液/mL
0.005～0.040	0.50	20.00
>0.040～0.10	0.20	20.00
>0.10～0.20	0.20	10.00

7.2　空白试验

随同试料进行空白试验。

7.3　测定

7.3.1　试料的分解

将试料(7.1)置于盛有约 2 g 过氧化钠的刚玉坩埚或高铝坩埚中，混匀，覆盖约 2 g 过氧化钠，置于 750℃马弗炉中，熔融 7 min～10 min，取出，冷却至室温，放入 250 mL 烧杯中，加入约 30 mL 热水，立即盖上表皿，待剧烈作用停止后[试剂空白加入 1 mL 硫酸铁溶液(4.8)]，在不断搅拌下，慢慢加入硫酸(4.5)酸化至沉淀变稠，交替滴加过氧化氢(4.4)及硫酸(4.5)至锰的水化合物完全溶解，用水洗出坩埚，煮沸至无小气泡产生，取下，冷却至室温，移入 100 mL 容量瓶中，用水稀释至刻度，混匀。

7.3.2　砷化氢气体发生与吸收

按表 1 分取试液于 150 mL 锥形瓶中，加入 6 mL 硫酸(4.5)、2 mL 氯化铵溶液(4.6)、5 mL 酒石酸溶液(4.7)、4 mL 碘化钾溶液(4.11)和 2.5 mL 氯化亚锡溶液(4.10)，加水至 50 mL，混匀，放置 10 min～15 min。加入 10 mL 吸收液(4.13)于吸收管中，按图 1 装好砷化氢气体发生与吸收装置，加入 5 克无砷锌粒(4.2)于锥形瓶中，立即盖紧瓶塞，还原吸收 40 min，取出气体导管，用三氯甲烷(4.3)洗涤导管并稀释至吸收管刻度，加塞混匀。

7.3.3　测量

在分光光度计上，于波长 525 nm 处，以试剂空白吸收液作参比，测量吸收液吸光度，从校准曲线上查出相应的砷量。

7.3.4　校准曲线的绘制

分别移取 0 mL，1.00 mL，2.00 mL，4.00 mL，6.00 mL，8.00 mL，10.00 mL 砷标准溶液(4.14.2)于一组 150 mL 锥形瓶中，加入 6 mL 硫酸(4.5)、2.5 mL 硫酸铁溶液(4.8)、2 mL 硫酸锰溶液(4.9)、2 mL氯化铵溶液(4.6)，以下按 7.3.2 从加入 5 mL 酒石酸溶液(4.7)起进行氢化发生与吸收，以空白吸收液作参比，测量吸收液吸光度并绘制校准曲线。

8　结果计算

按式(1)计算试样中砷含量(质量分数)w_{As}：

$$w_{As}(\%)=\frac{m_1\times10^{-6}}{m\times\gamma}\times100\times\frac{100}{100-A} \quad\cdots\cdots(1)$$

式中：

m_1——从校准曲线上查得的砷量，单位为微克(μg)；

m——试料量，单位为克(g)；

γ——试液分取比；

A——试样中湿存水含量(质量分数)。

9　允许差

实验室之间分析结果的差值应不大于表 2 所列允许差。

表 2 允许差 %

砷含量(质量分数)	允许差
0.005～0.010	0.003
>0.010～0.020	0.005
>0.020～0.050	0.007
>0.050～0.10	0.01
>0.10～0.20	0.02

10 试验报告

试验报告应包括下列内容：

a) 鉴别试料、实验室和分析日期等资料；

b) 遵守本标准规定的程度；

c) 分析结果及其表示；

d) 测定中观察到的异常现象；

e) 对分析结果可能有影响本标准未包括的操作，或者任选的操作。

ICS 85.060
Y 32

中华人民共和国国家标准

GB/T 1525—2006
代替 GB/T 1525—1979

制图纸

Design paper

2006-03-10 发布　　　　2006-10-01 实施

中华人民共和国国家质量监督检验检疫总局
中国国家标准化管理委员会　发布

前言

本标准代替 GB/T 1525—1979《制图纸》。

本标准与 GB/T 1525—1979 相比主要变化如下：

——增加了“范围”和“规范性引用文件”两章内容；

——产品质量分等由特号、一号，改为优等品、一等品、合格品；

——尘埃度的测定由长度法改为面积法，按 GB/T 1541 测定；

——取消了二等品的规定。

本标准由中国轻工业联合会提出。

本标准由全国造纸工业标准化技术委员会(SAC/TC 141)归口。

本标准起草单位：保定钞票纸厂。

本标准主要起草人：王莉萍、齐玉兰、赵刚、曹明。

本标准所代替标准的历次版本发布情况为：

——GB/T 1525—1979。

本标准委托全国造纸工业标准化技术委员会(SAC/TC141)负责解释。

制 图 纸

1 范围

本标准规定了制图纸的分类、要求、试验方法、抽样、标志、包装、运输、贮存等。

本标准适用于铅笔、墨线绘制工程机械图、测绘地形图等用的纸。

2 规范性引用文件

下列文件中的条款通过本标准的引用而成为本标准的条款。凡是注日期的引用文件,其随后所有的修改单(不包括勘误的内容)或修订版均不适用于本标准,然而,鼓励根据本标准达成协议的各方研究是否可使用这些文件的最新版本。凡是不注日期的引用文件,其最新版本适用于本标准。

GB/T 450 纸和纸板试样的采取(GB/T 450—2002,eqv ISO186:1994)

GB/T 451.1 纸和纸板尺寸及偏斜度的测定

GB/T 451.2 纸和纸板定量的测定(GB/T 451.2—2002,eqv ISO536:1995)

GB/T 451.3 纸和纸板厚度的测定(GB/T 451.3—2002,idt ISO 534:1988)

GB/T 453 纸和纸板抗张强度的测定(恒速加荷法)(GB/T 453—2002,idt ISO 1924-1:1992)

GB/T 457 纸耐折度的测定(肖伯尔法)(GB/T 457—2002,eqv ISO 5626:1993)

GB/T 459 纸和纸板伸缩性的测定(GB/T 459—2002,eqv ISO 5635:1978)

GB/T 460 纸施胶度的测定(墨水划线法)

GB/T 462 纸和纸板 水分的测定(GB/T 462—2003,ISO 287:1991,MOD)

GB/T 465.2 纸和纸板按规定时间浸水后抗张强度的测定法(GB/T 465.2—1983,eqv ISO 3781:1988)

GB/T 1541 纸和纸板尘埃度的测定法(GB/T 1541—1989,neq TAPPI T437om—1985)

GB/T 2828.1 计数抽样检验程序 第1部分:按接收质量限(AQL)检索的逐批检查抽样计划(GB/T 2828.1—2003,ISO 2859-1:1999,IDT)

GB/T 7974 纸、纸板和纸浆亮度(白度)的测定 漫射/垂直法(GB/T 7974—2002,neq ISO 2470:1999)

GB/T 8940.1 纸和纸板白度测定法 45/0定向反射法

GB/T 10342 纸张的包装和标志

GB/T 10739 纸、纸板和纸浆试样处理和试验的标准大气条件(GB/T 10739—2002,eqv ISO 187:1990)

GB/T 12914 纸和纸板抗张强度的测定法(恒速拉伸法)(GB/T 12914—1991,eqv ISO 1924-2:1985)

3 分类

3.1 制图纸按质量水平分为优等品、一等品、合格品。

3.2 制图纸分为平板纸、卷筒纸。

4 要求

4.1 制图纸的技术指标应符合表1或合同要求。

4.2 平板纸尺寸符合合同要求,尺寸偏差应不超过±3 mm,偏斜度应不超过3 mm。

4.3 卷筒纸规格符合合同要求，宽度偏差应不超过±3 mm。

表 1

<table>
<tr><th colspan="3" rowspan="2">指标名称</th><th rowspan="2">单　位</th><th colspan="3">规　定</th></tr>
<tr><th>优等品</th><th>一等品</th><th>合格品</th></tr>
<tr><td colspan="3">定量</td><td>g/m²</td><td>150±5　180±6
200±6　240±7</td><td colspan="2">100±4　120±4
130±5　150±5</td></tr>
<tr><td colspan="3">紧度　≥</td><td>g/cm³</td><td>0.8</td><td>0.75</td><td>0.6</td></tr>
<tr><td colspan="3">抗张指数　纵横向平均　≥</td><td>N·m/g</td><td>37.7</td><td>31.3</td><td>29.4</td></tr>
<tr><td colspan="3">耐折度　纵横向平均　≥</td><td>次</td><td>65</td><td>25</td><td>20</td></tr>
<tr><td colspan="3">施胶度　≥</td><td>mm</td><td>2.0</td><td>1.5</td><td>1.2</td></tr>
<tr><td colspan="3">亮度(白度)　≥</td><td>%</td><td>80.0</td><td>75.0</td><td>72.0</td></tr>
<tr><td colspan="3">伸缩性　横向　≤</td><td>%</td><td>−0.6</td><td>—</td><td>—</td></tr>
<tr><td colspan="3">浸水后抗张强度保留率　≥</td><td>%</td><td colspan="3">15</td></tr>
<tr><td colspan="3">可涂改次数　≥</td><td>次</td><td>2</td><td>—</td><td>—</td></tr>
<tr><td colspan="3">耐擦性　≥</td><td>次</td><td>—</td><td>3</td><td>5</td></tr>
<tr><td rowspan="4">尘埃度</td><td rowspan="2">普通尘埃</td><td>(0.5～2.0) mm²　≤</td><td rowspan="4">个/m²</td><td>150</td><td>175</td><td>180</td></tr>
<tr><td>大于 2.0 mm²</td><td colspan="3">不应有</td></tr>
<tr><td rowspan="2">黑色尘埃</td><td>(0.2～1.0) mm²　≤</td><td>50</td><td>—</td><td>—</td></tr>
<tr><td>大于 1.0 mm²</td><td>不应有</td><td>—</td><td>—</td></tr>
<tr><td colspan="3">交货水分</td><td>%</td><td colspan="3">7.0±2.0</td></tr>
</table>

4.4 纸的纤维组织应均匀，纸面应平整。

4.5 纸张切边应整齐洁净。

4.6 纸面不应有折子、皱纹、残缺、孔眼、透明点、斑点、沙粒、起拱、硬质块等影响使用的外观缺陷。

4.7 墨线划在纸上应均匀，不应发生中断现象。

5 试验方法

5.1 试样的采取按 GB/T 450 进行。

5.2 试样处理和试验的标准大气按 GB/T 10739 进行。

5.3 尺寸及偏斜度按 GB/T 451.1 测定。

5.4 定量按 GB/T 451.2 测定。

5.5 紧度按 GB/T 451.3 测定。

5.6 抗张指数按 GB/T 453 或 GB/T 12914 测定，仲裁时按 GB/T 12914 测定。

5.7 耐折度按 GB/T 457 测定。

5.8 施胶度按 GB/T 460 测定。

5.9 亮度(白度)按 GB/T 7974 或按 GB/T 8940.1 测定，仲裁时按 GB/T 7974 测定。

5.10 伸缩性按 GB/T 459 测定，浸湿并干燥后测定。

5.11 浸水后抗张强度保留率按 GB/T 465.2 测定。

5.12 可涂改次数的测定：取 100 mm×100 mm 试样六张，正反面各测三张，先用绘图墨水划上宽度为 1.5 mm 的线条，10 min 后，用双面刮刀仔细将线条刮去，用圆头玻璃棒压紧压平，在同一位置上用墨水划上相同宽度的线条，线条不应带毛刺和扩散现象。

5.13 耐擦性的测定：取 100 mm×100 mm 试样六张，正反面各测三张，先用 HB 绘图铅笔画上长度为

50 mm、宽度为 0.5 mm～1.0 mm 的线条，再用绘图橡皮擦去线条，按标准规定反复进行，纸张不应有起毛现象，在同一位置上再用标准墨水划上宽度为 1.5 mm、长度为 50 mm 的线条，线条不应有带刺和扩散现象。

5.14 尘埃度按 GB/T 1541 测定。

5.15 水分按 GB/T 462 测定。

5.16 外观质量用目测。

6 抽样

6.1 以一次交货数量为一批，但不多于 30t。

6.2 生产厂应保证所生产的制图纸符合本标准的规定。

6.3 计数抽样检验程序按 GB/T 2828.1 规定进行。平板纸样本单位为令，卷筒纸样本单位为卷。接收质量限(AQL)：紧度、可涂改次数、耐擦性 AQL＝4.0，定量、抗张指数、耐折度、施胶度、亮度(白度)、伸缩性、浸水后抗张强度保留率、尘埃度、交货水分、尺寸偏差、外观质量 AQL＝6.5。抽样方案采用正常检验二次抽样方案，检查水平为一般检查水平 I。见表 2。

表 2

批　　量/令或卷	抽样方案				
	正常检验二次抽样方案　一般检查水平 I				
	样本量	AQL＝4.0		AQL＝6.5	
		Ac	Re	Ac	Re
≤25	3	0	1	0	1
26～90	3	0	1	—	—
	5	—	—	0	1
	5(10)	—	—	1	2
91～280	8	0	2	0	3
	8(16)	1	2	3	4

6.4 可接收性的确定：第一次检验的样品数量应等于该方案给出的第一样本量。如果第一样本中发现的不合格品数小于或等于第一接收数，应认为该批是可接收的；如果第一样本中发现的不合格品数大于或等于第一拒收数，应认为该批是不可接收的。如果第一样本中发现的不合格品数介于第一接收数与第一拒收数之间，应检验由方案给出样本量的第二样本并累计在第一样本和第二样本中发现的不合格品数。如果不合格品累计数小于或等于第二接收数，则判定批是可接收的；如果不合格品累计数大于或等于第二拒收数，则判定该批是不可接收的。

6.5 需方有权检查该批产品的质量是否符合本标准的要求，若对产品质量有异议，应在到货后一个月内通知供方，由供需双方共同取样进行复验，如不符合本标准规定，则判为批不可接收，由供方负责处理；若符合本标准的规定，则判为批可接收，由需方负责处理。

7 标志、包装、运输、贮存

7.1 制图纸的标志、包装按 GB/T 10342 或合同规定进行。

7.2 运输时应使用防雨、防潮、洁净的运输工具，不应将纸件从高处扔下。

7.3 贮存应妥善保管，防止雨雪和地面潮湿的影响。

ICS 77.150.30
H 62

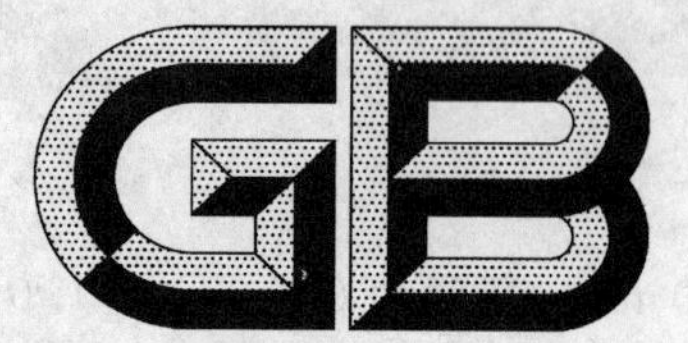

中华人民共和国国家标准

GB/T 1527—2006
代替 GB/T 1527—1997,GB/T 8010—1987

铜及铜合金拉制管

Drawn tube of copper and copper alloys

2006-09-26 发布　　　　2007-02-01 实施

中华人民共和国国家质量监督检验检疫总局
中国国家标准化管理委员会　发布

前 言

本标准参照了 EN 12449:1999《铜及铜合金 一般用途的无缝圆形管》。

本标准代替 GB/T 1527—1997《铜及铜合金拉制管》和 GB/T 8010—1987《气门嘴用 HPb63-0.1 铅黄铜管》。

本标准与 GB/T 1527—1997、GB/T 8010—1987 相比,主要变化如下:

——增加了对一般用途的拉制矩(方)形纯铜、黄铜管材的相应规定;

——增加了 H90、H85、H85A、H80、H70、H70A、H68A、H65、H65A、H63、H59、HPb66-0.5、HPb59-1、BFe10-1-1 和 BFe30-1-1 牌号;

——对纯铜、黄铜管材的状态进行了调整,增加了轻软(M_2)状态,部分牌号增加了硬(Y)、半硬(Y2)状态;

——对管材的规格进行了调整;

——取消了拉伸试验采用长试样的规定,即删除了对"伸长率 $A_{11.3}$"的规定;

——增加了管材选作硬度(维氏硬度或布氏硬度)试验的规定;

——纯铜管材的拉伸试验参照 EN 标准重新进行了规定。硬(Y)状态力学性能由原来的按外径分档改为按壁厚分档;增加了无氧铜管材力学性能的规定;取消了半硬(Y2)状态的管材抗拉强度上限的规定,改由伸长率指标限制抗拉强度;

——黄铜管材的拉伸试验参照 EN 标准重新进行了规定;

——取消了对 HPb63-0.1Y_3(1/3 硬)状态力学性能按规格分档的规定;

——参照 EN 标准,对 BFe10-1-1 和 BFe30-1-1 不同状态管材的力学性能进行了规定;

——将纯铜管材的"压扁试验"由"保证项目"改为"选作项目";删除了半硬(Y2)、硬(Y)管材退火制度的规定,代之于"完全退火"的规定;

——规定了完全退火后的管材均可选作压扁试验;

——参照 EN 标准,对完全退火圆管的扩口试验进行了统一的规定:顶心锥度为 45°,扩口量为 30%;

——删除了对管材进行液压试验的规定;

——增加了"冷加工状态(包括退火前的冷加工状态)的管材可进行涡流探伤试验"的选作规定;

——增加了对软状态、轻软状态管材可进行晶粒度检测的选作规定;

——对有耐蚀要求的管材规定了耐脱锌腐蚀试验选作项目;

——删除了无氧铜含氧量用金相法检测的规定;

——参照 EN 标准,对表面质量的规定进行了完善;

——对拉伸试验用试样的选取作出了明确规定。

本标准由中国有色金属工业协会提出。

本标准由全国有色金属标准化技术委员会归口。

本标准由中铝洛阳铜业有限公司、浙江海亮股份有限公司负责起草。

本标准由浙江飞达铜材有限公司参加起草。

本标准主要起草人：孟惠娟、曹建国、杨海丽、赵学龙、赵万花、魏连运、薛建生、郭慧稳、庹威、张云飞。

本标准由全国有色金属标准化技术委员会负责解释。

本标准的历次版本发布情况为：

——GB/T 1527—1979、GB/T 1529—1979、GB/T 1527—1987、GB/T 1529—1987、GB/T 8006—1987、GB/T 8007—1987、GB/T 8010—1987、GB/T 1527—1997。

铜及铜合金拉制管

1 范围

本标准规定了铜及铜合金拉制管的要求、试验方法、检验规则、标志、包装、运输、贮存及订货单内容。

本标准适用于一般用途的圆形、矩(方)形铜及铜合金拉制管材。

2 规范性引用文件

下列文件中的条款通过本标准的引用而成为本标准的条款。凡是注日期的引用文件,其随后所有的修改单(不包括勘误的内容)或修订版均不适用于标准,然而,鼓励根据本标准达成协议的各方研究是否可使用这些文件的最新版本。凡是不注日期的引用文件,其最新版本适用于本标准。

GB/T 228—2002 金属材料 室温拉伸试验方法

GB/T 231.1 金属布氏硬度试验 第1部分:试验方法

GB/T 242 金属管 扩口试验方法

GB/T 246 金属管 压扁试验方法

GB/T 2828.1 计数抽样检验程序 第1部分:按接收质量限(AQL)检索的逐批检验抽样计划

GB/T 4340.1 金属维氏硬度试验 第1部分:试验方法

GB/T 5121(所有部分) 铜及铜合金化学分析方法

GB/T 5231 加工铜及铜合金化学成分和产品形状

GB/T 5248 铜及铜合金无缝管涡流探伤方法

GB/T 8888 重有色金属加工产品的包装、标志、运输和贮存

GB/T 10119 黄铜耐脱锌腐蚀性能的测定

GB/T 10567.1 铜及铜合金加工材残余应力检验方法 硝酸亚汞试验法

GB/T 10567.2 铜及铜合金加工材残余应力检验方法 氨熏试验法

GB/T 16866 铜及铜合金无缝管材外形尺寸及允许偏差

YS/T 347 铜及铜合金平均晶粒度测定方法

3 要求

3.1 产品分类

3.1.1 牌号、状态、规格

管材的牌号、状态和规格应符合表1的规定。

3.1.2 标记示例

产品标记按产品名称、牌号、状态、规格和标准编号的顺序表示。标记示例如下:

示例1:用T2制造的、软状态、外径为20 mm、壁厚为0.5 mm的圆形管材标记为:

管 T2M ϕ20×0.5 GB/T 1527—2006

示例2:用H62制造的、半硬状态、长边为20 mm,短边为15 mm、壁厚为0.5 mm的矩形管材标记为:

矩形管 H62 Y_2 20×15×0.5 GB/T 1527—2006

3.2 化学成分

各牌号的化学成分应符合GB/T 5231中相应牌号的规定。H65A牌号的As的含量为0.03%~0.06%,其他元素的含量同H65。

3.3 外形尺寸及允许偏差

管材的尺寸及其允许偏差应符合GB/T 16866的规定。

表 1 牌号、状态和规格

<table>
<tr><th rowspan="3">牌　　号</th><th rowspan="3">状　态</th><th colspan="4">规格/mm</th></tr>
<tr><th colspan="2">圆形</th><th colspan="2">矩(方)形</th></tr>
<tr><th>外径</th><th>壁厚</th><th>对边距</th><th>壁厚</th></tr>
<tr><td rowspan="2">T2、T3、TU1、TU2、TP1、TP2</td><td>软(M)、轻软(M_2)
硬(Y)、特硬(T)</td><td>3～360</td><td rowspan="2">0.5～15</td><td rowspan="6">3～100</td><td rowspan="2">1～10</td></tr>
<tr><td>半硬(Y_2)</td><td>3～100</td></tr>
<tr><td>H96、H90</td><td rowspan="4">软(M)、轻软(M_2)
半硬(Y_2)、硬(Y)</td><td rowspan="2">3～200</td><td rowspan="4">0.2～10</td><td rowspan="4">0.2～7</td></tr>
<tr><td>H85、H80、H85A</td></tr>
<tr><td>H70、H68、H59、HPb59-1、
HSn62-1、HSn70-1、H70A、H68A</td><td>3～100</td></tr>
<tr><td>H65、H63、H62、HPb66-0.5、H65A</td><td>3～200</td></tr>
<tr><td rowspan="2">HPb63-0.1</td><td>半硬(Y_2)</td><td>18～31</td><td>6.5～13</td><td rowspan="2">—</td><td rowspan="2">—</td></tr>
<tr><td>1/3 硬(Y_3)</td><td>8～31</td><td>3.0～13</td></tr>
<tr><td>BZn15-20</td><td>硬(Y)、半硬(Y_2)、软(M)</td><td>4～40</td><td rowspan="3">0.5～8</td><td rowspan="3">—</td><td rowspan="3">—</td></tr>
<tr><td>BFe10-1-1</td><td>硬(Y)、半硬(Y_2)、软(M)</td><td>8～160</td></tr>
<tr><td>BFe30-1-1</td><td>半硬(Y_2)、软(M)</td><td>8～80</td></tr>
</table>

注 1：外径≤100 mm 的圆形直管，供应长度为 1 000 mm～7 000 mm；其他规格的圆形直管供应长度为 500 mm ～6 000 mm；

注 2：矩(方)形直管的供应长度为 1 000 mm～5 000 mm；

注 3：外径≤30 mm、壁厚＜3 mm 的圆形管材和圆周长≤100 mm 或圆周长与壁厚之比≤15 的矩(方)形管材，可供应长度≥6 000 mm 的盘管。

3.4 力学性能

纯铜圆形管材的纵向室温力学性能应符合表 2 的规定，矩(方)形管材的室温力学性能由供需双方协商确定。黄铜、白铜管材的纵向室温力学性能应符合表 3 的规定。需方有要求并在合同中注明时，可选择维氏硬度或布氏硬度试验。当选择硬度试验时，拉伸试验结果仅供参考。

表 2 纯铜管的力学性能

<table>
<tr><th rowspan="2">牌号</th><th rowspan="2">状态</th><th rowspan="2">壁厚/mm</th><th colspan="2">拉伸试验</th><th colspan="2">硬度试验</th></tr>
<tr><th>抗拉强度 R_m/MPa 不小于</th><th>伸长率 A/% 不小于</th><th>维氏硬度[b]/HV</th><th>布氏硬度[c]/HB</th></tr>
<tr><td rowspan="7">T2、T3、
TU1、TU2、
TP1、TP2</td><td>软(M)</td><td>所有</td><td>200</td><td>40</td><td>40～65</td><td>35～60</td></tr>
<tr><td>轻软(M_2)</td><td>所有</td><td>220</td><td>40</td><td>45～75</td><td>40～70</td></tr>
<tr><td>半硬(Y_2)</td><td>所有</td><td>250</td><td>20</td><td>70～100</td><td>65～95</td></tr>
<tr><td rowspan="3">硬(Y)</td><td>≤6</td><td>290</td><td>—</td><td>95～120</td><td>90～115</td></tr>
<tr><td>＞6～10</td><td>265</td><td>—</td><td>75～110</td><td>70～105</td></tr>
<tr><td>＞10～15</td><td>250</td><td>—</td><td>70～100</td><td>65～95</td></tr>
<tr><td>特硬[a](T)</td><td>所有</td><td>360</td><td>—</td><td>≥110</td><td>≥150</td></tr>
</table>

注 a：特硬(T)状态的抗拉强度仅适用于壁厚≤3 mm 的管材；壁厚＞3 mm 的管材，其性能由供需双方协商确定。

注 b：维氏硬度试验负荷由供需双方协商确定。软(M)状态的维氏硬度试验仅适用于壁厚≥1 mm 的管材。

注 c：布氏硬度试验仅适用于壁厚≥3mm 的管材。

表 3　黄铜、白铜管的力学性能

牌号	状态	拉伸试验		硬度试验	
		抗拉强度 R_m/MPa 不小于	伸长率 A/% 不小于	维氏硬度[a]/HV	布氏硬度[b]/HB
H96	M	205	42	45～70	40～65
	M_2	220	35	50～75	45～70
	Y_2	260	18	75～105	70～100
	Y	320	—	≥95	≥90
H90	M	220	42	45～75	40～70
	M_2	240	35	50～80	45～75
	Y_2	300	18	75～105	70～100
	Y	360	—	≥100	≥95
H85、H85A	M	240	43	45～75	40～70
	M_2	260	35	50～80	45～75
	Y_2	310	18	80～110	75～105
	Y	370	—	≥105	≥100
H80	M	240	43	45～75	40～70
	M_2	260	40	55～85	50～80
	Y_2	320	25	85～120	80～115
	Y	390	—	≥115	≥110
H70、H68、H70A、H68A	M	280	43	55～85	50～80
	M_2	350	25	85～120	80～115
	Y_2	370	18	95～125	90～120
	Y	420	—	≥115	≥110
H65、HPb66-0.5、H65A	M	290	43	55～85	50～80
	M_2	360	25	80～115	75～110
	Y_2	370	18	90～120	85～115
	Y	430	—	≥110	≥105
H63、H62	M	300	43	60～90	55～85
	M_2	360	25	75～110	70～105
	Y_2	370	18	85～120	80～115
	Y	440	—	≥115	≥110
H59、HPb59-1	M	340	35	75～105	70～100
	M_2	370	20	85～115	80～110
	Y_2	410	15	100～130	95～125
	Y	470	—	≥125	≥120

表 3（续）

牌号	状态	拉伸试验		硬度试验	
		抗拉强度 R_m/MPa 不小于	伸长率 A/% 不小于	维氏硬度[a]/HV	布氏硬度[b]/HB
HSn70-1	M	295	40	60～90	55～85
	M_2	320	35	70～100	65～95
	Y_2	370	20	85～110	80～105
	Y	455	—	≥110	≥105
HSn62-1	M	295	35	60～90	55～85
	M_2	335	30	75～105	70～100
	Y_2	370	20	85～110	80～105
	Y	455	—	≥110	≥105
HPb63-0.1	半硬(Y_2)	353	20	—	110～165
	1/3 硬(Y_3)	—	—	—	70～125
BZn15-20	软(M)	295	35	—	—
	半硬(Y_2)	390	20	—	—
	硬(Y)	490	8	—	—
BFe10-1-1	软(M)	290	30	75～110	70～105
	半硬(Y_2)	310	12	105	100
	硬(Y)	480	8	150	145
BFe30-1-1	软(M)	370	35	135	130
	半硬(Y_2)	480	12	85～120	80～115

注 a：维氏硬度试验负荷由供需双方协商确定。软(M)状态的维氏硬度试验仅适用于壁厚≥0.5 mm 的管材。

注 b：布氏硬度试验仅适用于壁厚≥3 mm 的管材。

3.5 工艺性能

需方要求并在合同中注明时，完全退火后的圆形管材可进行压扁试验或扩口试验。试验后的管材不应有肉眼可见的裂纹和裂口。

3.5.1 压扁试验

压扁后的内壁间距应不大于壁厚。

3.5.2 扩口试验

顶心锥度为 45°，扩口量为 30%。

3.6 涡流探伤试验

需方要求并在合同中注明时，冷加工状态(包括退火前的冷加工状态)的管材可进行涡流探伤试验，其人工标准缺陷(钻孔直径)应符合 GB/T 5248 的规定。

3.7 晶粒度

需方要求并在合同中注明时，软状态和轻软状态的管材可进行晶粒度检验。管材的平均晶粒度由供需双方协商确定。

3.8 残余应力试验

管材应消除残余应力退火。需方要求并在合同中注明时,可进行残余应力试验,试验后管材不应出现裂纹。

3.9 耐脱锌腐蚀试验

需方要求并在合同中注明时,有耐蚀要求的黄铜管材可进行耐脱锌腐蚀性能试验,耐脱锌腐蚀性能的要求由供需双方协商确定。

3.10 表面质量

3.10.1 管材的内外表面应光滑、清洁,不应有分层、针孔、裂纹、起皮、气泡、粗拉道和夹杂等影响使用的缺陷。

3.10.2 管材表面允许有轻微的、局部的、不使管材外径和壁厚超出允许偏差的细划纹、凹坑、压入物和斑点等缺陷。

轻微的矫直和车削痕迹、环状痕迹、氧化色、发暗、水迹、油迹不作报废依据。

3.10.3 如对管材的表面质量有特殊要求(如酸洗、除油等),由供需双方协商确定,并在合同中注明。

4 试验方法

4.1 化学成分的仲裁分析方法

管材的化学成分的仲裁分析按 GB/T 5121 的规定进行。

4.2 外形尺寸测量方法

管材的外形尺寸应用相应精度的测量工具进行测量。

4.3 力学性能试验方法

4.3.1 管材的拉伸试验按 GB/T 228 的规定进行。试验用试样应符合 GB/T 228—2002 的规定,试样的选取见表 4。

表 4 拉伸试样

外径/mm	壁厚/mm	GB/T 228 中的附录	GB/T 228 中的表	GB/T 228 中的试样号
<30	≤8	D	D2	S7
30～50	<8	D	D1	S1
>50～70	<8	D	D1	S2
>70	<8	D	D1	S3
≥30	8～13	D	D3	R7
≥30	>13	D	D3	R5

4.3.2 管材的维氏硬度试验按 GB/T 4340.1 的规定进行。

4.3.3 管材的布氏硬度试验按 GB/T 231.1 的规定进行。

4.4 工艺性能检验方法

4.4.1 管材的压扁试验按 GB/T 242 的规定进行。

4.4.2 管材的扩口试验按 GB/T 242 的规定进行。

4.5 涡流探伤检验方法

管材的涡流探伤试验按 GB/T 5248 的规定进行。

4.6 晶粒度检验方法

管材的晶粒度检验按 YS/T 347 的规定进行。

4.7 残余应力检验方法

管材的残余应力试验推荐采用氨熏试验方法。

4.7.1 管材的氨熏试验方法按 GB/T 10567.2 的规定进行。

4.7.2 管材的硝酸亚汞试验方法按 GB/T 10567.1 的规定进行。

4.8 耐脱锌腐蚀检验方法

管材的耐脱锌腐蚀性能检验方法按 GB/T 10119 的规定进行。

4.9 表面质量检查方法

管材的表面质量应用目视进行检验。

5 检验规则

5.1 检查和验收

5.1.1 管材应由供方技术监督部门进行检验,保证产品质量符合本标准的规定,并填写质量证明书。

5.1.2 需方应对收到的产品按本标准的规定进行复验,复验结果与本标准或订货合同的规定不符时,应以书面形式向供方提出,由供需双方协商解决。属于表面质量及尺寸偏差的异议,应在收到产品之日起一个月内提出;属于其他性能的异议,应在收到产品之日起三个月内提出。如需仲裁,仲裁取样应由供需双方共同进行。

5.2 组批

管材应成批提交验收,每批应由同一牌号、状态和规格组成。每批重量应不大于 5 000 kg。

5.3 检验项目

5.3.1 每批管材应进行化学成分、外形尺寸、拉伸试验和表面质量的检验。

5.3.2 如有要求,也可进行硬度(维氏硬度或布氏硬度)、工艺性能(扩口试验或压扁试验)、涡流探伤、晶粒度、残余应力和耐脱锌腐蚀性能的检验。

5.4 取样

管材取样应符合表 5 的规定。

表 5 取样

检验项目	取样规定	要求的章条号	试验方法的章条号
化学成分[a]	1 个试样/熔次(供方),1 个试样/批(需方)	3.2	4.1
外形尺寸[b]	按照 GB/T 2828.1 规定的取样或供需双方协商	3.3	4.2
力学性能	任取 2 根/批、1 个试样/根	3.4	4.3
工艺性能	任取 2 根/批、1 个试样/根	3.5	4.4
涡流探伤	逐根	3.6	4.5
晶粒度	任取 2 根/批、1 个试样/根	3.7	4.6
残余应力	任取 2 根/批,每根取 1 个长 150 mm 的试样	3.8	4.7
耐脱锌腐蚀性能	任取 2 根/批、1 个试样/根	3.9	4.8
表面质量[b]	按照 GB/T 2828.1 规定的取样或供需双方协商	3.10	4.9

a 无氧铜的含氧量取样,应在成品批中加取,每批任取 1 根。

b 接收质量限 AQL=4。

5.5 检验结果的判定

5.5.1 化学成分(除无氧铜的含氧量以外)不合格时,判该批管材不合格。

5.5.2 管材的外形尺寸和表面质量不合格时,按根判不合格。每批中不合格件数超出接收质量限时判搜批不合格,或由供方逐根检验,合格者交货。

5.5.3 当力学性能、工艺性能、晶粒度、无氧铜的含氧量、残余应力和耐脱锌腐蚀性能的试验结果中有试样不合格时,应从该批管材中另取双倍数量的试样进行重复试验,重复试验结果全部合格,则判整批管材合格。若重复试验结果仍有试样不合格,则判该批管材不合格,或由供方逐根检验,合格者交货。

5.5.4 涡流探伤不合格时,判单根管材不合格。

5.5.5 当出现其他缺陷时,该批管材由供需双方协商解决。

6 标志、包装、运输、贮存和质量证明书

管材的标志、包装、运输、贮存和质量证明书应符合 GB/T 8888 的规定。

7 订货单(或合同)内容

订购本标准所列材料的订货单(或合同)内应包括下列内容:

a) 产品名称;

b) 牌号;

c) 状态;

d) 规格;

e) 尺寸允许偏差(有特殊要求时或高精级);

f) 重量或根(盘)数;

g) 硬度(有要求时);

h) 工艺性能(有要求时);

i) 涡流探伤(有要求时);

j) 晶粒度(有要求时);

k) 残余应力检验(有要求时);

l) 耐脱锌腐蚀性能(有要求时);

m) 表面质量(有特殊要求时);

n) 其他;

o) 本标准编号。

ICS 77.040.01
H 17

中华人民共和国国家标准

GB/T 1557—2006
代替 GB/T 1557—1989、GB/T 14143—1993

硅晶体中间隙氧含量的红外吸收测量方法

The method of determining interstitial oxygen content in silicon by infrared absorption

2006-07-18 发布　　2006-11-01 实施

中华人民共和国国家质量监督检验检疫总局
中国国家标准化管理委员会　发布

前　言

本标准是对GB/T 1557—1989、GB/T 14143—1993进行的整合修订。本标准在原标准基础上，修改采用ASTM F 1188:2000《用红外吸收法测量硅中间隙氧原子含量的标准方法》。

本标准与ASTM F 1188:2000的一致性程度为修改，其差异如下：

——删去了ASTM F 1188:2000第1章"范围"中涉及方法原理、安全的1.3、1.4条及第5章"意义和用途"；

——将ASTM F 1188:2000第8章"仪器测试"和第10章"测量步骤"并为第8章"测量步骤"；

本标准与原标准相比主要变动如下：

——采用ASTM F 1188:2000第7章"仪器"(删去其中7.2条)作为第6章"测量仪器"；

——采用ASTM F 1188:2000第11章"计算"中的计算公式替代原GB/T 1557—1989、GB/T 14143—1993的计算公式；

——参照ASTM F 1188:2000增加了"术语"章和"干扰因素"章；

——参照ASTM F 1188:2000增加了采用经认证的硅中氧含量标准物质对光谱仪进行校准的内容；

——参照ASTM F 1188:2000将原GB/T 1557—1989、GB/T 14143—1993规定的"本标准适用于室温电阻率大于0.1 Ω·cm的硅晶体"改为"本标准适用于室温电阻率大于0.1Ω·cm的n型硅单晶和室温电阻率大于0.5 Ω·cm的p型硅单晶"；

——采用ASTM F 1188:2000中规定的0.04 cm～0.4 cm样品厚度范围替代原GB/T 1557—1989、GB/T 14143—1993规定的样品厚度范围；

——规定的氧含量测量范围替代原GB/T 1557—1989、GB/T 14143—1993的测量范围；

——删去了原GB/T 1557—1989、GB/T 14143—1993的附录，采用ASTMF 1188:2000的附录X1作为本标准的附录A。

本标准的附录A是资料性附录。

本标准自实施之日起，同时代替GB/T 1557—1989、GB/T 14143—1993。

本标准由中国有色金属工业协会提出。

本标准由全国有色金属标准化技术委员会归口。

本标准起草单位：峨眉半导体材料厂。

本标准主要起草人：梁洪、覃锐兵、王炎。

本标准由全国有色金属标准化技术委员会负责解释。

本标准所代替标准的历次版本发布情况为：

——GB/T 1557—1989、——GB/T 14143—1993。

硅晶体中间隙氧含量的红外吸收测量方法

1 范围

本标准规定了采用红外光谱法测定硅单晶中的间隙氧含量的方法。

本标准适用于室温电阻率大于 0.1 Ω·cm 的 n 型硅单晶和室温电阻率大于 0.5 Ω·cm 的 p 型硅单晶中间隙氧含量的测量。

本标准测量氧含量的有效范围从 1×10^{16} at·cm^{-3} 到硅中间隙氧的最大固溶度。

2 规范性引用文件

下列文件中的条款通过本标准的引用而成为本标准的条款。凡是注日期的引用文件，其随后所有的修改单(不包括勘误的内容)或修订版均不适用于本标准，然而，鼓励根据本标准达成协议的各方研究是否可使用这些文件的最新版本。凡是不注日期的引用文件，其最新版本适用于本标准。

GB/T 14264 半导体材料术语

ASTM E 131 分子光谱有关术语

3 术语和定义

GB/T 14264 和 ASTM E 131 确立的以下术语和定义适用于本标准。

3.1

色散型红外光谱仪 dispersive infrared spectrophotometer

一种使用棱镜或光栅作为色散元件的红外光谱仪。它通过振幅-波数(或波长)光谱图获取数据。

3.2

傅立叶变换红外光谱仪 Fourier transform infrared spectrophotometer

一种通过傅立叶变换将由干涉仪得到的干涉谱图转换为振幅-波数(或波长)光谱图来获取数据的红外光谱仪。

3.3

参比光谱 reference spectrum

参比样品的光谱。当用双光束光谱仪测量时，它可以通过直接将参比样品放入样品光路，让参比光路空着获得；在用单光束光谱仪测量时，它可以通过由红外光路中获得的参比样品的光谱计算扣除背景光谱后获得。

3.4

样品光谱 sample spectrum

测试样品的光谱。当用双光束光谱仪测量时，它可以通过直接将测试样品放入样品光路，让参比光路空着获得；在用单光束光谱仪测量时，它是由测试样品放入红外光路获得的光谱扣除背景光谱后算出的。

4 方法原理

使用经过校准的红外光谱仪和适当的参比材料，通过参比法获得双面抛光含氧硅片的红外透射谱图。无氧参比样品的厚度应尽可能与测试样品的厚度一致，以便消除由硅晶格振动引起的吸收的影响。利用 1 107 cm^{-1} 处硅-氧吸收谱带的吸收系数用来计算硅片间隙氧浓度。

5 干扰因素

5.1 在氧吸收谱带位置有一个硅晶格吸收振动谱带，无氧参比样品的厚度与测试样品的厚度差应小于±0.5%以避免硅晶格吸收的影响。

5.2 由于氧吸收谱带和硅晶格吸收谱带都会随样品温度的改变而改变，因此测试期间光谱仪样品室的温度必须恒定在27℃±5℃。

5.3 电阻率低于1 Ω·cm的n型硅单晶和电阻率低于3.0 Ω·cm的p型硅单晶中的自由载流子吸收较为严重，因此在测试这些电阻率的样品时，参比样品的电阻率应尽量与其一致，以保证扣除参比光谱后样品的透射光谱在1 600 cm^{-1}处的透过率为100%±0.5%。

5.4 电阻率低于0.1 Ω·cm的n型硅单晶和电阻率低于0.5 Ω·cm的p型硅单晶中的自由载流子吸收会使大多数光谱仪难以获得满意的能量。

5.5 沉淀氧浓度较高时，其在1 230 cm^{-1}或1 073 cm^{-1}处的吸收谱带可能会导致间隙氧浓度的测量误差。

5.6 300 K时，硅中间隙氧吸收谱带的半高宽(FWHM)应为32 cm^{-1}。在光谱计算时，较大的半高宽将导致测试误差。

6 测量仪器

6.1 红外光谱仪

傅立叶变换红外光谱仪的分辨率应达到4 cm^{-1}或更好，色散型光谱仪的分辨率应达到5 cm^{-1}或更好。

6.2 样品架

如果测试样品较小，则应将它安放到一个有小孔的架子上以阻止任何红外光线从样品的旁路通过。样品应垂直或基本垂直于红外光束的轴线方向。

6.3 千分尺

千分尺或其他适用于样品厚度测量的设备，误差小于±0.2%。

6.4 热电偶——毫伏计

热电偶——毫伏计或其他适用于测试期间对样品温度进行测量的测量系统。

7 样品制备

7.1 本方法中样品的厚度范围为0.04 cm～0.4 cm。

7.2 切取硅单晶样片，样片经双面研磨、抛光后用千分尺或其他设备测量其厚度。加工后样片的两个面应尽可能平行，所成角度小于5°，其厚度差应小于等于0.5%，表面平整度应小于所测杂质谱带最大吸收处波长的1/4。样品表面不应有氧化层。

7.3 因为本测试方法包含了不同生产工艺的样品，应准备与测试样品相同材质的无氧单晶作为参比样品。参比单晶的加工精度应与测试样品的加工精度相同，参比样品与测试样品的厚度差不超过±0.5%。

从5到10个被认为是无氧的硅单晶片中选取氧含量尽可能低的硅单晶片，将这些硅片相互作为参比进行比较，选择吸收系数最低的作为参比样品。

8 测量步骤

8.1 光谱仪的校准

依照设备说明书，用经过认定的硅中氧含量的标准物质对光谱仪进行校准。

8.2 设备检查

8.2.1 通过测量确定100%基线的噪声水平。测量时，双光束光谱仪在样品和参比光路都是空着的情况下记录透射光谱；单光束光谱仪用在样品光路空着的情况下先后两次记录的光谱之比获得透射光谱。画出透射光谱从 900 cm^{-1}～1 300 cm^{-1} 波数范围的 100％基线，如果在这个范围内基线没有达到(100±5)％，则要增加测量时间直到达到为止。如果仍有问题则需要对设备进行维修。

8.2.2 确定 0％线，仅适用于色散型(DIR)设备。将样品光路遮挡，记录 900 cm^{-1}～1 300 cm^{-1} 波数范围内设备的零点。如果在此范围有较大的非零信号，则要检查设备是否有杂散光投射到探测器上。如果仍有问题则需要对设备进行维修。

8.2.3 记录光谱仪光通量特性曲线，仅适用于傅立叶变换红外光谱(FT－IR)设备。让样品光路空着，绘制从 450 cm^{-1}～4 000 cm^{-1} 波数范围的该单光束光谱图。依照设备说明书对设备进行适当的调整后记录下该光谱图，作为今后对设备性能进行评定的参考图谱。当获得的光谱与设备的参考图谱有较大的差异时，就要重新调整设备。

8.2.4 用空气参考法测量电阻率大于 5 Ω·cm 的双面抛光硅单晶薄片从 1 600 cm^{-1}～2 000 cm^{-1} 波数范围的光谱图，用来检验设备中刻度的线性度。如果这个波数范围内的透过率值不是(53.8±2)％，则需要将样品的放置方向在垂直于入射光的轴线方向上进行调整，倾斜角不超过 10°。

8.2.5 确定光谱的测量时间，将一个电阻率大于 5 Ω·cm，厚度 0.04 cm～0.065 cm，氧含量 6×10^{17} at·cm^3～9×10^{17} at·cm^3 的双面抛光硅单晶薄片通过傅立叶变换红外光谱(FT－IR)设备以 1 min扫描 64 次或色散型设备(DIR)以某一速度扫描获得记录有全峰高的透射谱图。如果谱图中氧吸收谱带的净振幅 $T_{base}-T_{peak}$ 与其标准偏差之比未超过 100，则需要增加扫描次数(FT－IR)或降低扫描速度(DIR)，直到达到指标为止。

8.3 表面处理

每个实验室在测量之前，首先要将包括参比样品在内的所有样品用 HF 腐蚀去除表面的氧化物。

8.4 厚度测量

测量测试样品和参比样品的厚度，两者中心的厚度差应小于±0.2％。如果测试样品和参比样品的厚度差大于±0.5％，则需要另外制作一个适当厚度的参比样品。

8.5 温度

测量并记录光谱仪样品室的温度。

8.6 测量红外透射光谱

8.6.1 获取光谱。必须保证红外光束是通过测试样品和参比样品的中心位置的。双光束色散型设备是通过在参比光路中放置无氧参比样品，在样品光路中放置测试样品获取透射光谱的。单光束设备是用测试样品光谱与参比样品光谱计算出透射光谱的。

8.7 绘制透射谱图

8.7.1 从 900 cm^{-1}～1 300 cm^{-1} 波数范围的透射谱图。

8.7.2 从 900 cm^{-1}～1 300 cm^{-1} 画一条直线作为基线。用 900 cm^{-1}～1 000 cm^{-1} 和 1 200 cm^{-1}～1 300 cm^{-1} 范围的平均透过率作为该直线的两个端点。

8.7.3 找出 1 102 cm^{-1}～1 112 cm^{-1} 波数范围内与最低透过率相对应的波数，记录下该波数值(保留 5 位有效数)W_p。记录最小透过率 T_p，作为吸收峰的峰值透过率。以 8.7.2 条确定的基线在 W_p 处的值，作为基线透过率 T_b。T_p 和 T_b 保留三位有效数。

8.8 记录

确定并记录吸收峰的半高宽(FWHM)。

9 计算

9.1 按下列公式计算峰值和基线吸收系数：

$$\alpha_p=-\frac{1}{x}\ln\left[\frac{(0.09-e^{1.70x})+\sqrt{(0.09-e^{1.70x})^2+0.36T_p^2e^{1.70x}}}{0.18T_p}\right] \quad\cdots\cdots\cdots\cdots(1)$$

$$\alpha_b = -\frac{1}{x}\ln\left[\frac{(0.09 - e^{1.70x}) + \sqrt{(0.09 - e^{1.70x})^2 + 0.36T_b^2 e^{1.70x}}}{0.18T_b}\right] \quad \cdots\cdots(2)$$

式中：

α_p——峰值吸收系数，cm^{-1}；

α_b——基线吸收系数，cm^{-1}；

x——样品厚度，cm；

T_p——峰值透过率，%；

T_b——基线透过率，%；

9.2 计算间隙氧的吸收系数 α_o：

$$\alpha_o = \alpha_p - \alpha_b \quad \cdots\cdots(3)$$

9.3 根据式(4)计算硅片间隙氧浓度 $N_{[o]}$，间隙氧浓度单位由 $at \cdot cm^{-3}$ 换算为 ppma 时，除以 5×10^{16} $[(at \cdot cm^{-3})/ppma]$。

$$N_{[o]} = 3.14 \times 10^{17}\alpha_o(at \cdot cm^{-3}) \quad \cdots\cdots(4)$$

10 报告

报告应提供以下内容：

a) 使用的设备，操作者和测量日期；

b) 测试样品和参比样品的编号；

c) 光谱仪样品室的温度；

d) 测试样品和参比样品的厚度；

e) 样品光照区域的位置和尺寸；

f) 光谱图吸收峰的半高宽；

g) 吸收峰的波数 W_p，cm^{-1}；

h) 间隙氧的吸收系数 α_o，cm^{-1}；

i) 间隙氧浓度 $N_{[o]}$，$at \cdot cm^{-3}$。

11 精密度

本测试方法单个实验室的测量精密度为±2%(RIS)，多个实验室的测量精密度为±3%(RIS)。

附 录 A
（资料性附录）
各标准校准因子之间的换算关系

A.1 这些年来，许多采用 1 107 cm^{-1}处的红外吸收峰来计算硅中间隙氧浓度的校准因子已被多个标准化发展组织所确定。现在所有的这些标准都已经被用 ICO—1988 的校准因子所修订，该校准因子能更正确地反映硅中真实的氧浓度与吸收峰之间的关系。然而，仍有许多旧的校准因子在日常的工业生产中被保留。下面给出了这些过时的，但仍在使用的因子之间简便的换算关系。

A.2 表 A.1 给出了多种已经被较新的版本所取代的校准因子。

表 A.1 校准因子

标准名称	采用 ppma 单位的校准因子	采用 at·cm^{-3}单位的校准因子
ASTM F 121:1983	4.90	2.45×10^{17}
JEIDA 61:1983	6.10	3.05×10^{17}
GB/T 1557—2006	6.28	3.14×10^{17}
DIN 50438-1 或 ICO:1988	6.28	3.14×10^{17}
ASTM F 121:1979	9.63	4.815×10^{17}

A.3 表 A.2 给出了这些校准因子之间的换算关系。

表 A.2 换算因子

标准名称	ASTM F 121:1983	JEIDA 61:1983	GB/T 1557—2006	DIN 50438-1 或 ICO:1988	ASTM F 121:1979
ASTM F 121:1983	1	1.245	1.282	1.282	1.965
JEIDA 61:1983	0.803	1	1.030	1.030	1.579
GB/T 1557—2006	0.780	0.971	1	1	1.533
DIN 50438-1 或 ICO:1988	0.780	0.971	1	1	1.533
ASTM F 121:1979	0.509	0.633	0.652	0.652	1

ICS 71.100.01;87.060.10
G 55

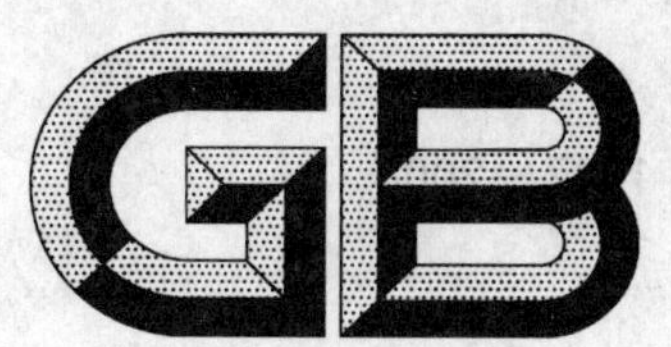

中华人民共和国国家标准

GB/T 1637—2006
代替 GB/T 1637—2003,GB/T 1638—2003

可溶性还原染料 色光和强度的测定

Solubilised vat dyes—Determination of shade and relative strength

2006-08-01 发布 2007-01-01 实施

中华人民共和国国家质量监督检验检疫总局
中国国家标准化管理委员会 发布

前　言

本标准代替 GB/T 1637—2003《可溶性还原染料　染色色光和强度的测定》和 GB/T 1638—2003《可溶性还原染料　印花色光和强度的测定》。

本标准与 GB/T 1637—2003 和 GB/T 1638—2003 的主要差异为：

——本标准整合了 GB/T 1637—2003 和 GB/T 1638—2003；

——将标准名称规范为《可溶性还原染料　色光和强度的测定》(GB/T 1637 和 GB/T 1638 的标题，本标准的标题)。

——取消了对印花机的具体规定及印花前对滚筒印花机的调试过程[GB/T 1638 的 5(b)、6.3.3]。

本标准由中国石油和化学工业协会提出。

本标准由全国染料标准化技术委员会(SAC/TC 134)归口。

本标准起草单位：沈阳化工研究院、大连理工大学精细化工国家重点实验室。

本标准主要起草人：姬兰琴、沈日炯、彭孝军。

GB/T 1637 于 1977 年首次发布为化工部颁标准 HG 2-1130—1977；1979 年制定为国家标准 GB 1637—1979，2003 年第一次修订为 GB/T 1637—2003；GB/T 1638 于 1977 年首次发布为化工部颁标准 HG 2-1131—1977；1979 年制定为国家标准 GB 1638—1979，2003 年第一次修订为 GB/T 1638—2003。2006 年第二次修订并整合为 GB/T 1637—2006。

可溶性还原染料　色光和强度的测定

1　范围

本标准规定了可溶性还原染料色光和强度的测定方法。

本标准适用于可溶性还原染料色光和强度的测定。

2　规范性引用文件

下列文件中的条款通过本标准的引用而成为本标准的条款。凡是注日期的引用文件，其随后所有的修改单(不包括勘误的内容)或修订版均不适用于本标准，然而，鼓励根据本标准达成协议的各方研究是否可使用这些文件的最新版本。凡是不注日期的引用文件，其最新版本适用于本标准。

GB/T 2374—1994　染料染色测定的一般条件规定

3　原理

用可溶性还原染料试样与同品种的标准样品于同一条件下，在棉、蚕丝纤维上进行染色或印花，然后以标准样品的染色强度为100分，色光为标准，进行目测比较或仪器测量比较，评定试样的色光和强度。

4　试剂和材料

试剂和材料应符合GB/T 2374—1994中第3章的有关规定。

a)　溶解盐B：工业品；

b)　硫代双乙醇：工业品；

c)　淀粉：小麦淀粉；

d)　合成龙胶：工业品；

e)　太古油：工业品；

f)　皂片：工业品，应不含荧光增白剂，并需符合下列要求(以干质量计)，见表1。

表1　皂片质量要求

项　　目		技　术　指　标
游离碱(以 Na_2CO_3 计)(质量分数)/%	≤	0.3
游离碱(以 NaOH 计)(质量分数)/%	≤	0.1
总脂肪物/(g/kg)	≥	850
制备肥皂混合脂肪酸冻点/℃	≤	30
碘值	≤	50
含水率(质量分数)/%	≤	5

5　设备

设备应符合GB/T 2374—1994中第5章的有关规定。

a)　加浆器：50 mL 玻璃甘油注射器或其他工具；

b)　印花机：实验室用小型印花机；

c) 汽蒸箱：加压直接汽蒸箱（表压为 50 kPa）或常压饱和蒸汽汽蒸箱；

d) 电热恒温烘箱或蒸汽烘筒。

6 试验方法

6.1 棉纤维染色方法

6.1.1 一般条件

染色一般条件应符合 GB/T 2374—1994 的有关规定。染色方法的选择需根据具体品种、性能，以给色力最高为原则。染色深度根据具体品种选定，以符合分档清晰为原则。

6.1.2 染色条件

可溶性还原染料根据性能不同，如表 1 所示，规定了四种染色方法的染色条件。各种染色方法染色的基本工艺条件如下：

染色深度：根据具体品种确定，以符合分档清晰为原则；

染色织物质量：5 g 棉纱（棉布）或 10 g 棉纱；

染色浴比：5 g 棉纱（棉布）为 1∶40；10 g 棉纱为 1∶20；

染色时间：45 min。

染色其他条件见表 2。

表 2 染色条件

染色方法	方法 1	方法 2	方法 3	方法 4
亚硝酸钠浓度/(g/L)	5～10	5～10	10～15	5～10
无水硫酸钠浓度/(g/L)	25～50	25～50	25～50	25～50
染液总量/mL	200	200	200	200
入染温度/℃	50	30	60	室温
染色温度/℃	25	70	25	室温

6.1.3 染料溶液的配制

准确称取染料标样和试样各若干克（称准至 0.000 5 g）分别置于 500 mL 烧杯中，加蒸馏水少许调成浆状，续加 80℃以下蒸馏水（易氧化的品种，宜用冷水溶解）200 mL，加无水碳酸钠 0.5 g，充分搅拌使其全部溶解，冷却至室温后，移入 500 mL 容量瓶中，稀释至刻度，摇匀备用。

6.1.4 染浴配制

以标准样品染色深度为 5%（owf），亚硝酸钠浓度为 10 g/L，无水硫酸钠浓度为 50 g/L，染色用 5 g 棉布（或棉纱），浴比 1∶40，用方法 1 染色为例，于五个染缸中按表 3 配制染浴。

表 3 染浴配制

单位为毫升

染缸编号	1	2	3	4	5
2.5 g/500 mL 标样染液	47.5	50.0	52.5	—	—
2.5 g/500 mL 试样染液	—	—	—	50.0	52.5
100 g/L 亚硝酸钠溶液	20	20	20	20	20
200 g/L 无水硫酸钠溶液	50	50	50	50	50
加蒸馏水至总体积	200	200	200	200	200

6.1.5 染色操作

将已用沸腾的蒸馏水煮过并淋干的棉布或棉纱编号，顺序浸入染缸中，按表 1 规定的入染温度进行染色，勤加翻动，在 30 min 内将染液温度调整至染色温度，保温续染 15 min，共计染色 45 min。取出，均匀甩干，然后进行显色处理。

6.1.6 显色处理

显色条件为：

显色溶液：硫酸浓度为 20 mL/L～35 mL/L。

温度：室温～80℃。

浴比：棉布 1∶100；棉纱 1∶50。

将染毕的棉布或棉纱浸入上述显色液中，勤加翻动，进行显色。显色温度、时间和酸的用量需根据具体品种选定。

6.1.7 后处理

将显色后的棉布或棉纱充分水洗，用浓度为 5 g/L 的无水碳酸钠溶液进行中和处理 1 min～2 min，甩干，然后在每升含有 3 g 皂片和无水碳酸钠浓度 1 g/L 的皂液中，按浴比棉纱 1∶50，棉布 1∶100 煮沸 15 min，取出，洗净，甩干，在 60℃以下干燥或晾干。

6.1.8 染色结果的评定

按 GB/T 2374—1994 中第 6 章的有关规定进行。

6.2 蚕丝染色方法

6.2.1 一般条件

染色一般条件应符合 GB/T 2374—1994 的有关规定。染色方法的选择须根据具体品种、性能，以给色力最高为原则。染色深度根据具体品种选定，以符合分档清晰为原则。显色温度和氧化剂（重铬酸钾）、释酸剂（硫氰酸铵）的用量，需根据具体品种氧化的难易，选择确定。

6.2.2 前处理

织物质量为 2 g，按浴比 1∶100 在 80℃～90℃蒸馏水中处理 10 min，取出，水洗，甩干备用。

6.2.3 染料溶液的配制

准确称取染料标样和试样各若干克（称准至 0.000 5 g），分别置于 500 mL 烧杯中，加蒸馏水少许调成浆状，续加 80℃以下热水（易氧化的品种，宜用冷水溶解）200 mL，充分搅拌，使染料全部溶解，溶液冷却至室温后，移入 1 000 mL 的容量瓶中，稀释至刻度，摇匀备用。

6.2.4 染浴配制

以染色深度 1%（owf）为例，于五个染缸中按表 4 配制染浴。甲酸溶液在染色 15 min 后加入。

表 4 染浴配制

单位为毫升

染缸编号	1	2	3	4	5
0.5 g/L 标样染液	38	40	42	—	—
0.5 g/L 试样染液	—	—	—	40	42
100 g/L 太古油溶液	10	10	10	10	10
100 g/L 雕白粉溶液	2	2	2	2	2
100 g/L 乙酸溶液	10	10	10	10	10
100 g/L 甲酸溶液	10	10	10	10	10
加蒸馏水至	200	200	200	200	200

6.2.5 染色操作

将蚕丝织物编号，顺序浸入染缸中，勤加翻动，在室温染色 15 min，将织物提离液面，加入甲酸溶液，续染 15 min，再在 15 min 内升温至 80℃，继续染色 30 min，取出，然后进行显色。

6.2.6 显色及后处理

显色溶液的组成：

每升显色液中含 10 g/L 的硫氰酸铵溶液 18 mL；含 10 g/L 的重铬酸钾溶液 6 mL；

浴比 1：100；

将染色后的蚕丝织物在上述溶液中氧化 10 min，将织物提离液面，加入 100 g/L 的硫酸溶液 80 mL，搅匀，在翻动下续显色 15 min，取出，水洗，然后在每升含 3 g 皂片的皂液中（浴比 1：100）沸煮 15 min，取出，水洗，在 60℃以下干燥或晾干。

6.2.7　染色结果的评定

按 GB/T 2374—1994 中第 6 章的有关规定进行。

6.3　印花法

6.3.1　一般条件

一般条件应符合 GB/T 2374—1994 的有关规定。溶解染料的温度的确定、是否汽蒸需根据具体品种、性能，以给色力最高为原则。印花深度根据具体品种选定，以符合分档清晰为原则。

6.3.2　糊料

6.3.2.1　合成龙胶浆的配制

称取合成龙胶 40 g～50 g，溶于 1 000 mL 蒸馏水中，水浴加热，充分搅拌，使其全部溶解。

6.3.2.2　淀粉浆的配制

称取淀粉 120 g～130 g，分散于 1 000 mL 蒸馏水中，充分搅拌，加热至沸，在搅拌下调制成均匀糊状，冷却到室温。

6.3.2.3　糊料——合成龙胶-淀粉混合浆的配制

将合成龙胶浆和淀粉浆混合搅匀，用细布过滤，加入苯酚 1 mL 调匀，然后用氨水调节 pH 值为 7～8 即成合成龙胶-淀粉（1：1）混合浆。

6.3.3　印浆的配制

6.3.3.1　印花色浆配方

印花深度一般以 3%（owf）～5%（owf）为宜。以印花深度 3%（owf）为例，见表 5，配制印花色浆。

表 5　印花色浆配方

印花缸编号	1	2	3	4	5
标样量/g	2.85	3.00	3.15	—	—
试样量/g	—	—	—	3.00	3.15
70℃～80℃蒸馏水体积/mL	适量				
甘油量/g	5	5	5	5	5
助溶剂（溶解盐 B、硫代双乙醇或尿素）	根据具体品种决定				
合成龙胶-淀粉混合浆用量/g	50～60	50～60	50～60	50～60	50～60
氨水体积/mL	1	1	1	1	1
300 g/L 亚硝酸钠溶液体积/mL	3～6	3～6	3～6	3～6	3～6
加蒸馏水至总质量/g	100	100	100	100	100

6.3.3.2　配浆方法

准确称取染料标样和试样各若干克（称准至 0.000 5 g），分别置于烧杯中，加 70℃～80℃（个别的品种要求室温）的蒸馏水少许调成浆状，续加一定量的蒸馏水，搅拌使其充分溶解，然后加入甘油，根据需要续加助溶剂，然后将烧杯置于托盘天平上，用加浆器加入规定量的合成龙胶-淀粉混合浆，搅拌均匀，加氨水 1 mL 调匀，再加入适量的 300 g/L 的亚硝酸钠溶液，充分搅拌，待完全均匀后，静置 15 min，临用时再搅拌、印花。

6.3.4　印花

调整印花机于正常状态，进行印花。印花后的试样避免强光线照射，防止分解。

6.3.5 烘干

将印花布移入 50℃～60℃的电热恒温烘箱或蒸汽烘筒上干燥。

6.3.6 汽蒸

干燥后的印花布用干布包裹后，移入已处于饱和蒸汽压为常压的汽蒸箱中，汽蒸 15 min。

如用加压直接汽蒸箱（表压为 50 kPa），则汽蒸 5 min。

汽蒸与否，可根据具体品种决定。

6.3.7 显色

量取 20 g/L 的硫酸溶液 1 000 mL，加热至所需温度，加入尿素 5 g，稍加搅拌，将经过汽蒸或烘干的印花布浸入，翻动至所需时间，取出，水洗至布上不留酸质为止，甩干。

注：显色温度、时间和硫酸的用量，需根据具体品种选定。

6.3.8 皂煮

将显色、清洗后的印花布，置于含有皂片 3 g/L 和无水碳酸钠 1 g/L 的皂液中（浴比 1：100），沸煮 15 min，取出，充分水洗，甩干，将印花布反面烫干，在室温下冷却 15 min。

6.3.9 印花结果的评定

按 GB/T 2374—1994 中第 6 章的有关规定进行。

7 试验报告

试验报告包括以下内容：

a） 被测染料的名称；

b） 本标准编号；

c） 染色方法及染色深度；

d） 使用仪器的名称、型号；

e） 测试结果；

f） 在测试过程中的特殊情况；

g） 与本方法的差异；

h） 试验日期。

ICS 71.100.01;87.060.10
G 55

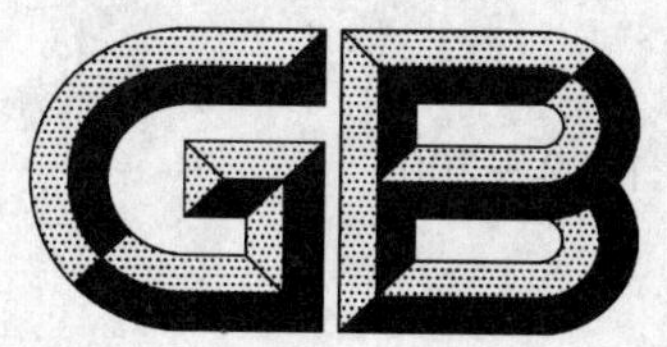

中华人民共和国国家标准

GB/T 1639—2006
代替 GB/T 1639—1979

可溶性还原染料　溶解度的测定

Solubilised vat dyes—Determination of solubility

2006-08-01 发布　　2007-01-01 实施

中华人民共和国国家质量监督检验检疫总局
中国国家标准化管理委员会　发布

前言

本标准代替 GB/T 1639—1979《可溶性还原染料溶解度的测定法》。

本标准与 GB/T 1639—1979 相比主要变化如下：

——规范标准名称为《可溶性还原染料　溶解度的测定》；

——增加了试验报告的内容(本标准的第 7 章)。

本标准由中国石油和化学工业协会提出。

本标准由全国染料标准化技术委员会(SAC/TC 134)归口。

本标准起草单位:沈阳化工研究院。

本标准主要起草人:王勇、马君庆。

本标准 1977 年首次发布为化工部部颁标准 HG 2-1132—1977，1979 年制定为国家标准 GB/T 1639—1979。

可溶性还原染料　溶解度的测定

1　范围

本标准规定了可溶性还原染料溶解度的测定方法。

本标准适用于可溶性还原染料溶解度的测定。

2　规范性引用文件

下列文件中的条款通过本标准的引用而成为本标准的条款。凡是注日期的引用文件，其随后所有的修改单(不包括勘误的内容)或修订版均不适用于本标准，然而，鼓励根据本标准达成协议的各方研究是否可使用这些文件的最新版本。凡是不注日期的引用文件，其最新版木适用于本标准。

GB/T 2374—1994　染料染色测定的一般条件规定

3　原理

在指定的温度下，制备一组包括溶解度极限在内的已知浓度的待测染料溶液，然后用点滤纸法使染料溶液在滤纸上扩散，再对滤纸进行显色处理。通过观察滤纸渗圈中有无染料析出来判定溶解度。

4　试剂和材料

试剂和材料应符合 GB/T 2374—1994 中第 3 章的有关规定。

5　仪器和设备

仪器和设备应符合 GB/T 2374—1994 中第 5 章的有关规定。

6　试验方法

6.1　操作过程

称取染料样品若干克(精确至 0.01 g)，以 10 g/L 为档，分别置于 200 mL 烧杯中，加 100 mL50℃的水，并在 50℃下保温搅拌 15 min。在搅拌下用移液管于染料溶液中部吸放染液 3 次，然后吸取0.1 mL，逐滴滴于平放在烧杯上的滤纸上，使染液充分自然扩散，重复一次。静置 3 min 后用热风吹干，将滤纸平放于已经放置有按本标准 6.2 配置的显色液的培养皿内(浴比 1∶100)，进行充分显色 30 s～60 s，取出滤纸，移入预置冷水的培养皿中轻轻漂洗，然后于 50℃～60℃下烘干。待评定。

注：显色温度以室温为宜，个别不易氧化的品种可适当提高温度到 50℃。

6.2　显色液的配置

浓硫酸：10 mL～20 mL；

尿素：1 g～2 g；

亚硝酸钠：5 g～10 g。

用水配成 1 000 mL 溶液。亚硝酸钠在临用前加入，充分搅拌溶解。

6.3　结果评定

把按本标准 6.1 制备的一组滤纸，用目测评定，观察滤纸渗圈中有无染料析出，以染料析出的前一档数据，作为该染料样品的溶解度。

7 试验报告

试验报告包括以下内容：

a) 被测染料的名称；

b) 本标准编号；

c) 试验条件；

d) 使用仪器的名称、型号；

e) 测试结果；

f) 在测试过程中的特殊情况；

g) 与本方法的差异；

h) 试验日期。

ICS 71.100.01;87.060.10
G 57

中华人民共和国国家标准

GB/T 1652—2006
代替 GB/T 1652—1994

色酚 AS

Naphthol AS

2006-08-24 发布 2007-04-01 实施

中华人民共和国国家质量监督检验检疫总局
中国国家标准化管理委员会 发布

前 言

本标准代替 GB/T 1652—1994《色酚 AS》。

本标准与 GB/T 1652—1994 相比主要变化如下：

——增加了峰面积外标法测定色酚 AS 含量、峰面积归一法测定 2-羟基-3-萘甲酸杂质的高效液相色谱法(本标准的 5.3.2)；

——取消了 2-羟基-3-萘甲酸的薄层色谱测定方法(原标准的 4.3)；

——取消了一等品的技术指标，将合格品改为一等品(原标准的第 3 章；本标准的第 3 章)。

本标准由中国石油和化学工业协会提出。

本标准由全国染料标准化技术委员会(SAC/TC 134)归口。

本标准起草单位：天津华士化工有限公司、沈阳化工研究院。

本标准主要起草人：徐维凤、蒲爱军、杨杰民。

本标准 1966 年首次发布为化工部颁标准 HG 2-389—1966，1977 年修订为 HG 2-389—1977，1979 年制定为国家标准 GB 1652—1979；1994 年第一次修订。

色 酚 AS

1 范围

本标准规定了色酚 AS 的要求、采样、试验方法、检验规则以及标志、标签、包装、运输和贮存。

本标准适用于色酚 AS 的产品质量检验。该产品主要用于棉纤维的染色、印花和制造颜料。

结构式：

（结构式：萘环上 —OH 及 —C(=O)—N(H)—苯基）

分子式：$C_{17}H_{13}O_2N$

相对分子质量：263.29（按 2001 年国际相对原子质量）

2 规范性引用文件

下列文件中的条款通过本标准的引用而成为本标准的条款。凡是注日期的引用文件，其随后所有的修改单（不包括勘误的内容）或修订版均不适用于本标准，然而，鼓励根据本标准达成协议的各方研究是否可使用这些文件的最新版本。凡是不注日期的引用文件，其最新版本适用于本标准。

GB/T 601 化学试剂 标准滴定溶液的制备

GB/T 603 化学试剂 试验方法中所用制剂及制品的制备（GB/T 603—2002，ISO 6353-1：1982，NEQ）

GB/T 1250—1989 极限数值的表示方法和判定方法

GB/T 2374—1994 染料染色测定的一般条件规定

GB/T 2384—1992 染料中间体熔点范围测定通用方法

GB/T 6678—2003 化工产品采样总则

GB/T 6682 分析实验室用水规格和试验方法（GB/T 6682—1992，eqv ISO 3696：1987）

3 要求

色酚 AS 的质量应符合表 1 的规定。

表 1 色酚 AS 的质量要求

项目		指标	
		优等品	一等品
1. 外观		白色至米黄色或微红色均匀粉末	
2. 在棉纤维上与大红色基 G 重氮液偶合后的染色色光		与标准品近似～微	
3. 在棉纤维上与大红色基 G 重氮液偶合后的染色强度		为标准品的 100±5 分	
4. 色酚 AS 的质量分数/%	≥	98.2	97.5
5. 碱不溶物的质量分数/%	≤	0.1	0.4
6. 干品初熔点/℃	≥	247.2	246.0
7. 溶解性能	≤	符合检验	
8. 2-羟基-3-萘甲酸的质量分数/%	≤	0.1	0.5
注：染色用的色酚 AS 不测含量及熔点，生产颜料用的色酚 AS 不测色光及强度。			

4 采样

以批为单位采样，生产厂以一次拼混均匀的产品为一批。每批采样数应符合 GB/T 6678—2003 中 7.6 的规定。所采样产品的包装必须完好，采样时勿使外界杂质落入产品中。采样时用探管采取包括上、中、下三部分的样品，所采样品总量不得少于 500 g。将采取的样品充分混匀后，分装于两个清洁、干燥、密封良好的容器中，其上粘贴标签。注明：产品名称、批号、生产厂名称、取样日期、地点。一个供检验，一个保存备查。

5 试验方法

5.1 一般规定

除非另有规定，仅使用确认为分析纯的试剂和 GB/T 6682 中规定的三级水。试验中所用的标准滴定溶液和试剂，在没有注明其他要求时，均按 GB/T 601 和 GB/T 603 的规定制备与标定。检验结果的判定按 GB/T 1250—1989 中的 5.2 修约值比较法进行。

5.2 外观的评定

在自然光线下采用目视评定。

5.3 色酚 AS 含量的测定

根据需要，可选择化学分析方法和高效液相色谱分析方法。以化学分析方法为仲裁方法。

5.3.1 化学分析方法测定色酚 AS 含量

5.3.1.1 方法提要

色酚 AS 系弱酸性化合物，在乙醇存在下，用过量的碱将其溶解，用盐酸标准溶液分别滴定总碱量及游离碱量，即可测出色酚 AS 的含量。

5.3.1.2 试剂和溶液

a) 无水乙醇；

b) 氢氧化钠标准滴定溶液：$c(NaOH)=0.1$ mol/L；

c) 盐酸标准滴定溶液：$c(HCl)=0.1$ mol/L；

d) 氢氧化钠溶液：110 g/L；

e) 1-萘酚酞乙醇溶液：0.1 g 1-萘酚酞溶于 50 mL 乙醇中，用水稀释至 100 mL；

f) 酚酞乙醇溶液：0.1 g 酚酞溶于 60 mL 乙醇中，用水稀释至 100 mL。

5.3.1.3 分析步骤

5.3.1.3.1 样品溶液的制备

称取色酚 AS 试样约 7 g(精确至 0.000 2 g)，置于 100 mL 碘量瓶中。准确量取 100 mL 无水乙醇，先加入 40 mL 无水乙醇于碘量瓶中，摇动，使色酚 AS 充分润湿。然后加入约 15 mL 氢氧化钠溶液，盖上磨口塞，摇动或用电池搅拌器搅拌，使色酚 AS 完全溶解(个别不溶颗粒，可用玻璃棒捣碎)。将溶液移入 250 mL 容量瓶中，用剩余的 60 mL 无水乙醇分数次洗涤碘量瓶，然后用水洗，洗液均移入 250 mL 容量瓶中，冷却至室温(如室温低于 10℃，容量瓶中液温应保持在 10℃以上)，用水稀释至刻度，摇匀备用。

5.3.1.3.2 总碱度的测定

吸取试样溶液 25 mL 注入 250 mL 三角瓶中，加入 1 mL 1-萘酚酞指示液，用盐酸标准滴定溶液滴定至绿色完全消失为终点，读准用去盐酸标准滴定溶液的体积 V_1。

总碱度空白试验：在另一只 250 mL 三角瓶中，加入 10 mL 无水乙醇，15 mL 水及 1 mL 1-萘酚酞指示液，用氢氧化钠标准滴定溶液滴定至溶液刚呈绿色，读准用去氢氧化钠标准滴定溶液的体积 V_3。

5.3.1.3.3 游离碱的测定

先按计算色酚 AS 含量的公式求出滴定游离碱所用的盐酸标准滴定溶液的体积 V_2 的近似值(在式中，色酚 AS 的质量分数 w_1 按 97.5%计算，将 V_1、V_3、V_4 代入计算公式中，即可算出 V_2 的近似值)。吸取25 mL样品溶液，注入250 mL三角瓶中，加入38 mL无水乙醇(量准至0.1 mL)及$(37-V_2)$mL的水(量准至0.1 mL)，然后用盐酸标准滴定溶液滴定，在滴定终点前1 mL左右时，调整溶液温度至25℃，继续滴定至溶液刚出现浑浊为终点，此时溶液总体积为100 mL(指体积加合值，不考虑醇水互溶时体积变化)；乙醇的体积分数为48%，读准用去盐酸标准滴定溶液的体积V_2。

游离碱空白试验：在另一只250 mL三角瓶中，加入48 mL乙醇及52 mL水，加入2滴酚酞指示液，用氢氧化钠标准滴定溶液滴定至溶液刚出现粉红色，准确读取用去氢氧化钠标准滴定溶液体积V_4。

5.3.1.3.4 试验结果的表述

色酚AS的含量以质量分数w_1计，用(%)表示，按式(1)计算：

$$w_1 = \frac{c[(V_1 + V_3) - (V_2 + V_4)]M \times 250}{25\,m \times 1\,000} \times 100 \qquad (1)$$

式中：

c——盐酸标准滴定溶液浓度的准确数值，单位为摩尔每升(mol/L)；

V_1——滴定总碱度时所消耗盐酸标准滴定溶液体积的数值，单位为毫升(mL)；

V_2——滴定游离碱时所消耗盐酸标准滴定溶液体积的数值，单位为毫升(mL)；

V_3——测总碱度空白时所耗氢氧化钠标准溶液体积的数值，单位为毫升(mL)；

V_4——测游离碱空白时所耗氢氧化钠标准溶液体积的数值，单位为毫升(mL)；

M——色酚AS的摩尔质量的数值，单位为克每摩尔(g/mol)(M=263.29)；

m——试样的质量数值，单位为克(g)。

计算结果表示到小数点后两位。

在相同的时间内，自同一只移液管中流出的样品溶液体积与流出的水的体积不相等。因此，25 mL移液管须用色酚AS的碱溶液校正其体积数。

5.3.1.3.5 允许差

两次平行测定结果之差(质量分数)不大于0.3%，取其算术平均值作为测定结果。

5.3.2 高效液相色谱法测定色酚AS及有机杂质2,3酸含量

5.3.2.1 方法提要

采用高效液相色谱法，在C_{18}柱上，以含磷酸二氢钾的甲醇、水为流动相，分离色酚AS及各有机杂质组分，经紫外检测器检测，用峰面积外标法测定色酚AS含量，用峰面积归一化法测定有机杂质2-羟基-3-萘甲酸的含量。

5.3.2.2 仪器与试剂

a) 高效液相色谱仪：输液泵：流量范围(0.1～5.0)mL/min，在此范围内其流量稳定性为±1%
检测器：多波长紫外分光检测器或具有同等性能的分光检测器；

b) 数据处理机：满量程(1～5) mV记录器或色谱工作站；

c) 甲醇：色谱纯；

d) 水：经0.45 μm滤膜过滤；

e) 色酚AS标准品；

f) 分析天平(感量：0.01 mg)；

g) 定量环：10 μL；

h) 玻璃注射器：0.25 mL。

5.3.2.3 色谱分析条件

a) 色谱柱：长为150 mm，内径为4.6 mm的不锈钢柱，固定相为C_{18} ODS 5 μm；

b) 流动相：甲醇＋水＝70＋30(含1 g/L磷酸二氢钾，磷酸调pH＝3.5～4)；

c) 流　速：0.8 mL/min；

d) 波　长：240 nm；

e) 进样量：10 μL。

可根据装置不同，气候条件不同，选择最佳分析条件，流动相应摇匀后用超声波发生器进行脱气。

5.3.2.4 溶液的配制

分别称取 10 mg～11 mg(精确至 0.01 mg)标样和试样色酚 AS 于 50 mL 容量瓶中，用甲醇溶解并稀释至刻度，盖紧瓶塞，于超声波发生器中振荡、充分溶解，为标样和试样溶液。

5.3.2.5 分析步骤

开机预热，待仪器运行稳定后，用微量注射器分别吸取标准溶液和样品溶液依次注入并充满进样阀，待最后一个组分流出完毕(见色谱图 1)，用数据处理机进行结果处理。

5.3.2.6 结果的表述

色酚 AS 含量以质量分数 w_2 计，用(%)表示，按式(2)计算：

$$w_2 = \frac{A m_S w_S}{A_S m_2} \times 100 \qquad \cdots\cdots(2)$$

式中：

A——试样色酚 AS 的峰面积数值，单位为毫伏·秒(mV·s)；

A_S——标样色酚 AS 的峰面积数值，单位为毫伏·秒(mV·s)；

w_S——标样色酚 AS 的质量分数，%；

m_S——标样色酚 AS 的质量数值，单位为毫克(mg)；

m_2——试样色酚 AS 的质量数值，单位为毫克(mg)；

2-羟基-3-萘甲酸含量以质量分数 w_i 计，用(%)表示，按式(3)计算：

$$w_i = \frac{A_i}{\sum A_i} \times 100 \qquad \cdots\cdots(3)$$

式中：

A_i——各组分的峰面积数值，单位为毫伏秒(mV·s)；

$\sum A_i$——各组分的峰面积数值的总和，单位为毫伏秒(mV·s)。

计算结果表示到小数点后两位。

5.3.2.7 允许差

色酚 AS 两次平行测定结果之差(质量分数)应不大于 0.5%，其他有机杂质两次平行测定结果之差(质量分数)应不大于 0.05%，取其算术平均值作为测定结果。

5.3.2.8 色谱图

色谱图见图 1。

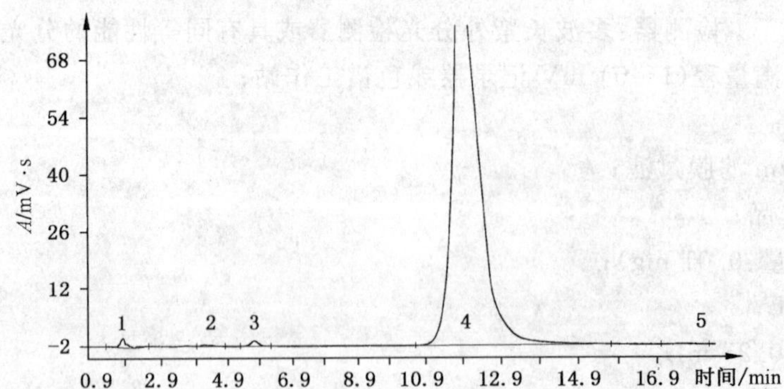

1——溶剂；

2——未知物；

3——2,3 酸；

4——色酚 AS；

5——未知物。

图 1 色酚 AS 色谱示意图

5.4 碱不溶物含量的测定

5.4.1 试剂和溶液

a) 氢氧化钠溶液:244 g/L;

b) 酚酞乙醇溶液:1 g 酚酞溶于 60 mL 乙醇中,用水稀释至 100 mL。

5.4.2 分析步骤

称取约 3 g 试样(精确至 0.002 g),置于 600 mL 烧杯中,加入 35 mL 氢氧化钠溶液,搅拌均匀呈稀浆状,加入 400 mL 沸蒸馏水,加热至沸,保持 5 min。沸腾溶液用已恒量的 3 号坩埚式过滤器过滤,残渣用蒸馏水(80℃~90℃)洗涤至酚酞溶液滴入洗涤水中不显色为止,于 100℃~105℃烘至恒量。

碱不溶物含量以质量分数 w_4 计,用(%)表示,按式(4)计算:

$$w_4 = \frac{m_2}{m_1} \times 100 \qquad (4)$$

式中:

m_1——试样的质量数值,单位为克(g);

m_2——残渣的质量数值,单位为克(g)。

5.5 干品初熔点的测定

按 GB/T 2384—1992 的有关规定进行。

5.6 溶解性能的测定

5.6.1 试剂和溶液

氢氧化钠溶液:44 g/L。

5.6.2 测定步骤

在 50 mL 烧杯中,加入 24 mL 氢氧化钠溶液,再加入 2 g 色酚 AS,搅拌加热至沸,观察其溶解状态,色酚 AS 应完全溶解,溶液透明,无悬浮物或油状物。

5.7 在棉纤维上与大红色基 G 偶合所生成色的色光和强度的测定

5.7.1 方法原理

将色酚 AS 试样和标样分别与大红色基 G(4-硝基-2-氨基甲苯)重氮盐溶液在棉纤维上偶合,对在棉纤维上所生成色的色光和强度进行目视比较。

5.7.2 试剂和溶液

a) 无水乙醇;

b) 甲醛溶液;

c) 大红色基 G:工业品;

d) 盐酸;

e) 氢氧化钠溶液:398 g/L;

f) 无水乙酸钠溶液:220 g/L;

g) 亚硝酸钠溶液:228 g/L;

h) 中性皂溶液:工业品,含脂肪酸 60%以上的中性皂,7.5 g/L;

i) 土耳其红油碱溶液:7.5 mL 土耳其红油(工业品,50%)和 2.5 mL 氢氧化钠溶液,用水稀释至 1 000 mL。

5.7.3 测定步骤

5.7.3.1 打底液的配制

称取色酚 AS 标准样品与试样各 2.5 g(精确至 0.000 2 g),放入 100 mL 烧杯中,加入 2.5 mL 乙醇和 4 mL 水,用玻璃棒调成浆状,加入 1.25 mL 氢氧化钠溶液,搅拌至色酚 AS 全部溶解。加入1.25 mL 甲醛溶液,搅拌,使色酚 AS 碱溶液成为透明溶液。将所制得的溶液用土耳其红油碱溶液定量地移入

500 mL 容量瓶中,并用土耳其红油碱溶液稀释至刻度,混匀。

于 4 只 300 mL 染缸中,按表 2 规定配成打底液。

表 2　打底液配方

单位为 mL

染缸编号	1	2	3	4
2.5 g/500 L 标准样品溶液	95	100	105	—
2.5 g/500 L 试样溶液	—	—	—	100
加土耳其红油碱溶液至体积	200	200	200	200

5.7.3.2　**打底操作**

将打底液温度调整至 40℃,将 4 绞质量各为 10 g 的棉纱(或 5 g 棉布)依次浸入打底液中,勤加翻动,保持打底温度 40℃±2℃,打底操作 30 min,将棉纱取出均匀绞干(若为棉布则取出后在轧染机上均匀轧过,但在轧前应预先用色酚 AS 碱溶液将轧辊冲洗),使含湿率为 90%～100%,然后迅速显色。

5.7.3.3　**显色液配制**

称取大红色基 G 17.5 g,于 500 mL 烧杯中,加入 37.5 mL 盐酸,放置 10 min 后,用玻璃棒搅拌使大红色基 G 与盐酸混匀,变成乳白色糊状物。然后加入 200 mL 沸水,使之溶解,冷却至室温,用水稀释至 1000 mL,备用。

吸取上述溶液 100 mL 于 1 000 mL 烧杯中,加入 4.5 mL 亚硝酸钠溶液进行重氮化(重氮化后溶液用淀粉-碘化钾试纸检验应呈微蓝色,刚果红试纸检验应呈蓝色),稀释至 800 mL,显色前加入 15 mL 乙酸钠溶液。

5.7.3.4　**显色操作**

将已打底的 4 绞棉纱(或棉布)浸入显色液中,勤加翻动,显色 30 min,取出绞干,洗净。

5.7.3.5　**皂煮**

称取皂片 3 g,放入 1 000 mL 烧杯中,加入 400 mL 水,加热至沸,放入洗净的棉纱或棉布染样,在 95℃～100℃皂煮 5 min,取出,用水洗净,绞干,在 45℃～55℃烘箱中烘干或晾干,然后进行比色。

5.7.3.6　**色光和强度的评定**

按 GB/T 2374—1994 中第 6 章的有关规定进行。

6　检验规则

6.1　检验分类

本标准第 3 章表 1 中规定的 1～7 项为出厂检验项目,第 8 项为型式检验项目,每月检验一次。有下列情况之一时要随时进行检验。

a)　新产品最初定型时;

b)　产品异地生产时;

c)　生产配方、工艺及原材料有较大改变时;

d)　停产三个月后又恢复生产时;

e)　客户提出要求时。

6.2　出厂检验

色酚 AS 应由生产厂的质量检验部门进行检验。生产厂应保证所有出厂的色酚 AS 均符合本标准的要求。

6.3　复验

如果检验结果中有一项指标不符合本标准的规定时,应重新自两倍量的包装中取样进行检验,重新检验的结果即使只有一项指标不符合本标准的要求,则整批产品不能验收。

7 标志、标签、包装、运输和贮存

7.1 标志、标签

色酚AS的每个包装上都应涂上牢固、清晰的标志，注明：产品名称、注册商标、净含量、生产厂名称、厂址、标准编号、批号、生产日期，同时应附有产品质量检验合格的证明。

7.2 包装

色酚AS用内衬塑料袋的麻袋、编制袋或铁桶包装，每袋（桶）净含量25 kg或50 kg，其他包装可与用户协商确定。

7.3 运输

运输时不接近火源，搬运时应小心轻放，避免重压，以免包装损坏。

7.4 贮存

贮存在清洁、干燥、通风的库房内，不得接近火源，防止受潮受热。

ICS 71.100.01;87.060.10
G 56

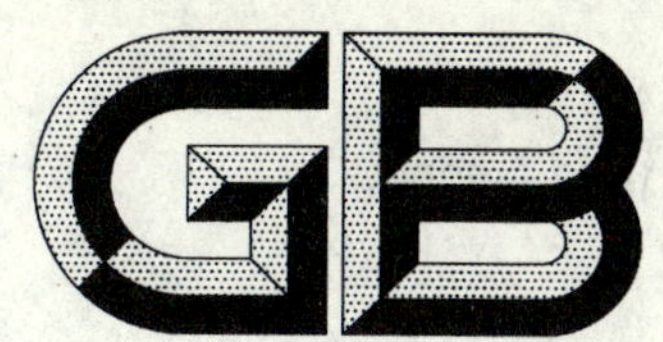

中华人民共和国国家标准

GB/T 1653—2006
代替 GB/T 1653—1997
GB/T 6817—1992

邻、对硝基氯苯

o-Chloronitrobenzene
p-Chloronitrobenzene

2006-08-24 发布　　　　2007-04-01 实施

中华人民共和国国家质量监督检验检疫总局
中国国家标准化管理委员会　发布

前言

本标准代替 GB/T 1653—1997《邻硝基氯苯》和 GB/T 6817—1992《对硝基氯苯》。

本标准与 GB/T 1653—1997 相比主要变化如下：

—— 间硝基氯苯、对硝基氯苯指标分别控制，指标作相应的变化（本标准的第 3 章、GB/T 1653—1997 的第 3 章）；

—— 色谱柱由填充柱修改为毛细管柱、固定相由聚己二酸乙二醇酯(PEGA)修改为 FFAP(本标准的 5.4.2;GB/T 1653—1997 的 5.3.3)；

—— 2,4-二硝基氯苯与其他有机杂质的测定同时进行(本标准的 5.4;GB/T 1653—1997 的 5.3.3 有关内容)；

—— 取消了灰分指标(GB/T 1653—1997 的第 3 章)；

—— 邻硝基氯苯及其他有机杂质含量计算时扣除水分含量(本标准的 5.4.6;GB/T 1653—1997 的 5.3.7)；

—— 增加“安全”(本标准的 7.5)。

本标准与 GB/T 6817—1992 相比主要变化如下：

—— 间硝基氯苯、邻硝基氯苯含量指标分别控制，指标值作相应的变化（本标准第 3 章；GB/T 6817—1992 的第 3 章)；

—— 色谱柱由填充柱修改为毛细管柱、固定相由聚己二酸乙二醇酯(PEGA)修改为 FFAP(本标准的 5.4.2;GB/T 6817—1992 的 4.3.1)；

—— 定量方法由峰高归一化法修改为峰面积归一化法(本标准的 5.4、GB/T 6817—1992 的4.3.6)；

—— 2,4-二硝基氯苯含量的测定由薄板层析法修改为气相色谱法，与有机杂质测定同时进行(本标准的 5.4;GB/T 6817—1992 的 4.5)；

—— 将水分指标修改为型式检验项目(本标准的 7.1;GB/T 6817—1992 的 5.1)；

—— 增加“安全”(本标准的 7.5)。

本标准由中国石油和化学工业协会提出。

本标准由全国染料标准化技术委员会(SAC/TC 134)归口。

本标准起草单位：中国石化集团南京化工厂、安徽八一化工集团公司、天津市宏发化工集团有限公司、沈阳化工研究院。

本标准主要起草人：吕咏梅、杜建国、杨宝德、赵宪法、季浩。

本标准中邻硝基氯苯于 1965 年首次发布为化工部颁标准 HG 2-301—1965；1986 年制定为国家标准 GB 1653—1986；1997 年第一次修订为 GB/T 1653—1997。

本标准中对硝基氯苯于 1977 年首次发布为化工部颁标准 HG 2-814—1977；1986 年制定为国家标准 GB 6817—1986；1992 年第一次修订为 GB/T 6817—1992。

邻、对硝基氯苯

1 范围

本标准规定了邻、对硝基氯苯的要求、采样、试验方法、检验规则以及标志、包装、运输、贮存和安全。

本标准适用于邻、对硝基氯苯的产品质量检验。该产品主要用于染料、农药和医药工业中。

分子式：$C_6H_4ClNO_2$

结构式：

相对分子质量：157.56　（按 2005 年国际相对原子质量）

2 规范性引用文件

下列文件中的条款通过本标准的引用而成为本标准的条款。凡是注日期的引用文件，其随后所有的修改单(不包括勘误的内容)或修订版均不适用于本标准，然而，鼓励根据本标准达成协议的各方研究是否可使用这些文件的最新版本。凡是不注日期的引用文件，其最新版本适用于本标准。

GB 190　危险货物包装标志

GB/T 1250—1989　极限数值的表示方法和判定方法

GB/T 2385—1992　染料中间体结晶点测定通用方法(neq ISO 1392:1977)

GB/T 6678—2003　化工产品采样总则

GB/T 6682　分析实验室用水规格和试验方法(GB/T 6682—1992,eqv ISO 3696:1987)

GB/T 9722　化学试剂　气相色谱法通则

GB/T 2386—2006　染料及染料中间体　水分的测定

3 要求

邻硝基氯苯应符合表 1 所示的技术要求。

表 1　技术要求

项　　目		指　标	
		优等品	合格品
(1) 外观		浅黄色至黄色熔铸体或油状液体	
(2) 干品结晶点/℃	≥	31.7	31.5
(3) 邻硝基氯苯质量分数/%	≥	99.5	99.0
(4) 低沸物质量分数/%	≤	0.10	0.20
(5) 间硝基氯苯质量分数/%	≤	0.10	0.20
(6) 对硝基氯苯质量分数/%	≤	0.20	0.30

表 1（续）

项　　目		指　　标	
		优等品	合格品
(7) 高沸物质量分数/%	≤	0.10	0.20
(8) 2,4-二硝基氯苯质量分数/%	≤	0.05	0.10
(9) 水分质量分数/%	≤	0.10	0.20

对硝基氯苯应符合表 2 所示的技术要求。

表 2　技术要求

项　　目		指　　标		
		优等品	一等品	合格品
(1) 外观		浅黄色至黄色熔铸体		
(2) 干品结晶点/℃	≥	82.4	82.0	81.5
(3) 对硝基氯苯质量分数/%	≥	99.5	99.0	98.5
(4) 低沸物质量分数/%	≤	0.10	0.20	0.20
(5) 间硝基氯苯质量分数/%	≤	0.20	0.30	0.50
(6) 邻硝基氯苯质量分数/%	≤	0.20	0.30	0.50
(7) 2,4-二硝基氯苯质量分数/%	≤	0.05	0.10	0.10
(8) 水分质量分数/%	≤	0.10	0.20	0.20

4　采样

以批为单位采样，以每次检验的均匀产品为一批。每批采样数应符合 GB/T 6678—2003 中 6.6 的规定，所采样产品的包装必须完好，采样时勿使外界杂质落入产品中。取样时先将桶放入化料池，待桶内物料全部熔化后搅匀，用直径 10 mm、长约 1 m 的玻璃管自桶的底部、中部和上部取出液态样品，收入搪瓷杯中，生产厂可于包装第三桶后在放料口接取物料于搪瓷杯中。所采样品总量不得少于 500 g。将采取的样品充分混匀后，分装于两个清洁、干燥、密封良好的容器中，其上粘贴标签。注明：产品名称、批号、生产厂名称、取样日期、地点。一个供检验，一个保存备查。

5　试验方法

警示

使用本标准的人员应有实验室工作的实践经验。本标准并未指出所有的安全问题。使用者有责任采取适当的安全和健康措施，并保证符合国家有关法规规定的条件。

5.1　一般规定

除非另有说明，仅使用确认为分析纯的试剂和 GB/T 6682 中规定的三级水。检验结果的判定按 GB/T 1250—1989 中的 5.2 修约值比较法进行，结果的最终表示应和要求的指标值的位数一致。

5.2　外观

在自然光线下采用目视评定。

5.3　干品结晶点的测定

取试样约 50 g 及 5Å 分子筛约 10 g 于 125 mL 清洁干燥的磨口广口瓶中，盖紧瓶塞，置于(50±2)℃恒温烘箱中使试样全部熔化，脱水 15 min(熔化过程中摇动试样瓶数次)，然后按 GB/T 2385—1992 中规定的方法进行结晶点测定。

5.4 邻硝基氯苯及其有机杂质、对硝基氯苯及其有机杂质含量的测定

5.4.1 试剂

a) 氯苯[108-90-7];

b) 对二氯苯[106-46-7];

c) 硝基苯[98-95-3];

d) 间硝基氯苯[121-73-3];

e) 对硝基氯苯[100-00-5];

f) 2,4-二硝基氯苯[97-00-7];

g) 邻硝基氯苯[88-73-3]:纯品(用乙醇重结晶至本标准条件下无杂质检出);

h) 三氯甲烷[67-66-3];

i) 对硝基氯苯[100-00-5]:纯品(用乙醇重结晶至本标准条件下无杂质检出);

j) 邻硝基氯苯[88-73-3]。

5.4.2 仪器

a) 气相色谱仪:仪器灵敏度和稳定性应符合 GB/T 9722 的规定;

b) 检测器:氢火焰离子化检测器(FID);

c) 记录仪:满量程 10 mV,响应时间 1s 或满足要求的数据处理机和积分仪;

d) 进样器:微量注射器;

e) 色谱柱:毛细管色谱柱,固定相为硝基对苯二甲酸改性的聚乙二醇(FFAP)。

5.4.3 色谱仪操作条件

色谱操作条件如表 3 所示。根据不同仪器,选取其最佳操作条件。

表 3 色谱操作条件

柱子尺寸,长度×内径×固定相膜厚		30 m×0.32 mm×0.25μ m
载气		氢气或氮气
载气流量/(mL/min)		3.0
检测器温度/℃		300
汽化室温度/℃		250
燃烧气(氢气)流量/(mL/min)		30
助燃气(空气)流量/(mL/min)		300
补偿气		氮气
补偿气流量/(mL/min)		27
分流比		30:1
升温程序	初始柱温/℃	80
	保持时间/min	0
	升温速率/(℃/min)	15
	最终温度/℃	220
	终温保持时间/min	6
定量方法		校正面积归一法

5.4.4 校准混合溶液的配制及相对校正因子的测定

5.4.4.1 邻硝基氯苯校准混合溶液的配制

单一校准溶液的配制:

按表4要求分别称取各种试剂(精确至0.1 mg),用三氯甲烷溶解稀释至一定体积,配制成一系列单一校准溶液。

表4 单一校准溶液的配制

项目	单一校准溶液名称						
	氯苯	对二氯苯	硝基苯	对硝基氯苯	间硝基氯苯	邻硝基氯苯	2,4-二硝基氯苯
	A液	B液	C液	D液	E液	F液	G液
试剂质量/g	0.030	0.030	0.060	0.110	0.110	3.50	0.030
溶液体积/mL	25.00	25.00	25.00	25.00	25.00	50.00	25.00

混合校准溶液的配制:

在编号为1~4号的10 mL容量瓶中,分别按表5中的体积要求吸取表4单一校准溶液,摇匀,配制得混合校准溶液。

表5 混合校准溶液的配制

单位为毫升

单一校准溶液名称	混合校准溶液中单一校准溶液的体积			
	1号	2号	3号	4号
A液	0.10	0.08	0.06	0.04
B液	0.10	0.08	0.06	0.04
C液	0.10	0.08	0.06	0.04
D液	0.50	0.40	0.30	0.10
E液	0.50	0.40	0.30	0.10
F液	4.80	4.85	4.90	4.95
G液	0.30	0.20	0.15	0.10
加三氯甲烷稀释后总体积	10.00	10.00	10.00	10.00

5.4.4.2 **对硝基氯苯校准混合溶液的配制**

单一校准溶液的配制:

按表6要求分别称取各种试剂(精确至0.1 mg),用三氯甲烷溶解稀释至一定体积,配制成一系列单一校准溶液。

表6 单一校准溶液的配制

项目	单一校准溶液名称						
	氯苯	对二氯苯	硝基苯	对硝基氯苯	间硝基氯苯	邻硝基氯苯	2,4-二硝基氯苯
	A液	B液	C液	D液	E液	F液	G液
试剂质量/g	0.030	0.030	0.060	3.50	0.110	0.110	0.030
溶液体积/mL	25.00	25.00	25.00	50.00	25.00	25.00	25.00

混合校准溶液的配制:

在编号为1~4号的10 mL容量瓶中,分别按表7中的体积要求吸取表5单一校准溶液,摇匀,配制得混合校准溶液。

表 7　混合校准溶液的配制

单位为毫升

单一校准溶液名称	混合校准溶液中单一校准溶液的体积			
	1号	2号	3号	4号
A液	0.10	0.08	0.06	0.04
B液	0.10	0.08	0.06	0.04
C液	0.10	0.08	0.06	0.04
D液	4.80	4.85	4.90	4.95
E液	0.50	0.40	0.30	0.10
F液	0.50	0.40	0.30	0.10
G液	0.30	0.20	0.15	0.10
加三氯甲烷稀释后总体积	10.00	10.00	10.00	10.00

5.4.4.3　相对校正因子的测定

开启色谱仪。待仪器各项操作条件稳定后，用微量注射器分别吸取 1 μL 1～4 号混合标准溶液进样，待出峰完毕后，用数据处理机进行结果处理。

各组分的相对校正因子 f_i 按式(1)计算：

$$f_i=\frac{m_i\times A_0}{m_0\times A_i} \qquad \cdots\cdots(1)$$

式中：

m_i——组分 i 的质量的数值，单位为克(g)；

A_0——邻、对硝基氯苯的峰面积的数值，单位为毫伏秒(mV·s)；

m_0——邻、对硝基氯苯的质量的数值，单位为克(g)；

A_i——组分 i 的峰面积的数值，单位为毫伏秒(mV·s)。

注：各组分相对校正因子每月进行复校。

5.4.5　测定步骤

称取试料 0.4 g 左右(精确至 1 mg)于 10 mL 容量瓶中，用三氯甲烷溶解并稀释到刻度，摇匀。开启色谱仪。待仪器各项操作条件稳定后，用微量注射器吸取 1 μL 样品溶液进样。待出峰完毕后，用数据处理机进行结果处理。

5.4.6　结果计算

各组分含量以质量分数 w_i 计，数值以%表示，按式(2)计算：

$$w_i=\frac{f_i\times A_i}{\sum(f_i\times A_i)}\times(100-w_1) \qquad \cdots\cdots(2)$$

式中：

f_i——组分 i 的相对校正因子的数值；

A_i——组分 i 的峰面积的数值，单位为毫伏秒(mV·s)；

w_1——本标准 5.5 中测得的水分质量分数的数值，%。

注 1：低沸物为溶剂峰后主峰前除间、对硝基氯苯以外所有流出组分。二氯苯异构体，校正因子按对二氯苯计，其他未知组分校正因子按邻近组分计。

注 2：高沸物为主峰之后除 2,4-二硝基氯苯以外所有流出组分，校正因子按邻硝基氯苯计。

5.4.7　允许差

取两次平行测定结果的算术平均值作为测定结果，两次平行测定结果的差值(质量分数)不大于 0.2%，其他有机杂质两次平行测定结果的差值(质量分数)不大于 0.02%。

5.4.8 色谱图

邻硝基氯苯色谱图示例见图 1、对硝基氯苯色谱图示例见图 2。

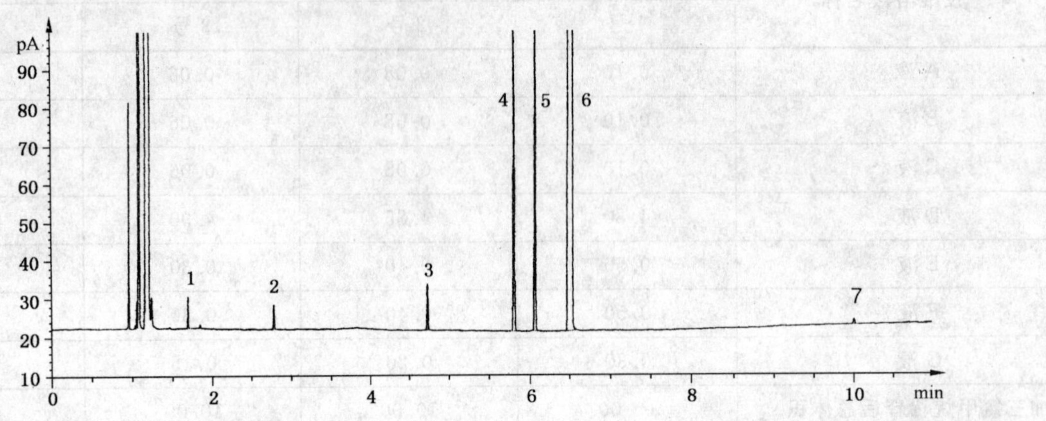

1——氯苯；

2——对二氯苯；

3——硝基苯；

4——间硝基氯苯；

5——对硝基氯苯；

6——邻硝基氯苯；

7——2,4-二硝基氯苯。

图 1 邻硝基氯苯色谱示意图

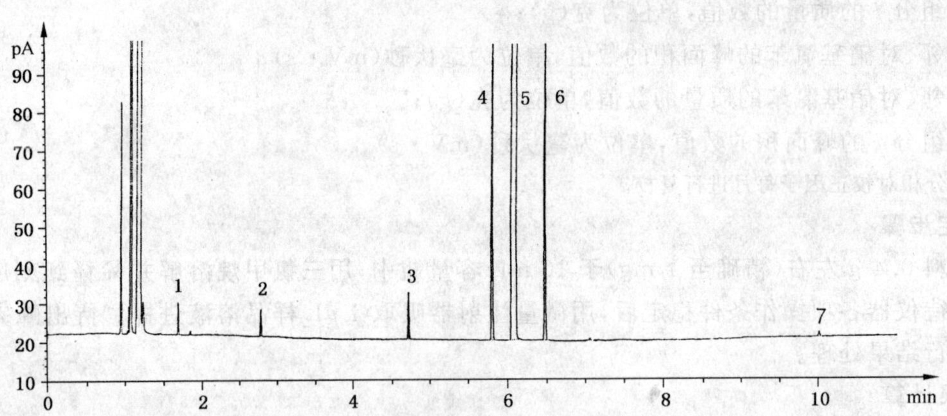

1——氯苯；

2——对二氯苯；

3——硝基苯；

4——间硝基氯苯；

5——对硝基氯苯；

6——邻硝基氯苯；

7——2,4-二硝基氯苯。

图 2 对硝基氯苯色谱示意图

5.5 水分的测定

5.5.1 测定

按 GB/T 2386—2006 中 3.4“卡尔·费休法及卡尔·费休改良法”规定的方法进行。称样量为 2 g～5 g(精确至 0.01 g)，溶剂为 1 体积甲醇 3 体积三氯甲烷的混合溶液。

5.5.2 允许差

取两次平行测定结果的算术平均值作为测定结果，平行测定结果的差值(质量分数)不大于0.03%。

6 检验规则

6.1 检验分类

本标准表1中(1)～(8)项为出厂检验项目，(9)项为型式检验项目，在连续正常生产时每月检验一次。本标准表2中(1)～(7)项为出厂检验项目，(8)为型式检验项目，在连续正常生产时每月检验一次。有下列情况之一时要随时进行检验。

a) 新产品最初定型时；

b) 产品异地生产时；

c) 生产配方、工艺及原材料有较大改变时；

d) 停产三个月后又恢复生产时；

e) 客户提出要求时。

6.2 出厂检验

邻、对硝基氯苯应由生产厂的质量检验部门进行检验，生产厂应保证所有出厂的产品都符合本标准的要求。每批出厂的产品应附有一定格式的质量证明书。

6.3 复验

如果检验结果有一项指标不符合本标准的要求时，应重新自同批产品两倍量的包装件中采样进行复验，复验结果即使只有一项指标不符合本标准的要求时，则整批产品为不合格。

7 标志、包装、运输、贮存和安全

7.1 标志

邻、对硝基氯苯包装容器上应印有明显、牢固的标志，内容包括：生产厂名称、厂址、产品名称、商标、净含量、皮重、生产日期、批号、等级和本标准编号，并按照GB 190的规定标明“有毒品”字样和标志。

7.2 包装

用清洁、干燥、坚固的200 L钢桶包装，每桶净含量200 kg。

其他包装可与用户协商确定。

7.3 运输

邻、对硝基氯苯在运输过程中应避免日晒雨淋，搬运时轻搬轻放。

7.4 贮存

邻、对硝基氯苯应贮存于阴凉通风处，严防受潮，远离火源。

7.5 安全

邻、对硝基氯苯有毒，使用及搬运时，应穿戴劳动保护用品，严格注意安全。

ICS 71.100.01;87.060.10
G 57

中华人民共和国国家标准

GB/T 1655—2006
代替 GB/T 1655—1997

硫化黑3B、4B、3BR、2RB（硫化黑BN、BRN、B2RN、RN）

Sulphur black 3B,4B,3BR,2RB
(Sulphur black BN,BRN,B2RN,RN)

2006-08-24 发布　　2007-04-01 实施

中华人民共和国国家质量监督检验检疫总局
中国国家标准化管理委员会　发布

前　言

本标准代替 GB/T 1655—1997《硫化黑 3B、4B、3BR、2RB》。

本标准与 GB/T 1655—1997 相比主要变化如下：

——取消了游离硫磺含量的检验项目(GB/T 1655—1997 的 3.2)；

——增加了 23 种有害芳香胺限量指标和 10 种重金属元素限量指标、测试方法(本标准的 3.2、5.6、5.7)；

——修改了部分色牢度指标(本标准的 3.3,GB/T 1655—1997 的 3.3)；

——增加了 5 g 棉纱(或棉布)染色的内容(本标准的 5.2,GB/T 1655—1997 的 5.2.1)。

本标准由中国石油和化学工业协会提出。

本标准由全国染料标准化技术委员会(SAC/TC 134)归口。

本标准起草单位:建德市严州化工有限公司、沈阳化工研究院。

本标准主要起草人:董仲生、吴基成、朱嘉贤。

本标准 1965 年首次发布为化工部颁标准 HG 2-194—1965,1979 年制定为国家标准GB 1655—1979,1997 年第一次修订。

硫化黑 3B、4B、3BR、2RB
(硫化黑 BN、BRN、B2RN、RN)

1 范围

本标准规定了硫化黑 3B、4B、3BR、2RB(C.I.硫化黑 1)的要求、采样、试验方法、检验规则及标志、标签、包装、运输和贮存。

本标准适用于硫化黑 3B、4B、3BR、2RB 产品的质量检验,该产品主要用于棉纺织品的染色。

2 规范性引用文件

下列文件中的条款通过本标准的引用而成为本标准的条款。凡是注日期的引用文件,其随后所有的修改单(不包括勘误的内容)或修订版均不适用于本标准,然而,鼓励根据本标准达成协议的各方研究是否可使用这些文件的最新版本。凡是不注日期的引用文件,其最新版本适用于本标准。

GB/T 2374—1994　染料染色测定的一般条件规定
GB/T 2376—2003　硫化染料　染色色光和强度的测定方法
GB/T 2381—2006　染料及染料中间体　不溶物质含量的测定
GB/T 2383—2003　染料　筛分细度的测定
GB/T 2386—2006　染料及染料中间体　水分的测定
GB/T 3920—1997　纺织品　色牢度试验　耐摩擦色牢度(eqv ISO 105-X12:1993)
GB/T 3921.4—1997　纺织品　色牢度试验　耐洗色牢度:试验 4(eqv ISO 105-C04:1989)
GB/T 3922—1995　纺织品耐汗渍色牢度试验方法(eqv ISO 105-E04:1994)
GB/T 4841.1—2006　染料染色标准深度色卡　1/1
GB/T 5713—1997　纺织品　色牢度试验　耐水色牢度(eqv ISO 105-E01:1994)
GB/T 6152—1997　纺织品　色牢度试验　耐热压色牢度(eqv ISO 105-X11:1994)
GB/T 6678—2003　化工产品采样总则
GB/T 8427—1998　纺织品　色牢度试验　耐人造光色牢度:氙弧(eqv ISO 105-B02:1994)
GB 19601　染料产品中 23 种有害芳香胺的限量及测定
GB 20814　染料产品中 10 种重金属元素的限量及测定

3 要求

3.1 外观:黑色均匀粉末。

3.2 硫化黑 3B、4B、3BR、2RB 的质量应符合表 1 的要求。

表 1 硫化黑 3B、4B、3BR、2RB 的质量要求

项　　目		指　标
(1) 强度(为标准品的)/分		100
(2) 色光(与标准品)		近似~微
(3) 水分质量分数/%	≤	6.0
(4) 硫化钠不溶物质量分数/%	≤	1.0
(5) 细度质量分数(通过 900 μm 筛残余物的量)/%	≤	5.0
(6) 23 种有害芳香胺限量/(mg/kg)		符合 GB 19601 标准要求
(7) 10 种重金属元素限量/(mg/kg)		符合 GB 20814 标准要求

3.3 硫化黑 3B、4B、3BR、2RB 在棉织物上的色牢度应不低于表 2 的规定。

表 2 硫化黑 3B、4B、3BR、2RB 在棉织物上的色牢度

染色深度	耐光（氙弧）	耐洗 95℃			耐水			耐汗渍						耐摩擦		耐热压 200℃
								酸			碱					
		变色	棉沾	粘沾	变色	棉沾	毛沾	变色	棉沾	毛沾	变色	棉沾	毛沾	干	湿	变色（4 h后）
1/1	6	3	3～4	4～5	4	4～5	4～5	4	4～5	4～5	4	4～5	4～5	2～3	1～2	4
注：8%（owf）相当 1/1 染料染色标准深度。																

4 采样

以批为单位采样，生产厂以一次拼混均匀的产品为一批。每批采样桶数应符合 GB/T 6678—2003 中 7.6 的规定。所取产品的包装必须完好，取样时勿使外界杂质落入产品中。用探管从桶的上、中、下三部分取样，所取样品总量不得少于 200 g。将所取样品充分混匀后，分装于两个清洁、干燥、避光、密封良好的容器中，其上粘贴标签。注明：产品名称、批号、生产厂名称、取样日期、地点。一个供检验，一个保存备查。

5 试验方法

5.1 外观的评定

采用目视评定。

5.2 染色色光和强度的测定

5.2.1 染色一般条件

染色时的一般条件应符合 GB/T 2374—1994 的有关规定。

染色深度规定为 3%（owf），染色用 10 g 棉纱（或棉布），浴比 1∶20；或用 5 g 棉纱（或棉布），浴比 1∶40。

5.2.2 染浴的配制

以 10 g 棉纱（或棉布）为例。称取染料标样和试样各 3 g（称准至 0.000 5 g），分别置于 300 mL 烧杯中，加入 100 g/L 的硫化钠（按 100%计）溶液 22.5 mL［染料∶硫化钠（按 100%计）＝1∶0.75］调成浆状后置于水浴上加热，烧杯内温度为 90℃～95℃，保温并不时搅拌 15 min 后，加沸蒸馏水 200 mL，充分搅拌。待冷却后移入 500 mL 容量瓶中，用冷蒸馏水稀释到刻度，每次染料溶液须随配随用，隔日不可再用。

于五个 300 mL 染缸中，按表 3 规定配制染浴。

表 3 染浴的配制

单位为毫升

染缸编号	1	2	3	4	5
3 g/500 mL 标样溶液	47.5	50.0	52.5	—	—
3 g/500 mL 试样溶液	—	—	—	47.5	50.0
100 g/L 无水硫酸钠溶液	20	20	20	20	20
50 g/L 碳酸钠溶液	4	4	4	4	4
加水至	200	200	200	200	200

5.2.3 染色操作

染色前将棉纱（或棉布）用 0.02 g/L 渗透剂 BX（工业用）溶液煮沸 15 min（浴比 1∶20）。处理后再

用水清洗，然后入染。

染色操作按 GB/T 2376—2003 中的有关规定进行，保温染色时间为 45 min，染毕取出，用流水充分洗净，晾干。

5.2.4 强度和色光的评定

按 GB/T 2374—1994 中第 6 章的规定进行。

5.3 硫化钠不溶物的测定

按 GB/T 2381—2006 中的有关规定进行。

5.4 细度的测定

按 GB/T 2383—2003 中的规定进行，标准筛孔径为 900 μm。

5.5 水分的测定

按 GB/T 2386—2006 中的 3.2 烘干法的规定进行。

5.6 23 种有害芳香胺限量的测定

按 GB 19601 的规定进行。

5.7 10 种重金属元素限量的测定

按 GB 20814 的规定进行。

5.8 在棉织物上的色牢度的测定

所有色牢度的测定试样均按 GB/T 4841.1—2006 的规定染成 1/1 染色标准深度。

5.8.1 耐摩擦色牢度的测定

耐摩擦色牢度的测定按 GB/T 3920—1997 的规定进行。

5.8.2 耐洗色牢度的测定

耐洗色牢度的测定按 GB/T 3921.4—1997 的规定进行。

5.8.3 耐汗渍色牢度的测定

耐汗渍色牢度的测定按 GB/T 3922—1995 的规定进行。

5.8.4 耐水色牢度的测定

耐水色牢度的测定按 GB/T 5713—1997 的规定进行。

5.8.5 耐热压色牢度的测定

耐热压色牢度的测定按 GB/T 6152—1997 的规定进行，200℃干压(4 h 后评定)。

5.8.6 耐光色牢度的测定

耐光色牢度的测定按 GB/T 8427—1998 的规定进行。

6 检验规则

6.1 检验分类

本标准的 3.1 和 3.2 中(1)～(5)项为出厂检验项目，3.2 中(6)、(7)项和 3.3 为型式检验项目，在连续正常生产时每年检验一次。有下列情况之一时要随时进行检验：

a) 新产品最初定型时；

b) 产品异地生产时；

c) 生产配方、工艺及原材料有较大改变时；

d) 停产三个月后又恢复生产时；

e) 客户提出要求时。

6.2 生产厂检验

硫化黑 3B、4B、3BR、2RB 应由生产厂的质量检验部门根据本标准的要求进行检验，生产厂应保证所有出厂的硫化黑 3B、4B、3BR、2RB 产品均符合本标准的要求。

6.3 复验

如果检验结果中有一项指标不符合本标准要求时，应重新自两倍量的包装中采样进行检验，重新检验的结果，即使只有一项指标不符合本标准要求，则整批产品不能验收。

7 标志、标签、包装、运输和贮存

7.1 标志、标签

硫化黑 3B、4B、3BR、2RB 的每个包装桶上都应涂上牢固、清晰的标志，注明：产品名称、规格、注册商标、净含量、生产厂名称、厂址、标准编号、批号、生产日期。也可将批号、生产日期打印在标签上，并和产品质量检验合格的证明一起放入包装桶内的塑料袋外面。

7.2 包装

硫化黑 3B、4B、3BR、2RB 用内衬塑料袋的铁桶或纸桶包装，并加密封和封印，每桶净含量 25 kg。其它包装可与用户协商确定。

7.3 运输

运输时应防止倒置，小心轻放，避免碰撞，切勿损坏包装。

7.4 贮存

产品应贮存于阴凉、干燥、通风的库房内，贮存期为一年。

ICS 83.060
G 40

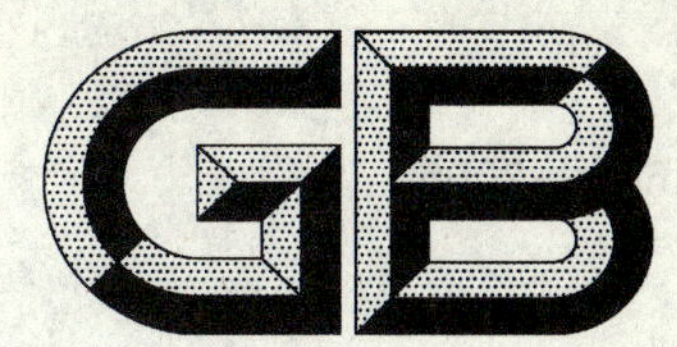

中华人民共和国国家标准

GB/T 1690—2006
代替 GB/T 1690—1992

硫化橡胶或热塑性橡胶耐液体试验方法

Rubber, vulcanized or thermoplastic—Determination of the effect of liquids

(ISO 1817:2005, Rubber, vulcanized—Determination of the effect of liquids, MOD)

2006-09-01 发布　　　　2007-02-01 实施

中华人民共和国国家质量监督检验检疫总局
中国国家标准化管理委员会　发布

前　言

本标准修改采用ISO 1817:2005《硫化橡胶耐液体测定方法》(英文版)。

本标准代替GB/T 1690—1992《硫化橡胶耐液体试验方法》。

本标准与ISO 1817:2005差异及其原因如下:

——标准名称改为《硫化橡胶或热塑性橡胶耐液体试验方法》,在标准范围中已包含热塑性橡胶。

——用GB/T 262代替ISO 2977,因本标准引用ISO 2977的内容与GB/T 262无技术上差异(见第2章);

——测定质量变化、体积变化试样规定不一样,本标准按ASTM 471规定为25 mm×50 mm,ISO 1817:2005规定为1 cm^3～3 cm^3或2型哑铃状试样(见5.2);因为ISO标准规定范围过宽,不利于统一标准和进行数据比对,实施困难;

——删除附录A中A.1对制定标准模拟液体的原因说明(见附录A);因为表A.1中规定已很明确。

为了便于使用,本标准还做了下列编辑性修改:

a) “本国际标准”一词改为“本标准”;

b) 删除国际标准的前言。

本标准与GB/T 1690—1992相比较主要差异如下:

——修改了标准名称;

——增加了前言和引言;

——增加了第4章试验液体(本版的第4章);

——将测试质量变化与体积变化的试样尺寸用25 mm×50 mm代替25 mm×25 mm(1992年版7.2.1;本版的5.2);

——增加了液体吸收饱和度概念(本版的6.2);

——删除了部分试验时间的选择(1992年版的第6章;本版的6.2);

——用ASTM No.1、IRM902、IRM903标准油替代1#,2#,3#标准油(见附录A);

——删除了挥发性液体中试验的试样放入培养皿中称量的要求(1992年版的7.3.3.1;本版的7.1);

——用“在标准试验室温度下停放30 min或放入新准备试验液体中停放10 min～30 min清洗干净称量”代替了原标准“高温浸泡试验后停放30 min后清洗干净将试样放入培养皿在标准试验室温度下调30 min称量”(1992年版的7.3.3;本版的7.1);

——增加了空气影响说明(本版的7.1);

——增加了除滤纸外的其他擦拭织物(本版的7.1、7.3、7.8)。

本标准的附录A为规范性附录。

本标准由中国石油和化学工业协会提出。

本标准由全国橡胶与橡胶制品标准化技术委员会橡胶物理和化学试验方法分技术委员会(SAC/TC 35/SC 2)归口。

本标准由全国橡胶与橡胶制品标准化技术委员会橡胶物理和化学试验方法分技术委员会负责解释。

本标准负责起草单位:常州朗博汽车零部件有限公司。

本标准参加起草单位：中橡集团西北橡胶塑料研究设计院。

本标准主要起草人：张美玲、朱伟。

本标准所代替标准的历次版本发布情况为：

——GB/T 1690—1982，GB/T 1690—1992。

引　言

液体对硫化橡胶作用通常有以下几种现象：

a）橡胶吸入液体；

b）橡胶中可溶成分的抽出；

c）液体与橡胶的化学反应。

通常，吸入量[a)]大于抽出量[b)]，以致橡胶体积增大，这种现象定义为“溶胀”，吸入液体使橡胶吸入前后的拉伸强度、扯断伸长率、硬度等物理及化学性能变化很大。由于橡胶中增塑剂和抗降解剂之类，在易挥发性液体中浸泡后，极容易被抽出，其干燥后的物理及化学性能变化会更大。因此，很有必要测定橡胶在挥发性液体中浸泡后或进一步干燥后的性能。

本标准规定了确定下列性能变化的测试方法：

——质量变化、体积变化、线性尺寸变化；

——抽出物；

——浸泡后或接着干燥后橡胶的硬度变化、拉伸性能变化。

本标准所提供的试验在某种程度上可模拟一些实际使用条件，但不能完全代表实际的使用情况。橡胶试验体积变化最小并不能代表该材料就是实际使用耐液体最好的。对于非常厚的橡胶制品，厚度的变化对液体的浸入量影响不大，但对于一般橡胶制品液体的浸入速度与时间、厚度关系很大，因此测试时必须考虑橡胶的厚度。另外，液体还可以通过高温状态下，大气中氧气的氧化作用对橡胶产品产生影响。本标准试验方法提供给定的（或组分相同的）可控的矿物油、燃料油或其他液体对橡胶影响测试的参考数据。

液体对橡胶的影响取决于橡胶本身和橡胶内部应力的大小，在本标准中，所有试验均在试样处于非外力作用下完成。

硫化橡胶或热塑性橡胶耐液体试验方法

警告——使用本标准的人员应有正规实验室工作的实践经验。本标准并未指出所有可能的安全问题,使用者有责任采取适当的安全和健康措施,并保证符合国家有关法规规定的条件。

1 范围

本标准规定了通过测试橡胶在试验液体中试验前后的性能变化,评价液体对橡胶的作用。试验液体包括标准试验液体及类似于石油衍生物、有机溶剂、化学试剂等。

本标准适用于硫化橡胶或热塑性橡胶。

2 规范性引用文件

下列文件中的条款通过本标准的引用而成为本标准的条款。凡是注日期的引用文件,其随后所有的修改单(不包括勘误的内容)或修订版均不适用于本标准,然而,鼓励根据本标准达成协议的各方研究是否可使用这些文件的最新版本。凡是不注日期的引用文件,其最新版本适用于本标准。

GB/T 262 石油产品苯胺点测定法(GB/T 262—1988,neq ISO 2977:1974)

GB/T 528—1998 硫化橡胶或热塑性橡胶拉伸应力应变性能的测定(eqv ISO 37:1994)

GB/T 1884 原油和液体石油产品密度实验室测定法(密度计法)(GB/T 1884—2000,eqv ISO 3675:1998)

GB/T 2941 橡胶物理试验方法试样制备和调节通用程序(GB/T 2941—2006,ISO 23529:2004,IDT)

GB/T 3535 石油倾点测定法(GB/T 3535—1983,neq ISO 3016:1974)

GB/T 3536 石油产品闪点和燃点测定法(克利夫兰开口杯法)(GB/T 3536—1983,eqv ISO 2592:1973)

GB/T 6031—1998 硫化橡胶或热塑性橡胶硬度的测定(10~100IRHD)(idt ISO 48:1994)

GB/T 11547 塑料耐液体化学药品(包括水)性能测定方法(GB/T 11547—1989,eqv ISO 176:1981)

SH/T 0205 石油产品 炭氢液体 折光指数测定(SH/T 0205—1992,eqv ISO 5661:1983)

ISO 3104:1994 透明或不透明石油产品运动黏度测定法和动力黏度计算法

3 试验设备

3.1 通用试验装置

试验装置的材料不应与试验液体及试样发生反应,如:不应使用铜类材料。选择合适的试验温度,使试验过程中液体的挥发最少及外部进入试验装置的空气最少。

试验装置可使用带盖的玻璃容器,选择的试验温度应低于试验液体的沸点。如果试验温度接近液体沸点,建议使用带有廻流冷凝器的玻璃装置或其他材质的试验装置以减少液体蒸发。

试验装置的大小应保证试样在不发生任何变形的情况下完全浸入液体。用线或棒将试样吊入液体中,确保试样与试样之间,试样与试验装置壁之间不接触,试验装置中液体上部空气体积应尽可能小,试验液体的体积至少为试样总体积的15倍。

3.2 单面试样接触试验装置

此装置用于试样只有一个面与液体接触的试验。

试验装置如图1所示。包括一个底盘(A)和一个底部开口的圆柱形容器(B),将试样(C)紧扣。并用螺母(D)和螺栓(E)固定。底盘留有直径约 30 mm 的一个孔，使试样一个面不与试验液体接触，上部容器的开口处应用一合适的塞子(F)盖住。

单位为毫米

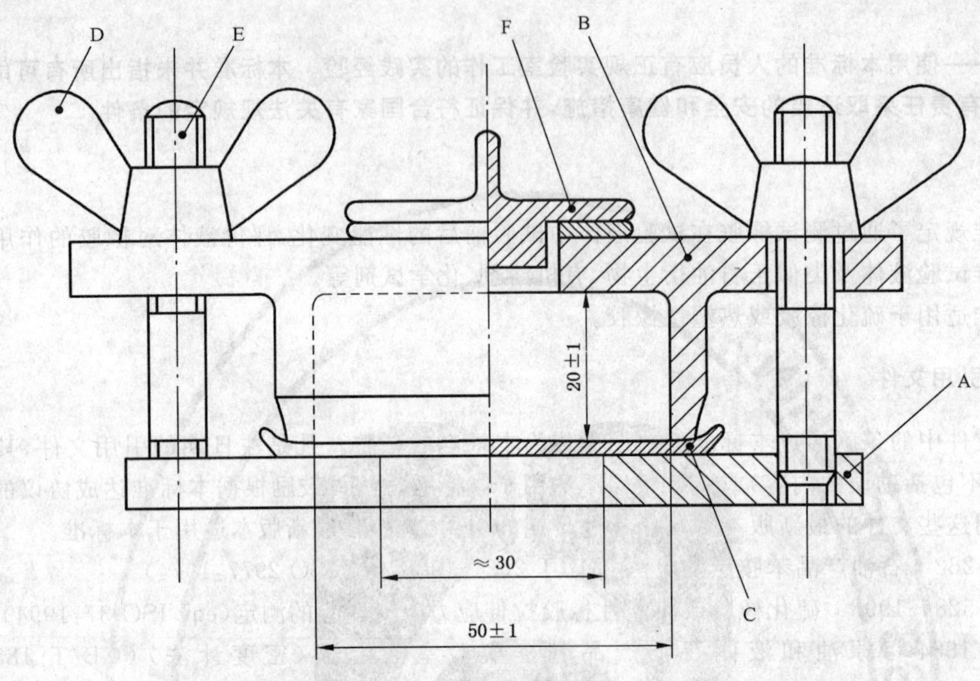

图 1　单面试样接触试验装置

3.3　天平

天平应精确到 1 mg。

3.4　试样测厚装置

将一个满足精度要求的百分表固定在一个带有一个平台的钢架上，百分表最小分度应为0.01 mm。百分表内插立杆底部连一面积约 100 mm^2 的压足。圆台应垂直于立杆而平行于基准底面。百分表施加于所测试样表面的压力约为 2 kPa。

3.5　测量试样长度和宽度的装置

最小分度应为 0.01 mm，最好采用类似光学测量仪器的非接触法测量。

3.6　测量表面积变化的装置

与测量试样长度和宽度装置要求相同。

4　试验液体

试验液体的选择取决于试验目的。

试验液体宜是产品实际使用液体。对于相同液体由于其生产厂家及生产方式不同，液体组分及特性不同，均可造成试验结果的不稳定，对特殊系列试验液体应由指定厂家生产。也可选用标准物定期试验确定油品的稳定性。

矿物油和燃油。生产批次不同化学组成也很容易发生变化。通常，矿物油的苯胺点高低取决于芳香烃的含量，苯胺点越低对橡胶的溶胀作用越强。如果使用矿物油做试验，试验报告应写出液体的密度、折光指数、黏度、苯胺点或芳香烃含量。附录 A 提供的标准试验油，由矿物残液提炼、加工而成。

商品油。尽管有些商品油与标准油(附录 A 中 A.1～A.3)的液体特性相似，但对橡胶的作用却不完全相同。对于类似汽油之类的商品油，批次及不同生产厂家产品的组成成分相差较大，造成对橡胶影响变化也很大。因此，使用商品油做耐液体试验时，试验报告中应有完整的液体组成描述。

另外，在附录A中还规定一些用作橡胶分类或质量控制试验的标准液体。当用来确定液体中某种化学成分对橡胶的影响时，可选用规定浓度溶液做试验。有些试验液体会发生自身老化及可能与橡胶发生反应，如液体中有活性添加剂，或者橡胶与液体可通过抽出、吸入或化学反应，使液体组成变化较大，并可使橡胶体积变化不稳定或液体中有新成分生成。为确保试验液体在整个试验过程中组成不发生太大变化，应考虑补充液体的体积或定期更换新的试验液体。

5 试样

5.1 试样制备

试样制备按GB/T 2941执行。

5.2 测量

试样厚度应在(2.0±0.2)mm范围内。试样也可从制品裁切，若厚度小于1.8 mm，则以该厚度作为试验厚度。如果试样厚度大于2.2 mm，则将试样加工成厚度在(2.0±0.2)mm范围内。不同厚度试样测试数据不可比较。

测量体积变化与质量变化试样为25 mm×50 mm的长方形。

测量硬度变化试样的边缘尺寸不小于8 mm。

测量尺寸变化所用试样为25 mm×50 mm的长方形或直径为44.6 mm的圆形试样(GB/T 528—1998中A型的内圆)。

测表面积变化的试样为垂直剪切的平形四边形。用两组对应边平行，并保持一定距离的裁刀裁切，边长约为8 mm。

注：测试样表面积变化也可以使用小一点或薄一点的试样，例如从产品上裁切或快速检测试验等。但这样的测试结果与标准厚度试样的测试数据是不可比较的。小的试样会降低测量结果的精确性。

测试拉伸性能变化的试样按GB/T 528—1998的试样要求，宜选择2型哑铃状试样。这种形状试样也可用来测试硬度变化。

单面接触试验所用的试样为直径约60 mm的圆形试样。

5.3 硫化与试验时间间隔

如无其他特殊规定，硫化与试验时间间隔按GB/T 2941执行。如遇特殊情况，应按下述规定执行：对所有试验，硫化与试验最小时间间隔为16 h。非制品试验，硫化与试验最长时间间隔为4周，做比对及评价试验，试样应在相同的时间间隔内进行。制品试验，硫化与试验时间间隔不超过3个月，如无特别要求，试验应在接到客户提供试样2个月内完成。

5.4 试样调节

试样应在GB/T 2941规定的标准实验室温度下调节不少于3 h。任何试验或系列的比对试验，其试验前后温度应保持不变。

6 在液体中浸泡

6.1 温度

浸泡试验应在GB/T 2941规定的任一种或多种温度下进行。

高温试验能使橡胶发生快速氧化及在液体中进行化学反应(如在工作液体中)；浸泡液体的挥发、分解。因此，选择适当的试验温度非常重要。

试验条件与工作条件相似，并且选择的试验液体与产品工作液体相同，则试验温度选择应等于或高于实际使用温度。

6.2 时间

由于液体进入橡胶的速度取决于温度、胶种、液体种类，所有试验不可能用一种试验时间确定其测试性能。尽可能做重复多次浸泡试验，并将浸泡性能随时间变化曲线描出，确定合适的试验时间。试验时间宜大于液体吸收饱和度的时间。

作为胶料性能的控制试验，用一种试验时间已可以满足要求，但应尽可能大于吸收饱和度时间。试验时间应从以下时间范围内选择：

$24_{-2}^{\ 0}$ h，$72_{-2}^{\ 0}$ h，7 d±2 h，7 d±2 h 的整数倍。

注 1：由于吸收液体的量与时间的平方根成比例而不是时间本身，可通过绘制吸收量与时间平方的曲线，确定液体吸收饱和度的时间。

注 2：在浸泡试验初期，性能变化的百分数与试样厚度的倒数成正比。因此，当试验时间未达到吸收饱和度的时间，试样厚度的差异越小得到的试验结果越稳定。

7 程序

7.1 标准程序

将一组已测量的 3 个试样在试验前分别作好标记，浸入盛有试验液体(4)的容器(3.1、3.2)中，并将容器放入已达到所需温度(6.1)的恒温箱或液体加热恒温装置中。在整个试验过程中，试样距容器壁不少于 5 mm，距容器底部和液体表面不少于 10 mm 。如果橡胶密度小于液体密度，应加坠子将试样完全浸没在液体中。同时，应防止空气的进入，若进入的空气影响到试验结果，则供需双方应协商确定允许空气进入的程度。

试验时间结束后，从恒温箱或液体加热恒温装置中取出试验容器，在标准实验室温度下调节 30 min。或将取出试样快速放入一份已备好的新试验液体中，在标准试验温度下停放 10 min～30 min。

将试样从试验液体中取出，除去试样表面的残留液体。挥发性液体，用滤纸或不掉毛的织物迅速擦掉试样残留液体。黏性非挥发性液体可用滤纸或不掉毛的织物擦掉试样表面的残留液体；也可迅速浸入酒精或汽油等挥发性液体中迅速清洗、擦干。

对于挥发性液体试验应快速地进行。将试样依次从液体中取出，擦干并迅速放入称量瓶中测量橡胶的体积变化与质量变化。

将试样从液体中取出至性能全部测试完毕，应不超过下述时间：

——尺寸变化：1 min；

——硬度变化：1 min；

——拉伸试验：2 min。

如试验还要继续进行，应将已测完的试样快速放入液体中，并将测试装置放入已控温的老化箱或液体控温装置中。在液体中的全部浸泡时间应满足 6.2 的规定。

也可测经浸泡接着干燥后的性能变化。将试样放入绝对压力约 20 kPa，温度 40℃的一定容积的设备中，每间隔 30 min 测量一次直至所测的质量变化不超过 1 mg。然后在标准实验室温度下冷却不少于 3 h。

7.2 质量变化

在标准实验室温度下测量试样浸泡前后的质量，精确到 1 mg。

质量变化百分数(Δm_{100})按式(1)计算。

$$\Delta m_{100}=\frac{m_i-m_0}{m_i}\times 100 \qquad \cdots\cdots(1)$$

式中：

m_0——试样浸泡前的质量，单位为克(g)；

m_i——试样浸泡后的质量，单位为克(g)。

结果取 3 个试样值的中值。

7.3 体积变化

对于非水溶性液体一般采用排水法测量。

在标准实验室温度下，先测每个试样在空气中质量(m_0)，精确到 1 mg，再测蒸馏水中质量($m_{0,w}$)，测水中质量时应排除试样上的气泡(必要时可用洗涤剂)。如果材料密度小于 1 g/cm³，需加坠子测量，测量中应确保坠子与试样全部浸入水中，还应测量单个坠子在水中的质量($m_{s,w}$)，按式(2)计算体积变化百分数(ΔV_{100})。

$$\Delta V_{100} = \left(\frac{m_i - m_{i,w} + m_{s,w}}{m_0 - m_{0,w} + m_{s,w}} - 1\right) \times 100 \qquad \cdots\cdots(2)$$

式中：

m_0——试样试验前在空气中的质量，单位为克(g)；

m_i——试样试验后空气中的质量，单位为克(g)；

$m_{0,w}$——试验前试样在水中的质量(带坠子)，单位为克(g)；

$m_{i,w}$——试验后试样在水中的质量(带坠子)，单位为克(g)；

$m_{s,w}$——坠子在水中的质量，单位为克(g)。

结果取 3 个试样值的中值。

若试验液体溶于水或与水发生反应，试验后不应用水称量。若试验液体不太黏稠或室温下不易挥发，液体中的称量可用新取的试验液体。若试验液体不适于称量，试验后也可选用其他液体称量。按式(3)计算。

$$\Delta m_{100} = \left[\frac{1}{\rho}\left(\frac{m_i - m_{i,liq} + m_{s,liq}}{m_0 - m_{0,w} + m_{s,w}}\right) - 1\right] \times 100 \qquad \cdots\cdots(3)$$

式中：

ρ——液体密度，单位为克每立方厘米(g/cm³)；

$m_{i,liq}$——试样在液体中质量(含坠子)，单位为克(g)；

$m_{s,liq}$——坠子在液体中质量，单位为克(g)。

7.4 尺寸变化

在实验室温度下测量试样长度，精确到 0.5 mm(取试样两对应顶点间距离，测量上下面对应四条边各一次，取 4 次测量值的平均值)。

按式(4)计算长度变化百分数(ΔL_{100})。

$$\Delta L_{100} = \frac{l_i - l_0}{l_0} \times 100 \qquad \cdots\cdots(4)$$

式中：

l_0——试验前长度，单位为毫米(mm)；

l_i——试验后长度，单位为毫米(mm)。

用相同的方法计算宽度变化百分数和厚度变化百分数。

结果取 3 个试样所测数据的中值，表面积变化百分数也可从长度变化及宽度变化计算出。

7.5 表面积变化

在实验室温度下测量试样的试验前对角线长，精确到 0.01 mm。

试验后按上述方法重新测量对角线长。如有合适的玻璃或透明测量仪器，可不将试样从液体中取出直接测量其对角线长。

按式(5)计算表面积变化百分数(ΔA_{100})。

$$\Delta A_{100} = \left(\frac{l_A l_B}{l_a l_b} - 1\right) \times 100 \qquad \cdots\cdots(5)$$

式中：

$l_a l_b$——试验前对角线长，单位为毫米(mm)；

$l_A l_B$——试验后对角线长，单位为毫米(mm)。

也可按式(6)计算体积变化百分数。

$$\Delta V_{100} = \left[\left(\frac{l_A l_B}{l_a l_b}\right)^{3/2} - 1\right] \times 100 \quad \cdots\cdots(6)$$

按式(6)计算体积变化应是假设其膨胀是同向的,如果不确定,建议用7.3的方法计算体积变化比较准确。

7.6 硬度变化

按GB/T 6031—1998中M法测定试验前后每个试样的硬度。也可以用普通硬度计3片叠加测量,但这种方法只作常规硬度检测。

按式(7)计算试验前后的硬度变化(ΔH)。

$$\Delta H = H_i - H_0 \quad \cdots\cdots(7)$$

式中:

H_0——试验前硬度;

H_i——试验后硬度。

7.7 拉伸性能变化率

用带标记的试样按GB/T 528—1998测定试验前后的拉伸性能,计算拉伸强度、扯断伸长率、定伸应力。按式(8)计算拉伸性能变化百分数(ΔX_{100})。

$$\Delta X_{100} = \frac{X_i - X_0}{X_0} \times 100 \quad \cdots\cdots(8)$$

式中:

X_0——试验前数值;

X_i——试验后数值。

7.8 单面液体接触试验

本方法适用于仅单面与液体接触的较薄片材(如隔膜橡胶)。

测量试样的厚度并称其在空气中的质量(m_0)。然后将试样装入如图1所示的装置中,将试验液体倒入装置内,深度约15 mm,盖上塞子(F)。

将装置放入已调好的恒温试验箱中至要求的试验时间,将装置取出放置在实验室温度下,倒出试验液体,取出试样,用滤纸或不掉屑织物擦去试样表面的残留液体,再在实验室温度下称量试样质量(m_i),精确到1 mg,接着测量试样厚度。如试验液体在室温下挥发,试样从液体中取出应在2 min内完成测试。

按式(9)计算单位面积的质量变化率(Δm_a),单位为克每平方米(g/m^2)。

$$\Delta m_a = \frac{m_i - m_0}{A} \quad \cdots\cdots(9)$$

式中:

m_0——试样试验前的质量,单位为克(g);

m_i——试样试验后的质量,单位为克(g);

A——试样与液体接触的圆面积,单位为平方米(m^2)。

结果取3个试样值的中值。

厚度变化计算按7.4计算。

7.9 抽出物测定

7.9.1 常规试验

如果试验液体是易挥发液体,则橡胶抽出物可用下述两种方法测定:

a) 将试样进行干燥处理后的质量与试验前的质量比较;

b) 将试验液体蒸发干后,测量剩余不挥发物的质量。

以上两种方法均能产生试验误差。干燥后试样的称重法,在高温试验过程中如果有空气的存在,材料会被氧化;蒸发试验液体法,蒸发过程中会失去一些如增塑剂类的抽出物。本标准两种方法都陈述,可根据材料实际使用及试验条件选择合适的一种。

对于高挥发性液体较难确切定义，本标准规定沸点高于 110℃蒸发量少于附录 A 表 A.1 中 A、B、C、D、E 标准溶液的液体不属于高挥发性液体。

抽出物的测定也可在质量变化 、体积变化、尺寸变化等任一种试验后测定。

7.9.2 干燥后试样的称重法

试验后试样在绝对压力约 20 kPa、温度约 40℃的试验箱中干燥，每 30 min 称重一次，直到与上次测量质量差绝对值不大于 1 mg 。

抽出物的含量为试样试验干燥后的质量与试验前质量差值与试样试验前质量比的百分数。

7.9.3 蒸发试验液体法

将试样从试验液体中取出，并用 25 mL 新配同样液体清洗试样，将清洗液体与试验液体一同倒入一个合适容器。放入绝对压力约 20 kPa、温度约 40℃的试验箱中，将液体蒸发至恒重。

做一个同样的空白试验，估计试验液体的体积等于试验液加清洗液的总体积。

抽出物的含量可表示为干燥后剩余质量与空白结果的差值与试样原质量比的百分数。

8 试验报告

试验报告应包括以下内容：

a) 说明引用本标准的章节。

b) 样品描述

  1) 对试样原有状态作详细描述；

  2) 配方号、硫化温度、时间，硫化与试验间隔时间；

  3) 制样方法：模压或裁切；

  4) 试验液体描述：如是矿物油(1、2、3 号标准油除外)还应包括密度、黏度、折光指数、苯胺点和芳香烃含量。

c) 试验及试验方法描述

  1) 使用方法；

  2) 试样类型（指尺寸测定)；

  3) 使用的标准实验室温度；

  4) 调节；

  5) 试验温度和时间；

  6) 操作程序与本标准存在的差异。

d) 试验结果

  1) 结果应阐述相关的标准条款；

  2) 试样外观；

  3) 试验液体外观；

  4) 试验时间。

e) 试验日期。

附 录 A
（规范性附录）
参 考 液 体

警告——在准备或操作试验液体时应采取合适的安全措施，特别是有毒、腐蚀性、易燃液体。对于发烟液体应在专用（空气流通）通风橱下操作；腐蚀性液体应避免与皮肤或普通衣物接触；易燃液体操作时应远离热源。

A.1 标准模拟液体

表 A.1 和表 A.2 列出不同组分市场常用的几种液体，它也可以作为其他液体组分的指标。

表 A.1 不含氧化物的标准模拟液体

液 体	组 成	体积分数/%
A	2,2,4-三甲基戊烷（异辛烷）	100
B	2,2,4-三甲基戊烷（异辛烷）	70
	甲苯	30
C	2,2,4-三甲基戊烷（异辛烷）	50
	甲苯	50
D	2,2,4-三甲基戊烷（异辛烷）	60
	甲苯	40
E	甲苯	100
F	直链烷烃（C^{12}～C^{18}）	80
	1-甲基萘	20
注：液体 B、C、D 相当于不含氧化物燃油，液体 F 相当于民用动力柴油。		

表 A.2 含氧化物（酒精）标准模拟液体

液 体	组 成	体积分数/%
1	2,2,4-三甲基戊烷（异辛烷）	30
	甲苯	50
	二异丁烯	15
	乙醇	5
2	2,2,4-三甲基戊烷（异辛烷）	25.35[a]
	甲苯	42.25[a]
	二异丁烯	12.68[a]
	乙醇	4.22[a]
	甲醇	15.00
	水	0.50

表 A.2（续）

液 体	组 成	体积分数/%
3	2,2,4-三甲基戊烷(异辛烷)	45
	甲苯	45
	乙醇	7
	甲醇	3
4	2,2,4-三甲基戊烷(异辛烷)	42.5
	甲苯	42.5
	甲醇	15
[a] 它们的体积和占液体总体积的84.5%。		

A.2 标准油

A.2.1 常规定义

A.2.1.1 1[#]标准油(ASTM No.1)

是一种“低膨胀”油，主要由溶剂萃取，化学提炼石蜡等处理的石油和其他石油调制的混合物。

A.2.1.2 2[#]标准油（IRM902)

是一种“中膨胀”油，主要是将天然环烷油、黏土，经过蒸馏、酸处理及溶剂的萃取制备而成。

A.2.1.3 3[#]标准油（IRM903)

是一种“高膨胀”油，通过将天然环烷油真空精制成两种润滑油的调制混合液。

A.2.2 用途

本标准油为代表性低附加石油，对高附加或合成油需另外准备。

A.2.3 要求

标准油不应含有不期望的附产物，应有稳定的倾点轨迹(近似于0.1%)，及表A.3所示的性能。表A.4是油的特殊性能。

使用标准油做试验，标准油应由经认可符合标准油生产要求的指定厂家生产。若不容易获得标准油，也可用性能完全符合A.3，长期用于橡胶测试，对于相同配方同一批次橡胶，在相同测试条件下，测试结果与标准油相同的代用油。

表 A.3 标准油性能

性 能	要 求			试验方法
	1[#]	2[#]	3[#]	
苯胺点/℃	124±1	93±3	70±1	GB/T 262
运动黏度/[$\times 10^{-6}$ m^2/s]	20±1[a]	20±1[a]	33±1[b]	ISO 3104:1994
闪点/℃ 最小	243	240	163	GB/T 3536
密度(15℃)/(g/cm^3)	0.886±0.002	0.933±0.006	0.921±0.006	GB/T 1884
黏度-重力保持常数	—	0.865±0.005	0.880±0.005	
环烃含量 C_N/%	—	≥35	≥40	
石蜡含量 C_P/%	—	≤50	≤45	

[a] 测定温度99℃；

[b] 测定温度37.8℃。

表 A.4 标准油特殊性能

性能	要求			试验方法
	1#	2#	3#	
倾点/℃	—	−12	−31	GB/T 3535
折光指数(20℃)	1.486 0	1.510 5	1.502 6	SH/T 0205
芳香烃含量 C_A/%	—	12	14	

A.3 模拟工作液

A.3.1 101 工作液

101 工作液模拟合成柴油润滑油。由质量分数为 99.5%的癸二酸二辛酯和质量分数为 0.5%吩噻嗪组成。

A.3.2 102 工作液

102 工作液组成类似于某种液压油。由质量分数为 95%1# 标准油,质量分数为 5%碳氢混合添加剂组成的混合物,其中添加剂中含有29.5%~33%的硫,1.5%~2%的磷,0.7%的氮,及其他要求的添加剂。

A.3.3 103 工作液

103 工作液相当于飞机用磷酸酯液体油(三-*n*-丁基磷酸)。

A.4 化学试剂

使用的化学试剂应与产品使用试剂相同。一般没有特别注明,化学试剂应符合 GB/T 11547 的规定。

ICS 87.060.10
G 54

中华人民共和国国家标准

GB/T 1706—2006
代替 GB 1706—1993

二氧化钛颜料

Titanium dioxide pigments

(ISO 591-1:2000,Titanium dioxide pigments for paints—
Part 1:Specifications and methods of test,MOD)

2006-09-01 发布 2007-02-01 实施

中华人民共和国国家质量监督检验检疫总局
中国国家标准化管理委员会 发布

前　言

本标准修改采用国际标准 ISO 591-1:2000《色漆用二氧化钛颜料　第 1 部分:规格和试验方法》(英文版)。

本标准根据国际标准 ISO 591-1:2000《色漆用二氧化钛颜料　第 1 部分:规格和试验方法》重新起草。

本标准在采用国际标准时进行了修改,这些技术性差异用垂直单线标识在它们所涉及的条款的页边空白处。在附录 A 中给出了技术性差异及其原因的一览表以供参考。

本标准与国际标准 ISO 591-1:2000 相比,主要技术差异为:

——本标准删除了“TiO_2 含量测定中 B 法氯化铬(Ⅱ)还原法”;

——本标准中所用试验方法均采用现行国家标准,其中大部分方法系等效采用相应国际标准;

——本标准增加了“8　检验结果的判定”和“9　标志、包装、运输和贮存”;

——本标准删除了国际标准的前言。

本标准代替 GB 1706—1993《二氧化钛颜料》,并作了技术上的修订和编辑性修改。

本标准与 GB 1706—1993 相比,主要技术差异为:

——本标准中产品分 2 种类型 5 个品种(1993 版分 2 种类型 3 个品种,每个品种又分 3 个等级);

——本标准采用商定的“参比样”(1993 版采用选定的“标准样”);

——本标准中 A1 和 R1 2 个品种不控制“水萃取液电阻率”项目(1993 版 3 个品种均对此项目作了要求);

——本标准中“颜色”、“散射力”、“水悬浮液 pH 值”、“吸油量”、“水萃取液电阻率”等项目指标均为商定(1993 版均规定了具体指标);

——本标准删除了“二氧化钛含量测定中 B 法锌汞齐法”;

——本标准增加了“颜色测定——色度法”;

——本标准中用“散射力”代替了“消色力”项目。

本标准的附录 A 为资料性附录。

本标准由中国石油和化学工业协会提出。

本标准由全国涂料和颜料标准化技术委员会归口。

本标准主要起草单位:中国化工建设总公司常州涂料化工研究院、攀枝花钢铁有限责任公司钛业公司、四川龙蟒钛业有限责任公司、镇江钛白粉股份有限公司、常州市武进区申武钛白粉厂。

本标准参加起草单位:重庆渝港钛白粉股份有限公司、南京钛白化工有限责任公司、上海焦化有限公司钛白分公司、常州市长江钛白粉厂、淄博钴业股份有限公司、广州钛白粉厂、上海市涂料研究所。

本标准主要起草人:沈苏江、赵玲、黄国鑫、晏育刚、奉辉、郭建华。

本标准于 1979 年首次发布,1988 年第一次修订,1993 年第二次修订,本次为第三次修订。

二氧化钛颜料

1 范围

本标准规定了二氧化钛颜料的产品分类、要求、试验方法、检验结果的判定及标志、包装、运输和贮存。

本标准适用于硫酸法或氯化法生产的二氧化钛颜料。该产品主要用于涂料、橡胶、塑料、油墨及造纸等行业。

2 规范性引用文件

下列文件中的条款通过本标准的引用而成为本标准的条款。凡是注日期的引用文件，其随后所有的修改单(不包括勘误的内容)或修订版均不适用于本标准，然而，鼓励根据本标准达成协议的各方研究是否可使用这些文件的最新版本。凡是不注日期的引用文件，其最新版本适用于本标准。

GB/T 1250 极限数值的表示方法和判定方法

GB/T 1717—1986 颜料水悬浮液 pH 值的测定(eqv ISO 787-9:1981)

GB/T 1864—1989 颜料颜色的比较(eqv ISO 787-1:1982)

GB/T 3186 色漆、清漆和色漆与清漆用原材料 取样(GB/T 3186—2006,ISO 15528:2000,IDT)

GB/T 5211.2—2003 颜料水溶物测定 热萃取法(ISO 787-3:2000,General methods of test for pigments and extenders—Part 3:Determination of matter soluble in water-Hot extraction method,IDT)

GB/T 5211.3—1985 颜料在 105℃挥发物的测定(eqv ISO 787-2:1981)

GB/T 5211.12 颜料水萃取液电阻率的测定(GB/T 5211.12—1986,eqv ISO 787-14:1973)

GB/T 5211.14—1988 颜料筛余物的测定 机械冲洗法(eqv ISO 787-18:1983)

GB/T 5211.15—1988 颜料吸油量的测定(eqv ISO 787-5:1980)

GB/T 5211.20—1999 在本色体系中白色、黑色和着色颜料颜色的比较 色度法(eqv ISO 787-25:1993)

GB/T 13451.2—1992 着色颜料相对着色力和白色颜料相对散射力的测定 光度计法(eqv ISO 787-24:1985)

3 术语和定义

本标准采用下列术语和定义：

3.1

二氧化钛颜料 titanium dioxide pigments

由 X-射线法测定的晶体结构主要为锐钛型或金红石型的二氧化钛(TiO_2)组成的颜料。

4 产品分类

4.1 型号

本标准包括以下两种类型的二氧化钛颜料：

A 型：锐钛型；

R 型：金红石型。

4.2 品种

颜料可进一步分为下列品种：

A 型：A1、A2。

R 型：R1、R2、R3。

5 特性要求和容许范围

5.1 外观

应为软质干燥粉末或在不加研磨下用调刀易于碾碎。

5.2 其他特性

5.2.1 符合本标准的二氧化钛颜料，其基本要求规定于表1，条件要求规定于表2。条件要求将由有关双方规定。

表2中预处理后105℃挥发物为商定项目，只有当有关方面明确规定或有合同约定时才进行。

5.2.2 表2中所指商定的参比样应符合表1中要求。

表1 基 本 要 求

特 性		要 求				
		A型		R型		
		A1	A2	R1	R2	R3
TiO_2 的质量分数/%	≥	98	92	97	90	80
105℃挥发物的质量分数/%	≤	0.5	0.8	0.5	商定	
水溶物的质量分数/%	≤	0.6	0.5	0.6	0.5	0.7
筛余物(45 μm)的质量分数/%	≤	0.1	0.1	0.1	0.1	0.1

表2 条 件 要 求

特 性		要 求				
		A型		R型		
		A1	A2	R1	R2	R3
颜色[a]		与商定的参比样相近(见5.2.2)				
散射力[a]		商定				
在(23±2) ℃和相对湿度(50±5)%下预处理24 h后105℃挥发物的质量分数/%[b]	≤	0.5	0.8	0.5	1.5	2.5
水悬浮液 pH 值		商 定				
吸油量						
水萃取液电阻率		—	商定	—	商定	

a 测定时所用的参比样为有关双方商定的样品。

b 见5.2.1。

6 取样

按 GB/T 3186 的规定取受试产品的代表性样品。

7 试验方法

7.1 二氧化钛含量的测定——铝还原法

7.1.1 原理

经干燥的试样溶解在含有硫酸铵的硫酸中。在二氧化碳气氛下用金属铝将四价钛还原成三价钛。然后以硫氰酸铵作指示剂,用硫酸铁铵标准滴定溶液滴定上述溶液。

7.1.2 试剂

所用试剂均应采用分析纯试剂,并使用符合 GB/T 6682 规定的纯度至少为 3 级的水。

警告:应按照适当的健康和安全规则使用试剂。

7.1.2.1 浓盐酸:质量分数约为 37%,$\rho \approx 1.19$ g/mL。

7.1.2.2 浓硫酸:质量分数约为 96%,$\rho \approx 1.84$ g/mL。

7.1.2.3 硫酸铵。

7.1.2.4 碳酸氢钠:饱和溶液

将约 10 g 碳酸氢钠加入到 90 mL 水中。

7.1.2.5 硫氰酸铵指示剂

将 24.5 g 硫氰酸铵溶于 80 mL 热水中,过滤,冷却至室温并稀释至 100 mL,贮存于密闭深色瓶中。

7.1.2.6 硫酸铁铵标准滴定溶液:1 mL 相当于 0.004 8 g TiO_2。

7.1.2.6.1 制备

称取 30 g 硫酸铁铵〔$FeNH_4(SO_4)_2 \cdot 12H_2O$〕置于 1 000 mL 单刻度容量瓶中,加入 300 mL 含 15 mL 硫酸(7.1.2.2)的水溶解。滴加高锰酸钾溶液(7.1.2.7)直至溶液呈粉红色。用水稀释至刻度并摇匀。如溶液浑浊则过滤。

7.1.2.6.2 标定

称取经(105±2)℃下干燥至恒重的二氧化钛标准参比物质 190 mg~210 mg,按 7.1.4.3 中所述步骤标定上述溶液。

用式(1)计算溶液的二氧化钛相当量 T_1,以每毫升相当 TiO_2 克数表示:

$$T_1 = \frac{m_1 \times w(TiO_2)}{V_1 \times 100} \qquad (1)$$

式中:

m_1——所用二氧化钛标准参比物质的质量,单位为克(g);

$w(TiO_2)$——标准参比物质的二氧化钛含量,以质量分数表示(如用光谱纯二氧化钛,则 $w(TiO_2)$ 以 100%计);

V_1——滴定消耗硫酸铁铵标准溶液的体积,单位为毫升(mL)。

7.1.2.7 高锰酸钾溶液 $c\left(\frac{1}{5}KMnO_4\right) = 0.1$ mol/L

将 3.16 g 高锰酸钾溶于 500 mL 水中,盛于 1 000 mL 单刻度容量瓶,加水稀至刻度,混匀。

7.1.2.8 金属铝:电解级,以铝箔、铝片和铝线形式存在,含量(质量分数)不低于 99.5%。

7.1.3 仪器

使用普通实验室仪器,以及下列仪器:

7.1.3.1 玻璃液封管:见图 1,其他合适的吸收器也可使用。

7.1.3.2 称量瓶:广口,带合适盖子,尺寸不大于试验所需。

7.1.3.3 烘箱:能维持(105±2)℃。

7.1.3.4 干燥器:内盛合适干燥剂,如硅胶。

单位为毫米

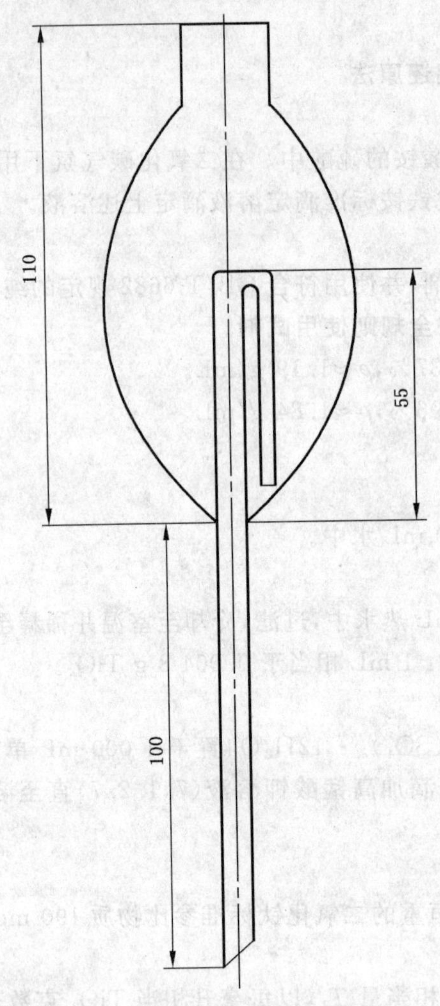

图1 玻璃液封管

7.1.4 步骤

7.1.4.1 总则

平行测定两次。

7.1.4.2 试样

取10 g试样(见第6)于敞口称量瓶(7.1.3.2)中在(105±2)℃下干燥至恒重,加盖并置于干燥器(7.1.3.4)中冷却至室温。

称取190 mg～210 mg上述试样(m_2),精确至0.1 mg。

7.1.4.3 测定

将试样转移至干燥的500 mL锥形瓶中。加入7 g～8 g硫酸铵(7.1.2.3)和20 mL硫酸(7.1.2.2)。摇匀置于电热板上先小火缓慢加热,直至产生强烈白烟,再继续加强热直至溶解完全。小心冷却,加入120 mL水和20 mL盐酸(7.1.2.1)。

加入约2.5 g金属铝片(7.1.2.8)于锥形瓶中,装上液封管,塞紧胶塞,并在液封管中加入碳酸氢钠溶液(7.1.2.4)。

待铝片溶解完全,加热溶液至微沸并保持3 min～5 min。冷却至约60℃,最好将锥形瓶部分浸入盛水容器中,冷却过程中碳酸氢钠溶液会吸入瓶中在还原后的钛溶液上方产生二氧化碳气体,在这个过程中应随时补加碳酸氢钠溶液。取下塞子,将其中的碳酸氢钠溶液倒入锥形瓶中并用少量水淋洗塞子,将淋洗液收集于锥形瓶中。

加入 2 mL 硫氰酸铵指示剂(7.1.2.5),立即用硫酸铁铵标准溶液(7.1.2.6)滴定至终点淡橙色。最好开始时加入大部分硫酸铁铵溶液,充分摇动,再逐滴加入完成滴定过程。记录所耗硫酸铁铵溶液的体积(V_2)。

7.1.5 结果的表示

7.1.5.1 计算

用式(2)计算二氧化钛含量 ω,以质量分数表示:

$$\omega(TiO_2) = \frac{V_2 \times T_1 \times 100}{m_2} \quad \cdots\cdots (2)$$

式中:

m_2——经干燥至恒重的试样的质量,单位为克(g);

V_2——滴定消耗硫酸铁铵标准溶液的体积,单位为毫升(mL);

T_1——与每毫升硫酸铁铵标准溶液相当的二氧化钛克数(见 7.1.2.6.2),单位为克每毫升(g/mL)。

计算两次平行测定值之平均值,报告结果至 0.1%。

注:计算结果包括铬、砷和其他一些能被铝还原随后又被三价铁氧化的物质。然而,通常用于色漆和相关产品的二氧化钛颜料中这些干扰物质的量似乎极少。

7.1.5.2 允许差

两次平行测定值之绝对差不得大于 0.4%。

7.2 105℃挥发物的测定

按 GB/T 5211.3—1985 中的规定进行。

7.3 水溶物的测定

按 GB/T 5211.2—2003 中的规定进行,试样量为 10 g。

注:如颜料高度分散,可按下法进行测定:称取试样 5 g,置于一烧杯中,加入 100 mL 水,加热煮沸 5 min,冷却,然后在搅拌下加入 40 g/L 碳酸铵溶液 25 mL,放置片刻,将该溶液转移至 250 mL 容量瓶中,用水稀释至刻度,摇匀。过滤,其余操作仍按 GB/T 5211.2—2003 进行,同时进行空白试验。

两次平行测定的相对误差不得大于 8%。

7.4 筛余物的测定

按 GB/T 5211.14—1988 中的规定进行。试样量为 20 g,分散剂为六偏磷酸钠,质量浓度为 100 g/L,用量 3 mL~5 mL。

7.5 颜色的测定

7.5.1 总则

提供了两种方法:A 法——色度法和 B 法——目视法。A 法用作常规方法,B 法仅作商定方法,仲裁时选用 A 法。

7.5.2 A 法——色度法

按 GB/T 5211.20—1999 中的规定进行。所用醇酸树脂组成的质量分数为 63%亚麻仁油、23%邻苯二甲酸酐和 14%三羟甲基丙烷。

7.5.3 B 法——目视法

按 GB/T 1864—1989 中的规定进行。试样量为 2.00 g,精制亚麻仁油加量为 0.8 mL~1.1 mL。

7.6 散射力的测定

按 GB/T 13451.2—1992 的规定进行。所用醇酸树脂其组成及性能与 7.5.2 中一致。

7.7 在(23±2) ℃和相对湿度(50±5)%下预处理 24 h 后 105℃挥发物的测定

将试样约 30 g 放入敞口容器中,如 ϕ70 mm 称量瓶或蒸发皿(样品厚度不超过 2 cm),在(23±2) ℃和相对湿度(50±5)%下放置 24 h 后按 7.2 规定进行。

7.8 水悬浮液 pH 值的测定

按 GB/T 1717—1986 中的规定进行。

7.9 吸油量的测定

按 GB/T 5211.15—1988 中的规定进行。规定日常检测称量为 5 g,仲裁时称量为 10 g。

7.10 水萃取液电阻率的测定

按 GB/T 5211.12 中的规定进行。

8 检验结果的判定

按 GB/T 1250 中修约值比较法进行。

9 标志、包装、运输和贮存

9.1 标志

产品包装袋上应印有牢固、清晰的标志,包括生产厂名称和地址、产品名称、注册商标、标准代号、型号、生产批号、净含量、生产日期及规定的“防潮”标志。

9.2 包装

产品可用塑料编织袋内衬塑料薄膜袋包装,也可用其他适宜的包装材料包装。

9.3 运输

运输、装卸时要轻装、轻卸,防止包装污染和破损。产品在运输中应防止雨淋和日光曝晒。

9.4 贮存

产品应按分类、分批存放在通风干燥处,严禁与产品可发生反应的物品接触,并注意防潮。

附 录 A
（资料性附录）
本标准与 ISO 591-1:2000 技术性差异及其原因

表 A.1 给出了本标准与 ISO 591-1:2000 的技术性差异及其原因的一览表。

表 A.1 本标准与 ISO 591-1:2000 技术性差异及其原因

本标准的章条编号	技术性差异	原因
1	在范围中增加了“产品分类、检验结果的判定及标志、包装、运输和贮存。” 增加了“本标准适用于硫酸法或氯化法生产的二氧化钛颜料。该产品主要用于涂料、橡胶、塑料、油墨及造纸等行业”	使标准适用范围更明确，符合我国习惯
2	引用了采用国际标准的我国标准，而非国际标准	适合我国国情
表 2	“水悬浮液 pH 值”、“吸油量”、“水萃取液电阻率”三项中要求以“商定”代替“与商定参照颜料相近”	用户需求，实施更方便
表 1 表 2	删除 ISO 591-1:2000 表 1、表 2 中“试验方法”一栏	已在第 7 中分别详细描述
7.1	删除 ISO 591-1:2000 中“7.1 通则”。 删除 ISO 591-1:2000 中“7.3 B 法氯化铬(Ⅱ)还原法”	已删除 B 法，此条解释多余。 此法在国内实施有困难
7.1.2.7	删除 ISO 591-1:2000 中“标准”二字。 以“3.16 g”代替“3.160 7 g”	此溶液用途只相当于一般溶液。 一般溶液无需精确至 0.000 1 g
7.1.2.8	增加“含量(质量分数)不低于 99.5%”	规定更明确，便于标准的实施
7.1.3	删除滴定管、移液管和容量瓶	均属普通实验室仪器，故不再重复
7.1.4.3	金属铝片用量以“2.5 g”代替“1 g”。 删除 ISO 591-1:2000 中“导管”，本标准中仅选用液封管(即吸收器)，操作步骤稍有变动。 删除 ISO 591-1:2000 中“或直至显然残余物由二氧化硅(SiO_2)或含硅物质组成”，文字表述稍作变动	保证还原反应充分、完全。 适合我国国情，实施方便。 表述更清晰，便于操作
7.1.5.2	以“允许差”代替“精密度”	便于标准的实施
7.3～7.7、7.9	对试验条件作了具体补充规定	便于操作
8～9	增加“8 检验结果的判定”和“9 标志、包装、运输和贮存”。 删除 ISO 591-1:2000 中“8 试验报告”	适合我国国情，用户需求

参 考 文 献

[1] GB 1706—1993 二氧化钛颜料(neq ISO 591:1977)

[2] GB/T 6682 分析实验室用水规格和试验方法(GB/T 6682—1992,neq ISO 3696:1987)

[3] HG/T 2457 颜料产品检验、标志、包装、运输和贮存通则(HG/T 2457—1993)

ICS 87.040
G 51

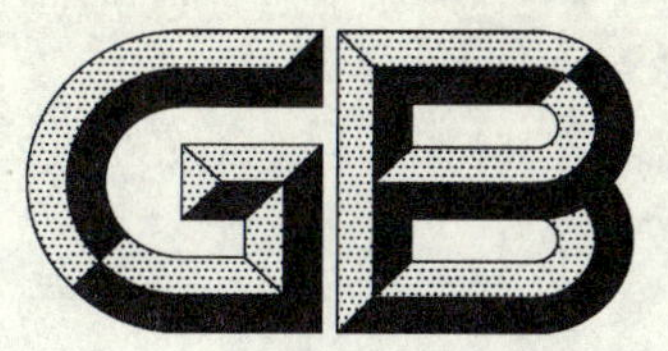

中华人民共和国国家标准

GB/T 1768—2006/ISO 7784-2:1997
代替 GB/T 1768—1979(1989)

色漆和清漆 耐磨性的测定 旋转橡胶砂轮法

Paints and varnishes—Determination of resistance to abrasion—Rotating abrasive rubber wheel method

(ISO 7784-2:1997, Paints and varnishes—Determination of resistance to abrasion—Part 2: Rotating abrasive rubber wheel method, IDT)

2006-12-29 发布 2007-06-01 实施

中华人民共和国国家质量监督检验检疫总局
中国国家标准化管理委员会 发布

前　言

本标准等同采用国际标准 ISO 7784-2:1997《色漆和清漆　耐磨性的测定　第 2 部分:旋转橡胶砂轮法》(英文版)。

为便于使用,对于 ISO 7784-2:1997,本标准做了下列编辑性修改:

a) 删除了国际标准的前言和引言;

b) ISO 7784-2:1997 的规范性引用文件中引用的 ISO 6507-1:1982 在标准文本中没有引用,故本标准第 2 章不再引用该标准;

c) ISO 7784-2:1997 中所引用的 ISO 2808 目前已有最新版本 ISO 2808:1997(原来未发布),故本标准直接引用了 ISO 2808:1997;

d) 7.2 的注中增加了目前国内常用的圆形试板尺寸 ϕ100 mm;

e) 将国际标准附录 B 中校准用砂纸[符合欧洲磨耗品生产商联合会(FEPA)出版的磨粒大小标准 43-GB-1984 P 系列中的 P180 号]改为符合 GB/T 9258.2—2000 中相应规格的砂纸;

f) 增加了参考文献,将资料性附录中引用的文件 GB/T 9258.2—2000 列出;

g) ISO 7784-2:1997 中所引用的 ISO 48:1994 在标准文本中没有引用而仅在资料性附录中引用,故本标准第 2 章不再引用该标准,而在参考文献中列出等同采用该标准的 GB/T 6031—1998;

h) 去掉了磨耗试验仪的脚注,因为符合标准要求的仪器目前在国内已能很方便地购得;

i) 根据试验时的实际情况,对国际标准中未表述清楚的内容稍作补充:对橡胶砂轮的脚注作了修改,增加了 5.3 的注,8.3.2.1 的注。

本标准代替 GB/T 1768—1979(1989)《漆膜耐磨性测定法》。

本标准与前版 GB/T 1768—1979(1989)的主要技术差异为:

——结果表示的方法不同。本标准第 3 章规定耐磨性可以是以经过规定次数的磨擦循环后漆膜的质量损耗来表示,也可以是以磨去该道涂层至下道涂层或底材所需要的循环次数来表示,而前版仅规定耐磨性是以在一定的负载下经规定的磨擦次数后漆膜的质量损耗来表示;

——在 5.1.1 中增加了磨耗试验仪转台的转速为(60±2)r/min 的规定;

——在 5.1.2 中改变了橡胶砂轮厚度、新橡胶砂轮外径以及使用中橡胶砂轮的最小外径的尺寸规定;增加了对安装后的两个橡胶砂轮内表面之间的距离、通过两个橡胶砂轮转轴的轴线与转台的中心轴线之间的距离等内容的规定;

——在 5.1.2 中增加了对橡胶砂轮使用期的规定;

——在 5.1.4 及图 1 中增加了对两个吸尘嘴的口径、相对位置及距离以及吸尘嘴安装后吸尘装置中的气压等内容的规定;

——在 5.1.3 及 5.2 中增加了对磨耗试验仪的计数器、砝码等内容的规定;

——本标准 5.3 规定采用整新介质来整新砂轮,而整新介质的选择应根据所选的橡胶砂轮而定,前版规定新砂轮用砂轮修整机整新,旧砂轮用 0 号金刚砂布整新;

——在 8.3.2.4 中增加了每运转 500 转后都要采用整新介质来整新橡胶砂轮的规定;

——本标准 7.1 规定底材可以选用 ISO 1514:1993 中规定的底材,如有可能,尽可能使用与实际使用时相同类型的材料,但应平整无变形,而前版规定底材为玻璃板;

——在附录 B 中增加了对磨耗试验仪进行校准的方法的规定;

——在 5.5 中天平精度由 1 mg 改为 0.1 mg;

——本标准 8.4.2 规定仅在涂层表面因桔皮、刷痕等原因而不规则时,才需在测定前先预磨 50 转,而如果进行了这一操作，需在报告中注明，前版规定每块样板试验前都要先预磨50转，且没有要求在报告中注明；

——本标准8.4.6及附录B中B.3.3规定试板及标准锌板经过磨擦后在称重前应用不起毛的纸把表面擦净，前版规定用毛笔轻轻抹去浮屑；

——本标准9.1规定当结果以质量损耗来表示时应平行试验三次，且取三次测定值的平均值，前版规定平行试验两次，每次测定值与平均值之差不大于平均值的7%。

本标准的附录A为规范性附录，附录B和附录C为资料性附录。

本标准由中国石油和化学工业协会提出。

本标准由全国涂料和颜料标准化技术委员会归口。

本标准起草单位：中国化工建设总公司常州涂料化工研究院、上海现代环境工程技术有限公司。

本标准主要起草人：彭菊芳。

本标准于1979年首次发布，1989年确认，本次为第一次修订。

色漆和清漆 耐磨性的测定 旋转橡胶砂轮法

1 范围

本标准是有关色漆、清漆及相关产品取样和试验的系列标准之一。

本标准规定了采用橡胶砂轮并通过橡胶砂轮的旋转运动进行磨擦来测定色漆、清漆或相关产品的干膜的耐磨性的试验方法。

2 规范性引用文件

下列文件中的条款通过本标准的引用而成为本标准的条款。凡是注日期的引用文件,其随后所有的修改单(不包括勘误的内容)或修订版均不适用于本标准,然而,鼓励根据本标准达成协议的各方研究是否可使用这些文件的最新版本。凡是不注日期的引用文件,其最新版本适用于本标准。

GB/T 3186 色漆、清漆和色漆与清漆用原材料 取样(GB/T 3186—2006,ISO 15528:2000,IDT)

GB/T 9271 色漆和清漆 标准试板(GB/T 9271—1988,eqv ISO 1514:1984)

GB/T 13452.2 色漆和清漆 漆膜厚度的测定(GB/T 13452.2—1992,eqv ISO 2808:1974)

GB/T 20777 色漆和清漆 试样的检查和制备(GB/T 20777—2006,ISO 1513:1992,IDT)

3 原理

在规定条件下,用固定在磨耗试验仪上的橡胶砂轮磨擦色漆或清漆的干漆膜,试验时要在橡胶砂轮上加上规定重量的砝码。耐磨性是以经过规定次数的磨擦循环后漆膜的质量损耗来表示,或者以磨去该道涂层至下道涂层或底材所需要的循环次数来表示。

4 需要的补充资料

对于任何特定的应用而言,本标准规定的试验方法需要用补充资料来完善。补充资料的条款在附录A中列出。

5 仪器

5.1 磨耗试验仪,由5.1.1至5.1.4所述部件组成(见图1)。

5.1.1 转台,能以(60±2)r/min的转速旋转,并且能将试板定中心安装在转台上且牢固地固定住。

5.1.2 两个橡胶砂轮[1],每个橡胶砂轮厚(12.7±0.1)mm。将这两个橡胶砂轮分别安装在水平转轴上并且能绕转轴自由转动。两个橡胶砂轮内表面之间的距离为(53.0±0.5)mm,假设的通过这两个转轴的轴线与转台的中心轴线之间的距离为(19.1±0.1)mm。新的橡胶砂轮外径为(51.6±0.1)mm,在任何情况下橡胶砂轮的外径都不得低于44.4 mm。

橡胶砂轮型号的选择应经有关方商定。

由于橡胶砂轮的橡胶粘结材料会逐渐变硬,因而应检查其硬度是否符合生产商规定的技术要求。如果已超过了橡胶砂轮上生产商标注的截止日期,或者对于没有给出截止日期的自购买之日起已超过一年的,橡胶砂轮不能再使用。

1) 根据涂料产品使用时的磨耗情况,分别选择美国Taber® Industries公司的三种型号的橡胶砂轮CS-10F、CS-10、CS-17或约定的磨耗作用分别与其相当的橡胶砂轮。

单位为毫米

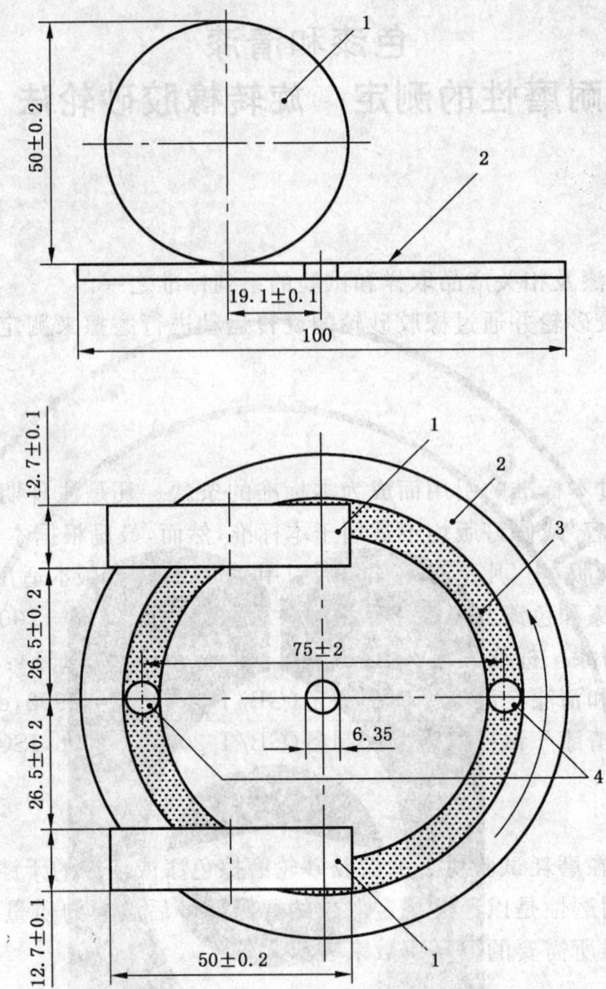

1—橡胶砂轮；

2——试板；

3——磨耗区；

4——吸尘嘴，ϕ8±0.5(内径)。

图 1 仪器装配示意图

5.1.3 记数器，记录转台的循环(运转)次数。

5.1.4 吸尘装置，有两个吸尘嘴。一个吸尘嘴位于两个砂轮之间，另一个则位于沿直径方向与第一个吸尘嘴呈相反的位置。两个吸尘嘴轴线之间的距离为(75±2)mm，吸尘嘴与试板之间的距离为(1～2)mm。

吸尘嘴定位后，吸尘装置中的气压应比大气压低 1.5 kPa[2)]～1.6 kPa。

5.2 砝码，能使每个橡胶砂轮上的负载逐渐增加，最大为 1 kg。

5.3 整新介质，以磨擦圆片的形式存在，用于整新橡胶砂轮。

注：应根据不同的橡胶砂轮选择不同的整新介质。

5.4 校准板，厚度为(0.8～1)mm，用于仪器的校准(参见附录 B)。

5.5 天平，精确到 0.1 mg。

6 取样

按 GB/T 3186 的规定，取受试产品(或多涂层体系中每个产品)的代表性样品。

2) 1 kPa=10 mbar

按 GB/T 20777 的规定，检查和制备试验样品。

7 试板

7.1 底材

除非另外商定，按 GB/T 9271 的规定选择底材，如有可能，应尽量选择与实际使用时相同类型的材料。试板底材应平整且没有变形，否则受试涂层的磨耗将不均匀。

7.2 形状和尺寸

试板的形状和尺寸应能使试板正确固定在仪器上，试板中心开有一个直径为 6.35 mm 的孔。

注：常用的试板尺寸为 100 mm×100 mm 或 ϕ100 mm。

7.3 处理和涂装

除非另外商定，按 GB/T 9271 的规定处理每一块试板，然后将受试产品或产品体系按规定的方法进行涂装。

7.4 干燥和状态调节

将每一块已涂漆的试板在规定的条件下干燥(或烘烤)并放置(如适用)规定的时间。

7.5 涂层的厚度

按 GB/T 13452.2 规定的一种方法测定干膜的厚度，以 μm 表示。

8 步骤

8.1 试验条件

除非另外商定，在温度(23±2)℃和相对湿度(50±5)%条件下进行试验。

8.2 仪器的校准

校准仪器(附录 B 中给出了校准步骤的示例)。

8.3 橡胶砂轮的准备

8.3.1 检查橡胶砂轮是否满足 5.1.2 规定的要求。

8.3.2 为确保橡胶砂轮的磨耗作用维持在一恒定的水平，按照生产商的规定并按 8.3.2.1 至 8.3.2.4 准备橡胶砂轮。

8.3.2.1 将所选择的橡胶砂轮安装到各自的凸缘架上，注意不要用手直接接触磨擦面。调节橡胶砂轮上的负载至有关方商定的值。

注：橡胶砂轮上的负载用砝码的标示质量(加压臂质量与砝码自身质量之和)来表示。

8.3.2.2 将整新介质圆片安装到转台上。小心放下磨擦头使橡胶砂轮放在圆片上。放置好吸尘嘴，调节吸尘嘴的位置使之距离圆片表面约 1 mm。

8.3.2.3 将计数器设定为零。

8.3.2.4 打开吸尘装置然后启动转台。将橡胶砂轮在整新介质圆片上运转规定的转数来整新橡胶砂轮。

注：常用的转数是 50 转。

在测试每个试样前以及每运转 500 转后都要以这种方式整新橡胶砂轮，使磨擦面刚好呈圆柱形，并且磨擦面与侧面之间的边是锐利的，没有任何弯曲半径。首次使用前要整新新的橡胶砂轮。

8.4 测定

8.4.1 除非另外商定，将涂漆试板在温度(23±2)℃和相对湿度(50±5)%条件下状态调节至少 16 h。

8.4.2 如果涂层表面因桔皮、刷痕等原因而不规则时，在测试前要先预磨 50 转，再用不起毛的纸擦净。如果进行了这一操作，则应在试验报告中注明。

8.4.3 称重状态调节后的试板或已预磨并用不起毛的纸擦净的试板，精确到 0.1 mg，记录这一质量。

8.4.4 将试板固定在转台上，把磨擦头放在试板上，放好吸尘嘴。

8.4.5　将计数器设定为零，打开吸尘装置，然后启动转台。

8.4.6　经过规定的转数后，用不起毛的纸将残留在试板上的任何疏松的磨屑除去，再次称量试板并记录这一质量。检查试板看涂层是否被磨穿。

8.4.7　通过以一定的间隔中断试验来更精确地测量磨穿点并计算经过规定转数的磨擦循环后的平均质量损耗。

8.4.8　在另外两块试板上重复8.4.2至8.4.6的步骤并记录结果。

9　结果表示

9.1　对每一块试板，用减量法计算经商定的转数后的质量损耗。

计算所有三块试板的平均质量损耗并报告结果，精确到1 mg。

注：也可计算中断试验的每个间隔的质量损耗。

9.2　计算涂层或多涂层体系中的面涂层被磨穿所需的平均转数。

注：涂层磨穿后，质量损耗受底材磨损的影响。

10　精密度

参见附录C。

11　试验报告

试验报告至少应包括下列内容：

a)　识别受试产品所必要的全部细节；

b)　注明参照本标准；

c)　补充资料的条款见附录A；

d)　注明为补充上述c)项资料所参照的国际标准或国家标准、产品规格或其他文件；

e)　橡胶砂轮的负载及所用橡胶砂轮的类型；

f)　第9章所指出的试验结果；

g)　表面是否因为不规则而进行预磨；

h)　与规定的试验方法的任何不同之处；

i)　试验日期。

附 录 A
（规范性附录）
需要的补充资料

为使本方法能正常进行，应适当提供本附录中所列的补充资料的条款。

所需要的资料最好应由有关方商定，可以全部或部分地取自与受试产品有关的国际标准、国家标准或其他文件。

a) 底材的材料、厚度和表面处理；

b) 受试涂料施涂于底材的方法，如果是多涂层体系还应包括涂层间干燥的时间和条件；

c) 试验前，涂层干燥（或烘烤）并放置（如适用）的时间和条件；

d) 干涂层的厚度（以 μm 计），按 GB/T 13452.2 进行测量的测量方法以及是单一涂层还是多涂层体系；

e) 与 8.1 规定不同的试验温度和湿度。

附　录　B
（资料性附录）
仪器的校准

B.1　总则

校准所需的辅助设施如校准板和砂纸最好从磨耗仪生产厂获得。通常生产厂把锌板作为校准板。

B.2　仪器

仪器除符合第5章规定外，还应包括下列设施。

B.2.1　两个橡胶轮

每个橡胶轮厚(12.7±0.1)mm，总直径为(50.0±0.2)mm(包括外面包覆的橡胶条)，轮子外周包覆一条厚6 mm、硬度为(50±5)IRHD(按GB/T 6031—1998规定进行测定)的橡胶条。将橡胶轮安装在水平转轴上并能绕转轴自由旋转。

两个橡胶轮内表面之间的距离为(53.0±0.5)mm，假设的通过这两个转轴的轴线与转台的中心轴线的距离为(19.1±0.1)mm。装置的质量分布应使每个橡胶轮施加在试板上的力为(1±0.02)N。

B.2.2　砂纸条

宽(12±0.2)mm，长约175mm。砂纸的等级应符合GB/T 9258.2—2000的磨粒大小标准P系列中的P180号。

注：也可从某些生产商处购得自粘砂纸。

B.2.3　双面胶带

如果买不到自粘砂纸可使用宽为(12±0.2)mm，长约175 mm的双面胶带条。

B.3　校准步骤

B.3.1　除非另外商定，将砂纸、胶带(如使用)及试板在温度(23±2)℃和相对湿度(50±5)%条件下状态调节至少16 h。

B.3.2　将状态调节后的砂纸条用状态调节后的胶带(如必须)粘到橡胶轮的圆周上。调整每一个条带的长度使其能盖住橡胶轮的圆周表面而没有任何重叠或间隙。

注：建议将条带切成约45°角，这样接头与橡胶轮的运行方向不成直角(见图B.1)。

B.3.3　如果使用新的锌板，使用前按B.3.5、B.3.6规定的步骤在转台上磨200转，然后用不起毛的纸擦净。

B.3.4　称重状态调节后的锌板，精确到1 mg并记录这一质量。

B.3.5　在磨耗试验仪的每个臂上施加500 g负载，将锌板固定在转台上，并将磨擦头放下置于锌板上，放好吸尘嘴。

B.3.6　将计数器设定为零，打开吸尘装置，然后启动转台。

B.3.7　运转500转后用不起毛的纸清洁锌板，重新称量锌板并记录这一质量。

B.3.8　再进行B.3.2至B.3.7步骤两次，每次都使用新的砂纸条。

B.3.9　第3次试验后，计算这三次校准试验的平均质量损耗。

B.3.10　锌板的平均质量损耗应为(110±30)mg。如果平均质量损耗超出这一范围，检查仪器并进行纠正。

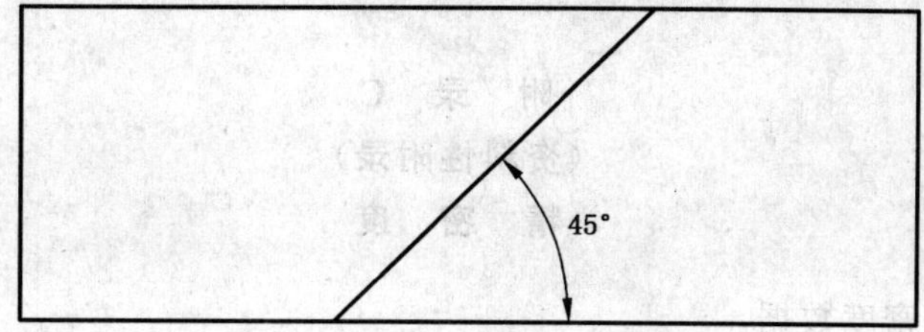

图 B.1 建议的连接砂纸条两端的方法

附　录　C
（资料性附录）
精　密　度

目前还没有相关的精密度数据。

如果要测定这些数据，本方法应仅在同一实验室内进行。如果在实验室间进行，最好使用涂层的等级评定。

参考文献

[1] GB/T 6031—1998 硫化橡胶或热塑性橡胶硬度的测定(10～100IRHD)(idt ISO 48:1994)
[2] GB/T 9258.2—2000 涂附磨具用磨料 粒度分析 第2部分:粗磨粒P12～P220粒度组成的测定(idt ISO 6344-2:1998)

ICS 73.060
D 42

中华人民共和国国家标准

GB/T 1819.14—2006
代替 GB/T 1822—1979

锡精矿化学分析方法 铜量的测定 火焰原子吸收光谱法

Methods for chemical analysis of tin concentrates—Determination of copper content—Flame atomic absorption spectrometric method

2006-08-24 发布　　2007-02-01 实施

中华人民共和国国家质量监督检验检疫总局
中国国家标准化管理委员会　发布

前言

GB/T 1819《锡精矿化学分析方法》共分 17 个部分：

GB/T 1819.1 锡精矿化学分析方法 水分量的测定 称量法；

GB/T 1819.2 锡精矿化学分析方法 锡量的测定 碘酸钾滴定法；

GB/T 1819.3 锡精矿化学分析方法 铁量的测定 硫酸铈滴定法；

GB/T 1819.4 锡精矿化学分析方法 铅量的测定 火焰原子吸收光谱法和 EDTA 滴定法；

GB/T 1819.5 锡精矿化学分析方法 砷量的测定 砷锑钼蓝分光光度法和蒸馏分离-碘滴定法；

GB/T 1819.6 锡精矿化学分析方法 锑量的测定 孔雀绿分光光度法和火焰原子吸收光谱法；

GB/T 1819.7 锡精矿化学分析方法 铋量的测定 火焰原子吸收光谱法；

GB/T 1819.8 锡精矿化学分析方法 锌量的测定 火焰原子吸收光谱法；

GB/T 1819.9 锡精矿化学分析方法 三氧化钨量的测定 硫氰酸盐分光光度法；

GB/T 1819.10 锡精矿化学分析方法 硫量的测定 高频红外吸收法和燃烧-碘酸钾滴定法；

GB/T 1819.11 锡精矿化学分析方法 三氧化二铝量的测定 铬天青 S 分光光度法；

GB/T 1819.12 锡精矿化学分析方法 二氧化硅量的测定 硅钼蓝分光光度法；

GB/T 1819.13 锡精矿化学分析方法 氧化镁量、氧化钙量的测定 火焰原子吸收光谱法；

GB/T 1819.14 锡精矿化学分析方法 铜量的测定 火焰原子吸收光谱法；

GB/T 1819.15 锡精矿化学分析方法 氟量的测定 离子选择电极法；

GB/T 1819.16 锡精矿化学分析方法 银量的测定 火焰原子吸收光谱法；

GB/T 1819.17 锡精矿化学分析方法 汞量的测定 冷原子吸收光谱法。

本部分为第 14 部分。

本部分代替 GB/T 1822—1979《锡精矿中铜量的测定 双环己酮乙二酰二腙吸光光度法》。与 GB/T 1822—1979 相比，本部分有如下变动：

——采用火焰原子吸收光谱法测定铜量；

——增加了质量保证和控制条款和重复性条款。

本部分附录 A 为资料性附录。

本部分由中国有色金属工业协会提出。

本部分由全国有色金属标准化技术委员会负责归口。

本部分由云南锡业集团有限责任公司、柳州华锡集团有限责任公司负责起草。

本部分由柳州华锡集团有限责任公司起草。

本部分由云南锡业集团有限责任公司、云南省有色地质局 308 队参加起草。

本部分主要起草人：覃祚明、罗佩珍。

本部分主要验证人：付燕平、徐玉蓉、胡燕萍、李金秀。

本部分由全国有色金属标准化技术委员会负责解释。

本部分所代替标准的历次版本发布情况为：

——GB/T 1822—1979。

锡精矿化学分析方法
铜量的测定　火焰原子吸收光谱法

1　范围

本部分规定了锡精矿中铜含量的测定方法。

本部分适用于锡精矿中铜含量的测定。测定范围：0.005%～2.00%。

2　方法原理

试料以盐酸、硝酸分解，在稀盐酸介质中，使用空气-乙炔火焰于原子吸收光谱仪波长 324.7 nm 处，测量铜的吸光度。

3　试剂

3.1　盐酸（ρ1.19 g/mL）。

3.2　硝酸（ρ1.42 g/mL）。

3.3　盐酸（1＋1）。

3.4　硝酸（1＋1）。

3.5　铜标准贮存溶液：称取 0.500 0 g 金属铜（≥99.99%）于 250 mL 烧杯中，加 20 mL 硝酸（3.4），盖上表皿，低温加热至完全溶解，煮沸驱除氮的氧化物，冷至室温。移入 500 mL 容量瓶中，加入 10 mL 硝酸（3.4），用水稀释至刻度，混匀。此溶液 1 mL 含 1 mg 铜。

3.6　铜标准溶液：移取 10.00 mL 铜标准贮存溶液于 200 mL 容量瓶中，加入 4 mL 硝酸（3.4），用水稀释至刻度，混匀。此溶液 1 mL 含 50 μg 铜。

4　仪器

原子吸收光谱仪，附铜空心阴极灯。

在仪器最佳工作条件下，凡能达到下列指标者均可使用：

——特征浓度：在与测量溶液的基体相一致的溶液中，铜的特征浓度应不大于 0.03 μg/ mL。

——精密度：用最高浓度的标准溶液测量 10 次吸光度，其标准偏差应不超过平均吸光度的 1.0%；用最低浓度的标准溶液（不是“零”浓度标准溶液）测量 10 次吸光度，其标准偏差应不超过最高浓度标准溶液平均吸光度的 0.5%。

——工作曲线线性：将工作曲线按浓度等分成五段，最高段的吸光度差值与最低段的吸光度差值之比，应不小于 0.7。

——仪器工作条件见附录 A（资料性附录）。

5　试样

5.1　试样粒度应不大于 0.074 mm。

5.2　试样应在 105℃±5℃烘箱中烘 1 h，并置于干燥器中冷却至室温备用。

6　分析步骤

6.1　试料

按表 1 称取试样（5），精确至 0.000 1 g。

表 1

铜含量/%	试料/g	分取试液体积/mL
0.005～0.060	0.5	全量
>0.060～0.50	0.2	20.00
>0.50～2.00	0.2	5.00

6.2 测定次数

独立地进行 2 次测定，取其平均值。

6.3 空白试验

随同试料做空白试验。

6.4 测定

6.4.1 将试料(6.1)置于 150 mL 烧杯中，加入 15 mL 盐酸(3.1)，盖上表皿，低温加热溶解 10 min，加入 5 mL 硝酸(3.2)，继续加热溶解并蒸至湿盐状，取下稍冷。

6.4.2 加入 10 mL 盐酸(3.3)，微热溶解盐类，取下，用水吹洗表皿及杯壁，冷至室温。

6.4.3 将试液(6.4.2)移入 100 mL 容量瓶中，用水稀释至刻度，混匀，干过滤。

6.4.4 按表 1 分取试液(6.4.3)置于 100 mL 容量瓶中，加入 10 mL 盐酸(3.3)，用水稀释至刻度，混匀。

6.4.5 使用空气-乙炔火焰，于原子吸收光谱仪波长 324.7 nm 处，与标准溶液系列同时，以水调零，测定试液中铜的吸光度。所测吸光度减去随同试料的空白试验溶液的吸光度，从工作曲线上查出相应的铜浓度。

6.5 工作曲线的绘制

6.5.1 移取 0 mL，0.40 mL，1.00 mL，2.00 mL，4.00 mL，8.00 mL 铜标准溶液，置于一组 100 mL 容量瓶中，各加入 10 mL 盐酸(3.3)，以水稀释至刻度，混匀。

6.5.2 使用空气-乙炔火焰，于原子吸收光谱仪波长 324.7 nm 处，以水调零，测量系列标准溶液的吸光度，减去系列标准溶液中“零”浓度溶液的吸光度，以铜的浓度为横坐标，吸光度为纵坐标绘制工作曲线。

7 分析结果的计算

按下式计算铜的质量分数(%)：

$$w(\mathrm{Cu})=\frac{c\cdot V_0\cdot V_2\times 10^{-6}}{m_0\cdot V_1}\times 100$$

式中：

c——从工作曲线上查得铜的浓度，单位为微克每毫升(μg/mL)；

V_0——试液总体积，单位为毫升(mL)；

V_1——分取试液体积，单位为毫升(mL)；

V_2——测量时试液体积，单位为毫升(mL)；

m_0——试料的质量，单位为克(g)。

所得结果表示至二位小数。若铜含量小于 0.10%时，表示至三位小数。

8 精密度

8.1 重复性条款

铜含量(%)：	0.026	0.15	0.53
r(%)：	0.003	0.01	0.02

8.2 允许差

实验室之间分析结果的差值应不大于表 2 所列允许差。

表 2

（%）

铜含量(质量分数)	允　许　差
0.005～0.010	0.003
＞0.010～0.050	0.005
＞0.050～0.10	0.010
＞0.10～0.20	0.02
＞0.20～0.50	0.04
＞0.50～1.00	0.07
＞1.00～2.00	0.10

附　录　A
（资料性附录）
仪器工作条件

使用 WFX-1D 型原子吸收光谱仪测定铜量的参考工作条件如表 A.1。

表 A.1

波长/nm	灯电流/mA	单色器通带/nm	燃烧器高度/mm	空气流量/(L/min)	乙炔流量/(L/min)
324.7	1	0.2	6	5～6	0.9

ICS 73.060
D 42

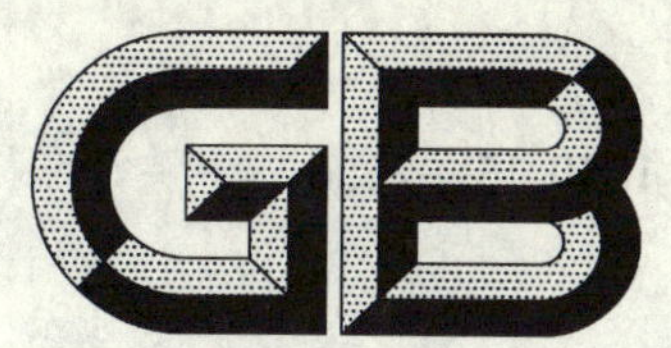

中华人民共和国国家标准

GB/T 1819.15—2006

锡精矿化学分析方法
氟量的测定 离子选择电极法

Methods for chemical analysis of tin concentrates—Determination of fluorine content—The ion-selective electrode method

2006-08-24 发布 2007-02-01 实施

中华人民共和国国家质量监督检验检疫总局
中国国家标准化管理委员会 发布

前言

GB/T 1819《锡精矿化学分析方法》共分 17 个部分：

GB/T 1819.1　锡精矿化学分析方法　水分量的测定　称量法；

GB/T 1819.2　锡精矿化学分析方法　锡量的测定　碘酸钾滴定法；

GB/T 1819.3　锡精矿化学分析方法　铁量的测定　硫酸铈滴定法；

GB/T 1819.4　锡精矿化学分析方法　铅量的测定　火焰原子吸收光谱法和 EDTA 滴定法；

GB/T 1819.5　锡精矿化学分析方法　砷量的测定　砷锑钼蓝分光光度法和蒸馏分离-碘滴定法；

GB/T 1819.6　锡精矿化学分析方法　锑量的测定　孔雀绿分光光度法和火焰原子吸收光谱法；

GB/T 1819.7　锡精矿化学分析方法　铋量的测定　火焰原子吸收光谱法；

GB/T 1819.8　锡精矿化学分析方法　锌量的测定　火焰原子吸收光谱法；

GB/T 1819.9　锡精矿化学分析方法　三氧化钨量的测定　硫氰酸盐分光光度法；

GB/T 1819.10　锡精矿化学分析方法　硫量的测定　高频红外吸收法和燃烧-碘酸钾滴定法；

GB/T 1819.11　锡精矿化学分析方法　三氧化二铝量的测定　铬天青 S 分光光度法；

GB/T 1819.12　锡精矿化学分析方法　二氧化硅量的测定　硅钼蓝分光光度法；

GB/T 1819.13　锡精矿化学分析方法　氧化镁量、氧化钙量的测定　火焰原子吸收光谱法；

GB/T 1819.14　锡精矿化学分析方法　铜量的测定　火焰原子吸收光谱法；

GB/T 1819.15　锡精矿化学分析方法　氟量的测定　离子选择电极法；

GB/T 1819.16　锡精矿化学分析方法　银量的测定　火焰原子吸收光谱法；

GB/T 1819.17　锡精矿化学分析方法　汞量的测定　冷原子吸收光谱法。

本部分为第 15 部分。

本部分由中国有色金属工业协会提出。

本部分由全国有色金属标准化技术委员会负责归口。

本部分由云南锡业集团有限责任公司、柳州华锡集团有限责任公司负责起草。

本部分由广州有色金属研究院、云南锡业集团有限责任公司起草。

本部分由柳州华锡集团有限责任公司起草。

本部分主要起草人：孙红英、戴凤英、解惠芳、张秦、林庆权、汤建所。

本部分主要验证人：韦秀周、张俊阳。

本部分由全国有色金属标准化技术委员会负责解释。

锡精矿化学分析方法
氟量的测定　离子选择电极法

1　范围

本部分规定了锡精矿中氟含量的测定方法。

本部分适用于锡精矿中氟含量的测定。测定范围:0.02%～3.00%。

2　方法原理

试料以过氧化钠熔融分解,用水浸出熔融物后过滤,使氟与铁、铜、铅等分离,然后在pH6.5～pH7.0的柠檬酸-硝酸钾-三乙醇胺介质中,以饱和甘汞电极为参比电极,氟离子选择电极为指示电极,用电极电位仪测定氟。

3　试剂

3.1　过氧化钠。

3.2　硝酸(1+4)。

3.3　柠檬酸钠-硝酸钾溶液:称取294 g柠檬酸钠、20 g硝酸钾溶于水中,用水稀释至1 000 mL,混匀。

3.4　三乙醇胺溶液:100 mL三乙醇胺中加64 mL盐酸,用盐酸(1+1)和氨水(1+1)调至pH6.5～pH7.0,用水稀释至500 mL,混匀。

3.5　酚红溶液:称取0.1 g酚红,加30 mL乙醇,用水稀释至50 mL,混匀。

3.6　氟标准贮存溶液:称取2.211 0 g预先在120℃干燥2 h的氟化钠(优级纯),溶于水并稀释至1 000 mL容量瓶中,混匀,移入塑料瓶中保存,此溶液1 mL含1 mg氟。

3.7　氟标准溶液:移取50.00 mL氟标准贮存溶液于500 mL容量瓶中,用水稀释至刻度,混匀,移入干燥的塑料瓶中,此溶液1 mL含0.1 mg氟。

3.8　氟标准溶液:移取50.00 mL氟标准溶液(3.7)于500 mL容量瓶中,用水稀释至刻度,混匀,移入干燥的塑料瓶中,此溶液1 mL含0.01 mg氟。

4　仪器

4.1　氟离子选择电极:要求氟含量在10^{-1} mol/L～10^{-5} mol/L内,电极电位与浓度的负对数呈线性关系。电极在使用前应在10^{-3} mol/L的氟化钠溶液中浸泡1 h,使之活化,然后以水洗至电位值不小于氟浓度为10^{-6} mol/L的电位值后进行测定。

4.2　饱和甘汞电极。

4.3　电位测定仪:精度0.1 mV。

4.4　电磁搅拌器。

5　试样

5.1　试样粒度应不大于0.074 mm。

5.2　试样应在105℃±5℃烘箱中烘1 h,并置于干燥器中冷却至室温备用。

6 分析步骤

6.1 试料

按表1称取试样(5),精确至0.000 1 g。

表 1

氟含量/%	试料/g
0.02～0.50	0.5
>0.50～1.00	0.2
>1.00～3.00	0.15

6.2 测定次数

独立地进行2次测定,取其平均值。

6.3 空白试验

随同试料做空白试验。

6.4 测定

6.4.1 将试料(6.1)置于30 mL镍坩埚中,加入5 g过氧化钠,用细玻璃棒小心搅匀,并以小毛刷扫净玻璃棒(或用小片滤纸拭净,投入坩埚),置于已升温至650℃的箱式电阻炉中熔融10 min,取出稍冷。

6.4.2 将坩埚与熔融物置于预先盛有50 mL热水的250 mL烧杯中,盖上表皿,加热浸取熔融物,用水洗净表皿、坩埚及玻璃棒后冷却至室温。

6.4.3 将溶液连同沉淀一起移入100 mL容量瓶中,用水稀释至刻度,混匀,干过滤。

6.4.4 移取10.00 mL滤液,置于50 mL容量瓶中,加15 mL柠檬酸钠-硝酸钾溶液,1滴酚红溶液,用硝酸(3.2)调至溶液刚变黄色。加5 mL三乙醇胺溶液,用水稀释至刻度,混匀。

6.4.5 将溶液全部倒入干燥的100 mL烧杯中,放进搅拌棒,插入氟离子选择电极和饱和甘汞电极,在电磁搅拌下,于电位测量仪上测量平衡电位值。

注:平衡电位系指搅拌状态下,电极电位每分钟的变化不大于0.2 mV。

6.5 工作曲线的绘制

6.5.1 移取0.50 mL,1.00 mL,2.50 mL,5.00 mL,10.00 mL氟标准溶液(3.8)和2.50 mL、5.00 mL氟标准溶液(3.7),分别置于一组50 mL容量瓶中,各加入10 mL试料空白(6.3)。以下按6.4.4～6.4.5条操作。

6.5.2 按氟浓度由低到高的次序与试液同时进行测定。在半对数坐标纸上,以氟离子浓度值为横坐标,电位值为纵坐标绘制工作曲线。

7 分析结果的计算

按下式计算氟的质量分数(%):

$$w(\mathrm{F}) = \frac{c \cdot V_0 \cdot V_2 \times 10^{-3}}{m_0 \cdot V_1} \times 100$$

式中:

c——自工作曲线上查得的氟的浓度,单位为毫克每毫升(mg/mL);

V_0——试液总体积,单位为毫升(mL);

V_1——分取试液体积,单位为毫升(mL);

V_2——测量时试液体积,单位为毫升(mL);

m_0——试料的质量,单位为克(g)。

所得结果表示至二位小数。

8 精密度

8.1 重复性条款

氟含量(%)：0.02　0.20　1.65　2.60

r(%)：0.004　0.01　0.08　0.14

8.2 允许差

实验室之间分析结果的差值应不大于表2所列允许差。

表2

%

氟含量(质量分数)	允许差
0.02～0.05	0.01
>0.05～0.10	0.02
>0.10～0.30	0.03
>0.30～0.50	0.05
>0.50～1.00	0.10
>1.00～3.00	0.25

ICS 73.060
D 42

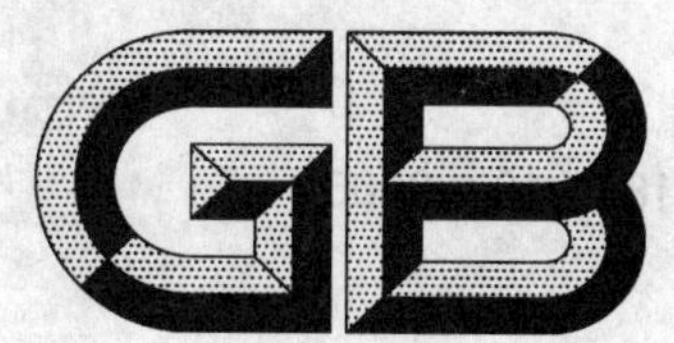

中华人民共和国国家标准

GB/T 1819.16—2006

锡精矿化学分析方法 银量的测定 火焰原子吸收光谱法

Methods for chemical analysis of tin concentrates—Determination of silver content—Flame atomic absoption spectrometric method

2006-08-24 发布　　2007-02-01 实施

中华人民共和国国家质量监督检验检疫总局
中国国家标准化管理委员会　发布

前 言

GB/T 1819《锡精矿化学分析方法》共分17个部分：

GB/T 1819.1 锡精矿化学分析方法 水分量的测定 称量法；

GB/T 1819.2 锡精矿化学分析方法 锡量的测定 碘酸钾滴定法；

GB/T 1819.3 锡精矿化学分析方法 铁量的测定 硫酸铈滴定法；

GB/T 1819.4 锡精矿化学分析方法 铅量的测定 火焰原子吸收光谱法和EDTA滴定法；

GB/T 1819.5 锡精矿化学分析方法 砷量的测定 砷锑钼蓝分光光度法和蒸馏分离-碘滴定法；

GB/T 1819.6 锡精矿化学分析方法 锑量的测定 孔雀绿分光光度法和火焰原子吸收光谱法；

GB/T 1819.7 锡精矿化学分析方法 铋量的测定 火焰原子吸收光谱法；

GB/T 1819.8 锡精矿化学分析方法 锌量的测定 火焰原子吸收光谱法；

GB/T 1819.9 锡精矿化学分析方法 三氧化钨量的测定 硫氰酸盐分光光度法；

GB/T 1819.10 锡精矿化学分析方法 硫量的测定 高频红外吸收法和燃烧-碘酸钾滴定法；

GB/T 1819.11 锡精矿化学分析方法 三氧化二铝量的测定 铬天青S分光光度法；

GB/T 1819.12 锡精矿化学分析方法 二氧化硅量的测定 硅钼蓝分光光度法；

GB/T 1819.13 锡精矿化学分析方法 氧化镁量、氧化钙量的测定 火焰原子吸收光谱法；

GB/T 1819.14 锡精矿化学分析方法 铜量的测定 火焰原子吸收光谱法；

GB/T 1819.15 锡精矿化学分析方法 氟量的测定 离子选择电极法；

GB/T 1819.16 锡精矿化学分析方法 银量的测定 火焰原子吸收光谱法；

GB/T 1819.17 锡精矿化学分析方法 汞量的测定 冷原子吸收光谱法。

本部分为第16部分。

本部分中附录A为资料性附录。

本部分由中国有色金属工业协会提出。

本部分由全国有色金属标准化技术委员会负责归口。

本部分由云南锡业集团有限责任公司、柳州华锡集团有限责任公司负责起草。

本部分由云南锡业集团有限责任公司起草。

本部分由江西南方稀土高技术股份有限公司、云南新立有色金属有限公司参加起草。

本部分主要起草人：谭勇、陈建华、苏晓梅、戴玉玲。

本部分主要验证人：陈涛、崔庆雄、朱岚、贺春玲。

本部分由全国有色金属标准化技术委员会负责解释。

锡精矿化学分析方法
银量的测定　火焰原子吸收光谱法

1　范围

本部分规定了锡精矿中银含量的测定方法。

本部分适用于锡精矿中银含量的测定。测定范围:0.001%～0.10%。

2　方法原理

试料经盐酸、硝酸分解后,在一定浓度的硫脲-盐酸介质中,使用空气-乙炔火焰,于原子吸收光谱仪波长 328.1 nm 处测量银的吸光度。

3　试剂

3.1　盐酸(ρ1.19 g/mL)。

3.2　硝酸(ρ1.42 g/mL)。

3.3　硝酸(1+1)。

3.4　氟化铵溶液(500 g/L)。

3.5　硫脲溶液(50 g/L)。

3.6　银标准贮存溶液:称取 0.500 0 g 金属银(99.99%)于 100 mL 烧杯中,加入 20 mL 硝酸(3.3),微热溶解完全,煮沸驱出氮的氧化物,取下冷却至室温,移入 1 000 mL 棕色容量瓶中,加入 20 mL 硝酸(3.3),用水稀释至刻度,混匀。避光保存。此溶液 1 mL 含 0.5 mg 银。

3.7　银标准溶液:移取 10.00 mL 银标准贮存溶液于 250 mL 棕色容量瓶中,加入 8 mL 硝酸(3.3),用水稀释至刻度,混匀。此溶液 1 mL 含 20 μg 银。

4　仪器

原子吸收光谱仪,附银空心阴极灯。

在仪器最佳工作条件下,凡能达到下列指标者均可使用:

——特征浓度:在与测量溶液的基体相一致的溶液中,银的特征浓度应不大于 0.06 μg/mL。

——精密度:用最高浓度的标准溶液测量 10 次吸光度,其标准偏差应不超过平均吸光度的 1.0%;用最低浓度的标准溶液(不是“零”浓度标准溶液)测量 10 次吸光度,其标准偏差应不超过最高浓度标准溶液平均吸光度的 0.5%。

——工作曲线线性:将工作曲线按浓度等分成五段,最高段的吸光度差值与最低段的吸光度差值之比,应不小于 0.9。

——仪器工作条件见附录 A(资料性附录)。

5　试样

5.1　试样粒度应不大于 0.074 mm。

5.2　试样应在 105℃±5℃烘箱中烘 1 h,并置于干燥器中冷却至室温备用。

6 分析步骤

6.1 试料

按表 1 称取试样(5),精确至 0.000 1 g。

表 1

银含量/%	试料/g	测量时试液体积/mL	盐酸/mL	硫脲溶液/mL
0.001～0.010	0.5	50	2.5	1
>0.010～0.10	0.2	100	5	2

6.2 测定次数

独立地进行 2 次测定,取其平均值。

6.3 空白试验

随同试料做空白试验。

6.4 测定

6.4.1 将试料(6.1)置于 200 mL 烧杯中,用少许水润湿,加入 1 mL 氟化铵溶液,15 mL～20 mL 盐酸,分解片刻,加 5 mL～7 mL 硝酸(3.2),继续加热分解至近干,取下冷却。

6.4.2 按表 1 加入盐酸和硫脲溶液,用少量水吹洗杯壁,加盖表皿,微热,冷却至室温后,用水移入容量瓶中,并稀释至刻度,混匀。

6.4.3 使用空气-乙炔火焰,于原子吸收光谱仪波长 328.1 nm 处,与标准溶液系列同时,以水调零,测量试液中银的吸光度。所测吸光度减去空白试验溶液的吸光度,从工作曲线上查出相应的银浓度。

6.5 工作曲线的绘制

6.5.1 移取 0 mL,0.50 mL,1.50 mL,2.50 mL,5.00 mL,10.00 mL 银标准溶液,置于一组 100 mL 容量瓶中,各加入 5 mL 盐酸,2 mL 硫脲溶液,用水稀释至刻度,混匀。

6.5.2 使用空气-乙炔火焰,于原子吸收光谱仪波长 328.1 nm 处,以水调零,测量系列标准溶液的吸光度。减去系列标准溶液中"零"浓度溶液的吸光度,以银的浓度为横坐标,吸光度为纵坐标绘制工作曲线。

7 分析结果的计算

按下式计算银的质量分数(%):

$$w(\mathrm{Ag})=\frac{c\cdot V_0\times 10^{-6}}{m_0}\times 100$$

式中:

c——从工作曲线上查得的银浓度,单位为微克每毫升(μg/mL);

V_0——试液总体积,单位为毫升(mL);

m_0——试料的质量,单位为克(g)。

所得结果表示至三位小数。若银含量小于 0.010%时,表示至四位小数。

8 精密度

8.1 重复性条款

银含量(%):	0.002	0.006	0.032
r(%):	0.000 5	0.001	0.001

8.2 允许差

实验室之间分析结果的差值应不大于表2所列允许差。

表2

（%）

银含量(质量分数)	允　许　差
0.001 0～0.005 0	0.000 8
＞0.005 0～0.010	0.001 2
＞0.010～0.100	0.005

附　录　A
（资料性附录）
仪器工作条件

使用 WFX-1F2 型原子吸收光谱仪测定银量的参考工作条件如表 A.1。

表 A.1

波长/nm	灯电流/mA	单色器通带/nm	燃烧器高度/mm	空气流量/(L/min)	乙炔流量/(L/min)
328.1	1.0	0.4	8	5	0.8

ICS 73.060
D 42.1

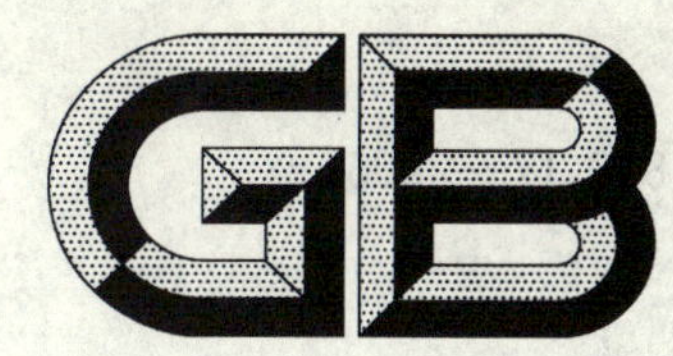

中华人民共和国国家标准

GB/T 1819.17—2006

锡精矿化学分析方法
汞量的测定 冷原子吸收光谱法

Methods for chemical analysis of tin concentrates—Determination of mercury content—The cold vapor atomic absorption spectrometric method

2006-08-24 发布 2007-02-01 实施

中华人民共和国国家质量监督检验检疫总局
中国国家标准化管理委员会 发布

前 言

GB/T 1819《锡精矿化学分析方法》共分 17 个部分：

GB/T 1819.1 锡精矿化学分析方法 水分量的测定 称量法；

GB/T 1819.2 锡精矿化学分析方法 锡量的测定 碘酸钾滴定法；

GB/T 1819.3 锡精矿化学分析方法 铁量的测定 硫酸铈滴定法；

GB/T 1819.4 锡精矿化学分析方法 铅量的测定 火焰原子吸收光谱法和 EDTA 滴定法；

GB/T 1819.5 锡精矿化学分析方法 砷量的测定 砷锑钼蓝分光光度法和蒸馏分离-碘滴定法；

GB/T 1819.6 锡精矿化学分析方法 锑量的测定 孔雀绿分光光度法和火焰原子吸收光谱法；

GB/T 1819.7 锡精矿化学分析方法 铋量的测定 火焰原子吸收光谱法；

GB/T 1819.8 锡精矿化学分析方法 锌量的测定 火焰原子吸收光谱法；

GB/T 1819.9 锡精矿化学分析方法 三氧化钨量的测定 硫氰酸盐分光光度法；

GB/T 1819.10 锡精矿化学分析方法 硫量的测定 高频红外吸收法和燃烧-碘酸钾滴定法；

GB/T 1819.11 锡精矿化学分析方法 三氧化二铝量的测定 铬天青 S 分光光度法；

GB/T 1819.12 锡精矿化学分析方法 二氧化硅量的测定 硅钼蓝分光光度法；

GB/T 1819.13 锡精矿化学分析方法 氧化镁量、氧化钙量的测定 火焰原子吸收光谱法；

GB/T 1819.14 锡精矿化学分析方法 铜量的测定 火焰原子吸收光谱法；

GB/T 1819.15 锡精矿化学分析方法 氟量的测定 离子选择电极法；

GB/T 1819.16 锡精矿化学分析方法 银量的测定 火焰原子吸收光谱法；

GB/T 1819.17 锡精矿化学分析方法 汞量的测定 冷原子吸收光谱法。

本部分为第 17 部分。

本部分由中国有色金属工业协会提出。

本部分由全国有色金属标准化技术委员会负责归口。

本部分由云南锡业集团有限责任公司，柳州华锡集团有限责任公司负责起草。

本部分由云南锡业集团有限责任公司起草。

本部分由广州有色金属研究院、红河出入境检验检疫局参加起草。

本部分主要起草人：张云、张秦、林庆权。

本部分主要验证人：刘天平、江寨伸、戴凤英、戚晓燕。

本部分由全国有色金属标准化技术委员会负责解释。

锡精矿化学分析方法
汞量的测定　冷原子吸收光谱法

1　范围

本部分规定了锡精矿中汞含量的测定方法。

本部分适用于锡精矿中汞含量的测定。测定范围：0.000 1%～0.100%。

2　方法原理

试料经王水分解，在稀王水介质中，用氯化亚锡将溶液中的汞离子还原成汞，于测汞仪波长253.7 nm处，测量汞蒸气的吸光度。

3　试剂

3.1　盐酸（ρ1.19 g/mL），优级纯。

3.2　硝酸（ρ1.42 g/mL），优级纯。

3.3　王水：三体积盐酸和一体积硝酸混合配制。

3.4　王水（1+1）。

3.5　硝酸（1+9）。

3.6　高锰酸钾溶液（50 g/L）。

3.7　盐酸羟胺溶液（100 g/L）。

3.8　氯化亚锡溶液（200 g/L）：称取20 g氯化亚锡（$SnCl_2 \cdot 2H_2O$）于200 mL烧杯中，加入20 mL盐酸，微热，待溶液清亮后，加入80 mL水，混匀。

3.9　汞标准贮存溶液：称取0.134 5 g氯化汞（99%）于100 mL烧杯中，加入5 mL硝酸（3.2），微热溶解后，移入1 000 mL容量瓶中，加入10 mL高锰酸钾溶液，用硝酸（3.5）稀释至刻度，混匀。此溶液1 mL含100 μg汞。

3.10　汞标准溶液：移取10.00 mL汞标准贮存溶液于100 mL容量瓶中，用硝酸（3.5）稀释至刻度，混匀。此溶液1 mL含10 μg汞。

3.11　汞标准溶液：移取10.00 mL汞标准溶液（3.10）于100 mL容量瓶中，加入2 mL硝酸（3.2），1 mL高锰酸钾溶液，用水稀释至刻度，混匀。此溶液1 mL含1 μg汞。

3.12　汞标准溶液：移取10.00 mL汞标准溶液（3.11）于100 mL容量瓶中，加入2 mL硝酸（3.2），1 mL高锰酸钾溶液，用水稀释至刻度，混匀。此溶液1 mL含0.1 μg汞。本溶液用时现配。

4　仪器

测汞仪。

5　试样

试样风干后，研磨至粒度不大于0.147 mm。

6　分析步骤

6.1　试料

按表1称取试样（5），精确至0.000 1 g。

表 1

汞含量/%	试料/g	试液总体积/mL	分取试液体积/mL	测量时试液体积/mL	高锰酸钾溶液/mL
0.000 1~0.000 5	0.5	50	10	50	1
>0.000 5~0.002	0.2	50	5	50	1
>0.002~0.005	0.1	50	5	50	1
>0.005~0.020	0.1	100	5	100	2
>0.020~0.050	0.1	100	2	100	2
>0.050~0.100	0.1	100	2	200	4

6.2 测定次数

独立地进行 2 次测定,取其平均值。

6.3 空白试验

随同试料做空白试验。

6.4 测定

6.4.1 将试料(6.1)置于 100 mL 烧杯中,加入 10 mL 王水(3.4),盖上表皿,置于沸水浴上加热分解 30 min,取下用水吹洗表皿及杯壁,冷却。

6.4.2 按表 1 将试液(6.4.1)移入容量瓶中,用水稀释至刻度,混匀。按表 1 分取试液于容量瓶中,加入煮沸并冷却过的王水(3.3)使试液中王水浓度为 1+9,加入 30 mL 水,按表 1 加入高锰酸钾溶液,摇匀,放置 5 min,滴加盐酸羟胺溶液至红色消失,用水稀释至刻度,混匀。

6.4.3 调节泵流量为 550 mL/min~650 mL/min,取 1 个空的汞蒸气发生瓶与测汞仪器连接,调零后取下。

6.4.4 移取 10.00 mL 待测溶液于汞蒸气发生瓶中,加 1 mL 氯化亚锡溶液,立即与测汞仪连接,于测汞仪波长 253.7 nm 处测量汞蒸气的吸光度,待显示读数到最大值后,记下最大吸光度值。

6.4.5 接通汞蒸气吸收瓶,待显示读数稳定后(应接近于零)关闭汞蒸气吸收瓶,从测汞仪上取下汞蒸气发生瓶。

6.4.6 试料溶液吸光度值减去随同试料做空白试验溶液的吸光度值,从工作曲线上查得相应的汞浓度。

6.5 工作曲线的绘制

6.5.1 移取 0.00,2.00,4.00,6.00,8.00,10.00 mL 汞标准溶液(3.12),分别置于一组 100 mL 容量瓶中,各加入 10 mL 煮沸并冷却过的王水,30 mL 水,2 mL 高锰酸钾溶液,摇匀,放置 5 min,滴加盐酸羟胺溶液至红色消失,用水稀释至刻度,混匀。

6.5.2 与试料测量相同条件下,测量系列标准溶液的吸光度。减去系列标准溶液中“零”浓度溶液的吸光度,以汞的浓度为横坐标,吸光度为纵坐标绘制工作曲线。

7 分析结果的计算

按式(1)计算汞的质量分数(%):

$$w(\mathrm{Hg}) = \frac{c \cdot V_0 \cdot V_2 \times 10^{-6}}{m_0 \cdot V_1} \times 100 \qquad \cdots\cdots(1)$$

式中:

c——从工作曲线上查得汞的浓度,单位为微克每毫升(μg/mL);

V_0——试液总体积,单位为毫升(mL);

V_1——试液分取体积,单位为毫升(mL);

V_2——测量时试液体积,单位为毫升(mL);

m_0——试料的质量，单位为克(g)。

所得结果表示至三位小数。若汞含量小于 0.005%时，表示至四位小数；若汞含量小于 0.000 5%时，表示至五位小数。

8 精密度

8.1 重复性条款

汞含量(%)：　0.000 1　0.000 5　0.025

r(%)：　0.000 02　0.000 08　0.001

8.2 允许差

实验室之间分析结果的差值应不大于表 2 所列允许差。

表 2

(%)

汞含量(质量分数)	允许差
0.000 10～0.000 5	0.000 05
>0.000 5～0.001 0	0.000 3
>0.001 0～0.005	0.000 8
>0.005～0.010	0.002
>0.010～0.050	0.005
>0.050～0.100	0.015

ICS 55.180.10
A 85

中华人民共和国国家标准

GB/T 1835—2006
代替 GB/T 1835—1995

系列1集装箱　角件

Series 1 freight container—Corner fittings

(ISO 1161:1984,Series 1 freight container—
Corner fittings—Specification,MOD)

2006-03-10 发布　　　　2006-10-01 实施

中华人民共和国国家质量监督检验检疫总局
中国国家标准化管理委员会　发布

前　言

本标准修改采用 ISO 1161:1984《系列 1 集装箱——角件技术条件和试验方法》包括其技术勘误表 ISO 1161:1984/Cor 1:1990。

本标准根据 ISO 1161:1984 及 ISO 1161:1984/Cor 1:1990 重新起草，与 ISO 1161:1984 的技术差异为：

——修改了堆码的设计载荷，按集装箱目前堆码试验的实际状况，其设计载荷值为 848 kN；

——增加了规范性附录 D，对集装箱角件的类型、材质、试验、检验及标志和包装进行了规定。

以上技术差异已编入正文中，并在它们所涉及的条款的页边空白处用垂直单线标识。

为便于使用，本标准还做了下列编辑性修改：

a) "本国际标准"一词改为"本标准"；

b) 用小数点"."代替作为小数点的逗号","；

c) 删除 ISO 1161:1984 的前言，修改了 ISO 1161:1984 的引言。

本标准代替 GB/T 1835—1995《集装箱角件的技术条件》。

本标准与 GB/T 1835—1995 的主要技术差异为：

a) 增加了角件尺寸的详细要求及英制的角件尺寸与极限偏差图(见图 2 和图 4)；
增加了强度要求；

b) 在起吊的设计载荷中增加了 34T 集装箱的设计载荷；

c) 设计要求中增加了角件的必备特征(见 5.2)；

d) 取消了原标准中的第 4 章"角件的材质"；

e) 增加了第 9 章"其他要求"；

f) 增加了附录 D"集装箱角件的类型、要求、检验、标志和包装"。

本标准的附录 D 是规范性附录，附录 A、附录 B 和附录 C 是资料性附录。

本标准由中华人民共和国交通部提出。

本标准由全国集装箱标准化技术委员会(SAC/TC 6)归口。

本标准起草单位：交通部科学研究院、中国集装箱工业协会、中国船级社、铁道科学研究院、韶关铸锻总厂集装箱角件分厂、上海中华造船厂。

本标准主要起草人：张敬轩、史艳秋、欧阳代云、王海涛、周兴、齐向春、陈康富、刘勇、倪迎春。

本标准代替标准的历次发布情况为：GB/T 1835—1980，GB/T 1835—1995。

引　言

本标准是运输界的技术人员和经营者共同努力的成果，各附图示出了系列1集装箱的顶角件和底角件，它们将保证集装箱在各种运输方式间的互换性，本标准制定时仅考虑对此类功能有关的细节。

本标准的附录D作为规范性附录，对集装箱的角件类型、材质要求和检验方法做了具体规定。

本标准规定了角件开孔的尺寸和形状。对于角件上设有供搬运和栓固作业所开孔的各面，规定了该处的壁厚和极限偏差（如图1至图4所示）。对于无孔的角件壁厚不作规定，因为该面上不需插入转锁或其他承接件，只要内壁面不影响它们插入角件内腔即可。附录A所列的顶角件和底角件的外形尺寸仅为典型示例，并非强制性的要求。

本标准对使用自动、半自动和常规搬运设备的换装作业有关设计问题作了具体规定。

本标准所示强度和各项试验的要求均不考虑双箱对接成组作业的工况。

附录B所列系典型吊具转锁安装在运输设备上的部分图例。

附录C所列集装箱专用车辆对转锁的固位和尺寸要求。

注：本标准不妨碍规定增加集装箱顶部或底部起吊作业用的附加装置。

系列1集装箱 角件

1 范围

本标准规定了符合 GB/T 1413、GB/T 5338、GB/T 7392 和 GB/T 16563 要求的各类集装箱所附角件的基本尺寸、设计功能、强度等要求，并规定了集装箱角件的类型、材质、试验、检验及标志和包装等的一般原则。

本标准适用于 GB/T 1413、GB/T 5338、GB/T 7392 和 GB/T 16563 规定的各类集装箱。

本标准不适用于 GB/T 17770 规定的空/陆/水联运集装箱。

2 规范性引用文件

下列文件中的条款通过本标准的引用而成为本标准的条款。凡是注日期的引用文件，其随后所有的修改单(不包括勘误的内容)或修订版均不适用于本标准，然而，鼓励根据本标准达成协议的各方研究是否可使用这些文件的最新版本。凡是不注日期的引用文件，其最新版本适用于本标准。

GB/T 223 钢铁及合金化学分析方法

GB/T 228 金属拉伸试验法

GB/T 229 金属夏比缺口冲击试验方法(GB/T 229—1994,eqv ISO 148:1983)

GB/T 1413 系列1集装箱 分类、尺寸和额定质量(GB/T 1413—1993,ISO 668:1995,IDT)

GB/T 5338—2002 系列1集装箱 技术要求与试验方法 第1部分：通用集装箱(ISO 1496-1:1990,IDT)

GB/T 7392 系列1集装箱 技术要求和试验方法 保温集装箱(GB/T 7392—1998,idt ISO 1496-2:1996)

GB/T 16563 系列1 液体、气体及加压干散货罐式集装箱技术要求和试验方法(GB/T 16563—1996,idt ISO 1496-3:1995)

GB/T 17770 集装箱 空/陆/水(联运)通用集装箱技术要求和试验方法(GB/T 17770—1999,idt ISO 8323:1985)

3 尺寸要求

3.1 总则

3.1.1 角件的尺寸与极限偏差应符合图1至图4的规定。

每一个集装箱都应有两个右顶角件(观察者站在箱外面向集装箱任一端时的右手方向)和两个与之相对应的左顶角件。

除端孔外，底角件与顶角件的结构应相同。

图1至图4所示为右顶角件和右底角件的尺寸，左顶角件和左底角件的尺寸与它相对应。

3.1.2 箱形角件的典型外部尺寸参见附录A。

3.2 尺寸和制造的具体要求

3.2.1 角件的边缘不应出现尖锐棱角。

3.2.2 在角件的内腔和外缘的转角尺寸未做规定时，其半径应按 $3^{+0}_{-1.5}$ mm($\frac{1}{8}{}^{+0}_{-1/16}$ in)制作。

3.2.3 在两条圆角半径为 6 mm(¼ in)的直边和另一条圆角半径为 14.5 mm(9/16 in)直边的汇合处，并从角件外面削去少量金属，使该角呈球面。

3.2.4 角件的任意一个内侧壁面的尺寸最小为 149 mm(5⅞ in)的法定水平面与内侧壁面连接处的圆

角半径不得大于 5.5 mm(7/32 in)。

如果需要较大的圆角半径,则 149 mm(5 7/8 in)的尺寸也应该相应增大。

4 强度要求

角件的设计、结构方式和使用的材料应满足 GB/T 5338、GB/T 7392 和 GB/T 16563 的作业和试验要求的规定。

5 设计要求

5.1 载荷

本标准规定了系列 1 集装箱角件的设计载荷值和参数,用于确定角件的设计尺寸。

对于 1AAA、1AA、1A 和 1AX 型集装箱的角件应能承受 GB/T 5338、GB/T 7392 和 GB/T 16563 所规定的设计载荷。设计载荷值如下:

5.1.1 堆码

堆码要求	设计载荷
顶角件最大载荷横向偏置 25.4 mm(1 in),纵向偏置 38 mm(1½ in)	848 kN
底角件(放在水平支座上)	954 kN
底角件横向最大偏置 25.4 mm(1 in),纵向为 38 mm(1½ in)	848 kN

5.1.2 起吊

起吊要求	设计载荷
顶角件[转锁(见第 6 章)、吊钩或吊环]	150 kN
底角件:吊索与水平线呈 30°夹角	300 kN

注:经底角件起吊:

a) 吊索载荷作用线与角件外表面平行,且距离不大于 38 mm(1½ in);

b) 吊索呈现该角度时所列的载荷值,可适用于吊索与铅垂线间的任意角度。

5.1.3 纵向拴固

纵向拴固要求	设计载荷
底角件(两个角件受载)	各 300 kN

5.1.4 拴固和紧固

当使用拴固或固缚装置,或同时使用这两种装置时,施加于角件端孔或侧孔的力或合力,不超过图 5 所示边界线内与该作用力或合力所呈角度对应点上的载荷限值。力或合力的作用线平行于角件壁面且与角件壁面的距离不大于 38 mm(1½ in)。

5.1.5 对位偏差(集装箱在往紧固件上放置时,因对位欠准,转锁未能伸入角件孔内而造成底角件底面局部受力)。

底角件底面在 25 mm(1 in)×6 mm(1/4 in)的接触面积上应能承受 150 kN 的竖向力(见图 6)。

5.2 必备特征

角件应具备的壁和面:

顶角件:

——顶面;

——外侧面;

——外端面。

底角件:

——底面;

——外侧面;

——外端面。

6 顶角件的最小承载面积

当吊具仅通过四个顶角件的顶孔起吊时，吊具转锁与顶角件内腔上部表面的最小承载面积应为800 mm^2(1.24 in^2)。吊具转锁实例参见附录B。

7 角件的标记(设有标记时)

顶角件和底角件上应标记其安装位置和方向，并使标记处于组焊成箱体后仍能清楚见到的部位上，且不影响装卸与拴固。

8 集装箱专用车辆上固定件的要求

集装箱专用车辆上固定件的要求参见附录C。

9 其他要求

集装箱角件的类型、要求、试验、检验、标志和包装等其他要求见附录D。

单位为毫米

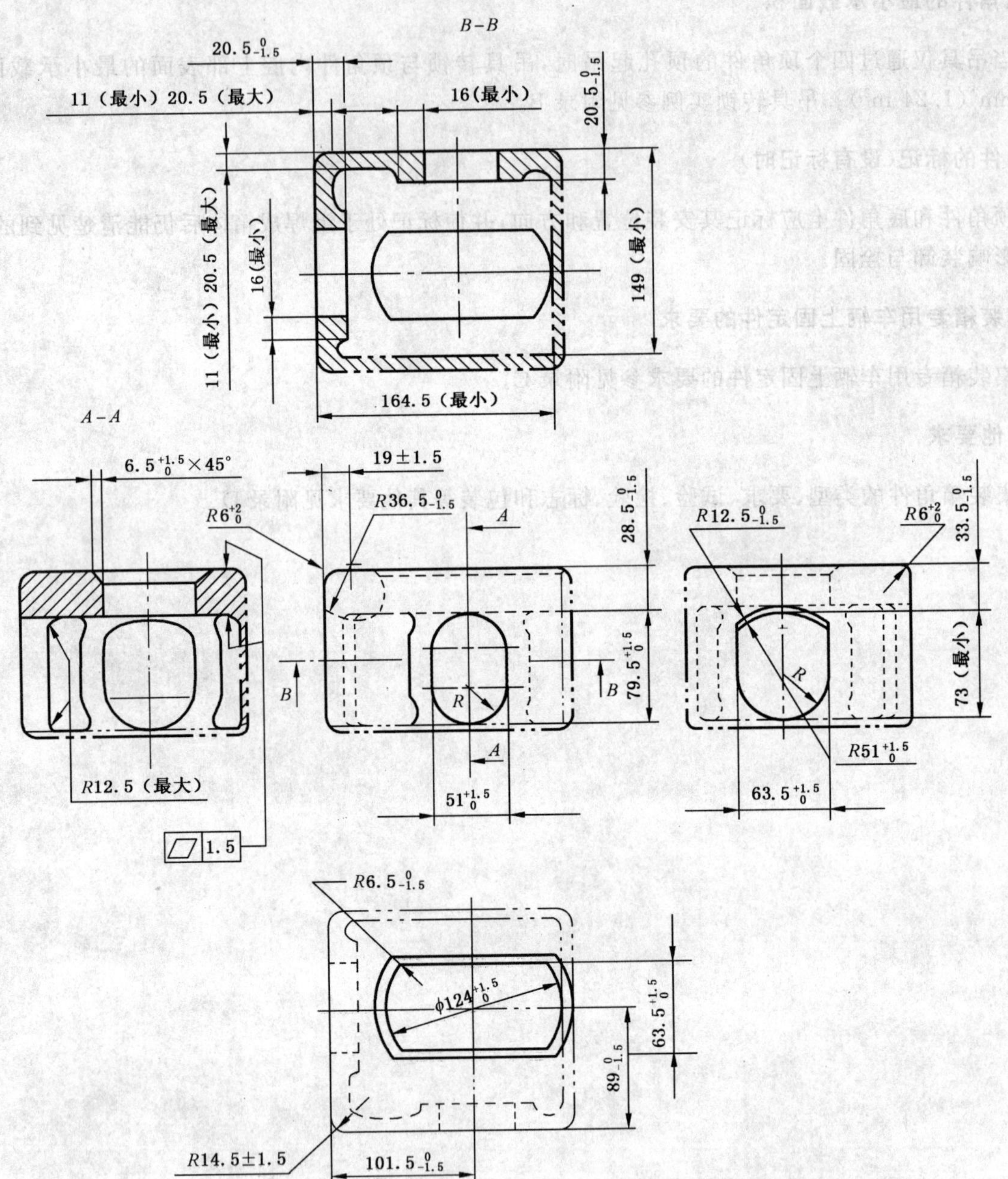

注1：实线和虚线（——及----）表示应实际构成的角件表面及外形。

注2：双点画线（-·-·-·-·-）表示角件的可变壁面。

图1　右顶角件尺寸(公制)

单位为英寸

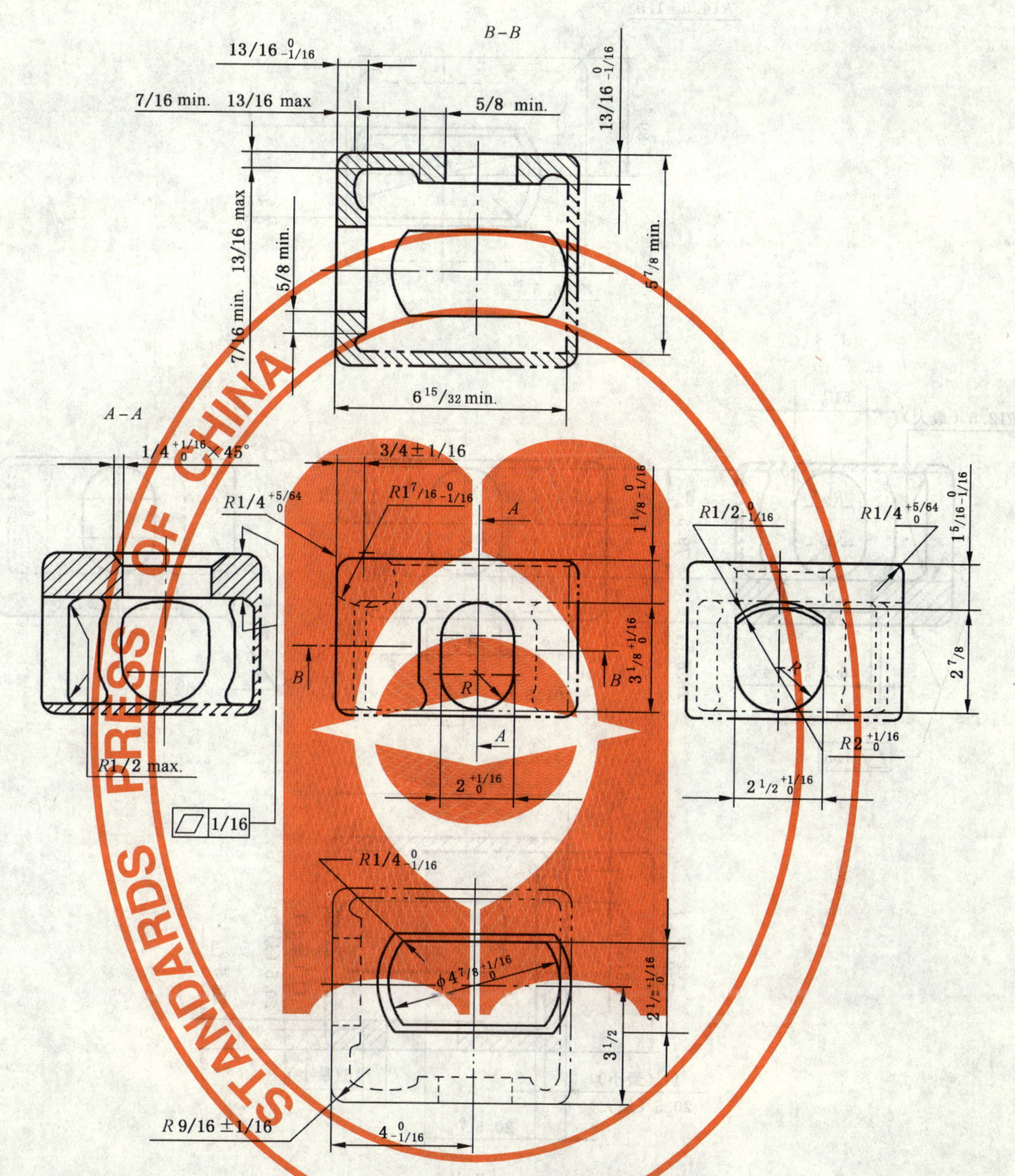

注 1：实线和虚线（——及----）表示应实际构成的角件表面及外形。

注 2：双点画线（-··-··-··-）表示角件的可变壁面。

图 2 右顶角件尺寸(英制)

单位为毫米

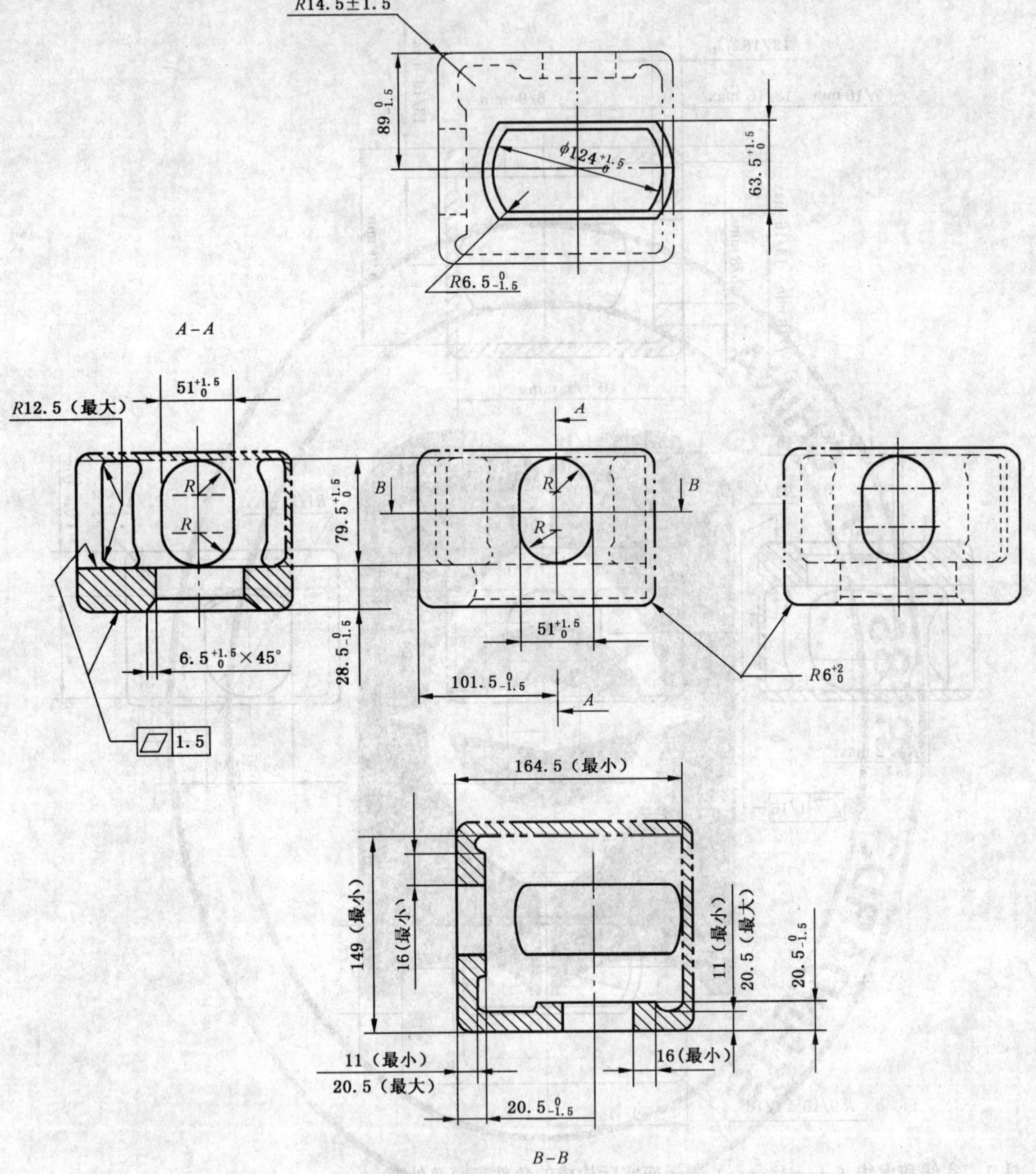

注1：实线和虚线（——及----）表示应实际构成的角件表面及外形。

注2：双点画线（-··-··-）表示角件的可变壁面。

图3　右底角件尺寸(公制)

单位为毫英寸

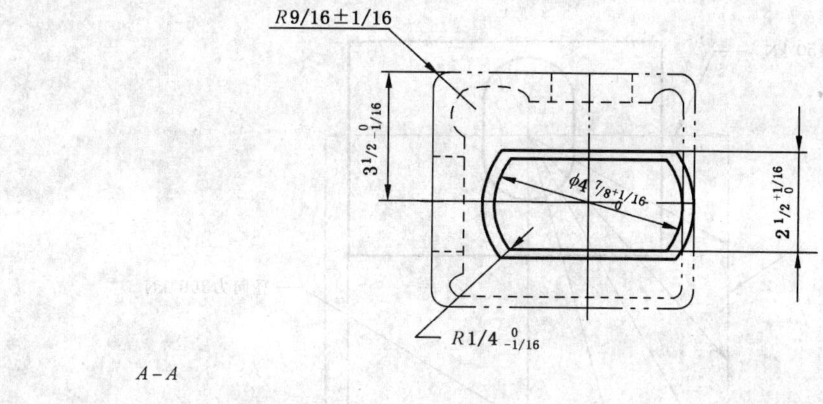

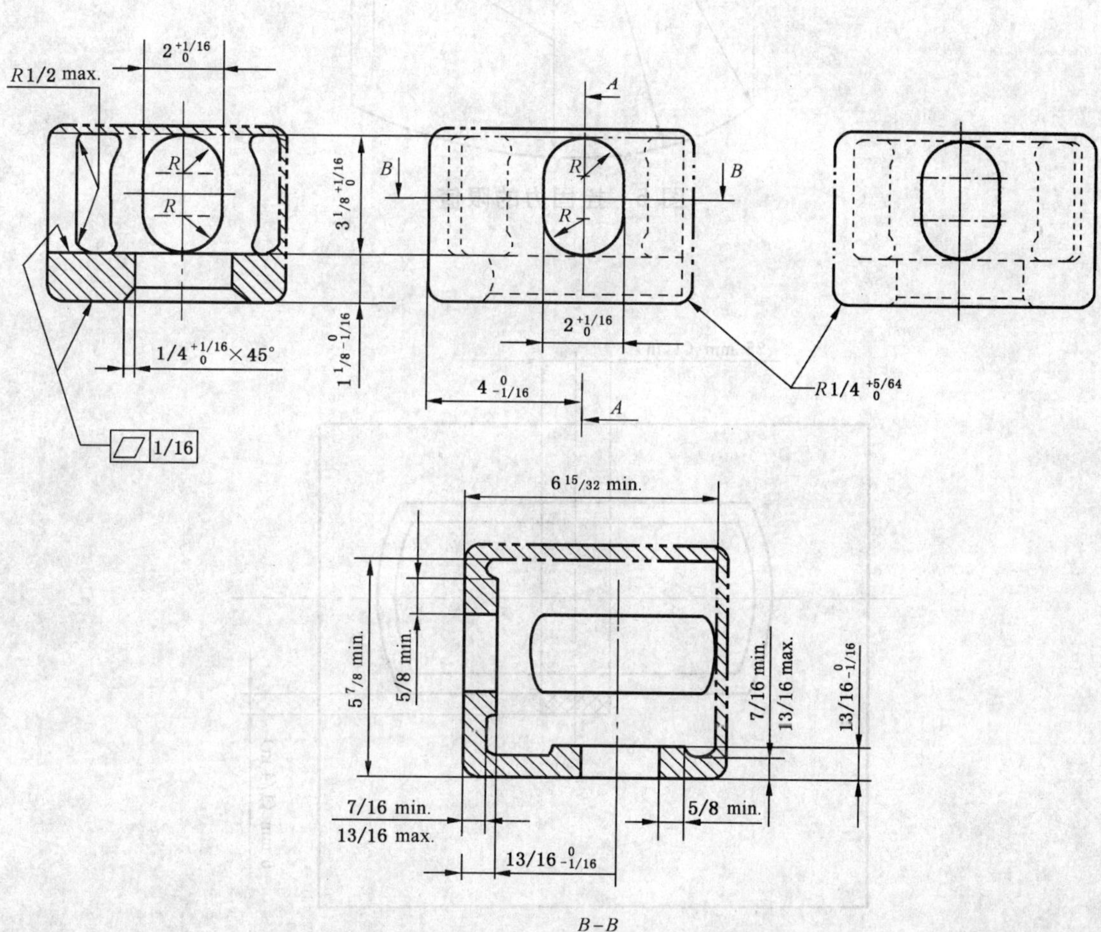

注 1：实线和虚线（——及----）表示应实际构成的角件表面及外形。

注 2：双点画线（-··-··-··-）表示角件的可变壁面。

图 4　右底角件尺寸(英制)

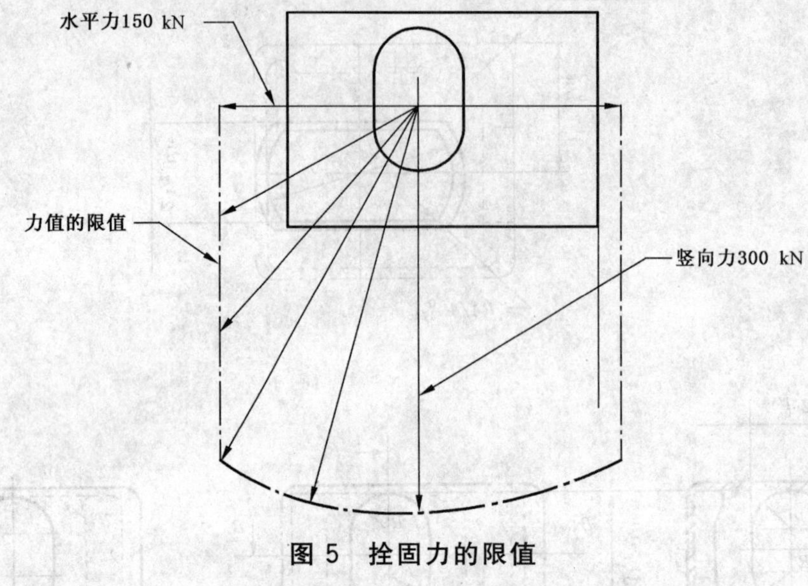

图 5　拴固力的限值

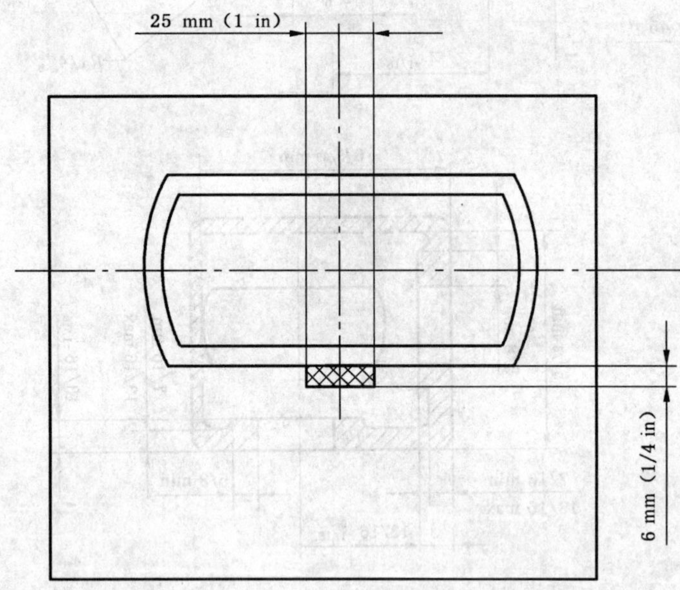

图 6　底角件偏置时的承载面积俯视图

附 录 A
（资料性附录）
箱型角件外部尺寸示例

下面列出典型顶角件和底角件的实际尺寸数值。结合图 1 至图 4 所示的规定尺寸，可设计出顶角件和底角件的全部尺寸。

外部长度＝178 mm($7\frac{1}{64}$ in)

外部宽度＝162 mm($6\frac{3}{8}$ in)

外部高度＝118 mm($4\frac{41}{64}$ in)

注 1：上述典型角件尺寸是根据本标准修订时已有的外部长度、宽度和高度而决定的[1)]。

注 2：上述尺寸适用于普通铸钢的制造工艺，其内壁和面厚度为 9mm($\frac{23}{64}$ in)，不适于其他材料所制造的角件。

注 3：按典型外部尺寸设计，外直壁的外表面至另一直壁和内壁外表面的实际距离等于图 1 至图 4 所规定的最小尺寸，因此，内壁的厚度约等于外部尺寸所允许的最小厚度。

角件内壁和面厚度与结构设计有关，同时也考虑表面连接的特征及材料性能和连接方法。这样全部尺寸与典型标准值不同，因此对这些尺寸不作硬性规定。

1) 尺寸系列如下：

总长度范围 178 mm～180 mm($7\frac{1}{4}$ in～$7\frac{5}{64}$ in)；

总宽度范围 157 mm～165 mm($6\frac{3}{16}$ in～$6\frac{1}{2}$ in)；

总高度范围 118 mm～125 mm($4\frac{41}{64}$ in～$4\frac{59}{64}$ in)。

附　录　B
（资料性附录）
典型的吊具转锁

典型的吊具转锁实例参见图 B.1 和图 B.2。

单位为毫米（英寸）

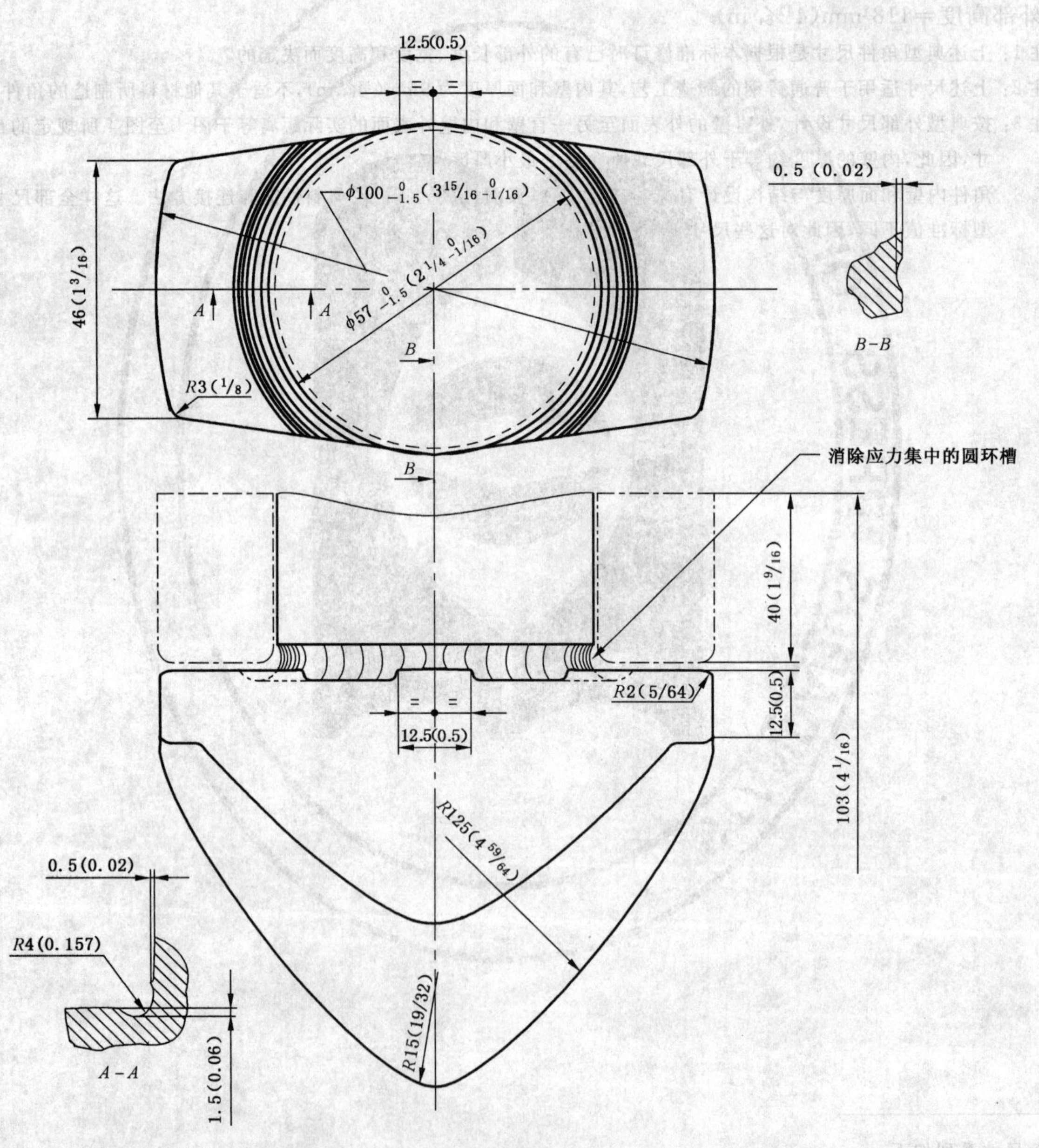

图 B.1　圆锥形转锁

单位为毫米(英寸)

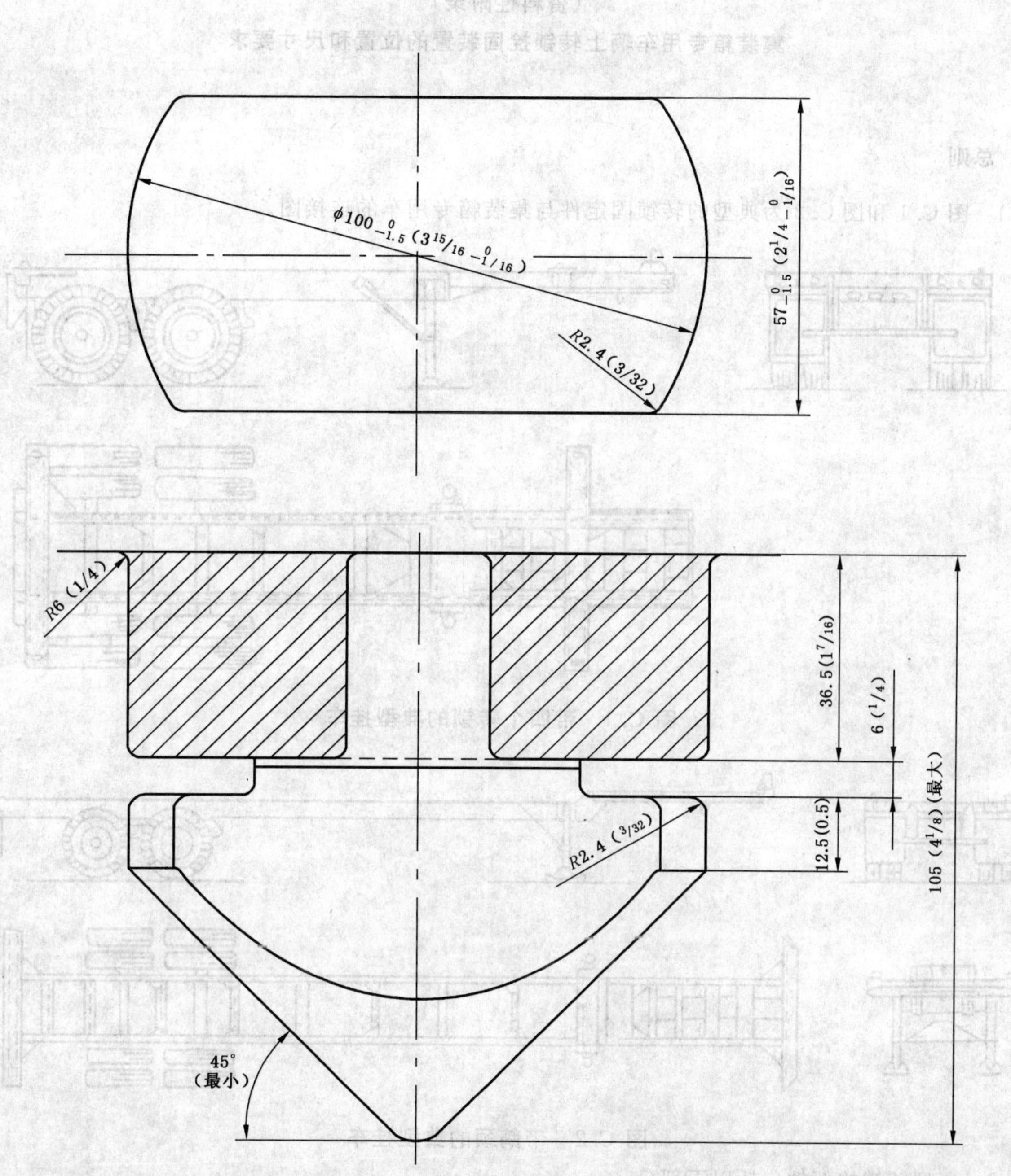

图 B.2 扁锥形转锁

附 录 C
（资料性附录）
集装箱专用车辆上转锁拴固装置的位置和尺寸要求

C.1 总则

C.1.1 图 C.1 和图 C.2 为典型的转锁固定件与集装箱专用车的连接图。

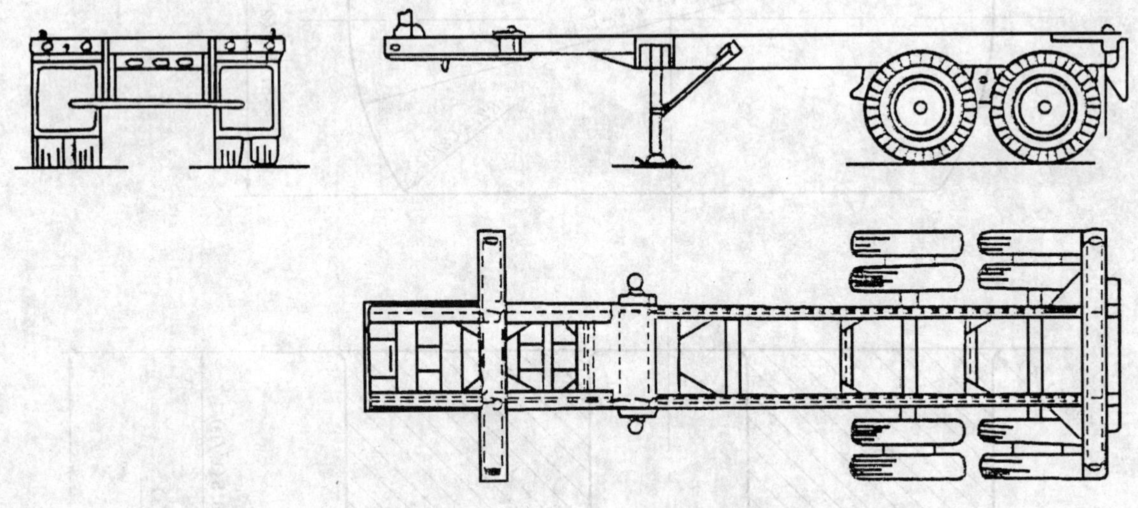

图 C.1 带四个转锁的典型挂车

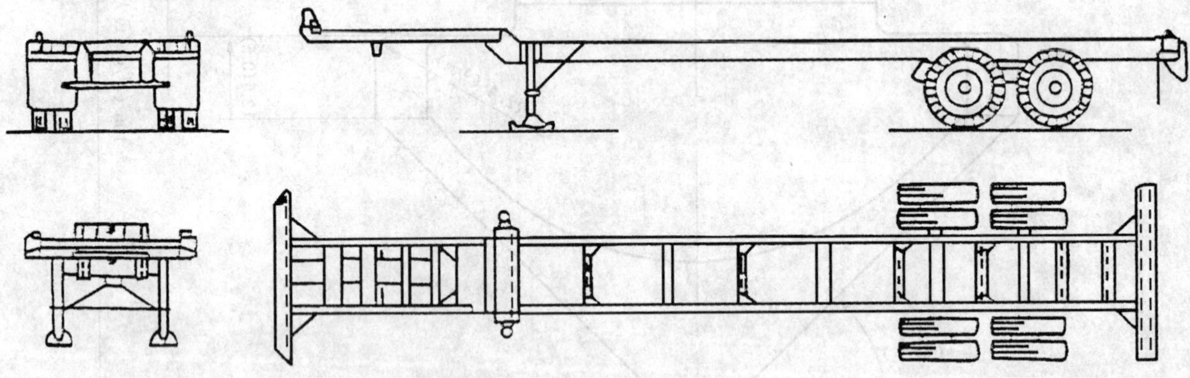

图 C.2 带鹅颈的典型挂车

C.1.2 典型转锁的部件包括以下部分：

a) 承受通过底角件重箱动载的水平支撑载荷面；

b) 能够伸入底角件底孔的平面的定位栓。它伸入顶点应不低于角件内部的下平面。不同的集装箱可由其底角件来支撑或用底部结构支承都能适应；

c) 转锁的回转锁头。该零件伸入角件内腔，即两者之间的承载面；

d) 使锁头回转拴固的装置。它可将锁头固定在规定的位置（还可在一些情况下，该装置借助转动锁头被向下拉或转动，直到撑压力压在角件内腔，阻止角件掉下）。

C.1.3 转锁固定件有以下几种情况：

a) 固定在车体上。

b) 固定的轴环与转锁头可以降至车辆的承载平面以下(例如:多用途车辆)。

c) 转锁装置铰接在车体上或是做成可以移动的。遇有在 40 ft 长的车辆上装载 1AA、1A 或 1AX 型箱时,可以移动或调节中部的拴固装置,也有专为这种最大箱型设计的车辆,不设中部拴固装置。

C.2 固定于车辆上四个转锁的定位尺寸

C.2.1 集装箱专用车或铁路车辆上的四个转锁固定装置的承载面应处于同一水平平面。除了固定拴和旋转锁头之外,运输车辆或铁路车辆的任何部位均不得高出该平面(见 GB/T 5338—2002 附录 B)。

C.2.2 为确保集装箱的底角件与车辆上转锁装置相配合,C.4 列出了典型尺寸的转锁固定件的中心距和极限偏差值的理论推导值。

C.2.3 这种理论推导值,是以 GB/T 1413 和本标准的解释为基础的。

C.2.4 四个转锁固定装置与车辆成刚性联接(对于伸缩型转锁,应有一定的活动间隙,见 C.2.10)。

C.2.5 当箱体底部结构的有关尺寸和对角距离差值处于形位偏差的某一限值,而车辆的有关尺寸和对角距离差值又处于与之相反的另一限值,则转锁固定件与箱体底角件底孔之间将出现过渡配合。

C.2.6 出现上述理论上最大偏差的机率尚难于估计,但可以认为是少见的。因而在实践中允许出现更大的偏差值(见 C.2.11)。

C.2.7 如车辆上转锁固定装置的中心距与箱体底角件底孔中心距的极限偏差值相一致,该中心距的名义尺寸如表 C.1 所示(表 C.1 所用符号与 C.4 规定一致)。

表 C.1 转锁固定件的公称中心间距 单位为毫米

集装箱类型	纵向中心距 $=S_t=S_c$	横向中心距 $=P_t=P_c$
1AA、1A、1AX	11 985.5	2 259.0
1BB、1B、1BX	8 918.5	2 259.0
1CC、1C、1CX	5 853.5	2 259.0
1D、1DX	2 887.0	2 259.0

C.2.8 车辆转锁固定装置中心距(S_t 和 P_t)的理论偏差值与以下因素有关:

a) 定位拴本身的尺寸;

b) 车辆设计者所掌握的分寸,例如采用较大的中心距极限偏差值和较小的对角距离差值或是较小的中心距极限偏差值和较大的对角距离差值。

C.2.9 对于上述所指的转锁定位装置,表 C.2 所列的极限偏差值,该项偏差值与两对角距离差值的比例关系和集装箱有关尺寸的比例相近似(但应注意,任何条件下集装箱和转锁定位装置相应尺寸的极限偏差并不相等)。

表 C.2 两个纵向转锁轴环的中心距 S_t 及极限偏差 t_{st} 和两个横向转锁轴环的中心距 P_t 及极限偏差 t_{pt}(理论允许的最大极限偏差)[a] 单位为毫米

各种类型的集装箱固定件	t_{st}			t_{pt}			允许对角线误差		
	固定件尺寸			固定件尺寸			固定件尺寸		
	A	B	C	A	B	C	A	B	C
1AA、1A、1AX	±2.5	±3.5	±4.5	±2.0	±3.0	±4.0	4.5	8.5	10.5
1BB、1B、1BX	±2.5	±4.5	±5.5	±2.0	±3.0	±4.0	7.0	9.0	11.0
1CC、1C、1CX	±4.0	±5.5	±7.0	±2.0	±3.0	±4.0	10.0	13.0	14.0
1D、1DX	±4.0	±5.5	±7.0	±2.0	±3.0	±4.0	10.0	12.5	13.5

[a] 轴环尺寸见表 C.3,均以毫米计。

表 C.3 轴环尺寸

单位为毫米

尺 寸	长度(或直径)	宽 度
A	100	57
B	97	56
C	95	55

C.2.10 如果拴固装置在车架上有一些活动的余地,例如存在间隙或是做成带有若干坡度的承插式,每存在±1 mm 的间隙,对表 C.2 所示纵向的 t_{st}值和横向的 t_{pt}值的允许偏差值可以再增加 1 mm;对 K 值也可以再放宽 1.5 mm~2 mm(也可以采用更宽的偏差范围,见表 C.9 的注 2)。

C.2.11 如果集装箱及其角件尺寸偏差总和处于某一极限,而挂车上拴固装置的相关尺寸的偏差总和又处于另一极限,这种组合虽属少见,然而一旦出现,就会在两者之间出现抵触现象。因此,可考虑把理论推导得出的允许偏差值适当放宽,如表 C.4 所示。转锁件与车辆为刚性连接时更应放宽(只要转锁固定件具有一定的活动间隙,C.2.10 的规定就可适用)。

C.2.12 表 C.4 所列的"实际"值为美国的建议值。该值与放宽的理论值有出入,差值不易全理解,其根据如下:

a) 现在大型集装箱(主要指 40ft 箱)制造的实际长度和宽度以及对角距离的差值都在允许的极限偏差范围内,因此,最坏的可能是转锁轴环定位尺寸的允许偏差值可比极限状态下由理论计算的最大极限偏差值大。

b) 大多数(但不是全部)大型集装箱,其底部结构不设对角方向斜撑,当箱体嵌入转锁有缺欠时,箱体的底结构会产生一定的弹性变形(只有几毫米),这种情况是允许的。

c) 许多轻型结构的公路车辆,其弹性变形比一般的集装箱的弹性变形大,这些车辆将趋向移动适应集装箱的运输。

注:这种情况不适用铁路车辆。

表 C.4 美国建议的实际尺寸[(转锁轴环尺寸为 100 mm×57 mm 为例,设计 A 型见表 C.3)所用名称与表 C.3 相同]

单位为毫米

各类集装箱的固定件	设计偏差值			实际偏差值		
	t_{st}	t_{pt}	K	t_{st}	t_{pt}	K
1AA、1A、1AX	±4.5	±2.0	7.0	±6.0	$^{0}_{-3}$	16
1BB、1B、1BX	±4.5	±2.0	10.0	±6.0	$^{0}_{-3}$	13
1CC、1C、1CX	±6.0	±2.0	13.0	±6.0	$^{0}_{-3}$	10
1D、1DX	±6.0	±2.0	13.0	±6.0	$^{0}_{-3}$	6

注 1:该表应与 C.2.11 和 C.2.12 一起使用。

注 2:该表未考虑适当放宽两个轴环间横向中心距的极限偏差值 t_{pt}。

注 3:按同一个放宽的数量级,可以对表 C.2 转锁轴环 B 型和 C 型推导出的理论放宽偏差值。

C.3 集装箱专用车辆上设有两套定位栓和两套转锁的固定集装箱方案

C.3.1 有些集装箱车辆，特别是带鹅颈的半拖挂车，一般情况下在集装箱带鹅颈槽的一端设两套伸入箱体角件纵向端孔的定位栓，在另一端设两套转锁装置，用它们来对集装箱进行拴固。

C.3.2 车辆前端部的滑动定位栓通常包括以下部分：

a) 车辆纵轴平行而水平面滑动的定位栓；

b) 操作销子的手柄或机械传动杠杆。

C.3.3 空车时，定位栓沿着其定位轴线缩入车架前横梁内；作业时再使其入箱体底角件的纵向端孔内。

C.3.4 这一双定位栓和双转锁的方案多用于载运 1AA、1A 和 1AX 型箱的车辆。

C.3.5 带鹅颈拖挂车的尺寸与极限偏差的要求见图 C.3 和表 C.5。

表 C.5 带鹅颈槽的挂车的尺寸和极限偏差要求

单位为毫米[2)]

集装箱类型代号	集装箱尺寸	长　度	K_{max}
1AA、1A、1AX	12 192	12 098±6	16
1BB、1B、1BX	9 125	9 030	13
1CC、1C、1CX	6 058	5 962±2	10

注 1：定位件或定位销间横向中心距为 2 260$_{-3}^{\ 0}$ mm，鹅颈板梁的外部尺寸为 1 016$_{-3}^{\ 0}$ mm，这两个尺寸按底盘车纵向中心距对称分布。

注 2：拖挂车对角距离差值不得大于下列规定：

相应英制尺寸换算：

箱长 L=12 192 mm 时 16 mm

箱长 L=9 125 mm 时 13 mm

箱长 L=6 058 mm 时 10 mm

注 3：当车辆前端支撑在其转向机构上时，不管空箱或重箱，应保证拖挂车的拴固装置本身能插入角件孔或从孔中脱出。

---

2) 尺寸系列如下：

12 192 mm=40 ft　　16 mm=5/8 in

9 125 mm=29 ft 11¼ in　　13 mm=1/2 in

6 058 mm=19 ft 10½ in　　10 mm=3/8 in

12 908±6 mm=39 ft 8¼ in±¼ in　　2 260$_{-3}^{\ 0}$ mm=89$_{-1/8}^{\ 0}$ in

9 030±6 mm=29 ft 7⅛ in±¼ in　　1 016$_{-3}^{\ 0}$ mm=40$_{-1/8}^{\ 0}$ in

5 962±6 mm=19 ft 6¾ in±¼ in

单位为毫米[3)]

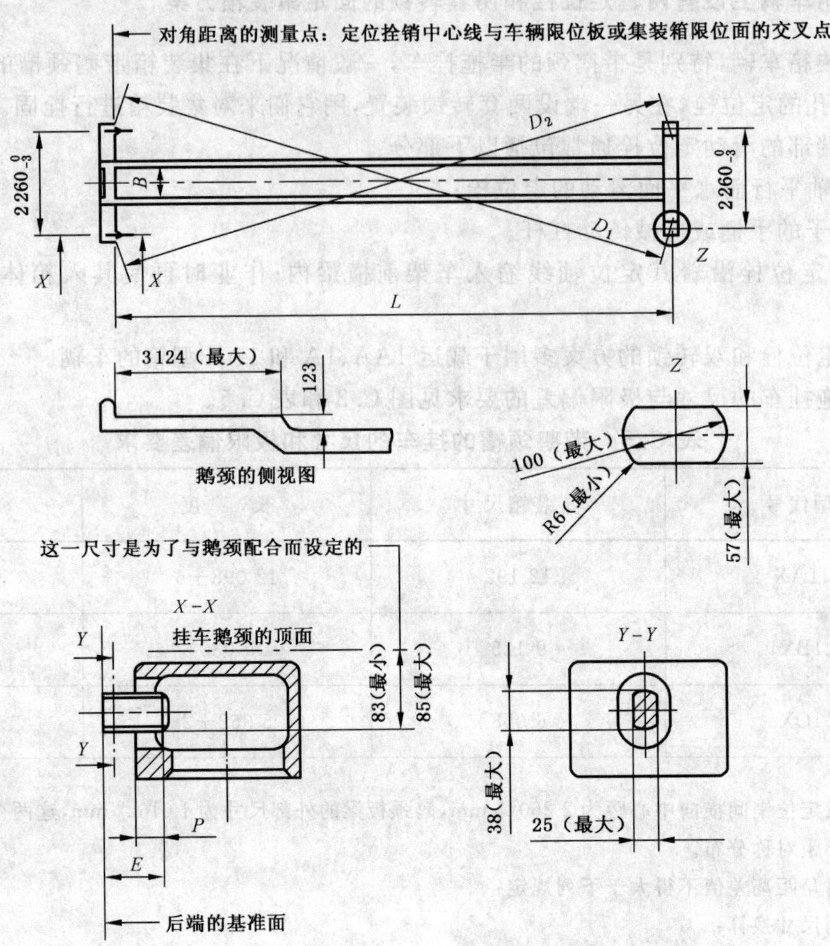

P(固定拴插入角件端孔厚度)＝32 mm

尺寸测量从底盘车的最后位的角件前表面测至套筒内的固定栓底部。(除倒角之外的销件端部。)

E(栓的延伸)＝67 mm （销子） （箱定位件或集装箱限位面）

尺寸测量从喇叭口的后表面或集装箱终位点至套筒内的固定栓底部至除倒角之外的销件端部。

图 C.3 1AA、1A 和 1AX 带鹅颈底盘车对接尺寸

---

3) 尺寸系列如下：

2 260$_{-3}^{0}$ mm＝89$_{-1/8}^{0}$ in

3 124 mm＝121 in

123 mm＝4¾ in

38 mm＝1½ in

25 mm＝1 in

32 mm＝1¼ in

67 mm＝2 ⅝ in

100 mm＝3 15/16 in

57 mm＝2¼ in

6 mm＝¼ in

13 m＝½ in

85 mm＝3 11/32 in

83 mm＝3 9/32 in

C.4 确保集装箱角件与转锁位置尺寸公差配合的理论推导命名法

集装箱(下缩写成“C”)

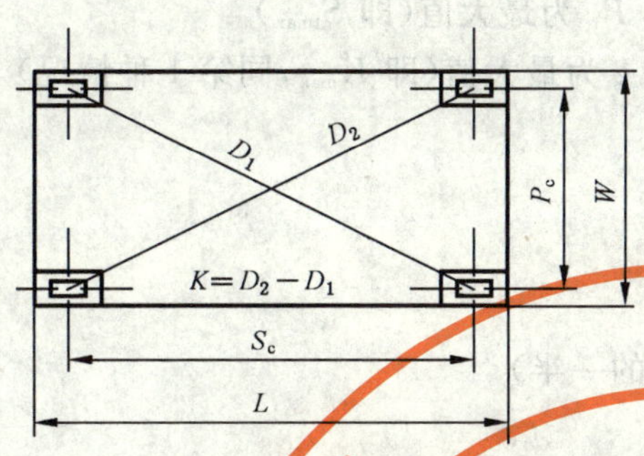

转锁装置(下缩写成“t”)

d_1 d_2 $P_t(=P_c)$ $k=d_2-d_1$ $S_t(=S_c)$

L 和 W 符合 ISO 668 的规定，S_c 和 P_c 是由 L 和 W 及 L 和 W 的公差推导而来的，并涉及到本标准中采用的角件尺寸与公差。

例如中心距 S_c 和 P_c 的公差为 T_{sc} 和 T_{pc}(下图已示出)。

S_t 和 P_t 的公差 t_{st} 和 t_{pt} 推导如下。

注：上图和下图所指的 T_{sc}、t_{st}、t_{pt} 和 T_{pc} 是 $\frac{1}{2}$ 公差值。

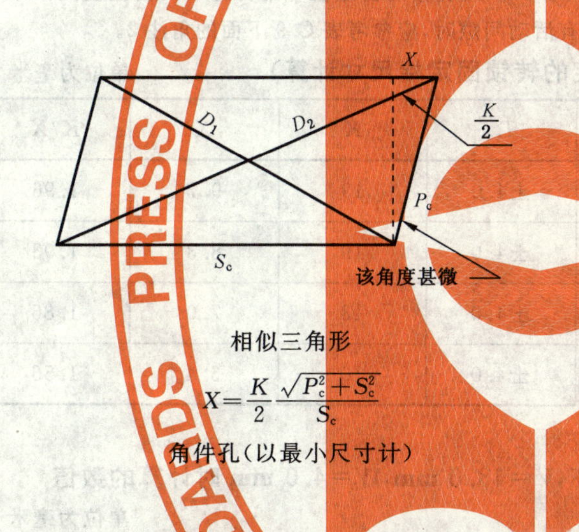

x d_1 d_2 $\frac{k}{2}$ P_t S_t 该角度甚微

相似三角形

$$X=\frac{K}{2}\frac{\sqrt{P_c^2+S_c^2}}{S_c}$$

角件孔(以最小尺寸计)

照此类推

$$x=\frac{k}{2}\frac{\sqrt{P_t^2+S_t^2}}{S_t}$$

但 P_t 应等于 P_c，S_t 应等于 S_c

$$\frac{x}{k}=\frac{X}{K} \text{或} k=K\frac{x}{X}$$

注：——从锁首的实际尺寸中，可以简单划出 W 和 V 值。

尺寸单位：mm

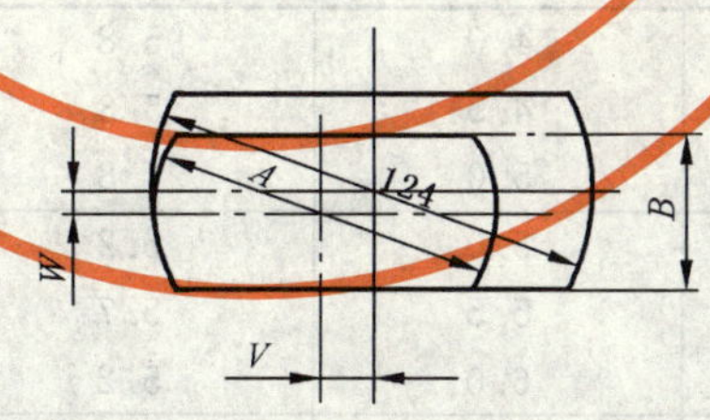

考虑两种极端组合情况：

第1种情况：

集装箱

a) S_c 为长度最大值(即 S_{cmax})

b) P_c 为宽度最大值(即 P_{cmax})

c) K 为最大值(K_{max}，从测量角件孔中心距得出)

转锁

d) 中心距 S_t 为长度最小值(即 S_{tmin})

e) 中心距 P_t 为宽度最小值(即 P_{tmin})

f) k 为最大值(K_{max} 从测量转锁定位件中心距得出，这时它应与集装箱角件孔平行，且方向相反)

第 2 种情况：

集装箱	转锁
a) S_c 为长度最小值(即 S_{cmin})	d) S_t 为最大值(即 S_{tmax})
b) P_c 为宽度最小值(即 P_{cmin})	e) P_t 为最大值(即 S_{tmax})
c) K 为最大值(K_{max},同第 1 种情况)	f) k 为最大值(即 K_{max},同第 1 种情况)

得出以下相应公式：

$S_{tmax}=S_{cmin}-X+2V-x$

$S_{tmax}=S_{cmin}+X-2V+x$

从而得出

$t_{st}=T_{sc}-X+2V-x$……(A)(转锁纵向间距 S_t 公差值的一半)

同样，根据 P_{tmax} 和 P_{tmin}，可得出

$t_{pt}=-T_{pc}+2W$……(B)(转锁横向间距 P_t 值的一半)

注：式中，T_{sc} 和 X 为已知数，对于新选定的轴环尺寸，V 值可按上述方法算出，从而，可以计算 t_{st} 与 x(或 k)的值。因此，对于给定的轴环尺寸(实际采用的窄形轴环)，当纵向间距极限偏差较小，由 x 或 k 而确定的平行四边形的形位值差较大的，不同的极限偏差值均可适用。

转锁固定装置对角距差值列于表 C.6 至表 C.9 中，若 ISO 集装箱的公差值写角件标准的公差值处于某一极端情况下，安装在车辆框架上、转锁定位栓在车架上有活动间隙时，应参考表 C.9 下面的角注 2。

表 C.6 基本数据(根据所规定的转锁固定栓尺寸计算)

单位为毫米

集装箱类型代号	$S_t(=S_c)$	T_{sc}	$P_t(=P_c)$	T_{pc}	K	X	K/X
1AA、1A、1AX	11 985.5	±6.5	2 259.0	±4.0	19	9.7	1.96
1BB、1B、1BX	8 918.5	±6.5	2 259.0	±4.0	19	8.3	1.93
1CC、1C、1CX	5 853.5	±4.5	2 259.0	±4.0	13	7.0	1.86
1D、1DX	2 787.0	±4.0	2 259.0	±4.0	10	6.4	1.56

表 C.7 长度为 95.0 mm，宽度 55.0 mm 的轴环，V=13.0 mm，W=4.0 mm 时计算的数值

单位为毫米

集装箱类型代号	公式(A) ($t_{st}+x$)	t_{st}	x	$K(=X^K/x)$	公式(B) t_{pt}
1AA、1A、1AX	9.8	4.0	5.8	11.5	4.0
		4.5	5.3	**10.5**	4.0
		5.0	4.8	9.5	4.0
1BB、1B、1BX	11.2	5.0	6.2	12.0	4.0
		5.5	5.7	**11.0**	4.0
		6.0	5.2	10.0	4.0
1CC、1C、1CX	14.5	6.0	8.5	16.0	4.0
		6.5	8.0	13.0	4.0
		7.0	7.5	**14.0**	4.0
1D	15.6	6.0	6.6	15.0	4.0
		7.0	8.6	**13.5**	4.0
		8.0	7.6	12.0	4.0
注：黑体字标注的 t_{st} 和 K 值为表 C.2 中 C 型转锁计算的数值。					

表 C.8 长 97.0 mm，宽 56.0 mm 的轴环，V=12.0 mm，W=3.5 mm 时计算的数值

单位为毫米

集装箱箱型代号	公式(A) ($t_{st}+x$)	t_{st}	x	$K(=X^K/x)$	公式(B) t_{pt}
1AA、1A、1AX	7.8	3.0	4.8	9.5	3.0
		3.5	4.3	**8.5**	3.0
		4.0	3.8	7.5	3.0
1BBB、1BB、1B、1BX	9.2	3.5	5.7	11.0	3.0
		4.0	5.2	10.0	3.0
		4.5	4.7	**9.0**	3.0
1CC、1C、1CX	12.5	**4.5**	8.0	**15.0**	3.0
		5.0	7.5	14.0	3.0
		5.5	7.0	**13.0**	3.0
		6.0	6.5	12.0	3.0
1D	13.6	**5.5**	8.1	**12.5**	3.0
		6.0	7.6	12.0	3.0

注：黑体字表示的 t_{st} 和 K 值为表 C.2 中 B 型转锁尺寸计算的数值。

表 C.9 100 mm，宽 56.0 mm 的轴环，V=10.5 mm，W=3.5 mm 时计算的数值

单位为毫米

集装箱箱型代号	公式(A) ($t_{st}+x$)	t_{st}	x	$K(=X^K/x)$	公式(B) t_{pt}
1AA、1A、1AX	4.3	2.0	2.8	5.5	3.0
		2.5	2.3	**4.5**	3.0
		3.0	1.8	3.5	3.0
1BBB、1BB、1B、1BX	6.2	**2.5**	3.7	**7.0**	3.0
		3.0	3.2	6.0	3.0
1CC、1C、1CX	9.5	3.5	6.0	11.0	3.0
		4.0	5.5	**10.0**	3.0
1D	—	**4.0**	6.6	**10.0**	—
		4.5	6.1	9.5	3.0
		5.0	5.6	9.0	3.0

注 1：黑体字表示的 t_{st} 和 K 值为表 C.2 中 A 型转锁尺寸的计算值。

注 2：表中数均考虑转锁定位拴在车架上有一些活动间隙(如做成斜插式)，每个转锁在纵向和横向都有±1 mm 的活动间隙。

a) 轴环尺寸在纵向和横向都增加 1 mm 时，上表中所列的 t_{st}，K 和 t_{pt} 值是符合要求的。

b) 对于实际的转锁尺寸。

c) 当引用表中的 K 值时，

1) t_{st} 和 t_{pt} 值可分别增加 2 mm；

2) 当引用表中的 t_{st} 和 t_{pt} 值时，K 值可增加 3 mm 至 4 mm；

3) t_{st} 和 t_{pt} 值每增加 1 mm，R 值可增加 1.5 mm 和 2.0 mm。

附 录 D
(规范性附录)
集装箱角件的类型、要求、检验、标志和包装

D.1 角件的类型

集装箱角件的类型和标志如表 D.1 所示。

表 D.1 集装箱角件的类型和标志

类 型		说 明
TL		左顶角件
TR		右顶角件
BL		左底角件
BR		右底角件

D.2 外观

角件的表面不应有裂纹/缩孔冷隔/粘砂/夹渣等缺陷，允许有深度不超过 1 mm，面积不大于 ϕ2mm 的点状缺陷存在，但每个面的点状缺陷数量不得超过 3 个。

角件表面应经喷丸处理。

角件典型的外观尺寸为 178^{+0}_{-1} mm×$162^{+0.5}_{-0.5}$ mm×118^{+0}_{-1} mm。

角件端面垂直度、平面度误差不大于 0.5 mm，圆弧、倒角误差不大于 0.5 mm。

D.3 技术要求

D.3.1 化学成分

角件的化学成分应符合表 D.2 的规定。

表 D.2 角件的化学成分 单位为百分比

C	Mn	Si	S	P	Cr	Ni	Mo	Cu	V	Al_{sol}
≤0.23	0.90～1.50	≤0.50	≤0.035	≤0.035	≤0.25	≤0.30	≤0.08	≤0.25	≤0.05	0.015～0.060
注 1：Cr+Ni+Cu+Mo≤0.70。 注 2：CE≤0.42，当 C≤0.20 时，CE 最大可以达到 0.45。 CE=C+Mn/6+(Cr+Mo+V)/5+(Ni+Cu)/15。										

D.3.2 力学性能

角件的力学性能应符合表 D.3 的规定。

表 D.3 角件的力学性能要求

屈服强度 δ_s/(N/mm²)	抗拉强度 δ_b/(N/mm²)	延伸率 δ_5/%	断面收缩率 Ψ/%	冲击功 A_{kv}/J	
				−20℃(本体)[a]	−40℃
≥230	430～600	≥25	≥40	≥21	≥21
注 1：表中冲击功为 3 个试样的最小平均值，允许其中一个试样的冲击功低于 21 J，但不得低于 15 J。 a 表示本体试验，取样位置见图 D.1。					

D.3.3 交货状态

正火或正火+回火。

D.3.4 无损探伤

角件应采用超声波探伤或射线探伤检查角件内部缺陷。

超声波探伤应采用双晶探头法，合格等级分为有孔面二级，无孔面三级，见表D.4(参见ASTM A609/A609M—1990)。

超声波探伤的等级见表D.4。

射线探伤允许存在缺陷，缺陷的类型和等级应符合表D.5的规定(参见GB/T 5677—1985)。

表 D.4 超声波探伤的等级

超声波检验质量等级	面积/cm²(in²)	长度/cm(in)
1	5 (0.8)	40 (1.5)
2	10 (1.5)	55 (2.2)
3	20 (3)	75 (3.0)
4	30 (5)	100(3.8)
5	50 (8)	120(4.8)
6	80 (12)	150(6.0)
7	100(16)	175(6.90)

注1：表中面积系指铸件上保持幅度超过幅度参考线的某连续信号或底波连续地损失等于或大于底波参考幅度75%的表面面积；

注2：面积应由探头中心测定；

注3：对于某些铸件，由于探测距离很长或探测面为曲面，检出的缺陷在铸件上给出的表面面积可能大于或小于铸件中缺陷的全部面积，在这样的情况下，为了真实地评价缺陷，需应用综合考虑了声束扩展所绘制的图。

表 D.5 射线探伤缺陷的类型和等级

缺陷性质	缺陷等级	
	有孔面	无孔面
气孔	2级	3级
夹渣	2级	3级
缩孔	2级	3级
裂纹	不允许	不允许

D.4 试验方法

D.4.1 化学分析

每熔炼炉应取一个成品样进行化学分析，每熔炼炉的化学成分试样以浇注中途取样为准，允许在力学性能试样或铸件本体取样。

试验方法按GB/T 223进行，其结果应符合表D.2的规定。

D.4.2 力学性能

每炉批次应取一组力学性能试样，允许在铸件浇注过程中按图D.2单独铸出。试样和角件应同炉做热处理。如有特殊要求时，允许在铸件上取冲击试验试样，取样的部位如图D.1所示。本体取样位置可调整。

试验方法按 GB/T 228 和 GB/T 229 进行，其结果应符合表 D.3 的规定。

D.4.3 无损检验

每炉批次取一个角件做无损探伤，如果进行本体取样，做冲击试验时，可以免做无损探伤；其结果应满足 D.3.4 的规定。

D.4.4 外观检验

集装箱角件应逐一进行外观检验，其结果应符合第 3 章及 D.2 的要求。

D.5 验收规则

D.5.1 抗拉强度试验结果不符合要求时，应取双倍试样进行复验。当双倍试样合格时，则判定该项目检验合格。

D.5.2 冲出试验不符合要求时，如是其中一个试样冲击值低于 15 J，允许再次取一组 3 个冲击试样进行附加试验，附加试验的 3 个试样的平均值，不得低于 21 J，且两组试样的平均值应达到 21 J，该检验项为合格。

D.5.3 力学性能不合格的熔炼炉次，允许重新热处理后进行复验。

重复热处理和复验的次数不应超过两次。

D.5.4 无损探伤不合格时，应取 6 倍的试样进行复验。

复验件合格时，该检验项为合格。如其中一件不合格，则应对该熔炼炉次的角件进行逐一探伤检验。

D.6 标志与包装

D.6.1 标志

每个集装箱角件应在内腔易于观察的平面处铸造出厂标(或商标)、角件的类型和制造年号及熔炼炉次号。

D.6.2 包装

D.6.2.1 应按角件的类型分别包装。

D.6.2.2 包装箱应具有防潮、防碰撞及搬运牢固可靠的设施。

D.6.2.3 每个包装箱内应附有角件质量证明书，具体内容包括：

a) 制造商名称和定货合同号；

b) 铸件名称和规格型号；

c) 熔炼炉号；

d) 熔炼成分及碳当量(CE 值)；

e) 力学性能报告；

f) 无损检测报告(如进行该项检验时)；

g) 热处理批次；

h) 标准代号；

i) 试验结果；

j) 订货合同中规定的其他项目。

单位为毫米

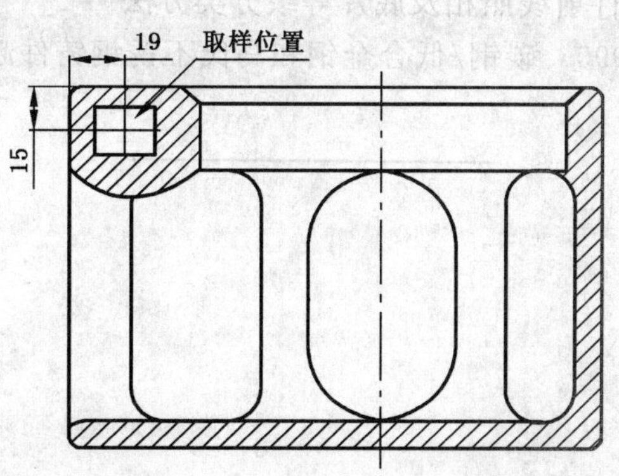

图 D.1　本体取样位置图

单位为毫米

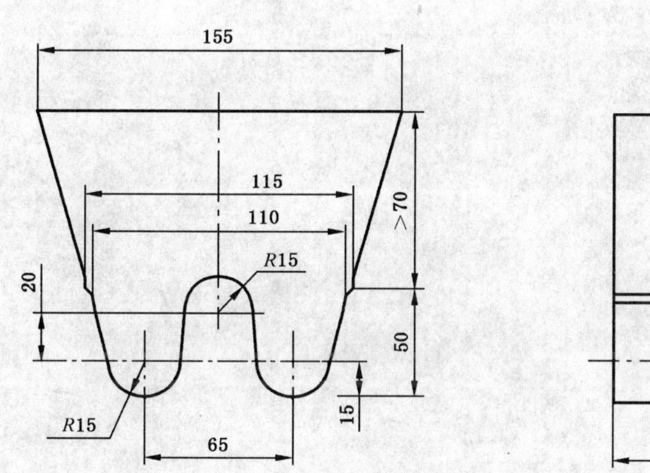

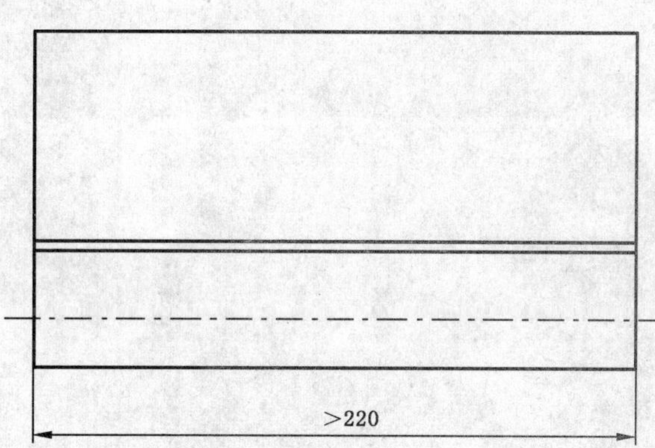

图 D.2　单铸试棒尺寸图

参 考 文 献

[1] GB/T 5677—1985 铸钢件射线照相及底片等级分类方法
[2] ASTM A609/A609M—1990 碳钢/低合金钢和马氏不锈钢铸件超声检验标准

ICS 83.080.20
G 31

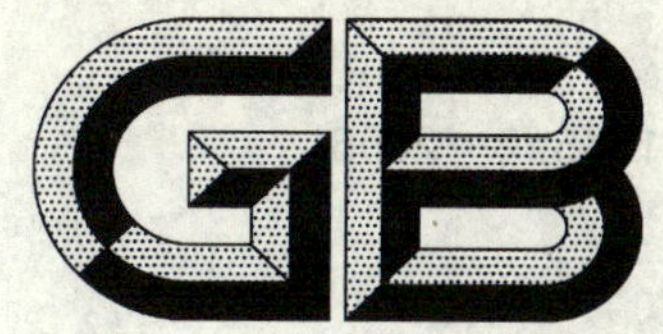

中华人民共和国国家标准

GB/T 1845.2—2006

塑料　聚乙烯(PE)模塑和挤出材料　第2部分:试样制备和性能测定

Plastics—Polyethylene(PE) moulding and extrusion materials—Part 2: Preparation of test specimens and determination of properties

(ISO 1872-2:1997,MOD)

2006-01-23 发布　　2006-11-01 实施

中华人民共和国国家质量监督检验检疫总局
中国国家标准化管理委员会　发布

前　言

GB/T 1845《塑料　聚乙烯(PE)模塑和挤出材料》分为如下两个部分：

——第1部分：命名系统和分类基础；

——第2部分：试样制备和性能测定。

本部分为GB/T 1845的第2部分。

本部分修改采用ISO 1872-2：1997《塑料　聚乙烯(PE)模塑和挤出材料　第2部分：试样制备和性能测定》(英文版)及其修正案1(ISO 1872-2：1997－Amd1：2000)。

本部分根据ISO 1872-2：1997及其修正案1(ISO 1872-2：1997－Amd1：2000)重新起草。

本部分与ISO 1872-2：1997的主要技术差异如下：

——规范性引用文件和表4中增加了ISO/FDIS 16770：2003《塑料　聚乙烯环境应力开裂(ESC)的测定　全切口蠕变试验(FNCT)》。

——表4中环境应力开裂的试样类型符合ASTM D1693：01中的要求，有38 mm×13 mm×(3.0～3.3) mm和38 mm×13 mm×(1.84～1.97) mm两种类型。

——ISO 1872-2：1997中部分引用标准已经修订，本部分引用了修订后的标准内容。标准变化的对照情况见附录A。

本部分的附录A为资料性附录。

本部分由中国石油化工股份有限公司提出。

本部分由全国塑料标准化技术委员会石化塑料树脂产品分会(SAC/TC 15/SC 1)归口。

本部分起草单位：中国石化齐鲁股份有限公司树脂研究所、中国石化北京燕化石油化工股份有限公司树脂应用研究所。

本部分主要起草人：王雪梅、谢建玲、王晓丽、陈宏愿、李淼。

塑料　聚乙烯(PE)模塑和挤出材料
第2部分:试样制备和性能测定

1　范围

GB/T 1845的本部分规定了聚乙烯(PE)模塑和挤出材料试样制备和性能测定的方法。本部分还规定了对试验材料的预处理及试样在试验前状态调节的要求。

本部分规定了试样制备和性能测定的方法和条件。本部分列出了表征PE模塑和挤出材料合适和必要的性能和测试方法。

这些性能是从GB/T 19467.1—2004中的通用测试方法中选择的。本部分还规定了模塑和挤出材料广泛应用的或有特殊意义的其他试验方法,以及GB/T 1845.1—1999第1部分中命名性能的测定方法。

为了获得具有重现性和可比性的试验结果,应使用本部分规定的试样制备和状态调节的方法,以及规定的试样尺寸和试验方法。使用不同条件制备的试样或使用不同尺寸的试样所获得的测试数据可能不一致。

2　规范性引用文件

下列文件中的条款通过GB/T 1845的本部分的引用而成为本部分的条款。凡是注日期的引用文件,其随后所有的修改单(不包括勘误的内容)或修订版均不适用于本部分,然而,鼓励根据本部分达成协议的各方研究是否可使用这些文件的最新版本。凡是不注日期的引用文件,其最新版本适用于本部分。

GB/T 1033—1986　塑料密度和相对密度试验方法

GB/T 1409—1988　固体绝缘材料在工频、音频、高频(包括米波长在内)下相对介电常数和介质损耗因数的试验方法(eqv IEC 60250:1969[1])

GB/T 1410—1989　固体绝缘材料体积电阻率和表面电阻率试验方法(eqv IEC 60093:1980)

GB/T 1634.1—2004　塑料　负荷变形温度的测定　第1部分:通用试验方法(ISO 75-1:2003,IDT)

GB/T 1634.2—2004　塑料　负荷变形温度的测定　第2部分:塑料、硬橡胶和长纤维增强复合材料(ISO 75-2:2003,IDT)

GB/T 1842—1999　聚乙烯环境应力开裂试验方法(eqv ASTM D1693:97)

GB/T 1845.1—1999　聚乙烯(PE)模塑和挤出材料　第1部分:命名系统和分类基础(eqv ISO 1872-1:1993)

GB/T 2918—1998　塑料试样状态调节和试验的标准环境(idt ISO 291:1997)

GB/T 3682—2000　热塑性塑料熔体质量流动速率和熔体体积流动速率的测定(idt ISO 1133:1997)

GB/T 4207—2003　固体绝缘材料在潮湿条件下相比电痕化指数和耐电痕化指数的测定方法(IEC 60112:1979,IDT)

GB/T 9341—2000　塑料弯曲性能试验方法(idt ISO 178:1993)

GB/T 9352—1988　热塑性塑料压塑试样的制备(eqv ISO 293:1986)

1) 自1997年1月起,IEC标准号全部以60000系列表示。

GB/T 17037.1—1997　热塑性塑料材料注塑试样的制备　第1部分:一般原理及多用途试样和长条试样的制备(idt ISO 294-1:1996)

GB/T 17037.3—2003　塑料　热塑性塑料材料注塑试样的制备　第3部分:小方试片(ISO 294-3:2002,IDT)

GB/T 19466.1—2004　塑料　差示扫描量热法(DSC)　第1部分:通则(ISO 11357-1:1997,IDT)

GB/T 19466.3—2004　塑料　差示扫描量热法(DSC)　第3部分:熔融和结晶温度及热焓的测定(ISO 11357-3:1999,IDT)

GB/T 19467.1—2004　塑料　可比单点数据的获得和表示　第1部分:模塑材料(ISO 10350-1:1998,IDT)

ISO 62:1999　塑料　吸水性的测定

ISO 179-1:2000　塑料　简支梁冲击性能的测定　第1部分:非仪器冲击试验

ISO 527-1:1993　塑料　拉伸性能的测定　第1部分:通则

ISO 527-1:1993/Cor.1:1994　塑料　拉伸性能的测定　第1部分:通则　技术勘误表1

ISO 527-2:1993　塑料　拉伸性能的测定　第2部分:模塑和挤出材料的试验条件

ISO 527-2:1993/Cor.1:1994　塑料　拉伸性能的测定　第2部分:模塑和挤出材料的试验条件　技术勘误表1

ISO 899-1:2003　塑料　蠕变性能的测定　第1部分:拉伸蠕变

ISO 1628-3:2001　塑料　使用毛细管黏度计测定稀溶液中聚合物的黏度　第3部分:聚乙烯和聚丙烯

ISO 2818:1994　塑料　用机加工法制备试样

ISO 3167:2002　塑料　多用途试样

ISO 4589-2:1996　塑料　氧指数法燃烧性能的测定　第2部分:室温试验

ISO 6603-2:2000　塑料　硬质塑料穿刺冲击性能测定　第2部分:仪器冲击试验

ISO 8256:1990　塑料　拉伸冲击性能的测定

ISO 11359-1:1999　塑料　热机械分析(TMA)　第1部分:通则

ISO 11359-2:1999　塑料　热机械分析(TMA)　第2部分:线性热膨胀系数和玻璃化转变温度的测定

ISO/FDIS 16770:2003　塑料　聚乙烯环境应力开裂(ESC)的测定　全切口蠕变试验(FNCT)

IEC 60243-1:1998　固体绝缘材料电气强度试验方法　工频下的试验

IEC 60296:1982　用于变压器及开关设备的新的矿物绝缘油规范

IEC 60695-11-10:1999　着火危险燃烧试验　第11-10部分:50 W水平和垂直火焰试验方法

3　试样制备

无论是注塑还是压塑,使用相同的条件和步骤制备试样是非常必要的。

表3和表4给出了每种试验方法的条件。表中试样制备一列中,字母M表示注塑,Q表示压塑。

3.1　模塑前材料的处理

模塑前,试验样品通常无需预处理。

3.2　注塑

当PE模塑材料的熔体质量流动速率 $MFR \geqslant 1$ g/10 min时,用注塑方法制备试样,MFR 的测定按照GB/T 3682—2000规定进行,试验条件为D(温度:190℃、负荷:2.16 kg)。

注塑试样按GB/T 17037.1—1997或GB/T 17037.3—2003规定进行,并使用表1规定的条件。

注:试验证明使用从A型多用途试样中间部位截取的矩形试样比使用直接注塑的矩形试样试验结果精确度更高。

表 1 试样的注塑条件

材 料	熔体温度/℃	模具温度/℃	平均注射速度/(mm/s)	冷却时间/s	总循环时间/s
MFR≥1 g/10 min	210	40	100±20	35±5	40±5

注塑时应使用合适的保压压力以获得无缺陷的模塑件。

3.3 压塑

当 PE 模塑材料的 *MFR*<1 g/10 min 时，用压塑方法制备试样，*MFR* 的测定按照 GB/T 3682—2000 规定进行，试验条件为 D(温度:190℃、负荷:2.16 kg)。试样厚度小于 2 mm 时或在表 3 和表 4 中单独指明用压塑方法制备试样时，对所有熔体流动速率范围的材料都用压塑试样。

压塑试片按 GB/T 9352—1988 规定进行，试片的压塑条件见表 2。

用于性能测定的试样，应使用冲切的方法或按 ISO 2818:1994 的规定采用机加工方法从压塑的试片上制得。

表 2 试片的压塑条件

材 料	热压					冷却		
	模塑温度/℃	预热		全压		平均冷却速率/(℃/min)	全压压力[a]/MPa	脱模温度/℃
		压力/MPa	时间/min	压力[a]/MPa	时间/min			
所有级	180	接触	5～15	5/10	5±1	15	5/10	≤40

a 溢料式模具使用 5 MPa，不溢式模具使用 10 MPa 压力。

压塑试片可使用溢料式模具，但冷却的同时保持全压是必要的。这可以避免熔体被压出模框或出现凹坑。

制备较厚的试片(如 4 mm)，使用不溢式模具较合适。预热的时间取决于模具类型和加热方式(蒸气，电)。使用溢料式模具模塑，通常预热 5 min 已经足够，而由于不溢式模具质量较大，特别是使用电加热方式时，可能需要预热将近 15 min。

4 试样状态调节

未填充的 PE 材料，试样的状态调节应按 GB/T 2918—1998 的规定进行。状态调节条件为温度 23℃±2℃下，时间至少为 40 h 但不超过 96 h。

填充的 PE 材料试样还应附加相对湿度 50%±10%的要求。

5 性能测定

聚乙烯模塑和挤出材料性能测定和数据表示应使用 GB/T 19467.1—2004 列出的标准、附加说明和注释。除非表 3 和表 4 中有特别的规定，所有试验都应在 GB/T 2918—1998 规定的标准试验环境下进行，温度 23℃±2℃，相对湿度 50%±5%。

表 3 引自 GB/T 19467.1—2004，所列性能适合于聚乙烯模塑和挤出材料。这些性能对于不同热塑性塑料数据的比较是有用的。

表 4 中所列的性能是表 3 未涉及到的，在表征聚乙烯模塑和挤出材料时广泛应用的或具有特殊意义的性能。

表 3 一般性能和试验条件

性能		符号	标准	试样类型和尺寸/mm	试样制备	单位	试验条件和附加说明
1 流变性能							
1.1	熔体质量流动速率	*MFR*	GB/T 3682—2000	模塑料	—	g/10 min	试验条件在 GB/T 1845.1 中给出。使用 B 法测定 *MFR* 时，采用熔体密度值 763.6 kg/m³ 计算 *MFR*。
1.2	熔体体积流动速率	*MVR*				cm³/10 min	
2 力学性能							
2.1	拉伸弹性模量	E_t	ISO 527-1:1993 ISO 527-2:1993	ISO 3167:2002 试样	M/Q	MPa	试验速度 1 mm/min
2.2	拉伸屈服应力	σ_y					有屈服断裂时：试验速度 50 mm/min
2.3	拉伸屈服应变	ε_y				%	
2.4	拉伸断裂标称应变	ε_{tB}					
2.5	50%应变时应力	σ_{50}				MPa	无屈服断裂时： $\varepsilon_B \leqslant 10\%$，试验速度 5 mm/min； $\varepsilon_B > 10\%$，试验速度 50 mm/min
2.6	拉伸断裂应力	σ_B					
2.7	拉伸断裂应变	ε_B				%	
2.8	拉伸蠕变模量	$E_{tc}1$	ISO 899-1:2003			MPa	1 h；应变≤0.5%
2.9		$E_{tc}10^3$					1 000 h
2.10	弯曲模量	E_f	GB/T 9341—2000	80×10×4	M/Q	MPa	试验速度:2 mm/min
2.11	简支梁缺口冲击强度	a_{cA}	ISO 179-1:2000	80×10×4 机加工 V 形缺口 $r=0.25$	M/Q	kJ/m²	侧向冲击 记录破坏方式
2.12	拉伸缺口冲击强度	a_{t1}	ISO 8256:1990	80×10×4 机加工双 V 形缺口 $r=1$			仅在得不到简支梁缺口冲击强度时使用此法
3 热性能							
3.1	熔融温度	T_{pm}	GB/T 19466.1—2004 GB/T 19466.3—2004	模塑料	—	℃	氮气流量 50 mL/min，升降温速率 10℃/min
3.2	负荷变形温度	$T_f1.8$	GB/T 1634.1—2004 GB/T 1634.2—2004	80×10×4	M/Q	℃	1.8 MPa；在贯层向施加负荷
3.3		$T_f0.45$					0.45 MPa
3.4	线性热膨胀系数	α_p	ISO 11359-1:1999 ISO 11359-2:1999	ISO 3167:2002 试样	M/Q	1/℃	平行；记录温度范围在 23℃～55℃内的正割值
3.5		α_n					垂直
3.6	燃烧性	B50/3	IEC 60695-11-10:1999	125×13×3	M/Q		记录燃烧等级:V-0,V-1,V-2,HB 40 或 HB 75
3.7	氧指数		ISO 4589-2:1996	80×10×4	M/Q	%	步骤 A:顶部点火

表 3(续)

性能		符号	标准	试样类型和尺寸/mm	试样制备	单位	试验条件和附加说明	
4 电性能								
4.1	相对介电常数	$\varepsilon_r 100$	GB/T 1409—1988	≥60×≥60×2	M/Q		100Hz	补偿电极边缘效应，试样应足够宽以防止沿表面放电
4.2		$\varepsilon_r 1M$					1MHz	
4.3	介质损耗因数	$\tan\delta 100$					100Hz	
4.4		$\tan\delta 1M$					1MHz	
4.5	体积电阻率	ρ_e	GB/T 1410—1989	≥60×≥60×2	M/Q	Ω·m	电压 500 V	1 min 值
4.6	表面电阻率	σ_e				Ω		使用长 50 mm，宽 1 mm～2 mm 的接触线电极，间隔 5 mm
4.7	电气强度	$E_B 1$	IEC 60243-1:1998	≥60×≥60×1	M/Q	kV/mm	用直径 20 mm 的球面电极浸入 IEC 60296 规定的变压油。采用 2 kV/s 的升压速度	
		$E_B 2$		≥60×≥60×2				
4.8	相比电痕化指数	CTI	GB/T 4207—2003	≥15×≥15×4	M/Q		用溶液 A	
5 其他性能								
5.1	吸水性	W_W	ISO 62:1999	60×60×1	M/Q	%	23℃水中饱和值	
5.2		W_H					23℃相对湿度 50%环境下的平衡值	
5.3	密度	ρ	GB/T 1033—1986	试样取自注塑或压塑试样的中间部分	M/Q	kg/m³	密度梯度管配置好后的静止时间至少为(24～48) h。试样放入后的平衡时间至少为 10 min。不用于命名	

注 1：M＝注塑，Q＝压塑。

注 2：熔体密度值来源于 P. zoller，Journal of Applied Polymer Science，Vol. 23，P. 1051-1061，1979.

表 4 对 PE 模塑和挤出材料有特殊意义的附加性能和试验条件

性能		符号	标准	试样类型和尺寸/mm	试样制备	单位	试验条件和附加说明
1 力学性能							
1.1	全部贯穿能	F_M	ISO 6603-2:2000	60×60×2 或 ϕ60×2 的圆片	M/Q	N	
1.2		E_P				J	
2 其他性能							
2.1	黏数	η	ISO 1628-3:2001	模塑料	—	mL/g	
2.2	环境应力开裂	F_{50}	GB/T 1842—1999	38×13×d[a]	Q	h	

表 4(续)

性能		符号	标准	试样类型和尺寸/mm	试样制备	单位	试验条件和附加说明
2.3	密度	ρ	GB/T 1845.1—1999,3.3.1	使用测试熔体流动速率的挤出料条		kg/m³	
2.4	全切口蠕变	h	ISO/FDIS 16770:2003		Q		

注 1:M=注塑 Q=压塑。

注 2:应力开裂测试给出 PE 材料粗略的比较,在许多实际应用中它并不是典型的特征性能,对于特殊应用最好参照相关产品标准进行该项测试。

[a] d:试样厚度,密度小于等于 925 kg/m³ 的聚乙烯,d 为 3.00 mm～3.30 mm;密度大于 925 kg/m³ 的聚乙烯,d 为 1.84 mm～1.97 mm。

附 录 A
（资料性附录）
本部分引用标准与 ISO 1872-2:1997 引用标准的对照一览表

表 A.1 列出了本部分引用标准与 ISO 1872-2:1997 引用标准的对照一览表。

表 A.1 本部分引用标准与 ISO 1872-2:1997 引用标准的对照一览表

序 号	本部分引用标准	ISO 1872-2:1997 引用标准
1	GB/T 1033—1986	ISO 1183:1987
2	GB/T 1409—1988(eqv IEC 60250:1969)	IEC 250:1969
3	GB/T 1410—1989(eqv IEC 60093:1980)	IEC 93:1980
4	GB/T 1634.1—2004(ISO/FDIS 75-1:2003,IDT)	ISO 75-1:1993
5	GB/T 1634.2—2004(ISO/FDIS 75-2:2003,IDT)	ISO 75-2:1993
6	GB/T 1842—1999(eqv ASTM D1693:1997)	ASTM D 1693:1995
7	GB/T 1845.1—1999(eqv ISO 1872-1:1993)	ISO 1872-1:1993
8	GB/T 2918—1998(idt ISO 291:1997)	ISO 291:1997
9	GB/T 3682—2000(idt ISO 1133:1997)	ISO 1133:1997
10	GB/T 4207—2003(IEC 60112:1979,IDT)	IEC 112:1979
11	GB/T 9341—2000(idt ISO 178:1993)	ISO 178:1993
12	GB/T 9352—1988(eqv ISO 293:1986)	ISO 293:1986
13	GB/T 17037.1—1997(idt ISO 294-1:1996)	ISO 294-1:1996
14	GB/T 17037.3—2003(ISO 294-3:2002,IDT)	ISO 294-3:1996
15	GB/T 19466.1—2004(ISO 11357-1:1997,IDT)	—
16	GB/T 19466.3—2004(ISO 11357-3:1999,IDT)	ISO 3146:1985
17	GB/T 19467.1—2004(ISO 10350-1:1998,IDT)	ISO 10350:1993
18	ISO 62:1999	ISO 62:1980
19	ISO 179-1:2000	ISO 179:1993
20	ISO 527-1:1993 及 ISO 527-1:1993/Cor.1:1994	ISO 527-1:1993
21	ISO 527-2:1993 及 ISO 527-2:1993/Cor.1:1994	ISO 527-1:1993
22	ISO 899-1:2003	ISO 899-1:1993
23	ISO 1628-3:2001	ISO 1628-3:1991
24	ISO 2818:1994	同左
25	ISO 3167:2002	ISO 3167:1993
26	ISO 4589-2:1996	同左
27	ISO 6603-2:2000	ISO 6603-2:1989
28	ISO 8256:1990	同左
29	ISO 11359-1:1999	—
30	ISO 11359-2:1999	ISO 11359-2:1999

表 A.1(续)

序　　号	本部分引用标准	ISO 1872-2:1997 引用标准
31	ISO/FDIS 16770:2003	—
32	IEC 60243-1:1999	IEC 243-1:1988
33	IEC 60296:1982	IEC 296:1982
34	IEC 60695-11-10:1999	ISO　1210:1992

注 1:ISO 3146:2000《塑料　用毛细管和偏光显微镜法部分结晶聚合物熔融性能(熔融温度或范围)的测定》已不包括 DSC 法。ISO 已发布了用 DSC 法测定熔融温度的标准 ISO 11357-3。

注 2:ISO 1210:1992 已经作废,由 IEC 60695-11-10:1999 代替。

ICS 85.060
Y 32

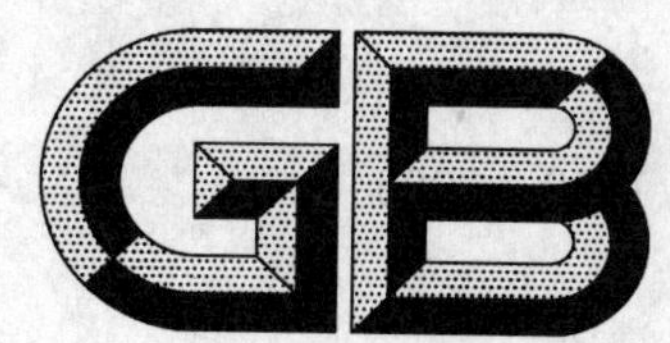

中华人民共和国国家标准

GB/T 1910—2006
代替 GB/T 1910—1999

新闻纸

Newsprint

2006-03-10 发布　　2006-10-01 实施

中华人民共和国国家质量监督检验检疫总局
中国国家标准化管理委员会　发布

前　言

本标准与美国政府标准 JCP A10—98《新闻纸》一致性程度为非等效。

本标准与 GB/T 1910—1999《新闻纸》相比主要变化为：

——增加了 42.0 g/m^2、48.0 g/m^2 两种型号；

——提高了抗张指数、横向撕裂指数、平滑度、不透明度等技术指标；

——技术指标中色调、印刷表面粗糙度作为检验依据。

本标准代替 GB/T 1910—1999《新闻纸》。

本标准由中国轻工业联合会提出。

本标准由全国造纸工业标准化技术委员会(SAC/TC 141)归口。

本标准负责起草单位：中国制浆造纸研究院、广州造纸股份有限公司；参加起草单位：山东华泰纸业股份有限公司、福建省南纸股份有限公司。

本标准主要起草人：史记、王振、崔立国、邱文伦、王华佳、邓知明。

本标准所代替标准的历次版本发布情况为：

——GB 1910—1989；

——GB/T 1910—1999。

本标准委托全国造纸工业标准化技术委员会负责解释。

新 闻 纸

1 范围

本标准规定了印刷新闻报刊用纸的技术规范。

本标准适用于高速轮转印刷、平版印刷新闻报刊用纸。

2 规范性引用文件

下列标准中的条款通过本标准的引用而成为本标准的条款。凡是注日期的引用文件，其随后所有的修改单(不包括勘误的内容)或修订版均不适用本标准，然而，鼓励根据本标准达成协议的各方研究是否可使用这些文件的最新版本。凡是不注日期的引用文件，其最新版本适用于本标准。

GB/T 450 纸和纸板试样的采取(GB/T 450—2002,eqv ISO 186:1994)

GB/T 451.1 纸和纸板尺寸及偏斜度的测定

GB/T 451.2 纸和纸板定量的测定(GB/T 451.2—2002,eqv ISO 536:1995)

GB/T 453 纸和纸板抗张强度的测定(恒速加荷法)(GB/T 453—2002,idt ISO 1924-1:1992)

GB/T 455 纸和纸板撕裂度的测定(GB/T 455—2002,eqv ISO 1974:1990)

GB/T 456 纸和纸板平滑度的测定(别克法)(GB/T 456—2002,idt ISO 5627:1995)

GB/T 462 纸和纸板 水分的测定(GB/T 462—2003,ISO 287:1991,MOD)

GB/T 1541 纸和纸板尘埃度的测定法(GB/T 1541—1989,neq TAPPI T437 om—1985)

GB/T 1543 纸和纸板 不透明度(纸背衬)的测定(漫反射法)(GB/T 1543—1988,ISO 2471:1998,MOD)

GB/T 2679.4 纸和纸板粗糙度的测定法(本特生粗糙度法)

GB/T 2679.9 纸和纸板粗糙度测定法(印刷表面法)(GB/T 2679.9—1993,neq ISO 8791-4:1992)

GB/T 2828.1 计数抽样检验程序 第1部分:按接收质量限(AQL)检索的逐批检验抽样计划(GB/T 2828.1—2003,ISO 2859-1:1999,IDT)

GB/T 7974 纸、纸板和纸浆亮度(白度)的测定 漫射/垂直法(GB/T 7974—2002,neq ISO 2470:1999)

GB/T 7975 纸和纸板 颜色的测定(漫反射法)

GB/T 10342 纸张的包装和标志

GB/T 10739 纸、纸板和纸浆试样处理和试验的标准大气条件(GB/T 10739—2002,eqv ISO 187:1990)

GB/T 12914 纸和纸板抗张强度的测定法(恒速拉伸法)(GB/T 12914—1991,eqv ISO 1924-2:1985)

3 产品分类

3.1 新闻纸分为优等品、一等品、合格品三个等级。

3.2 新闻纸的定量分为 42.0 g/m^2、45.0 g/m^2、47.0 g/m^2、48.0 g/m^2、49.0 g/m^2、51.0 g/m^2，也可按合同生产其他定量的新闻纸。

3.3 新闻纸分卷筒纸和平板纸两种。

3.4 纸张尺寸

3.4.1 卷筒纸宽为:1 575 mm、1 562 mm、787 mm、781 mm 等规格,宽度偏差应不超过±3 mm。

3.4.2 平板纸尺寸为:787 mm×1 092 mm,781 mm×1 092 mm,尺寸偏差应不超过±3 mm,偏斜度应不超过 3 mm。

3.4.3 根据用户的要求,可协议生产其他尺寸的纸张。

4 技术要求

4.1 新闻纸技术指标应符合表1的规定。

表 1 新闻纸技术指标

指标名称			单位	规定		
				优等品	一等品	合格品
定量			g/m²	42.0 45.0 47.0 48.0 49.0 51.0		
定量允许偏差		≤	%	±5.0		
横幅定量变异系数		≤	%	2.5	2.8	3.0
抗张指数(卷筒纸纵向)		≥	N·m/g	40.0	38.0	34.0
横向撕裂指数		≥	mN·m²/g	5.50	5.00	4.50
平滑度	别克平滑度(正、反面)	≥	S	35	30	25
	本特生粗糙度	≤	mL/min	180	200	220
亮度		≥	%	50.0		
不透明度		≥	%	90.0	89.0	88.0
尘埃度	(0.5~4.0) mm²	≤	个/m²	64	100	120
	其中(1.5~4.0) mm²	≤		4	8	12
	大于 4.0 mm²			不许有	不许有	不许有
交货水分			%	6.0~10.0		
卷筒接头		≤	个/卷	1	2	3
色调	L^*			≥70.0		
	a^*			−2.0~+2.0		
	b^*			<10.0		
同班次纸的色差(ΔE)		≤		1.5	2.0	—
印刷表面粗糙度(正、反面)		≤	μm	5.00	5.50	6.00
注:平滑度两者中任一合格均可判为合格。						

4.2 新闻纸不应有洞眼、裂口、褶子、疙瘩、汽斑等影响印刷的外观纸病;以及复卷过程中不易发现的内部纸病,如不显著的褶子、裂口、汽斑等。

4.3 卷筒新闻纸应按下列要求进行卷纸。

4.3.1 纸张应卷在干燥、硬实、不瘪芯、不夹纸边的整根纸芯上。

4.3.2 卷筒直径为(900~1 200) mm,根据特殊要求,可协议生产其他直径的卷筒纸。

4.3.3 卷筒纸应紧密,全幅松紧应一致,卷筒纸端面应平整。

4.3.4 纸卷内不应卷入碎纸或纸条。

4.3.5 断纸处用胶带加以粘接,不应粘上纸的另一层。接头宽度应不超过 20 mm,接头应接牢、接正。接头处应在卷筒端部加以标志。

4.3.6 纸芯的两端用木塞或代用木塞(应坚固)塞紧,不应脱落或碎落,塞子应有孔眼。

4.4 新闻纸在印刷中不应掉粉、掉毛,有较好的油墨吸收性。

5 试验方法

5.1 试样的采取和试样的处理按 GB/T 450 和 GB/T 10739 的规定进行。

5.2 纸张尺寸及偏斜度按 GB/T 451.1 进行测定。

5.3 定量及定量允许偏差按 GB/T 451.2 进行测定。

5.4 横幅定量变异系数的测定:以 1 562 mm 纸幅为例,其他幅宽可参照设点裁样。先将纸宽为 1 562 mm的纸幅沿纵向叠成 10 层,再沿横向分成 10 等份,在每一等份上裁取(1/100) m^2 的试样,称其质量,然后计算各点定量值。横幅定量变异系数 CV(%)按式(1)进行计算:

$$CV = S/G \times 100\% \quad \cdots\cdots(1)$$

式中:

S——10 点定量的标准差,单位为克每平方米(g/m^2);

G——10 点定量的平均值,单位为克每平方米(g/m^2)。

5.5 抗张指数按 GB/T 453 或 GB/T 12914 进行测定,伸裁按 GB/T 12914 进行测定。

5.6 横向撕裂度按 GB/T 455 进行测定。

5.7 别克平滑度按 GB/T 456 进行测定,本特生粗糙度按 GB/T 2679.4 进行测定。

5.8 亮度按 GB/T 7974 进行测定。

5.9 不透明度按 GB/T 1543 进行测定。

5.10 尘埃度按 GB/T 1541 进行测定。

5.11 水分按 GB/T 462 进行测定。

5.12 色调和色差按 GB/T 7975 进行测定。

5.13 印刷表面粗糙度按 GB/T 2679.9 进行测定。采用软垫,压力为 1.0 MPa。

6 交收检验

6.1 生产厂应保证生产的产品符合本标准的要求,每卷(件)纸交货时应附产品合格证。

6.2 以一次交货数量为一批,但应不超过 50 t。

6.3 计数抽样检验程序按 GB/T 2828.1 规定进行。样本单位为卷筒或令。接收质量限(AQL):抗张指数、不透明度、印刷表面粗糙度、横向撕裂指数、横幅定量变异系数 AQL=4.0,定量、定量允许偏差、平滑度、亮度、尘埃度、交货水分、卷筒接头、色调、外观纸病、色差 AQL=6.5。抽样方案采用正常检验二次抽样方案,检查水平为特殊检查水平 S-3。见表 2。

表 2

批量/卷筒或令	抽样方案				
	二次正常抽样 检查水平 S-3				
	样本量	AQL=4.0		AQL=6.5	
		Ac	Re	Ac	Re
≤50	3	0	1	0	1
51～150	3	0	1	—	—
	5	—	—	0	2
	5(10)	—	—	1	2
151～3 200	8	0	2	0	3
	8(16)	1	2	3	4

6.4 可接收性的确定:第一次检验的样品数量应等于该方案给出的第一样本量。如果第一样本中发现的不合格品数小于或等于第一接收数,应认为该批是可接收的;如果第一样本中发现的不合格品数大于

或等于第一拒收数,应认为该批是不可接收的。如果第一样本中发现的不合格品数介于第一接收数与第一拒收数之间,应检验由方案给出样本量的第二样本并累计在第一样本和第二样本中发现的不合格品数。如果不合格品累计数小于或等于第二接收数,则判定该批是可接收的;如果不合格品累计数大于或等于第二拒收数,则判定该批是不可接收的。

6.5　需方有权按本标准的规定检验产品,如需方对产品质量有异议,应在到货后三个月内通知供方共同复验。如符合本标准或合同要求,则判为批合格,由需方负责处理。如不符合本标准或合同要求,则判为批不合格,由供方负责处理。

7　标志、包装、运输、贮存

7.1　按 GB/T 10342 的规定包装,并作如下补充:每卷(件)新闻纸应将产品名称、编号、标准号、型号(公称定量)、尺寸、净重、卷(件)号、生产日期和生产企业名称、地址等作明显的标志,并附有一份合格证。其他外包装的标志由各生产厂自定。

7.2　凡供需双方距离较近(如就地供应)或确因特殊情况暂缺乏包装材料者,平板新闻纸可根据供需双方协议,采用软包装及简易包装,但应保证产品完好。

7.3　新闻纸应妥善保管,严防受潮。

7.4　纸卷(件)在运输过程中,应使用有篷且清洁的运输工具。

7.5　在搬运和堆垛时,不应从高处扔下。

ICS 75.140
E 33

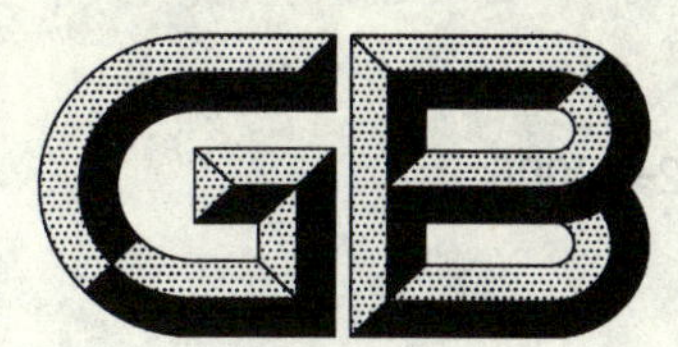

中华人民共和国国家标准

GB 1922—2006
代替 GB 1922—1980

油漆及清洗用溶剂油

Petroleum solvents for paints and cleaning

2006-07-18 发布　　2007-01-01 实施

中华人民共和国国家质量监督检验检疫总局
中国国家标准化管理委员会　发布

前　言

本标准第5章表1中的第1项和第3项技术要求为强制性，其他为推荐性。

本标准与美国试验与材料协会标准 ASTM D3735—1996《油漆涂料用石脑油规格》、ASTM D235—1999《矿物溶剂(石油溶剂油)(烃干洗溶剂)规格》和美军规范 MIL-PRF-680：1999《脱脂溶剂性能规范》的一致性程度为非等效。

在附录A中列出了本标准与上述国外标准的对照一览表。

本标准代替 GB 1922—1980《溶剂油》。

本标准与 GB 1922—1980 主要差异如下：

——删除了70号和90号产品牌号；

——增加了1号和4号产品牌号类型；

——2号代替190号，5号代替260号。

本标准与 GB 1922—1980 和 SH 0005—1990《油漆工业用溶剂油》的关系见附录A。

本标准的附录A、附录B为资料性附录。

本标准由中国石油化工集团公司提出。

本标准由中国石油化工股份有限公司石油化工科学研究院归口。

本标准起草单位：中国石油化工股份有限公司石油化工科学研究院。

本标准主要起草人：龙化骊。

本标准于1980年首次发布，本次为第一次修订。

油漆及清洗用溶剂油

1 范围

本标准规定了通常由石油馏分组成的 5 种溶剂油的要求和试验方法、取样及标志、包装、运输和贮存。

本标准所属产品主要用做油漆溶剂(或稀释剂)、干洗溶剂以及金属零部件的清洗剂。各类溶剂油的预定用途参见附录 B。

2 规范性引用文件

下列文件中的条款通过本标准的引用而成为本标准的条款。凡是注日期的引用文件,其随后所有的修改单(不包括勘误的内容)或修订版均不适用于本标准,然而,鼓励根据本标准达成协议的各方研究是否可使用这些文件的最新版本。凡是不注日期的引用文件,其最新版本适用于本标准。

GB/T 259 石油产品水溶性酸及碱测定法

GB/T 260 石油产品水分测定法

GB/T 261 石油产品闪点测定法(闭口杯法)[GB/T 261—1983,neq ISO 2719:1973]

GB/T 511 石油产品和添加剂机械杂质测定法(重量法)

GB/T 1884 原油和液体石油产品密度实验室测定法(密度计法)(GB/T 1884—2000,eqv ISO 3675:1998)

GB/T 1885 石油计量表(GB/T 1885—1998,eqv ISO 91-2:1991)

GB/T 3143 液体化学产品颜色测定法(Hazen 单位-铂-钴色号)

GB/T 3555 石油产品赛波特颜色测定法(赛波特比色计法)

GB/T 4756 石油液体手工取样法(GB/T 4756—1998,eqv ISO 3170:1988)

GB/T 5096 石油产品铜片腐蚀试验法

GB/T 6536 石油产品蒸馏测定法

GB/T 11132 液体石油产品烃类测定法(荧光指示剂吸附法)

GB/T 11134 烃类溶剂贝壳松脂丁醇值测定法

GB/T 11135 石油馏分和工业脂肪族烯烃溴值测定法(电位滴定法)

GB/T 15894 化学试剂 石油醚

GB 16629 6 号抽提溶剂油

GB 17602 工业已烷

SH 0164 石油产品包装、贮运及交货验收规则

SH/T 0166 重整原料油及生成油中 C_6～C_9 芳烃含量测定法(气相色谱法)

SH/T 0174 芳烃和轻质石油产品硫醇定性试验法(博士试验法)[SH/T 0174—92(2000),eqv ISO 5275:1979]

SH/T 0236 石油产品溴值测定法

SH/T 0245 溶剂油芳烃含量测定法(色谱法)

SH/T 0411 液体石蜡中芳香烃含量测定法(比色法)

SH/T 0693 汽油中芳烃含量测定法(气相色谱法)

SH/T 0733 闪点测定法(泰克闭口杯法)

3 产品分类

本标准将油漆及清洗用溶剂油按产品馏程分为 5 个牌号：

1 号——中沸点；

2 号——高沸点、低干点；

3 号——高沸点；

4 号——高沸点、高闪点；

5 号——煤油型。

高沸点溶剂油按照芳烃含量进一步分为 3 种类型：

普通型——芳烃含量(体积分数)8%～22%；

中芳型——芳烃含量(体积分数)2%～8%；

低芳型——芳烃含量(体积分数)0%～2%。

中沸点和煤油型分为中芳型和低芳型两种类型。

4 产品标识

油漆及清洗用溶剂油产品标识为：[牌号] + [类型] + [产品名称]，例如：3 号普通型油漆及清洗用溶剂油。

5 要求和试验方法

油漆及清洗用溶剂油的技术要求和试验方法见表 1。

6 取样

按 GB/T 4756 进行，取 3 L 样品作为检验和留样。

7 标志、包装、运输和贮存

标志、包装、运输、贮存及交货验收按 SH 0164 进行。

表 1 油漆及清洗用溶剂油技术要求

序号	项目	1号		2号			3号			4号			5号		试验方法
		中芳型	低芳型	普通型	中芳型	低芳型	普通型	中芳型	低芳型	普通型	中芳型	低芳型	中芳型	低芳型	
1	芳烃含量[a](体积分数)/%	2~8	0~<2	8~22	2~<8	0~<2	8~22	2~<8	0~<2	8~22	2~<8	0~<2	2~8	0~<2	**GB/T 11132** **SH/T 0166** **SH/T 0245** **SH/T 0411** **SH/T 0693**
2	外观	透明,无沉淀及悬浮物													目测[b]
3	闪点(闭口)/℃ 不低于	4		38			38			60			65		**SH/T 0733**[c] **GB/T 261**
4	颜色 不深于	赛波特色号+28 或铂-钴色号 10		赛波特色号+25 或铂-钴色号 25			赛波特色号+25 或铂-钴色号 25			赛波特色号+25 或铂-钴色号 25			赛波特色号+25		GB/T 3555 GB/T 3143
5	溴值/(gBr/100 g)不大于	5											—		GB/T 11135[d] SH/T 0236
6	博士试验	—		通过											SH/T 0174
7	馏程 初馏点/℃ 不低于 50%蒸发温度/℃ 不高于 干点/℃ 不高于 残留量(体积分数)/%不大于	 115 130 155 —		 150 175 185 1.5			 150 180 215 1.5			 175 200 215 1.5			 200 — 300 —		GB/T 6536
8	水溶性酸碱	—		无											GB/T 259
9	铜片腐蚀/级 不大于 100℃,3 h 50℃,3 h	 — 1		 — 1			 — 1			 — 1			 1 —		GB/T 5096

表 1（续）

序号	项　目	1号		2号			3号			4号			5号		试验方法
		中芳型	低芳型	普通型	中芳型	低芳型	普通型	中芳型	低芳型	普通型	中芳型	低芳型	中芳型	低芳型	
10	密度(20℃)/(kg/m^3)	报告													GB/T 1884 GB/T 1885

注 1：表中第 1 项和第 3 项技术要求为强制性，其他为推荐性。

注 2：如果用户要求溶剂油的贝壳松脂丁醇值，技术指标由供需双方协商，试验方法采用 GB/T 11134。

a 芳烃的测定可根据馏程选择适当的方法。采用 SH/T 0166、SH/T 0245 和 SH/T 0411 测定时，标准样品按体积百分数配制。有争议时，当芳烃含量(体积分数)大于 5%时，采用 GB/T 11132 方法仲裁；当芳烃含量(体积分数)小于 5%时，1 号采用 SH/T 0166 方法，2 号、3 号、4 号采用 SH/T 0245 方法，5 号采用 SH/T 0411 方法仲裁。

b 将试样注入 100 mL 量筒中，室温下观察，无悬浮物及游离水。有争议时分别采用 GB/T 511 和 GB/T 260 方法。

c 对于预估闪点高于室温 10℃以上的样品允许采用 GB/T 261，有争议时采用 SH/T 0733 方法。

d 有争议时采用 GB/T 11135 方法。

附 录 A
（资料性附录）
本标准与国外标准、GB 1922—1980 和 SH 0005—1990 的对应关系

本标准与国外标准、GB 1922—1980 和 SH 0005—1990 的关系见表 A.1。

表 A.1 本标准与国外标准、GB 1922—1980 和 SH 0005—1990 的对照表

本标准产品类型	对应国外标准及产品类型	与原溶剂油标准的关系
1号	非等效 ASTM D 3735 中Ⅰ类和Ⅳ类	—
2号	非等效 ASTM D 235 中Ⅳ类	代替 GB 1922—1980 中 190 号
3号	非等效 ASTM D 235 中Ⅰ类	代替 SH 0005—1990
4号	非等效 ASTM D 235 中Ⅱ类	—
5号	非等效 MIL-PRF-680 中Ⅲ类	代替 GB 1922—1980 中 260 号
注：原 GB 1922—1980 中 70 号可执行 GB 17602，90 号可执行 GB/T 15894 或 GB 16629。		

附 录 B
（资料性附录）
各类溶剂油的预定用途

B.1 预定用途

本标准所属各类溶剂油可用做油漆溶剂(或稀释剂)。中芳型和低芳型溶剂也可用做有涂层或无涂层金属部件的清洗剂(脱脂剂),但在使用之前需检查涂层与溶剂油的适应性。

B.1.1 1号(中沸点)产品主要用做快干型油漆溶剂(或稀释剂)。也可用做毛纺羊毛脱脂剂及精密仪器清洗剂。其使用特点为干燥时间短、挥发速度快。

B.1.2 2号(高沸点、低干点)用做油漆溶剂(或稀释剂)以及干洗溶剂。作干洗和清洗剂时,清洗物不易留痕迹。

B.1.3 3号(高沸点)主要用做油漆溶剂(或稀释剂)以及干洗溶剂。作为油漆溶剂(或稀释剂)时,与1号产品比较,挥发速度慢、溶解能力强。也广泛用于金属表面的清洗。

B.1.4 4号(高沸点、高闪点)用在工作环境要求油漆、除油污及衣物干洗剂闪点较高的场合。

B.1.5 5号(煤油型)适用于作金属表面除油污溶剂。具有低挥发、闪点高、环境污染小、易回收的特点。尤其适用于轴承及金属部件防锈油脂的脱除。

B.2 溶剂油的危险性提示

本标准各类溶剂油具有不同程度的挥发性,属易燃、易爆危险品。盛装容器必须密闭,远离热源和火源,避免日光直射。室内使用时必须保证足够的通风,以防止蒸气聚集达到其爆炸限值。避免长时间吸入其蒸气,避免长期或反复接触皮肤。

ICS 17.040.30
J 42

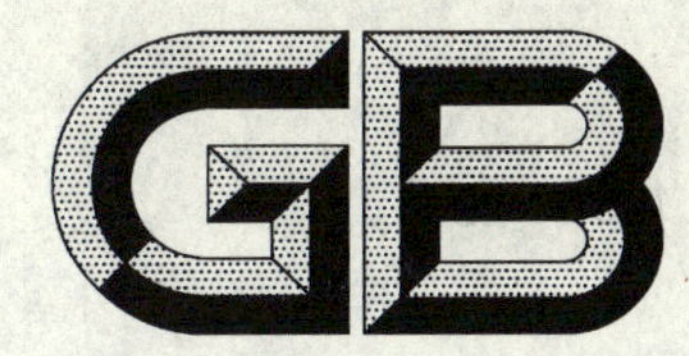

中华人民共和国国家标准

GB/T 1957—2006
代替 GB/T 1957—1981

光滑极限量规 技术条件

Tolerances and general features for plain limin gauges

2006-02-05 发布　　2006-08-01 实施

中华人民共和国国家质量监督检验检疫总局
中国国家标准化管理委员会　发布

前　言

本标准代替 GB/T 1957—1981《光滑极限量规》。

本标准与 GB/T 1957—1981 相比主要变化如下：

——按 GB/T 1.1—2000 对编排格式进行了修改；

——修改了标准名称；

——增加了标准中所用术语和定义(本版的 3)；

——增加了标准中所用符号说明(本版的 4)；

——修改了量规测量面硬度(1981 年版的 13；本版的 7.4)；

——修改了量规测量面光洁度为粗糙度(1981 年版的 14；本版的 7.5)；

——增加了量规的验收及检验要求(本版的 8)；

——修改了量规推荐型式和尺寸应用范围(1981 年版的附录一；本版的附录 B)；

——工件的判定作为附录要求(1981 年版的 3、4、5；本版的附录 C)。

本标准由中国机械工业联合会提出。

本标准由全国量具量仪标准化技术委员会(SAC/TC 132)归口。

本标准由哈尔滨量具刃具集团有限责任公司负责起草。

本标准主要起草人：武英、高善铭、姚绪里。

本标准所代替标准的历次版本发布情况为：

——GB/T 1957—1981。

光滑极限量规　技术条件

1　范围

本标准规定了光滑极限量规的术语和定义、公差、要求、检验、标志与包装。

本标准适用于孔与轴基本尺寸至 500 mm、公差等级 IT6 级至 IT16 级的光滑极限量规。

本标准规定的光滑极限量规(以下简称“量规”)适用于检验 GB/T 1800.1—1997 至GB/T 1800.4—1999《极限与配合》规定孔与轴基本尺寸。

2　规范性引用文件

下列文件中的条款通过本标准的引用而成为本标准的条款。凡是注日期的引用文件,其随后所有的修改单(不包括勘误的内容)或修订版均不适用于本标准,然而,鼓励根据本标准达成协议的各方研究是否可使用这些文件的最新版本。凡是不注日期的引用文件,其最新版本适用于本标准。

GB/T 1800.1—1997　极限与配合基础　第 1 部分:词汇(neq ISO 286-1:1988)

GB/T 1800.2—1998　极限与配合基础　第 2 部分:公差、偏差和配合的基本规定(eqv ISO 286-1:1988)

GB/T 1800.3—1998　极限与配合基础　第 3 部分:标准公差和基本偏差数值表(eqv ISO 286-1:1988)

GB/T 1800.4—1999　极限与配合　标准公差等级和孔、轴的极限偏差表(eqv ISO 286-2:1988)

3　术语和定义

GB/T 1800.1—1997 至 GB/T 1800.4—1999 中确定的以及下列术语和定义适用于本标准。

3.1

光滑极限量规　plain limit gauge

具有以下孔或轴的最大极限尺寸和最小极限尺寸为公称尺寸的标准测量面,能反映控制被检孔或轴边界条件的无刻线长度测量器具。

3.2

塞规　plug gauge

用于孔径检验的光滑极限量规,其测量面为外圆柱面。其中,圆柱直径具有被检孔径最小极限尺寸的为孔用通规,具有被检孔径最大极限尺寸的为孔用止规。

3.3

环规　ring gauge

用于轴径检验的光滑极限量规,其测量面为内圆环面。其中,圆环直径具有被检轴径最大极限尺寸的为轴用通规,具有被检轴径最小极限尺寸的为轴用止规。

4　符号

表 1 中所列的符号及说明规定。

表 1

符　　号	说　　　明
T_1	工作量规尺寸公差
Z_1	通端工作量规尺寸公差带的中心线至工件最大实体尺寸之间的距离
T_p	用于工作环规的校对塞规的尺寸公差

5　量规的代号和使用规则

表 2 中所列的量规的代号、使用规则适用于本标准。

表 2

名　　称	代号	使　　用　　规　　则
通端工作环规	T	通端工作环规应通过轴的全长
“校通-通”塞规	TT	“校通-通”塞规的整个长度都应进入新制的通端工作环规孔内，而且应在孔的全长上进行检验
“校通-损”塞规	TS	“校通-损”塞规不应进入完全磨损的校对工作环规孔内，如有可能，应在孔的两端进行检验
止端工作环规	Z	沿着和环绕不少于四个位置上进行检验
“校止-通”塞规	ZT	“校止-通”塞规的整个长度都应进入制造的通端工作环规孔内，而且应在孔的全长上进行检验
通端工作塞规	T	通端工作塞规的整个长度都应进入孔内，而且应在孔的全长上进行检验
止端工作塞规	Z	止端工作塞规不能通过孔内，如有可能，应在孔的两端进行检验

6　公差

6.1　量规尺寸公差带及其位置见图 1 所示。

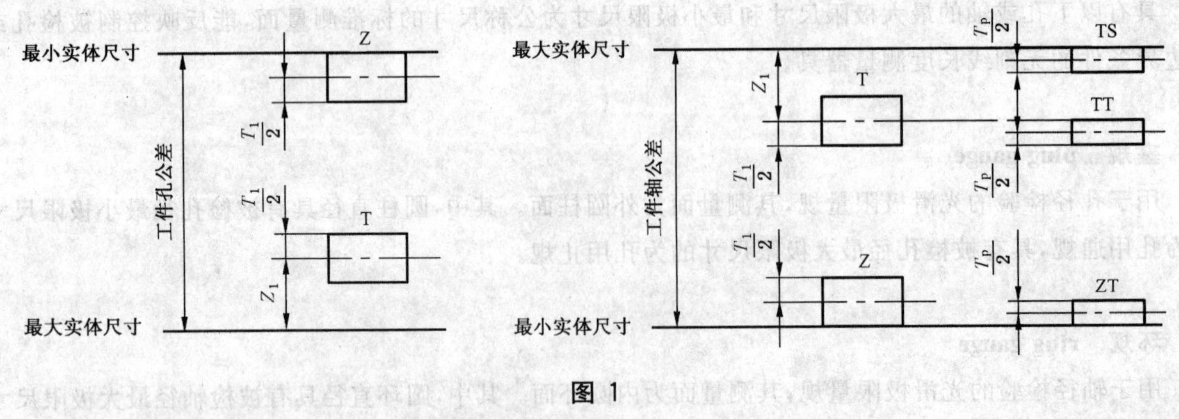

图 1

6.2　工作量规的尺寸公差值及其通端位置要素值应按表 3 的规定；校对塞规的要求参见附录 A。

表 3

工件孔或轴的基本尺寸/mm		工件孔或轴的公差等级								
		IT6			IT7			IT8		
		孔或轴的公差值	T_1	Z_1	孔或轴的公差值	T_1	Z_1	孔或轴的公差值	T_1	Z_1
大于	至	μm								
—	3	6	1.0	1.0	10	1.2	1.6	14	1.6	2.0
3	6	8	1.2	1.4	12	1.4	2.0	18	2.0	2.6
6	10	9	1.4	1.6	15	1.8	2.4	22	2.4	3.2
10	18	11	1.6	2.0	18	2.0	2.8	27	2.8	4.0
18	30	13	2.0	2.4	21	2.4	3.4	33	3.4	5.0
30	50	16	2.4	2.8	25	3.0	4.0	39	4.0	6.0
50	80	19	2.8	3.4	30	3.6	4.6	46	4.6	7.0
80	120	22	3.2	3.8	35	4.2	5.4	54	5.4	8.0
120	180	25	3.8	4.4	40	4.8	6.0	63	6.0	9.0
180	250	29	4.4	5.0	46	5.4	7.0	72	7.0	10.0
250	315	32	4.8	5.6	52	6.0	8.0	81	8.0	11.0
315	400	36	5.4	6.2	57	7.0	9.0	89	9.0	12.0
400	500	40	6.0	7.0	63	8.0	10.0	97	10.0	14.0
工件孔或轴的基本尺寸/mm		工件孔或轴的公差等级								
		IT9			IT10			IT11		
		孔或轴的公差值	T_1	Z_1	孔或轴的公差值	T_1	Z_1	孔或轴的公差值	T_1	Z_1
大于	至	μm								
—	3	25	2.0	3	40	2.4	4	60	3	6
3	6	30	2.4	4	48	3.0	5	75	4	8
6	10	36	2.8	5	58	3.6	6	90	5	9
10	18	43	3.4	6	70	4.0	8	110	6	11
18	30	52	4.0	7	84	5.0	9	130	7	13
30	50	62	5.0	8	100	6.0	11	160	8	16
50	80	74	6.0	9	120	7.0	13	190	9	19
80	120	87	7.0	10	140	8.0	15	220	10	22
120	180	100	8.0	12	160	9.0	18	250	12	25
180	250	115	9.0	14	185	10.0	20	290	14	29
250	315	130	10.0	16	210	12.0	22	320	16	32
315	400	140	11.0	18	230	14.0	25	360	18	36
400	500	155	12.0	20	250	16.0	28	400	20	40

表 3（续）

工件孔或轴的基本尺寸/mm		IT12			IT13			IT14		
		孔或轴的公差值	T_1	Z_1	孔或轴的公差值	T_1	Z_1	孔或轴的公差值	T_1	Z_1
大于	至	μm								
—	3	100	4	9	140	6	14	250	9	20
3	6	120	5	11	180	7	16	300	11	25
6	10	150	6	13	220	8	20	360	13	30
10	18	180	7	15	270	10	24	430	15	35
18	30	210	8	18	330	12	28	520	18	40
30	50	250	10	22	390	14	34	620	22	50
50	80	300	12	26	460	16	40	740	26	60
80	120	350	14	30	540	20	46	870	30	70
120	180	400	16	35	630	22	52	1000	35	80
180	250	460	18	40	720	26	60	1150	40	90
250	315	520	20	45	810	28	66	1300	45	100
315	400	570	22	50	890	32	74	1400	50	110
400	500	630	24	55	970	36	80	1550	55	120

工件孔或轴的基本尺寸/mm		IT15			IT16		
		孔或轴的公差值	T_1	Z_1	孔或轴的公差值	T_1	Z_1
大于	至	μm					
—	3	400	14	30	600	20	40
3	6	480	16	35	750	25	50
6	10	580	20	40	900	30	60
10	18	700	24	50	1100	35	75
18	30	840	28	60	1300	40	90
30	50	1000	34	75	1600	50	110
50	80	1200	40	90	1900	60	130
80	120	1400	46	100	2200	70	150
120	180	1600	52	120	2500	80	180
180	250	1850	60	130	2900	90	200
250	315	2100	66	150	3200	100	220
315	400	2300	74	170	3600	110	250
400	500	2500	80	190	4000	120	280

6.3 量规的形状和位置误差应在其尺寸公差带内。其公差为量规尺寸公差的50%。当量规尺寸公差

小于或等于 0.002 mm 时，其形状和位置公差为 0.001 mm。

7 要求

7.1 量规的测量面不应有锈蚀、毛刺、黑斑、划痕等明显影响外观使用质量的缺陷。其他表面不应有锈蚀和裂纹。

7.2 塞规的测头与手柄的联结应牢固可靠，在使用过程中不应松动。

7.3 量规宜采用合金工具钢、碳素工具钢、渗碳钢及其他耐磨材料制造。

7.4 钢制量规测量面的硬度不应小于 700HV（或 60HRC）。

7.5 量规测量面的表面粗糙度 Ra 值不应大于表 4 的规定。

表 4

<table>
<tr><th rowspan="3">工作量规</th><th colspan="3">工作量规的基本尺寸/mm</th></tr>
<tr><th>小于或等于 120</th><th>大于 120、小于或等于 315</th><th>大于 315、小于或等于 500</th></tr>
<tr><th colspan="3">工作量规测量面的表面粗糙度 Ra 值/μm</th></tr>
<tr><td>IT6 级孔用工作塞规</td><td>0.05</td><td>0.10</td><td>0.20</td></tr>
<tr><td>IT7 级～IT9 级孔用工作塞规</td><td>0.10</td><td>0.20</td><td>0.40</td></tr>
<tr><td>IT10 级～IT12 级孔用工作塞规</td><td>0.20</td><td>0.40</td><td rowspan="2">0.80</td></tr>
<tr><td>IT13 级～IT16 级孔用工作塞规</td><td>0.40</td><td>0.80</td></tr>
<tr><td>IT6 级～IT9 级轴用工作环规</td><td>0.10</td><td>0.20</td><td>0.40</td></tr>
<tr><td>IT10 级～IT12 级轴用工作环规</td><td>0.20</td><td>0.40</td><td rowspan="2">0.80</td></tr>
<tr><td>IT13 级～IT16 级轴用工作环规</td><td>0.40</td><td>0.80</td></tr>
</table>

7.6 量规应经过稳定性处理。

7.7 工作量规的型式和应用尺寸范围参见附录 B。

8 验收及检验

8.1 验收

8.1.1 本标准中的尺寸规定值均以标准的测量条件为准，即：温度为 20℃，测量力为零。

8.1.2 环规的检验应以校对量规为准。若发生争议时，应按附录 C 中的 C.3 处理。

8.2 检验

8.2.1 量规各参数采用直接检测法检验，其主要检测参数和检测器具参见表 5。

表 5

主 要 检 测 参 数	检 测 器 具
表面粗糙度	轮廓仪、表面粗糙度比较样块
全形塞规的圆度、环规的圆度	圆度仪
母线直线度	轮廓仪、0 级刀口尺
卡规测量面的平面度	刀口尺、平晶
卡规测量面的平行度	光学计、测长仪
硬度	威氏硬度计（或洛氏硬度计）

8.3 工件合格与不合格的判定应符合附录 C 的判定。

9 标志与包装

9.1 在塞规测头端面和其他量规的非工作面上应标志：

a) 制造厂厂名或注册商标；

b) 被检工件的基本尺寸和公差代号；

c) 量规的用途代号；

d) 出厂年号。

注1：工作尺寸小于 14 mm 的塞规，a)～d)的要求允许标志在手柄上或标牌。

注2：单头双极限量规不宜标志用途代号。

9.2 在产品包装盒上应标志：

a) 制造厂厂名或注册商标；

b) 产品名称；

c) 被检工件的基本尺寸和公差代号。

9.3 量规在包装前应经防锈处理，并妥善包装。

9.4 量规经检定符合本标准规定的，应附有产品合格证。产品合格证上应标有本标准的标准号和出厂日期。

附 录 A
（资料性附录）
校对量规

A.1 校对塞规尺寸公差为被校对轴用工作量规尺寸公差的 1/2；校对塞规的尺寸公差中包含形状误差。

A.2 校对塞规的表面外观、测头与手柄的联结程度、制造材料、测量面硬度及处理应符合 7.1～7.4、7.6的规定。

A.3 校对塞规测量面的表面粗糙度 *Ra* 值不应大于表 A.1 的规定。

表 A.1

校对塞规	校对塞规的基本尺寸/mm		
	小于或等于 120	大于 120、小于或等于 315	大于 315、小于或等于 500
	校对量规测量面的表面粗糙度 *Ra* 值/μm		
IT6 级～IT9 级轴用工作环规的校对塞规	0.05	0.10	0.20
IT10 级～IT12 级轴用工作环规的校对塞规	0.10	0.20	0.40
IT13 级～IT16 级轴用工作环规的校对塞规	0.20	0.40	

附 录 B
（资料性附录）
推荐的量规型式和应用尺寸范围

B.1 推荐的量规型式应用尺寸范围见表 B.1。

表 B.1

<table>
<tr><th rowspan="2">用　　途</th><th rowspan="2">推荐顺序</th><th colspan="4">量规的工作尺寸/mm</th></tr>
<tr><th>～18</th><th>大于 18～100</th><th>大于 100～315</th><th>大于 315～500</th></tr>
<tr><td rowspan="2">工件孔用的通端量规型式</td><td>1</td><td colspan="2">全形塞规</td><td>不全形塞规</td><td>球端杆规</td></tr>
<tr><td>2</td><td>—</td><td>不全形塞规或片形塞规</td><td>片形塞规</td><td>—</td></tr>
<tr><td rowspan="2">工件孔用的止端量规型式</td><td>1</td><td>全形塞规</td><td colspan="2">全形或片形塞规</td><td>球端杆规</td></tr>
<tr><td>2</td><td>—</td><td colspan="2">不全形塞规</td><td>—</td></tr>
<tr><td rowspan="2">工件轴用的通端量规型式</td><td>1</td><td colspan="2">环规</td><td colspan="2">卡规</td></tr>
<tr><td>2</td><td colspan="2">卡规</td><td colspan="2">—</td></tr>
<tr><td rowspan="2">工件轴用的止端量规型式</td><td>1</td><td colspan="4">卡规</td></tr>
<tr><td>2</td><td>环规</td><td colspan="3">—</td></tr>
</table>

附 录 C
（规范性附录）
工件合格与不合格的判定

C.1 符合极限尺寸判断原则（即泰勒原则）的量规如下：

通规的测量面应是与孔或轴形状相对应的完整表面（通常称为全形量规），其尺寸等于工件的最大实体尺寸，且长度等于配合长度。

止规的测量面应是点状的，两测量面之间的尺寸等于工件的最小实体尺寸。

符合泰勒原则的量规，如在某些场合下应用不方便或有困难时，可在保证被检验工件的形状误差不致影响配合性质的条件下，使用偏离泰勒原则的量规。

C.2 用符合本标准的量规检验工件，如通规能通过，止规不能通过，则该工件应为合格品。

C.3 制造厂对工件进行检验时，操作者应该使用新的或者磨损较少的通规；检验部门应该使用与操作者相同型式的且已磨损较多的通规。

用户代表在用量规验收工件时，通规应接近工件的最大实体尺寸，止规应接近工件的最小实体尺寸。

C.4 用符合本标准的量规检验工件，如判断有争议，应该使用下述尺寸的量规解决：

通规应等于或接近工件的最大实体尺寸；

止规应等于或接近工件的最小实体尺寸。

ICS 29.160.01
K 20

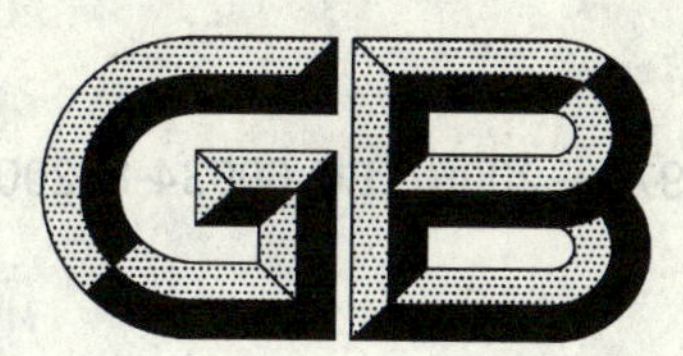

中华人民共和国国家标准

GB 1971—2006/IEC 60034-8:2002
代替 GB 1971—1980

旋转电机 线端标志与旋转方向

Rotating electrical machines—Terminal markings and direction of rotation

(IEC 60034-8:2002,IDT)

2006-04-30 发布 2007-01-01 实施

中华人民共和国国家质量监督检验检疫总局
中国国家标准化管理委员会 发布

前言

本标准全文强制。

本标准等同采用 IEC 60034-8:2002《旋转电机　第 8 部分:线端标志与旋转方向》(英文版)。

本标准代替 GB 1971—1980《电机线端标志与旋转方向》。

本标准与 GB 1971—1980 相比,主要变化如下:

——更加详细、全面地规定了线端标志的规则;

——增加了多重三相组(如六相)电机线端标志与旋转方向的内容;

——增加了接地端标志 PE;

——增加了辅助线端标志规则;

——增加了规范性附录"电机的常用接线图"(见附录 A)。

本标准的附录 A 为规范性附录。

本标准由中国电器工业协会提出。

本标准由全国旋转电机标准化技术委员会(SAC/TC 26)归口。

本标准由上海电器科学研究所负责起草,哈尔滨大电机研究所、广州电器科学研究院、佳木斯防爆电机研究所、浙江金龙电机股份有限公司、上海联合电机(集团)有限公司、山东齐鲁电机制造有限公司、江苏大中电机股份有限公司、安徽皖南电机股份有限公司等参加起草。

本标准主要起草人:刘金琰、郭钟璠、陈康、王晓文、李金香、林棠华、张传林、崔华建、叶锦武、刘文超、倪佩娟。

本标准于 1980 年首次发布,本次为第一次修订。

旋转电机　线端标志与旋转方向

1　范围

本标准适用于交流电机和直流电机，具体规定了：

a）绕组联接点的标注规则；

b）绕组线端标志；

c）旋转方向；

d）线端标志和旋转方向的关系；

e）辅助器件的线端标志；

f）电机的常用接线图。

本标准不适用于透平型同步电机。

2　规范性引用文件

下列文件中的条款通过本标准的引用而成为本标准的条款。凡是注日期的引用文件，其随后所有的修改单(不包括勘误的内容)或修订版均不适用于本标准，然而，鼓励根据本标准达成协议的各方研究是否可使用这些文件的最新版本。凡是不注日期的引用文件，其最新版本适用于本标准。

GB 755—2000　旋转电机　定额和性能(idt IEC 60034-1:1996)

GB/T 2900.25—1994　电工术语　旋转电机(neq IEC 60050(411):1984)

GB/T 4026—2004　人机界面标志标识的基本方法和安全规则　设备接线端子和特定导体终端标识及字母数字系统的应用通则(IEC 60445:1999,IDT)

GB/T 5465.2—1996　电气设备用图形符号(idt IEC 60417-1:1994)

3　术语和定义

本标准除采用 GB 755—2000 规定的术语和定义外，还增加了下列术语和定义。

3.1

线端标志　terminal marking

由用户使用的用于电机联接电源或电器设备而配备的绕组引接线或辅助引接线的外部线端永久性标识，并表明线端功能。

3.2

联接点　connecting points

绕组或绕组单元端部永久性内联接的电流传输点。

3.3

抽头　tapping points

部分绕组的联接。

3.4

绕组引接线　winding leads

绕组和线端之间电气联接的带绝缘的导体。

3.5

绕组　winding

旋转电机内具有规定功能的一组线匝或线圈(参见 GB/T 2900.25—1994)。

3.6

相绕组　winding phase

与一特定相有关的一个或多个绕组单元。

3.7

绕组单元　winding element

绕组的一部分,此部分中所有的线匝或线圈永久联接在一起。

3.8

独立绕组　separate windings

两个或两个以上绕组,每个绕组具有独立功能,没有内联接,无论全部还是部分,只能单独使用。

3.9

多速电动机　multi-speed motor

能以两种或多种规定转速中任一转速运行的电动机。

3.10

恒功率　constant power

多速电动机的转速改变时,电动机的功率接近恒定。

3.11

恒转矩　constant torque

多速电动机的转速改变时,电动机的转矩接近恒定。

3.12

变转矩　variable torque

多速电动机的输出转矩近似与转速的平方成比例。

3.13

相序　phase sequence

供电导体中电压依次达到正最大值的顺序。

3.14

D端　D-end

电机轴端一端(参见 GB/T 2900.25—1994)。

对于有两个轴端的电机,D 端指:

a) 直径较大的一端;

b) 当轴端直径相同时,非外风扇端。

4 符号

4.1 通则

L	供电导体
PE	保护接地端
○————	用户使用的线端,强制性标志
——●——	内联接点
(…)	内部线端标志,非强制性标志
[……,……]	用户联接的线端组
;	线端或线端组的分隔

4.2 直流和单相换向器电机

A	电枢绕组
B	换向绕组

C　补偿绕组
D　串励绕组
E　并励绕组
F　他励绕组
H　直轴辅助绕组
J　交轴辅助绕组

4.3 无换向器的交流电机

F　直流励磁绕组
K　次级绕组
L　次级绕组
M　次级绕组
N　初级绕组的星点(中性导体)
Q　次级绕组的星点(中性导体)
U　初级绕组
V　初级绕组
W　初级绕组
Z　辅助绕组

注：初级和次级的符号确定与初级绕组是否在定子或转子上无关。

4.4 辅助器件

BA　交流制动器
BD　直流制动器
BW　电刷磨损探测器
CA　电容器
CT　电流互感器
HE　加热器
LA　避雷器
PT　电压互感器
R　电阻式温度计
SC　浪涌电容器
SP　浪涌保护器
S　开关,包括逆流制动开关
TB　随温度升高而断开的热动开关
TC　热电耦
TM　随温度升高而闭合的热动开关
TN　负温度系数的热敏电阻
TP　正温度系数的热敏电阻

5 旋转方向

旋转方向应是面对D端观察轴时,轴的旋转方向。

线端标志符合本标准的电机应是顺时针旋转方向。

对于其他结构的电机,包括单转向电机,旋转方向应按外壳上的箭头所示。

6 线端标志的规则

6.1 通则

6.1.1 用途

线端标志应明确标识所有可供用户联接使用的绕组和辅助器件的线端。

注：常用的外部接线和绕组布置如附录 A 所示。

6.1.2 标志说明

具有三个以上线端的所有三相交流电机和具有两个以上线端的其他电机(包括辅助器件)应有与本标准一致的联接说明。

6.1.3 字母数字标志含义

线端标志由大写拉丁字母和阿拉伯数字构成,字符排列无空格。

每套绕组、相绕组或辅助电路应标注一个符合第 4 章规定的字母符号。

为了避免与数字 1 和 0 混淆,不应使用字母“I”和“O”。

6.1.4 双线端

一台电机的几个引接线可以有相同的标志,但每个引接线具有完全相同的电气功能。可以联接任一相同标志的引接线,见图 9。

6.1.5 分流线端

当用几根引接线或导体分流时,线端标志应由一个连字号分隔数字后缀来标识,见图 10。

具有两套或多套独立绕组的多速电动机可能会在不接电的绕组内产生环流,在这种情况下,开路角接的线端标志应由一个连字号分隔附加数字后缀来表示,见图 A.14。

6.1.6 省略

在不会发生混淆的条件下,则数字前缀和/或后缀可以省略,见图 2。

当两个或以上元件联接到同一线端,则应标注一个标志,应优先标注后缀数字小的标志,见图 8。

当两个或以上不同功能的单元内联接,应视为一个整体单元,按其主要功能单元的字母符号标注线端标志,见图 24。

6.1.7 接地端

保护接地导体的线端应按 GB/T 4026—2004 标注字母 PE(或按 GB/T 5465.2—1996 的符号标注),不允许其他线端这样标注。

6.2 后缀

6.2.1 绕组单元

按照 GB/T 4026—2004 的规定,每一绕组单元的两端标注不同的数字后缀,如下述(见图 5):

第一绕组单元标注 1、2,

第二绕组单元标注 3、4,

第三绕组单元标注 5、6,

第四绕组单元标注 7、8。

在所有的绕组中,与电源联接较近的绕组线端应标注数字较小的后缀。

6.2.2 内联接

当绕组单元的几个线端联接,线端标志应标注数字较小的后缀,见图 8。

6.2.3 抽头

绕组单元的抽头应按出现的顺序依次标注,如下(见图 6):

第一绕组单元标注为 11、12、13 等

第二绕组单元标注为 31、32、33 等

第三绕组单元标注为 51、52、53 等

第四绕组单元标注为 71、72、73 等,

离绕组始端越近的抽头应标注数字较小的后缀。

6.3 前缀

具有相同功能、相互无关、彼此独立的(或属于不同电流系统)绕组单元应标注相同的字母,不同的数字前缀。

每一线端应相应标注所属独立绕组(或电流系统)的数字前缀,如下述(见图 7):

第一绕组单元　　1

第二绕组单元　　2

第三绕组单元　　3

第四绕组单元　　4

等等……

对于多速电机来说,线端标志前缀的顺序对应于转速由小到大的排列,见图 A.18。

6.4 不同类型电机的绕组标志

6.4.1 三相电机

三相电机的初级绕组线端标志应分别由字母 U、V、W 表示,中性线由 N 表示(见图 3),次级绕组的线端标志分别由字母 K、L、M、Q 表示,见图 11。

6.4.2 两相电机

两相电机的线端标志由三相电机的线端标志演变而来,省略字母 W 和 M。

6.4.3 单相电机

单相电机初级主绕组线端标志为字母 U,辅助绕组为字母 Z,见图 12。

如果主绕组和辅助绕组的线端联接到一个公共线端上,则线端标志应根据主绕组的规则来标注。

6.4.4 多重三相组(如六相)电机

每一相组的线端标志加一前缀,按 6.3 的规定,见图 15。

前缀的数字顺序应按每相组中的 U 相电压达到最大值的顺序而增大。

6.5 同步电机

同步电机初级绕组的线端标志与异步电机的相同。

直流他励磁场绕组的线端标志应是 F1、F2。

6.6 直流电机

表示绕组元件的字母符号应按 4.2 所列,线端标志见图 16 至图 24 所示。

6.7 线端标志和旋转方向的关系

6.7.1 多相电机

线端标志的字母顺序(如 U1、V1、W1)与电源的相序一致,则旋转方向为顺时针旋转方向。

通过重排供电电缆(如三相中的 L2 和 L3)颠倒电源的相序,电机可达到逆时针旋转。

本要求也适用于任何额定功率、电压且仅为顺时针旋转的电机。

当电机只适于单一方向旋转时,应以箭头指示该旋转方向。指示箭头不必标在铭牌上,但应标在容易看见、不易磨灭的位置。

6.7.2 多相、多速电机

带有倍极比反向式或极幅调制式的变极绕组的多速电机,为了在不同的转速下获得相同的旋转方向,如果需要,则与电源相接的低速绕组的线端标志(如 1U 和 1W)应互换。

6.7.3 单相电机

如果电源与 U1、U2 联接,辅助绕组 Z1 接到 U1,Z2 接到 U2,则电机顺时针旋转。如果线端 Z1 接到 U2,Z2 接到 U1,则电机逆时针旋转。

6.7.4 多重三相组(如六相)电机

每一相组的字母顺序与接于该相组电源的相序对应一致,电机顺时针旋转,相组的前缀顺序与每相组中第一相电压达到最大值的顺序对应一致。

应通过重新排置每相组中供电电源和颠倒电源电压组与绕组相组的联接顺序,来颠倒电源的相序,使电机逆时针旋转。

6.7.5 直流电机

若供电线极性 L＋和 L－与线端 A1、A2 的极性对应一致，则电机顺时针旋转。若电机有他励绕组，那么线电压极性 L＋和 L－同时与线端 A1、A2 和 F1、F2 的极性对应，则电机顺时针旋转。

若要电机逆时针旋转，根据 6.7.6，供电线与电枢或磁场的联接极性应颠倒。

6.7.6 电流方向和磁场方向的关系（直流电机）

6.7.6.1 如果两套绕组的励磁电流均从数字后缀小的（大的）线端流向数字后缀大的（小的），则两套励磁绕组产生单向磁场。

6.7.6.2 若在所有的绕组中，电流从后缀数字小的（大的）线端流向后缀数字大的（小的）线端，补偿绕组和换向绕组之间以及相对于电枢绕组的磁场应彼此极性正确。

6.8 线端标志图

常用接线图如附录 A 所示。

6.8.1 三相异步电机

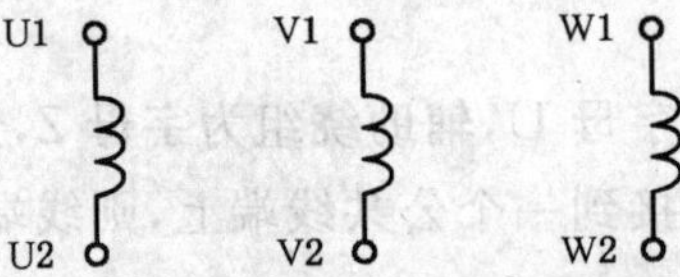

图 1 三相单绕组，3 个单元，开路联接，6 个线端

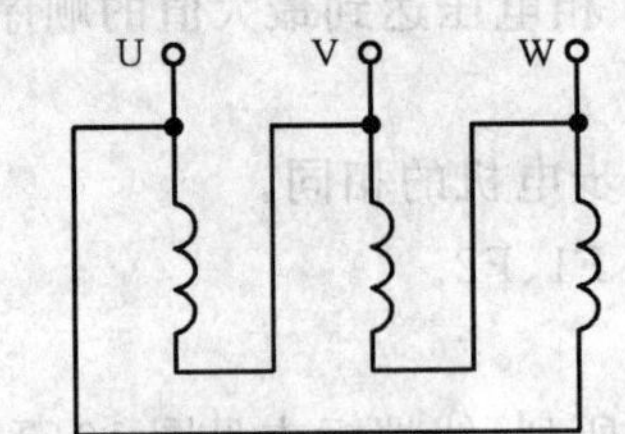

图 2 三相单绕组，角接，3 个线端

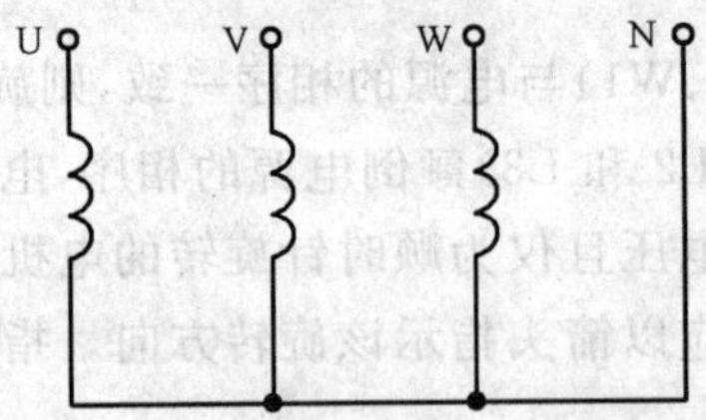

图 3 三相单绕组，带中性线的内星联接，4 个线端

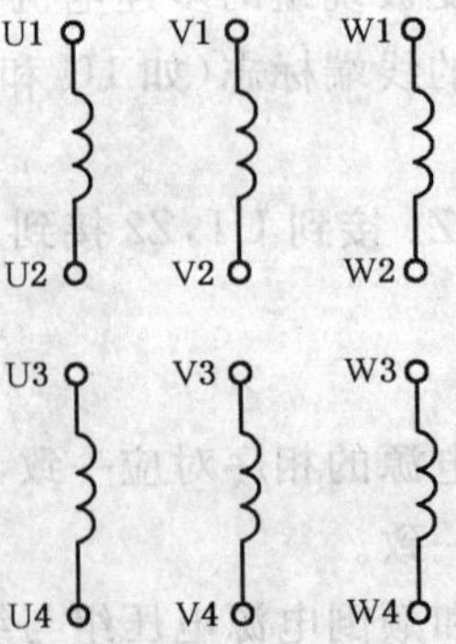

图 4 三相单绕组，每相 2 个单元，开路联接，12 个线端

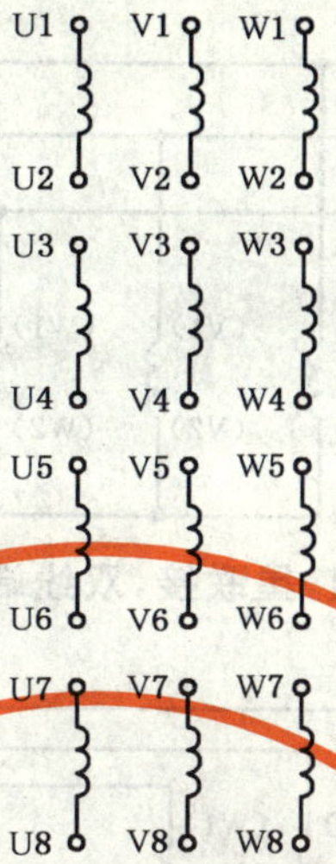

图 5　三相单绕组，每相 4 个单元，开路联接，24 个线端

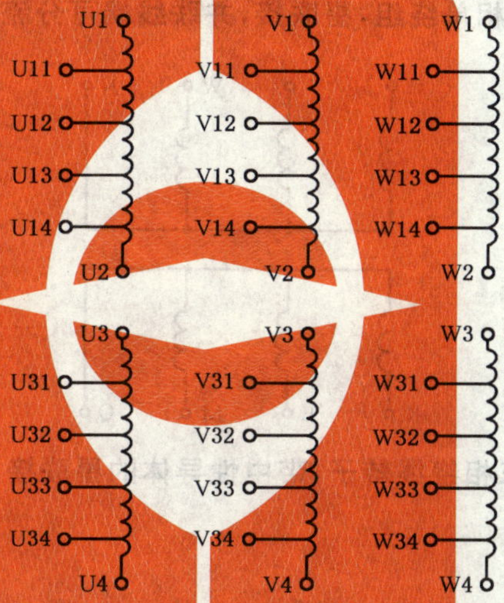

图 6　三相单绕组，每相 2 个单元，每个单元 4 个抽头，开路联接，36 个线端

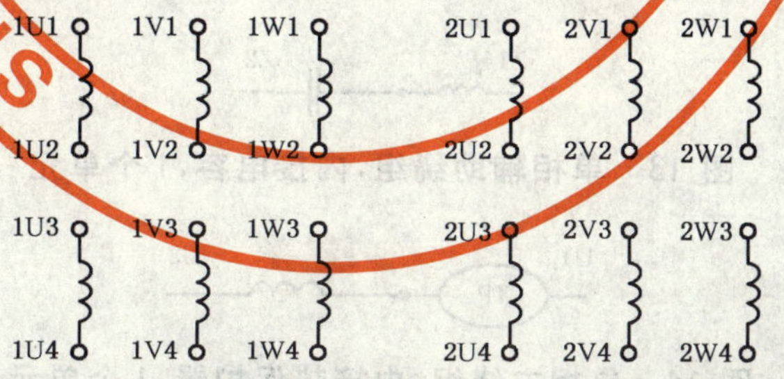

图 7　具有 2 种独立功能的 2 个独立三相绕组，每相 2 个单元，开路联接，24 个线端

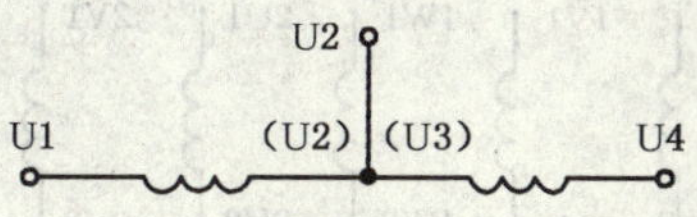

图 8　2 个单元，内联接，3 个线端

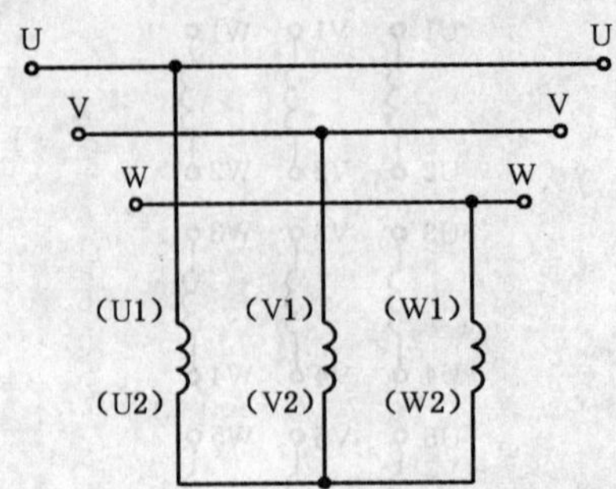

图 9　三相单绕组,星联接,双线端可换接,6 个线端

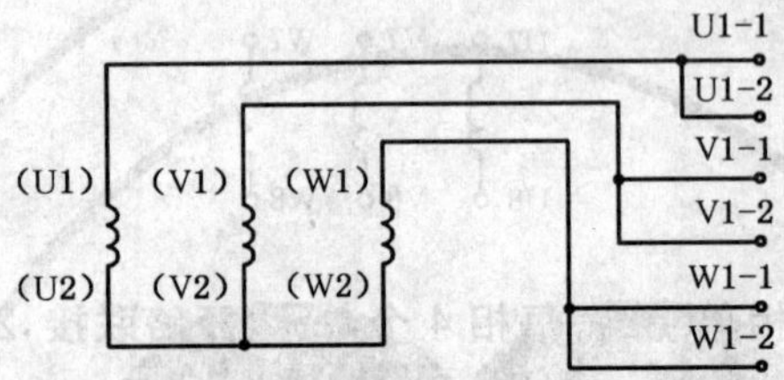

图 10　三相单绕组,星联接,并联线端可分流,6 个线端

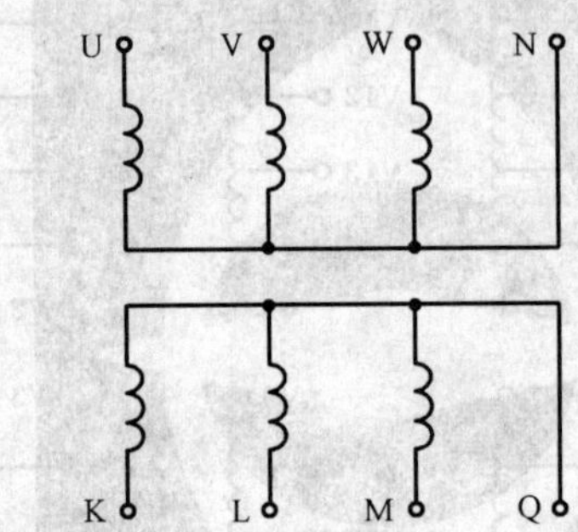

图 11　三相绕线转子,带中性导体的星联接,8 个线端

6.8.2　单相异步电机

图 12　主绕组和辅助绕组,2 个单元

图 13　单相辅助绕组,内接电容,1 个单元

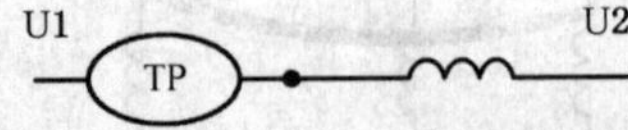

图 14　单相主绕组,内接热保护器,1 个单元

6.8.3　多重三相组(六相)电机

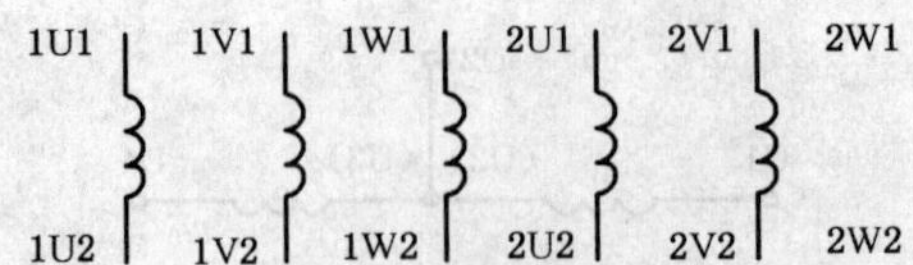

图 15　六相绕组,开路联接,6 个单元

6.8.4 直流电机

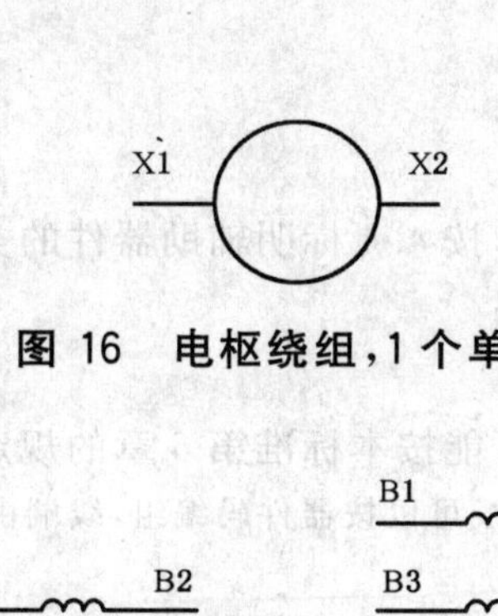

图 16 电枢绕组,1 个单元

图 17 换向绕组,1 个或 2 个单元

图 18 补偿绕组,1 个或 2 个单元

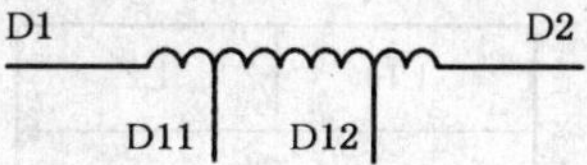

图 19 串联绕组,1 个单元,2 个抽头

E1 E2

图 20 并励绕组,1 个单元

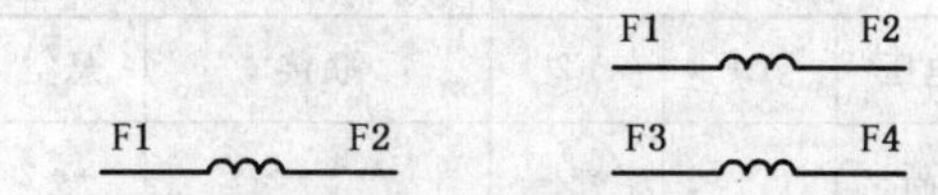

图 21 他励励磁绕组,1 个或 2 个单元

H1 H2

图 22 直轴辅助绕组,1 个单元

J1 J2

图 23 交轴辅助绕组,1 个单元

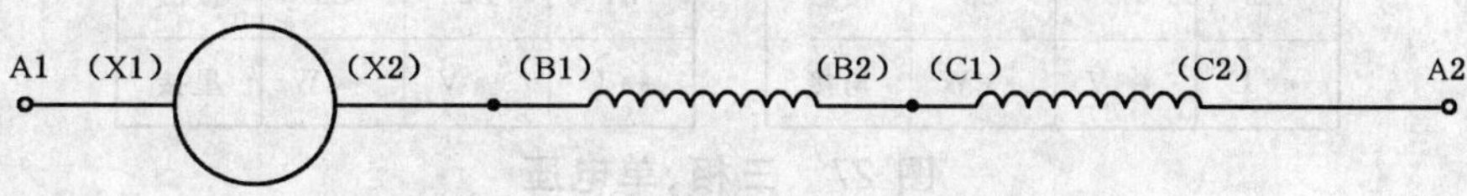

图 24 带换向绕组和补偿绕组的电枢绕组,1 个单元

7 辅助线端标志规则

7.1 通则

辅助线端标志应符合 6.1.3 的规定,按 4.4 标明辅助器件的类型,同时

——数字前缀表明独立回路或器件;

——数字后缀表明引接线功能。

辅助标志添加字母和/或数字应尽可能按本标准第 6 章的规定。

注:对一给定的器件,如有很多线端,引接线可以按器件码编组,线端由一个前缀(1~99)且后跟一个单数字后缀(1~9)加以识别。

7.2 标志

7.2.1 相关器件

器件 BA、BD、BW、CA、HE、LA、SC 和 SP 应按 7.2.1.1~7.2.1.4 的规定标注、联接,各条中:

** 表示器件符号,▭ 代表器件。

注:这个符号应随 GB/T 4728 中规定的示意图的变化而变化。

7.2.1.1 单相、单电压

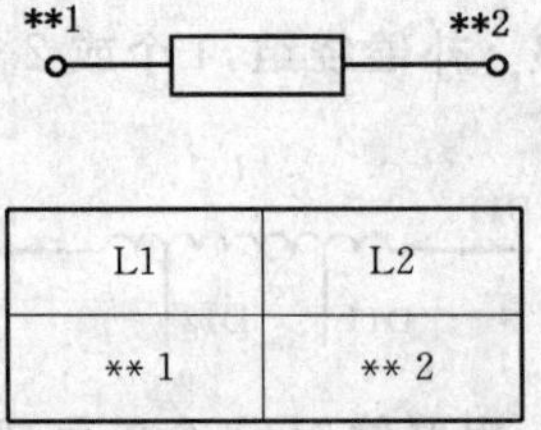

L1	L2
** 1	** 2

图 25 单相、单电压

7.2.1.2 单相、双电压

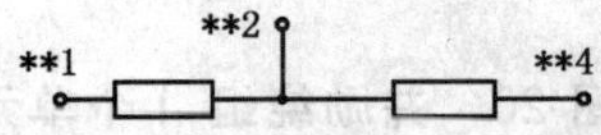

电压	L1	L2	联接	悬空
高	** 1	** 4	—	** 2
低	** 1	** 2	[** 1,** 4]	—

图 26 单相双电压

7.2.1.3 三相、单电压

L1	L2	L3	接法
** U	** V	** W	角接

L1	L2	L3	接法
** U	** V	** W	星接

图 27 三相、单电压

7.2.1.4 三相、双电压

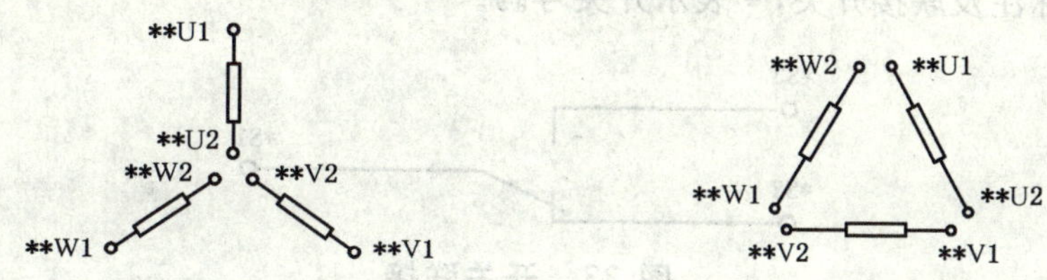

电压	L1	L2	L3	联接	接法
低	** U1	** V1	** W1	[** U1, ** W2];[** V1, ** U2];[** W1, ** V2]	角接
高	** U1	** V1	** W1	[** U2, ** V2, ** W2]	星接

图 28　三相双电压

7.2.2 温控器件和测量器件

器件 CT、PT、R、TB、TC、TN、TM 和 TP，应按 7.2.2.1 至 7.2.2.4 的规定标注、联接，各条中：** 表示器件符号，▭ 代表器件。

标志中的第 1 位数字表示器件的号码。

注 1：生产商应在说明书中标明这些器件的功能。

注 2：只有一个电路时，开头的数字可以省略。

注 3：用颜色标识热电偶的引接线，以示极性。

注 4：电阻式温度计的最后一位数字表示电路的编号。

注 5：这个符号应随 GB/T 4728 中规定的示意图的变化而变化。

7.2.2.1 TB、TC、TM、TN 和 TP 型双引出线器件

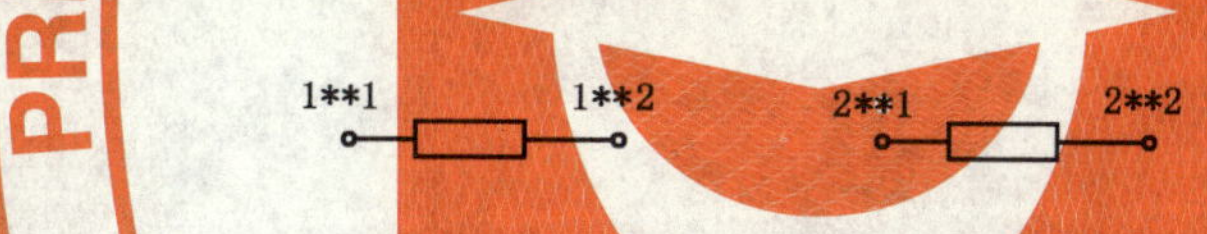

图 29　双引出线器件(R 型除外)

L1 和 L2 宜按说明书或引出线的彩色标记联接。

7.2.2.2 R 型双引出线器件

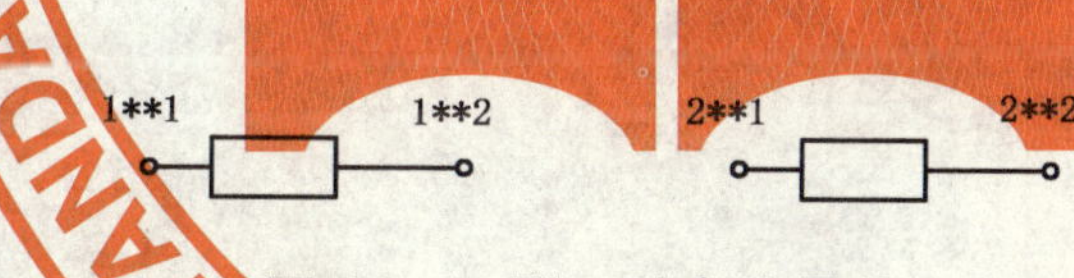

图 30　R 型双引出线器件

7.2.2.3 R 型三引出线器件

图 31　R 型三引出线器件

7.2.2.4 R 型四引出线器件

图 32　R 型四引出线器件

7.2.3 开关

应如图 33 所示标注及联接开关，* 表示开关号码。

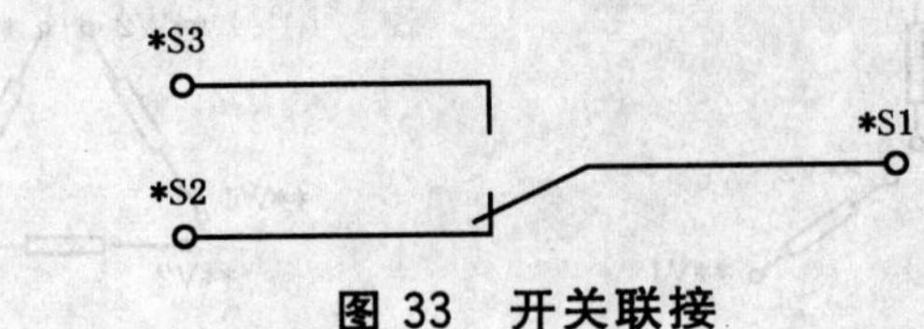

图 33 开关联接

附　录　A
（规范性附录）
常　用　接　线　图

A.1　通则

附录 A 提供的是通用联接情况下的线端标志。图形布局仅供参考，允许使用其他的形式。未列出的应用情况应按第 6 章的规则导出。

注：其他通用的增补例依要求可纳入此附录中。

A.2　三相电机

A.2.1　单速定子绕组

A.2.1.1　单电压

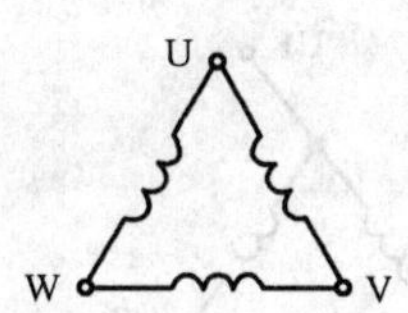

L1	L2	L3	接法
U	V	W	角接

图 A.1　角接

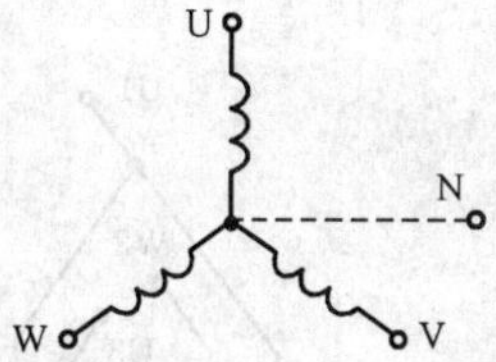

L1	L2	L3	接法
U	V	W	星接

图 A.2　星接-引出/未引出中性线

A.2.1.2　双电压

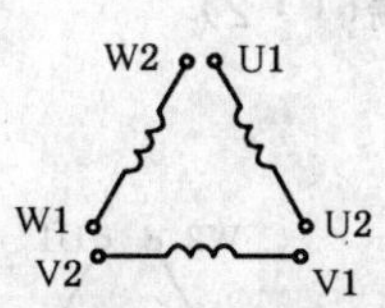

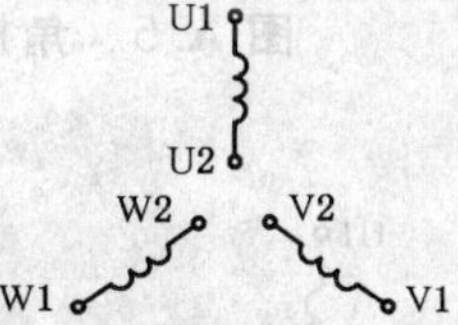

电压	L1	L2	L3	联接	接法
低	U1	V1	W1	[U1,W2];[U2,V1];[V2,W1]	角接
高	U1	V1	W1	[U2,V2,W2]	星接

图 A.3　双电压，6 个线端（1：$\sqrt{3}$）

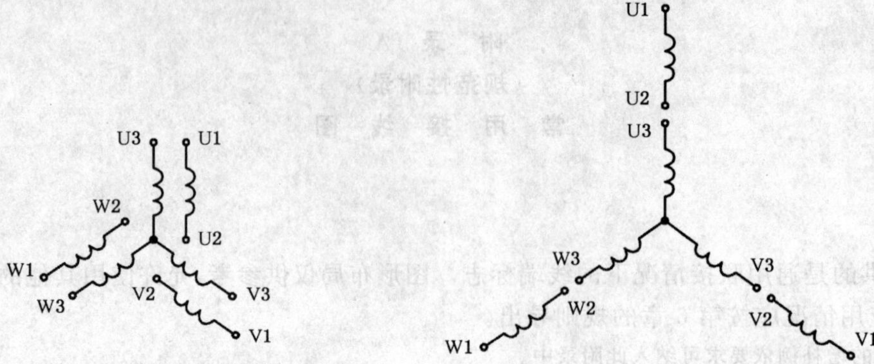

电压	L1	L2	L3	联接	接法
低	U1	V1	W1	[U1,U3];[V1,V3];[W1,W3];[U2,V2,W2]	并联星接
高	U1	V1	W1	[U2,U3];[V2,V3];[W2,W3]	串联星接

图 A.4　星接,双电压,9 个线端(1∶2)

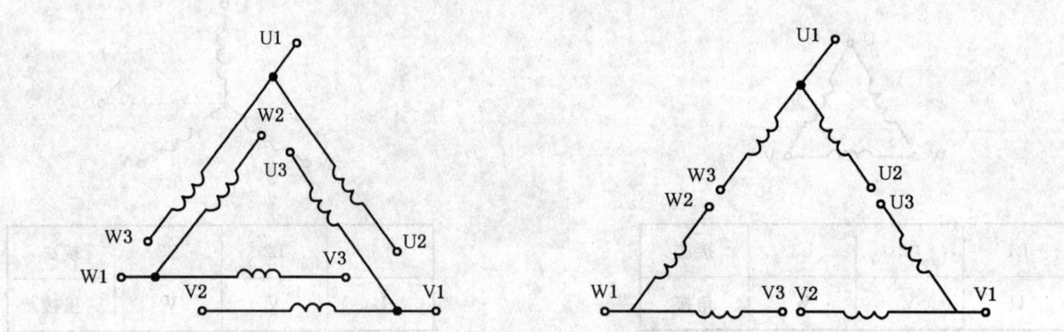

电压	L1	L2	L3	联接	接法
低	U1	V1	W1	[U1,U3,W2];[V1,V3,U2];[W1,W3,V2]	并联角接
高	U1	V1	W1	[U2,U3];[V2,V3];[W2,W3]	角接

图 A.5　角接,双电压,9 个线端(1∶2)

A.2.1.3　起动绕组

	L1	L2	L3	联接	接法
起动	U1	V1	W1	[U2,V2,W2]	星接
运行	U1	V1	W1	[U1,W2];[V1,U2];[W1,V2]	角接

图 A.6　星-角,单电压,6 个线端

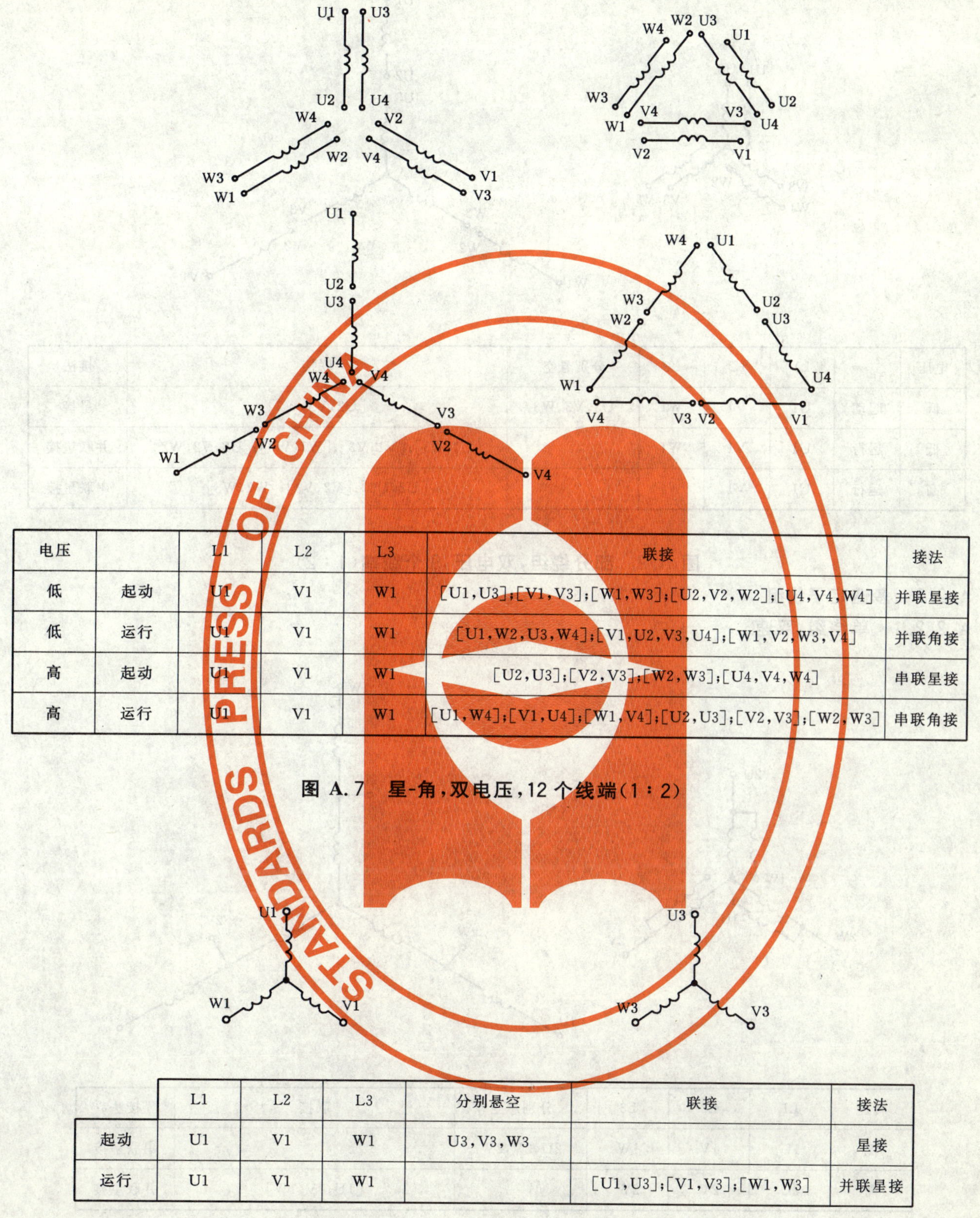

电压		L1	L2	L3	联接	接法
低	起动	U1	V1	W1	[U1,U3];[V1,V3];[W1,W3];[U2,V2,W2];[U4,V4,W4]	并联星接
低	运行	U1	V1	W1	[U1,W2,U3,W4];[V1,U2,V3,U4];[W1,V2,W3,V4]	并联角接
高	起动	U1	V1	W1	[U2,U3];[V2,V3];[W2,W3];[U4,V4,W4]	串联星接
高	运行	U1	V1	W1	[U1,W4];[V1,U4];[W1,V4];[U2,U3];[V2,V3];[W2,W3]	串联角接

图 A.7　星-角,双电压,12 个线端(1:2)

	L1	L2	L3	分别悬空	联接	接法
起动	U1	V1	W1	U3,V3,W3		星接
运行	U1	V1	W1		[U1,U3];[V1,V3];[W1,W3]	并联星接

图 A.8　部分绕组,单电压,6 个线端

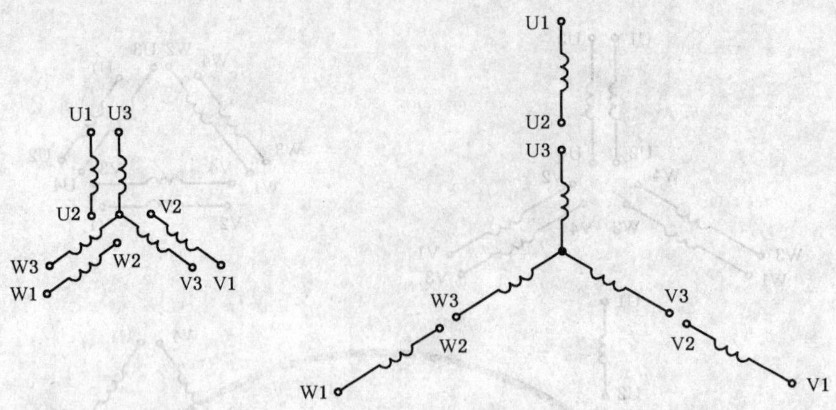

电压		L1	L2	L3	分别悬空	联接	接法
低	起动	U1	V1	W1	U3,V3,W3	[U2,V2,W2]	星接
低	运行	U1	V1	W1		[U1,U3];[V1,V3];[W1,W3];[U2,V2,W2]	并联星接
高	运行	U1	V1	W1		[U2,U3];[V2,V3];[W2,W3]	串联星接

图 A.9　部分绕组,双电压,9 个线端(1∶2)

A.2.2　多速定子绕组

A.2.2.1　单绕组,双速

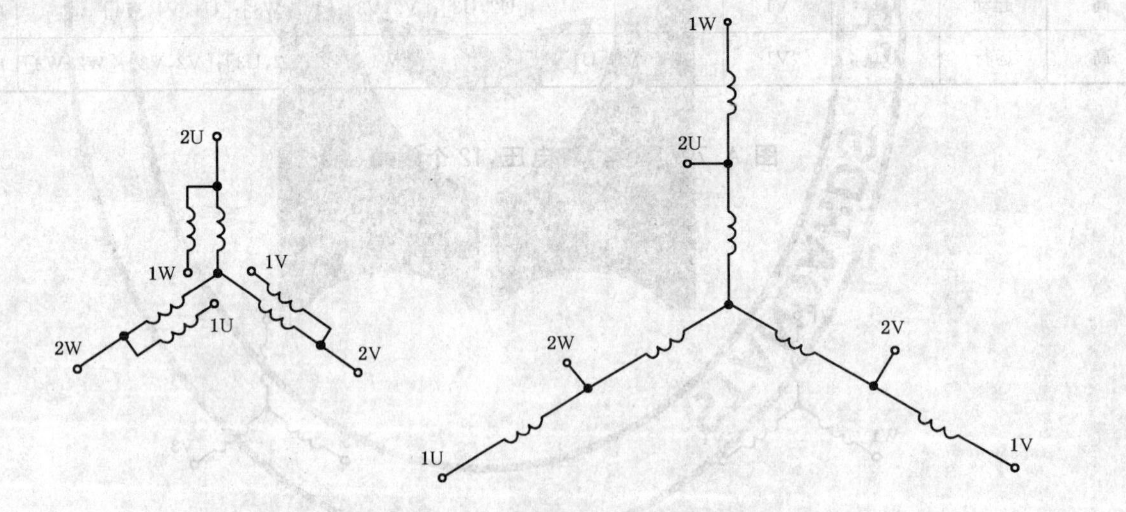

转速	L1	L2	L3	分别悬空	联接	接法
低	1U	1V	1W	2U,2V,2W		串联星接
高	2U	2V	2W		[1U,1V,1W]	并联星接

图 A.10　变转矩,6 个线端

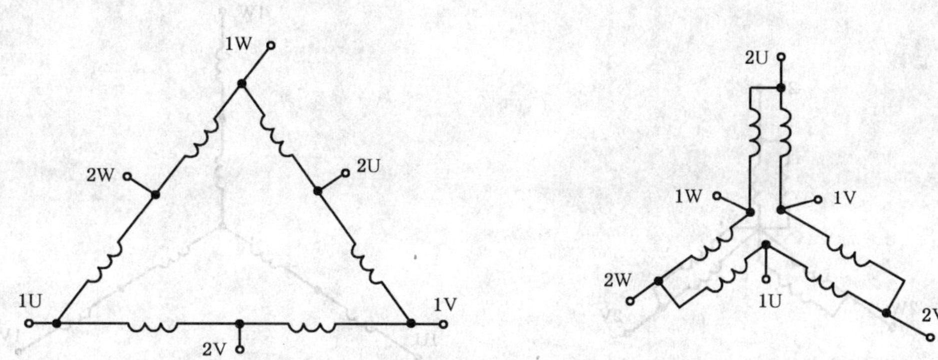

转速	L1	L2	L3	分别悬空	联接	接法
低	1U	1V	1W	2U,2V,2W		串联角接
高	2U	2V	2W		[1U,1V,1W]	并联星接

图 A.11 恒转矩,6 个线端

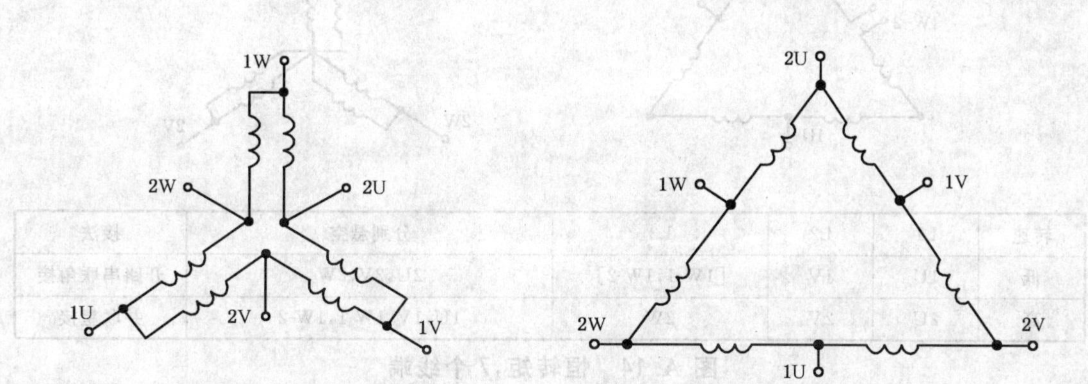

转速	L1	L2	L3	分别悬空	联接	接法
低	1U	1V	1W		[2U,2V,2W]	并联星接
高	2U	2V	2W	1U,1V,1W		串联角接

图 A.12 恒功率,6 个线端

A.2.2.2 多速,带两个或以上独立绕组

图 A.10,图 A.11 和图 A.12 分别是三速或四速电机中最常用的绕组。

有些电机的设计不产生环流,在这种情况下,电机生产商会分别将图 A.14 和图 A.15 的线端(1W-1,1W-2)和(2W-1,2W-2)固定地接在一起,那么也会省略后缀-1 和-2。

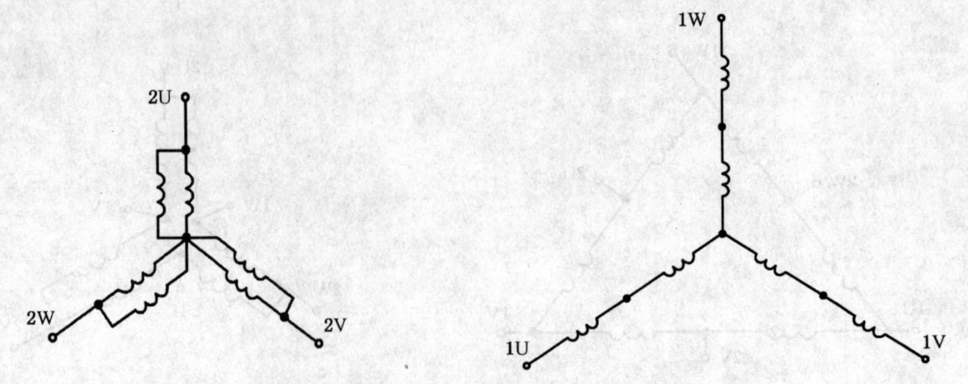

转速	L1	L2	L3	分别悬空	接法
低	1U	1V	1W	2U,2V,2W	串联星接
高	2U	2V	2W	1U,1V,1W	并联星接

图 A.13 变转矩,6 个线端

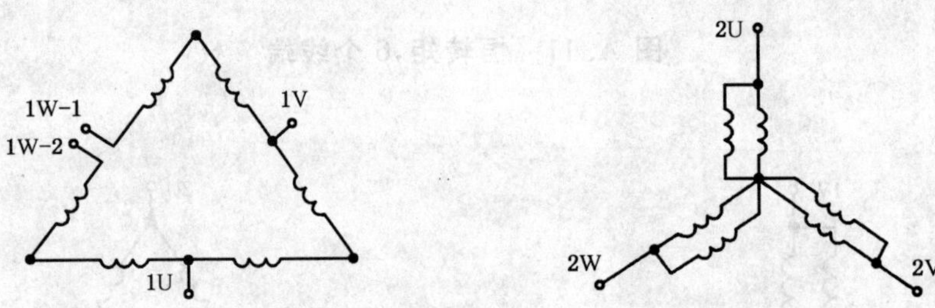

转速	L1	L2	L3	分别悬空	接法
低	1U	1V	[1W-1,1W-2]	2U,2V,2W	开路串联角接
高	2U	2V	2W	1U,1V,1W-1,1W-2	并联星接

图 A.14 恒转矩,7 个线端

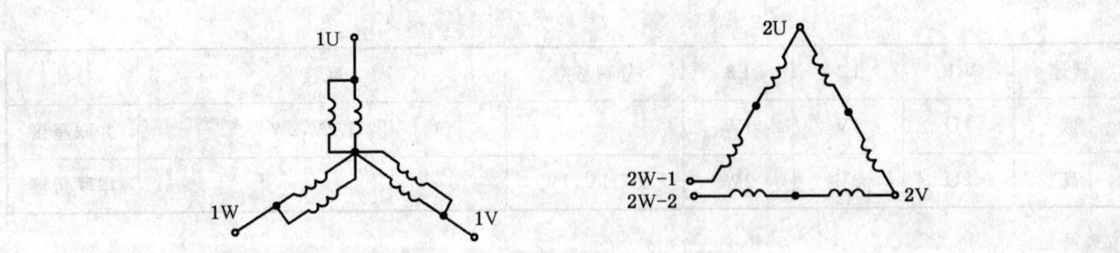

转速	L1	L2	L3	分别悬空	接法
低	1U	1V	1W	2U,2V,2W-1,2W-2	并联星接
高	2U	2V	[2W-1,2W-2]	1U,1V,1W	开路串联角接

图 A.15 恒功率,7 个线端

A.2.2.3 三速

从图 A.1,图 A.2,图 A.10,图 A.11 和图 A.12 中选择绕组组合,然后调整前缀。

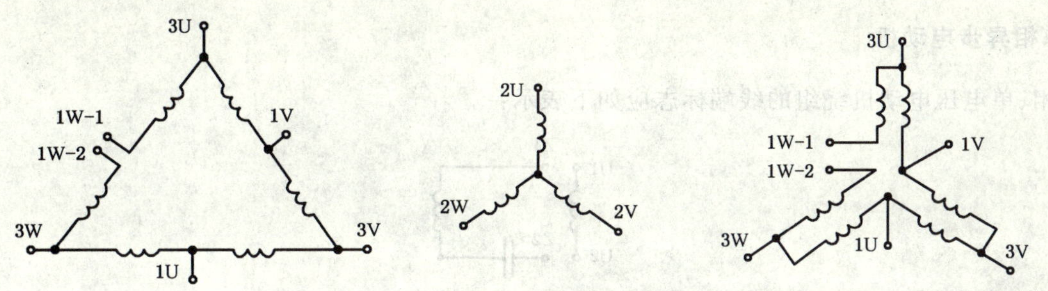

转速	L1	L2	L3	分别悬空	联接	接法
低	1U	1V	1W-1	2U,2V,2W,3U,3V,3W	[1W-1,1W-2]	开路串联角接
中	2U	2V	2W	1W-1,1W-2,1V,1U,3U,3V,3W		星接
高	3U	3V	3W	2U,2V,2W	[1W-1,1W-2,1V,1U]	并联星接

图 A.16 带 2 套独立绕组,10 个线端,三速恒转矩电动机的示例

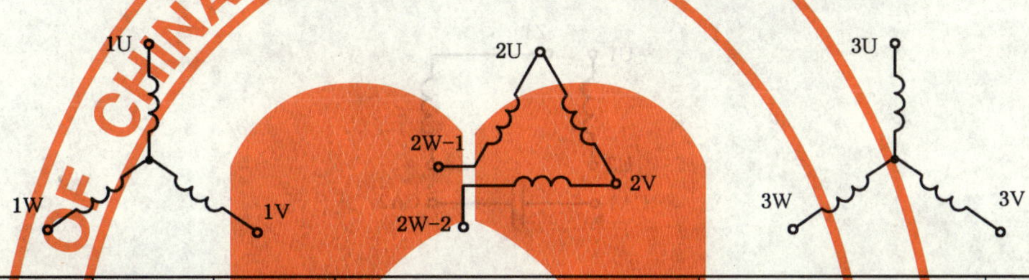

转速	L1	L2	L3	分别悬空	联接	接法
低	1U	1V	1W	2U,2V,2W-1,2W-2,3U,3V,3W		星接
中	2U	2V	2W-1	1U,1V,1W,3U,3V,3W	[2W-1,2W-2]	开路角接
高	3U	3V	3W	1U,1V,1W,2U,2V,2W-1,2W-2		星接

图 A.17 带 3 套独立绕组,10 个线端的三速电动机的示例

A.2.2.4 四速

从图 A.1,图 A.2,图 A.10,图 A.11 和图 A.12 中选择绕组组合,然后调整前缀。

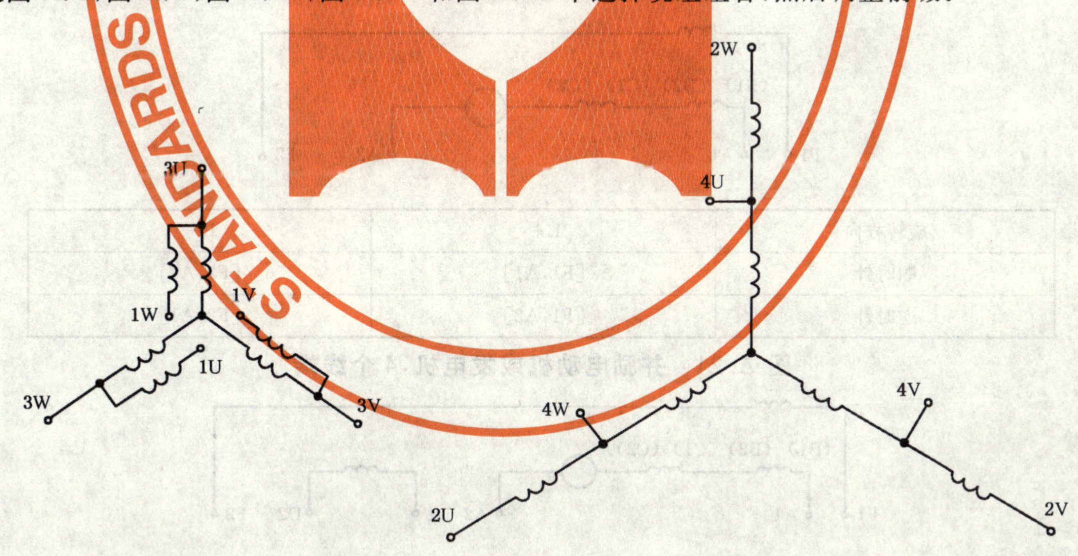

转速	L1	L2	L3	分别悬空	联接	接法
低	1U	1V	1W	2U,2V,2W,3U,3V,3W,4U,4V,4W		串联星接
二速	2U	2V	2W	1U,1V,1W,3U,3V,3W,4U,4V,4W		串联星接
三速	3U	3V	3W	2U,2V,2W,4U,4V,4W	[1U,1V,1W]	并联星接
高	4U	4V	4W	1U,1V,1W,3U,3V,3W	[2U,2V,2W]	并联星接

图 A.18 带 2 套独立绕组,12 个线端、四速变转矩电动机的示例

A.3 单相异步电动机

单相、单电压电动机绕组的线端标志应如下表示：

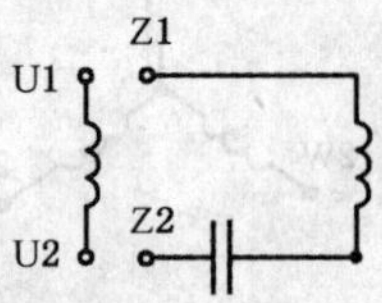

旋转方向	L1	L2	联接
顺时针	U1	U2	[U1,Z1];[U2,Z2]
逆时针	U1	U2	[U1,Z2];[U2,Z1]

图 A.19 分相电动机或电容起动可逆转的电动机

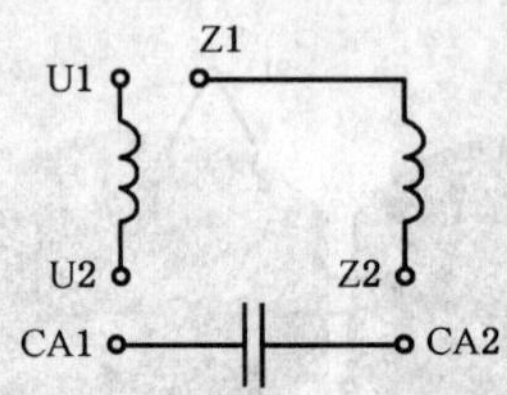

旋转方向	L1	L2	联接
顺时针	U1	U2	[U1,Z1];[U2,CA1];[CA2,Z2]
逆时针	U1	U2	[U2,Z1];[U1,CA1];[CA2,Z2]

图 A.20 外接电容，4 个线端的电容起动可逆转的电动机

A.4 直流电机

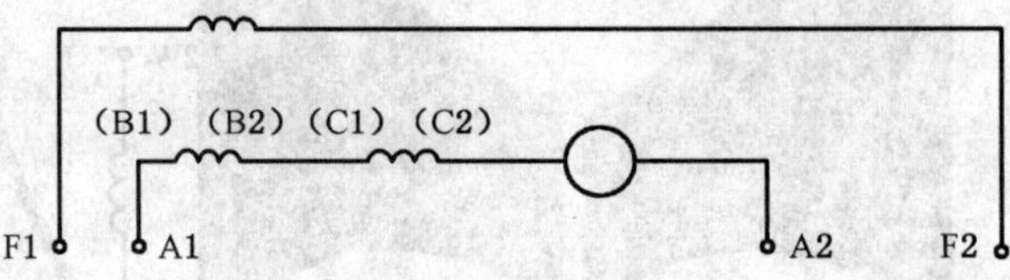

旋转方向	L+	L−
顺时针	[F1,A1]	[F2,A2]
逆时针	[F1,A2]	[F2,A1]

图 A.21 并励电动机或发电机，4 个线端

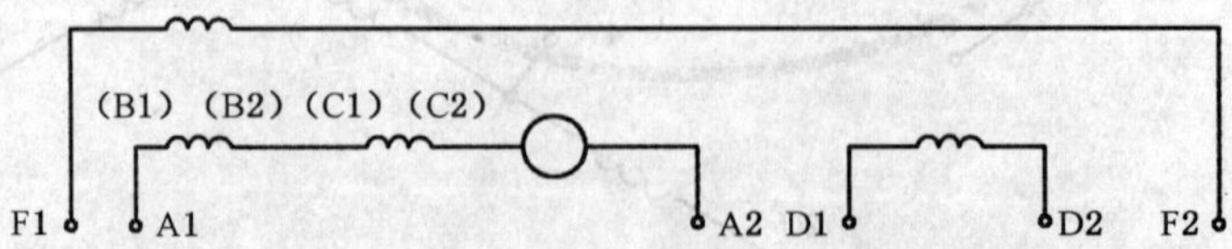

旋转方向	L+	L−	联接
顺时针	[F1,A1]	[F2,D2]	[A2,D1]
逆时针	[F1,A2]	[F2,D2]	[A1,D1]

图 A.22 带积复励绕组和换向绕组的并励电动机或复励发电机，6 个线端

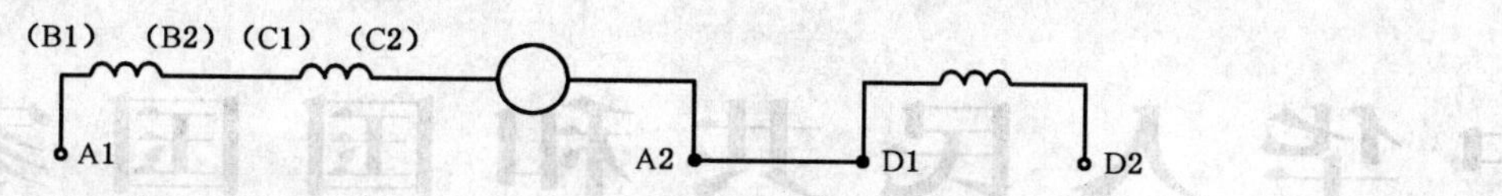

旋转方向	L+	L−
顺时针	A1	A2,(D2)
逆时针(参见下面)	A1	A2,(D1)

图 A.23　串励电动机,2 个线端

旋转方向与 A1、A2 的极性无关,应在外壳上标注箭头以表示旋转方向。

顺时针旋转方向如图所示。改变内联接可得逆时针旋转方向,即颠倒串励绕组连接点(D1)和(D2),然后将(D1)标作 A2。

ICS 55.180.10
A 85

中华人民共和国国家标准

GB/T 1992—2006
代替 GB/T 1992—1985

集 装 箱 术 语

Freight container vocabulary

（ISO 830:1999，MOD）

2006-12-14 发布　　2007-05-01 实施

中华人民共和国国家质量监督检验检疫总局
中国国家标准化管理委员会　发布

前言

本标准修改采用 ISO 830:1999《集装箱 术语》英文版。

本标准根据 ISO 830:1999 重新起草,与 ISO 830:1999 的技术差异为:

——集装箱的定义中增加了关于智能、安全方面的要求,见 3.1f);

——增加了有关非标准集装箱、航空集装箱和中间件等术语和定义,见 3.4,4.2.3 和 6.1.1.2;

——表 1 中增加了“参考的箱型代码”一栏;

——表 2 中增加了“外部高度”一栏,将注释内容放在表格中。

为便于使用,本标准还做了下列编辑性修改:

——“本国际标准”一词改为“本标准”;

——删除 ISO 830:1999 的前言;

——删除了 3.1,4.1.2 的第 3、4 条的注。

本标准代替 GB/T 1992—1985《集装箱名词术语》。

本标准与 GB/T 1992—1985 的主要技术差异为:

——取消了“消耗式冷剂冷藏集装箱”(原 2.2.2.1.2)、“门楣”(原 4.1.5)、“门槛”(原 4.1.6)、“顶板”(原 4.1.9)、“箱门密封垫”(原 4.1.18)、“门铰链”(原 4.1.19)、“门锁装置”(原 4.1.20)、“箱门搭扣件”(原 4.1.21)及“抓臂起吊槽”(原 4.1.22)的术语和定义;

——取消了原标准的第 4 章“其他名词术语”中 4.3.1~4.3.6 的术语和定义;

——增加了“非标准集装箱”(3.4)、“无压干散货集装箱”(4.2.2.3.1)、“有压干散货集装箱”(4.2.2.3.2)、“箱型干散货集装箱”(4.2.2.3.3)、“库斗型干散货集装箱”(4.2.2.3.4)、“扶梯、步道”(6.1.2.3)、“通气孔、排风设备”(6.1.10.5)、“载荷传递区”(6.1.11)、“载荷传递带”(6.1.12)、“复板”(6.1.13)及“平台或台架箱底架”(6.2.2)的术语和定义;

——增加了“箱型代码”的要求(4.1.2);

——增加了“与箱型有关的定义”(第 7 章)和“集装箱搬运、紧固以及自动识别”(第 8 章)的系列术语和定义。

本标准由中华人民共和国交通部提出。

本标准由全国集装箱标准化技术委员会(SAC/TC 6)归口。

本标准起草单位:交通部水运科学研究院、中国远洋集团集装箱运输有限公司、中国国际海运集装箱(集团)有限公司。

本标准主要起草人:费维军、卢成、徐宏基、金菁。

本标准所代替标准历次版本发布情况为:

——GB/T 1992—1985。

引　言

集装箱作为当今最通用的运输设备的使用遍及全世界，这就要涉及到集装箱的信息在不同区域间的传递。本标准的修订对集装箱多式联运和集装箱工业等领域起到了指导作用，我国相应标准的修订工作也必须跟上形势发展的需要。

在我国已经成为世界贸易组织（WTO）成员和我国集装箱运输业与制造业已经在全世界排位中名列前茅的新形势下，此次国家标准的修订更有必要充分考虑与国际标准同步和内容相协调的问题。

本标准修订的内容，主要是在 GB/T 1992—1985 所列条文的基础上增加大量新的词汇，这些新的内容同 ISO 830 从老版本过渡到新版本的内涵是一致的。

集 装 箱 术 语

1 范围

本标准规定了集装箱的术语和定义。

本标准适用于 GB/T 1413 所列各类型的集装箱。

注：集装箱的各部分和零部件的分类与 GB/T 17273—2006 的规定一致。

2 规范性引用文件

下列文件中的条款通过本标准的引用而成为本标准的条款。凡是注日期的引用文件，其随后所有的修改单(不包括勘误的内容)或修订版均不适用于本标准，然而，鼓励根据本标准达成协议的各方研究是否可使用这些文件的最新版本。凡是不注日期的引用文件，其最新版本适用于本标准。

GB/T 1413 系列 1 集装箱 分类、尺寸和额定质量(GB/T 1413—1998，idt ISO 668:1995)

GB/T 1836 集装箱代码、识别和标记(GB/T 1836—1997，idt ISO 6346:1995)

GB/T 7392 系列 1 集装箱的技术要求和试验方法 保温集装箱(GB/T 7392—1998，idt ISO 1496-2:1996)

GB/T 16563 系列 1 液体、气体及加压干散货罐式集装箱 技术要求和试验方法(GB/T 16563—1996，idt ISO 1496-3:1995)

GB/T 17894 集装箱自动识别(GB/T 17894—1999，idt ISO 10374:1991)

3 集装箱的定义

3.1

集装箱 freight container

一种供货物运输的设备，应满足以下条件：

a) 具有足够的强度和刚度，可长期反复使用；

b) 适于一种或多种运输方式载运，在途中转运时，箱内货物不需换装；

c) 具有便于快速装卸和搬运的装置，特别是从一种运输方式转移到另一种运输方式；

d) 便于货物的装满和卸空；

e) 具有 1 m^3 及其以上的容积；

f) 是一种按照确保安全的要求进行设计，并具有防御无关人员轻易进入的货运工具。

3.2

国际标准集装箱 ISO container

在生产之时，符合当时国际标准规定的集装箱。

3.3

国家标准集装箱 GB container

在生产之时，符合当时我国国家标准规定的集装箱。

3.4

非标准集装箱 non-standard container

在生产之时，不符合当时 3.2 和 3.3 规定的集装箱。

4 集装箱类型

4.1 总则

4.1.1 分类

集装箱按运输方式、货物种类和箱体结构分为不同的类型,见表1,其分类原则如下:

a) 除另有具体要求者外,集装箱应能够适应公路、铁路和水路运输的要求。

b) 按集装箱设计中所考虑装运货物品种的不同,可分为以下几类:

——普通货物集装箱(4.2.1)是包括所有无特殊要求的或除了特种货物集装箱以外的各种箱型,在此基础上还可以根据其结构和作业特点进一步细分;

——特种货物集装箱(4.2.2)是用于装运对温度敏感的液态、气态或固态物料或特种货物集装箱,它又可以按照所适应的物理参数如温度和试验压力等进一步细分。

表1 集装箱的类型和代码

项　目	本标准的章节编号	参考的箱型代码
a 普通货物集装箱	4.2.1	
1) 通用集装箱	4.2.1.1	G0
2) 专用集装箱	4.2.1.2	
封闭式透气/通风集装箱	4.2.1.2.1	V0,V2
敞顶式集装箱	4.2.1.2.2	U0
平台式集装箱	4.2.1.2.3	P0
台架式集装箱	4.2.1.2.4	
——上部结构不完整的固端结构	4.2.1.2.4.1	P1,P2
——上部结构不完整的折端结构	4.2.1.2.4.2	P3,P4
——上部结构完整	4.2.1.2.4.3	P5
b 特种货物集装箱	4.2.2	
1) 保温集装箱	4.2.2.1	H5,H6,R1,R3
2) 罐式集装箱	4.2.2.2	T0～T9
3) 干散货集装箱	4.2.2.3	B0～B6
4) 按货种命名的集装箱	4.2.2.4	S0,S1,S2
c 航空集装箱	4.2.3	
1) 空运集装箱	4.2.3.1	
2) 空陆水联运集装箱	4.2.3.2	

4.1.2 箱型代码

集装箱的箱型代码由GB/T 1836列出。

集装箱的箱型代码由两位字符组成,第一位为拉丁字母表示箱型;第二位为阿拉伯数字表示箱体物理特征或其他特性。

注1:集装箱类型的划分详按表1,该表不包括具体的细目。

注2:无论是总表还是所附的定义均不能将所有的集装箱类型列全。

4.2 术语和定义

4.2.1

普通货物集装箱　general cargo container

除装运需要控温的货物、液态或气态货物、散货、汽车和活的动物等特种货物的集装箱以及空运集装箱以外其他类型集装箱的总称。

4.2.1.1

通用集装箱　general purpose container

具有风雨密性能的全封闭集装箱。设有刚性的箱顶、侧壁、端壁和底部结构，至少在一个端部设有箱门，以便于装运普通货物。

4.2.1.2

专用集装箱　specific purpose container

普通货物集装箱中某些具有一定结构特点箱型的总称，包括可以不通过箱体的端门进行货物装卸以及具有透气或通风功能的集装箱。

注：这类集装箱的定义属于4.2.1.2.1～4.2.1.2.4所规定范畴。

4.2.1.2.1

封闭式透气/通风集装箱　closed ventilated container

类似通用集装箱，但具有与外界大气进行气流交换的装置。其通风的方式可以是自然流通的，也可以借助通风机械来实现。

4.2.1.2.2

敞顶式集装箱　open top container

没有刚性箱顶的集装箱，但具有通过可以转动或可拆卸的顶梁来支撑的柔性顶篷或可以移动的刚性顶盖，其他部分与通用集装箱类似。

注：这类集装箱在端门上应设有一根可移动或可拆卸的横梁。

4.2.1.2.3

平台式集装箱　platform container

是一种没有上部结构的载货平台，其平面尺寸和最大总质量以及供搬运和紧固作业的设施等均符合标准集装箱的要求。

4.2.1.2.4

台架式集装箱　platform-based container

没有刚性侧壁，也没有像通用集装箱那种能够承受箱内载荷的侧壁等效结构，其底部结构类似平台式集装箱(4.2.1.2.3)。

4.2.1.2.4.1

带有不完整的上部结构和固定端部结构的台架式集装箱　platform-based containers with incomplete superstructure and fixed ends

除箱体的底部结构以外，没有其他永久性纵向承载结构件的台架式集装箱。

4.2.1.2.4.2

带有不完整的上部结构和端部结构可以折叠的台架式集装箱　platform-based containers with incomplete superstructure and folding ends

上部结构不完整(4.2.1.2.4.1)，其带有横向连接件的端部结构可以折叠的台架式集装箱。

4.2.1.2.4.3

带有完整上部结构的台架式集装箱　platform-based containers with complete superstructure

在箱体底部结构以上部位具有永久性纵向承载结构的台架式集装箱。

注：此处"荷载"一词既包括动载力也包括静载力，而不是指货物的质量。

4.2.2

特种货物集装箱　specific cargo container

用以装运需要控温货物、液态、气态和(或)固态物料以及汽车等特种货物集装箱的总称。

注：该类集装箱的定义与4.2.2.1～4.2.2.4一致。

4.2.2.1

保温集装箱　thermal container

具有隔热功能的箱壁、箱门、箱底和箱顶，能够减缓箱体内外热量交换的集装箱，见 GB/T 7392。

注 1：保温集装箱的定义包括制冷和加热或空气控制装置。

注 2：保温集装箱的术语见 7.2。

4.2.2.1.1

隔热集装箱　insulated container

无冷却和加热设备的保温集装箱。

4.2.2.1.2

机械式制冷集装箱　mechanically refrigerated container

备有制冷机组(装置压缩机组、吸热机组等)的保温集装箱。

4.2.2.1.3

冷藏和加热集装箱　refrigerated and heated container

具有制冷和加热功能的保温集装箱。

4.2.2.2

罐式集装箱　tanker container

这种类型集装箱由箱体框架和罐体两部分组成，并符合 GB/T 16563 的规定。

注：罐式集装箱的术语见 7.3。

4.2.2.3

干散货集装箱　dry bulk container

用于装运无包装干散货的集装箱，设有便于装满和卸空的开口。

4.2.2.3.1

无压干散货集装箱　non-pressurized dry bulk container

靠物料自身的重力进行装载和卸载的干散货集装箱。

4.2.2.3.2

有压干散货集装箱　pressurized dry bulk container

靠物料自身的重力或外部压力进行装载和卸载的干散货集装箱。

注：干散货集装箱术语见 7.4。

4.2.2.3.3

箱型干散货集装箱　box type dry bulk container

具有多边体的储料空间，至少在一个端部(下端)设有出料口，通过箱体的纵向倾斜进行卸料的无压干散货集装箱。

注：通常这类型集装箱归属于一般通用集装箱。

4.2.2.3.4

戽斗型干散货集装箱　hopper type dry bulk container

设有储料戽斗，可以在集装箱处于水平状态下通过戽斗下部的出料口进行卸料的无压干散货集装箱，这种箱型不能够装运普通包装货物。

4.2.2.4

按货种命名的集装箱　named cargo container

专门或基本上用于装运某种特定货物的集装箱，如装运汽车或动物的集装箱等。

注：运输动物的箱型代号为 S0，运输汽车的箱型代号为 S1，运输鱼类的集装箱代号为 S2，空号是留给其他以货物种类命名的集装箱的备用号。

4.2.3　航空集装箱

4.2.3.1

空运集装箱　air container

适用于空运的集装箱，它具有平齐的底面和在航空器内限动的相应装置，可以在空运设备上设置的辊道系统上平移或转向的轻型集装箱。

4.2.3.2

空陆水联运集装箱　air surface container

除了空运集装箱所具有的特点之外，还能够适应水运和陆运条件并满足多式联运需求的联运集装箱。

5　集装箱的特征

5.1　集装箱的类型

5.1.1　尺寸类型

系列1集装箱的尺寸类型见表2。

表2　系列1集装箱的尺寸类型

型号	公称长度		外部高度	
	m	ft	mm	ft-in
1AAA	12	40	2 896	9 ft 6 in
1AA			2 591	8 ft 6 in
1A			2 438	8 ft
1AX			<2 438	<8 ft
1BBB	9	30	2 896	9 ft 6 in
1BB			2 591	8 ft 6 in
1B			2 438	8 ft
1BX			<2 438	<8 ft
1CC	6	20	2 591	8 ft 6 in
1C			2 438	8 ft
1CX			<2 438	<8 ft
1D	3	10	2 438	8 ft 6 in
1DX			<2 438	<8 ft

5.1.2　集装箱的尺寸代码

集装箱的尺寸代码按照GB/T 1836的规定由两位字符表示，第一位用拉丁字母或阿拉伯数字表示箱体的外部长度；第二位用阿拉伯数字或拉丁字母表示箱体的外部宽度和高度。

5.2　箱体的尺寸和容积

5.2.1　外部尺寸

5.2.1.1

公称尺寸　nominal dimensions

为便于区别箱体尺度而采用不表示公差的整数近似值。

注：GB/T 1413有关公称尺寸适用于本标准规定。

5.2.1.2

实际尺寸　actual dimensions

箱体的最大外部长、宽、高总尺寸。

注：集装箱的六个面中任意一面的两个对角线长度之差值是通过该面上角件孔中心所测出的对角线长度之差，即使该面各边的轮廓尺寸达到上限值时，其对角线长度的偏差值也必须在允许的范围内。

5.2.2

内部尺寸　internal dimensions

箱体的最大无障碍内部尺寸，对于角件的局部伸入量可予以忽略。

注1：除另有说明外，内部尺寸和内部净空尺寸是同义词。

注2：关于内部尺寸的定义具体要求可参见 GB/T 1413 和 GB/T 5338—2002、GB/T 7392 系列标准。

5.2.3

门框开口　door opening

门框内部开口的无障碍尺寸，亦即能够通过的最大尺寸货物装卸的箱门开度。具体要求见相应箱型的技术条件和试验方法系列标准。

注1：在 GB/T 5338—2002 通用集装箱和 GB/T 7392 保温集装箱中规定了门框开口的最小尺寸。

注2：关于开口详见 6.1.10.1 规定。

5.2.4

内容积　internal volume

箱体内部高度、宽度和长度尺寸的乘积。

注：除另有规定外，"内容积"、"净内容积"、"内部净容积"是同义词。

5.3　集装箱的额定值和自身质量

5.3.1

额定值　rating

即集装箱的最大总质量，是作业时的最高值，也是试验时的最低值。通常以"R"表示。

注：额定值在 GB/T 1413 中给出。

5.3.2

箱体自身净质量　tare mass

以"T"表示，系某特定箱型在正常作业时的空箱质量，该值包括箱体自身的附件和配件的质量。例如，一只冷藏集装箱的自身质量应当包括制冷机组和满载的油料等。

注：此处的净质量与空箱质量含义相同。

5.3.3

货载　payload

以"P"表示，是集装箱的允许最大货载，包括固货件和充塞物料等。在正常作业时：

$$P = R - T$$

注：R、T 和 P 均属质量概念，在试验时的作用力则以 Rg、Tg 和 Pg 来表示，其单位为"牛顿"或"千牛顿"。

5.4　集装箱相关能力定义

本部分所列的能力不包括不同类型集装箱所有的能力，仅是认为需要的相关能力的部分定义。

5.4.1

堆码能力　stacking capability

某一特定集装箱能够承受其上部同等规格多层满载集装箱的能力，此时的承载值应当计入该箱在模拟载运船舶舱内格栅中堆码时的最大偏移量和船舶在航运中出现的动态加速力。

5.4.2

拴固能力　restraint capability

集装箱通过箱底结构固定在特定载运工具上，在行驶中所能承受的最大加速力。

5.4.3

通常底板承载能力　floor loading capability (general)

空载集装箱的底部结构所能够承受箱内有效荷载或设备车轮所产生的静载和动载的能力。

5.4.4

底板承载能力　floor loading capability

集装箱进行试验时，集装箱的底部结构所能够承受箱内有效荷载或设备车轮所产生的静载和动载的能力。

5.4.5

箱体刚度　rigidity

固缚在运输工具上的集装箱能够承受因运输工具动态所导致横向和纵向的挤压能力。

5.4.6

风雨密性　weatherproofness

在箱门关闭的情况下，该箱体能够经受特定风雨密试验的能力。

6　集装箱零件和结构件的有关术语

6.1　零件

6.1.1　配件

6.1.1.1

角件　corner fitting

通常设在箱体的每个角部的零件，它起着支撑、堆码、搬运和紧固集装箱的重要作用。

6.1.1.2

中间件　intermediate fitting

为满足1E,1EE和1EEE型集装箱的支承、堆码、搬运和紧固作业要求而设置在相当于1A,1AA和1AAA型集装箱角件位置处的配件。

6.1.2　上端梁和下端梁

6.1.2.1

上端梁　top-end transverse member

通常位于端框架(6.2.3)上部连接两个顶角件的横梁。

注1：如果是在门端常称为门楣，敞顶式集装箱的门楣往往是可以拆卸或是可以回转的。

注2：带活动角柱台架式集装箱不设上端梁。

6.1.2.2

下端梁　bottom-end transverse member

通常位于端框架(6.2.3)底部连接两个底角件的横梁。

注：如果是在门端常称为门槛。

6.1.2.3

扶梯　ladder

步道　catwalk

在集装箱顶部或载货部位为保证安全作业设计的部件。

6.1.3　上、下侧梁

6.1.3.1

上侧梁　top side rail

通常位于箱体侧面的上部连接两个端部上角件的纵梁。

注：对于台架式集装箱，它的侧部和顶部通常是敞开的，该项梁元可以省去，即使存在亦属不承受纵向力的杆件。

6.1.3.2

下侧梁　bottom side rail

通常位于箱体侧面的下部连接两个端部底角件的纵梁。

6.1.4

角柱 corner post

通常位于箱体端框架(6.2.3)的两侧连接顶角件和底角件的立柱,与相关角件共同称为角构件。

6.1.5

底板 floor

承托箱内货载的构件,通用集装箱的地板一般由木料构成;小型集装箱可使用钢质地板;保温集装箱的地板一般由带有纵向通风道的铝材构成。

6.1.6

底梁 floor bearer

亦称底板托梁,在集装箱箱体结构中用于支撑底板的构件。

注1:对于一般集装箱是设在箱底结构(6.2.1)两个端部之间的横梁。

注2:台架式集装箱的底板托梁除了横向者外,也不排除有纵向托梁存在。

6.1.7

顶梁 roof bow

设在箱体顶部支承箱顶的横梁,对于敞顶式集装箱则是用于承托可移动的柔性顶罩,为便于从顶部装卸货物,要求这些顶梁是可以移动或回转的。

6.1.8

叉槽 fork lift pocket

横向贯穿箱底结构的增强梁元,供叉式装卸车的叉齿伸入后对集装箱进行搬运作业。一般用于公称长度等于和小于 6 m 的集装箱。

6.1.9

鹅颈槽 gooseneck tunnel

位于箱体前端与搬运车辆的鹅颈部位相适配的凹槽,一般用于公称长度等于和大于 9m 的集装箱。

注:也有在箱体两端都设鹅颈槽的情况。

6.1.10 开口、箱门和箱罩

6.1.10.1

开口 opening

根据作业需要设在箱体的某一部位可以封闭和开启的构件,它应当具有风雨密性和一定程度的气密性。

注:开口指集装箱的一端或一侧,两侧或箱顶永久敞开,还适用于软顶式集装箱。

6.1.10.2

端门 end door

设在箱体端部可供启闭的箱门组合件。

6.1.10.3

侧门 side door

设在箱体侧部可供启闭的箱门组合件。

6.1.10.4

箱罩 cover or tarpaulin

设在箱体敞开的顶部、侧部或端部可以移动的柔性罩盖,一般由帆布或高分子合成材料构成。

注:这种柔性材料一般称为“防水油布”或“防水漆布”。

6.1.10.5

通气孔 vent

排风设备 ventilator

供箱体内外空气交换的装置。

6.1.11

载荷传递区　load transfer area

位于箱体底结构横梁的底面与骨架式载箱挂车纵向主梁的接触部位。

6.1.12

载荷传递带　load transfer zone

载荷传递区所处的纵向范围。

6.1.13

复板　doubler plate

为防止由于吊具或固箱栓锥在作业中定位欠准确而伤及箱体，在顶角件和底角件附近设置的加强保护板。

6.2　箱体结构

6.2.1

箱底结构　base structure

一般由以下零件组成：

a)　四个底角件；

b)　两根底侧梁；

c)　两根底端梁；

d)　地板及其横向托梁(罐式集装箱除外)；

e)　叉槽或鹅颈槽等可择性设施。

关于端框架见6.2.3。

注：箱底结构也包括载荷传递区。该区设在规定位置，以传递集装箱和运输车辆间的作用力。

6.2.2

平台或台架箱底架　platform base

承托此类集装箱箱底的重型结构梁或型钢，以避免出现箱底结构的过量下挠。

6.2.3

端框架　end frame

箱体端部结构的组合件，通常包括两个顶角件，两个底角件，两根角柱以及上、下端梁，其中有些零件与箱顶和箱底结构是共轭的，在应用中要避免混淆和重复引用。

6.2.4

角结构　corner structure

顶角件和底角件与角柱的组合件。

6.2.5

端壁　end wall

端框架的封板，属承载构件，不包括端框架本身。

注1：除另有规定外，端壁至少能承受该类型满载集装箱产生的载荷。

注2：一般情况是箱体两端的结构并不对称，箱门开口者称为后端，此端包括箱门组合件，与之相对的一端则称之为前端，则包括端壁。

6.2.6

侧壁　side wall

箱体侧部的封板，属承载构件，不包括上侧梁、下侧梁和相应的角结构。

注1：除另有规定外，侧壁至少能承受该类型满载集装箱产生的载荷。

注2：用“侧框”时会与端框和箱底结构混同而难以分清。除罐式集装箱外，其他类型集装箱最好不用这个术语。

6.2.7

箱顶　roof

通常箱体顶部具有风雨密功能的封板，它与两根上端梁、两根上侧梁和四个顶角件相承接。

注：在某些情况下，设计成可拆卸结构。

7　与箱型有关的定义

7.1　台架式集装箱

7.1.1

联挂单元　interlocked pile

若干平台集装箱或端部折倒后的台架式集装箱分别叠置并联接成一个单元的组合体。

7.1.2

不完整的上部结构　incomplete superstructure

不设连接两个端部的永久性纵向承载构件，但属底部结构者除外。

7.1.3

完整的固端结构　fixed complete end structure

在端部的两根角柱之间有横向连接件，但该端部结构不能够折倒。

7.1.4

完整的折端结构　folding complete ends structure

在端部的两根角柱之间有横向连接件，但该端部结构能够折倒。

7.2　保温集装箱

7.2.1

可移动的设备　removable equipment

附着在保温箱体上但可以拆离的制冷、加热和/或发电设备。

7.2.1.1

内置式　located internally

设在 GB/T 1413 所规定箱型尺度范围内的部分。

7.2.1.2

外置式　located externally

设在 GB/T 1413 所规定箱型尺度范围以外的部分。

注：外置式设备应该能够拆除或者缩入集装箱内，以便用于某些运输方式。

7.2.2

隔条　batten

在保温集装箱的内壁上附加的隔断件，使货物与内壁保持一定距离，其目的是留出箱内冷/热风循环的通道。

注：凸条可与箱内壁体构成一体，也可以在装货时紧固或者附设在内壁板上。

7.2.3

隔断　bulkhead

在保温集装箱的端部为进风和回风循环留出的舱室。

注：隔断可与保温箱构成一体，或者单独装设。

7.2.4

顶部风道　ceiling air duct

为保证冷/热风在箱体内的循环，在保温集装箱内的顶部特设的风道。

7.2.5

地板风道　floor air duct

为保证冷/热风在箱体内的循环，在保温集装箱的地板内留出的通风槽，因此保温集装箱的地板通常由带"工"字形断面的铝质型材构成。

7.2.6

固定栓钉　pin mounting

在保温集装箱前端的上横梁处设置的两个竖向固定件，为挂装设备提供生根之处。

7.2.7

下部固定点　lower mounting point

在保温集装箱的下部特设的左右两个螺栓孔，为所附加的设备提供锚固之处。

7.2.8

调气接口　modified atmosphere fitting

为保温集装箱设置的空气调节装置，用来通过人工控制箱体内外的空气交换。

7.2.9

控制气体接口　control atmosphere fitting

连续调控保温集装箱内气体的成分，使之持续处于理想状态的接口。

7.3　罐式集装箱

7.3.1

框架　framework

支撑罐体和所有附件的构架，它本身并不直接承受货载，但是作为承力的部件将承受整箱的起吊、搬运和拴固作业以及运输过程中所出现的静载和动载。

7.3.2

罐体　tank

满足特定货物运输要求并附有管路系统和配件的罐式容器。

7.3.3

隔舱　compartment

被分隔为数段的罐式集装箱舱室，它同样具备罐壳和端板并形成独立的仓室。

注：仅有起缓冲作用的挡板和孔板等不能形成隔舱。

7.3.4

气体　gas

在50℃气温条件下绝对气压高于300 kPa或由主管机构规定的气态物质。

7.3.5

液体　liquid

在50℃气温条件下绝对气压不超过300 kPa或由主管机构规定的液态物质。

7.3.6

主管机构　competent authority

在特定条件下由政府部门授权对具有危险性质的干散货运输条件进行认可的机构。

注：本定义同样适用于7.4规定的干散货集装箱。

7.3.7

危险货物　dangerous goods

由联合国危险货物专家委员会和该国主管机构规定并列入危险品范畴的货物（包括干散货）。

注：本定义同样适用于7.4规定的干散货集装箱。

7.3.8

最大允许工作压力　maximum allowable working pressure

由主管机构或被授权专家对特定罐式集装箱认定允许作业的压力限值。超过该值是不可以投入使用的。

7.3.9

试验压力　test pressure

对特定罐体进行试验的表压力。

7.3.10

总容积　total capacity

在20℃条件下，充满罐体所需水量的体积。

7.3.11

未利用罐容　ullage

罐体内容积未被货物占据的部分。

注：以百分比来表示。

7.3.12

接口　interface

罐体与外部连接的部位。

7.3.13

连接件　connection

将罐体接口和相关部件进行连接的零件。

7.4　干散货集装箱

7.4.1

干散货　dry bulk

具有流动倾向的粉粒体货物。

7.4.2

进料口　opening for cargo loading

箱体上供充入干散货物料的开口。

7.4.3

卸料口　opening for discharging

箱体上供卸出干散货物料的开口。

7.4.4

熏蒸作业接口　interface for external fumigation device

箱体上供从外界引入熏蒸药剂的接口。

7.4.5

干散货密度　bulk density

占用单位箱容的松散物料质量。

7.4.6

载货空间　cargo space

在箱体各接口关闭的情况下，被箱壁围绕的空间。

8　集装箱搬运、紧固以及自动识别

8.1　搬运和紧固

8.1.1

空箱　empty container

只含自身状态的集装箱。

8.1.2

重箱　loaded container

除箱体自身质量外，箱内装入货物的集装箱。

8.1.3

重心的偏移　eccentricity of center of gravity

不论是空箱、重箱以及是否带有附件，其实际重心与四个底角件对角线交叉点所形成几何中心在纵向和横向的偏离数值。

8.1.4

动态重心　mobile center of gravity

指装运液态和流动性物料以及悬挂货物的集装箱的重心在动态条件下可能出现移动倾向。

8.2　识别标记

8.2.1

识别系统　identification system

对集装箱的识别包括以下内容：

——三位字符的所有者代码；

——一位字符的设备代码；

——六位数的集装箱序列号；

——一位数的核对数字。

8.2.2

所有者代码　owner code

由在国际集装箱局(BIC——International Container Bureau)注册后的三位大写的拉丁字母表示。

8.2.3

设备代码　equipment category identifier

——以“U”表示集装箱；

——以“J” 表示挂装在箱体上面的设备；

——以“Z”表示集装箱挂车或底盘车。

8.2.4

系列号　serial number

以六位阿拉伯数字表示，如果不足六位数则应该在前面置“0”补足六位。

8.2.5

核对数字　check digit

为核对所有者代码、设备代码和系列号是否正确有效的个位数字。

8.3　自动识别

8.3.1

机电安全　physically and electronically secure

符合 GB/T 17894 所列要求并通过相关试验。

8.3.2

结构防护　physically tamper-proof

能够从外观上发现那些使用常规工具进行蓄意拆卸和重新装配的迹象。

8.3.3

电子防护　electronically tamper-proof

能够防止那些通过电子手段恶意改动和修改电子信息储存的行径。

8.3.4

码板　tag

附设在箱体或相关设备上载有所有者代码和系列号等信息并可提供遥测信号的识别数据板。

8.3.5

有效射程　range

读码器至码板信息传递的有效距离。

8.3.6

通过速度　passing speed

码板在读码器前的移动速度。

8.3.7

集装箱动态　container movement status

集装箱的位置、移动速度和方向与读码器相对关系的信息。

8.3.8

设备自动识别系统的可靠性　AEI system reliability

设备自动识别系统按照 GB/T 17894 规定的有效范围和环境状态，从码板读入并按要求安排和表示码板接收到的信息的可靠性。

注：AEI 是 automatic equipment identification 简写。

8.3.9

设备自动识别系统的精确度　AEI system accuracy

自动识别系统在规定信息读入中查出所存在的误译和字节错误的能力。

注：其用来证明在规定条件下该系统的可靠性。

参 考 文 献

[1] GB/T 5338—2002 系列1集装箱 技术要求和试验方法 第1部分：通用集装箱(idt ISO 1496-1：1990)

[2] GB/T 17273—2006 集装箱 设备数据交换(CEDEX) 一般通信代码(ISO 9897：1997，IDT)

中 文 索 引

英文索引

E

F

G

H

I

L

M

N

O

P

R

S

T

U

V

W

ICS 23.040.10
H 48

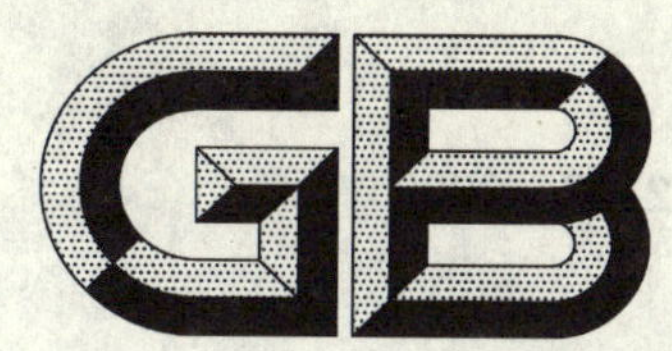

中华人民共和国国家标准

GB/T 2102—2006
代替 GB/T 2102—1988

钢管的验收、包装、标志和质量证明书

Acceptance, packing, marking and quality certification of steel pipe

2006-09-12 发布　　2007-02-01 实施

中华人民共和国国家质量监督检验检疫总局
中国国家标准化管理委员会　发布

前　言

本标准与 ASTM A 700:1999《国内运输钢材的包装、标志和装货方式的标准实施办法》的一致性程度为非等效。

本标准代替 GB/T 2102—1988《钢管的验收、包装、标志和质量证明书》。

本标准与 GB/T 2102—1988 相比，主要变化如下：

——修改了钢管的验收规则；

——增加了规范性引用文件、术语；

——增加了钢管捆扎包装材料的规定；

——增加了钢管铁丝捆扎包装每道次铁丝股数的规定；

——增加了管端开坡口钢管的管端保护规定。

本标准由中国钢铁工业协会提出。

本标准由全国钢标准化技术委员会归口。

本标准起草单位：冶金工业信息标准研究院、天津钢管集团有限责任公司、浙江久立不锈钢管股份有限公司、攀钢集团成都钢铁有限责任公司。

本标准主要起草人：黄颖、郑述懿、邵羽、李奇、蔡兴强、安健波。

本标准 1980 年首次发布，1988 年 2 月第一次修订。

钢管的验收、包装、标志和质量证明书

1 范围

本标准规定了钢管的验收、包装、标志和质量证明书的一般技术要求。

本标准适用于钢管的验收、包装、标志和质量证明书。当产品标准有特殊规定时，应按产品标准的规定执行。

2 规范性引用文件

下列文件中的条款通过本标准的引用而成为本标准的条款。凡是注日期的引用文件，其随后所有的修改单(不包括勘误的内容)或修订版均不适用于本标准，然而，鼓励根据本标准达成协议的各方研究是否可使用这些文件的最新版本。凡是不注日期的引用文件，其最新版本适用于本标准。

GB/T 8170 数值修约规则

GB/T 15574 钢产品分类(GB/T 15574—1995，eqv ISO 6929:1987)

3 术语

下列术语和定义适用于本标准。

3.1

包装 package

将一根或一根以上产品裹包、捆扎或放置在容器中组成一个货物单元。

3.2

标志 mark

标识钢材特性的方法或内容，常用的方法有喷印、盖印、滚印、打印、粘贴印记或贴(挂)标签、吊牌。

3.3

标签 label

固定在包装件上的卡片，卡片上面标志内容包括产品名称、规格、制造厂等。

3.4

吊牌 tag

固定在包装件或容器上的一种活动标签，常用硬质塑料、金属材料制造。

3.5

捆扎材料 strapping

用来捆扎钢管或包装件的挠性材料，常采用的挠性材料有钢带、钢丝等。

3.6

捆扎保护材料 hand protector

放置在钢管之间或钢管与捆扎材料之间的，防止钢管损坏和防止包装捆扎材料被切断的材料。

4 验收规则

4.1 检查和验收

钢管的质量由制造厂技术质量监督部门进行检查和验收。供方应保证交货钢管符合相应产品标准的规定。需方有权按相应产品标准进行检查和验收。

4.2 组批规则

钢管应成批提交验收，组批规则应符合相应产品标准的规定。

4.3 检验项目、取样数量、取样部位和试验方法

钢管的检验项目、取样数量、取样部位和试验方法，应符合相应产品标准的规定。

4.4 冲击试验结果的判定

4.4.1 当产品标准无规定时，单根抽样钢管冲击试验应采用一组 3 个试样，一组 3 个试样的平均值应不小于规定值（最小平均值），允许其中有 1 个试样的值（单个值）低于规定值，但应不低于规定值的 70%。

4.4.2 若单根抽样钢管的一组 3 个试样的结果没有满足上述规定，但低于规定值的试样不超过 2 个，且低于规定值 70%的试样不超过 1 个，制造厂可从同一抽样钢管上再取一组 3 个试样，在第二组试样试验后，如果同时满足下列条件，该抽样钢管判为合格：

a) 6 个试样的平均值不小于规定值；

b) 低于规定值的试样不超过 2 个；

c) 低于规定值 70%的试样不超过 1 个。

如果没有满足上述条件，该抽样钢管应判为不合格。

4.5 复验和判定

4.5.1 代表一批钢管的试验结果，某一项不符合产品标准的规定时，制造厂可从同一批剩余钢管中，任取双倍数量的试样，进行不合格项目的复验。冲击试验每根复验抽样钢管的试验要求和判定原则应符合 4.4 条的规定。若所有复验结果（包括该项目试验所要求的任一指标）均符合产品标准的规定，则除最初检验的不合格钢管外，该批钢管判为合格。

4.5.2 下列检验项目，初验不合格时，不允许进行复验：

a) 低倍组织缺陷中有白点；

b) 金相检验中的显微组织、晶粒度、脱碳层。

4.5.3 若复验结果不合格或初验金相检验不合格，制造厂可将该批剩余钢管逐根检验或整批重新进行热处理。重新热处理的钢管，应作为新的一批重新检查和验收。钢管重新热处理的次数应不超过 2 次。

4.6 化学成分的验收

如产品标准未作特殊规定，钢管的化学成分按熔炼成分验收。

4.7 数字修约

当需要评定试验结果是否符合规定值时，试验结果应修约到与规定值末位数字所标识的数位相一致，其修约方法应符合 GB/T 8170 的规定。

5 包装

5.1 一般规定

5.1.1 包装应能避免钢管在正常装卸、运输和贮存中松散和受损。

5.1.2 需方对钢管的包装材料和包装方式有特殊要求的应在合同中注明，若未注明，包装材料和包装方式由供方选择。

5.1.3 钢管产品的分类应符合 GB/T 15574 的规定。

5.2 包装材料

5.2.1 包装材料应符合有关标准的规定。本标准中没有包括的或没有具体规定的材料，其质量应当与预定的用途相适应。包装材料可根据技术和经济的发展而改变。

5.2.2 成捆钢管应采用捆扎材料捆扎牢固。捆扎材料可以是钢带、钢丝或非金属柔性材料等。

5.2.3 根据需方要求，为保护钢管不受损坏和捆扎材料不被切断，可在钢管与钢管间、钢管与捆扎材料间使用保护材料。保护材料可以是木材、金属、纤维板、塑料或其他适宜的材料。

5.2.4 根据需方要求，钢管内表面有清洁要求时，包装可用防护包装材料。常用的防护包装材料有牛皮纸、气相防锈纸、防油纸、塑料薄膜或在钢管两端加盖塑料封帽，外径大于 426 mm 的钢管没有封帽时可用麻袋布或塑料布封口包装管端两头。

5.2.5 根据需方要求，钢管表面可涂保护层。保护涂层应是防腐蚀材料，必要时应考虑到涂敷的方法、涂层厚度且容易去除。

保护涂层材料推荐使用表 1 所示的材料。若需方未在合同中注明，保护涂层材料由供方选择。

表 1

涂层类型	涂层的方法	目的
A 型——由溶在石油中的防锈剂组成的软质保护剂	冷喷、浸或刷	保护钢管在短期(室内贮存不超过三个月)保存期内不腐蚀、不生锈
C 型——硬质无水清漆、树脂或塑料涂层	冷喷、浸或刷	保护钢管在运输和室外贮存(不超过六个月)不腐蚀
D 型——溶在溶剂的中等软质薄膜保护剂	冷喷、浸或刷	保护定尺长度钢管的端部
水溶性	冷喷、浸或刷	保护钢管在运输和室外贮存(不超过六个月)不腐蚀

5.3 捆扎包装

5.3.1 钢管一般采用捆扎成捆包装交货。每捆应是同一批号(产品标准允许并批者除外)的钢管。抛光钢管、高精度钢管和冷拔(轧)不锈钢管每捆重量应不超过 2 500 kg，其余钢管每捆重量不应超过 5 000 kg。经供需双方协议，并在合同中注明，每捆钢管的重量可采用其他规定。

5.3.2 钢管捆扎包装件的形式，如图 1、图 2、图 3 和图 4 所示。捆扎部位应为距钢管两端端部 300 mm～500 mm起，均匀分布各道次。经供需双方协商，也可采用其他捆扎包装件的形式。

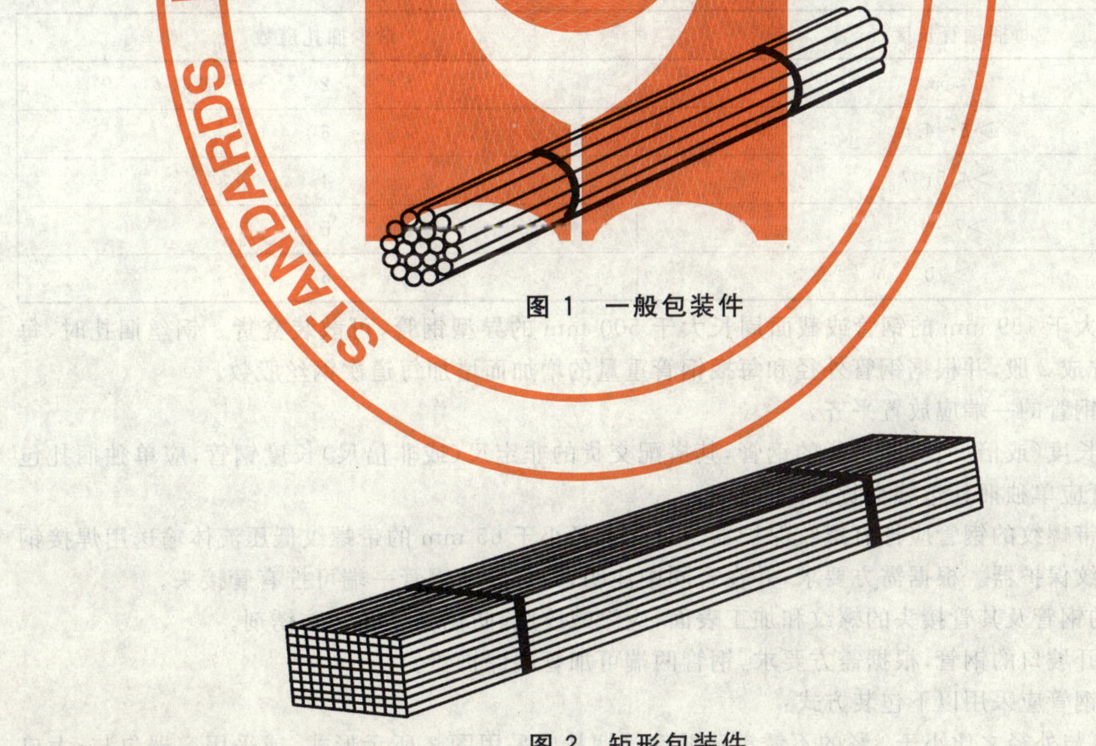

图 1 一般包装件

图 2 矩形包装件

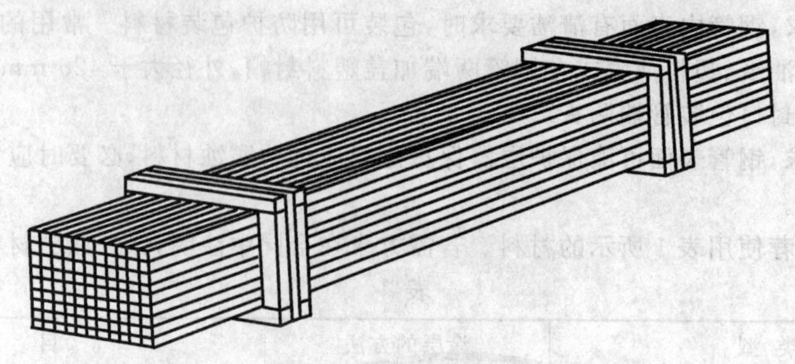

图 3　框架式包装件

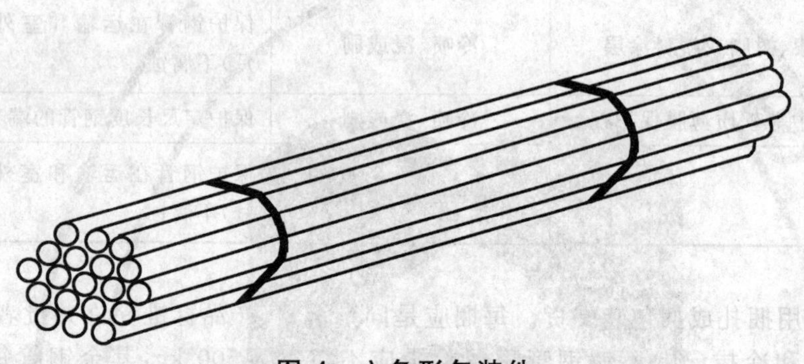

图 4　六角形包装件

5.3.3　每捆钢管的捆扎道数应符合表 2 的规定。

表 2

每捆钢管长度/m	最少捆扎道数
≤3	2
＞3～4.5	3
＞4.5～7	4
＞7～10	5
＞10	6

5.3.4　外径大于 159 mm 的钢管或截面周长大于 500 mm 的异型钢管，可散装交货。钢丝捆扎时，每道次应最少拧成 2 股，并根据钢管外径和每捆钢管重量的增加而增加每道次钢丝股数。

5.3.5　成捆钢管的一端应放置平齐。

5.3.6　定尺长度（或倍尺长度）交货的钢管，其搭配交货的非定尺（或非倍尺）长度钢管，应单独捆扎包装。短尺钢管应单独捆扎包装交货。

5.3.7　管端带螺纹的钢管应拧有螺纹保护器。公称直径小于 65 mm 的带螺纹低压流体输送用焊接钢管，可不拧螺纹保护器。根据需方要求，并在合同中注明，带螺纹的钢管一端可拧有管接头。

带螺纹的钢管及其管接头的螺纹和加工表面，应涂螺纹脂、防锈油或其他防锈剂。

5.3.8　管端开坡口的钢管，根据需方要求，钢管两端可加管端保护器。

5.3.9　不锈钢管应采用以下包装方式：

a）　壁厚与外径之比小于 3％的不锈钢薄壁钢管捆扎应采用图 3 所示形式，或采用容器包装；大口径不锈钢管应在其两端加上支撑物，以避免运输、装卸过程中发生变形；

b）　不锈钢抛光管捆扎前应逐根用塑料薄膜包裹；冷拔或冷轧不锈钢管捆扎前应用不少于两层的

麻袋布、编织带或塑料布紧密包裹。不锈钢管与钢带或钢丝之间应有保护材料;

c) 其他不锈钢管依据品种、最后一道工序、尺寸和运输方法的不同而采用适宜的包装方式。

5.3.10 抛光钢管、精密钢管捆扎前内外表面应涂防锈油或其他防锈剂,并用防潮纸和麻袋布(或编织带、塑料布)依次包裹。

5.4 容器包装

5.4.1 经供需双方协商并在合同中注明,壁厚不大于 1.5 mm 的冷拔或冷轧无缝钢管、壁厚不大于 1 mm的电焊钢管、经表面抛光的热轧不锈钢管、表面粗糙度 Ra 不大于 3.2 μm 的精密钢管,可用坚固的容器(例如铁箱和木箱)包装。

5.4.2 包装后的容器可装钢管重量应符合表 3 的规定。经供需双方协商,每个容器的可装钢管重量可加大。

表 3

钢管类型	每个容器的可装钢管最大重量/kg
外径小于 20 mm 的钢管和截面周长小于 65 mm 的异型钢管	2 500
外径不小于 20 mm 的钢管和截面周长不小于 65 mm 的异型钢管	3 000

5.4.3 钢管装入容器时,容器内壁应垫上油毡纸、塑料布或其他防潮材料。对外表面有要求的钢管不允许松散在容器内,应用捆扎材料将钢管捆扎在一起,以防在吊装和运输中钢管在容器内碰撞、摩擦而造成外表面受损。容器外部应用钢带、双股钢丝或其他方法捆扎拧紧。

5.4.4 管接头单独发货应装入容器。每个容器的最大的重量为 250 kg。

6 标志

6.1 一般要求

6.1.1 标志应醒目、牢固,字迹应清晰、规范、不易褪色。

6.1.2 标志应至少包括如下内容:制造厂名称或商标、产品标准号、钢的牌号、产品规格及可追踪性识别号码。对于精加工程度高的钢管可以增加主要性能指标和尺寸精度级别等内容。

6.1.3 标志可采用喷印、盖印、滚印、打印、粘贴印记或贴(挂)标签、吊牌等方法,供方可选择一种或多种标志方法。

6.1.4 不锈钢管表面所用标记漆或墨水不得含有任何有害的金属或金属盐,如锌、铅或铜。

6.2 钢管标志

6.2.1 外径不小于 36 mm 的钢管应在距钢管一端端头不小于 200 mm 处开始,按 6.1.3 条规定的标志方法逐根进行标志。外径小于 36 mm 的钢管可不逐根标志。

6.2.2 低压流体输送用焊接钢管和镀锌焊接钢管、电线套管、一般用途的电焊钢管、异型断面焊接钢管、复杂断面的异型无缝钢管,可不逐根标志。

6.2.3 合金钢钢管标志应在钢的牌号后印有炉号、批号。

6.2.4 地质、石油用钢管的管接头,应有钢的牌号(钢级)标志。

6.2.5 车左螺纹的带螺纹钢管,应在标准号后印有“左”字或使用英文字母“L”。

6.2.6 成捆包装的每捆钢管应贴(挂)不少于 2 个标签或吊牌,每根钢管上有标记的可贴(挂)1 个标签或吊牌。标签或吊牌上应至少包括以下内容:制造厂名称或商标、产品标准号、钢的牌号、产品规格、炉号(产品标准未规定化学成分者除外)、批号、重量(或根数)和制造日期。

6.2.7 容器包装的钢管及管接头,在容器内应附 1 个标签或吊牌。在容器外端面上,也应贴(挂)1 个标签或吊牌。标签或吊牌上的内容应符合 6.2.6 条的规定。

7 质量证明书

7.1 每批交货的钢管应附有证明该批钢管符合订货合同和产品标准规定的质量证明书。

7.2 质量证明书应由制造厂技术质量监督部门盖章，或由指定的负责人签发。

7.3 质量证明书应包括以下内容：

a) 制造厂名称；

b) 需方名称；

c) 合同号；

d) 产品标准号；

e) 钢的牌号；

f) 炉号、批号、交货状态、重量、根数（或件数）；

g) 品种名称、规格及质量等级；

h) 产品标准中所规定的各项检验结果（包括参考性指标）；

i) 技术质量监督部门标记；

j) 质量证明书签发日期或发货日期。

ICS 71.060.50
G 12

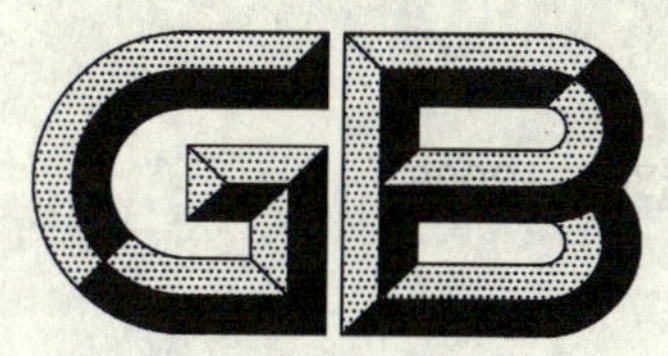

中华人民共和国国家标准

GB 2367—2006
代替 GB 2367—1990

工业亚硝酸钠

Sodium nitrite for industrial use

2006-03-14 发布 2006-12-01 实施

中华人民共和国国家质量监督检验检疫总局
中国国家标准化管理委员会 发布

前　言

本标准第3章、第5章、第6章、第7章为强制性，其余为推荐性。

本标准修改采用俄罗斯标准 ГОСТ 19906:1974《工业亚硝酸钠》(1991年第四次修改)(俄文版)。

本标准根据俄罗斯标准 ГОСТ 19906:1974《工业亚硝酸钠》(俄文版)重新起草。

考虑到我国国情，在采用俄罗斯标准 ГОСТ 19906:1974《工业亚硝酸钠》时，本标准做了一些修改。有关技术性差异已编入正文中并在它们所涉及的条款的页边空白处用垂直单线标识。在附录A及附录B中给出了这些技术性差异、结构性差异及其原因的一览表以供参考。

本标准代替 GB 2367—1990《工业亚硝酸钠》。

本标准与 GB 2367—1990 相比主要技术变化如下：

——提高了优等品的水分指标要求(1990年版的3.2，本版的3.2)。

——针对添加防结块剂的产品，增加了松散度指标(1990年版的3.2，本版的3.2)。

本标准附录A及附录B为资料性附录。

本标准由中国石油和化学工业协会提出。

本标准由全国化学标准化技术委员会无机化工分会(CSBTS/TC 63/SC 1)归口。

本标准起草单位：天津化工研究设计院、大化集团有限责任公司、杭州龙山化工有限公司、山东海化华龙硝铵有限公司。

本标准主要起草人：郭凤鑫、姜密、梁琼、王金忠、闫成华。

本标准所代替标准的历次版本发布情况为：

——GB 2367—1980，GB 2367—1990。

工 业 亚 硝 酸 钠

1 范围

本标准规定了工业亚硝酸钠的技术要求，试验方法，检验规则，标志、标签，包装、运输和贮存。

本标准适用于工业亚硝酸钠。该产品主要用作制造硝基化合物、偶氮染料等的原料和织物染色的媒染剂、漂白剂，金属热处理剂、水泥早强剂和防冻剂等。

分子式：$NaNO_2$

相对分子质量：69.00(按2001年国际相对原子质量)

2 规范性引用文件

下列文件的条款通过本标准的引用而成为本标准的条款。凡是注日期的引用文件，其随后所有的修改单(不包括勘误的内容)或修订版均不适用于本标准，然而，鼓励根据本标准达成协议的各方研究是否可使用这些文件的最新版本。凡是不注日期的引用文件，其最新版本适用于本标准。

GB 190—1990 危险货物包装标志

GB/T 191—2000 包装储运图示标志(eqv ISO 780:1997)

GB/T 1250 极限数值的表示方法和判定方法

GB/T 3051—2000 无机化工产品中氯化物含量测定的通用方法 汞量法(neq ISO 5790:1979)

GB/T 6678 化工产品采样总则

GB/T 6682—1992 分析实验室用水规格和试验方法(eqv ISO 3696:1987)

GB 15258 化学品安全标签编写规定

HG/T 3696.1 无机化工产品化学分析用标准滴定溶液的制备

HG/T 3696.3 无机化工产品化学分析用制剂及制品的制备

3 要求

3.1 外观：白色或微带淡黄色结晶。

3.2 工业亚硝酸钠应符合表1要求：

表1 要 求

项 目		指 标		
		优等品	一等品	合格品
亚硝酸钠($NaNO_2$)质量分数(以干基计)/%	≥	99.0	98.5	98.0
硝酸钠质量分数(以干基计)/%	≤	0.8	1.0	1.9
氯化物(以NaCl计)质量分数(以干基计)/%	≤	0.10	0.17	—
水不溶物质量分数(以干基计)/%	≤	0.05	0.06	0.10
水分的质量分数/%	≤	1.4	2.0	2.5
松散度(以不结块物的质量分数计)/%	≥	85		
注：松散度指标为添加防结块剂产品控制的项目，在用户要求时进行测定。				

4 试验方法

4.1 安全提示

本试验方法中使用的部分试剂具有毒性或腐蚀性，操作者须小心谨慎！如溅到皮肤上应立即用水冲洗，严重者应立即治疗。使用易燃品时，严禁使用明火加热。

4.2 一般规定

本标准所用试剂和水，在没有注明其他要求时，均指分析纯试剂和 GB/T 6682—1992 中规定的三级水。

试验中所需标准滴定溶液、制剂及制品，在没有注明其他要求时，均按 HG/T 3696.1、HG/T 3696.3 规定制备。

4.3 亚硝酸钠含量的测定

4.3.1 方法提要

在酸性溶液中，用高锰酸钾氧化亚硝酸钠。根据高锰酸钾标准滴定溶液的消耗量计算出亚硝酸钠含量。

4.3.2 试剂

4.3.2.1 硫酸溶液：1+29；

按比例配制出硫酸溶液后，加热至 70℃左右，滴加高锰酸钾标准滴定溶液至溶液呈浅粉色为止。冷却，备用。

4.3.2.2 硫酸溶液：1+5；

方法同 4.3.2.1；

4.3.2.3 高锰酸钾标准滴定溶液：$c(1/5KMnO_4)$约 0.1 mol/L；

4.3.2.4 草酸钠标准滴定溶液：$c(1/2Na_2C_2O_4)$约 0.1 mol/L；

4.3.2.4.1 配制

称取约 6.7 g 草酸钠，溶解于 300 mL 硫酸溶液(4.3.2.1)中，用水稀释至 1 000 mL，摇匀。

4.3.2.4.2 标定

用移液管移取(30.00～35.00)mL 草酸钠标准滴定溶液[$c(1/2Na_2C_2O_4)$约 0.1 mol/L]，加入 8+92 硫酸溶液 100 mL，用高锰酸钾标准滴定溶液[$c(1/5KMnO_4)$约 0.1 mol/L]滴定，近终点时加热至 65℃，继续滴定至溶液呈浅粉色保持 30 s。同时作空白试验。

4.3.2.4.3 计算

草酸钠标准滴定溶液浓度的准确数值 c，单位为摩尔每升(mol/L)，按式(1)计算：

$$c=\frac{(V_1-V_2)c_1}{V} \qquad \cdots\cdots(1)$$

式中：

c_1——高锰酸钾标准滴定溶液浓度的准确数值，单位为摩尔每升(mol/L)；

V_1——滴定时消耗高锰酸钾标准滴定溶液的体积的数值，单位为毫升(mL)；

V_2——滴定空白试验时消耗高锰酸钾标准滴定溶液的体积的数值，单位为毫升(mL)；

V——标定所移取草酸钠标准滴定溶液的体积的数值，单位为毫升(mL)。

4.3.3 分析步骤

4.3.3.1 试验溶液的制备

称取(2.5～2.7)g 于(105～110)℃下干燥至恒量的试样，精确至 0.000 2 g，置于 250 mL 烧杯中，加水溶解。全部移入 500 mL 容量瓶中，用水稀释至刻度，摇匀。

4.3.3.2 测定

在 300 mL 锥形瓶中,用滴定管滴加约(38～40)mL 高锰酸钾标准滴定溶液。用移液管加入 25 mL 试验溶液,加入 10 mL 硫酸溶液(4.3.2.2),加热至 40℃。用移液管加入 10 mL 草酸钠标准滴定溶液,不断摇动,使成为清亮溶液,再加热至(70～80)℃,用高锰酸钾标准滴定溶液滴定至溶液呈浅粉色并保持 30 s 不消失为止。

4.3.4 结果计算

亚硝酸钠含量以亚硝酸钠($NaNO_2$)的质量分数 w_1 计,数值以%表示,按式(2)计算:

$$w_1=\frac{[(V_1c_1-V_2c_2)/1\,000]\times M}{m\times(25/500)}\times 100=\frac{2(V_1c_1-V_2c_2)M}{m} \qquad \cdots\cdots\cdots\cdots(2)$$

式中:

V_1——加入和滴定用去高锰酸钾标准滴定溶液(4.3.2.3)的体积的数值,单位为毫升(mL);

c_1——高锰酸钾标准滴定溶液浓度的准确数值,单位为摩尔每升(mol/L);

V_2——加入草酸钠标准滴定溶液(4.3.2.4)的体积的数值,单位为毫升(mL);

c_2——草酸钠标准滴定溶液浓度的准确数值,单位为摩尔每升(mol/L);

m——试料质量的数值,单位为克(g);

M——亚硝酸钠$\left(\frac{1}{2}NaNO_2\right)$的摩尔质量的数值,单位为克每摩尔(g/mol)($M$=34.50)。

取平行测定结果的算术平均值为测定结果,两次平行测定结果的绝对差值不大于 0.2%。

4.4 硝酸钠含量的测定

4.4.1 方法提要

于试液中加入甲醇,在硫酸作用下与亚硝酸根生成亚硝酸甲酯。蒸发将其除去。再加入过量的硫酸亚铁铵还原硝酸钠,用高锰酸钾标准滴定溶液返滴定。

4.4.2 试剂

4.4.2.1 甲醇;

4.4.2.2 硫酸;

4.4.2.3 硫酸溶液:1+5;

4.4.2.4 氢氧化钠溶液:200 g/L;

4.4.2.5 氢氧化钠溶液:1 g/L;

4.4.2.6 硫酸亚铁铵溶液:$c[Fe(NH_4)_2(SO_4)_2]$约 0.2 mol/L;

称取约 80 g 硫酸亚铁铵$[Fe(NH_4)_2(SO_4)_2\cdot 6H_2O]$,溶于 300 mL 1+8 硫酸溶液中,再加 700 mL水,摇匀,贮存于棕色瓶中。

4.4.2.7 高锰酸钾标准滴定溶液:$c(1/5KMnO_4)$约 0.1 mol/L。

4.4.2.8 酚酞指示液:10 g/L。

4.4.3 分析步骤

称取约 3 g 试样,精确至 0.000 2 g,置于 500 mL 锥形瓶中,加 10 mL 水溶解。加 10 mL 甲醇,在不断摇动下滴加 15 mL 硫酸溶液(4.4.2.3),控制硫酸溶液加入速度,勿使亚硝酸甲酯生成过于激烈。用水洗涤锥形瓶内壁,加热微沸 2 min。冷却后,加 2 滴酚酞指示液,用氢氧化钠溶液(4.4.2.4)中和至呈浅粉色为止[近终点时,用氢氧化钠溶液(4.4.2.5)中和]。微沸下使溶液蒸发至(10～15)mL。冷却,以少量水洗涤瓶内壁。用移液管加入 25 mL 硫酸亚铁铵溶液,在不断摇动下,沿瓶壁徐徐加入 25 mL 硫酸(4.4.2.2)。加热,微沸至溶液由褐色转变为亮黄色为止。取下锥形瓶迅速冷却至室温。加入(250～300)mL水,用高锰酸钾标准滴定溶液滴定至溶液呈浅粉色并保持 30 s 不消失为止。

同时做空白试验。

4.4.4 结果计算

硝酸钠含量以硝酸钠($NaNO_3$)的质量分数 w_2 计,数值以%表示,按式(3)计算:

$$w_2 = \frac{[(V_0 - V_1)/1\,000]cM}{m[(100 - w_5)/100]} \times 100 = \frac{10(V_0 - V_1)cM}{m(100 - w_5)} \quad \cdots\cdots\cdots\cdots(3)$$

式中：

V_0——空白试验消耗的高锰酸钾标准滴定溶液(4.4.2.7)体积的数值，单位为毫升(mL)；

V_1——试验中消耗的高锰酸钾标准滴定溶液(4.4.2.7)体积的数值，单位为毫升(mL)；

c——高锰酸钾标准滴定溶液浓度的准确数值，单位为摩尔每升(mol/L)；

w_5——按 4.7 测得的水分的准确数值，数值以%表示；

m——试料质量的数值，单位为克(g)；

M——硝酸钠$\left(\frac{1}{3}NaNO_3\right)$的摩尔质量的数值，单位为克每摩尔(g/mol)($M$=28.33)。

取平行测定结果的算术平均值为测定结果，两次平行测定结果的绝对差值不大于 0.05%。

4.5 氯化物含量的测定

4.5.1 方法提要

在酸性溶液中，加入尿素将亚硝酸钠分解。在微酸性水溶液中，用硝酸汞将氯离子转化成弱电离的氯化汞。用二苯偶氮碳酰肼指示剂与过量的汞离子生成紫红色络合物来判断终点。

4.5.2 试剂

GB/T 3051—2000 第 4 章规定的试剂和材料及以下试剂。

4.5.2.1 尿素。

4.5.3 仪器、设备

4.5.3.1 微量滴定管：分度值为 0.01 mL。

4.5.4 分析步骤

称取约 5 g 试样，精确至 0.01 g，置于 250 mL 锥形瓶中，用 50 mL 水溶解。加 3 g 尿素，待其溶解后，加热。于微沸下滴加 1+1 硝酸溶液至亚硝酸钠分解完全为止(无细小气泡产生)。冷至室温。加入(2～3)滴溴酚蓝指示液，滴加氢氧化钠溶液至溶液呈蓝色，再滴加 1+15 硝酸溶液至恰呈黄色，并过量(2～6)滴，加入 1 mL 二苯偶氮碳酰肼指示液，使用微量滴定管，用 $c[1/2Hg(NO_3)_2]$=0.05 mol/L 硝酸汞标准滴定溶液滴定至溶液由黄色变为紫红色即为终点。

同时作空白试验。

试验中的含汞废液按 GB/T 3051—2000 中附录 D 规定的方法处理。

4.5.5 结果计算

氯化物含量以氯化钠(NaCl)的质量分数 w_3 计，数值以%表示，按式(4)计算：

$$w_3 = \frac{[(V - V_0)/1\,000]cM}{m[(100 - w_5)/100]} \times 100 = \frac{10(V - V_0)cM}{m(100 - w_5)} \quad \cdots\cdots\cdots\cdots(4)$$

式中：

V——试验中所消耗的硝酸汞标准滴定溶液的体积的数值，单位为毫升(mL)；

V_0——空白试验中所消耗的硝酸汞标准滴定溶液的体积的数值，单位为毫升(mL)；

c——硝酸汞标准滴定溶液浓度的准确数值，单位为摩尔每升(mol/L)；

w_5——按 4.7 测得的水分的准确数值，数值以%表示；

m——试料质量的数值，单位为克(g)；

M——氯化钠的摩尔质量的数值，单位为克每摩尔(g/mol)(M=58.50)。

取平行测定结果的算术平均值为测定结果，两次平行测定结果的绝对差值不大于 0.01%。

4.6 水不溶物含量的测定

4.6.1 试剂

4.6.1.1 盐酸；

4.6.1.2 淀粉-碘化钾试纸。

4.6.2 仪器、设备

4.6.2.1 玻璃砂坩埚：滤板孔径(5～15)μm。

4.6.3 分析步骤

称取约 50 g 试样，精确至 0.1 g，置于 500 mL 烧杯中，加 150 mL 水，加热溶解。用预先于(105～110)℃下干燥至恒量的玻璃砂坩埚过滤。用热水洗至无亚硝酸根离子为止(取约 20 mL 洗涤液，加 2 滴盐酸，用淀粉-碘化钾试纸检查)。在(105～110)℃下干燥至恒量。

4.6.4 结果计算

水不溶物的质量分数 w_4，数值以%表示，按式(5)计算：

$$w_4 = \frac{m_2 - m_1}{m[(100 - w_5)/100]} \times 100 = \frac{10^4(m_2 - m_1)}{m(100 - w_5)} \qquad \cdots\cdots(5)$$

式中：

m_1——玻璃砂坩埚质量的数值，单位为克(g)；

m_2——水不溶物和玻璃砂坩埚质量的数值，单位为克(g)；

w_5——按 4.7 测得的水分的准确数值，数值以%表示；

m——试料质量的数值，单位为克(g)；

取平行测定结果的算术平均值为测定结果，两次平行测定结果的绝对差值不大于 0.01%。

4.7 水分的测定

4.7.1 仪器

4.7.1.1 称量瓶：ϕ50×30 mm。

4.7.2 分析步骤

称取约 5 g 试样，精确至 0.000 2 g。置于预先于(105～110)℃下干燥至恒量的称量瓶中，于(105～110)℃下干燥至恒量。

4.7.3 结果计算

水不溶物的质量分数 w_5，数值以%表示，按式(6)计算：

$$w_5 = \frac{m - m_1}{m} \times 100 \qquad \cdots\cdots(6)$$

式中：

m_1——干燥后试料质量的数值，单位为克(g)；

m——试料质量的数值，单位为克(g)。

取平行测定结果的算术平均值为测定结果，两次平行测定结果的绝对差值不大于 0.1%。

4.8 松散度的测定

4.8.1 方法提要

将堆放一定时间的袋装试样，从 1 m 高度自由落于坚硬的平面上，过筛后称量留在筛上的试样质量。

4.8.2 仪器、设备

4.8.2.1 试验筛：长 950 mm、宽 600 mm、带有高约 120 mm 的木框，筛网孔径 4.75 mm；

4.8.2.2 秒表；

4.8.2.3 台秤：10 kg，分度值 0.1 kg。

4.8.3 分析步骤

从仓库内堆码垛的袋装产品中，由上而下选取第七层袋作为试验用样品。

将试验袋称量，利用机械或人工使其从 1 m 高度自由平落到平整、坚硬的平面上。将袋翻转，然后将袋内试样倒在筛子内，以 1 次/s 的频率进行筛分。筛分行程为 400 mm，时间 1 min。筛完后称量筛余物的质量。试验袋数不应少于 3 袋。

4.8.4 结果计算

松散度以不结块物的质量分数 w_6 计，数值以%表示，按式(7)计算：

$$w_6 = \frac{1}{n}\sum_{i=1}^{n}\left(\frac{m-m_1}{m}\right)\times 100 \quad \cdots\cdots(7)$$

式中：

m——过筛前袋内试样质量的数值，单位为千克(kg)；

m_1——过筛后筛上试样质量的数值，单位为千克(kg)；

n——试验所用试样的袋数。

5 检验规则

5.1 本标准要求中规定的所有六项指标均为出厂检验。

5.2 每批产品不超过 60 t。

5.3 按 GB/T 6678 的规定确定采样单元数。采样时，将采样器自包装袋的上方插入至料层深度的四分之三处采样。将所采样品混匀，用四分法缩分至约 500 g，立即分装入两个干燥、清洁的广口瓶(或塑料袋)中，密封，瓶(袋)上粘贴标签，注明：生产厂名、产品名称、等级、批号和采样日期、采样者姓名。一瓶(袋)用于检验，另一瓶(袋)保存备查，保存时间由生产厂根据实际情况确定。

5.4 工业亚硝酸钠由生产厂的质量监督检验部门按本标准的规定进行检验。生产厂应保证每批出厂的产品都符合本标准的要求。

5.5 使用单位有权按照本标准的规定对收到的工业亚硝酸钠进行验收。验收应在货到之日算起的一个月内进行。

5.6 检验结果中如有一项指标不符合本标准要求时，应重新自两倍量的包装袋中采样进行复验，复验结果即使有一项指标不符合本标准要求时，则整批产品为不合格。

5.7 采用 GB/T 1250 规定的修约值比较法判定检验结果是否符合标准。

5.8 正常贮存时，在包装完好的情况下，添加防结块剂产品的松散度保证期为 3 个月。

6 标志、标签

6.1 工业亚硝酸钠包装袋上要有牢固清晰的标志，内容包括：生产厂名、厂址、产品名称、商标、等级、净含量、批号或生产日期、本标准编号、GB 190—1990 所规定的“氧化剂”标志、“有毒品”标志、GB/T 191—2000 所规定的“怕晒”标志、“怕雨”标志以及符合 GB 15258 的安全标签。工业亚硝酸钠不得以工业盐作为产品名称。

6.2 每批出厂的工业亚硝酸钠都应附有质量证明书，内容包括：生产厂名、厂址、产品名称、商标、等级、净含量、批号或生产日期、产品质量符合本标准的证明、本标准编号、危险品生产许可证标识及安全技术说明书。

7 包装、运输和贮存

7.1 工业亚硝酸钠采用双层包装，内包装为聚乙烯塑料袋，外包装为塑料编织袋。如需特殊包装，供需双方另行协商。每袋净含量 25 kg 或 50 kg。

7.2 工业亚硝酸钠的包装，内袋用维尼龙绳或其他质量相当的绳两层分别扎紧，或用与其相当的其他方式封口；外袋用维尼龙绳线或其他质量相当的线缝口，缝线整齐，针距均匀，无漏缝或跳线现象。

7.3 工业亚硝酸钠在运输过程中应装在铁路棚车或其他帘篷带盖的交通工具内运输。不得与强氧化剂、强还原剂、易燃易爆品、食品、饲料及其添加剂混运。

7.4 工业亚硝酸钠应贮存于阴凉、干燥处，防止受潮、受热和阳光曝晒。

附 录 A
（资料性附录）
本标准与俄罗斯标准技术性差异及其原因

表 A.1 给出了本标准与俄罗斯标准技术性差异及其原因的一览表。

表 A.1 本标准与俄罗斯标准技术性差异及其原因

本标准的章条编号	技术性差异	原 因
3.2	俄罗斯标准二级品指标中亚硝酸钠质量分数为 97.0%，硝酸钠含量未规定；对应本标准合格品指标中亚硝酸钠质量分数为 98.0%，硝酸钠质量分数规定为 1.9%。	根据国内实际生产和使用情况确定。
	俄罗斯标准水分指标优级及一级分别为 0.5%、1.4%；本标准水分指标优等品及一等品分别为 1.4%、2.0%。	考虑到目前国内实际生产情况设置。
	俄罗斯标准设置了水不溶物灼烧残留物指标；本标准设置为水不溶物指标，三个等级指标值为 0.05%、0.06%、0.10%。	根据用户要求确定。
	与俄罗斯标准相比，增加了一项松散度指标，指标值根据实际情况设置为 85%。	针对国内生产添加防结块剂的产品，为表征其防结块效果，增设该项指标。
4.3	俄罗斯标准中加 KI 与过量的高锰酸钾反应生成碘，用硫代硫酸钠标准滴定溶液滴定。本标准中加过量的草酸钠与高锰酸钾反应，剩余的草酸钠用高锰酸钾标准滴定溶液滴定。	与高锰酸钾标准溶液标定时的方法一致，减少误差，而且所用试剂少，节约分析费用。
4.6	俄罗斯标准是将不溶物用滤纸过滤后，于 800℃～1 000℃ 下灼烧。本标准为用玻璃砂坩埚过滤后，于 100℃～105℃ 下烘干。	国标方法能保证准确性，并耗能低。
4.8	俄罗斯标准未规定此项指标方法。本标准采用国内测定该指标的常用方法，过筛后重量法。	针对添加防结块剂产品，通过称量过筛后筛余物的质量，计算出未结块的样品的质量分数，表征其防结块效果。

附 录 B
(资料性附录)
本标准与俄罗斯标准的结构性差异

表 B.1 给出了本标准与俄罗斯标准的结构性差异的一览表。

表 B.1 本标准与俄罗斯标准的结构性差异

本标准		俄罗斯 ГОСТ 19906:1974《工业亚硝酸钠》	
章节	内 容	章节	内 容
前言	前言	—	—
1	范围	—	范围
2	规范性引用标准	—	—
3	要求	1	技术要求
3.2	工业亚硝酸钠附合表1要求	1.2	工业亚硝酸钠的物理化学指标应符合表1所列的标准
—	—	1.3	产品等级及分类编码
—	—	1a	安全要求
—	—	2	检收规则
4	试验方法	3	分析方法
5	检验规则	—	—
6	标志、标签	4	包装、标志、运输和贮存
7	包装、运输、贮存	—	—
—	—	5	生产厂的保证
—	—	6	安全要求

ICS 71.100.01;87.060.10
G 55

中华人民共和国国家标准

GB/T 2377—2006
代替 GB/T 2377—2003,GB/T 4466—2003

还原染料　色光和强度的测定

Vat dyes—Determination of shade and relative strength

2006-08-01 发布　　2007-01-01 实施

中华人民共和国国家质量监督检验检疫总局
中国国家标准化管理委员会　发布

前言

本标准代替 GB/T 2377—2003《还原染料　染色色光和强度的测定》和 GB/T 4466—2003《还原染料　悬浮体轧染染色色光和强度的测定》。

本标准与 GB/T 2377—2003 和 GB/T 4466—2003 的主要差异如下：

——本标准整合了 GB/T 2377—2003 和 GB/T 4466—2003；

——将标准名称规范为《还原染料　色光和强度的测定》。

本标准由中国石油和化学工业协会提出。

本标准由全国染料标准化技术委员会(SAC/TC 134)归口。

本标准起草单位：沈阳化工研究院、大连理工大学精细化工国家重点实验室。

本标准主要起草人：姬兰琴、沈日炯、彭孝军。

GB/T 2377 于 1966 年首次发布为化工部部颁标准 HG 2-359—1966，1980 年制定为国家标准 GB 2377—1980，2003 年第一次修订为 GB/T 2377—2003；GB/T 4466 于 1984 年首次发布为国家标准 GB 4466—1984，2003 年第一次修订为 GB/T 4466—2003。2006 年第二次修订并整合为 GB/T 2377—2006。

还原染料 色光和强度的测定

1 范围

本标准规定了还原染料浸染和轧染色光和强度的测定方法。

本标准适用于还原染料浸染和轧染色光和强度的测定。

2 规范性引用文件

下列文件中的条款通过本标准的引用而成为本标准的条款。凡是注日期的引用文件，其随后所有的修改单(不包括勘误的内容)或修订版均不适用于本标准，然而，鼓励根据本标准达成协议的各方研究是否可使用这些文件的最新版本。凡是不注日期的引用文件，其最新版本适用于本标准。

GB/T 2374—1994 染料染色测定的一般条件规定

3 原理

用还原染料试样与同品种的标准样品于同一条件下，对棉纤维进行浸染或轧染，然后以标准样品的染色强度为100分，色光为标准，进行目测比较或仪器测量比较，评定试样的色光和强度。

4 试剂和材料

试剂和材料应符合GB/T 2374—1994中第3章的有关规定。

5 仪器和设备

仪器和设备应符合GB/T 2374—1994中第5章的有关规定。

a) 实验室用气压或液压二辊轧车；

b) 实验室用汽蒸机或电热恒温烘箱。

6 分析步骤

6.1 染色一般条件

染色一般条件应符合GB/T 2374—1994的有关规定。染色方法的选择须根据具体品种、性能，以给色力最高为原则。染色深度根据具体品种选定，以符合分档清晰为原则。

6.2 浸染法

基本工艺条件：

染色深度：根据具体品种选定，在各染料产品标准中规定；

染色物织物质量：棉布(棉纱)5 g或棉纱10 g；

浴比：1∶40或1∶20。

6.2.1 染色配方

还原染料的染色配方和条件见表1。

按表1规定的用量，在一定量的蒸馏水中加入保险粉和氢氧化钠，充分搅拌，配制还原液(现用现配)。

表 1 还原染料的染色配方和条件

染色条件	染色方法								
	甲法			乙法			丙法		
染色深度/%(owf)	0.1～1	1～3	3～6	0.1～1	1～3	3～6	0.1～1	1～3	3～6
400 g/L 氢氧化钠溶液/(mL/L)	10～12	12～17	17～20	6～8	8～12	12～14	5～7	7～9	9～11
85%(质量分数)保险粉/(g/L)	4～5	5～7	7～8	3.5～4.5	4.5～6.5	6.5～7	3.5～4.5	4.5～6.5	6.5～7
100 g/L 渗透剂 BX/(mL/L)	5	5	5	5	5	5	5	5	5
95%(体积分数)乙醇/(mL/L)	5	5	5	5	5	5	5	5	5
无水硫酸钠/(g/L)	—	—	—	5～10	10～15	15～25	8～15	15～25	25～35
还原温度/℃		60			50			50	
染色温度/℃		60			45～50			20～25	

6.2.2 染色操作

6.2.2.1 干缸还原法

准确称取规定量的染料标准品和样品(精确到 0.000 1 g),置于染缸中,加入乙醇、渗透剂 BX 调成浆状,把染缸置于水浴上,加热到还原温度,分别加入预先配好的氢氧化钠-保险粉溶液 50 mL。轻轻搅拌均匀,保持规定的还原温度还原 15 min,按浴比计算加入规定量的蒸馏水,并将染浴温度调节到染色温度,再保温 5 min,使其全部还原。然后将预先用蒸馏水沸煮过并淋干的纤维投入染缸中染色,染色过程中应勤加翻动,在翻动过程中不应使纤维露出液面,保温染色 45 min。染毕,取出染样,用水冲洗(不宜水洗的除外),然后进行氧化处理。

注:如配方中需加入无水硫酸钠,则在染色 15 min 后加入。

6.2.2.2 全浴还原法

准确称取规定量的染料标准品和样品(精确到 0.000 1 g),置于染缸中,加入乙醇、渗透剂 BX,调匀后置于水浴上,按浴比加入已加热到还原温度的预先配好的氢氧化钠-保险粉溶液,轻轻搅拌均匀,保持规定的还原温度还原 15 min。将染浴温度调节到染色温度,然后将预先用蒸馏水沸煮过并甩干的纤维投入染缸中染色,染色过程中应勤加翻动,在翻动过程中不应使纤维露出液面,保温染色 45 min。染毕,取出染样,用水冲洗(不宜水洗的除外),然后进行氧化处理。

注:如配方中需加入无水硫酸钠,则在染色 15 min 后加入。

6.2.3 氧化

根据还原染料性质,可分别采用下列方法进行氧化。

6.2.3.1 空气氧化

将染色后的纤维经甩干,水洗(不宜水洗的除外),整理后悬挂于室内空气流通处氧化 15 min,然后水洗,甩干。

6.2.3.2 重铬酸钾氧化

将染色后并经水洗的染样,在每升含重铬酸钾 0.5 g～2 g 和 30%(质量分数)乙酸 2.5 mL～10 mL 的溶液中,按浴比 1∶20,在 30℃～50℃下处理 10 min,取出用水洗净。

6.2.3.3 过硼酸钠氧化

将染色后并经水洗的染样,在每升含过硼酸钠 2 g～3 g 和 35%(质量分数)甲酸 2 mL 的溶液中,按浴比 1∶20,在 40℃～50℃下处理 15 min,取出用水洗净。

6.2.3.4 过氧化氢氧化

将染色后并经水洗的染样,在每升含 30%(质量分数)过氧化氢 3 mL～5 mL 和 35%(质量分数)甲酸 2 mL 的溶液中,按浴比 1∶20,在 40℃～50℃下处理 15 min,取出用水洗净。

6.2.3.5 **次氯酸钠氧化**

染色并经水洗的染样置于含有效氯 1 g/L～2 g/L 的次氯酸钠溶液中，按浴比 1：20，于室温下处理 20 min，然后取出用水洗净，再置于每升含 98%（质量分数）硫酸 1 mL～2 mL 的溶液中，按浴比 1：20，在室温下处理 5 min，取出用水洗净。

6.2.4 **皂洗**

将氧化后的染样用水洗净后，置于每升含中性皂 5 g 和无水碳酸钠 3 g 的溶液中，按浴比 1：20，沸煮 10 min，取出，用水洗净，晾干或在 60℃以下烘干。

6.3 **轧染法**

6.3.1 **流程**

浸轧染液→烘干→采样→浸渍还原液→薄膜焙烘汽蒸→氧化→水洗→皂煮→水洗→干燥→评定。

6.3.2 **轧染液配制**

以标准样品的轧染深度 20 g/L 为例，按表 2 配方配制轧染液。

表 2 轧染液配方

编　号	1	2	3	4	5
染料标准品/g	3.8	4	4.2	—	—
染料样品/g	—	—	—	3.8	4
100 g/L 渗透剂 JFC 溶液/mL	2	2	2	2	2
5 g/L 海藻酸钠或羟乙基皂夹胶/mL	80	80	80	80	80
加蒸馏水至总体积/mL	200	200	200	200	200

6.3.3 **浸轧染液**

将已编号织物分别在调校好的二辊轧车上进行二浸二轧，每次浸渍 30 s，轧液率保持在 60%～65%。

6.3.4 **干燥**

将染样转移到 90℃～100℃的烘箱中烘干。

6.3.5 **采样**

从中间均匀部分采取 4 cm×10 cm 的染样，编号，待浸渍还原液。

6.3.6 **浸渍还原液**

6.3.6.1 **还原液的配制**

每升蒸馏水中加入：

a) 100%（质量分数）氢氧化钠：25 g；

b) 85%（质量分数）保险粉：25 g；

c) 氯化钠：100 g。

经充分搅拌溶解后配成还原液。还原液应在临用时配制。

6.3.6.2 **浸渍**

染样分别置于预先准备好的还原液中，务使正反面均匀浸透，室温浸渍 20 s 后，分别移入预先准备好的聚乙烯薄膜中间，整齐排列，每个染样之间相互间隔 1 cm 左右，上盖薄膜，并排除中间空气，盖上玻璃纸，然后用电烙铁在染样周围将上下层薄膜粘合固封。待汽蒸。

6.3.7 **汽蒸**

将本标准 6.3.6.2 制备的试样迅速移入已经预热到 130℃±2℃的烘箱或实验室用汽蒸机中，120 s 后移出试样，待氧化。

6.3.8 **氧化**

将汽蒸后试样置于每升含过硼酸钠 3 g 和冰乙酸 2 mL 的氧化液中，浴比 1：200，在室温下氧化

15 min,取出。用流水充分洗净,待皂煮。

6.3.9 水洗皂煮

将染样用流水充分洗净后,在每升含中性皂 5 g 和无水碳酸钠 3 g 的同一皂煮液中,按浴比1∶200,皂煮 15 min。

6.3.10 干燥

皂煮后染样用流水充分洗净,晾干或在 60℃以下烘干。

6.4 染色结果的评定

按 GB/T 2374—1994 中第 6 章的有关规定进行。

7 试验报告

试验报告包括以下内容:

a) 被测染料的名称;

b) 本标准编号;

c) 染色方法及染色深度;

d) 使用仪器的名称、型号;

e) 测试结果;

f) 在测试过程中的特殊情况;

g) 与本方法的差异;

h) 试验日期。

ICS 71.100.01;87.060.10
G 55

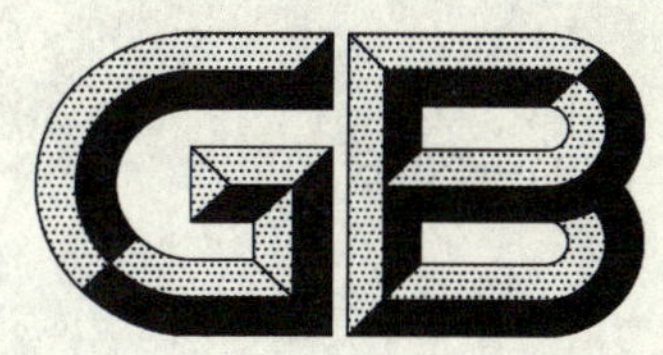

中华人民共和国国家标准

GB/T 2381—2006
代替 GB/T 2381—1994

染料及染料中间体 不溶物质含量的测定

Dyestuffs and intermediate of dyestuffs—Determination of content of insoluble matters

2006-08-01 发布 2007-01-01 实施

中华人民共和国国家质量监督检验检疫总局
中国国家标准化管理委员会 发布

前　言

本标准代替 GB/T 2381—1994《染料中不溶物含量的测定》。

本标准与 GB/T 2381—1994 的主要变化如下：

——标准名称规范为《染料及染料中间体　不溶物质含量的测定》(本标准的标题)；

——标准的适用范围由染料扩展到染料及染料中间体(本标准的范围)；

——补充完善了“水溶性染料溶解”和“硫化染料溶解”内容(本标准的 6.1.1 和 6.1.2)；

——增加了“染料中间体溶解”及“洗涤”的试验方法(本标准的 6.1.5 和 6.3.5)。

本标准由中国石油和化学工业协会提出。

本标准由全国染料标准化技术委员会(SAC/TC 134)归口。

本标准起草单位:沈阳化工研究院、上海出入境检验检疫局。

本标准主要起草人:姬兰琴、陈庆东、沈日炯。

本标准 1966 年首次发布为化工部颁标准 HG 2-364—1966,1980 年制定为国家标准 GB 2381—1980,1994 年第一次修订为 GB/T 2381—1994。

染料及染料中间体 不溶物质含量的测定

1 范围

本标准规定了染料及染料中间体中不溶物质含量的测定方法。

本标准适用于各类水溶性染料、硫化染料、色酚和色基及染料中间体中所含不溶物质含量的测定。

2 规范性引用文件

下列文件中的条款通过本标准的引用而成为本标准的条款。凡是注日期的引用文件,其随后所有的修改单(不包括勘误的内容)或修订版均不适用于本标准,然而,鼓励根据本标准达成协议的各方研究是否可使用这些文件的最新版本。凡是不注日期的引用文件,其最新版本适用于本标准。

GB/T 1250—1989 极限数值的表示方法和判定方法

GB/T 2374—1994 染料染色测定的一般条件规定

3 原理

将染料或染料中间体充分溶解于适宜的溶剂中,然后用 G3 过滤器过滤,充分洗涤后,用恒量法测定不溶物质含量。

4 试剂和材料

试剂和材料应符合 GB/T 2374—1994 中第 3 章的有关规定,极限数值表示方法按 GB/T 1250—1989 规定进行,检验结果的判定按 GB/T 1250—1989 中的 5.2 修约值比较法规定进行。

5 仪器和设备

仪器和设备应符合 GB/T 2374—1994 中第 5 章的有关规定。

a) G3 过滤器,循环使用时,失重范围不超过 0.01 g;如需要使用 G4 过滤器的,在产品标准中注明;
b) 电热干燥箱;
c) 真空泵;
d) 抽滤瓶。

6 试验方法

6.1 染料溶解

6.1.1 水溶性染料的溶解

称取约 1 g 染料样品(精确至 0.000 2 g),置于 800 mL 烧杯中,用少许蒸馏水调成浆状,加入 600 mL沸腾的蒸馏水(如系碱性染料,则先加少许乙酸),搅拌均匀,根据溶解情况,酌情沸煮 10 min(不宜沸煮的染料则在该产品标准中另行规定),务必保证试样充分溶解。

6.1.2 硫化染料的溶解

称取约 1 g 染料样品(精确至 0.000 2 g),置于 400 mL 烧杯中,加入 100 g/L 硫化钠溶液 20 mL 及 500 g/L 土耳其红油 1 mL,蒸馏水 50 mL,加热至 90℃~95℃,保温 15 min 搅拌、溶解,加沸腾的蒸馏水 200 mL,搅拌,使其充分溶解。

6.1.3 色酚的溶解

称取约 1 g 色酚样品(精确至 0.000 2 g),置于 800 mL 烧杯中,用少许乙醇将其润湿,加入 35 mL 浓度为 245 g/L 的氢氧化钠溶液,搅拌均匀,再加入 400 mL 蒸馏水,并加热至沸,煮沸 5 min,使其充分溶解。

6.1.4 色基的溶解

称取约 1 g 染料样品(精确至 0.000 2 g),置于 800 mL 烧杯中,加浓盐酸 20 mL,搅拌均匀后,再加入 500 mL 沸腾的蒸馏水使其充分溶解。

6.1.5 中间体的溶解

根据产品结构特点,按产品在水中溶解情况,确定加热或加酸、加热或加碱、加热,搅拌,使其完全溶解,然后测定其水不溶物或酸不溶物或碱不溶物含量。

具体称样量、加水量、加热温度,加热时间及加酸量或加碱量在产品标准中另行给出。

6.2 过滤

将按本标准的 6.1 溶解的染料或染料中间体溶液在已恒量的 G3 过滤器(质量为 m_1)上趁热过滤,必要时可真空吸滤。

6.3 洗涤

6.3.1 水溶性染料用 80℃～90℃的蒸馏水洗涤 G3 过滤器至洗液无色。

6.3.2 硫化染料先用质量浓度为 20 g/L 的硫化钠溶液充分洗涤,再用蒸馏水洗涤 G3 过滤器至洗液无色,并不含硫离子(洗液滴在乙酸铅试纸上应不变色)为止。

6.3.3 色酚用 80℃～90℃的蒸馏水洗涤 G3 过滤器,直至洗液中滴入酚酞指示剂无色为止。

6.3.4 色基用 80℃～90℃的蒸馏水洗涤 G3 过滤器至洗液中无氯离子(滴入硝酸银溶液不发生沉淀)为止。

6.3.5 染料中间体测定水不溶物质含量时,用 80℃～90℃的蒸馏水洗涤 G3 过滤器至洗液无色。染料中间体测定酸(碱)不溶物质含量时,用 80℃～90℃的蒸馏水洗涤 G3 过滤器至洗液呈无色中性。

不同于本标准时,可在产品标准中另行规定。

6.4 干燥与称量

6.4.1 恒量法

将经充分洗涤的 G3 过滤器取下,放入 100℃～105℃的电热干燥箱中,在此温度下恒温烘干至恒量,称量其质量为 m_2。

6.4.2 快速法

将经充分洗涤的 G3 过滤器取下,放入 100℃～105℃的电热干燥箱中,在此温度下恒温烘干 2 h～4 h,在干燥器中冷却到室温,称量其质量为 m_2。

6.4.3 说明

快速干燥法只提供给染料生产厂出厂检验用。

用户及质量检验部门检验或仲裁检验必须按本标准的 6.4.1 恒量法检验。

6.5 计算及结果表述

6.5.1 计算

染料中不溶物质的质量分数 w(%)按式(1)计算:

$$w=\frac{m_2-m_1}{m}\times 100 \qquad \cdots\cdots(1)$$

式中:

m_1——过滤器的质量数值,单位为克(g);

m_2——过滤器及不溶物的质量数值,单位为克(g);

m——染料样品的质量数值,单位为克(g);

计算结果保留到小数点后两位。

7 试验报告

试验报告包括以下内容：

a) 被测染料的名称；

b) 本标准编号；

c) 试验条件；

d) 使用仪器的名称、型号，过滤器规格(G3 或 G4)；

e) 测试结果；

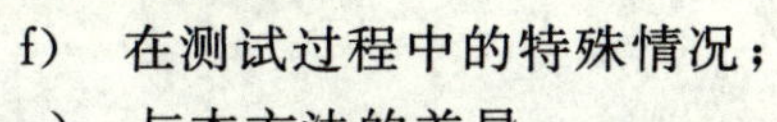

f) 在测试过程中的特殊情况；

g) 与本方法的差异；

h) 试验日期。

ICS 71.100.01;87.060.10
G 55

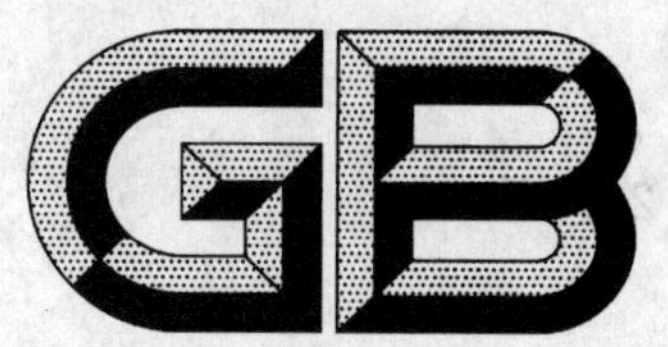

中华人民共和国国家标准

GB/T 2386—2006
代替 GB/T 2386—2003,GB/T 13753—1992

染料及染料中间体　水分的测定

Dyestuffs and intermediate of dyes—Determination of moisture

2006-08-01 发布　　2007-01-01 实施

中华人民共和国国家质量监督检验检疫总局
中国国家标准化管理委员会　发布

前 言

本标准代替 GB/T 2386—2003《染料及染料中间体　水分的测定》和 GB/T 13753—1992《染料中间体水分测定通用方法　卡尔·费休法及卡尔·费休改良法》。

本标准与 GB/T 2386—2003 和 GB/T 13753—1992 的主要差异如下：

——本标准整合了 GB/T 2386—2003 和 GB/T 13753—1992。

——将标准名称规范为《染料及染料中间体　水分的测定》(GB/T 2386 和 GB/T 13753 的标题、本标准的标题)；

——补充完善了“溶剂抽提法”和“烘干法”内容(GB/T 2386 的 3.1、3.2 和本标准的 3.1、3.2)。

本标准的附录 A、附录 B 和附录 C 为资料性附录。

本标准由中国石油和化学工业协会提出。

本标准由全国染料标准化技术委员会(SAC/TC 134)归口。

本标准起草单位：沈阳化工研究院。

本标准主要起草人：姬兰琴、沈日炯。

GB/T 2386 于 1966 年首次发布为化工部颁标准 HG 2-369—1966，1980 年制定为国家标准 GB 2386—1980，2003 年第一次修订为 GB/T 2386—2003；GB/T 13753 于 1992 年首次发布为国家标准 GB 13753—1992。2006 年第二次修订并整合为 GB/T 2386—2006。

染料及染料中间体　水分的测定

1　范围

本标准规定了染料及染料中间体水分的测定方法。

本标准适用于各类染料、染料中间体水分的测定，其中卡尔·费休法及卡尔·费休改良法适用于染料及染料中间体中微量水分的测定，但不适用于能与卡尔·费休试剂的主要成分反应并生成水的样品以及能还原碘或氧化碘化物样品中水分的测定。

2　规范性引用文件

下列文件中的条款通过本标准的引用而成为本标准的条款。凡是注日期的引用文件，其随后所有的修改单（不包括勘误的内容）或修订版均不适用于本标准，然而，鼓励根据本标准达成协议的各方研究是否可使用这些文件的最新版本。凡是不注日期的引用文件，其最新版本适用于本标准。

GB/T 1250—1989　极限数值的表示方法和判定方法

GB/T 2374—1994　染料染色测定的一般条件规定

3　试验方法

根据染料、染料中间体性质的不同，采用不同方法测试样品中的水分并计算。其水分测定法分为溶剂抽提法、烘干法、真空干燥法三种和卡尔费休法及卡尔·费休改良法。

试剂和材料、仪器和设备应符合 GB/T 2374—1994 中第 3 章、第 5 章的有关规定，极限数值表示方法按 GB/T 1250—1989 规定进行，检验结果的判定按 GB/T 1250—1989 中的 5.2 修约值比较法规定进行。

3.1　溶剂抽提法

3.1.1　试剂

a)　甲苯：化学纯。

b)　二甲苯：化学纯。

3.1.2　仪器

a)　架盘天平：感量不大于 0.1 g。

b)　水分测定器，结构见图 1。

3.1.3　测定步骤

在清洁、干燥的水分测定器的蒸馏瓶中放入被测试染料样品 20 g～50 g（精确至 0.1 g），加入 100 mL～125 mL 用水饱和过的甲苯或二甲苯，将蒸馏瓶与刻度帽及冷凝器连接后，置于加热浴中加热，使甲苯或二甲苯沸腾回流，控制回流速度，使冷凝液以每秒 2 滴～5 滴的速度从冷凝管末端滴下。当刻度帽中水的体积不再增加、上层溶液变为透明时，则停止加热，冷却 30 min，从刻度帽中读出水的体积；若上层溶液呈现浑浊，则将接受管放入温水中，使其澄清，然后冷却到室温读数；若冷凝管内壁沾有水滴，可加大火焰或增加电压，加热数分钟，把水滴冲进接受器，然后冷却到室温读数。仍无效，就用金属丝或细玻璃棒带有橡皮或塑料头的一端，把冷凝器内壁的水滴刮入接受器中，然后冷却到室温读数。

另做一平行空白试验：在清洁、干燥的蒸馏瓶中加入 100 mL～125 mL 用水饱和过的甲苯或二甲苯，另用移液管加入 0.50 mL 蒸馏水，以下操作与试样处理相同，最后从刻度帽中读出水的体积。

单位为毫米

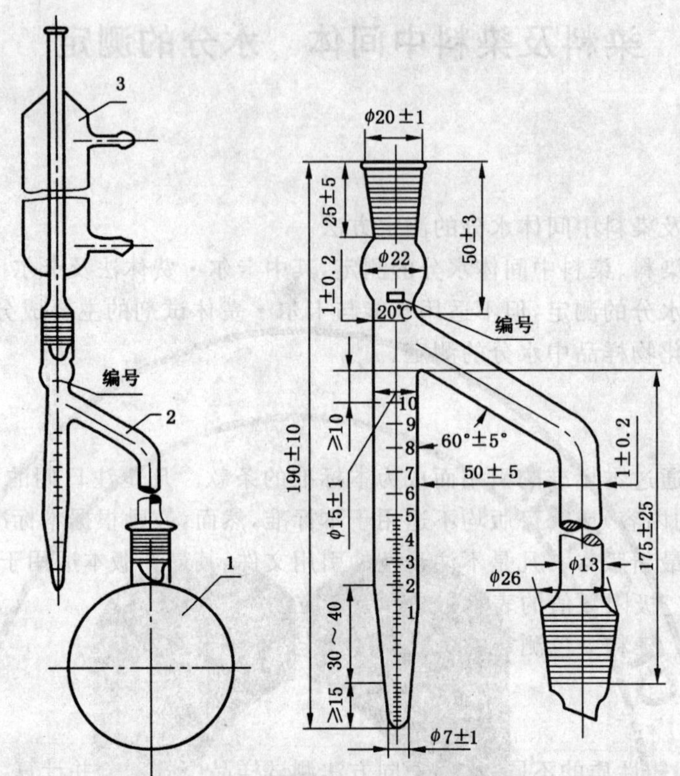

1——蒸馏瓶；

2——接受器；

3——冷凝管。

图1 水分测定器的结构图

3.1.4 结果计算

以质量分数(%)表示的水分含量 w 按式(1)计算：

$$w=\frac{V-(V_1-V_0)}{m}\times 100 \qquad \cdots\cdots(1)$$

式中：

w——水分的质量分数，%；

V_0——空白试验时另加的蒸馏水体积，单位为毫升(mL)；

V_1——空白试验时蒸出水的体积，单位为毫升(mL)；

V——测试样时蒸出水的体积，单位为毫升(mL)；

m——试样质量，单位为克(g)。

注：水在室温的相对密度数值可以视为1，因此用水的毫升数作为水的克数。

计算结果保留到小数点后两位。

3.2 烘干法

3.2.1 仪器

a) 称量瓶。

b) 分析天平：感量不大于 0.000 1 g。

c) 烘箱：灵敏度能控制在±2℃，装有温度计。

d) 干燥器：内盛适当的干燥剂。

3.2.2 测定步骤

3.2.2.1 确定试样量

根据被测试样的水分质量分数来确定试样的质量(g),参见表1。

表1 推荐使用水分含量和试样量对应关系

水分质量分数/%	试样量/g
0.01～0.1	≥10
0.1～1.0	10～5
1.0～10	5～1
>10	1

3.2.2.2 确定烘干温度

除另有规定外,试样的烘干温度一般规定为100℃～105℃。特殊产品,烘干温度可根据产品性质,在相应产品标准中另行规定。

3.2.2.3 测定

用已恒量的扁型称量瓶(干燥方法同试样,恒量误差±0.000 4 g)称取试样适量(精确至0.000 2 g),置于烘箱中,于100℃～105℃或根据试样的性质于相应产品标准中所规定温度下烘至恒量(恒量误差±0.000 4 g)。

3.2.3 结果计算

以质量分数(%)表示的水分含量 w 按式(2)计算:

$$w = \frac{m_2 - m_1}{m} \times 100 \qquad \cdots\cdots(2)$$

式中:

w——水分的质量分数,%;

m_2——干燥前称量瓶连同试样的质量,单位为克(g);

m_1——干燥后称量瓶连同试样的质量,单位为克(g);

m——试样质量,单位为克(g)。

计算结果保留到小数点后两位。

3.3 真空干燥法

3.3.1 试剂和材料

浓硫酸(或灼烧过的氯化钙)。

3.3.2 仪器

a) 称量瓶。

b) 分析天平:感量不大于0.000 1 g。

c) 真空干燥器。

3.3.3 测定步骤

用已恒量的扁型称量瓶(干燥方法同试样,恒量误差±0.000 4 g)称取磨细的试样约5 g～10 g(精确至0.000 2),置于放浓硫酸(或灼烧过的氯化钙)的真空干燥器中,抽真空干燥至恒量(恒量误差±0.000 4 g、真空度为 9.33×10^4 Pa～9.46×10^4 Pa)。

3.3.4 结果计算

以质量分数(%)表示的水分含量 w 按式(3)计算:

$$w = \frac{m_2 - m_1}{m} \times 100 \qquad \cdots\cdots(3)$$

式中:

w——水分的质量分数,%;

m_2——干燥前称量瓶连同试样的质量,单位为克(g);

m_1——干燥后称量瓶连同试样的质量,单位为克(g);

m——试样质量,单位为克(g)。

计算结果保留到小数点后两位。

3.4 卡尔·费休法及卡尔·费休改良法

3.4.1 原理

卡尔·费休试剂(碘、二氧化硫、吡啶和甲醇组成的溶液)能与试样中的水分定量反应,反应式如下:

$$H_2O + I_2 + SO_2 + 3C_5H_5N \longrightarrow 2C_5H_5N \cdot HI + C_5H_5N \cdot SO_3$$

$$C_5H_5N \cdot SO_3 + CH_3OH \longrightarrow C_5H_5N \cdot OSO_2 \cdot OCH_3$$

以合适的溶剂溶解样品,用已知滴定度的卡尔·费休试剂滴定,即可测出样品中的水分。

卡尔·费休试剂可购买,如 KFR-06 无吡啶卡尔·费休试剂,也可按本标准的 3.4 制备。

3.4.2 试剂与材料

3.4.2.1 甲醇。

3.4.2.2 乙二醇甲醚:化学纯,500 mL 乙二醇甲醚中加入约 50 g 分子筛,塞上瓶塞,放置过夜,吸取上层清液使用。

3.4.2.3 吡啶。

3.4.2.4 三氯甲烷。

3.4.2.5 样品溶剂:

a) 4 体积甲醇和 1 体积吡啶混合;

b) 4 体积乙二醇甲醚和 1 体积吡啶混合;

c) 1 体积甲醇和 3 体积三氯甲烷混合。

除以上几种混合溶剂外,还可根据具体样品选择适当的溶剂。

3.4.2.6 卡尔·费休试剂

二氧化硫:用硫酸分解无水亚硫酸钠制取或使用钢瓶装二氧化硫,均需经干燥脱水处理。二氧化硫发生装置见附录 A。

取 85 g 碘于干燥的 1 L 具塞棕色瓶中,加入 670 mL 甲醇,盖上瓶塞,摇荡至碘全部溶解,再加入 270 mL 吡啶混匀,缓慢通入上述二氧化硫约 65 g 于此溶液中(略有过量也无妨),通二氧化硫时应用冰水浴冷却,使溶液温度不超过 20℃。试剂应放置暗处至少 24 h 后使用,应避免大气中湿气的影响。新配制的试剂滴定度为 3 mg/mL～4 mg/mL。若使用甲醇制备,滴定度须使用前标定、当日有效;若使用乙二醇甲醚制备,可按时标定。

3.4.2.7 卡尔·费休改良试剂(改良法用)

取 63 g 碘于干燥的 1 L 具塞棕色瓶中,加入 600 mL 甲醇,25 g 无水碘化钠(于 120℃烘箱中干燥 2 h)和 85 g 无水乙酸钠(在 120℃烘箱中干燥 2 h),盖上瓶塞,摇荡至碘及盐类全部溶解(甲液)。

通二氧化硫于用冰水浴冷却的甲醇中,使每升甲醇含有 256 g 二氧化硫(乙液),通二氧化硫时溶液温度不超过 20℃。

加 90 mL 乙液(含 23 g 二氧化硫)或直接通 23 g 二氧化硫气体于甲液中,再用甲醇稀释至 1 L,置于暗处备用,应避免大气中湿度的影响。

新配置好的试剂滴定度为 3.5 mg/mL～4.5mg/mL,须逐日标定。

3.4.2.8 干燥剂

a) 5A 分子筛:ϕ3 mm～ϕ5 mm 颗粒,在 500℃下活化 2 h 后,置干燥器中备用。

b) 活性硅胶:用作填充干燥剂。

c) 硅酮润滑酯:润滑磨砂玻璃接头用。

3.4.3 **仪器及装置**

3.4.3.1 水分测定仪:测定装置见附录B,由以下各部件组成:

a) 自动滴定管:分度值为0.05 mL;

b) 反应瓶;

c) 铂电极;

d) 电磁搅拌器;

e) 微安计;

f) 磨口棕色玻璃贮瓶;

g) 终点电测装置:线路方框图见附录C。

安装前,玻璃器皿均应于110℃下烘干。安装时应注意密封,凡与空气相通处均应接上硅胶干燥管;磨砂玻璃接头应涂上硅酮润滑酯。

3.4.3.2 微量注射器:10 μL。

3.4.4 **测定步骤**

3.4.4.1 **终点的确定**

本标准规定用直接电量法确定终点,其原理为:在浸入溶液中的两铂电极间加一电压,若溶液中有水存在,则阴极极化,两铂电极间无电流通过。滴定至终点时,溶液中同时有碘及碘化物存在,阴极去极化,溶液导电,电流突然增加至一最大值并稳定约1 min,此时即为终点。

3.4.4.2 **卡尔·费休试剂及卡尔·费休改良试剂滴定度的标定**

用微量注射器吸取5 μL水,称取其质量(精确至0.000 2 g),重复两次,取算术平均值作为5 μL水的质量。

加20 mL甲醇于反应瓶中,使电极浸入甲醇,盖上瓶塞,开动电磁搅拌器,用卡尔·费休试剂或卡尔·费休改良试剂滴定甲醇中水分至电流表指针产生较大偏转并保持约1 min不变为空白滴定终点,不记录耗用试剂的体积。

用微量注射器注入5 μL水于反应瓶中,用卡尔·费休试剂或卡尔·费休改良试剂滴定至电流表指针偏转停留在空白滴定时相同的位置并保持1 min不变为终点,记录耗用试剂的体积。

试剂滴定度按式(4)计算:

$$T=\frac{m_1}{V_1} \qquad \cdots\cdots(4)$$

式中:

T——卡尔·费休试剂(或卡尔·费休改良试剂)的滴定度,单位为毫克每毫升(mg/mL);

m_1——水的质量,单位为毫克(mg);

V_1——滴定耗用的卡尔·费休试剂(或卡尔·费休改良试剂)体积,单位为毫升(mL)。

3.4.5 **样品中水分的测定**

在反应瓶中,加一定体积(浸没电极)的样品溶剂,在搅拌下用卡尔·费休试剂或卡尔·费休改良试剂滴定至电流表指针产生较大偏转并保持1 min不变为空白滴定终点。液体试样用吸量管定量吸取试样迅速加入反应瓶中;固体试样用玻璃称样管称取试样(精确至0.001 g)迅速加入反应瓶中,盖上瓶塞,用卡尔·费休试剂或卡尔·费休改良试剂滴定至电流表指针偏转停留在空白滴定时相同的位置并保持1 min不变为终点,记录耗用试剂的体积。

以质量分数%表示的试样中水分按式(5)或式(6)计算:

$$w=\frac{TV_2}{1\,000\,m_2}\times 100 \qquad \cdots\cdots(5)$$

或

$$w=\frac{TV_2}{1\,000\rho V_3}\times 100 \qquad \cdots\cdots(6)$$

式中：

w——试样中水分质量分数，%；

T——卡尔·费休试剂（或卡尔·费休改良试剂）的滴定度，单位为毫克每毫升（mg/mL）；

m_2——固体试样的质量，单位为克（g）；

V_2——滴定耗用的卡尔·费休试剂（或卡尔·费休改良试剂）体积，单位为毫升（mL）；

V_3——液体试样的体积，单位为毫升（mL）；

ρ——液体试样的相对密度，单位为克每立方厘米（g/cm^3）。

计算结果表示到小数点后两位。

4 试验报告

试验报告包括以下内容：

a) 被测样品全名。

b) 本标准编号。

c) 写明采用的测定方法。

d) 测试结果。

e) 在测试过程中的特殊情况。

f) 与本标准方法有差异的地方。

g) 试验日期。

附 录 A
(资料性附录)
卡尔·费休试剂(或改良试剂)配制装置

配制装置见图 A.1。

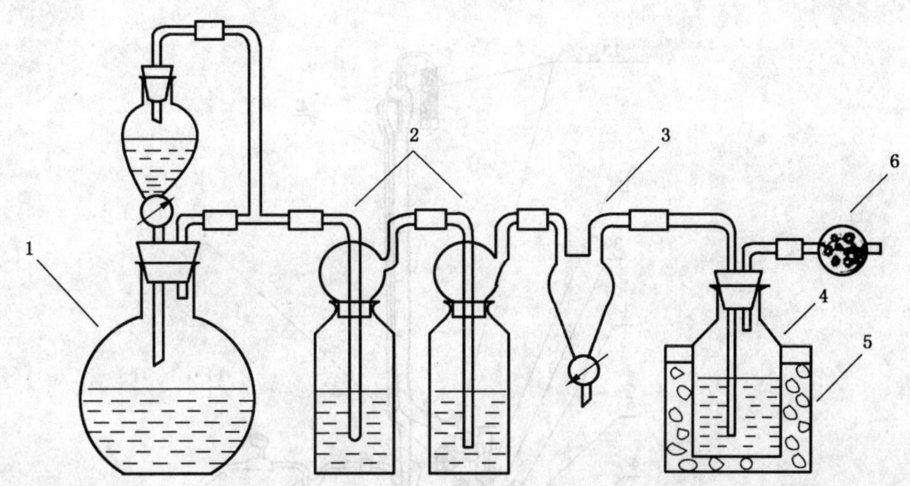

1——二氧化硫气体发生器;
2——浓硫酸洗瓶;
3——分离器;
4——盛有碘、甲醇等溶液的吸收瓶;
5——冰水浴;
6——干燥管。

图 A.1 卡尔·费休试剂(或改良试剂)配制装置

附 录 B
（资料性附录）
水分测定装置

测定装置见图 B.1。

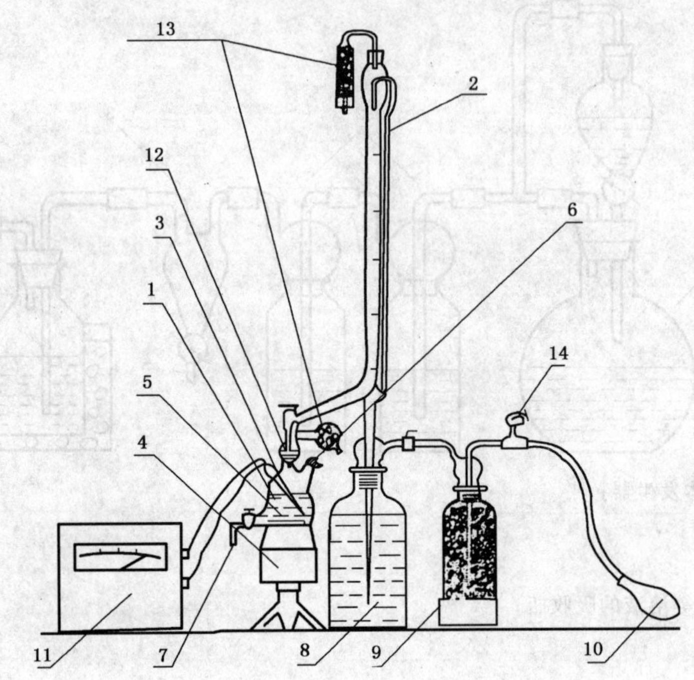

1——反应瓶；
2——自动滴定管；
3——铂电极；
4——电磁搅拌器；
5——搅拌子；
6——进样口；
7——废液排放口；
8——试剂贮瓶；
9——干燥瓶；
10——压气球；
11——终点电测装置；
12——磨口接头；
13——干燥管；
14——螺旋夹。

图 B.1 水分测定装置

附 录 C
（资料性附录）
终点电测装置线路方框图

方框图见图 C.1。

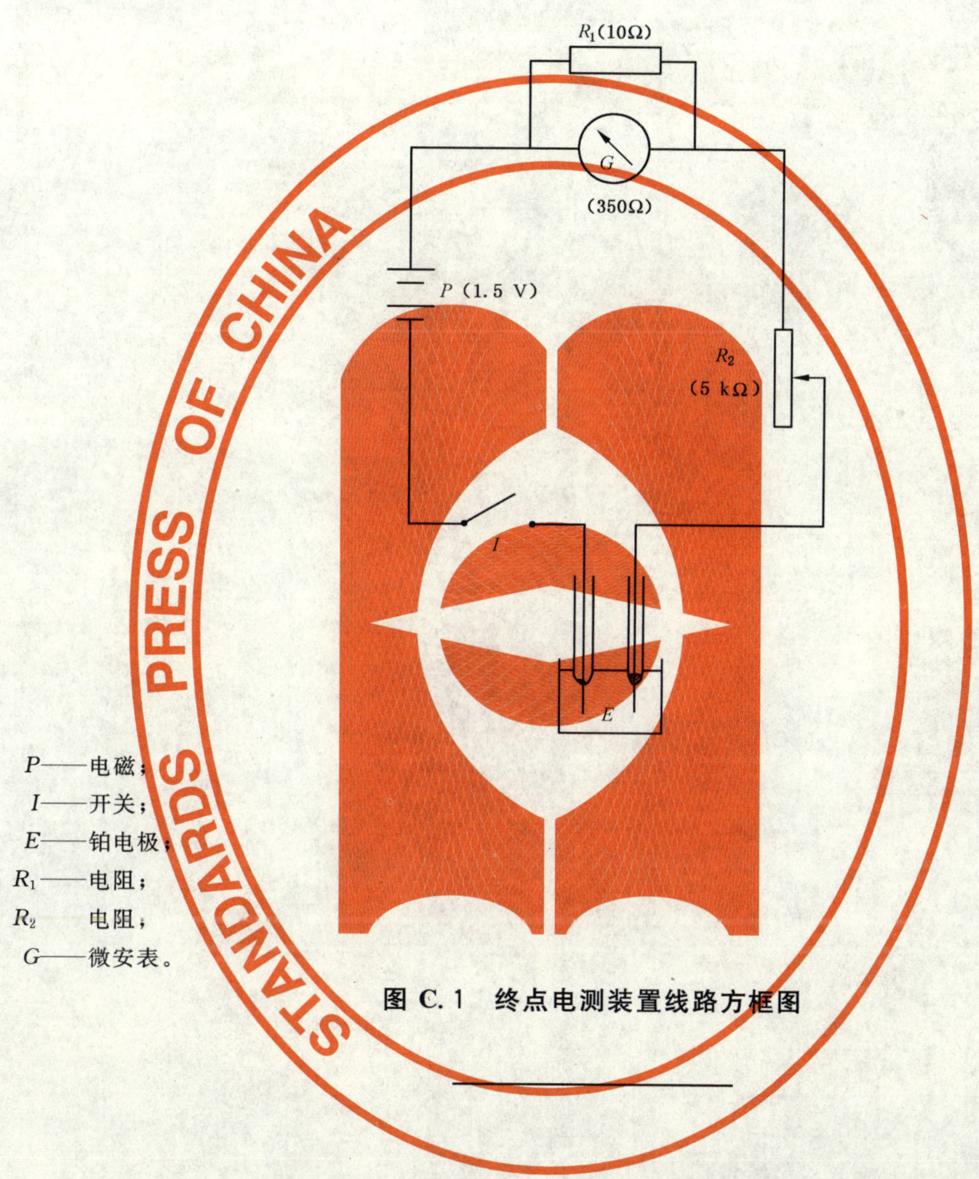

P——电磁；
I——开关；
E——铂电极；
R_1——电阻；
R_2——电阻；
G——微安表。

图 C.1 终点电测装置线路方框图

ICS 71.100.01;87.060.10
G 55

中华人民共和国国家标准

GB/T 2387—2006
代替 GB/T 2387—2003,GB/T 2388—2003

反应染料　色光和强度的测定

Reactive dyes—Determination of shade and relative strength

2006-08-01 发布　　2007-01-01 实施

中华人民共和国国家质量监督检验检疫总局
中国国家标准化管理委员会　发布

前 言

本标准代替 GB/T 2387—2003《反应染料　染色色光和强度的测定》和 GB/T 2388—2003《反应染料　印花色光和强度的测定》。

本标准与 GB/T 2387—2003 和 GB/T 2388—2003 的主要差异如下：

——本标准整合了 GB/T 2387—2003 和 GB/T 2388—2003；

——将标准名称规范为《反应染料　色光和强度的测定》(本标准的标题、GB/T 2387—2003 和 GB/T 2388—2003 的标题)；

——取消了对印花机的具体规定及印花前对滚筒印花机的调试过程[GB/T 2388 的 5(a)、6.4]。

本标准由中国石油和化学工业协会提出。

本标准由全国染料标准化技术委员会(SAC/TC 134)归口。

本标准起草单位：东港工贸集团有限公司、湖北华丽染料工业有限公司、沈阳化工研究院。

本标准主要起草人：颜剑波、刘卫斌、尚爱国、姬兰琴。

GB/T 2387 于 1975 年首次发布为化工部部颁标准 HG 2-797—1975，1980 年制定为国家标准 GB 2387—1980，2003 年第一次修订为 GB/T 2387—2003；GB/T 2388 于 1975 年首次发布为化工部部颁标准 HG 2-798—1975，1980 年制定为国家标准 GB 2388—1980，2003 年第一次修订为 GB/T 2388—2003。2006 年第二次修订并整合为 GB/T 2387—2006。

反应染料　色光和强度的测定

1　范围

本标准规定了反应染料色光和强度的测定方法。

本标准适用于X型、KN型、K型、KE型、M型反应染料色光和强度的测定。

2　规范性引用文件

下列文件中的条款通过本标准的引用而成为本标准的条款。凡是注日期的引用文件，其随后所有的修改单(不包括勘误的内容)或修订版均不适用于本标准，然而，鼓励根据本标准达成协议的各方研究是否可使用这些文件的最新版本。凡是不注日期的引用文件，其最新版本适用于本标准。

GB/T 2374—1994　染料染色测定的一般条件规定

3　原理

用反应染料试样与同品种的标准样品于同一条件下，在纤维素纤维上着色，然后以标准样品的着色强度为100分，色光为标准，进行目测比较或仪器测量比较，评定试样的色光和强度。

4　试剂和材料

试剂和材料应符合GB/T 2374—1994中第3章的有关规定。

5　仪器和设备

仪器和设备应符合GB/T 2374—1994中第5章的有关规定。

a)　实验室用液压或气压二辊轧车；

b)　实验室用汽蒸机或蒸箱；

c)　印花机：实验室用小型印花机；

d)　电热恒温烘箱。

6　试验方法

6.1　浸染法

6.1.1　一般条件

染色一般条件应符合GB/T 2374—1994的有关规定。染色方法的选择需根据具体品种、性能，以给色力最高为原则。染色深度根据具体品种选定，以符合分档清晰为原则。

a)　染色织物质量：5 g棉布(棉纱)或10 g棉纱；

b)　染色浴比：5 g棉布(棉纱)1∶40；10 g棉纱1∶20；

c)　染色时间：吸色时间为30 min，固色时间为45 min。

6.1.2　染料溶液的配制

准确称取染料试样、标准样品各若干克(精确至0.000 5 g)，分别置于400 mL烧杯中，加少量蒸馏水，用玻璃棒调成浆状，加30℃～40℃的蒸馏水(X型及KN型)、或60℃的蒸馏水(M型)、或70℃～80℃蒸馏水(K型、KE型)约200 mL，充分搅拌，使染料完全溶解，冷却至室温后移入500 mL容量瓶中，稀释至刻度，摇匀备用。

6.1.3 染色条件

各种类型的反应染料染色的染色条件见表1。

表1 染色条件

染料类型	染色深度/%(owf)	助剂浓度/(g/L)		碱剂浓度/(g/L)		染色温度/℃	
		氯化钠	无水硫酸钠	无水碳酸钠	磷酸钠	吸色	固色
X型	2～3	60	—	15	—	20	40
K型	2～3	60	—	30	—	40	90
KE型	2～3	60	—	30	—	40	90
KN型	2～3	—	50	—	6	60	60
M型	2～4	—	60	20	—	70	70
注：助剂在染色开始时只加入一半，吸色15 min后再加入另一半，碱剂在固色时加入。							

6.1.4 染液配方

根据染料的性质，按表1的要求选定染色条件，配制染液。以X型反应染料，染色深度为2%(owf)为例，染液配方如表2。

表2 染液配方

单位为毫升

染缸编号	1	2	3	4	5
1 g/500 mL标样溶液体积	47.5	50	52.5	—	—
1 g/500 mL试样溶液体积	—	—	—	47.5	50
250 g/L氯化钠溶液体积	48	48	48	48	48
200 g/L碳酸钠溶液体积	15	15	15	15	15
加蒸馏水至总体积	200	200	200	200	200

6.1.5 染色操作

按表2规定配制染液，在表1规定的吸色温度下，把已编号并经沸煮过的染色织物顺序投入到各染缸中进行染色，染色过程中不断翻动。染色15 min后各加入另一半助剂。继续染色15 min，加入表2规定的碱剂，20 min内升温到表1规定的固色温度，并在此温度下保温染色25 min，染毕，把染色织物从染缸中取出，用流水洗净，甩干。

6.1.6 后处理

将染样按浴比1：50，在每升含3 g中性皂片的皂液中沸煮15 min，取出染样，在70℃～80℃的热水中漂洗2 min，再用冷水洗净，晾干或在60℃以下烘干。

6.1.7 染色结果的评定

按GB/T 2374—1994中第6章的有关规定进行。

6.2 轧染法

本方法适用于K型反应染料色光和强度的测定。

6.2.1 一般条件

染色一般条件应符合GB/T 2374—1994的有关规定。轧染、固色方法的选择需根据具体品种、性能，以给色力最高为原则。轧染深度根据具体品种选定，以符合分档清晰为原则。

6.2.2 轧染液配方

a) 轧染深度：20 g/L～40 g/L；

b) 尿素：20 g/L～50 g/L；

c) 渗透剂BX：1 g/L～2 g/L；

d) 碱剂：无水碳酸钠或碳酸氢钠，10 g/L～20 g/L；

e) 防泳移剂：海藻酸钠，2 g/L。

6.2.3 轧染液的配制

以轧染深度 20 g/L，无水碳酸钠作碱剂为例，轧染液配方如表 3 所示。

表 3 轧染液配方示例

染缸编号	1	2	3	4	5
染料标准品质量/g	1.9	2	2.1	—	—
染料样品质量/g	—	—	—	2	2.1
尿素质量/g	4	4	4	4	4
无水碳酸钠质量/g	1	1	1	1	1
10 g/L 渗透剂 BX 溶液体积/mL	20	20	20	20	20
2.5 g/L 海藻酸钠溶液体积/mL	80	80	80	80	80
总体积/mL	100	100	100	100	100

分别称取规定量的染料标准品和样品(精确至 0.001 g)，加入 10 g/L 渗透剂 BX 溶液，在 90℃以下的水浴上加热溶解，冷却至 30℃～40℃，加入尿素，溶解后加入 2.5 g/L 海藻酸钠溶液，搅拌均匀，临用前加入无水碳酸钠，充分搅拌溶解。

6.2.4 轧染操作

把经沸煮，并在二辊轧车上轧干(含液量 70%～80%)的布样放入按 6.2.3 配制的轧染液中浸渍，每次浸渍 1 min，浸渍其间不停搅拌。在二辊轧车上二浸二轧(轧液率 70%～80%)，在 80℃烘干，待固色。

6.2.5 固色

根据染料性质不同，可选择汽蒸法固色或焙烘法固色。

6.2.5.1 汽蒸法

根据染料性质不同，可选择饱和汽蒸 15 min 或在 0.05 MPa 的压力下加压汽蒸 7 min。

6.2.5.2 焙烘法

经预烘的染样在 130℃～160℃下焙烘 3 min～8 min。

6.2.6 皂煮

把经固色的染样用冷流水洗去浮色，按浴比 1∶50，在每升含 3 g 中性皂片的皂液中沸煮 15 min，取出染样，在 70℃～80℃的热水中清洗 2 min，再用冷流水清洗，晾干或在 60℃以下烘干。

6.2.7 染色结果的评定

按 GB/T 2374—1994 中第 6 章的有关规定进行。

6.3 印花法

6.3.1 印花一般条件

印花的一般条件应符合 GB/T 2374—1994 的有关规定。碱剂的用量需根据具体品种、性能，以给色力最高为原则。印花深度根据具体品种选定，以符合分档清晰为原则。

6.3.2 糊料的配制

称取六偏磷酸钠 2 g～5 g，充分溶于 1 000 mL 蒸馏水中，称取海藻酸钠 50 g～70 g，加入到此溶液中，充分搅拌，放置 24 h，待海藻酸钠充分膨化后，用布过滤，滤去残渣，用冰乙酸调节至中性，备用。

6.3.3 印花色浆配制

分别称取规定量的染料标准品和样品(精确至 0.001 g)，分置于五个烧杯中。把尿素用 60℃～70℃蒸馏水溶解后，分别注入各烧杯中，充分搅拌，使染料基本溶解。然后把烧杯放在水浴上加热

5 min～10 min，使染料充分溶解（K 型染料的水浴温度不高于 95℃，KN 型和 M 型染料的水浴温度一般为 60℃）。取出烧杯，冷却到室温。用注浆器分别加入表 1 规定量的糊料，搅拌均匀，再加入防染盐 S，充分搅拌溶解，最后加入碳酸氢钠，充分搅拌，完全溶解后静置 15 min，临用时再充分搅拌。

以印花深度 3%（质量分数）为例，印花色浆的配方如表 4。

表 4　印花色浆配方

色浆编号	1	2	3	4	5
染料标准品质量/g	2.85	3	3.15	—	—
染料样品质量/g	—	—	—	2.85	3
尿素质量/g	10	10	10	10	10
蒸馏水体积/mL	10～20	10～20	10～20	10～20	10～20
糊料质量/g	50～60	50～60	50～60	50～60	50～60
防染盐 S 质量/g	1	1	1	1	1
碳酸氢钠质量/g	根据具体品种决定				
加蒸馏水至总量/g	100				

6.3.4　印花操作

调试印花机于正常运转状态，进行印花，将印花色布移入 50℃～60℃的电热恒温烘箱中烘干。

6.3.5　汽蒸

干燥后的印花色布用干布包裹后，按表 5 规定的汽蒸条件选择其中之一汽蒸。

表 5　各种类型的反应染料汽蒸条件

汽蒸条件	饱和汽蒸时间/min	0.05 MPa 加压汽蒸时间/min
K 型	15	7
KN 型	15	7
M 型	—	2～5

6.3.6　皂煮

把经汽蒸后的印花布用冷水充分冲洗后，按浴比 1∶100，在每升含 3 g 中性皂片的皂液中沸煮 15 min，取出印花布，在 70℃～80℃的热水中清洗 2 min，再用冷流水清洗，晾干或在 60℃以下烘干。

6.3.7　印花结果的评定

按 GB/T 2374—1994 中第 6 章的有关规定进行。

7　试验报告

试验报告包括以下内容：

a)　被测染料的名称；
b)　本标准编号；
c)　染色方法及染色深度；
d)　使用仪器的名称、型号；
e)　测试结果；
f)　在测试过程中的特殊情况；
g)　与本方法的差异；
h)　试验日期。

ICS 71.100.01;87.060.10
G 55

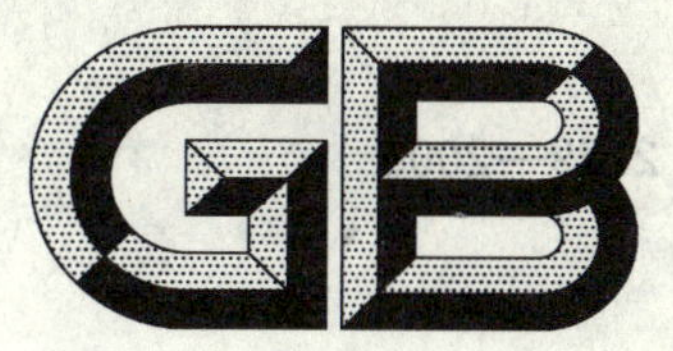

中华人民共和国国家标准

GB/T 2389—2006
代替 GB/T 2389—1980

反应染料　水解染料与标准样品相对含量的测定

Reactive dyes—Determination of relative content of hydrolised dye comparatively standard sample

2006-08-01 发布　　　　2007-01-01 实施

中华人民共和国国家质量监督检验检疫总局
中国国家标准化管理委员会　发布

前言

本标准代替 GB/T 2389—1980《活性染料中水解染料与标准样品相对含量的测定方法》。

本标准与 GB/T 2389—1980 相比主要变化如下：

——标准名称规范为《反应染料　水解染料与标准样品相对含量的测定》；

——将标准样品测定 3 档浓度减少为测定 1 档浓度，增加了测定结果取值内容（本标准的 6.1，GB/T 2389—1980 的第 3 章）；

——增加了试验报告的内容（本标准的第 7 章）。

本标准由中国石油和化学工业协会提出。

本标准由全国染料标准化技术委员会（SAC/TC 134）归口。

本标准起草单位：沈阳化工研究院。

本标准主要起草人：王勇、马君庆。

本标准 1977 年首次发布为化工部部颁标准 HG 2-799—1975，1980 年制定为国家标准 GB 2389—1980。

反应染料　水解染料与标准样品相对含量的测定

1　范围

本标准规定了反应染料中水解染料与标准样品相对含量的测定方法。

本标准适用于反应染料中水解染料与标准样品相对含量的测定。

2　规范性引用文件

下列文件中的条款通过本标准的引用而成为本标准的条款。凡是注日期的引用文件，其随后所有的修改单(不包括勘误的内容)或修订版均不适用于本标准，然而，鼓励根据本标准达成协议的各方研究是否可使用这些文件的最新版本。凡是不注日期的引用文件，其最新版本适用于本标准。

GB/T 2374—1994　染料染色测定的一般条件规定

GB/T 2387—2006　反应染料　色光和强度的测定

3　原理

采用等量的试样与标准样品的水溶液进行比色测定，测得分光比色强度，再与染色或印花的结果进行比较，从而计算试样中水解染料与标准样品的相对含量。

4　试剂和材料

试剂和材料应符合 GB/T 2374—1994 中第 3 章的有关规定。

5　仪器和设备

仪器和设备应符合 GB/T 2374—1994 中第 5 章的有关规定。

分光光度计。

6　试验方法

6.1　比色测定

6.1.1　染料溶液的配制

准确称取染料试样和标准样品各 1 g(精确到 0.001 g)，分别置于 600 mL 烧杯中，加少量水，用玻璃棒调成浆状，加 30℃～40℃的温水约 200 mL，充分搅拌使染料完全溶解，转移至 500 mL 容量瓶中，用水稀释至刻度，摇匀备用。

分别用移液管移取以上标准样品溶液和试样溶液各 1 mL 于 100 mL 容量瓶中，用水稀释至刻度，待测。

6.1.2　测定

将按本标准 6.1.1 制备的待测溶液，用分光光度计在其最大吸收波长处分别测定光密度值。分光比色强度 F 按式(1)计算：

$$F=\frac{E_x}{E_s}\times 100 \qquad \cdots\cdots(1)$$

式中：

F——试样的分光比色强度；

E_x——试样溶液的光密度值；

E_s——标准样品溶液的光密度值。

两次平行测定结果之差应不大于2%，取其算术平均值作为测定结果。

6.2 染色或印花强度的测定

按 GB/T 2387—2006 中第 6 章的规定进行。

6.3 结果表述

水解染料与标准样品相对含量＝试样的分光比色强度 F－试样的染色或印花强度

7 试验报告

试验报告包括以下内容：

a） 被测染料的名称；

b） 本标准编号；

c） 试验条件；

d） 使用仪器的名称、型号；

e） 测试结果；

f） 在测试过程中的特殊情况；

g） 与本方法的差异；

h） 试验日期。

ICS 71.100.01;87.060.10
G 55

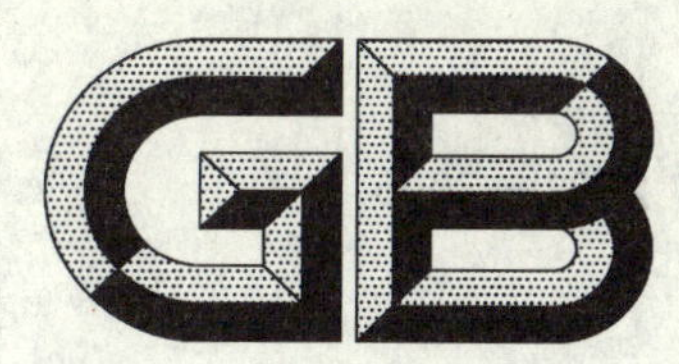

中华人民共和国国家标准

GB/T 2391—2006
代替 GB/T 2391—2003,GB/T 2393—1980

反应染料 固色率的测定

Reactive dyes—Determination of degree of fixation

2006-01-23 发布　　2006-11-01 实施

中华人民共和国国家质量监督检验检疫总局
中国国家标准化管理委员会　发布

前 言

本标准代替 GB/T 2391—2003《反应染料　吸色率和固色率的测定》和 GB/T 2393—1980《活性染料印花固色率的测定方法》。

本标准与 GB/T 2393—1980 和 GB/T 2391—2003 相比主要变化如下：

——标准名称规范为《反应染料　固色率的测定》(GB/T 2393—1980 和 GB/T 2391—2003 的标题，本标准的标题)；

本标准与 GB/T 2393—1980 相比，主要变化如下：

——规定了印花深度(本标准的 6.1.1)；

——增加了试验报告的内容(本标准的 7)。

本标准由中国石油和化学工业协会提出。

本标准由全国染料标准化技术委员会(SAC/TC 134)归口。

本标准起草单位：沈阳化工研究院、大连理工大学精细化工国家重点实验室。

本标准主要起草人：王勇、马君庆、彭孝军。

GB/T 2391—2003 于 1975 年首次发布为化工部颁标准 HG 2-803—1975，1980 年第一次修订并调整为国家标准 GB/T 2391—1980，2003 年第二次修订；GB/T 2393—1980 于 1977 年首次发布为化工部部颁标准 HG 2－804—1975，1980 年第一次修订并调整为国家标准 GB 2393—1980。

反应染料　固色率的测定

1　范围

本标准规定了反应染料固色率的测定方法。

本标准适用于反应染料固色率的测定。

2　规范性引用文件

下列文件中的条款通过本标准的引用而成为本标准的条款。凡是注日期的引用文件，其随后所有的修改单(不包括勘误的内容)或修订版均不适用于本标准，然而，鼓励根据本标准达成协议的各方研究是否可使用这些文件的最新版本。凡是不注日期的引用文件，其最新版本适用于本标准。

GB/T 2374—1994　染料染色测定的一般条件规定

GB/T 2388—2003　反应染料　印花色光和强度的测定

3　原理

将试样在棉布上直接印花。通过对未汽蒸固着的印花布样和经汽蒸固着的印花布样进行充分洗涤，然后分别测定各洗涤液的光密度值，从而计算出试样在纤维上的印花固色率。

试样在棉纱上染色，通过染色残液和标准染液的光密度值计算试样在棉纤维上的吸色率。将色纱上未固着的水解染料洗涤，然后通过标准皂液与皂煮残液的光密度值计算试样在棉纤维上的染色固色率。

4　试剂和材料

试剂和材料应符合 GB/T 2374—1994 中第 3 章的有关规定。

5　仪器和设备

仪器和设备应符合 GB/T 2374—1994 中第 5 章的有关规定。

a)　分光光度计；

b)　实验室用染样机；

c)　实验室用汽蒸机或蒸箱；

d)　实验室用印花机；

e)　索氏脂肪抽出器，150 mL。

6　试验方法

6.1　印花固色率

6.1.1　印花

印花深度规定为 2%。

按 GB/T 2388—2003 中第 6 章的规定印花，印花完毕，立即将印花后布样在同条花纹上准确剪取面积相等的两份(一般为 10 cm×10 cm，其上有 2～3 条花纹)。其中一份不经烘干、汽蒸，立即进行洗涤(A 试样)；另一份进行烘干、汽蒸后进行洗涤(B 试样)。

6.1.2　洗涤

将按 6.1.1 制备的 A、B 试样分别放入已经加入 60 mL 水的 150 mL 低型烧杯中，用玻璃棒充分搅拌，1 min 后，将试样从烧杯中取出，放入已经预置有 100 mL 水的索氏脂肪抽出器中，加热回流，直至回流液无色。取出试样，用少量水冲洗，分别把有色液收集于 500 mL 容量瓶中，冷却至室温，稀释至刻度。

6.1.3 印花固色率的测定

将按 6.1.2 制备的洗涤液，用分光光度计在其最大吸收波长处分别测定光密度值。印花固色率以质量分数 w_1 计，数值以（%）表示，按式(1)计算：

$$w_1 = \left(1 - \frac{E_1 m}{E_2 n}\right) \times 100 \qquad \cdots\cdots (1)$$

式中：w_1——印花固色率，%；

E_1——经汽蒸试样洗涤液的光密度值；

E_2——未汽蒸试样洗涤液的光密度值；

m——经汽蒸试样洗涤后总有色液的稀释倍数；

n——未经汽蒸试样洗涤后总有色液的稀释倍数。

6.2 染色固色率

6.2.1 染色条件

a) 染色深度：1%（owf）；

b) 染色纤维：纱线，10 g；

c) 染色浴比：1∶20；

d) 吸色、固色温度：见表 1；

e) 染色时间：X 型、KN 型、M 型：90 min；

K 型：120 min；

f) 助剂和用量：见表 2。

表 1 各类型反应染料的吸色温度和固色温度

温度	X 型	K 型	KN 型	M 型
吸色温度/℃	20	40	60	70
固色温度/℃	40	90	60	70
注：如个别反应染料的吸色、固色温度另有需要者，可在该染料产品标准中另行规定。				

表 2 各类型反应染料的助剂和用量

类型	染色液和标准染液/(g/L)	标准皂液/(g/L)
X 型	氯化钠 50	无水碳酸钠 10
	无水碳酸钠 10	净洗剂 MA 1
KN 型	无水硫酸钠 60	磷酸钠 6
	磷酸钠 6	净洗剂 MA 1
K 型	氯化钠 60	无水碳酸钠 15
	无水碳酸钠 15	净洗剂 MA 1
M 型	无水硫酸钠 60	无水碳酸钠 20
	无水碳酸钠 20	净洗剂 MA 1
注：标准皂液中须加入与染色液等量的染色溶液，并放置在开始染色时的同一水浴中。		

6.2.2 染色操作

电解质（氯化钠或无水硫酸钠）在染色前加入，经沸水处理 15 min 的白纱线一绞 10 g，绞干至质量为 20 g(含水量为 100%)，入染，勤加翻动，在规定的吸色温度染 30 min 后，加入所需的碱剂，并升温至规定的固色温度，到达上述规定的固色时间后，分别绞干色纱至质量为 20 g(含水量 100%)。

6.2.3 皂煮

将色纱用浓度为 1 g/L 的净洗剂 MA 在水浴中皂煮 15 min(皂煮温度 93℃～95℃，浴比 1∶25)，取出色纱绞干至质量为 20 g(含水量为 100%)，并用 200 mL 蒸馏水洗涤。

6.2.4 试液的配制及测试

将染色残液用水稀释至 500 mL，备用。另在染色前配制标准染液与标准皂液各一份，放置于和染色同一水浴中，到达规定时间后，用水稀释至 500 mL 备用。标准染液稀释至 500 mL 后再吸取 5 mL，用水稀释至 100 mL；染色残液稀释至 500 mL 后，吸取 20 mL，用水稀释至 100 mL，各溶液的稀释倍数可根据具体情况进行调节。用分光光度计以适当的波长测定光密度值，计算吸色率。

将皂煮后色纱洗涤液与皂煮残液混合，用水稀释至 500 mL 后，吸取 10 mL～20 mL，用水稀释至 100 mL，标准皂液稀释至 500 mL 后，吸取 5 mL，用水稀释至 100 mL，各溶液的稀释倍数可根据具体情况进行调节，然后用分光光度计与测定吸色率相同的波长上测定光密度值，计算染色固色率。

6.2.5 计算

6.2.5.1 吸色率的计算

吸色率以质量分数 w_2 计，数值以(%)表示，按式(2)计算：

$$w_2=\left(1-\frac{D_2 n_2}{D_1 n_1}\right)\times 100 \quad\cdots\cdots(2)$$

式中：

w_2——吸色率，%；

D_1——标准染液的光密度值；

D_2——染色残液的光密度值；

n_1——标准染液的稀释倍数；

n_2——染色残液的稀释倍数。

6.2.5.2 染色固色率的计算

染色固色率以质量分数 w_3 计，数值以(%)表示，按式(3)计算：

$$w_3=\left(w_2-\frac{D_4 n_4}{D_3 n_3}\right)\times 100 \quad\cdots\cdots(3)$$

式中：

w_3——染色固色率，%；

w_2——吸色率，%；

D_3——标准皂液的光密度值；

D_4——皂煮残液的光密度值；

n_3——标准皂液的稀释倍数；

n_4——染色残液的稀释倍数。

7 试验报告

试验报告包括以下内容：

a) 被测染料的名称；

b) 本标准编号、年代号；

c) 试验条件；

d) 使用仪器的名称、型号；

e) 测试结果；

f) 在测试过程中的特殊情况；

g) 与本方法的差异；

h) 试验日期。

ICS 71.100.01;87.060.10
G 55

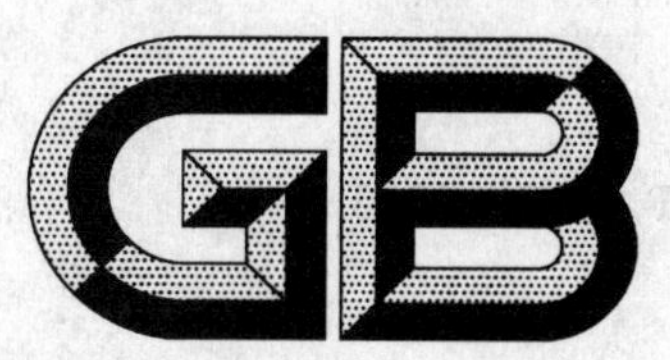

中华人民共和国国家标准

GB/T 2392—2006
代替 GB/T 2392—1980,GB/T 1640—1979

染料 热稳定性的测定

Dyes—Determination of thermo stability

2006-01-23 发布 2006-11-01 实施

中华人民共和国国家质量监督检验检疫总局
中国国家标准化管理委员会 发布

前　言

本标准代替 GB/T 2392—1980《活性染料热稳定性的测定方法》和 GB/T 1640—1979《可溶性还原染料稳定性的测定法》。

本标准与 GB/T 2392—1980 和 GB/T 1640—1979 相比主要变化如下：

——将标准名称规范为《染料　热稳定性的测定》；

——增加了试验报告的内容。

本标准由中国石油和化学工业协会提出。

本标准由全国染料标准化技术委员会(SAC/TC 134)归口。

本标准起草单位:沈阳化工研究院、大连理工大学精细化工国家重点实验室。

本标准主要起草人：王勇、马君庆、彭孝军、傅萍。

GB/T 2392—1980 于 1975 年首次发布为化工部部颁标准 HG 2-802—1975，1980 年第一次修订为国家标准 GB 2392—1980，1995 年调整为推荐性国家标准 GB/T 2392—1980；GB/T 1640—1979 于 1977 年首次发布为化工部部颁标准 HG 2-1133—1977，1979 年第一次修订为国家标准 GB 1640—1979，1995 年调整为推荐性国家标准 GB/T 1640—1979。

染料 热稳定性的测定

1 范围

本标准规定了反应染料和可溶性还原染料热稳定性的测定方法。

本标准适用于反应染料和可溶性还原染料热稳定性的测定。

2 规范性引用文件

下列文件中的条款通过本标准的引用而成为本标准的条款。凡是注日期的引用文件,其随后所有的修改单(不包括勘误的内容)或修订版均不适用于本标准,然而,鼓励根据本标准达成协议的各方研究是否可使用这些文件的最新版本。凡是不注日期的引用文件,其最新版本适用于本标准。

GB/T 2374—1994 染料染色测定的一般条件规定

GB/T 2387—2003 反应染料 染色色光和强度的测定

GB/T 2388—2003 反应染料 印花色光和强度的测定

GB/T 1637—2003 可溶性还原染料 染色色光和强度的测定

GB/T 1638—2003 可溶性还原染料 印花色光和强度的测定

3 原理

将试样密封于安培瓶中,在70℃下连续焙烘一定时间后,经染色或印花,与未经焙烘的同一试样进行对比,以色光的变化和强度下降的程度,来表示其热稳定性。

4 试剂和材料

试剂和材料应符合GB/T 2374—1994中第3章的有关规定。

5 仪器和设备

仪器和设备应符合GB/T 2374—1994中第5章的有关规定。

a) 电热恒温烘箱;

b) 实验室用染样机;

c) 实验室用印花机。

6 试验方法

6.1 试验准备

6.1.1 安培瓶的准备

将安培瓶洗净,放入水中沸煮1 h,取出,在100℃的烘箱中烘干,放在干燥器中冷却到室温。

6.1.2 试样装瓶

将试样装入二个按6.1.1规定准备的安培瓶中,染料的最高表面需离瓶口不少于10 cm,瓶颈内壁部分不可让染料污染。用喷灯将安培瓶口熔融密封。在瓶上粘贴标签,并注明样品名称和时间。在操作过程中,应始终保持瓶口向上。

6.1.3 焙烘

将密封的二个安培瓶同时置于70℃的电热恒温烘箱中,在70℃下焙烘72 h后,取出安培瓶,冷却到室温。

6.2 染色或印花

以未经焙烘的原样作为标准样品，以经过焙烘的样品作为试样，反应染料按 GB/T 2387 或 GB/T 2388的要求测定试样的色光和强度；可溶性还原染料按 GB/T 1637 或GB/T 1638的要求测定试样的色光和强度。

6.3 结果判定

按 GB/T 2374—1994 中第 6 章的有关规定进行评定。以未经焙烘的原样作为标准，经过焙烘的试样的色光变化和强度下降程度即可表示该染料样品的热稳定性。

7 试验报告

试验报告包括以下内容：

a) 被测染料的名称；

b) 本标准编号、年代号；

c) 试验条件；

d) 使用仪器的名称、型号；

e) 测试结果；

f) 在测试过程中的特殊情况；

g) 与本方法的差异；

h) 试验日期。

ICS 71.100.01;87.060.10
G 55

中华人民共和国国家标准

GB/T 2394—2006
代替 GB/T 2394—2003,GB/T 2395—2003

分散染料　色光和强度的测定

Disperse dyestuff—Determination of shade and relative strength

2006-08-01 发布　　2007-01-01 实施

中华人民共和国国家质量监督检验检疫总局
中国国家标准化管理委员会　发布

前　言

本标准代替 GB/T 2394—2003《分散染料　染色色光和强度的测定》和 GB/T 2395—2003《分散染料　印花色光和强度的测定》。

本标准与 GB/T 2394—2003 和 GB/T 2395—2003 主要差异如下：

——本标准整合了 GB/T 2394—2003 和 GB/T 2395—2003；

——将标准名称规范为《分散染料　色光和强度的测定》(本标准的标题；GB/T 2394—2003 及 GB/T 2395—2003 的标题)；

——取消了对印花机的具体规定及印花前对滚筒印花机的调试过程[GB/T 2395 的 5(b)、6.4]。

本标准由中国石油和化学工业协会提出。

本标准由全国染料标准化技术委员会(SAC/TC 134)归口。

本标准起草单位：沈阳化工研究院、浙江龙盛集团股份有限公司、绍兴县精细化工有限公司。

本标准主要起草人：姬兰琴、阮华森、杨嘉俊、沈日炯。

GB/T 2394 于 1977 年首次发布为化工部颁标准 HG 2-1123—1977，1980 年制定为国家标准 GB 2394—1980，2003 年第一次修订为 GB/T 2394—2003；GB/T 2395 于 1977 年首次发布为化工部颁标准 HG 2-1124—1977，1980 年制定为国家标准 GB 2394—1980，2003 年第一次修订为 GB/T 2395—2003。2006 年第二次修订并整合为 GB/T 2394—2006。

分散染料　色光和强度的测定

1　范围

本标准规定了分散染料色光和强度的测定方法。

本标准适用于分散染料色光和强度的测定。

2　规范性引用文件

下列文件中的条款通过本标准的引用而成为本标准的条款。凡是注日期的引用文件，其随后所有的修改单(不包括勘误的内容)或修订版均不适用于本标准，然而，鼓励根据本标准达成协议的各方研究是否可使用这些文件的最新版本。凡是不注日期的引用文件，其最新版本适用于本标准。

GB/T 2374—1994　染料染色测定的一般条件规定

3　原理

采用试样与同品种的标准样品于同一条件下，在标准规格的纯涤纺织品上进行染色或印花，以标准样品的得色强度为100分，色光为标准，进行目测比较或仪器测量比较，评定试样的色光和强度。着色方法分高温高压染色法、热熔染色法和印花法三种。

4　试剂和材料

所用试剂和材料应符合GB/T 2374—1994中第3章的规定。

5　设备

所用设备应符合GB/T 2374—1994中第5章的规定。

a)　热熔机：实验室用热熔轧染机组或电热恒温鼓风烘箱；

b)　轧染机：实验室用小型轧染机；

c)　印花机：实验室用小型印花机；

d)　高温高压染色机：实验室用小型高温高压染色机；

e)　酸度计。

6　试验方法

6.1　一般条件

染色或印花的一般条件应符合GB/T 2374—1994的有关规定。着色方法的选择需根据具体品种、性能，以给色力最高为原则。着色深度根据具体品种选定，以符合分档清晰为原则。

6.2　高温高压染色法

6.2.1　纯涤纶纱或涤纶织物的前处理(如适用)

可在下列条件下对纯涤纶织物进行前处理：

净洗剂MA：2 g/L；

浴比：涤纶纱1∶50；涤纶织物1∶100。

于70℃～80℃处理10 min，取出清洗，甩干，备用。

6.2.2　染料母液的制备

准确称取染料试样及标准样品若干克(精确至0.000 5 g)，分别置于400 mL烧杯中，加少量蒸馏水，调成浆状，再加蒸馏水约 200 mL，充分搅拌使染料完全均匀分散，移入 500 mL 容量瓶中，稀释至刻度，摇匀，备用。

6.2.3 染浴的配制

染色基本工艺条件：

染色深度：具体深度由各染料产品标准中规定。

染色织物质量：涤纶纱 4 g 或涤纶布 2 g；

浴比：涤纶纱 1：50；涤纶织物 1：100。也可用仪器制造商的推荐浴比。

以染色深度 2%(owf)为例，染浴的配方见表 1。

表 1 染浴的配制

单位为毫升

染缸编号	1	2	3	4	5
0.5 g/500 mL 标样染液体积	38	40	42	—	—
0.5 g/500 mL 试样染液体积	—	—	—	38	40
加蒸馏水至总体积	200	200	200	200	200

6.2.4 染色操作

用乙酸和乙酸钠分别将 500 mL 母液和配液用蒸馏水的 pH 值调节至 4～6，移取规定量上述母液于染缸中，按浴比规定加蒸馏水，然后将涤纶纱或涤纶织物编号，顺序浸入染缸中，将染缸移入染色机内，加盖密闭，进行染色，在自动搅拌下加热升温，于 30 min～60 min 内将温度升至 130℃(压力为 1.67×10^5 Pa～1.76×10^5 Pa)，保温染色 60 min，染毕，停止加热，通入冷水将染浴温度降至 100℃以下或将染色机内蒸气缓慢全部排出后开启染色机盖，取出染样，充分水洗，甩干。

6.2.5 后处理

染样在下列条件下进行还原清洗：

85%(质量分数)保险粉：2 g/L；

400 g/L 氢氧化钠：3.5 mL/L。

按浴比 1：80，在温度 70℃下处理 15 min。取出洗净，甩干，在 100℃以下干燥或晾干，整理。

6.3 热熔染色法

6.3.1 糊料的制备

称取合成龙胶或海藻酸钠 5 g(精确至 0.1 g)，置于 1 000 mL 蒸馏水中，充分搅拌后，放置 12 h，待充分膨化后用细布过滤，然后用冰乙酸调节 pH 至中性，备用。

6.3.2 轧染液的配制

按染色深度准确称取染料试样及标样若干克(精确至 0.001 g)，分别置于烧杯中，加少量蒸馏水，调成均匀浆状，续加糊料 40 g 和蒸馏水(或按产品标准中规定)，配成 100 g，搅拌均匀，备用。

以轧染深度 20 g/L 为例，轧染液的配制见表 2。

表 2 轧染液的配制

单位为克

编　　号	1	2	3	4	5
标样质量	1.9	2.0	2.1	—	—
试样质量	—	—	—	2.0	2.1
5 g/L 合成龙胶或海藻酸钠质量	40	40	40	40	40
加蒸馏水至总质量	100	100	100	100	100

6.3.3 轧染

将织物在轧染液中均匀浸渍 1 min，进行轧染，然后再浸渍 1 min，进行二次浸轧(轧液率一般控制在65%～70%为宜，试样和标样的轧液率必须严格控制一致)，于90℃～100℃预烘至干。然后于190℃～210℃进行热熔，时间为90 s(具体热熔温度在产品标准中另行规定)。热熔后的试样充分水洗，甩干。

6.3.4 后处理

按本标准的6.2.5的规定进行。

6.4 印花法

6.4.1 糊料配制

称取合成龙胶或海藻酸钠40 g～50 g，置于1 000 mL蒸馏水中，水浴加热，充分搅拌，待全充分膨化后用细布过滤，然后用冰乙酸调节pH至中性，备用。

6.4.2 印浆的配制

以印花深度3%(质量分数)为例配制印浆，见表3。

表3 印浆的配制

编号	1	2	3	4	5
染料试样质量/g	3	3.15	—	—	—
染料标样质量/g	—	—	2.85	3.00	3.15
蒸馏水体积/mL	适量	适量	适量	适量	适量
合成龙胶或海藻酸钠浆质量/g	50～80	50～80	50～80	50～80	50～80
100 g/L 渗透剂 JFC 溶液体积/mL	5	5	5	5	5
加蒸馏水至总质量/g	100	100	100	100	100
注：糊料的品种及用量在染料产品标准中具体规定。					

按染色深度准确称取染料试样及标样若干克(精确至0.000 5 g)，分别置于烧杯中，加适量蒸馏水，将染料调成均匀浆状，然后加入规定量的糊料，搅拌均匀，再加100 g/L渗透剂JFC溶液5 mL，最后加蒸馏水配成100 g色浆，充分搅拌，待完全均匀后，静置15 min，用时再充分搅拌，然后印花。

6.4.3 印花

调试印花机于正常运转状态，进行印花(要保证标样、试样在印制过程中参数一致)，然后于60 ℃～70℃烘干。

6.4.4 热熔

将经印花过的布于190℃～210℃进行热熔，时间为90 s(具体热熔温度在产品标准中另行规定)。热熔后的试样充分水洗，甩干。

6.4.5 后处理

按本标准的6.2.5的规定进行。

6.5 染色结果的评定

按GB/T 2374—1994中第6章进行。

7 试验报告

试验报告包括以下内容：

a) 被测染料的名称；

b) 本标准编号；

c) 试验方法及染色(印花)深度；

d） 使用仪器的名称、型号；

e） 测试结果；

f） 在测试过程中的特殊情况；

g） 与本方法的差异；

h） 试验日期。

ICS 71.100.01;87.060.10
G 55

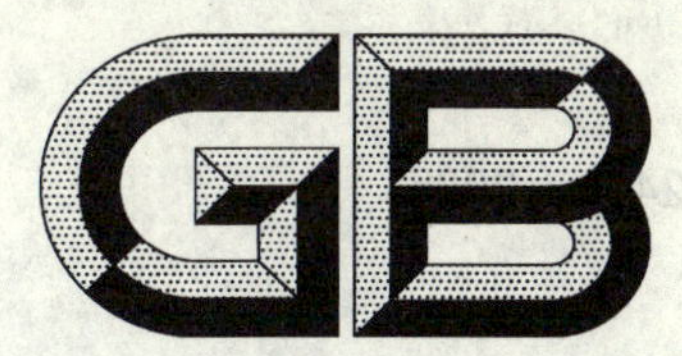

中华人民共和国国家标准

GB/T 2400—2006
代替 GB/T 2400—1980

阳离子染料　染腈纶时配伍指数的测定

Cationic dyes—Determination of compatible index in acrylic dyeing

2006-08-01 发布　　　　2007-01-01 实施

中华人民共和国国家质量监督检验检疫总局
中国国家标准化管理委员会　发布

前言

本标准代替 GB/T 2400—1980《阳离子染料染腈纶时配伍指数的测定方法》。

本标准与 GB/T 2400—1980 相比主要变化如下：

——标准名称规范为《阳离子染料　染腈纶时配伍指数的测定》；

——增加了试验报告的内容(本标准的第 7 章)。

本标准由中国石油和化学工业协会提出。

本标准由全国染料标准化技术委员会(SAC/TC 134)归口。

本标准起草单位：沈阳化工研究院。

本标准主要起草人：王勇、马君庆、沈日炯。

本标准 1980 年首次发布。

阳离子染料　染腈纶时配伍指数的测定

1　范围

本标准规定了阳离子染料染腈纶时配伍指数的测定方法。

本标准适用于阳离子染料染腈纶时配伍指数的测定。

2　规范性引用文件

下列文件中的条款通过本标准的引用而成为本标准的条款。凡是注日期的引用文件，其随后所有的修改单(不包括勘误的内容)或修订版均不适用于本标准，然而，鼓励根据本标准达成协议的各方研究是否可使用这些文件的最新版本。凡是不注日期的引用文件，其最新版本适用于本标准。

GB/T 2374—1994　染料染色测定的一般条件规定

GB/T 2399—2003　阳离子染料　染色色光和强度的测定

3　原理

采用黄、蓝两色标准染料各一套，每套由5个染料组成，各自有相对应的配伍指数，分别以A、B、C、D、E字母表示，以此作为评比标准。将染料样品与色光差异较大的一套标准染料分别进行拼混染色，然后对染样进行评比，以此测定其配伍指数。

4　试剂和材料

试剂和材料应符合GB/T 2374—1994中第3章的有关规定。

5　仪器和设备

仪器和设备应符合GB/T 2374—1994中第5章的有关规定。

a)　染样机；

b)　酸度计。

6　试验方法

6.1　染色一般条件规定

染色一般条件应符合GB/T 2374—1994和GB/T 2399—2003的规定。

6.1.1　染色深度

待测染料的染色深度，以1/1染色标准深度的1/2为宜。

拼色用标准染料的染色深度见表1。

6.1.2　染色配方

——染料用量：待测染料用量加上拼色用标准染料用量；

——冰乙酸：1%(owf)；

——结晶乙酸钠：1%(owf)；

——染浴pH值：4.5±0.2；

——染色浴比：1∶100。

表 1 标准染料的染色深度、配伍指数及染色条件

标准染料	染料名称	染色深度/%	配伍指数	染色温度/℃	染色时间/min
黄色染料	阳离子荧光黄 4GL(100%),C.I.碱性黄 24	1.4	A	90	3
	阳离子嫩黄 7GLL(100%),C.I.碱性黄 21	1.0	B	90	4
	阳离子黄 X-8GL(100%),C.I.碱性黄 13	1.1	C	90	5
	阳离子黄 3RL,C.I.碱性黄 15	0.75	D	95	5
	阳离子金黄 M-GRL(100%),C.I.碱性黄 29	0.6	E	95	5
蓝色染料	阳离子艳蓝 2RL(100%),C.I.碱性蓝 54	0.65	A	90	3
	阳离子蓝 B,C.I.碱性蓝 5	0.75	B	90	4
	阳离子蓝 X-GRRL(100%),C.I.碱性蓝 41	0.5	C	90	5
	阳离子蓝 ER,C.I.碱性蓝 77	0.6	D	95	5
	阳离子蓝 FGL,C.I.碱性蓝 22	1.2	E	95	5

6.2 染色操作

按本标准的 6.1.2 及表 1 的规定配制染浴,以待测阳离子红 X-GRL 100%[1/1 染色标准深度为 1.8%(owf)]与黄色标准染料拼染为例,染液如表 2 配制。

表 2 染液配方

染缸编号		1	2	3	4	5
黄色标准染料	名称	碱性黄 24	碱性黄 21	碱性黄 13	碱性黄 15	碱性黄 29
	染色深度/%	1.4	1.0	1.1	0.75	0.6
阳离子红 X-GRL	染色深度/%	0.9	0.9	0.9	0.9	0.9
10 g/L 冰乙酸	用量/mL	2	2	2	2	2
10 g/L 结晶乙酸钠	用量/mL	2	2	2	2	2
加水至	总体积/mL	200	200	200	200	200

将按 GB/T 2399—2003 中 6.1.3.1 规定处理的等量(2 g)织物 30 份(每只染缸要用 6 份织物),按表 1 规定的染色时间及染色温度,分别将第一份织物入染,到规定时间后,取出织物,挤干,并用少量已经用稀乙酸调整 pH 到 4.5 的水洗涤织物,洗液并入原染缸,保持原来体积。然后换第二份织物入染,重复以上操作。其余 4 份织物相继入染,只是最后一份(第六份)织物进行沸染,竭染。所有织物取出后洗净、晾干,并按入染先后顺序排好,待评定。

6.3 结果评定

把按本标准 6.2 染色的织物,按染缸分为 5 套,每套共 6 份织物按入染先后排列,每套织物各自分别评定。凡同一染缸染制的 6 份织物,其先后色泽一致的或相似的,则此试样的配伍指数就是标准染料所对应的配伍指数,若试验结果介于二个相临的标准之间,则可评为 AB、BC、CD、DE,如评定结果在 A 或 E 之外,则可评定为 A－或 E＋。

6.4 评定实例

如上述阳离子红 X-GRL 与黄色标准染料拼混染色的结果如表 3。

表 3　试验结果

黄色标准染料的配伍指数	阳离子红 X-GRL 与各黄色标准染料拼染后织物的色泽及变化
A	橙红色,染样色光明显先黄后红
B	橙色,尚均匀,可以目测出染样色光先黄后稍红
C	红橙色,较均匀,可以目测出染样色光后面微黄一些
D	大红色,染样色光明显先红后黄
E	大红色,染样色光极明显先红后黄

根据表 3 的试验结果,可以评定该染料的配伍指数为 C。

7　试验报告

试验报告包括以下内容:

a)　被测染料的名称;

b)　本标准编号;

c)　试验条件;

d)　使用仪器的名称、型号;

e)　测试结果;

f)　在测试过程中的特殊情况;

g)　与本方法的差异;

h)　试验日期。

ICS 71.100.01;87.060.10
G 55

中华人民共和国国家标准

GB/T 2401—2006
代替 GB/T 2401—1980

阳离子染料　染腈纶时纤维饱和值、染料饱和值及饱和因数的测定

Cationic dyes—Determination of fiber saturation value、dye saturation value and saturation factor in acrylic dyeing

2006-08-01 发布　　2007-01-01 实施

中华人民共和国国家质量监督检验检疫总局
中国国家标准化管理委员会　发布

前　言

本标准代替 GB/T 2401—1980《阳离子染料染腈纶时纤维饱和值、染料饱和值及饱和因数的测定方法》。

本标准与 GB/T 2401—1980 相比主要变化如下：

——标准名称规范为《阳离子染料　染腈纶时纤维饱和值、染料饱和值及饱和因数的测定》(本标准的标题)；

——增加了“术语与定义”一章(本标准的第 4 章)；

——取消了原标准中的残液染色法和目测比色法，对分光光度法的表述进行了完善(本标准的第 7 章，GB/T 2401—1980 的“二、试验方法”)；

——增加了试验报告的内容(本标准的第 8 章)。

本标准由中国石油和化学工业协会提出。

本标准由全国染料标准化技术委员会(SAC/TC 134)归口。

本标准起草单位：沈阳化工研究院。

本标准主要起草人：王勇、马君庆。

本标准 1980 年首次发布。

阳离子染料　染腈纶时纤维饱和值、染料饱和值及饱和因数的测定

1　范围

本标准规定了阳离子染料染腈纶时纤维饱和值、染料饱和值及饱和因数的测定方法。

本标准适用于阳离子染料染腈纶时纤维饱和值、染料饱和值及饱和因数的测定。

2　规范性引用文件

下列文件中的条款通过本标准的引用而成为本标准的条款。凡是注日期的引用文件，其随后所有的修改单(不包括勘误的内容)或修订版均不适用于本标准，然而，鼓励根据本标准达成协议的各方研究是否可使用这些文件的最新版本。凡是不注日期的引用文件，其最新版本适用于本标准。

GB/T 2374—1994　染料染色测定的一般条件规定

GB/T 2399—2003　阳离子染料　染色色光和强度的测定

3　原理

以一个已知饱和因数的阳离子荧光黄 4GL(C.I.碱性黄 24)精制品，按不同的六档深度对未知 S_F 值的腈纶纤维进行染色，以纤维对染料的吸尽率达到 95%为饱和界限。按公式即可计算出该纤维的饱和值 S_F。用已知 S_F 值的纤维对染料进行染色，以纤维对染料的吸尽率达到 95%为饱和界限，也可计算求得染料的饱和值 S_D 和饱和因素 f 值。

4　术语和定义

下列术语和定义适用于本标准。

4.1

纤维饱和值　fiber saturation value

指纤维吸附染料的最大值。是表示纤维可染程度的特性指标，主要用于定性吸附的染色过程，简写为 S_F。

[GB/T 6687—2006，定义 6.33][1]

4.2

染料饱和值　dye saturation value

某一阳离子染料染腈纶纤维时可以与纤维结合的最大量。用 owf 表示。简写为 S_D。

[GB/T 6687—2006，定义 6.34][1]

4.3

饱和因子　stauration factor

又称饱和因数(f)，为纤维饱和值(S_F)与染料饱和值(S_D)之比，即 f 值。$f=S_F/S_D$ 是阳离子染料折算成孔雀绿标准染料的换算系数。见式(1)。

$$f=\frac{S_F}{S_D} \qquad \cdots\cdots(1)$$

[GB/T 6687—2006，定义 6.35][1]

5 试剂和材料

试剂和材料应符合 GB/T 2374—1994 中第 3 章的有关规定。

6 仪器和设备

仪器和设备应符合 GB/T 2374—1994 中第 5 章的有关规定。

a) 染样机；

b) 分光光度计。

7 试验方法

7.1 纤维饱和值的测定

7.1.1 一般条件规定

染色一般条件应符合 GB/T 2374—1994 和 GB/T 2399—2003 的规定。

——染料：阳离子荧光黄 4GL(C.I.碱性黄 24)精制品，已知饱和因数 f 值为 0.85；

——纤维：腈纶膨体纱，2 g；

——染色浴比：1∶100；

——染色温度：100℃；

——染色时间：240 min。

7.1.2 染色

7.1.2.1 染液配方

——染色深度：1%(owf)～20%(owf)；

——冰乙酸：1%(owf)；

——结晶乙酸钠：1%(owf)；

——染浴 pH 值：4.5±0.2。

7.1.2.2 染色操作

按本标准 7.1.2.1 的规定配制六档不同染色深度的染液，染色深度以 1%(owf)间隔，饱和浓度应调整在六档深度内。

将按 GB/T 2399—2003 中 6.1.3.1 规定处理腈纶膨体纱，按图 1 所示投入染色。到规定时间后，取出织物，挤干，并用少量水洗涤织物，洗液和染色残液合并，冷却到室温后稀释到 500 mL。然后根据残液深浅，稀释成合适的浓度，待测。

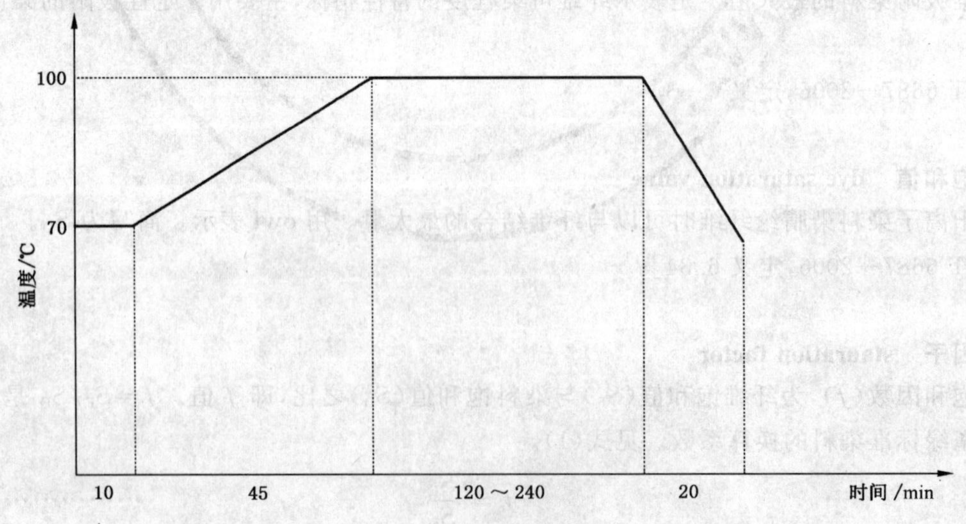

图 1 染色升温曲线

7.1.3 分光测定

配制合适浓度的标准染液。与按本标准 7.1.2.2 制备的各染色残液一起，用分光光度计，在合适的波长（一般为其最大吸收波长）下，分别测定标准染液和各染色残液的光密度值。

按式(2)计算各档染色深度下的上染百分率 X(%)：

$$X = 100 - \frac{E_x C_o}{E_o C_x} \times 100 \qquad \cdots\cdots(2)$$

式中：

E_o——标准染液的光密度值；

E_x——染色残液的光密度值；

C_o——配制的标准染液的质量浓度，单位为毫克每升(mg/L)；

C_x——按染色前投入染料量计算的染色残液的质量浓度，单位为毫克每升(mg/L)。

7.1.4 纤维饱和值的计算

上染百分率≥95%时的最高染色深度，即为染料在该纤维上的饱和值 S_D。

纤维饱和值 $S_F = 0.85 S_D$

7.2 染料饱和值和饱和因数的测定

已知纤维饱和值 S_F，按本标准 7.1 规定的方法(但染色改时间为 120 min)即可测定染料饱和值 S_D。通过计算即可得到饱和因数 f。

8 试验报告

试验报告包括以下内容：

a) 被测染料的名称；

b) 本标准编号；

c) 试验条件；

d) 使用仪器的名称、型号；

e) 测试结果；

f) 在测试过程中的特殊情况；

g) 与本方法的差异；

h) 试验日期。

参 考 文 献

[1] GB/T 6687—2006 染料名词术语

ICS 71.100.01;87.060.10
G 55

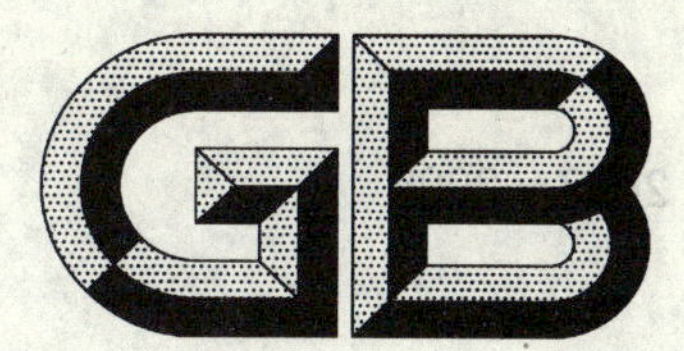

中华人民共和国国家标准

GB/T 2403—2006
代替 GB/T 2403—1980

阳离子染料 染腈纶时染浴 pH 适应范围的测定

Cationic dyes—Determination of suitable range of pH of dyeing liquor in acrylic dyeing

2006-08-01 发布　　2007-01-01 实施

中华人民共和国国家质量监督检验检疫总局
中国国家标准化管理委员会　发布

前言

本标准代替 GB/T 2403—1980《阳离子染料染腈纶时染浴 pH 适应范围的测定方法》。

本标准与 GB/T 2403—1980 相比主要变化如下：

——标准名称规范为《阳离子染料　染腈纶时染浴 pH 适应范围的测定》；

——修改了结果评定方法(本标准的 6.4，GB/T 2403—1980 的第 4 章)；

——增加了试验报告的内容(本标准的第 7 章)。

本标准由中国石油和化学工业协会提出。

本标准由全国染料标准化技术委员会(SAC/TC 134)归口。

本标准起草单位：沈阳化工研究院。

本标准主要起草人：王勇、马君庆。

本标准 1980 年首次发布。

阳离子染料
染腈纶时染浴 pH 适应范围的测定

1 范围

本标准规定了阳离子染料染腈纶时染浴 pH 适应范围的测定方法。

本标准适用于阳离子染料染腈纶时染浴 pH 适应范围的测定。

2 规范性引用文件

下列文件中的条款通过本标准的引用而成为本标准的条款。凡是注日期的引用文件,其随后所有的修改单(不包括勘误的内容)或修订版均不适用于本标准,然而,鼓励根据本标准达成协议的各方研究是否可使用这些文件的最新版本。凡是不注日期的引用文件,其最新版本适用于本标准。

GB/T 2374—1994 染料染色测定的一般条件规定

GB/T 2399—2003 阳离子染料 染色色光和强度的测定

GB/T 4841.1—2006 染料染色标准深度色卡 1/1

3 原理

阳离子染料在不同 pH 值下进行沸染,然后观察其强度与色光的变化,可根据强度和色光的变化评定染色的 pH 适应范围。

4 试剂和材料

试剂和材料应符合 GB/T 2374—1994 中第 3 章的有关规定。

5 仪器和设备

仪器和设备应符合 GB/T 2374—1994 中第 5 章的有关规定。

a) 实验室用染色机;

b) 酸度计。

6 试验方法

6.1 染色一般条件规定

染色一般条件应符合 GB/T 2374—1994 和 GB/T 2399—2003 的规定。

染色深度:1/1 染色标准深度,应符合 GB/T 4841.1—2006 的规定。

6.2 染浴 pH 值调节

染浴 pH 值按表 1 的规定调节。

表 1 染浴 pH 值调节

染浴 pH 值	助剂及用量	pH 值的调节
pH=2	5%(owf)氯化钾	用稀盐酸溶液调节
pH=3	1%(owf)冰乙酸和 5%(owf)无水硫酸钠	用稀乙酸溶液调节
pH=4	1%(owf)冰乙酸和 5%(owf)无水硫酸钠	用稀乙酸溶液调节

表 1（续）

染浴 pH 值	助剂及用量	pH 值的调节
pH＝5	1％(owf)结晶乙酸钠和 5％(owf)无水硫酸钠	用稀氢氧化钠溶液调节
pH＝6	1％(owf)结晶乙酸钠和 5％(owf)无水硫酸钠	用稀氢氧化钠溶液调节
pH＝7	5％(owf)磷酸氢二钠和 5％(owf)无水硫酸钠	用稀氢氧化钠溶液调节
pH＝8	5％(owf)磷酸氢二钠和 5％(owf)无水硫酸钠	用稀氢氧化钠溶液调节
标样，pH＝4.5±0.2	1％(owf)结晶乙酸钠和 5％(owf)无水硫酸钠	用稀乙酸和稀乙酸钠溶液调节

6.3 染色操作

按表 2 的规定配制染液，按表 1 方法调节各染液的 pH 值。按 GB/T 2399—2003 中第 6 章规定进行染色，染色升温过程如图 1。

表 2 染液的配制

染缸编号	1	2	3	4	5	6	7	8	9
染色深度	1/1×0.95	1/1	1/1	1/1	1/1	1/1	1/1	1/1	1/1
染液 pH 值	4.5±0.2	4.5±0.2	2	3	4	5	6	7	8

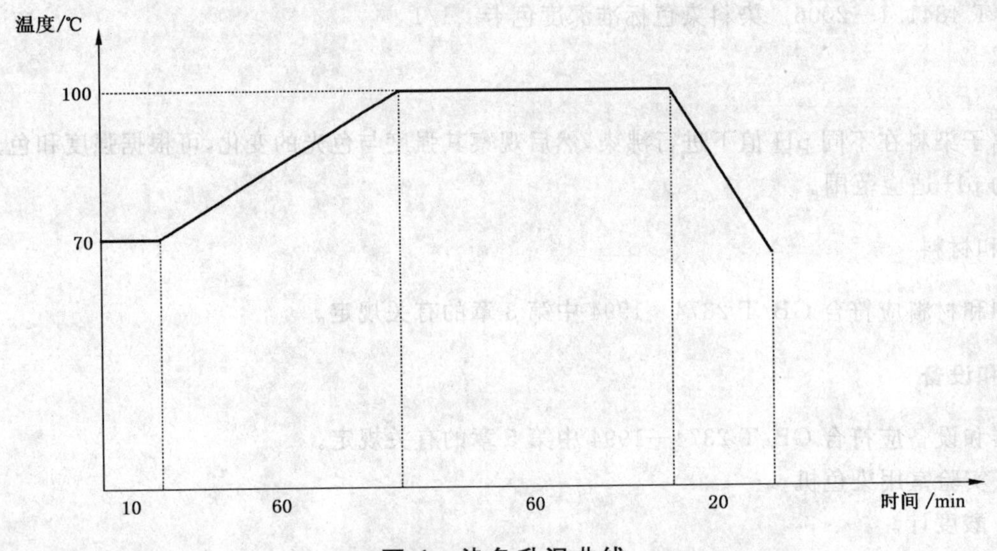

图 1 染色升温曲线

6.4 结果评定

按本标准 6.3 染色的各织物晾干后，以 pH＝4.5 下染色得到的 1# 和 2# 织物为对比标样，各不同 pH 值下染色的织物分别与对比标样进行目测评定。

凡评定结果色光为近似～微，并且强度≥95 分的均为 pH 稳定范围。以稳定的 pH 的最小值～最大值表示染浴的 pH 适应范围。

7 试验报告

试验报告包括以下内容：

a) 被测染料的名称；

b) 本标准编号；

c) 试验条件；

d) 使用仪器的名称、型号；

e） 测试结果；

f） 在测试过程中的特殊情况；

g） 与本方法的差异；

h） 试验日期。

ICS 71.100.01;87.060.10
G 56

中华人民共和国国家标准

GB 2404—2006
代替 GB 2404—1992

氯　　苯

Chlorobenzene

2006-08-24 发布　　2007-04-01 实施

中华人民共和国国家质量监督检验检疫总局
中国国家标准化管理委员会　发布

前 言

本标准的第 3 章、第 7 章为强制性的，其余为推荐性的。

本标准修改采用日本工业标准 JIS K 4102:1995《氯苯类》(日文版)。本标准与 JIS K 4102:1995 相比，主要差异如下：

——载体由烷撑乙二醇苯二甲酸酯改为聚乙二醇 20 000(本标准的 5.5.3，JIS K 4102:1995 的 1.2.2)；

——取消了不挥发物含量(本标准的第 3 章，JIS K 4102:1995 的第 3 章)。

本标准代替 GB 2404—1992《氯苯》。本标准与 GB 2404—1992 相比主要变化如下：

——苯含量修改为低沸物含量(本标准的第 3 章，GB 2404—1992 的第 3 章)；

——二氯苯含量修改为高沸物含量(本标准的第 3 章，GB 2404—1992 的第 3 章)；

——取消外观中色号及温度的要求，并对测试方法进行了修改(本标准的第 3 章，GB 2404—1992 的第 3 章)。

本标准由中国石油和化工协会提出。

本标准由全国染料标准化技术委员会(SAC/TC 134)归口。

本标准起草单位：天津化工厂、沈阳化工研究院、上海化工进出口商品质量检测中心。

本标准主要起草人：王皓、季浩、时军胜、贡怡红、陈惠如。

本标准于 1975 年首次发布为化工部颁标准 HG 2-810—1975；1980 年第一次修订调整为国家标准 GB 2404—1980；1992 年第二次修订为 GB 2404—1992。

氯苯

1 范围

本标准规定了氯苯的要求、采样、试验方法、检验规则以及标志、包装、运输和贮存。

本标准适用于氯苯产品的质量检验，该产品主要用于染料、农药及有机合成等工业。

结构式：

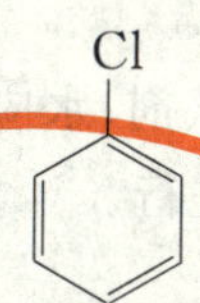

分子式：C_6H_5Cl

相对分子质量：112.56（按 2005 年国际相对原子质量）

2 规范性引用文件

下列文件中的条款通过本标准的引用而成为本标准的条款。凡是注日期的引用文件，其随后所有的修改单（不包括勘误的内容）或修订版均不适用于本标准，然而，鼓励根据本标准达成协议的各方研究是否可使用这些文件的最新版本。凡是不注日期的引用文件，其最新版本适用于本标准。

GB 190—1990 危险货物包装标志

GB/T 191—2000 包装储运图示标志

GB/T 1250—1989 极限数值的表示方法和判定方法

GB/T 2386—2006 染料及染料中间体 水分的测定

GB/T 6388—1986 运输包装收发货标志

GB/T 6678—2003 化工产品采样总则

GB/T 6682 分析试验室用水规格和试验方法

GB/T 9722—2006 化学试剂 气相色谱法通则

3 要求

氯苯的质量应符合表 1 要求。

表 1 氯苯的质量要求

项目		指标		
		优等品	一等品	合格品
(1) 外观		无色或微带黄色的透明液体		
(2) 水分的质量分数/%	≤	0.05	0.10	0.15
(3) 酸度的质量分数（以 H_2SO_4 计）/%	≤	0.001	0.001	0.001
(4) 氯苯的质量分数/%	≥	99.8	99.5	99.0
(5) 低沸物的质量分数/%	≤	0.05	0.15	0.20
(6) 高沸物的质量分数/%	≤	0.15	0.35	0.65

4 采样

以批为单位采样，以一次混合均匀的产品为一批。氯苯用铁桶装运时，采样数应按 GB/T 6678—2003

中7.6的规定。取样时用玻璃管取样器从桶的上、中、下三部分取样;氯苯用槽车运输时用玻璃制取样瓶从上、中、下三部(上部离液面1/10液层,下部离底部1/10液层)取出等量样品,采样总量不得少于500 mL。将所采样品混匀后分装于两个清洁干燥、密封良好的磨口瓶中,瓶上粘贴标签,注明:生产厂名称、产品名称、批号、取样日期,一瓶由检验部门检验,一瓶保存备查。

5 试验方法

警告——使用本标准的人员应有正规实验室工作的实践经验。本标准并未指出所有可能的安全问题。使用者有责任采取适当的安全和健康措施,并保证符合国家有关法规规定的条件。

5.1 一般规定

除另有说明,本标准所用试剂均指分析纯试剂;水应符合GB/T 6682中三级水规格;检验结果的判定按GB/T 1250—1989中5.2修约值比较法进行。

5.2 外观的评定

在自然光线下采用目视评定。

5.3 水分的测定

按GB/T 2386—2006中3.4的规定进行测定。氯苯进样量25 mL。氯苯密度按1.105 8 g/mL计算。

5.4 酸度的测定

5.4.1 试剂

刚果红指示液:1 g/L水溶液。

5.4.2 分析步骤

用移液管吸取20 mL试样于250 mL带磨口塞的锥形瓶中,加入新煮沸并冷却的水50 mL,经强烈振荡3 min,静置分层后,再加入刚果红指示液2滴,上层液不变蓝为合格,即含酸(以H_2SO_4计)在0.001%以下。

5.5 氯苯、低沸物和高沸物含量的测定

5.5.1 方法提要

用气相色谱法进行测定,检测器用热导检测器,计算方法采用校正面积归一化法。

5.5.2 仪器

a) 气相色谱仪:所用仪器应符合GB/T 9722—2006第6章的规定;

b) 色谱柱:内径为3 mm或4 mm,长度为2 m的不锈钢柱或玻璃柱;

c) 检测器:热导检测器;

d) 微量注射器:1 μL、5 μL或10 μL。

5.5.3 色谱柱的制备

5.5.3.1 填充物

a) 固定液:聚乙二醇20 000;

b) 载体:经碱(5 g/L KOH)处理的6201红色硅藻土,粒度为250 μm~180 μm(60目~80目);

c) 涂渍度:15%。

5.5.3.2 固定液的涂渍

将100 g 6201红色硅藻土置于锥形瓶中,用加有5 g氢氧化钾的甲醇溶液浸泡,密闭放置一昼夜。然后在水浴上蒸发至近干,移入结晶皿中,并于100℃烘箱中烘1 h,再升温至120℃~130℃烘4 h,冷却备用。

再以三氯甲烷为溶剂,将聚乙二醇20 000和经碱处理过的6201红色硅藻土,按15%涂渍,操作按GB/T 9722—2006中8.1.1.1的规定进行。

5.5.3.3 填充方法

按 GB/T 9722—2006 中 7.1.3 的规定进行。

5.5.3.4 色谱柱的老化

将填充好的色谱柱装入色谱仪柱箱中，在氮气流量为 5 mL/min～10 mL/min、老化时色谱柱应和检测器断开。老化色谱柱须在载气流中缓缓升温，先在 100℃老化 1 h，再升温至 150℃～160℃下老化 12 h。老化完毕后在载气流中逐渐降温，防止载体结块。

5.5.4 试验条件

a) 柱温：140℃；

b) 汽化温度：200℃；

c) 检测温度：200℃；

d) 载气及流量：以经干燥净化处理的氢气为载气，柱后流量为(55～65)mL/min；

e) 桥电流：160 mA～180 mA；

f) 进样量：1 μL，视仪器灵敏度的不同而不同。最大进样量不超过 10 μL。

g) 难分物质对分离度 $R \geqslant 1.0$。

h) 各组分的相对保留值 $r_{i,s}$ 见表 2。

表 2 组分的相对保留值

组 分	保留值 r/min	相对保留值 $r_{i,s}$
苯	0.85	0.32
氯苯	2.64	1.00
邻氯甲苯	3.50	1.33
间二氯苯	5.09	1.93
对二氯苯	6.59	2.50
邻二氯苯	8.08	3.06

操作条件可根据具体仪器性能在操作时作适当调整。

各组分相对质量校正因子 f_i 见表 3。

表 3 各组分相对质量校正因子

组分	苯	氯苯	邻氯甲苯	间二氯苯	对二氯苯	邻二氯苯
f_i	0.81	1.00	1.05	1.14	1.06	1.12

5.5.5 分析步骤

5.5.5.1 进样

当仪器开启一定时间，各参数均达到本标准所规定数值后，用清洁干燥的微量注射器进样，进样量为 1 μL。

5.5.5.2 定量方法

用校正面积归一法。各组分校正因子用表 3 给出的数值，氯苯峰前各组分为低沸物，校正因子均按苯的校正因子计算；氯苯峰后的二氯苯、邻氯甲苯和其他杂质为高沸物，未知组分的校正因子均用邻氯甲苯的校正因子进行计算。

5.5.5.3 结果的计算：

各组分含量 w_i 以质量分数计，数值以(%)表示，按式(1)计算：

$$w_i = \frac{A_i \cdot f_i}{\sum(A_i \cdot f_i)} \times (100 - w) \qquad \cdots\cdots(1)$$

式中：

A_i——组分 i 的峰面积数值，单位为毫伏秒，(mV·s)；

f_i——组分 i 的相对质量校正因子；

w——由本标准的 5.3 测得的水的质量分数，%。

5.5.5.4 允许差

两次平行测定结果之差要求：氯苯的质量分数不大于 0.05%，低沸物的质量分数不大于 0.01%，高沸物的质量分数不大于 0.01%。

5.5.6 色谱图

按 5.5.5 所示的试验条件用标样作出的色谱图如图 1 所示。

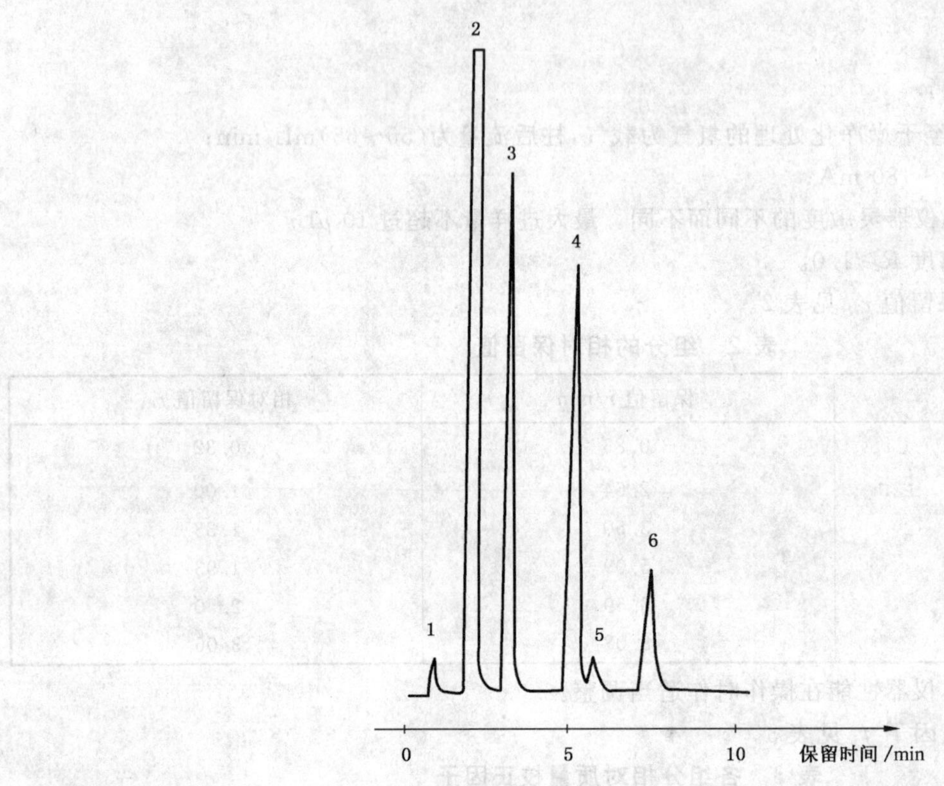

1——苯；

2——氯苯；

3——邻氯甲苯；

4——间二氯苯；

5——对二氯苯；

6——邻二氯苯。

图 1 氯苯样品色谱图

6 检验规则

6.1 检验分类

本标准第 3 章中规定的全部项目为出厂检验项目。

6.2 出厂检验

氯苯应由生产厂的质量检验部门根据本标准的要求进行检验，生产厂应保证所有出厂的氯苯产品均符合本标准的要求。

6.3 复验

如果检验结果中有一项指标不符合本标准要求时，应重新从槽车（或两倍量桶数）取样进行检验，重新检验的结果，即使只有一项指标不符合本标准要求时，则整批产品不能验收。

7 标志、包装、运输和贮存

7.1 标志

氯苯的每个包装容器上应涂上牢固、清晰的标志，注明：产品名称、等级、注册商标、净含量、生产厂名称、厂址、标准编号、批号、生产日期以及 GB 190—1990 中图 5 及 GB/T 6388—1986 中图 1～图 5 的标志。槽车装运时，可在发货单上写明并将以上各项印刷在牛皮纸上，装入塑料夹中，牢固地拴在槽车的特定位置上。

7.2 包装

氯苯采用专用槽车或铁桶装运。铁桶包装时，每桶净含量为 200 kg。其他包装可与用户协商确定。

7.3 运输

储运中要符合 GB/T 191—2000 及我国铁路部门对危险货物贮存和运输有关规定。

7.4 贮存

氯苯为二级易燃液体，且易挥发，应贮存在禁火区，与火源隔离，防止阳光曝晒或在温度较高的地方存放。

ICS 71.100.01;87.060.10
G 56

中华人民共和国国家标准

GB/T 2405—2006
代替 GB/T 2405—1994

蒽　　醌

Anthraquinone

2006-08-24 发布　　　　2007-04-01 实施

中华人民共和国国家质量监督检验检疫总局
中国国家标准化管理委员会　发布

前　言

本标准代替 GB/T 2405—1994《蒽醌》。

本标准与 GB/T 2405—1994 相比主要变化如下：

——增加了气相色谱法测定蒽醌纯度方法(本标准的 5.4.2)；

——将初熔点规范为干品初熔点、将干燥减量规范为加热减量(本标准的第 3 章；原标准的第 3 章)；

——将加热减量一等品指标由≤0.5％修改为≤0.4％(本标准的第 3 章；原标准的第 3 章)。

本标准的附录 A 为规范性附录。

本标准由中国石油和化学工业协会提出。

本标准由全国染料标准化技术委员会(SAC/TC 134)归口。

本标准起草单位：上海宝钢化工有限公司、沈阳化工研究院。

本标准主要起草人：王庆梅、韩仕兵、李春梅、杨杰民、李俊海。

本标准于 1980 年首次发布，1994 年第一次修订。

蒽　醌

1　范围

本标准规定了蒽醌的要求、采样、试验方法、检验规则以及标志、包装、运输、贮存。

本标准适用于蒽醌的产品质量检验。该产品主要用于染料工业中。

结构式：

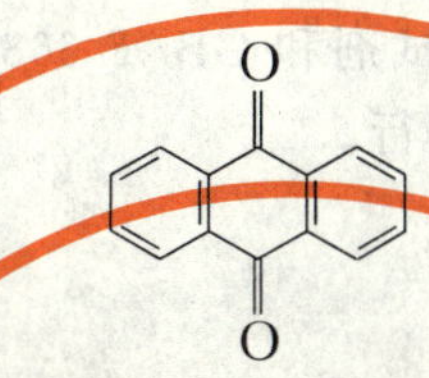

分子式：$C_{14}H_8O_2$

相对分子质量：208.21（按2001年国际相对原子质量）

2　规范性引用文件

下列文件中的条款通过本标准的引用而成为本标准的条款。凡是注日期的引用文件，其随后所有的修改单（不包括勘误的内容）或修订版均不适用于本标准，然而，鼓励根据本标准达成协议的各方研究是否可使用这些文件的最新版本。凡是不注日期的引用文件，其最新版本适用于本标准。

GB/T 534　工业硫酸

GB/T 1250—1989　极限数值的表示方法和判定方法

GB/T 2386—2006　染料及中间体　水分的测定

GB/T 6678—2003　化工产品采样总则

GB/T 6682　分析实验室用水规格和试验方法(GB/T 6682—1992,eqv ISO 3696:1987)

GB/T 7531　有机化工产品灰分的测定(GB/T 7531—1987,neq ISO 6353-1:1982)

GB/T 9722　化学试剂　气相色谱法通则

3　要求

蒽醌的质量应符合表1的规定。

表1　蒽醌的质量要求

项　　目		指　　标		
		优等品	一等品	合格品
(1) 外观		黄色或浅灰至灰绿色结晶(粉末)		
(2) 干品初熔点/℃	≥	284.2	283.0	280.0
(3) 蒽醌质量分数/%	≥	99.00	98.50	97.00
(4) 灰分质量分数/%	≤	0.20	0.50	0.50
(5) 加热减量质量分数/%	≤	0.20	0.40	0.50

4　采样

以批为单位采样，生产厂以均匀产品为一批。每批采样数应符合GB/T 6678—2003中7.6的规定。所采样产品的包装必须完好,采样时勿使外界杂质落入产品中。采样时用探管采取包括上、中、下三部分的样品,所采样品总量不得少于 200 g。将采取的样品充分混匀后,分装于两个清洁、干燥、密封良好的容器中,其上粘贴标签。注明:产品名称、批号、生产厂名称、取样日期、地点。一个供检验,一个保存备查。

5 试验方法

警告——使用本标准的人员应有正规实验室工作的实践经验。本标准并未指出所有可能的安全问题。使用者有责任采取适当的安全和健康措施,并保证符合国家有关法规规定的条件。

5.1 一般规定

除非另有规定,仅使用确认为分析纯的试剂和 GB/T 6682 中规定的三级水。检验结果的判定按 GB/T 1250—1989 中的 5.2 修约值比较法进行。

5.2 外观的评定

在自然光线下采用目视评定。

5.3 干品初熔点的测定

5.3.1 方法原理

以加热的方式,使毛细管中的试样从低于其初熔时的温度逐渐升至高于其终熔时的温度,通过目测观察其初熔温度,即为试样的干品初熔点。

5.3.2 仪器

5.3.2.1 毛细管

用硬质 11 号玻璃制成的毛细管,内径 0.9 mm～1.1 mm,壁厚 0.15 mm～0.20 mm,长 50 mm～70 mm,一端封熔。

5.3.2.2 测量温度计

棒状,温度范围 250℃～300℃,分度值为 0.1℃,长约 400 mm,全浸或局浸并经过校正的温度计。

5.3.2.3 辅助温度计

温度范围 0℃～100℃,分度值为 1℃的普通温度计。

5.3.2.4 加热器

带电子控制器的加热或其他加热均匀、安全、易控制温度的加热装置(如电加热套)。

5.3.2.5 熔点测定仪

容积 250 mL 的圆底烧瓶,直径 80 mm,颈长 30 mm～40 mm,口径约 28 mm,在瓶上方离瓶颈约 10 mm 处有两个相对称的直径 5 mm 的圆孔。试管长 110 mm～120 mm,直径约 18 mm,离管底约 27 mm 处有两个对称的直径 5 mm～8 mm 的圆孔。锥形导管长 40 mm,上口外径大于 7 mm,下口内径 1.6 mm,外径约 3 mm。熔点测定仪装置见图 1。

5.3.3 传热液体

201 型甲基硅油(黏度在 500 号以上)或硫酸＋硫酸钾混合液(220 mL 浓硫酸中加入 70 g～80 g 无水硫酸钾,再加入 0.1 g～0.2 g 硝酸钾)。

5.3.4 样品的干燥

取少量混匀、研细的试样置于干燥、清洁的表面皿中,于 100℃干燥箱中干燥 30 min,取出,放在干燥器中备用。

5.3.5 分析步骤

将少量干燥、严细的试样装入清洁、干燥、一端封口的毛细管中。取一高约 800 mm、直径 10 mm 的干燥玻璃管直立于玻璃板上,将装有试样的毛细管经玻璃管投掷 8 次～10 次,直至毛细管内试样紧缩至 3 mm～4 mm 高,再将开口一端封熔。圆底烧瓶中注入其体积四分之三的传热液体。测量温度计插入试管内的传热液体中,并使温度计的中间泡也浸没于传热液体中,温度计不得碰及管底。按图 1 安装好熔点测定仪。

加热，使传热液体温度缓缓上升至熔点前10℃时，将装有试样的毛细管通过锥形导管插入试管内，并附着于温度计水银球中部。继续加热，调节加热器，使温度上升速度为0.8℃/min～1.0℃/min。观察毛细管中试样融化情况，当试样开始出现明显的局部液化现象时的温度为干品初熔点。

单位为毫米

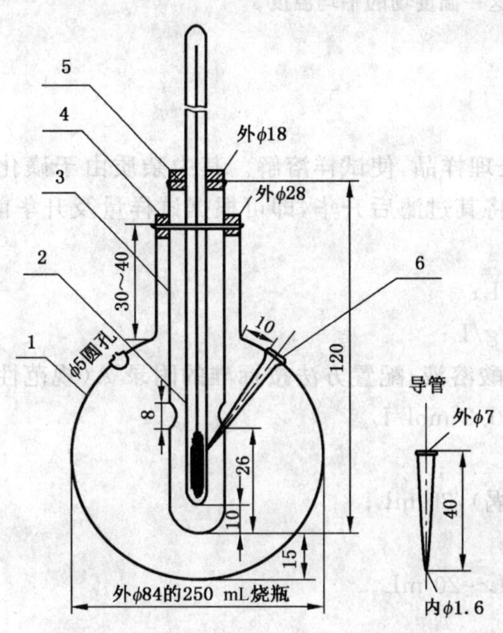

1——圆底烧瓶；
2——温度计；
3——试管；
4,5——胶塞；
6——导管。

图1　熔点测定仪装置

5.3.6　结果计算

若测定中使用的是局浸式温度计，干品初熔点 $t=t_1+\Delta t$(校正值)；

若测定中使用的是全浸式温度计，干品初熔点 t 按式(1)、式(2)、式(3)计算：

$$t=\Delta t_1+\Delta t_2+\Delta t_3+t_1 \quad\cdots\cdots(1)$$

$$\Delta t_1=0.000\,16h_1(t_1-t_2) \quad\cdots\cdots(2)$$

$$\Delta t_2=0.000\,16h_2(t_1-t_3) \quad\cdots\cdots(3)$$

式中：

t——干品初熔点，单位为摄氏度(℃)；

Δt_1——温度计露出液面至塞口处的水银柱校正值，单位为摄氏度(℃)；

Δt_2——温度计露出塞外的水银柱校正值，单位为摄氏度(℃)；

Δt_3——温度计的示值校正值，单位为摄氏度(℃)；

t_1——观测温度，单位为摄氏度(℃)；

t_2——试管内液面至塞口的中间处温度[1)]，单位为摄氏度(℃)；

t_3——塞外水银柱中部周围空气温度(以辅助温度计测定)，单位为摄氏度(℃)；

h_1——温度计露出液面至塞口处的水银柱高度(以温度计的度数表示之)；

h_2——塞外水银柱高度(以温度计的度数表示之)；

0.000 16——水银在玻璃中的膨胀系数。

计算结果表示到小数点后两位。

允许差：两次平行测定之差不大于0.3℃，取其算术平均值作为测定结果。

注：允许使用符合国家计量检定规程经过检定，其精度和条件达到上述水平的其他类型毛细柱法测初熔点的先进仪器。但在仲裁时以目测法为准。

1) 试管内液面至塞口的中间处温度用辅助温度计测定。试样熔点测定完毕，立即将温度计插入试管内液面至塞口之间的中间位置，测定这一温度场的平均温度。

5.4 蒽醌纯度的测定

5.4.1 化学法

5.4.1.1 方法原理

用100%硫酸在80℃下处理样品，使试样溶解。其中杂质由于磺化、水解等作用稀释后溶于水中，而蒽醌在稀释后又析出结晶，将其过滤后升华，即可根据试样量及升华前后的质量差得出蒽醌含量。

5.4.1.2 试剂和溶液

a) 氢氧化钠溶液：10 g/L；

b) 亚硫酸氢钠溶液：80 g/L；

c) 质量分数为100%硫酸溶液：配置方法按标准的附录A(规范性附录)进行；

d) 盐酸溶液：$c(HCl)=0.2$ mol/L。

5.4.1.3 仪器

a) 细孔瓷坩埚(古氏坩埚)：30 mL；

b) 滤纸：中速定量滤纸；

c) 灰皿或瓷坩埚：15 mL～20 mL。

5.4.1.4 分析步骤

称取研细的蒽醌试样约1 g(精确至0.000 2 g)，置于500 mL的烧杯中，在不断摇动下加入质量分数为100%硫酸30 g(20℃时为16.4 mL)，盖上表面皿，于80℃水浴上加热30 min。稍冷，取下表面皿，在摇动下向此溶液中逐滴加入热水，应在5 min内(蒽醌质量分数低于97%的应在15 min内)加入约15 mL。在发热的同时蒽醌析出，然后继续加入热水至约300 mL，在80℃水浴上放置约20 min。用铺有双层定量滤纸的30 mL细孔瓷坩埚过滤。根据样品中是否含有菲醌杂质，分别采用不同方法洗涤。过滤和洗涤时可用水泵轻轻抽吸。

菲醌的定性检验方法：把1 g试样同亚硫酸氢钠溶液300 mL混在一起加热至约80℃过滤，当用盐酸酸化滤液时如为淡黄色说明有菲醌。

试样不含菲醌时的洗涤方法：用热水100 mL、热氢氧化钠溶液200 mL、热水50 mL、热盐酸溶液100 mL和热水200 mL(均为80℃以上)，分别依次洗涤沉淀，至最后滤液为中性。

试样含菲醌时的洗涤方法：用热水100 mL、热亚硫酸氢钠溶液300 mL、热水100 mL、热氢氧化钠溶液200 mL和热水50 mL(均为80℃以上)，分别依次洗涤沉淀，至最后滤液为中性。

将细孔瓷坩埚连同沉淀放在100℃～105℃的烘箱中烘至恒量，称量(精确至0.000 2 g)。

用一不锈钢勺将细孔瓷坩埚中的沉淀刮入一个已在200℃恒量的灰皿或瓷坩埚中。将灰皿连同沉淀放在电炉上，于通风柜内升华。保持电炉表面温度(200±20)℃，待升华物质停止逸出时，移至干燥器内冷却至室温，称量(精确至0.000 2 g)。

注：允许在正常生产时，每月测定一次200℃不升华物含量，每日测定时此值为常数使用。

5.4.1.5 结果计算

蒽醌纯度以质量分数w_1计，数值以(%)表示，按式(4)或式(5)计算：

$$w_1=\frac{m_1-m_2}{m}\times 100 \quad \cdots\cdots(4)$$

$$\text{或 } w_1=\frac{m_1}{m}\times 100-w_2 \quad \cdots\cdots(5)$$

式中：

m_1——升华前沉淀的质量数值，单位为克(g)；

m_2——升华后残渣的质量数值，单位为克(g)；

m——试样的质量数值，单位为克(g)；

w_2——不升华物质的质量分数的数值，(%)。

不升华物质以质量分数 w_2 计，数值以(%)表示，按式(6)计算：

$$w_2 = \frac{m_2}{m} \times 100 \quad \cdots\cdots(6)$$

计算结果表示到小数点后两位。

5.4.1.6 允许差

两次平行测定结果之差不大于 0.3%，取其算术平均值作为测定结果。

5.4.2 气相色谱法(仲裁法)

5.4.2.1 方法原理

采用气相色谱法，在毛细管色谱柱上，经氢火焰检测器检测，用峰面积归一化法测定蒽醌及各有机杂质含量。

5.4.2.2 试剂和材料

甲苯。

5.4.2.3 仪器设备

a) 气相色谱仪：仪器灵敏度和稳定性应符合 GB/T 9722 的规定；

b) 检测器：氢火焰离子化检测器(FID)；

c) 记录仪：满量程 10 mV，响应时间 1 s 或满足要求的数据处理机、积分仪；

d) 微量注射器；

e) 色谱柱：柱长 30 m；内径 0.32 mm；膜厚 0.25 μm，固定相为质量分数(5%苯基)95%二甲基聚硅氧烷或同等条件的毛细管色谱柱，如 HP-5 等。

5.4.2.4 色谱仪操作条件(根据不同仪器，选择最佳操作条件或色谱柱)

a) 程序升温条件(见表 2)：

表 2 升温条件

	温度/℃	保持时间/min	升温速度/(℃/min)
初始温度	100	0.5	20
中间温度	180	1.0	5
终温温度	280	10.0	—

b) 汽化温度：280℃；

c) 检测温度：300℃；

d) 载气流量(N_2)：1.0 mL/min；

e) 燃烧气流量(H_2)：30 mL/min；

f) 助燃气流量(O_2)：100 mL/min；

g) 进样量：1 μL；

h) 分流比：10∶1；

i) 分离度：$R>1.0$。

5.4.2.5 分析步骤

称取蒽醌试样约 0.04 g(精确至 0.01 g)，于 25 mL 棕色容量瓶中，用甲苯溶解并稀释至刻度(试样应现用现配)。待仪器运行稳定后，用微量注射器，进样 1 μL，待出峰完毕后，用数据处理机或色谱工作站进行结果处理。

5.4.2.6 结果计算

蒽醌纯度以质量分数 w_3 计，数值以(%)表示，按式(7)计算：

$$w_3 = \frac{A_i}{\sum A_i} \times (100 - w_4 - w_5) \quad \cdots\cdots (7)$$

式中：

A_i——试样中各组分 i 的峰面积，单位为毫伏秒(mV·s)；

$\sum A_i$——试样中各组分 i 的峰面积之和，单位为毫伏秒(mV·s)；

w_4——蒽醌灰分的质量分数的数值，%；

w_5——蒽醌加热减量的质量分数的数值，%。

计算结果表示到小数点后两位。

5.4.2.7 允许差

蒽醌两次平行测定结果质量分数之差应不大于 0.4%，取其算术平均值作为测定结果。

5.4.2.8 色谱示意图

色谱示意图见图 2 和图 3。

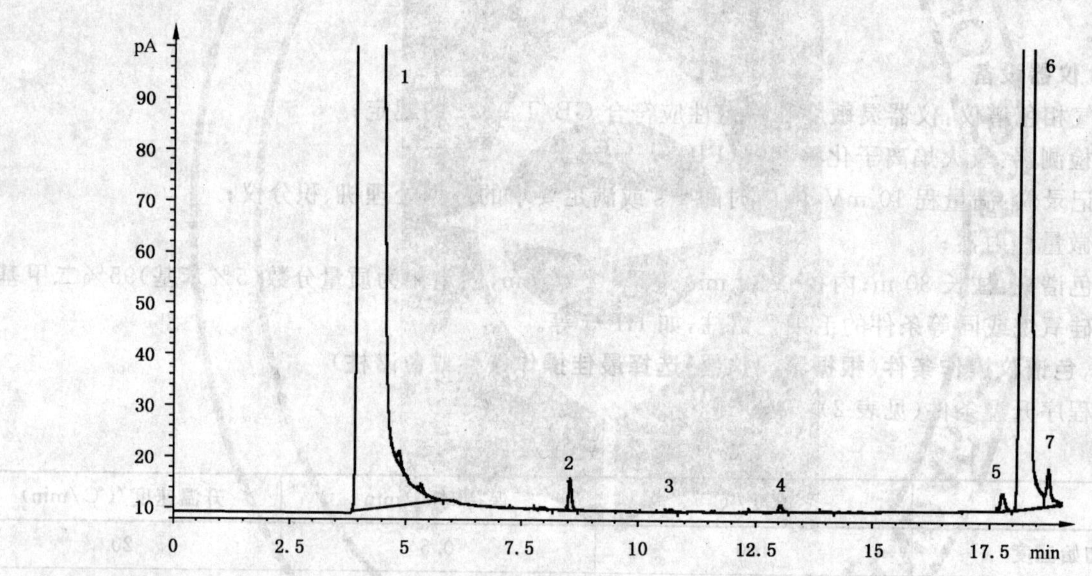

1——溶剂；

2——未知物；

3——未知物；

4——9-芴酮；

5——未知物；

6——蒽醌；

7——未知物。

图 2 氧化蒽醌色谱示意图

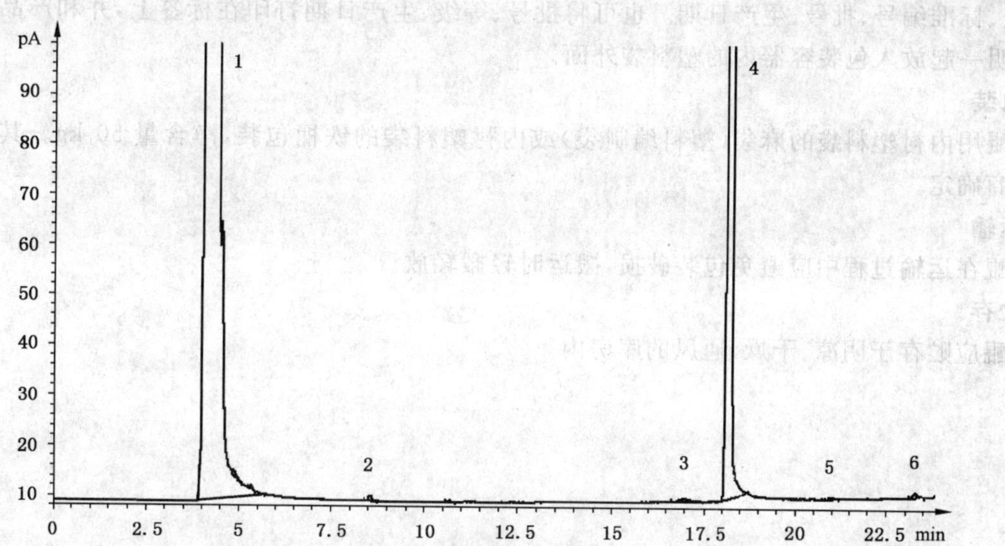

1——溶剂；

2——未知物；

3——未知物；

4——蒽醌；

5——未知物；

6——未知物。

图 3 合成蒽醌色谱示意图

5.5 灰分的测定

按 GB/T 7531 中的有关规定进行。称样量为 2 g(精确至 0.000 2 g)，灼烧温度(650±25)℃。

5.6 加热减量的测定

按 GB/T 2386—2006 中 3.2 的规定进行。称样量为 2 g(精确至 0.000 2 g)，温度为 105℃±2℃。

6 检验规则

6.1 检验分类

本标准第 3 章表 1 中规定的(1)～(3)项为出厂检验项目，(4)～(5)项目为型式检验项目，正常生产时每月检验一次。有下列情况之一时要随时进行检验。

1) 新产品最初定型时；

2) 产品异地生产时；

3) 生产配方、工艺及原材料有较大改变时；

4) 停产三个月后又恢复生产时；

5) 客户提出要求时。

6.2 出厂检验

蒽醌应由生产厂的质量检验部门进行检验，生产厂应保证所有出厂的蒽醌都符合本标准的要求。

6.3 复验

如果检验结果中有一项指标不符合本标准的规定时，应重新自两倍量的包装中取样进行检验，重新检验的结果即使只有一项指标不符合本标准的要求，则整批产品不能验收。

7 标志、标签、包装、运输和贮存

7.1 标志、标签

蒽醌的每个包装容器上都应涂上牢固、清晰的标志，注明：产品名称、注册商标、净含量、生产厂名称、厂址、标准编号、批号、生产日期。也可将批号、等级、生产日期打印在标签上，并和产品质量检验合格的证明一起放入包装容器内的塑料袋外面。

7.2 包装

蒽醌用内衬塑料袋的麻袋（塑料编制袋）或内衬塑料袋的铁桶包装，净含量 50 kg。其他包装可与用户协商确定。

7.3 运输

蒽醌在运输过程中应避免包装破损，搬运时轻搬轻放。

7.4 贮存

蒽醌应贮存于阴凉、干燥、通风的库房内。

附 录 A
(规范性附录)
100%硫酸的配置方法

A.1 浓硫酸的配制方法

用密度计分别测定浓硫酸的密度,浓硫酸用密度范围为1.800～1.900的密度计;发烟硫酸用密度范围为1.900～2.000的密度计。

A.2 浓硫酸及发烟硫酸含量的测定

采用中和法(根据GB/T 534)分别测定浓硫酸及发烟硫酸的总酸度(硫酸的质量分数)。

A.3 发烟硫酸体积的计算

按式(A.1)计算1体积浓硫酸混合配制100%硫酸时所需发烟硫酸的体积:

$$V=\frac{(100-w_E)\rho_1}{(w_D-100)\rho_2} \tag{A.1}$$

式中:

V——所需发烟硫酸的体积,单位为毫升(mL);

w_E——浓硫酸中硫酸的质量分数,%;

w_D——发烟硫酸的总酸度的质量分数,%;

ρ_1——浓硫酸的密度,单位为克每立方厘米(g/cm^3);

ρ_2——发烟硫酸的密度,单位为克每立方厘米(g/cm^3)。

A.4 混配

根据式(1)按实际需要体积,将浓硫酸与发烟硫酸混合配置成100%硫酸。

A.5 100%硫酸含量的测定与校正

用中和法(GB/T 534)测定100%硫酸的实际浓度,并调整至硫酸质量分数为100%,密封保存(100%硫酸20℃时密度为1.830 5 g/cm^3)。

ICS 19.040
K 04

中华人民共和国国家标准

GB/T 2423.3—2006/IEC 60068-2-78:2001
代替 GB/T 2423.3—1993,GB/T 2423.9—2001

电工电子产品环境试验 第2部分:试验方法 试验Cab:恒定湿热试验

Environmental testing for electric and electronic products—Part 2:Testing method—Test Cab:Damp heat,steady state

(IEC 60068-2-78:2001,Environmental testing—Part 2-78:Tests—Test Cab:Damp heat,steady state,IDT)

2006-12-19 发布　　2007-09-01 实施

中华人民共和国国家质量监督检验检疫总局
中国国家标准化管理委员会　发布

前 言

GB/T 2423.3—2006 为 GB/T 2423《电工电子产品环境试验》的第 3 部分。

本部分等同采用 IEC 60068-2-78:2001《环境试验 第 2-78 部分:试验 试验 Cab:恒定湿热试验》(英文版)。

本部分删除了 IEC 60068-2-78:2001 中的"前言"的内容。

本部分代替 GB/T 2423.3—1993《电工电子产品基本环境试验规程 试验 Ca:恒定湿热试验方法》及 GB/T 2423.9—2001《电工电子产品环境试验 第 2 部分:试验方法 试验 Cb:设备用恒定湿热》。

主要变动如下:

1) 本部分将原标准 GB/T 2423.3—1993《电工电子产品基本环境试验规程 试验 Ca:恒定湿热试验方法》及 GB/T 2423.9—2001《电工电子产品环境试验 第 2 部分:试验方法 试验 Cb:设备用恒定湿热》这两项标准合并为一标准,即 GB/T 2423.3—2006《电工电子产品环境试验 第2 部分:试验方法 试验 Cab:恒定湿热试验》;
2) 本部分在对试验箱的要求中明确规定短期的温度波动要保持在±0.5 K 范围内以保持所要求的湿度条件;
3) 本部分对试验箱的湿度容差统一规定为±3%;
4) 本部分比原来的两个标准增加了推荐的持续时间;
5) 本部分增加了附录 A。

本部分的附录 A 为资料性附录。

本部分由中国电器工业协会提出。

本部分由全国电工电子产品环境条件与环境试验标准化技术委员会归口。

本部分起草单位:广州电器科学研究院。

本部分的主要起草人:王玲。

本部分所代替标准的历次版本发布情况为:GB/T 2423.3—1981、GB/T 2423.3—1993、GB/T 2423.9—1989、GB/T 2423.9—2001。

电工电子产品环境试验　第2部分:试验方法　试验Cab:恒定湿热试验

1　范围

GB/T 2423的本部分适用于确定电工电子产品、元件或设备在高湿度的条件下使用、贮存和运输时的适应性。

本部分规定了试验的严酷等级,如高温度、高湿度和持续时间等。本部分适用于散热和非散热样品。

本部分适用于小型设备及元件,同时也适用于与试验箱外的测试装置有复杂联接的大型设备,这种联接需要一定的装配时间。在安装期间,可以不用预热或维持特定的试验条件。

2　规范性引用文件

下列文件中的条款通过本部分的引用而成为本部分的条款。凡是注日期的引用文件,其随后所有的修改单(不包括勘误的内容)或修订版均不适用于本部分,然而,鼓励根据本部分达成协议的各方研究是否可使用这些文件的最新版本。凡是不注日期的引用文件,其最新版本适用于本部分。

GB/T 2421—1999　电工电子产品环境试验　第1部分:总则(idt IEC 60068-1:1988)

GB/T 2423.2—2001　电工电子产品环境试验　第2部分:试验方法　试验B:高温试验(idt IEC 60068-2-2:1974)

3　概述

在本试验中,将样品置于同为试验室温度的试验箱内。

试验箱内的条件应符合第5章所规定的严酷等级,并持续到规定的时间。

由于散热样品的影响,可能引起试验箱内的温度和湿度条件与规定的试验条件不同,则这两个参数的测量应按自由空气条件的测量方法进行测量(参见GB/T 2421—1999中的4.4及4.6.2)。

4　试验箱

试验箱及其测量系统应满足如下要求:

a)　工作空间内应装有监测温、湿度条件的传感器。对于散热样品的稳态湿热试验,传感器在工作空间内的安放位置应按GB/T 2421—1999的有关规定进行;

b)　工作空间内的温度和相对湿度应在考虑到放入样品的影响时,其值仍在规定的容差范围内变化。第5章所给出的温度容差考虑了测量的绝对误差及温度渐变;

对于散热样品,样品附近的温度和相对湿度由于受到样品本身的影响,与GB/T 2421—1999中所规定的位置测得的数据不同;

c)　凝结水应连续排出试验箱外,未经净化的水不能重复使用;

d)　试验箱内壁和顶部的凝结水不应滴落到试验样品上;

e)　试验箱内湿度用水的电阻率应保持不小于500 Ω·m;

f)　试验样品不能受来自试验箱发热元件的直接热辐射;

g)　有喷雾系统的试验箱内,样品应远离喷射口,且湿气不可直接喷到样品上。

4.1　散热样品的试验

试验箱的容积至少为散热样品体积的5倍。

试验样品与试验箱壁的距离应按 GB/T 2423.2—2001 附录 A 中的规定执行。箱内的气流速度应与所要到达的试验条件相当。

4.2 样品的安装

相关规范规定了试验样品的安装架,并可再现或模拟实际使用中的样品热特性条件;若不能达到这些条件,则安装架应对样品与其周围环境之间进行热量与湿度交换的影响最小。

5 严酷等级

试验的严酷等级由试验持续时间、温度、相对湿度共同决定。

除非相关规范规定,试验的温度、相对湿度应从表 1 的组合中选择:

表 1 试验的温度、相对湿度表

(30±2)℃	(93±3)% RH
(30±2)℃	(85±3)% RH
(40±2)℃	(93±3)% RH
(40±2)℃	(85±3)% RH

推荐的持续时间为:12 h、16 h、24 h 和 2 d、4 d、10 d、21 d 或 56 d。

考虑到测试时的绝对误差、温度渐变以及工作空间内的温差,本部分中规定的温度容差为±2 K。为了维持试验箱内的相对湿度在规定的容差范围内,必须保持试验箱内的任意两点在任何时间内其温度差异尽可能的小。若温差超过 1 K,则不能达到所需的湿度条件。短期的温度波动也必须保持在±0.5 K 范围内以维持所要求的湿度条件。

6 初始检测

按有关标准的规定对试验样品进行外观检查,对其电气和机械性能进行检测。

7 条件试验

条件试验应按如下程序进行:

a) 除非有特殊规定,将无包装、不通电的试验样品,在"准备使用"状态下,置于试验箱内,试验箱和试验样品均处于标准大气环境条件下。

在特定的时候,允许试验样品在达到试验条件时放入试验箱内,且应避免样品产生凝露,对于小型样品可通过预热方式达到该项要求。

b) 调整试验箱内温度,到达所要求的严酷等级,且使样品达到温度稳定。

在 GB/T 2421—1999 的 4.8 中对温度稳定的定义进行规定。温度变化的速率不超过 1 K/min,达到温度稳定的平均时间不超过 5 min,且在这一过程中不应产生样品凝露现象。

c) 在这一过程中,可以通过不提高箱内的绝对湿度来避免样品冷凝现象的发生。

d) 在 2 h 之内,通过调整箱内的湿度达到规定的试验严酷等级。

e) 样品暴露在按规定试验等级要求的试验条件下,待工作空间内的温度和相对湿度达到规定值并稳定后,开始计算试验持续时间。

f) 相关规范规定了试验条件及试验持续时间。

g) 试验后应进行恢复阶段。

8 中间检测

有关规范可以提出在条件试验期间或结束时试验样品仍留在试验箱内进行检测,如果需要进行这种检测时,有关规范应规定检测的项目及完成这些测量的时间。在进行这种检测时,试验样品不应取出箱外。

9 恢复

相关规范中对试验后的样品是在标准大气条件下(见 GB/T 2421—1999 中的 5.3)还是在特定条件下(见 GB/T 2421—1999 中的 5.4.1)进行恢复进行了规定,如样品需在特定的条件下进行恢复,则应将样品移入另一试验箱内或仍留在原试验箱内。

若需将样品转移到另外试验箱中恢复时,则转移样品的时间应尽可能的短。

若留在试验箱中恢复时,应在 0.5 h 内将相对湿度降到 73%～77%,然后在 0.5 h 内将温度调节到试验室的温度,且温度容差为±1 K。

按相关规范规定,恢复时间应从符合恢复条件时开始计算。

10 最后检测

根据有关规范规定,对试验样品的外观进行检查,对其电气和机械性能进行检测。

11 相关规范中给出的信息

有关规范采用本试验方法时,应对下述各项作出具体规定:

所给出的信息	章、条号
a) 试验样品的安装(如需要)	4.2
b) 试验严酷等级和持续时间	5
——温度	
——相对湿度	
——持续时间	
c) 初始检测	6
d) 条件试验	7
e) 中间检测	8
f) 恢复	9
g) 最后检测	10

附 录 A
（资料性附录）
GB/T 2423《电工电子产品环境试验》的结构

GB/T 2423《电工电子产品环境试验》包括如下部分：

GB/T 2423.1—2001 电工电子产品环境试验 第2部分：试验方法 试验A：低温（idt IEC 60068-2-1:1990）；

GB/T 2423.2—2001 电工电子产品环境试验 第2部分：试验方法 试验B：高温（idt IEC 60068-2-2:1974）；

GB/T 2423.3—2006 电工电子产品环境试验 第2部分：试验方法 试验Cab：恒定湿热试验（IEC 60068-2-78:2001,IDT）；

GB/T 2423.4—1993 电工电子产品基本环境试验规程 试验Db：交变湿热试验方法（eqv IEC 60068-2-30:1980）；

GB/T 2423.5—1995 电工电子产品环境试验 第2部分：试验方法 试验Ea和导则：冲击（idt IEC 60068-2-27:1987）；

GB/T 2423.6—1995 电工电子产品环境试验 第2部分：试验方法 试验Eb和导则：碰撞（idt IEC 60068-2-29:1987）；

GB/T 2423.7—1995 电工电子产品环境试验 第2部分：试验方法 试验Ec和导则：倾跌与翻倒（主要用于设备型样品型）（idt IEC 60068-2-31:1982）；

GB/T 2423.8—1995 电工电子产品环境试验 第2部分：试验方法 试验Ed：自由跌落（idt IEC 60068-2-32:1990）；

GB/T 2423.10—1995 电工电子产品环境试验 第2部分：试验方法 试验Fc和导则：振动（正弦）（idt IEC 60068-2-6:1982）；

GB/T 2423.11—1997 电工电子产品环境试验 第2部分：试验方法 试验Fd：宽频带随机振动一般要求（idt IEC 60068-2-34:1973）；

GB/T 2423.12—1997 电工电子产品环境试验 第2部分：试验方法 试验Fda：宽频带随机振动——高再现性（idt IEC 60068-2-35:1973）；

GB/T 2423.13—1997 电工电子产品环境试验 第2部分：试验方法 试验Fdb：宽频带随机振动——中再现性（idt IEC 60068-2-36:1973）；

GB/T 2423.14—1997 电工电子产品环境试验 第2部分：试验方法 试验Fdc：宽频带随机振动——低再现性（idt IEC 60068-2-37:1973）；

GB/T 2423.15—1995 电工电子产品环境试验 第2部分：试验方法 试验Ga和导则：稳态加速度（idt IEC 60068-2-7:1973）；

GB/T 2423.16—1999 电工电子产品环境试验 第2部分：试验方法 试验J和导则：长霉（idt IEC 60068-2-10:1988）；

GB/T 2423.17—1993 电工电子产品基本环境试验规程 试验Ka：盐雾试验方法（idt IEC 60068-2-11:1981）；

GB/T 2423.18—2000 电工电子产品环境试验 第2部分：试验 试验Kb：盐雾，交变（氯化钠溶液）（idt IEC 60068-2-1）；

GB/T 2423.19—1981 电工电子产品基本环境试验规程 试验Kc：接触点和连接件的二氧化硫试验方法（idt IEC 60068-2-42:1976）；

GB/T 2423.20—1981 电工电子产品基本环境试验规程 试验Kd：接触点和连接件的硫化氢试

验方法(idt IEC 60068-2-43:1976);

GB/T 2423.21—1991 电工电子产品基本环境试验规程 试验M:低气压试验方法(neq IEC 60068-2-13:1983);

GB/T 2423.22—2002 电工电子产品环境试验 第2部分:试验方法 试验N:温度变化(IEC 60068-2-14:1984,IDT);

GB/T 2423.23—1995 电工电子产品环境试验 试验Q:密封;

GB/T 2423.24—1995 电工电子产品环境试验 第2部分:试验方法 试验Sa:模拟地面上的太阳辐射(idt IEC 60068-2-5:1975);

GB/T 2423.25—1992 电工电子产品基本环境试验规程 试验Z/AM:低温/低气压综合试验(neq IEC 60068-2-40:1976);

GB/T 2423.26—1992 电工电子产品基本环境试验规程 试验Z/BM:高温/低气压综合试验(neq IEC 60068-2-41:1976);

GB/T 2423.27—2005 电工电子产品基本环境试验规程 试验Z/AMD:低温/低气压/湿热连续综合试验方法(IEC 60068-2-39:1976,IDT,代替GB/T 2423.27—1981);

GB/T 2423.28—2005 电工电子产品环境试验 第2部分:试验方法 试验T:锡焊法(IEC 60068-2-20:1979,IDT,代替GB/T 2423.28—1982);

GB/T 2423.29—1999 电工电子产品环境试验 第2部分:试验方法 试验U:引出端及整体安装件强度(idt IEC 60068-2-21:1992);

GB/T 2423.30—1999 电工电子产品环境试验 第2部分:试验方法 试验XA和导则:在清洗剂中浸渍(idt IEC 60068-2-45:1993);

GB/T 2423.31—1985 电工电子产品基本环境试验规程 倾斜和摇摆试验方法;

GB/T 2423.32—1985 电工电子产品基本环境试验规程 润湿称量法可焊性试验方法(eqv IEC 60068-2-54);

GB/T 2423.33—2005 电工电子产品环境试验 第2部分:试验方法 试验Kca:高浓度二氧化硫试验(代替GB/T 2423.33—1989);

GB/T 2423.34—1986 电工电子产品基本环境试验规程 试验Z/AD:温度/湿度组合循环试验方法(idt IEC 60068-2-38:1974);

GB/T 2423.35—2005 电工电子产品环境试验 第2部分:试验方法 试验Z/Afc:散热和非散热试验样品的低温/振动(正弦)综合试验方法(IEC 60068-2-50:1983,IDT,代替GB/T 2423.35—1986);

GB/T 2423.36—1986 电工电子产品基本环境试验规程 试验Z/BFc:散热和非散热样品的高温/振动(正弦)综合试验方法(IEC 60068-2-51:1983,IDT,代替GB/T 2423.36—1986);

GB/T 2423.37—2006 电工电子产品环境试验 第2部分:试验方法 试验L:砂尘试验(IEC 60068-2-68:1994,IDT);

GB/T 2423.38—2005 电工电子产品环境试验 第2部分:试验方法 试验R:水试验方法(IEC 60068-2-18:2000,IDT,代替GB/T 2423.38—1990、GB/T 2424.23—1990);

GB/T 2423.39—1990 电工电子产品基本环境试验规程 试验Ee:弹跳试验方法;

GB/T 2423.40—1997 电工电子产品环境试验 第2部分:试验方法 试验Cx:未饱和高压蒸汽恒湿热(idt IEC 60068-2-66:1994);

GB/T 2423.41—1994 电工电子产品基本环境试验规程 环境风压试验方法;

GB/T 2423.42—1995 电工电子产品环境试验 低温/低气压/振动(正弦)综合试验方法;

GB/T 2423.43—1995 电工电子产品环境试验 第2部分:试验方法 元件、设备和其他产品在冲击(Ea)、碰撞(Eb)、振动(Fc和Fd)和稳态加速度(Ga)等动力学试验中的安装要求和导则

(idt IEC 60068-2-47:1982)；

GB/T 2423.44—1995 电工电子产品环境试验 第2部分:试验方法 试验Eg:撞击 弹簧锤(eqv IEC 60068-2-63:1991)；

GB/T 2423.45—1997 电工电子产品环境试验 第2部分:试验方法 试验Z/ABDM:气候顺序(idt IEC 60068-2-61:1991)；

GB/T 2423.46—1997 电工电子产品环境试验 第2部分:试验方法 试验Ef:撞击 摆锤(idt IEC 60068-2-62:1993)；

GB/T 2423.47—1997 电工电子产品环境试验 第2部分:试验方法 试验Fg:声振(idt IEC 60068-2-65:1993)；

GB/T 2423.48—1997 电工电子产品环境试验 第2部分:试验方法 试验Ff:振动——时间历程法(idt IEC 60068-2-57:1989)；

GB/T 2423.49—1997 电工电子产品环境试验 第2部分:试验方法 试验Fe:振动——正弦拍频法(idt IEC 60068-2-59:1990)；

GB/T 2423.50—1999 电工电子产品环境试验 第2部分:试验方法 试验CY:恒定湿热主要用于元件的加速试验(idt IEC 60068-2-67:1995)；

GB/T 2423.51—2000 电工电子产品环境试验 第2部分:试验方法 试验Ke:流动混合气体腐蚀试验(idt IEC 60068-2-60:1995)；

GB/T 2423.52—2003 电工电子产品环境试验 第2部分:试验方法 试验77:结构强度与撞击(IEC 60068-2-77:1999,IDT)；

GB/T 2423.53—2005 电工电子产品环境试验 第2部分:试验方法 试验Xb:由手的摩擦造成标记和印刷文字的磨损(IEC 60068-2-70:1995)；

GB/T 2423.54—2005 电工电子产品环境试验 第2部分:试验方法 试验Xc:流体污染(IEC 60068-2-74:1999,IDT)；

GB/T 2423.55—2006 电工电子产品环境试验 第2部分:试验方法 试验Eh:锤击试验(IEC 60068-2-75:1997,IDT)；

GB/T 2423.56—2006 电工电子产品环境试验 第2部分:试验方法 试验Fh:宽带随机振动(数字控制)和导则(IEC 60068-2-64:1993,IDT)

ICS 19.040
K 04

中华人民共和国国家标准

GB/T 2423.37—2006/IEC 60068-2-68：1994
代替 GB/T 2423.37—1989

电工电子产品环境试验
第2部分:试验方法　试验L:沙尘试验

Environmental testing for electric and electronic products—Part 2：Test methods—Test L：Dust and sand

(IEC 60068-2-68：1994，Environmental testing—Part 2：Tests—Test L：Dust and sand，IDT)

2006-12-19 发布　　2007-09-01 实施

中华人民共和国国家质量监督检验检疫总局
中国国家标准化管理委员会　发布

ICS 19.040
K 04

中华人民共和国国家标准

GB/T 2423.37—2006/IEC 60068-2-68:1994
代替 GB/T 2423.37—1989

电工电子产品环境试验
第2部分：试验方法 试验L：沙尘试验

**Environmental testing for electric and electronic products—
Part 2: Test methods—Test L: Dust and sand**

(IEC 60068-2-68:1994, Environmental testing—
Part 2: Test—Test L: Dust and sand, IDT)

2006-12-19 发布　　　　2007-09-01 实施

中华人民共和国国家质量监督检验检疫总局
中国国家标准化管理委员会　发布

前　言

GB/T 2423《电工电子产品环境试验　第 2 部分:试验方法》包括若干部分。本部分为 GB/T 2423 标准的第 37 部分。本部分等同采用了 IEC 60068-2-68:1994《环境试验　第 2 部分:试验　试验 L:尘和沙》(英文版)。跟国际标准相比,本部分主要做了以下编辑性修改:

——删除了国际标准的前言;

——增加了国家标准前言;

——用相应的国家标准代替了国际标准;

——把 3.7 注的内容直接应用于标准编辑中。

本部分代替了 GB/T 2423.37—1989,与其相比不同之处主要有:

——将试验 La 分为 La1 和 La2,试验条件有所变化;

——增加了试验方法 Lc2;

——在各试验方法之后增加了试验导则。

本部分的附录 A、附录 B 均为资料性附录。

本部分由中国电器工业协会提出。

本部分由全国电工电子产品环境技术标准化委员会(SAC/TC 8)归口。

本部分起草单位:广州电器科学研究院。

本部分主要起草人:颜景莲。

本部分所代替标准的历次版本发布情况为:GB/T 2423.37—1989。

引　言

GB/T 2423 的本部分为相关规范评价以下影响提供了信息：

1） 尘侵入壳体；

2） 电气性能的改变，如接触故障、接触电阻改变、轨道电阻变化；

3） 运动的轴承、车轴等活动部件的卡死、障碍等；

4） 表面磨损（腐蚀）；

5） 光学表面的污染、润滑剂的污染；

6） 通风孔、套管、导管、过滤器、孔等的堵塞。

考虑到电工产品整体结构的不同以及模拟不同的使用环境条件，本部分规定了不同的试验方法。各试验方法的不同之处主要是气流性质不同，携带物质的性质不同。

电工电子产品环境试验
第2部分:试验方法　试验L:沙尘试验

1　概述

本部分描述了沙尘试验的基本结构。图1和表1描述了各种方法的特点和结构。IEC 60529 沙尘试验中也有跟La2方法等同的部分。参见附录A。

1.1　范围

本部分规定了确定空气中悬浮的沙尘对产品的影响的试验方法。

本试验方法不适用于检测空气过滤器。只有试验方法Lc2适用于模拟高速粒子(大于100 m/s)的腐蚀效应。

1.2　试验L的一般描述

沙尘试验结构上分成3组:

La:非磨蚀性细尘。本试验主要用于检测样品的密封性能。试验样品暴露于滑石粉或其他相当的非常细小的尘中。可以再现由于温度交变导致样品内外气压不同造成的影响。

Lb:自由降尘。本方法用于模拟有防护场所中沙尘的影响。样品暴露于低密度含尘大气中,其中有间歇性的少量尘注入,并由于重力作用会降落到样品上。

Lc:吹沙尘。本方法主要用于模拟户外和车载环境条件下沙尘对样品的密封性能和磨蚀影响。样品暴露于夹带了一定量尘、沙或沙尘混合物的湍动或层流气流中。

表1　试验特征小结

方　法	沙/尘类型	粒子尺寸	沙/尘浓度	备　注
试验La				
方法La1	滑石粉或 FE粉	$<75\ \mu m$	在基准面上尘降量为: 600 g/(m² · h)	试验中试验箱气压交变
方法La2	滑石粉或 FE粉	$<75\ \mu m$	2 kg/m³(试验箱体积)	样品内的气压可以降低
试验Lb	橄榄石或 石英或 长石	$<75\ \mu m$	在基准面上尘降量为: 6 g/(m² · d)	自由降尘
试验Lc				
方法Lc1	橄榄石或 石英或 长石	$<75\ \mu m$或 $<150\ \mu m$或 $<850\ \mu m$	1 g/m³ 或 3 g/m³ 或 10 g/m³	能够循环吹沙尘试验箱
方法Lc2	橄榄石或 石英或 长石	$<75\ \mu m$或 $<150\ \mu m$或 $<850\ \mu m$	1 g/m³ 或 3 g/m³ 或 10 g/m³	自由吹落沙尘

2　规范性引用文件

下列文件中的条款通过本部分的引用而成为本部分的条款。凡是注日期的引用文件,其随后所有的修改单(不包括勘误的内容)或修订版均不适用于本部分,然而,鼓励根据本部分达成协议的各方研究是否可使用这些文件的最新版本。凡是不注日期的引用文件,其最新版本适用于本部分。

GB/T 4797.6—1995 电工电子产品自然环境条件 尘、沙、盐雾(neq IEC 60721-2-5:1991)

IEC 60529:2001 Degrees of protection provided by enclosures (IP code)

3 术语和定义

本部分使用的术语及定义如下。

3.1

尘 dust

没有特定来源或者组成,尺寸为 1 μm~150 μm 的粒子。

3.2

尘浓度 dust conentration

单位体积空气中的尘粒子总质量。

3.3

湿度 humidity

相对湿度定义为在任意温度下的实际蒸汽压与该温度下的饱和蒸汽压的比值。

3.4

吸湿的 hygroscopic

具有吸收水分的能力。

3.5

粒子尺寸 partical size

假设粒子都是球形的,尘和沙粒子的综合尺寸;一般通过筛分、计算沉降速度或者测量显微图片面积进行测定。

3.6

沙 sand

球形或带棱角的,尺寸在 100 μm~2000 μm 的粒子。对于环境试验,尺寸一般限制在 150 μm~850 μm。

3.7

筛子(平面网状) sieve(square-meshed)

符合标准规定的筛子,用于测定被筛分物质的粒子尺寸。

4 试验 La:非磨蚀性细尘

4.1 方法 La1:交变气压

4.1.1 目的

本试验目的主要是确定产品防止细尘侵入的防护程度。

4.1.2 一般性描述

在 La1 试验中,样品暴露于含有尺寸小于 75 μm(见 4.3)的非磨蚀性细尘的含尘气流中。该方法并不模拟自然环境或诱发环境条件。

本试验中规定了向下的垂直气流。

对于特定类型的外壳,试验箱内的压力会循环变化,以促使尘侵入。

4.1.3 试验设备描述

试验箱应使样品暴露于垂直的非层流且含有规定数量的尘的气流中。为此,应搅拌试验用尘并且吹入密封试验箱。试验箱内的气压应能够按照 4.1.4.6 的要求进行交变。

沉降在试验箱底部的尘应循环使用。

样品体积不应超过试验箱体积的25%,样品底座不应超过试验箱工作空间水平面积的50%。

如果样品尺寸不符合本部分,相关规范应规定使用下列何种方法:

a) 单独测试样品的密封部分;

b) 测试样品有代表性的部件,包括例如门、通气孔、支座、密封轴等元件,在试验过程中包含样品的精细部件例如端子,集电极圈等应安装就位;

c) 测试跟原样品具有相同设计细节的小样品。

图3中给出了适用的试验设备的实例。

4.1.4 试验条件

4.1.4.1 试验用尘

试验用尘是干燥的非磨蚀性的细粉尘,能够通过筛孔为75 μm,金属丝直径为50 μm的平面网状筛。

本试验中可以使用滑石粉,分析表明它可以满足要求(见4.3.4.2)。

试验用尘使用次数不应超过20次。应注意维持干燥以保持粉尘细度。使用前应在80℃下烘干2 h。

4.1.4.2 尘浓度

试验用尘的数量应能够使箱底基准表面上的沉降量均匀维持在(600±200) g/(m^2·h)。

4.1.4.3 气流

试验箱内的气流应主要是自上而下的垂直气流,而非层流。

4.1.4.4 气流速度

气流速度应能够使尘在试验箱内均匀分布。

4.1.4.5 湿度

试验箱内的相对湿度应小于25%。可以通过提高试验箱温度实现。(见A.3)。

4.1.4.6 样品内气压

根据样品的运行条件,样品外壳可以分为两种类型:

类型1:样品外壳内的气压可能会与外界大气压不同,例如由运行中的热力循环引起气压不同。

类型2:样品外壳内气压跟外界气压相同。

相关规范应阐明样品外壳类型和压力降。

4.1.4.6.1 对于具有类型1外壳的样品,应放入试验箱,并按照正常使用位置安装。样品应承受图2中规定的压降周期。根据相关规范中规定,压力降应为2 kPa(20 mbar)或5 kPa(50 mbar)。

如图2所示,尘应在每个循环周期内注入。

4.1.4.6.2 对于具有类型2外壳的样品,应放入试验箱,并按照正常使用位置安装。此种情况下,不应使用真空泵。

4.1.4.7 严酷程度

试验严酷程度由试验箱内的气压和试验持续时间确定,取决于外壳的类型,并应在相关规范中进行规定。

类型1:根据相关规范规定,压力降为2 kPa(20 mbar)或5 kPa(50 mbar),持续时间2 h。

类型2:大气压,持续时间4 h。

4.1.5 预处理

相关规范可以规定预处理。

4.1.6 初始测量

样品应按照相关规范进行目视检查、尺寸和功能检查。

4.1.7 试验

试验箱内空气温度应足够高,能够确保箱内的相对湿度达到25%或更低。将处于室温下的样品在不包装,不通电,准备使用状态下,按照正常使用位置或者根据相关规定放入试验箱。如果包含多个样品,应注意样品之间不要接触,不要互相遮挡尘。

相关规范可以要求样品在试验期间通电或运行。

在试验箱中注入尘以在规定的注入时间内(类型 1)或者整个试验期间(类型 2)维持规定的尘浓度。

条件试验结束后,样品仍然保留在试验箱内直至尘全部沉降。

4.1.8 中间检测

相关规范可以要求在试验过程中或者在试验结束前样品仍然在试验箱内时进行检测。如果要求此类检测,相关规范应规定检测内容和检测时间。

4.1.9 恢复

除非相关规范另有规定,样品应在标准大气条件下恢复 2h。

4.1.10 清洁

相关规范可以规定在进行最终检测之前清除样品外表面的尘。

4.1.11 最终检测

恢复完成以后,样品应按照相关规范进行目视检查,尺寸和功能检查。

4.1.12 相关规范中应给出的信息

当相关规范包含该试验时。在可能的情况下,应给出以下细节信息。

相关规范应提供下面列出的信息,注意打 * 的项目,总是要求的。

	条款
a) 如果样品尺寸不符合标准,所采取的方法	4.1.3
b) 外壳的类型和压力降 *	4.1.4.6
c) 严酷程度 *	4.1.4.7
试验箱内的气压 *	
试验持续时间 *	
d) 预处理	4.1.5
e) 最初检测 *	4.1.6
f) 试验过程中的样品状态,电气负载或者是否运行 *	4.1.7
g) 如果非正常使用位置安装,样品的安装位置	4.1.7
h) 中间检测	4.1.8
i) 恢复	4.1.9
j) 样品的清洁	4.1.10
k) 最终检测 *	4.1.11

4.2 方法 La2:恒定气压

4.2.1 目的

本试验主要目的是确定样品防止细尘侵入的防护程度。

4.2.2 一般性描述

La2 试验是一个检验密封性试验,样品暴露于含有尺寸小于 75μm 的非磨蚀性细尘的高浓度含尘气流中。该方法并不模拟自然环境或诱发环境。

本试验中规定了向下的垂直气流。

对于特定等级的外壳,内部压力比外界气压要低,以促使尘的侵入。

尘的数量应保证尘的浓度较高且均一。没有规定监控尘浓度的方法。

4.2.3 试验设备描述

试验箱应使样品暴露于垂直而非层流且包含规定数量的尘的气流中。为此，应搅拌试验用尘并吹入密封试验箱。如相关规范有规定，样品应连接真空泵进行抽气，使含尘试验箱内的气体通过缝隙、套管或者其他类似部件进入样品。压力降应能够调节和监控，并应测量抽气速率。

沉降在试验箱底部的尘应循环使用。

样品体积不应超过试验箱体积的25％，样品底座不应超过试验箱工作空间水平面积的50％。

如果样品尺寸不符合本部分，相关规范应规定使用下列何种方法：

a) 单独测试样品的密封部分；

b) 测试样品有代表性的部件，包括例如门、通气门、支座、密封轴等元件，在试验过程中包含产品的精细部件例如端子，集电极圈等应保持原位；

c) 测试跟原样品具有相同设计细节的小样品。

图4给出了适用设备的实例。

4.2.4 试验条件

4.2.4.1 试验用尘

试验用尘要求跟方法La1中的4.1.4.1完全相同。

4.2.4.2 尘浓度

试验用尘的数量至少为2 kg/m³(试验箱体积)。

4.2.4.3 气流

试验箱内的气流应主要是自上而下的垂直气流，而非层流。

4.2.4.4 气流速度

气流速度应能够使尘在试验箱内均匀分布。

4.2.4.5 湿度

试验箱内的相对湿度应小于25％。可以通过提高试验箱温度获得(参见A.3)。

4.2.4.6 样品内气压

根据样品的运行条件。样品外壳可以分为两种类型：

类型1：样品外壳内的压力可能会与外界大气压不同，例如由于运行中的热力循环引起的气压不同。

类型2：样品外壳内气压跟外界气压相同。

相关规范应阐明样品外壳类型和压力降。

4.2.4.6.1 对于具有类型1外壳的样品，放入试验箱，并按正常使用位置安装，连接真空泵使样品内部压力低于大气压。为此，外壳上应提供合适的孔，如果样品壁上已经具备排水孔，真空管应连接到该孔上，不需要重新打孔。如果排水孔多于一个，真空管应连接到其中一个孔上，其他孔在试验过程中应密封。

4.2.4.6.2 对于具有类型2外壳的样品，放入试验箱，并按正常使用位置安装。所有开放的孔保持开放。

4.2.4.7 严酷程度

试验严酷程度由试验箱内的气压和试验持续时间确定，取决于外壳的类型，并应在相关规范中进行规定。

类型1：

气压

——2 kPa(20 mbar)，5 kPa(50 mbar)或10 kPa(100 mbar)。

试验持续时间

——使用相关规范中规定的最大压力降，如果抽气速度小于每小时40倍壳内体积，试验应持续直至抽出 80 倍壳内体积，或者 8 h。

——如果抽气速度达到每小时 40～60 倍壳内体积，则持续时间为 2 h。

本试验的目的是从样品内抽出至少相当于 80 倍的样品壳内的自由空气的体积。但是，任何时刻的抽气速率不得超过每小时 60 倍壳内体积。

类型 2：

气压：标准大气压；

试验持续时间：8 h。

4.2.5 预处理

相关规范可以要求预处理。

4.2.6 初始测量

样品应按照相关规范进行目视检查，尺寸和功能检查。

4.2.7 试验

试验箱的温度应足够高，以确保箱内的相对湿度为 25％或更低。将处于室温下的样品在不包装，不通电，准备使用状态下，按正常使用位置或者根据相关规定放入试验箱。如果包含多个样品，应注意样品之间不要接触，不要互相遮挡尘。

相关规范可以要求样品在试验期间通电或运行。

当样品放入试验箱时，如果使用真空泵（类型 1），就应连接和打开真空泵。

在试验箱中注入尘开始试验。

条件试验结束后，关闭真空泵（类型 1），样品仍然保留在试验箱内直至尘全部沉降。

4.2.8 中间检测

相关规范可以要求在试验过程中或者在试验结束前样品仍然在试验箱内时进行检测。如果要求此类检测，相关规范应规定检测和检测时间。

4.2.9 恢复

除非相关规范另有规定，样品应在标准大气条件下恢复 2h。

4.2.10 清洁

相关规范可能规定在进行最后检测之前清除样品外表面的尘。

4.2.11 最终检测

恢复完成以后，样品应按照相关规范进行目视检查，尺寸和功能检查。

4.2.12 相关规范中应给出的信息

当相关规范包含该试验时。在可能的情况下，应给出以下细节信息。

相关规范应提供下面列出的信息，注意打 * 的项目，总是要求的。

	条款
a) 样品内部形成的真空度	4.2.3
b) 如果样品尺寸不符合标准，所采取的方法	4.2.3
c) 外壳的类型和压力降 *	4.2.4.6
d) 严酷程度 *	4.2.4.7
试验箱内的气压 *	
试验持续时间 *	
e) 预处理	4.2.5
f) 最初检测 *	4.2.6
g) 试验过程中的样品状态，电气负载或者是否运行	4.2.7
h) 如果非正常使用位置安装，样品的安装位置	4.2.7
i) 中间检测	4.2.8

j) 恢复 4.2.9

k) 样品的清洁 4.2.10

l) 最终检测 * 4.2.11

4.3 试验 La 导则

4.3.1 检测电工产品防尘等级的方法

试验方法的两个主要参数是：

a) 样品周围含高浓度非磨蚀性细尘空气；

b) 模拟的周围环境或样品内部气压变化。

需要强调的是，本试验主要是为检验密封性能设计的，并没有也不适用于模拟任何自然沙尘环境。

本部分描述了产生试验条件的方法和理论，并且讨论了可替代用尘。

另外，本部分还描述了严酷程度以及影响再现性的因素，并给出一些说明和安全防护措施。

4.3.3.3 描述的方法 La2 使用的设备，同 IEC 60529 中规定的测试防尘密封性能的试验设备完全一样。

4.3.2 试验 La 的基础理论

4.3.2.1 概述

根据试验 La 进行试验的主要目的是检验电工产品外壳的防尘性能，次之为了检测尘侵入对产品的影响，同时也可以检测尘侵入对安全和灾害的影响。

尘引起的安全和灾害影响包括由电导性尘引起的电击，可燃性尘引起的火灾或爆炸。

为了分析试验方法的要求和限制，在下列条款中对于尘的来源、作用以及影响等做了一些思考。

4.3.2.2 尘的来源

产品周围出现的尘主要有几个来源。通过例如通风孔或者缝隙侵入的尘可能是例如石英、煤、用于解冻的盐以及化肥等尘。

尘也可能是小的棉或羊毛纤维，天然的或人造的，来源于在起居室或办公室正常使用的衣物或地毯。

尘的其他来源有农舍的种子，磨坊地面上的面粉等。

粒子的尺寸从 1 μm～100 μm。

4.3.2.3 尘的作用和影响

4.3.2.3.1 侵入

可能发生尘侵入样品的情况有以下几种：

——由强迫空气循环带入，如为了制冷；

——由空气的热运动带入；

——由温度变化引起的压差吸入；

——风吹入。

4.3.2.3.2 主要影响

尘自身可能会导致以下一种或几种有害影响：

a) 活动部件卡死；

b) 摩擦活动部件；

c) 增加活动部件的质量引起不平衡；

d) 危害电绝缘性；

e) 危害电性能；

f) 堵塞空气过滤器；

g) 降低热传导性能；

h) 干扰光学性能。

4.3.2.3.3 次要影响和组合影响

尘的存在并且联合其他环境因素可能会对产品造成有害影响,例如腐蚀、长霉。特别是湿热环境跟化学腐蚀性尘结合会引起腐蚀。此外,过滤器堵塞以及通风或制冷性能的降低可能会导致过热和火灾。

对于不导电的和腐蚀性尘如用于解冻的盐,可以通过使用试验用尘和实际腐蚀性物质的混合物进行沙尘试验,然后进行湿热试验研究其影响。

但是,为了保持再现性,应考虑用中性尘进行沙尘试验,然后进行标准腐蚀试验分别进行研究。

为了研究吸湿性尘的影响,可以在沙尘试验中混入短的棉纤维,然后进行腐蚀试验。

4.3.2.4 检测防尘致密性试验

4.3.2.4.1 空气进入样品的运动

由尘进入样品的机理(4.3.2.1)可以看出,沙尘试验方法需要有空气进出样品。

根据样品结构连续或间隔运转样品或者用风扇吹风可以实现空气运动,也可以利用空气压力系统使样品内部产生连续的和交变压差来实现空气运动。

由于主要目的是检测防尘致密性以及维持高的再现性,目前试验 La 选择了后一种方法,这也是一种较为简单的实现空气运动的方法。在某些情况下,会使试验结果的解释复杂化(4.3.8)。

4.3.2.4.2 试验箱尘浓度

试验的目的是检测防尘致密性,并不模拟样品实际的工作环境。

因此,对于试验箱含尘环境的要求仅仅是在样品周围建立一个高浓度含尘空气环境。为了获得足够的尘以便于研究,尘浓度跟自然的或人工的实际工作环境比较起来要大的多。

作为信息,本试验方法的尘沉积速率大约是试验 Lb 自由降尘沉降速率的 10^4 倍。

4.3.2.4.3 恒定/交变气压

试验 La 要求模拟样品内外气压差。

试验 La1 压差是交变的,通过改变试验箱内的气压实现。

试验 La2 的压差是恒定的,通过给样品连接真空泵实现。

试验 La1 的优点有:

——如同在实际运行条件下一样,压差是交变的;

——交变压差不会产生使用恒定压差时发生的尘堵塞缝隙现象;

——交变压差是通过改变试验箱内的压力实现的,样品的完整性不受影响,且不用为连接真空泵选孔而产生疑问。

试验 La2 的优点有:

——试验 La2 被很多实验室熟知,并且在其他 IEC 出版物中广泛使用。

4.3.2.4.4 尘粒子尺寸的选择

对于评估样品的防尘致密性,可以选用任何材料的尘进行试验。主要的要求是粒子尺寸分布,应含有实际工作场所能发现的粒子的最小尺寸。只能使用软材料测试防尘致密性,因为这样可以避免对样品的磨蚀影响。

4.3.2.5 条件试验中样品的工作状态

样品的运行状态会影响尘的侵入,这取决于样品的类型和特点。

通过试验箱压力系统模拟密封的发热样品的吸入效应,因此样品在条件试验时可以不通电。

活动部件的密封,如传动轴和操作按钮等可能会受其运动的影响,因此样品在试验过程中应处于工作状态。

由于尘浓度太高不能对试验结果给出合理解释,目前沙尘试验不适用于开放式的样品,如具有开放式强迫空气制冷的样品或者是具有开放式对流制冷通风孔的样品。

4.3.3 产生试验条件的方法

4.3.3.1 一般要求

为了产生能够再现的试验条件，应满足下列参数的一般要求：

a) 尘浓度；

b) 尘分布均匀性；

c) 温度；

d) 相对湿度；

e) 静电累积；

f) 样品模拟气压；

g) 尘特性。

参数 a)～f)由设备设计决定。设备设计导则见 4.3.3.2 和 4.3.3.3。试验用尘选用导则见 4.3.4。

4.3.3.2 试验 La1 试验设备(交变气压)

4.3.3.2.1 试验箱

图 3 给出了一个适用的试验箱的实例。建议试验箱内壁采用导电性材料，并且接地避免静电积累。如果静电对尘侵入样品的影响也是测试的目的，样品相对于试验箱就要带电。

通过提高试验箱温度控制湿度最为方便。在试验箱内部建立等温条件的一种方法是：试验箱设计为一个铝制内箱，外面用绝热材料制成的外箱包裹；受控的热空气在内箱和外箱之间循环；为了使热气流分布均匀，其间布放一些导流板；原理同自由场温度试验箱分布相同。

交变气压对样品的影响是建立在试验箱气压变化基础上的。这就要求气密性构件要能够承受规定的气压。(见 4.3.3.2.3)。

4.3.3.2.2 尘注入系统

尘注入系统应能够维持试验箱内有足够密度的均匀的悬浮尘。可以通过使用螺旋输送设备实现该功能，将尘从试验箱的底部输送到顶部。尘密度可以通过螺旋输送设备的速度进行控制。是否需要混合设备将尘导入螺旋输送设备的入口，取决于试验箱顶部的形状以及尘的漂浮特性。可以通过在螺旋输送设备的出口水平安装一台风扇控制悬浮尘的均匀性。

4.3.3.2.3 交变气压系统

为了模拟自然气压变化，应给样品引入气压交变系统，因此也增加了尘侵入样品的可能性。

气压交变是通过试验箱气压周期性变化实现的。

一个试验气压循环包括了试验箱内的低气压阶段，然后是环境气压。

试验循环在压力变化阶段(如恢复至周围气压)，给样品引入了外部空气到内部空气的交换。

通过改变试验箱内的气压而不是改变样品内部的压力来实现压差的优点主要是保持样品的完整性。

4.3.3.3 试验 La2 试验设备(恒定气压)

试验 La2 恒定气压试验设备跟 IEC 60529 描述的设备完全一样。

把样品放置在一个密闭的试验箱，尘通过高速气流悬浮于试验箱中。样品内的气压保持恒定，比周围大气压要低。试验持续时间部分取决于样品的尺寸，部分取决于样品的泄漏量，它决定了交换空气的体积。

下面的条款描述了对试验设备的要求和主要特征。

4.3.3.3.1 试验箱

图 4 给出了一个适用的试验箱实例。为了维持温度，相对湿度，电荷累积的重现性，对试验箱结构的建议见 4.3.3.2.1。

4.3.3.3.2 尘注入系统

尘注入系统应能够维持试验箱内有足够浓度的均匀的悬浮尘。该功能通过使用空气循环系统包括一个风扇使尘循环实现。为了实现尘的均匀沉积，在试验箱顶部可能需要另外一台风扇。该功能也可以通过螺旋输送设备和一台风扇来实现，见 4.3.3.2.2。

4.3.3.3.3 恒定气压系统

样品内的恒定气压是通过连接真空泵实现的，由于在某些情况下要在样品外壳上钻孔，这样会破坏样品的完整性。

4.3.4 试验用尘

对于评估样品的防尘致密性，规定的标准用尘为滑石粉。但该试验可以选用任何类型的尘进行。

主要要求是粒子尺寸分布，应含有实际工作场所能发现的粒子的最小尺寸。在各种场所发现平均有 35%(质量百分比)的粒子尺寸小于 1 μm。只能使用软材料测试防尘致密性，以避免对样品的磨蚀影响。

4.3.4.1 尘的成分

当为试验选用不同等级的尘时，以下 5 个特性最为重要：

a) 是否容易获得；

b) 硬度；

c) 吸湿性；

d) 化学稳定性；

e) 对健康的危害。

试验 La 比较容易获得的一种尘是滑石粉。滑石粉是一种镁的硅酸盐，莫氏硬度为 1，是最软的矿物之一。滑石粉具有较高的吸湿性，为了防止尘结块，在使用前应进行干燥。同样，沙尘试验应在较高温度下进行，以使试验箱内的相对湿度保持在 25%以下。滑石粉具有化学稳定性。

可用于试验 La 的另外一种尘是消防用粉(FE 粉)。

FE 粉是由外面包敷了一层金属硬脂酸盐涂层的 $NaHCO_3$ 或 $KHCO_3$ 组成，其优点是由于粉尘的密封，吸湿性很小，因此粉尘流动性很好。缺点是有些 FE 粉粒子具有化学腐蚀性，在沙尘试验之后暴露于高湿环境下会引起对样品的危害。因此，关于该问题建议咨询一下 FE 粉制造商。FE 粉的莫氏硬度大约为 3。

健康危害方面见 A.5。

4.3.4.2 粒子尺寸分布

试验规范要求试验用尘能够通过筛孔为 75 μm，金属丝直径为 50 μm 的平面网状筛。

对于典型的滑石粉进行光学分析，粒子尺寸分布如下：

——<63 μm　　100%质量
——<40 μm　　45%质量
——<20 μm　　9%质量
——<10 μm　　0.9%质量
——<5 μm　　少于 0.2%质量

FE 粉的粒子尺寸分布如下：

——<85 μm　　100%质量
——<40 μm　　26%质量
——<20 μm　　5%质量
——<10 μm　　0.7%质量
——<5 μm　　少于 0.2%质量

可以看出，两种尘中小粒子的含量非常低(<5 μm 的粒子含量少于 0.2%)，这就要求进一步研究，因为自然沙尘中<5 μm 的粒子含量比较高。

但滑石粉在循环过程中被磨小，因此当进行过几次沙尘试验之后，小粒子含量会有所增加。

测定尘粒子尺寸分布可以用几种方法。其中一些是以对沙尘进行光学分析为基础的。

4.3.5 试验严酷程度

4.3.5.1 方法 La1

方法 La1 的严酷程度跟条件试验的持续时间(压力循环次数)以及样品内外的气压差成正比。

严酷程度可以通过选择两个参数的数值进行改变,但实际最大压差会受到样品以及试验箱强度的限制。

4.3.5.2 方法 La2

方法 La2 的严酷程度跟条件试验的持续时间以及样品内外的气压差成正比。

严酷程度可以通过选择两个参数的数值进行改变,但实际最大压差会受到样品强度的限制。

4.3.6 试验的再现性

非磨蚀性细尘试验的再现性取决于以下参数:

——相对湿度;

——尘浓度;

——尘均匀性;

——尘特性;

——模拟气压;

——条件试验持续时间。

4.3.6.1 方法 La1 和 La2

为了避免尘结块,相对湿度一般通过提高温度保持在 25%以下。在相对湿度较高的场所可能需要除湿系统。

尘浓度极高,因此对再现性的影响可以忽略。

尘均匀度对试验再现性影响较大,因此必须注意尘的均匀性。

尘特性对试验再现性影响较大。特别是,为了评估小尺寸粒子的含量,应检查粒子尺寸分布(见 4.3.4.2)。

试验持续时间或者压力循环数目具有较高的再现性。

4.3.6.2 方法 La1

如同在正常工作条件下,压差是交变的。

交变压力不会引起在恒定压力下发生的沙尘堵塞缝隙的现象。

与方法 La2 不同,交变压差是由改变试验箱内的压力实现的。样品的完整性不会受到连接真空泵时需要钻孔的影响,且不用为选择孔连接真空泵而产生疑问。

基于以上因素,方法 La1 的再现性较好。

4.3.6.3 方法 La2

试验 La2 被很多实验室熟知,并且在其他 IEC 出版物中广泛使用。

但是这并不能弥补跟方法 La1(见 4.3.6.2)比起来自身的缺陷。

另一方面,技术熟练的试验员,会注意上述缺陷,并能根据 La2 规定的方法进行可以再现的试验。

4.3.7 试验应用局限

强调一点,本试验主要是为检验样品密封性能而设计,不适用于模拟任何自然沙尘环境条件。

只能使用软材料测试防尘致密性,以避免对样品的磨蚀效应。

因此,不能使用本方法直接评估对样品的磨蚀影响。

4.3.8 结果解释

解释非磨蚀性细尘试验的结果可能比较困难,特别是说明尘侵入对样品的有害影响。在下列条款中,给出了某些情况下的试验结果解释的导则。

4.3.8.1 没有发现尘侵入

这种情况下,解释结果比较容易。

4.3.8.2 发现尘侵入

这种情况下，解释起来比较困难。测试员要评估尘侵入对样品的有害影响以及灾害性影响。

4.3.8.3 对样品的有害影响

尘可能会因起4.3.2.3.2和4.3.2.3.3中列出的一种或几种有害影响。

5 试验Lb：自由降尘

5.1 目的

本试验的目的是确定自由降尘对电工产品的影响。本试验适用于模拟没有特殊的扬尘过程，空气运动可以忽略的防护体或者密封场所内(如起居室、办公室、实验室、轻工业工作室、仓储室等)的环境条件，这些场所长时间可能会积累尘。

5.2 方法Lb

5.2.1 一般描述

本试验间隔地向试验箱注入尘以提供规定的低浓度尘，并让其沉降在样品上。尘沉降速率在规定的限值内，气流速度维持在零左右以免对较细的尘粒子沉降造成影响。为了保持较低的相对湿度，试验箱的温度应比外界温度高。

5.2.2 试验设备描述

试验箱特征如下：

——试验箱的水平面积应足够大，能够维持尘在规定限值内均匀地沉降在样品上；

——试验箱应足够高，在条件试验中能够维持样品周围的气流速度基本为零；

——试验箱内表面应是电导性的，并接地，避免电荷积累；

——试验箱内的相对湿度应低于25%，可以通过提高试验箱内的温度实现(见A.3条)。

试验用尘应从试验箱上部通过水平气流注入，气流应足够大，能够吹散尘使之在样品上产生均匀沉降。注入尘时，气流不应使样品周围的气流速度超过0.2 m/s。

尘沉降量以及均匀性应通过在样品旁边放置一个水平的盘子进行测定。在条件试验前后称取盘子的质量。试验区域的沙尘沉降量在24 h测定为(6±1)g/m^2。

图5给出了适用设备的实例。

5.2.3 试验用尘

试验用尘见6.1.4.1规定的沙尘1，细尘。

对于特定用途也可以考虑使用其他试验用尘，如复合试验用尘(例如包括棉纤维，土或者水泥)。但是应小心配制，附录A给出了导则。

尘不允许循环使用。

5.2.4 严酷程度

试验的严酷程度由试验持续时间确定，应在相关规范中进行规定。

试验持续时间：

1 d;3 d;10 d;30 d

5.2.5 预处理

相关规范可以要求预处理。

5.2.6 初始测量

样品应按照相关规范进行目视检查，尺寸和功能检查。对样品所有可能影响试验结果的部分都要进行检查如盖子、密封件或者过滤器等，以确保符合相关规范的规定。

5.2.7 试验

试验箱应处于室温。将样品在不包装、不通电、准备使用状态下或者根据相关规定放入试验箱。如果对安装位置有要求，应在相关规范中进行规定。试验箱温度应升至(40±2)℃，温度变化速率不超过

0.1℃/min,或者使试验箱热力学稳定至少2 h。然后在1 min内将规定的尘注入试验箱,然后让尘自由沉降59 min。调整尘注入时间以产生规定的沉降速率。

条件试验之后,降低试验箱的温度直至达到标准大气条件。不超过5 min内的平均温度变化速率不应超过1℃/min。试验箱应保持关闭使尘有足够的时间沉降,以减少尘吸入。最长可能需要12 h。

5.2.8 中间检测

相关规范可以要求在试验过程中检测样品。要求将样品移出试验箱进行的中间检测是不允许的。

5.2.9 恢复

除非相关规范另有规定,样品应在标准大气条件下恢复2h。

5.2.10 最终检测

样品应按照相关规范进行目视检查,尺寸和功能检查。应特别注意沉积在样品表面或内部的尘,可能会因起样品的损坏或者功能的丧失。

5.2.11 相关规范中应给出的信息

当相关规范包含该试验时。在可能的情况下,应给出以下细节信息。

相关规范应提供下面列出的信息,注意打*的项目,总是要求的。

	条款
a) 如果沙尘不是标准的,所用的沙尘类型	5.2.3
b) 严酷程度*	5.2.4
试验持续时间	
c) 预处理	5.2.5
d) 最初检测*	5.2.6
e) 样品放入试验箱时的状态,	5.2.7
f) 如果非正常使用位置安装,样品的安装位置	5.2.7
g) 中间检测	5.2.8
h) 恢复	5.2.9
i) 最终检测*	5.2.10

5.3 试验Lb导则

5.3.1 模拟方法

本条款描述了测试自由降尘对设备和元件的影响的模拟方法。

由于在防护体或者密封场所,主要出现的是细尘,并且其沉降不受空气运动的影响,因此模拟的主要环境条件为细尘。

5.3.2 防护体或者密封场所内尘的特征及影响

5.3.2.1 尘的来源

在密封场所或者防护体内的尘可能有几个来源。尘可能是如石英、用于解冻的盐或者化肥,通过例如通气管道或者窗户缝隙侵入到了密封场所或者防护体内。

尘也有可能是小的棉或羊毛纤维,天然的或人造的,来源于在起居室或办公室正常使用的衣物或地毯。

尘的其他来源有农舍的种子,磨坊地面上的面粉等。

尘的类型不同,材料和粒子尺寸分布有所不同,但粒子的最大尺寸相同(见5.3.3.2和5.3.4.3)。

5.3.2.2 尘的作用和影响

在空气运动可以忽略的防护体或者密封场所内,发现尘有以下的作用和影响。

5.3.2.2.1 沉积

样品上发生尘沉积主要基于以下4种机理:

a) 停滞空气中的沉积;

b) 在遮挡表面上的沉积；

c) 静电的吸引；

d) 狭窄空间的捕获。

空气运动会阻止或限制尘的沉降，因此在试验箱工作空间内应避免空气运动。

狭窄空间对尘的捕获会发生于有强迫空气制冷设备样品的过滤器上。

5.3.2.2.2 侵入

样品可能发生尘侵入的情况有以下几种：

——由强迫空气循环带入，如为了制冷；

——由空气的热运动带入；

——由于热膨胀或者温度变化引起的气压变化而吸入。

5.3.2.2.3 主要影响

尘自身可能会导致以下一种或几种有害影响：

a) 活动部件卡死；

b) 摩擦活动部件；

c) 增加活动部件的质量引起不平衡；

d) 危害电绝缘性；

e) 危害电性能；

f) 堵塞空气过滤器；

g) 降低热传导性能；

h) 干扰光学性能。

5.3.2.2.4 次要影响和组合影响

尘的存在并且联合其他环境因素可能会对产品造成有害影响，例如腐蚀、长霉。特别是湿热环境跟化学腐蚀性尘结合会引起腐蚀。此外，过滤器堵塞以及通风或制冷性能的降低可能会导致过热和火灾。

5.3.3 试验 Lb 的基础理论

全面考虑尘对样品可能造成的影响，就要考虑很多因素。

5.3.3.1 场所

户外尘环境如沙漠场所中的沙尘暴，在布满尘的路面上行驶的车辆周围的环境，由于空气运动会对样品造成影响，跟在密封场所或者防护体内尘对样品的造成的影响有很大的不同。

5.3.3.2 沙尘特性

各种场所的沙尘特性有显著的差别。

在防护体内或者密封场所，任何类型的沙尘材料都有可能，如石英、面粉、水泥、有机纤维等。

粒子尺寸、粒子尺寸分布也有很大不同，取决于考虑的是户外，运动车辆还是防护体内。由于防护体的过滤，户外场所的粒子的最大尺寸要比防护体内或密封场所的大。防护体内或者密封场所内的粒子最大尺寸在 100 μm 数量级上。

5.3.3.3 在其他场所使用本方法

考虑到以上因素，本试验方法用于检测沙尘对放置在防护体内或者密封场所内的样品的影响。

但本试验方法也可以用于检测其他场所内沙尘对于样品的影响。例如，本试验方法可以用于检测放置于污染空气取样器入口的空气过滤器的质量。

5.3.3.4 条件试验时样品的工作状态

样品的工作状态可能会影响尘的捕获和侵入，取决于样品的类型和特性。

狭窄空间对于尘的捕获会发生于有强迫制冷空气制冷设备的样品的过滤器上。在条件试验时，此类型设备的空气制冷系统应开启。

尘的侵入会发生在具有空气对流冷却通风孔的发热设备上。在条件试验时，此类行设备最好处于运行状态。

密封的发热设备应间断地运行，以通过热力循环产生吸入效应。

5.3.4 产生试验条件的方法

5.3.4.1 一般要求

为了产生能够再现的试验条件，应满足下列参数的一般要求：

a) 尘沉降浓度；

b) 尘沉降均匀性；

c) 样品周围气流速度；

d) 温度；

e) 相对湿度；

f) 静电积累；

g) 尘特性。

参数 a)～f)由设备设计决定。设备设计导则见 5.3.4.2。试验用沙尘选用导则见 5.3.4.3。

5.3.4.2 试验设备

以下斜体引自于 5.2。

试验设备包括两个主要部件：

——试验箱；

——尘注入系统。

5.3.4.2.1 试验箱

试验箱的水平面积应足够大，能够维持尘在规定限值内均匀地沉降在样品上。

尘沉降均匀性受尘注入系统的控制。设计一个能够在整个试验箱水平面积上保持尘浓度在规定范围内的试验箱是很困难的。

经验表明，试验箱水平面积是样品面积的 2 倍比较合适。

试验箱应足够高，在条件试验中能够维持样品周围的气流速度基本为零；

接近于零随机取为 0.2 m/s。为了避免由于尘注入系统引起样品周围的空气运动，有必要选择高度是宽度 4～5 倍的试验箱。

试验箱内表面应是电导性的，并接地，避免电荷积累；

为了控制静电积累对试验条件的影响，试验箱本身应是导电的并且接地。如果试验目的是检测静电对尘在样品上沉积的影响，样品相对于试验箱应带电。

试验箱内的相对湿度应低于 25%。

通过提高试验箱温度控制湿度最为方便。在试验箱内部建立等温条件的一种方法是：试验箱设计为一个铝制内箱，外面用绝热材料制成的外箱包裹；受控的热空气在内箱和外箱之间循环；为了使热气流分布均匀，其间布放一些导流板；原则上同自由场温度试验箱分布相同。

试验箱相对湿度参见 A.3。

5.3.4.2.2 尘注入系统

试验用尘应从试验箱上部通过水平气流注入，气流应足够大，能够吹散尘使之在样品上产生均匀沉降。

下面给出了一些尘注入系统设计导则：

为了达到规定的均匀度(6±1) g/(m² · d)，通过收集盘进行测定。在尘注入的 1 min 时间内，试验箱内的每立方体积空气循环量应达到 0.01 m³。

通过尘注入系统的合适的气流速度大约是 2 m/s。

对于体积为 10 m³ 的试验箱，上述参数决定了尘注入管直径为 33 mm。

作为对尘均匀性的最后调节，推荐使用变速风扇，并且在注入系统出口处安装导流片。

为了使风扇的磨损降到最低，应在风扇出口将尘装载到注入系统。

尘的注入量比较难测，经验证明下面的系统运行良好。

尘装载在圆柱形玻璃容器内，容器盖子上装有歧管，通过歧管将压缩空气通过小孔导入玻璃容器。气流吹起沙尘，通过导流管进入注入系统。

通过下列参数控制尘的注入量：

a) 单位时间的压缩空气体积(通过气压和所有小孔入口的面积计算)；

b) 小孔入口和尘顶部的距离(这个距离应比尘高度要长)；

c) 压缩空气的供给时间。

尘沉降量以及均匀性应通过在样品旁边放置一个水平的盘子进行测定。

试验箱内的尘注入量可以通过尘储罐的失重获得。由于注入的尘有一部分会黏附在试验箱内壁上，这种测量只是一种粗略的方法。这种影响相当于扩大了试验箱的水平面积，并取决于试验箱设计。

5.3.4.3 试验用尘

自由降尘试验用尘可以是来自于样品拟使用环境中的实际尘，也可以是标准试验用尘。为了试验有好的再现性，本方法选用了标准试验用尘，见 6.1.4.1 中定义的沙尘 1，细尘。

橄榄石$(Mg,Fe)_2SiO_4$，是一种常见易得得翻砂工业中常用的一种打磨用矿物质。

长石是由硅、铝以及碱性氧化物等组成的。如果没有被火山喷发气体或液体降解，这些物质跟石英一样坚硬。

推荐使用 4.3.4.2 中得方法测量粒子尺寸分布。

5.3.5 试验严酷程度

相关规范应规定由条件试验的持续时间决定的严酷程度。

试验严酷程度仅仅由试验持续时间决定。沙尘沉积量为 6 g/(m^2 · d)。

试验严酷程度跟实际环境条件的关系很难确定。

实际环境条件变化比较大，本试验的目的是用可再现的方法检验样品的性能，并不一定要模拟实际环境条件。严酷程度可以根据样品功能的重要性进行选择。

因此，仅给出一些导则以理解严酷程度跟某些实际环境条件的关系。

5.3.5.1 参考数值

下表 2 来源于 GB/T 4797.6。数值单位已经由 mg/(m^2 · h)转变为 g/(m^2 · d)。

表 2 典型沙尘沉降速率

地　区	沙尘沉降速率/[g/(m^2 · d)]
乡村和郊区	0.01～0.36
城市	0.36～1.00
工业区	1.00～2.00

基于上述数据以及粗略的导则，可以得出表 3 的加速因子。

表 3 加速因子

地　区	加速因子
乡村和郊区	600～17
城市	17～6
工业区	6～3

5.3.6 试验的再现性

自由降尘试验的再现性取决于以下参数：

——温度；

——相对湿度；

——尘浓度；

——尘均匀性；

——尘组成；

——条件试验持续时间。

温度很容易控制在规定的范围内。

试验温度设定在(40±2)℃，从而将相对湿度控制在25%以下。在相对湿度较高的场所可能需要除湿系统。

尘浓度和均匀性要求则要求经验和技术来控制，测量参数(测量样品盘的增重)需要高的精度。

由于尘组成对于试样有影响，当使用其他尘、尘组成以及其他材料时，应进行规定。

试验持续时间具有较高的再现性。

5.3.7 试验应用限值

本试验应用的局限首先并且最为重要的是本试验使用的是自由降尘。

因此，本试验不能对样品进行磨蚀效应评估，例如冲击腐蚀，冲击开裂以及敲击等。

5.3.8 结果解释

对自由降尘试验结果的解释应考虑到尘沉降和尘侵入对样品造成的有害影响。下面给出了一些情况下的试验结果解释导则。

5.3.8.1 对样品的有害影响

尘可能会引起5.3.2.2.3和5.3.2.2.4中列出的一种或几种有害影响。

5.3.8.2 发现尘沉积和侵入

根据相关规范进行条件试验后，检查有害影响(见5.3.2.2.3 a)、b)、c))。

通过假定尘具有导电性，潮湿以后离子导电，或者是具有化学腐蚀性，来评定影响d)和e)。为了增加解释的可靠性，可以在沙尘试验之后进行湿度试验或者腐蚀试验。

试验之后，通过功能试验检查有害影响f)、g)、h)，可能包括温升试验。

5.3.8.3 发现沉积但没有发现尘侵入

通过功能试验，包括使用手柄和钥匙，检测尘沉积在样品外表面上对样品造成的影响。

在制冷外表面上沉积时，有必要检测样品的温升。

6 试验Lc：吹沙尘

6.1 试验Lc1：循环试验箱

6.1.1 目的

本试验目的是确定气流携带的粒子对电工产品可能造成的有害影响。试验可用于模拟开放的由自然环境或者人为扰动例如车辆运动诱发的沙尘空气环境条件。

也可以替代试验La用于检测电工产品的防尘性能。

6.1.2 试验一般描述

试验Lc1中，样品暴露于含有规定大小沙尘粒子的气流中。由于风的运动和物体在使用过程中的主要运动方向是水平的，试验中规定用水平气流。

要求连续监测和控制沙尘的浓度。

6.1.3 试验设备描述

试验箱特征如下：

——试验箱应能够提供恒定的含有规定浓度沙尘的水平层流气流；

——试验箱应近似立方体结构，其在气流横截面内的边长至少是垂直气流方向样品截面的垂直或水平边长的最大值的3倍。试验箱应具备加热和制冷设备；

——沙尘浓度通过传感器(如测定反射光)和流量阀来控制。试验用沙尘通过流量阀间歇性地被注入气流通道中；

——应提供安装架以安装样品。安装架应能使样品旋转以使样品各侧面均能暴露于沙尘气流中；

——应提供适当的设备使样品在试验过程中运转；

——试验设备使用的材料应能够耐高温和沙尘,并且不影响试验用沙尘的特性。

如果样品尺寸不符合本标准,根据相关规范可以采取以下方法中的一种：

a) 单独测试产品的密封部分；

b) 测试产品有代表性的部件,包括例如门、通气门、支座、密封轴等元件,在试验过程中包含产品的精细部件例如端子,集电极圈等应保持原位；

c) 测试跟原样品具有相同设计细节的小样品。

图 6 给出了一种适用设备的实例。

6.1.4 试验条件

6.1.4.1 试验用沙尘

沙尘应干净,不含含炭物质或其他杂质,应在干燥条件下使用。沙尘材料可以包括橄榄石、石英或未分解的长石。

粒子尺寸分布应在以下范围内：

沙尘 1:细尘

——<75 μm　　100%～96%质量

——<40 μm　　87%～81%质量

——<20 μm　　70%～64%质量

——<10 μm　　52%～46%质量

——<5 μm　　38%～32%质量

——<2 μm　　20%～15%质量

沙尘 2:粗尘

——<150 μm　　100%～99%质量

——<105 μm　　86%～76%质量

——<75 μm　　70%～60%质量

——<40 μm　　46%～35%质量

——<20 μm　　30%～20%质量

——<10 μm　　19%～11%质量

——<5 μm　　11%～ 5%质量

——<2 μm　　5%～1.5%质量

沙尘 3:沙

——<850 μm　　100 % ～94.5%质量

——<590 μm　　98.3%～93.3%质量

——<420 μm　　83.5%～74.5%质量

——<297 μm　　46.5%～43.5%质量

——<210 μm　　17.9%～15.9%质量

——<149 μm　　5.2%～ 4.2%质量

对于特定用途也可以考虑使用其他试验用沙尘如复合试验用沙尘(例如包括棉纤维,土或者水泥)。但是应小心配制,附录 A 给出了导则。

6.1.4.2 沙尘浓度

根据相关规范,沙尘浓度从下面选取：

$1\ g/m^3 \pm 0.3\ g/m^3$

$2\ g/m^3 \pm 0.5\ g/m^3$

$5\ g/m^3 \pm 1.5\ g/m^3$

$10 g/m^3 \pm 3\ g/m^3$

6.1.4.3 气流

试验箱内的气流主要是水平的层流，即只有一点小的湍流。

6.1.4.4 气流速度

根据相关规范，气流速度应从下面选取：

v	v^2
1.5 m/s±0.2 m/s	2.25
3.0 m/s±0.3 m/s	9
5.0 m/s±0.5 m/s	25
10 m/s±1 m/s	100
15 m/s±1.5 m/s	225
20 m/s±2 m/s	400
30 m/s±3 m/s	900

对于粗尘，不推荐5 m/s以下的速度。对于沙，只能使用20 m/s和30 m/s的速度。

应注意，当使用较高的气流速度时，不应超过样品的最高运行温度。

6.1.4.5 样品内气压

根据相关运行条件，样品外壳可以分为两类：

类型1：样品内气压与环境气压不同(低)。

类型2：样品内气压与环境气压相同。

见6.3.4.2.3。

相关规范应指明外壳类型和压差(类型1)。

6.1.4.6 湿度

试验箱内的相对湿度应小于25%。可以通过提高试验箱温度实现(见A.3)。

6.1.4.7 试验持续时间

试验持续时间从开动试验设备算起。持续时间从下面选取：

2 h；4 h；8 h；24 h；

或者根据相关规范的规定。

6.1.4.8 安装

除非相关规范另有规定，样品应按照正常使用位置安装在试验箱的安装架上。

6.1.4.9 严酷程度

严酷程度由下列参数决定：

——沙尘浓度（见6.1.4.2）；

——气流速度（见6.1.4.4）；

——暴露持续时间（见6.1.4.7）；

——气压。

根据相关规范规定：

类型1：压力降为2 kPa(20 mbar)、5 kPa(50 mbar)或者相关规范的规定。

类型2：大气压。

6.1.5 预处理

相关规范可以要求预处理。

6.1.6 初始测量

样品应按照相关规范进行目视检查,尺寸和功能检查。

6.1.7 试验

试验箱的温度应足够高,确保箱内的相对湿度为25%或更低。将处于室温下的样品在不包装,不通电,准备使用状态下,按照正常使用位置或者根据相关规定放入试验箱。如果包含多个样品,应注意样品之间不要接触,不要互相遮挡尘。

相关规范可以要求样品在试验期间通电或运行。注入沙尘时,开始试验。

条件试验结束后,样品仍然保留在试验箱内直至沙尘全部沉降。

6.1.8 中间检测

相关规范可以要求在试验过程中或者在试验结束前样品仍然在试验箱内时进行检测。如果要求此类检测,相关规范应规定检测内容和检测时间。

6.1.9 恢复

除非相关规范另有规定,样品应在标准大气条件下恢复2h。

6.1.10 清洁

相关规范可以要求在进行最终检测之前清除样品外表面的沙尘。

6.1.11 最终检测

恢复完成以后,样品应按照相关规范进行目视检查,尺寸和功能检查。

6.1.12 在相关规范中应给出的信息

当相关规范包含该试验时。在可能的情况下,应给出以下细节信息。

相关规范应提供下面列出的信息,注意打*的项目,总是要求的。

	条款
a) 沙尘类型	6.1.4.1
b) 外壳的类型	6.1.4.5
c) 严酷程度*	
沙尘浓度*	6.1.4.2
气流速度*	6.1.4.4
试验持续时间*	6.1.4.7
气压*	6.1.4.9
d) 预处理	6.1.5
e) 最初检测*	6.1.6
f) 试验过程中的样品状态,试验中是否运行	6.1.7
g) 如果非正常使用位置安装,样品的安装位置	6.1.4.8和6.1.7
h) 中间检测	6.1.8
i) 恢复	6.1.9
j) 样品的清洁	6.1.10
k) 最终检测*	6.1.11

6.2 试验Lc2:自由吹沙尘

6.2.1 目的

本试验目的是确定气流携带的粒子对电工产品的可能造成的有害影响。试验可用于模拟开放的有沙尘的自然环境或者对由于尺寸无法进行Lc1试验的设备。由于气流速度较高,试验Lc2也可用于模拟沙尘的磨蚀影响。

6.2.2 试验一般描述

试验Lc2中,样品暴露于含有规定大小沙尘粒子的气流中。由于风的运动和物体在使用过程中的主要运动方向是水平的,试验中规定用水平层流气流。

要求连续监测沙尘的浓度。

6.2.3 试验设备描述

试验设备的主要特点如下:

试验箱装有一个或几个鼓风装置以产生均匀的水平层流气流。并且应具备排除环境因素如风和降水的影响的设施。

鼓风装置应具有符合图7要求的沙尘注入设备。沙尘应均匀注入,沙尘浓度通过传感器控制,(例如通过测量反射光)。

对于小于10 m/s的气流速度,鼓风装置可以采用风扇;对于较高的速度,压缩空气驱动的喷射设备更合用。

6.2.4 试验条件

6.2.4.1 试验用沙尘

沙尘组成和尺寸分布符合6.1.4.1的规定。

6.2.4.2 沙尘浓度

从6.1.4.2中选取。

6.2.4.3 气流

试验箱(室)内的气流主要是水平的层流,即只有一点小的湍流。

6.2.4.4 气流速度

气流速度应从6.1.4.4中选取,另外方法Lc2增加了2个速度:

v	v^2
50 m/s±5 m/s	2 500
100 m/s±10 m/s	10 000

6.2.4.5 湿度

本试验对相对湿度并不敏感,但是为了避免发生堵塞或者沙尘结块,要确保沙尘在干燥状态下随气流进料。

6.2.4.6 试验持续时间

试验持续时间从开动试验设备算起。持续时间从下面选取:

2 h;4 h;8 h;24 h;

或者根据相关规范的规定。

6.2.4.7 安装

样品应安装在基座上,或者按照正常配制安装,或者按照相关规范的规定进行安装。

6.2.4.8 严酷程度

根据相关规范的规定,严酷程度由下列参数决定:

——沙尘浓度(见6.2.4.2);

——气流速度(见6.2.4.4);

——暴露持续时间(见6.2.4.6)。

6.2.5 预处理

相关规范可以要求预处理。

6.2.6 初始测量

样品应按照相关规范进行目视检查,尺寸和功能检查。

6.2.7 试验

样品处于实验室或者附近区域温度下。样品应在不包装,不通电,准备使用状态下按照正常使用位置或者根据相关规定安装。如果包含多个样品,应注意样品之间不要接触,不要互相遮挡尘。

相关规范可以要求样品在试验期间通电或运行。注入沙尘时,试验开始。

条件试验结束后,样品应仍保留在试验区直至沙尘全部沉降。

6.2.8 中间检测

相关规范可以要求在试验过程中或者在试验结束前样品仍然在试验箱内时进行检测。如果要求此类检测,相关规范应规定检测内容和检测时间。

6.2.9 恢复

除非相关规范另有规定,样品应在标准大气条件下恢复 2h。

6.2.10 清洁

相关规范可以要求在进行最终检测之前清除样品外表面的沙尘。

6.2.11 最终检测

恢复完成以后,样品应按照相关规范进行目视检查,尺寸和功能检查。

6.2.12 在相关规范中应给出的信息

当相关规范包含该试验时。在可能的情况下,应给出以下细节信息。

相关规范应提供下面列出的信息,注意打 * 的项目,总是要求的。

	条款
a) 沙尘类型 *	6.2.4.1
b) 严酷程度 *	
沙尘浓度 *	6.2.4.2
气流速度 *	6.2.4.4
试验持续时间 *	6.2.4.6
c) 预处理	6.2.5
d) 最初检测 *	6.2.6
e) 试验过程中的样品状态,试验中是否运行	6.2.7
f) 如果非正常使用位置安装,样品的安装位置	6.2.4.7 和 6.2.7
g) 中间检测	6.2.8
h) 恢复	6.2.9
i) 样品的清洁	6.2.10
j) 最终检测 *	6.2.11

6.3 试验 Lc 导则

6.3.1 模拟方法

本条款描述了模拟吹沙尘对设备和元件的影响的方法。

本方法所模拟的环境条件的主要特征是风吹沙尘粒子,如出现在多沙尘地区的环境条件或者车辆诱发环境条件。

6.3.2 吹沙尘特性以及影响

6.3.2.1 沙尘来源

沙尘可能有几个来源。最常见的是地面吹起的石英和尘土。

材料和粒子尺寸分布取决于沙尘的类型,相同点是粒子的最大尺寸(见 6.3.3.2 和 6.3.4.4)。

6.3.2.2 沙尘的作用和影响

对于暴露于吹沙尘条件下的设备,发现沙尘有以下的作用和影响。

6.3.2.2.1 侵入

可能发生沙尘侵入样品的情况有以下两种:

——风吹入;

——由强迫空气循环带入,如为了制冷。

6.3.2.2.2 **主要影响**

沙尘可能会引起以下一种或几种有害影响：

a) 活动部件卡死；

b) 摩擦活动部件；

c) 增加活动部件的质量引起不平衡；

d) 危害电绝缘性；

e) 危害电性能；

f) 堵塞空气过滤器；

g) 降低热传导性能；

h) 干扰光学性能。

6.3.2.2.3 **次要影响和组合影响**

沙尘的存在并且联合其他环境因素可能会对产品造成有害影响，例如腐蚀、长霉。特别是湿热环境跟化学腐蚀性沙尘结合会引起腐蚀。此外，堵塞过滤器以及通风或制冷性能的降低可能会导致过热和火灾。

6.3.3 **试验 Lc 的基础理论**

全面考虑沙尘对产品可能造成的影响，就要考虑很多因素。

6.3.3.1 **场所**

户外沙尘环境如沙漠场所中的沙尘暴，在沙尘较大的区域行驶的车辆或者航行器周围的环境，会由于空气运动而对产品造成影响。

6.3.3.2 **沙尘特性**

各种场所的沙尘特性有很大的区别。

沙尘主要是石英或者长石，但是可能混有任何类型的沙尘材料，如水泥、石灰，粘土等。

6.3.3.3 **条件试验中样品的工作状态**

样品的工作状态可能会影响沙尘的捕获和侵入，这取决于样品的类型和特性。

狭窄空间对于沙尘的捕获会发生于有强迫制冷空气制冷设备的样品的过滤器上。在条件试验时，此类型设备的空气制冷系统应开启。

沙尘的侵入会发生在具有空气对流冷却通风孔的发热设备上。在条件试验时，此类行设备最好处于运行状态。

密封的发热设备应间断地运行，以通过热力循环产生吸入效应。

6.3.4 **产生试验条件的方法**

6.3.4.1 **一般要求**

为了产生能够再现的试验条件，应满足下列参数的一般要求：

a) 沙尘浓度；

b) 沙尘均匀度；

c) 样品周围气流速度；

d) 温度；

e) 相对湿度

f) 静电积累；

g) 沙尘特性。

参数 a)～f)由设备设计决定。设备设计导则见 6.3.4.2 和 6.3.4.3。沙尘选用导则见 6.3.4.4。

6.3.4.2 **方法 Lc1 试验设备**

试验设备主要包括以下 3 个部件：

——试验箱；

——注入系统；

——样品压力控制系统。

6.3.4.2.1 试验箱

试验箱应近似立方体结构，其在气流横截面内的边长至少是垂直气流方向样品截面的垂直或水平边长的最大值的3倍。试验箱应具备加热和制冷设备。

试验箱应能够给样品提供恒定的含有规定浓度的沙尘的水平层流气流。

试验箱应有一个前处理箱，两个箱有相同的气流截面。在通向前箱的气流通道的入口处的后面安置了空气导流片，通过整体布置能够产生水平的层流气流。在试验箱后布置了产生气流的鼓风装置。从试验箱抽取空气通过气流通道到前处理箱。

在试验箱下面设置了集尘装置，降低了循环沙尘量，沙尘密度控制更为有效。

应提供安装架以安装样品。安装架应能使样品旋转以使样品各侧面均能暴露于沙尘气流中。

试验设备使用的材料应能够耐高温和沙尘，并且不影响试验用沙尘的性质。

6.3.4.2.2 注入系统

试验用沙尘应通过一个流量阀间歇性的注入到气流通道中。

沙尘储罐应能够避免堵塞和沙尘结块。可以通过将热的干燥压缩空气流过沙尘储罐来实现。

沙尘浓度通过传感器和连续控制设备控制流量阀来控制。

下面给出了一种可用的传感器，该设备由光纤将光导入试验箱，另一光纤将由沙尘粒子反射的光线导入传感器内的光电池。

6.3.4.2.3 样品内压力

根据相关运行条件，样品外壳可以分为两类：

类型1：样品内气压可能会低于环境气压，例如由于运行过程中的热力循环引起的。

具备类型1外壳的样品安装在试验箱内时，应连接一个真空泵，使样品内的压力低于外部大气压。因此，外壳上应提供合适的孔，如果样品壁上已经具备排水孔，真空管应连接到该孔上，不需要重新打孔。如果排水孔多于一个，真空管应连接到其中一个孔上，其他孔在试验过程中应密封。

相关规范应规定压差。

类型2：在该类型样品内部，不会发生气压低于环境气压的情况。该类型样品不用连接真空泵。

对于进行测试的任何电工产品，相关规范应注明样品外壳类型。

相关规范可以要求条件试验时，样品安装在能够旋转的安装架上，以使沙尘对样品各侧面的影响更为均匀。

6.3.4.3 方法Lc2试验设备

试验设备主要包括以下两个部件：

——气流发生装置(鼓风装置)；

——沙尘注入系统。

6.3.4.3.1 鼓风装置

为了达到规定的气流速度，两个鼓风装置比较合适。

对于小于等于10 m/s的气流速度，可以用可调速风扇。

对于较高的气流速度，以压缩空气为动力的喷射鼓风装置更合适。

鼓风装置基于Coanda(柯恩达)效应。

为了避免自然风速的影响，如果在户外进行试验，鼓风装置和试验样品应进行适当的遮挡，同样可以避免降水对试验的影响。

6.3.4.3.2 沙尘注入系统

试验用沙尘注入到气流中。

图7给出了一种注入系统的实例。

沙尘包含在受控的干燥大气中，避免堵塞和结块。沙尘通过一个小的链斗升降机运输至倾斜的台面上，台面由于装有振动器而不断振荡，把沙尘送入进料口。

沙尘注入系统的布置不应影响气流。

沙尘浓度通过传感器（如测定反射光）进行控制。

6.3.4.4 试验用沙尘

规定了两种标准用尘和一种标准用沙。但是相关规范可以规定其他沙尘。6.1.4.1 给出了沙尘的细节内容。

对于测定沙尘粒子尺寸分布可以用几种方法。有一些是以对沙尘进行光学分析为基础的。

6.3.5 试验严酷程度

试验持续时间应从试验设备运转开始，持续时间从下面选择：

2 h，4 h，8 h，24 h

或者根据相关规范规定。

6.3.5.1 方法 Lc1

试验严酷程度跟条件试验持续时间以及试验箱的气流速度成正比。

6.3.5.2 方法 Lc2

试验严酷程度跟条件试验持续时间以及样品周围的气流速度成正比。

6.3.6 试验的再现性

吹沙尘试验的再现性取决于以下参数：

a) 温度；

b) 相对湿度；

c) 沙尘浓度；

d) 沙尘均匀性；

e) 沙尘特性；

f) 条件试验持续时间。

对于试验方法 Lc1，温度很容易控制在规定的范围内。但是对于方法 Lc2，如果在户外进行试验，温度很难可能无法控制。

为了避免沙尘结块，相对湿度一般通过提高温度保持在 25%以下。湿热地区可能需要除湿系统。

沙尘均匀度对试验再现性影响较大，因此必须注意沙尘的均匀性。

沙尘特性对试验再现性影响较大。特别是，为了评估小尺寸粒子的含量，应检查粒子尺寸分布。

试验持续时间具有较高的再现性。

6.3.7 试验应用限制

本试验应用的局限首先并且最为重要的是本试验使用的是吹沙尘。

6.3.8 结果解释

对吹沙尘试验结果的解释应考虑到沙尘沉降和沙尘侵入对样品造成的有害影响。下面对于一些情况下的试验结果解释给出了导则。

6.3.8.1 对样品的有害影响

沙尘可能会引起下列一种或几种有害影响：

a) 活动部件卡死；

b) 摩擦活动部件；

c) 危害电绝缘性；

d) 劣化介电性能；

e) 堵塞空气过滤器；

f) 降低热传导性能，引起过热或火灾；

g) 干扰光学性能；

h) 磨损/腐蚀表面。

根据相关规范进行条件试验后，检查有害影响(见 5.3.2.2.3 a)、b))。

通过假设沙尘具有导电性，潮湿以后离子导电，或者是具有化学腐蚀性，来评定影响 c)和 d)。为了增加解释的可靠性，可以在沙尘试验之后进行湿度试验或者腐蚀试验。

试验之后，通过功能试验检查有害影响 e)、f)、g)，可能包括测量温升。

影响 h)可以通过目视检查评估。

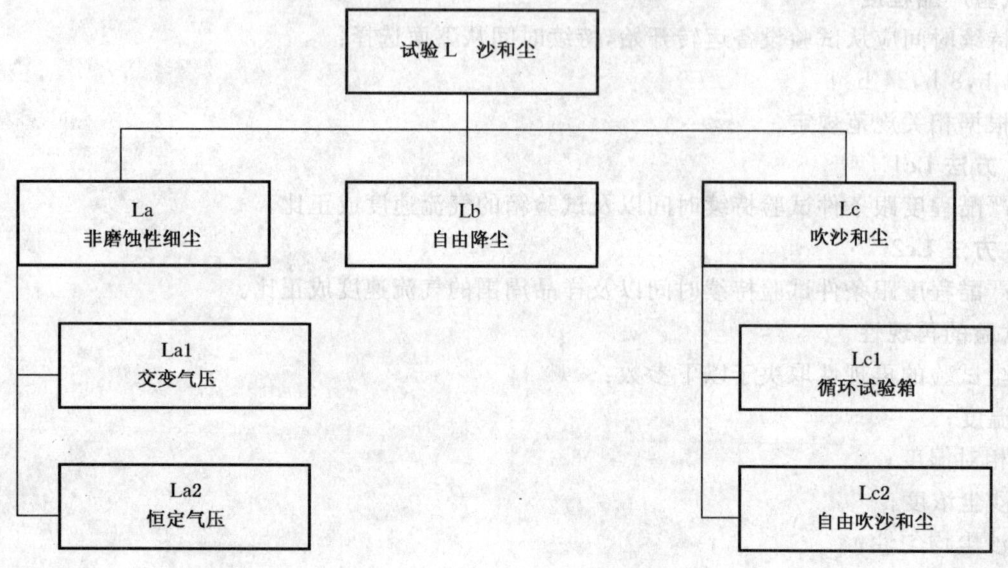

图 1 试验方法结构

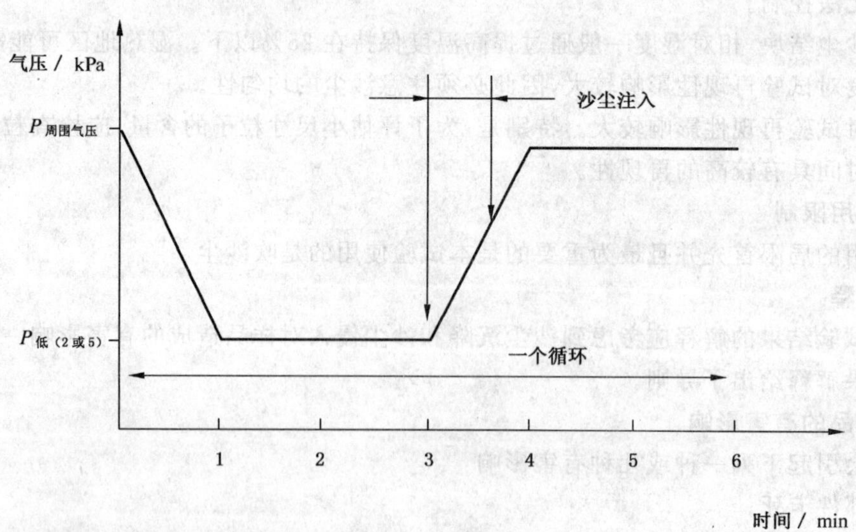

图 2 试验箱内的气压循环——类型 1

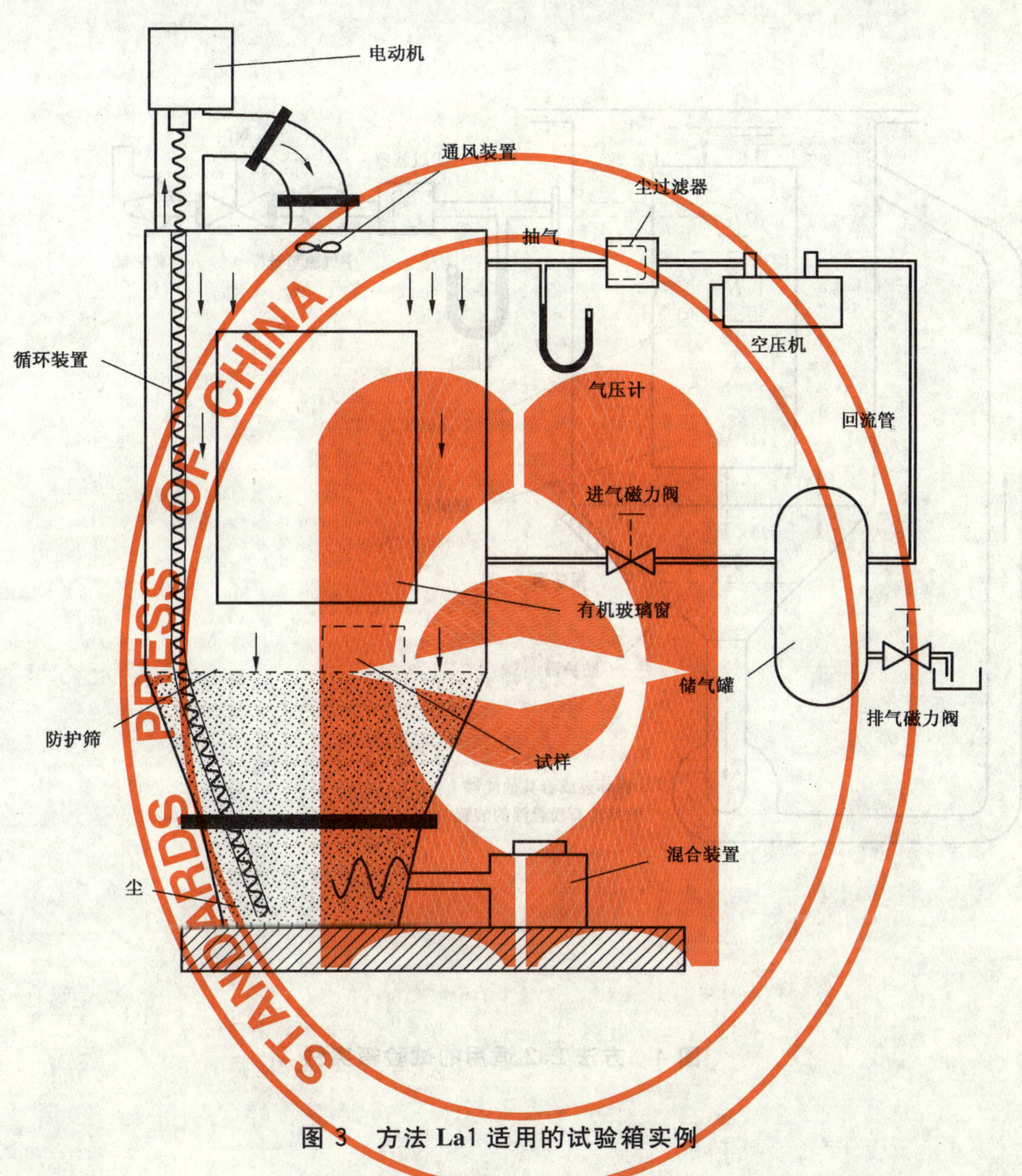

图 3　方法 La1 适用的试验箱实例

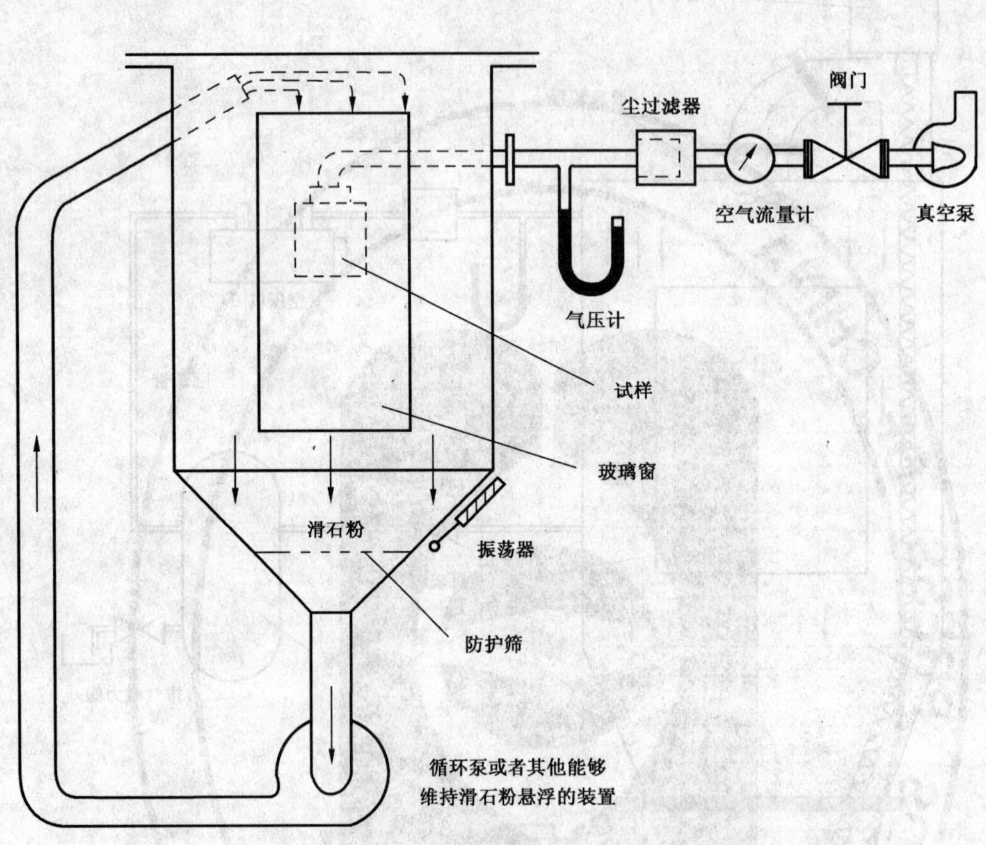

图 4　方法 La2 适用的试验箱实例

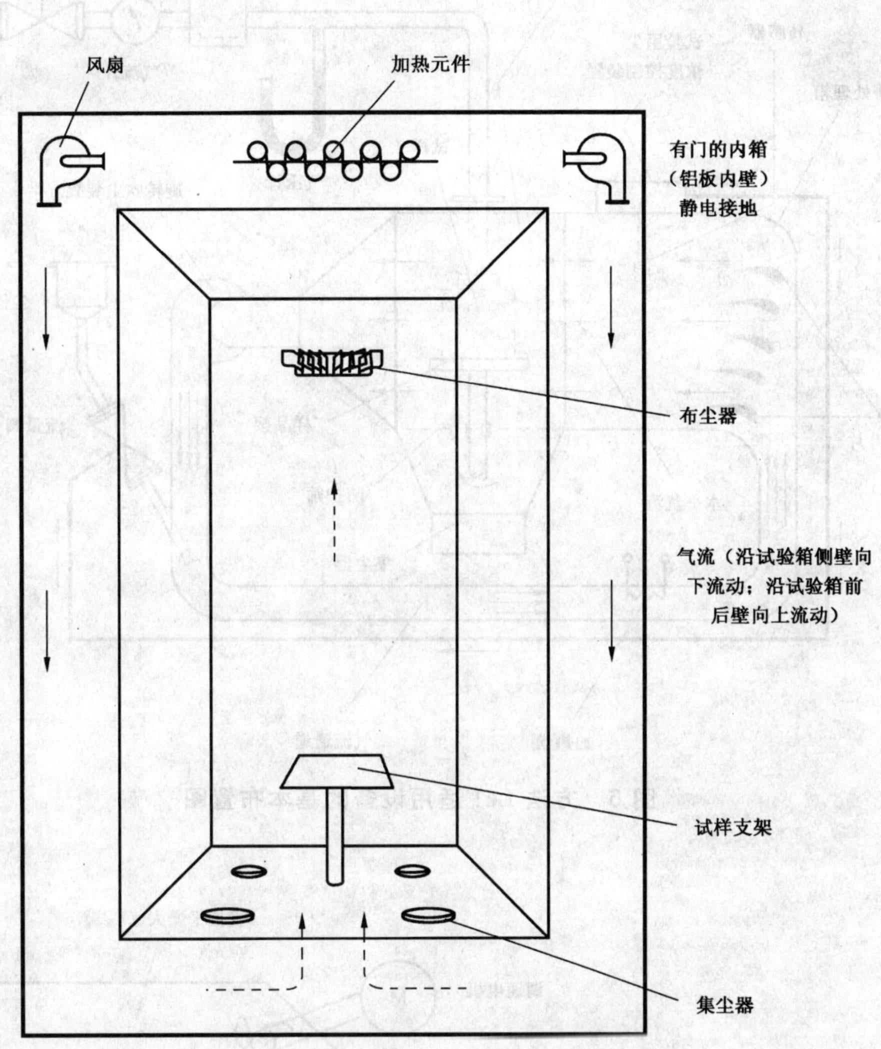

图 5　试验 Lb 适用的试验箱实例

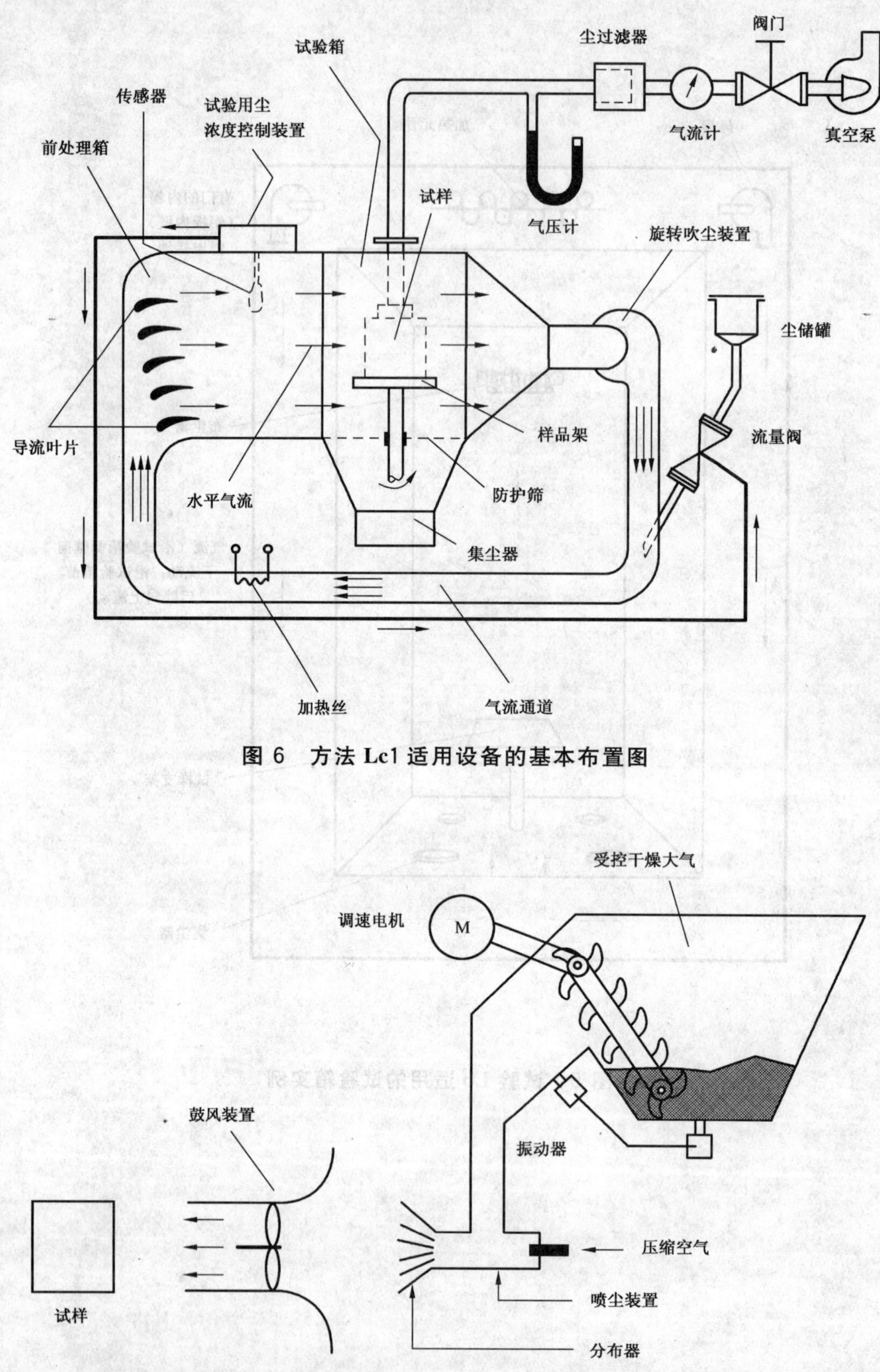

图 6　方法 Lc1 适用设备的基本布置图

图 7　方法 Lc2 适用的喷尘系统实例

附 录 A
（资料性附录）
通 用 指 南

A.1 试验用沙尘特性

A.1.1 试验用沙尘类型

试验L中包含的基本类型有：

a) 结晶型矿物质，如石英，橄榄石或者长石；

b) 滑石粉；

c) FE粉。

为了避免其他负面影响，沙尘应没有污染物，特别是盐和生物材料。

经常规定用结晶性材料是因为他们是自然界中经常发现的沙尘成分。因此，重现了对沙漠地区或者其他沙尘环境中使用的产品的破坏性影响。这些材料的突出特点是硬度，可能会引起对产品特别是活动部件的磨损、摩擦和损坏。

沙尘其他重要特性包括不能吸收以及化学惰性。因此，不会像其他沙尘一样跟空气中的水分或者气体结合而产生对金属的腐蚀。

石英(SiO_2)是通常使用的标准物质。也可用其他具有类似性质沙尘替代，例如未分解的长石和橄榄石。

橄榄石$(Mg,Fe)_2SiO_4$，是一种常见易得的翻砂工业中常用的一种打磨用矿物质。

长石是由硅、铝以及碱性氧化物等组成的。如果没有被火山喷发气体或液体降解，这些物质跟石英一样坚硬。

试验L规定使用滑石粉（水合硅酸镁），该物质已经在IEC 60529标准中使用了很多年。这种尘的主要特点是非磨蚀性和吸湿性，能够为电工产品的外壳防尘性能提供适当严酷程度的试验。但由于其吸湿性，为了避免堵塞外壳的任何缝隙必须保持干燥状态。

沙尘试验基本的要求是使用坚硬的材料如石英，而滑石粉是非磨蚀性粉尘，因此，就排除了它作为通用沙尘的可能性。

FE粉末是一种灭火器用粉末，主要组成为钠和镁的碳酸盐，以及为了便于自由流动防止堵塞的黏附在粒子表面的少量的镁的硬脂酸盐。FE粉末能够达到滑石粉的粒子尺寸，但是不具有吸湿性，同时硬度更大，莫氏硬度约为2.0，滑石粉则约为1.0。应注意不同的FE粉末硬度不同，硬度最大的可能会磨蚀软的表面。

A.1.2 粒子尺寸

本试验粒子尺寸范围如下：

a) 石英、长石、橄榄石	细尘	<75 μm
	粗尘	<150 μm
	沙	<850 μm
b) 滑石粉		<75 μm
c) FE粉末		<75 μm

图A.1给出了a)组的粒子尺寸分布。

当考虑粒子尺寸的影响时，首先要考虑产品是否具有防护性外壳。有外壳时，可以选择已经确立的检测电工产品密封性能的沙尘即滑石粉或FE粉，或者选择具有合适粒子尺寸分布的石英以研究侵入粒子可能造成的危害。后者中,无论粗尘还是细尘都包含小尺寸粒子,但沙主要是大尺寸粒子。因此,当仅要求确定箱体或外壳的防护性能时,应选取能够代表拟使用环境的含有足够小的粒子的沙尘。

第二种情况是设备没有防护性外壳,直接暴露在沙尘环境中。粒子尺寸分布一般选取最能代表实际使用环境的尺寸分布范围。本试验中规定的沙尘粒子能够代表大多数单独的或者组合的实际环境条件。

A.1.3 粒子硬度

单个粒子的硬度决定了其划伤与其接触的物体的能力。沙,主要由细小的石英晶体碎片或者其他矿物质组成,硬度比大多数熔融的硅酸盐玻璃要大。因此,沙子能够刮伤大多数光学设备的玻璃表面。对捕获的沙尘施加压力可能会导致破裂。表 A.1 给出了常见的物质的莫氏硬度。等级较高的可以刮伤任意等级低的物质。

表 A.1 硬度等级

莫氏硬度	标准物质	其　他
1	滑石粉	石墨、雪花石膏、硅藻土
2	石膏	高岭土、方铅矿、云母
3	方解石	重晶石、大理石、蛇纹石
4	氟石	
5	磷灰石	石棉、猫眼石、玻璃纤维
6	正长石	磁铁矿石、长石、玛瑙、黄铁矿石
7	石英	燧石、熔融石英、橄榄石、红柱石、电石
8	黄玉	金刚砂
9	刚玉	蓝宝石、炭化硅、碳化钨
10	钻石	

A.2 其他沙尘

对于特定应用可以考虑使用其他沙尘包括复合沙尘(如包括棉纤维、土以及水泥)。但是,应根据下面给出的导则进行配置。

A.2.1 离子传导性材料

可以通过在沙尘中混合实际侵蚀性材料进行沙尘试验,之后进行湿热试验来研究离子传导性和腐蚀性沙尘(如消冰盐)的影响。

但是,为了维持再现性,最好分成使用中性粒子进行沙尘试验,然后进行标准腐蚀试验来进行研究。

A.2.2 吸湿性材料

为了研究吸湿性材料的影响,可以在试验用尘中混入棉纤维,沙尘试验之后进行腐蚀试验。

A.2.3 纤维材料

可以通过在通风口放置棉纤维来研究其堵塞影响。

A.3 湿度对试验用沙尘的影响

A.3.1 为了避免试验用沙尘发生堵塞必须将试验箱的湿度维持在 25%以下。

不要求试验设备能监控相对湿度。只要将试验箱内的空气加热就足够了,加热温度取决于实验室温度和相对湿度。在湿热气候条件下可能不行,因此不推荐试验温度超过 40℃。这种情况下,实验室要使用空调,或者需要除湿系统。图 A.2 给出了给定温度下能够通过将温度提高到 40℃而把相对湿度降低到 25%以下的最大湿度。

A.4 对电工产品的影响

A.4.1 简介

沙尘可能成为促进材料或设备元件劣化的物理因素、化学成分或者两者都有,也可能成为设备活动部件的磨损材料,静止的表面甚至可能会被风吹沙尘破坏。这种影响取决于沙尘粒子的物理和化学性质以及接触表面的性质。因此,金属表面的覆盖层可能会加速腐蚀,而在绝缘表面的积尘可能会破坏其电气性能。

A.4.2 磨蚀影响

在较大风速的影响下,沙尘可以成为静止表面的磨料。行驶车辆引起的含尘粒子会破坏防护性涂层或者破坏腐蚀产品的半防护膜,从而加速金属表面的腐蚀。

表面磨损的程度取决于侵入粒子相对于表面的速度。据报导,航空器在高度 60 m,风速为290 m/s~320 m/s 的非洲北部沙漠试飞之后,挡风玻璃的光学性质出现明显劣化。

风携沙尘会使绝缘材料或绝缘子的表面粗糙,从而破坏表面的电气性能。相对湿度为 50%,据测量,表面粗糙的酚醛塑料的传导率大于有光滑表面的相同材料的10倍。

A.4.3 金属腐蚀

A.4.3.1 概述

沙尘,跟其他环境因素如湿度结合,会导致金属腐蚀的引发和加速。沉积在金属表面的粒子层可能是包括惰性物质、化学活性物质、吸附/非吸附性粒子的混合物,因此引起的腐蚀过程也比较复杂。

A.4.3.2 化学惰性物质

相对湿度较低时,吸湿性的惰性粒子会吸收空气中的水分和其他腐蚀性气体。此时,惰性粒子就成为水性电解质的载体,并且发生大气腐蚀的电化学反应,加剧腐蚀。

非吸附惰性粒子对腐蚀过程影响比较小,除了有助于留住水分,在接触点对金属进行屏蔽,引起表面氧浓度不均。这些差异可能会导致局部腐蚀。

A.4.3.3 化学活性物质

来源于自然界和工业的粒子可能具备化学活性,溶解以后提供腐蚀性电解质。很多粘土、自然界户外沙尘的主要来源都是硅铝酸盐,此时会发生碱式反应;如果尘土粒子中包含的几种盐是硫酸盐,则会发生酸式反应。

在有硫酸铵粒子存在的情况下会加速铁的腐蚀,在城区会出现这种沙尘。

以海贝壳碎片形式存在碳酸钙是珊瑚岛上沙尘的主要成分,可以导致腐蚀。火山灰会加速铁的腐蚀。

A.4.4 电工绝缘体表面的污染

沉积在绝缘体表面的沙尘在没有水的情况下都是不良导体。然而,在有水的情况下会溶解可溶性粒子形成电解液。不溶性粒子使电解质滞留在表面,并且增加了水膜的有效厚度。在干燥多尘和湿润阶段交替出现的环境条件下容易促使形成这种水膜。

由于这种表面膜具有导电性,流经被污染绝缘体表面的泄漏电流可能是流经洁净干燥绝缘体的百万倍。

如果绝缘体处于强电场中,如电线绝缘体,很容易吸引气溶胶粒子到电压梯度陡直的地方,促使水膜的形成。

A.4.5 其他影响

A.4.5.1 促使长霉

黏附在材料表面的沙尘可能会含有机物质,这就给微生物提供了食物来源。一些无尘时不容易受微生物攻击的材料表面,如陶瓷、光学玻璃,可能会因此而长满霉菌或者藻类。

A.4.5.2　电工触点和连接件

如前所述，沙和大多数尘干燥条件下都是不良导体，因此沉积在开关、继电器或任何触点的粒子由于增加了接触电阻而损害运行特性。

沙尘在电气连接件上的沉积会引起匹配和连接不上的问题。

A.4.5.3　制冷系统

由于形成绝缘层导致热传导速率降低，从而降低制冷系统的效率。

A.4.5.4　静电效应

沙暴中由于沙尘粒子的摩擦产生的静电会干扰设备的运行，有时候会危及人员安全。静电会引起绝缘体击穿、变压器及避雷针的破坏、以及汽车点火系统的失效等破坏。产生的静电压可能会很高，在沙暴中产生的 150 kV 的电压能够使电话电报通信无法工作。

A.5　安全防护

A.5.1　危害

所有对样品的危害也会造成对人员的危害。

如果沙尘试验是安全评估的一部分，对沙尘的沉积和侵入的检查应十分小心的进行，应使用 A.4 给出的导则并结合安全试验的实际经验，利用最坏的情况解释。

A.5.2　安全危害

应采取防护措施避免吸入沙尘引起健康危害，包括：

——试验箱充分密封；

——在打开试验箱门之前，让沙尘沉降；

——使用合适的防护面具和衣物；

——对设备进行适当的清洁、维护，包括高效过滤器，例如真空吸尘器。

A.5.2.1　滑石粉

吸入过多的滑石粉会引起滑石粉肺尘症。长时间暴露后可能会因起咳嗽、多痰、憋闷等症状。

由于跟滑石粉结合的其他物质也有一定的含量，医学上除了纯净的滑石粉之外，其他都无法明确鉴别。

暴露极限

应控制滑石粉，暴露浓度不超过 10 mg/m^3，可吸入空气滑石粉浓度不超过 1 mg/m^3(8 h 内的平均质量浓度)。

A.5.2.2　其他沙尘

石英粉尘会引起硅肺病，是一种严重的肺病，会恶化导致肺癌。

注：橄榄石自由 SiO_2 的含量≤1%，是一种低风险的矿物质。

对于有过敏反应的人来说，短的棉纤维引起呼吸系统问题敏感源。

由于上述原因，必须遵守健康危害条款。

下面给出了可能比较重要的两点：

a）　无定形材料，如玻璃，比结晶型材料危险性小；

b）　粒子尺寸在 0.5 μm～5 μm 的尘危害性最大。

橄榄石和长石都是结晶型材料。

如今还不能够找到一种无害的试验用尘。因此，试验人员必须使用防尘面具和护目镜等防护措施。

A.5.3　爆炸危险

如果试验用尘是滑石粉就没有爆炸危险，但如果规定使用其他沙尘，应考虑以下事实：粉尘性可燃物质在空气中的浓度超过 20 g/m^3 会发生爆炸。

A.6 试验 L 和 IEC 60529 对比

IEC 60529 对防护等级给出了表征数字。表征防护等级的名称包含特征字母“IP”,后面跟两位数字。第一位数字表明了外壳对于沙尘以及其他固体物质的防护等级。第二位数字表征了外壳对于水侵入的防护等级。表 A.2 给出了第一位数字的分类和相关试验方法。

对于试验,试验 La2 可以认为是一个“相关规范”。

表 A.2 试验方法对比

试验 L	IEC 60529 第一位数字	描　　述	IEC 60529 试验方法条款
无	0	没有防护	无
无	1	对于＞50 mm 固体有防护	13.2
无	2	对于＞12.5 mm 固体有防护	13.2
无	3	对于＞2.5 mm 固体有防护	13.2
无	4	对于＞1.0 mm 固体有防护	13.2
La1 或 La2	5	防尘	13.4 和 13.5
La1 或 La2	6	防尘密封	13.4 和 13.6

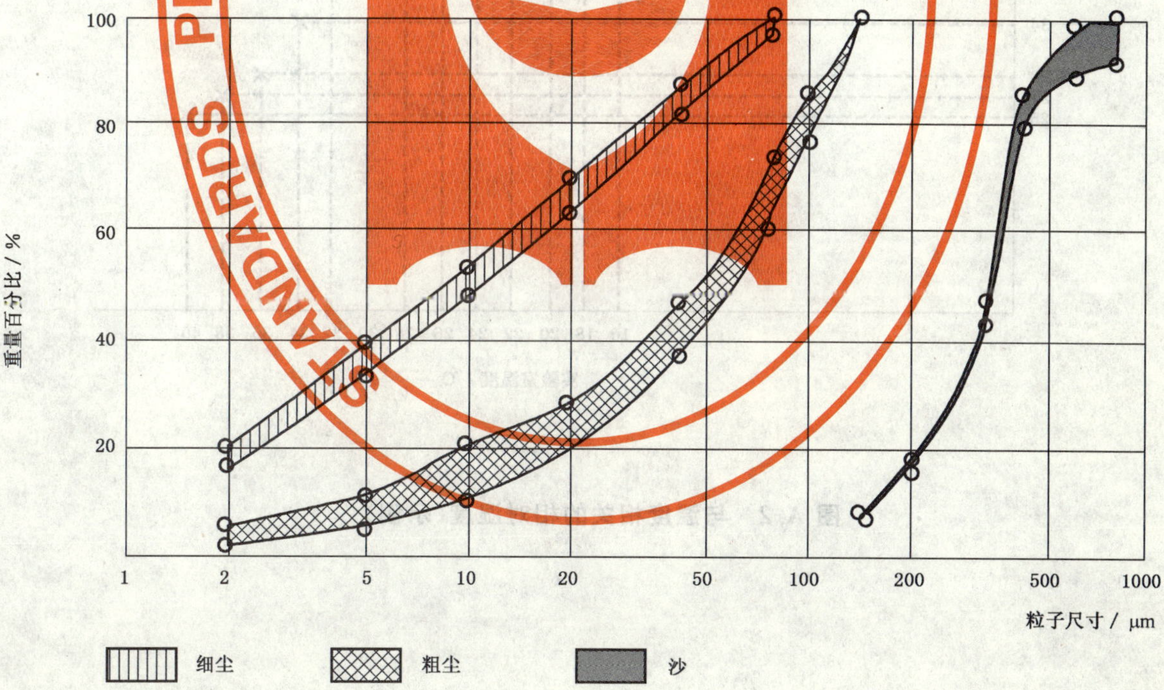

图 A.1 粒子尺寸分布

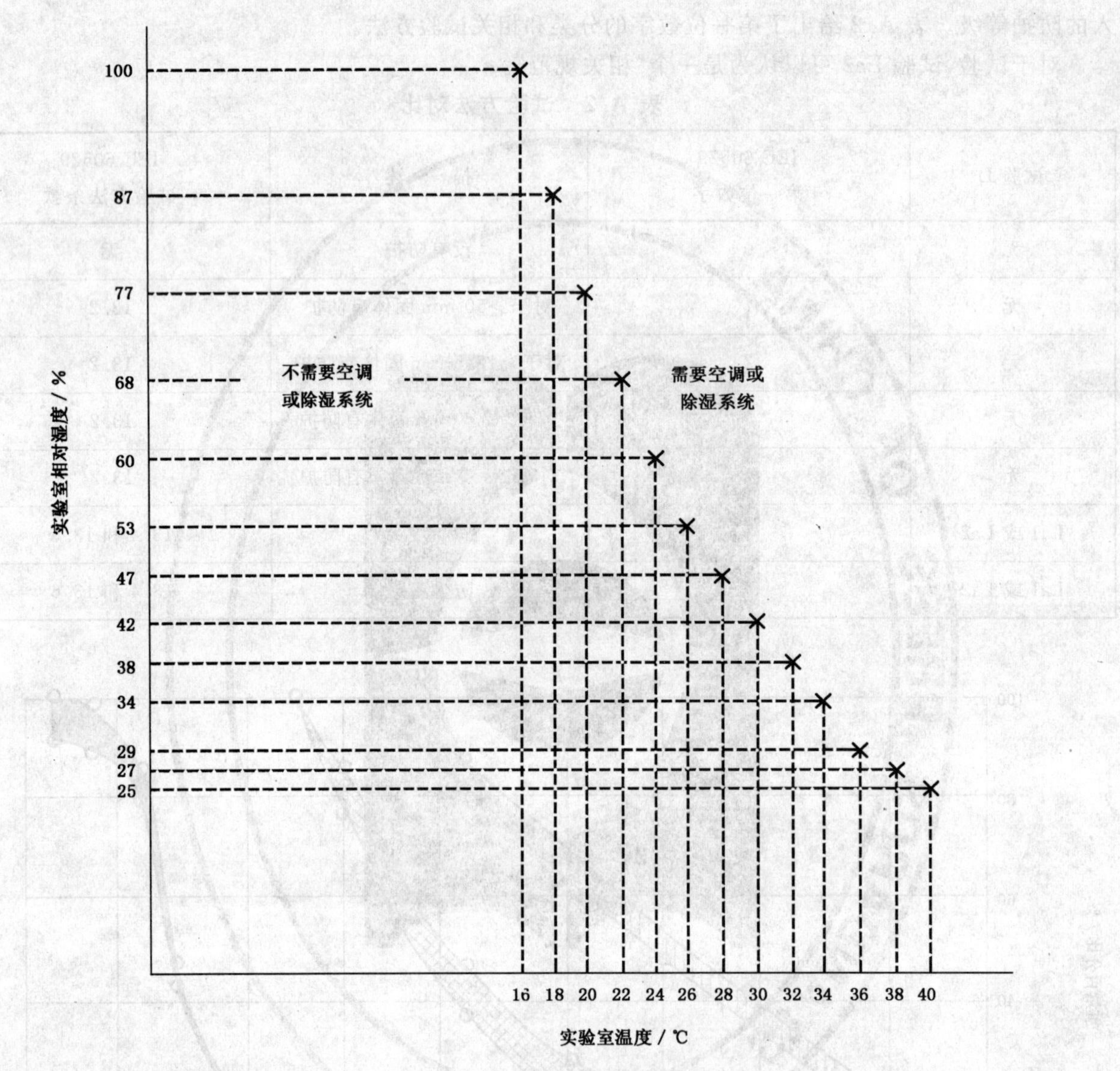

图 A.2 与温度相关的相对湿度(示例)

附 录 B
（资料性附录）
参 考 文 献

下列文件中也给出了跟试验 La2 相似的方法：

IEC 60034-5:1991 旋转电力设备 第5部分:旋转电力设备外壳的防尘等级分类

IEC 60947-1:1988 低压开关和控制件 第1部分:通用原则

ICS 19.040
K 04

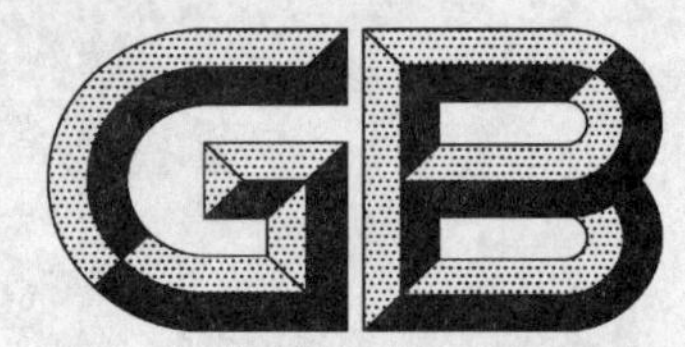

中华人民共和国国家标准

GB/T 2423.55—2006/IEC 60068-2-75:1997

电工电子产品环境试验
第2部分:试验方法　试验Eh:锤击试验

Environmental testing for electric and electronic products—Part 2:Test methods—Test Eh:Hammer tests

(IEC 60068-2-75:1997,Environmental testing—
Part 2:Tests—Test Eh:Hammer tests,IDT)

2006-02-15 发布　　　　2006-06-01 实施

中华人民共和国国家质量监督检验检疫总局
中国国家标准化管理委员会　发布

前　言

GB/T 2423《电工电子产品环境试验　第2部分:试验方法》按试验方法分为若干部分。

本部分为GB/T 2423的第55部分。

本部分等同采用IEC 60068-2-75:1997《环境试验　第2部分:试验方法　试验Eh:锤击试验》(英文版)。

本部分是第一版(IEC 60068-2-75是第一版)。

本部分等同采用的IEC 60068-2-75由IEC导则104确定为安全性基础标准。

本部分等同采用的IEC 60068-2-75由IEC导则108确定作为基本环境试验标准发布。

为便于使用,本部分做了下列编辑性修改:

a) “IEC 60068的本部分”一词改为“GB/T 2423的本部分”或“本部分”;

b) 用小数点“.”代替作为小数点的逗号“,”;

c) 删除国际标准的前言;

d) 为了与现有GB/T 2423其他各部分的名称一致而将本部分改为当前名称;

e) 本部分在国标转化过程中与IEC 60068-2-75第一版的出版有5年的滞后。失去了5年的过渡期。为了便于使用时掌握,在“IEC 60068-2-75:1997第一版1997年8月出版的5年后将带括号的量值删除”语句中增加了版本号和出版日期,并保持与原文一致。

本部分引用的规范性文件中有一部分目前尚未转化为等同采用的国家标准,在引用这些规范性文件时仍以IEC/ISO的编号列出。

本部分附录A和附录B为规范性附录;附录C、附录D和附录E为资料性附录。

本部分由信息产业部电子第五研究所提出。

本部分由中国电工电子产品环境条件与环境试验标准化技术委员会归口。

本部分起草单位:信息产业部电子第五研究所、上海市电子仪表标准计量测试所。

本部分主要起草人:卢兆明、纪春阳、龚彩萍、王学智、王忠。

引 言

采用不同的锤对电气设备进行撞击试验都可能产生机械应力。试验的结果依赖于专用的试验装置,为了标准化的目的,GB/T 2423 的本部分描述了适用于各严酷等级的各种试验锤的特性。

为了满足本部分的要求,应从第 4 章、第 5 章和第 6 章中选择合适试验方法。并重视这三章的注。

严酷等级通常从 GB/T 4769—2001 中选取。

为了协调,有必要改变试验 Eg:撞击　弹簧锤(GB/T 2423.44)和 Ef:撞击　摆锤(GB/T 2423.46)的基本参数。在所有情况下,包括在试验中设置并保留合适的参数直到本部分等同采用的 IEC 60068-2-75:1997 第一版 1997 年 8 月出版的 5 年后将带括号的量值删除。

电工电子产品环境试验
第2部分:试验方法　试验Eh:锤击试验

1　范围

GB/T 2423的本部分提供了对样品进行包括撞击的次数、能量和实施方向等规定的严酷度条件下实施撞击的三种等效的试验方法。适用于按电气安全性条款评定产品的坚固程度。

本部分适用于从0.14焦耳(J)至50焦耳(J)能量级。

本部分给出了适用于试验的三种装置。附录C提供了这方面的指南。

2　规范性引用文件

下列文件中的条款通过本部分的引用而成为本部分的条款。凡是注日期的引用文件,其随后所有的修改单(不包括勘误的内容)或修订版均不适用于本部分,然而,鼓励根据本部分达成协议的各方研究是否可使用这些文件的最新版本。凡是不注日期的引用文件,其最新版本适用于本部分。

GB/T 2421—1999　电工电子产品环境试验　第1部分:总则(idt IEC 60068-1:1988)

GB/T 4796—2001　电工电子产品环境参数分类及其严酷程度分级(idt IEC 60721-1:1990,Amendment1:1992)

ISO 1052:1982　一般工程用钢

ISO 2039-2:1987　塑料洛氏硬度试验方法

ISO 2041:1990　机械振动和冲击　术语

ISO 2768-1:1989　一般公差　线性尺寸的未注公差

ISO 6508:1986　金属材料　硬度试验-洛氏试验(A-B-C-D-E-F-G-H-K级)

3　锤击试验方法通则

3.1　术语和定义

GB/T 2423的本部分采用ISO 2041:1990或GB/T 2421—1999规定的术语和定义。下列附加的术语和定义仅适用于本部分。第4章和第6章的试验的专用术语将在对应的章里给出。

3.1.1

固定点　fixing point

样品固定时,夹具与样品的接触点。

3.1.2

等效质量　equivalment mass

试验装置的撞击元件以及共有速度提供撞击能量的有关部分的质量。

注:摆锤装置的特殊情况,见4.1.3。

3.2　严酷度

3.2.1　概述

在3.2.2给出了供选择的撞击能量,撞击次数见3.2.3。

3.2.2　撞击能量

有关规范应确定下列能量值之一作为撞击能量。

0.14-0.2-(0.3)-0.35-(0.4)-0.5-0.7-1-2-5-10-20-50 焦耳(J)

注：括号内的量值是 GB/T 2423(IEC 60068-2)标准采用的。在本部分对应的 IEC 60068-2-75:1997 第一版 1997 年8月出版的5年后将带括号量值删除。

3.2.3 撞击次数

除有关规范另有规定，对每一个位置撞击 3 次。

3.3 试验装置

3.3.1 描述

可用三种试验装置进行试验：

——摆锤；

——弹簧锤；

——垂直落锤。

这三种装置分别用于试验 Eha、Ehb 和 Ehc，在第 4 章、第 5 章和第 6 章中将予以说明。撞击元件特性是一致的，三种情况的要素列于表 1。图 1 展示了外形的相互关系。

尺寸单位为毫米(mm)。除另有标注，公差按 ISO 2768-1 中的 m 级。

表 1 撞击元件特性

能量/J	≤1 ±10%	2 ±5%	5 ±5%	10 ±5%	20 ±5%	50 ±5%
等效质量 ±2%/kg	0.25(0.2)	0.5	1.7	5	5	10
材料	尼龙[a]	钢[b]				
R/mm	10	25	25	50	50	50
D/mm	18.5(20)	35	60	80	100	125
f/mm	6.2(10)	7	10	20	20	25
r/mm	—	—	6	—	10	17
l/mm	根据等效质量调整确定，见附录 A。					

a 洛氏硬度 HRR 85～100 按 ISO 2039-2。

b Fe 490-2 按 ISO 1052。洛氏硬度 HRE 80～85 按 ISO 6508。

注：当能量等于或小于 1 J 时，在括号中的撞击元件的等效质量以及撞击元件的直径是的参照原试验 Ef。试验 Eg 的量值已在此参数中。为了协调，括号内的量值自本部分等同采用的 IEC 60068-2-75:1997 第一版 1997 年8月出版的5年后将删除。

为了保证试验效果，每次撞击前应目测检查撞击表面，不应存在影响试验效果的损坏。

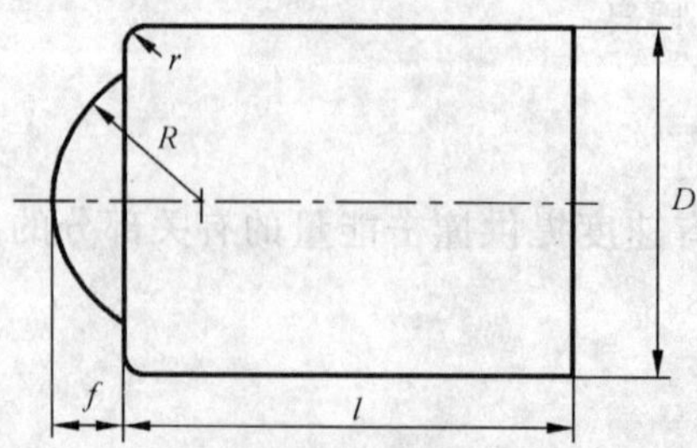

图 1 撞击元件的典型示意图

3.3.2 安装

有关规范应规定样品按照以下要求之一固定：

a) 按常规意义的方法安装在坚固的平面支撑上,或

b) 靠在刚性的平面支撑上。

当样品背靠平面进行试验时,为保证样品得到刚性的支撑平面,如在砖或混凝土的墙和地板平面上牢固地衬垫一层尼龙。

这层尼龙的硬度按洛氏硬度 ISO 2039-2 规定的 HRR 85～100,厚度约 8 mm。这层尼龙应足够大,不因支撑面积不足而导致样品的任何部分承受过大的机械应力。

当施加撞击受试样品同样的能量直接撞击平面支撑时,支撑平面的位移未超出 0.1 mm,可认为支撑具有足够的刚性。

注 1:图 D.3、图 D.4 和图 D.5 给出了撞击能量不超过 1 J 的安装和支撑的示例。

注 2:底座的质量至少是样品质量的 20 倍时,可以认为具有足够的刚性。

3.4 预处理

有关规范应规定预处理,并规定条件。

3.5 初始检测

有关规范应规定对样品进行外观,尺寸和功能检查。

3.6 试验

应避免因反弹而产生的二次撞击。

3.6.1 姿态和撞击位置

有关规范应规定样品的姿态和最可能因撞击而损坏的部位,并在这些位置进行撞击。除非有关规范另有规定,撞击方向应垂直于受试表面。

3.6.2 样品的准备

有关规范应规定样品的底座、罩壳及类似部件经受撞击的安全要求。

注:可以提出功能监测的要求(见 3.6.3b))。

3.6.3 操作模式和功能监测

有关规范应规定:

a) 在经受撞击时,是否要求样品工作;

b) 是否要求进行功能监测。

有关规范应规定具体的细则作为样品接收或拒收的依据。

注:注意当样品碎裂后,其内部零件可能引起危险。

3.7 恢复

有关规范可以要求恢复,并规定条件。

3.8 最终检测

有关规范应规定对样品进行外观、尺寸和功能检查。

有关规范应规定具体的细则作为样品接收或拒收的依据。

3.9 有关规范应提供的信息

当有关规范包含 GB/T 2423 的本部分的试验之一时,应给出下列细节。带(*)的条款是必需的。

	对应章条号
a) 撞击能量*	3.2.2
b) 如果不是每个位置 3 次,给出撞击次数	3.2.3
c) 使用装置的类型	3.3.1
d) 固定方法*	3.3.2
e) 预处理	3.4
f) 初始检测*	3.5
g) 姿态及撞击位置*	3.6.1

h) 底座,罩壳及类似部件的安全性 3.6.2

i) 操作模式和功能监测* 3.6.3

j) 接收或拒收* 3.6.3 和 3.8

k) 恢复条件 3.7

l) 最终检测* 3.8

4 试验 Eha:摆锤

4.1 定义

下列附加的术语和定义条目仅适用于本试验。

4.1.1

测量点 measuring point

测量点是指撞击元件表面的一个标志点。该点是通过摆杆轴线和撞击元件轴线相交的点作垂直于该二条轴线所构成的平面的垂线与撞击元件表面的交点(见图 2)。

注 1:在一些 IEC 标准中使用了"检查点 Checking point"这个术语。但本部分未使用,是为了避免与本部分其他部分的"检查点 Check point"混淆。

注 2:理论上撞击元件的重心就应是测量点,实际上重心既难以确定也接触不到。因此对测量点做上述规定。

4.1.2

跌落高度 height of fall

摆锤在释放时测量点的位置与摆锤在撞击瞬间测量点的位置间的垂直距离(见图 D.1)。

4.1.3

等效质量 equivalent mass

计算单一摆锤的等效质量,是将摆保持在水平位置,在撞击方向轴线测得垂直方向的力(单位为牛顿)除以重力加速度。

注:当摆杆的质量是均匀分布时,等效质量等于撞击元件的组合质量加上摆杆二分之一质量的和。

4.1.4

撞击元件的组合质量 combined mass of the striking element

撞击元件与撞击元件安装组件的质量之和。

4.2 试验装置

试验装置主要由上端绕其摆轴可保持在一个垂直平面内摆动的摆锤组成。摆轴轴线在测量点上方 1 000 mm。摆锤由一个刚性的摆杆和一个符合表 1 要求的撞击元件组成。

对于较重的、体积大的或者难于搬动的试验样品可以使用手提式的摆锤进行试验。根据上述规定,摆轴可以直接固定在试验样品上,或者一个活动结构上。在这种情况下,试验前应保证摆轴处在水平位置;安装稳固;撞击点在摆的轴线通过的竖直平面上。

在所有情况下,释放后的摆只能在重力的作用下下落。

4.2.1 严酷度不超过 1 J 的试验装置

撞击元件由一个钢质锤体和一个嵌入其中带有半球表面的尼龙锤头组成。组合质量为 200 g (150 g)±1 g,符合表 1 等效质量的规定。附录 D 提供了试验装置的示例。

4.2.2 严酷度 2 J 及以上的试验装置

摆杆的质量与撞击元件的组合质量比不应大于 0.2,撞击元件的重心应尽可能与摆杆轴线重合。

注:有一些特殊的方案将绳索代替摆杆以及将钢球代替撞击元件。由于钢球不符合本部分规定的撞击元件的几何尺寸而不推荐使用。

4.3 跌落高度

为了产生撞击严酷度所需的能量,表 2 给出了摆锤的等效质量和跌落高度间的关系。

4.4 试验

为了避免因反弹产生的二次撞击，在初次撞击后可用抓住撞击元件而非摆杆的方法制动。以避免摆杆变形。

表 2 跌落高度

能量/J	0.14	0.2		(0.3)	0.35	(0.4)	0.5		0.7	1	2	5	10	20	50
等效质量/kg	0.25	(0.2)	0.25	(0.2)	0.25	(0.2)	(0.2)	0.25	0.25	0.25	0.5	1.7	5	5	10
跌落高度，±1%/mm	56	(100)	80	(150)	140	(200)	(250)	200	280	400	400	300	200	400	500
注 1：见 3.2.2 注。 注 2：本部分的能量单位焦耳(J)由标准重力加速度(g_n)导出。g_n 经圆整取值为 10 m/s²。															

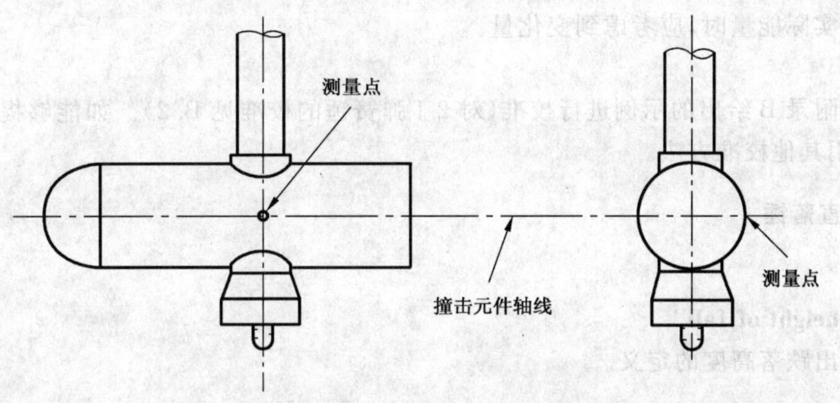

图 2 测量点

5 试验 Ehb:弹簧锤

5.1 试验装置

弹簧锤由主体、撞击元件和释放机构三部分组成。

主体是包括撞击元件的导轨、安装释放机构和其他所有零件的壳体。

撞击元件由锤头、锤杆和操作手柄组成。撞击能量小于 1 J 时，组合质量为 250 g；撞击能量为 2 J 时，组合质量为 500 g(允差见表 1)。

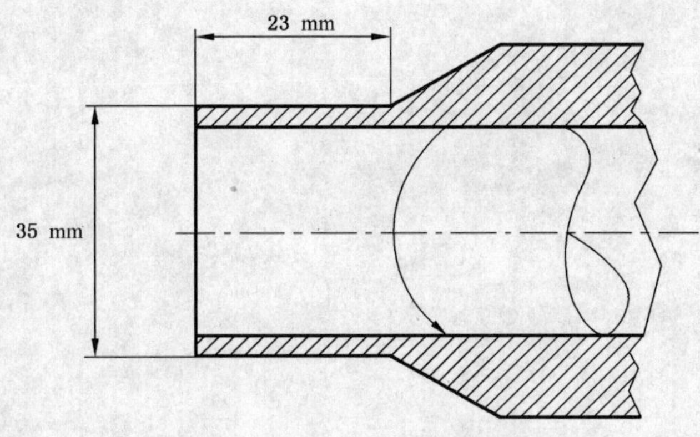

图 3 2 J 的释放端形状

释放撞击元件的力不应超过 10 N。

锤杆、锤头及锤弹簧结构的调整应能使锤弹簧在释放后,锤头顶端运动到距撞击平面约 1 mm 时释放掉锤弹簧储存的所有能量。撞击元件在最后 1 mm 的运动过程中,除摩擦外,应是一个只有动能而无储存能的自由运动体。在锤头顶端通过了撞击平面后,撞击元件可以无干扰自由地向前移动 8 mm 至 12 mm。附录 E 给出了试验装置的示例。

按表 1 的要求,严酷度 2 J 的释放锥头端圆柱长度为 23 mm;直径 35 mm,见图 3。

5.2 重力的影响

弹簧锤不是在水平状态使用时,能量 J 应用 ΔE 进行修正。当撞击方向向下时变化量 ΔE 为正值,撞击方向向上时变化量 ΔE 为负值。

$$\Delta E = 10 \times m \times d \times \sin\alpha$$

式中:

m——撞击元件质量,单位为千克(kg);

d——撞击元件在弹簧锤内部的行程,单位为米(m);

α——撞击元件轴线与水平面的夹角。

当确定给出实际能量时,应考虑到变化量。

5.3 校准

弹簧锤应按附录 B 给出的示例进行校准(对 2 J 弹簧锤的校准见 B.2)。如能够提供等效准确度的证明,也可以使用其他校准方法。

6 试验 Ehc:垂直落锤

6.1 定义

跌落高度 height of fall

见 4.1.2 给出跌落高度的定义。

6.2 试验装置

锤由一个基本的撞击元件组成。跌落高度可以从表 2 选取,由静止状态垂直地下落到样品的水平表面。撞击元件的特性应符合表 1 规定。撞击元件可由一根可忽略约束的管子引导。引导管不应与样品接触,并能保持锤体自由下落。为了减少摩擦,撞击元件的长度 l 不应小于直径 D,在撞击元件与导管间留有较小的间隙(如 1 mm)。

6.3 跌落高度

表 2 给出了跌落高度,等效质量等于撞击元件的实际质量。

附 录 A
（规范性附录）
撞击元件的形状

图 A.1 至图 A.6 所示的撞击元件符合表 1 定义的特性。对忽略摆杆质量的摆锤或垂直落锤，长度“l”的尺寸通过计算可以准确地确定。当摆杆质量不能被忽略时，就要减少长度“l”的尺寸使等效质量符合表 1 的要求(见 4.1.3)。为了满足表 1 的其他参数，可将 20 J 和 50 J 锤的背面局部镂空。

所有棱边应平滑。

尺寸单位为毫米(mm)。除非另有标注，公差按 ISO 2768-1 中 m 级。

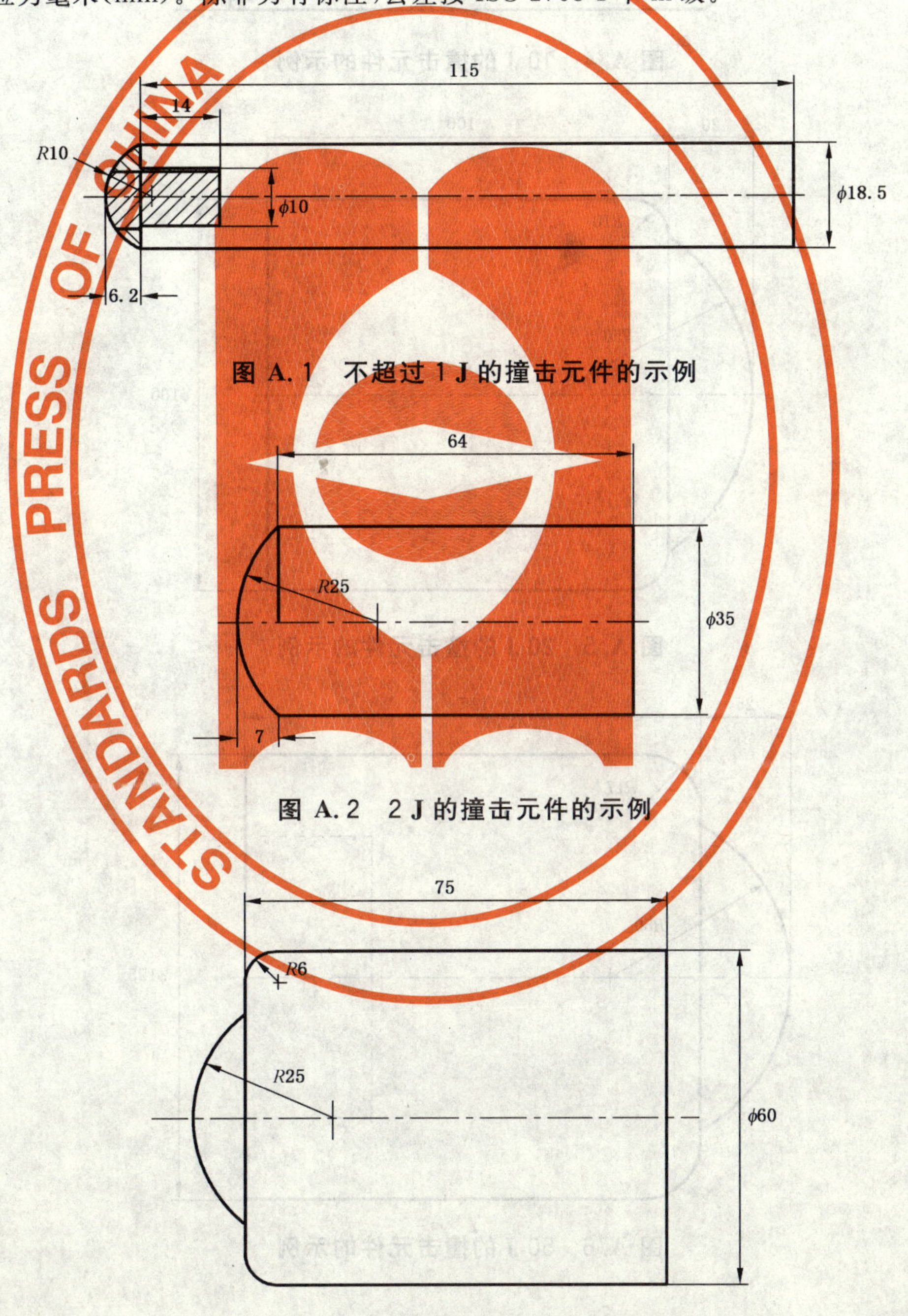

图 A.1 不超过 1 J 的撞击元件的示例

图 A.2 2 J 的撞击元件的示例

图 A.3 5 J 的撞击元件的示例

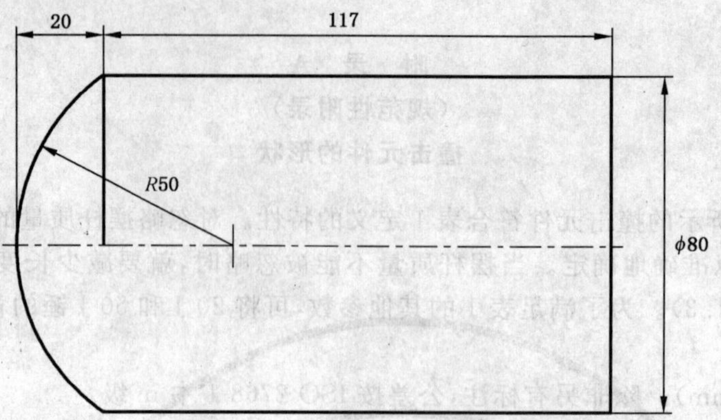

图 A.4　10 J 的撞击元件的示例

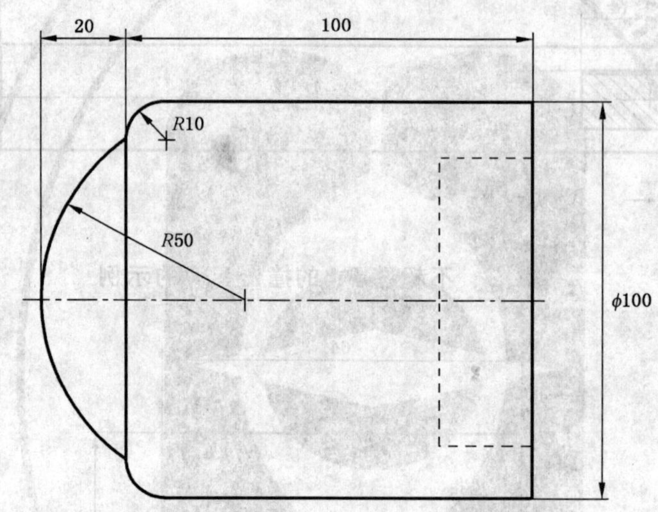

图 A.5　20 J 的撞击元件的示例

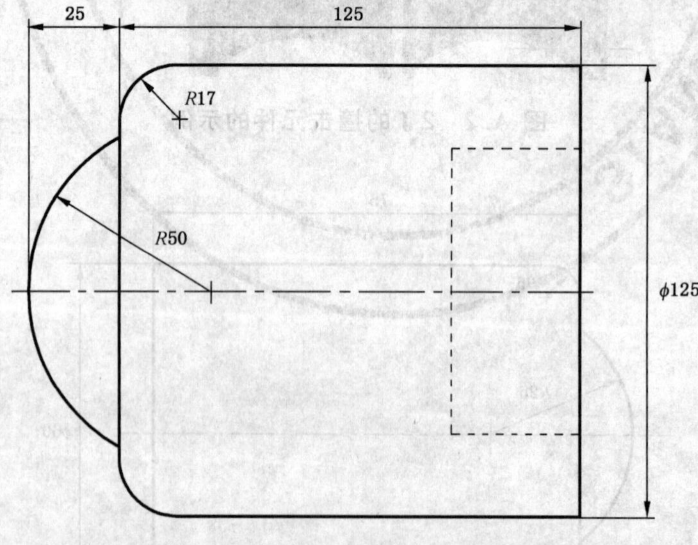

图 A.6　50 J 的撞击元件的示例

附 录 B
（规范性附录）
弹簧锤的校准

B.1 校准原理

由于很难对被校弹簧锤提供的能量进行直接测量。校准原理是将摆的质量和跌落高度计算得出的能量值进行比较。

B.2 校准装置的结构

除了支架座外，装配完整的校准装置结构如图 B.1 所示。主要部件包括轴承“a”；指针“b”；摆“c”；释放基座“d”和释放机构“e”。

主要的部件是摆“c”如图 B.2 所示。在摆的下端固定着一个钢质弹簧，细节如图 B.3 所示。弹簧是由弹簧钢制成，无需特别处理，并牢固地固定在摆“c”上。

图 B.4 大比例地展示了部分部件的结构。

应该说明，这弹簧是为校准符合表 1 特性，能量等于或小于 1 J 的弹簧锤而设计的。校准符合 2 J 能量的弹簧锤时，摆上的弹簧需要采用不同的设计。

在指针与轴承的金属表面间放入一片粗呢织物。使弯曲的钢琴丝与粗呢织物间产生微小的作用力，使指针得到合适的摩擦特性。

用校准装置进行校准时必须将释放机构从释放基座上移开，因此释放机构采用螺钉固定在释放基座上。

B.3 校准装置的校准方法

校准装置的校准是用从受校准的弹簧锤上拆下的撞击元件“g”，如图 B.5 所示。在校准前，将释放机构从校准装置拆下。

校准撞击元件用四根线绳“h”挂在位于校准撞击元件最后停止位置上方 2 000 mm 的水平面上的四个悬挂点上。校准撞击元件摆动撞击摆的接触点“k”，动态接触点相对静态位置下移不应超过1 mm。可以通过升高悬挂点的位置予以调整，升高的距离等于动、静接触点间的距离。

经过调整的悬挂系统，校准撞击元件“g”的轴线在撞击时应保持水平并且与摆“c”的撞击面垂直。

当校准撞击元件处于静态位置时，校准装置应设置到校准撞击元件的头部正好与接触点“k”接触。

为了获得可靠的结果，校准装置应该牢固地固定在笨重的支撑上，例如建筑物的结构部分。

可以方便地采用由一根软管连接两根玻璃管“j”组成的液体水平装置在校准撞击元件的重心处测量跌落高度。其中一根玻璃管固定并标有刻度“l”。

校准撞击元件可以用一根细线“m”定位，剪断细线时可以释放校准撞击元件。

为校准装置确定刻度，需要在刻度盘上画一个圆。圆与摆的轴承同心。半径使圆延伸到指针。当摆处于受撞击前略带阻滞的静止位置时，指针位置标为 0 J 见图 B.6。

校准撞击元件的质量 250 g，用 408 mm±1 mm 的跌落高度可得到 1 J 的校准撞击能量。

将悬挂的校准撞击元件撞击摆下端的弹簧接触点“k”，在刻度盘上得到 1 J 的点。撞击后，摆不可以再移动。这样的操作至少重复 10 次，将指针指示点的平均值作为 1 J 刻度。

刻度盘上其他刻度值按如下方法确定：

a） 通过刻度圆心与 0 J 点画一条直线；

b） 1 J 点对此线的垂直投影点示为 P；

c） 把 0 J 点和 P 点之间的距离分为十等分；

d） 通过每个分点，作 0 J-P 线的垂直线；

e） 这些线和圆的交点分别相当的撞击能量为 0.1 J；0.2 J；直到 0.9 J。

可用同样原理使刻度延伸超过 1 J 点。分度盘“f”度见图 B.6 所示。

B.4 校准装置的使用

把被校准的弹簧锤放进释放基座内，用校准装置的释放机构操作三次。不能直接手动使弹簧锤释放。

每次操作后都应把撞击元件转向不同的位置，在校准装置上三次读数的平均值可以作为被测弹簧锤撞击能量的实际值。

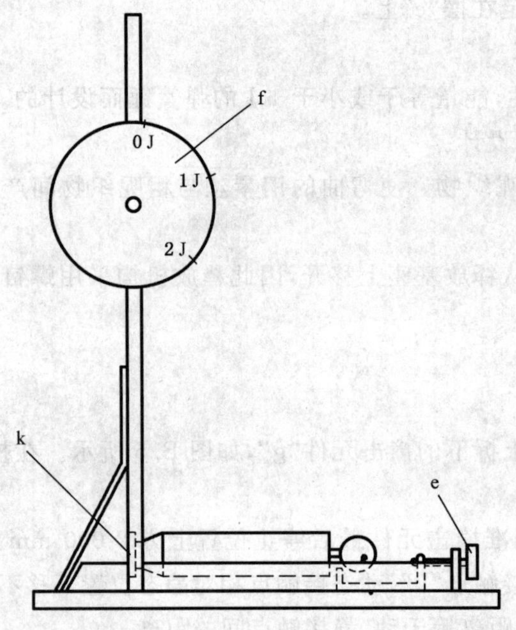

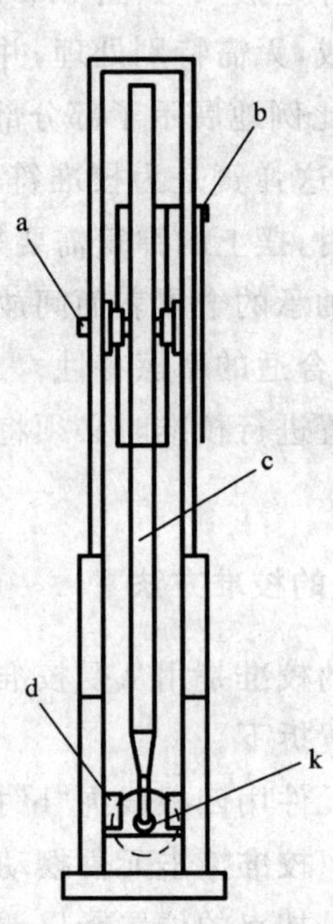

a——轴承；

b——指针；

c——摆；

d——释放基座；

e——释放机构；

f——分度盘；

k——撞击接触点。

图 B.1 校准装置

单位为毫米

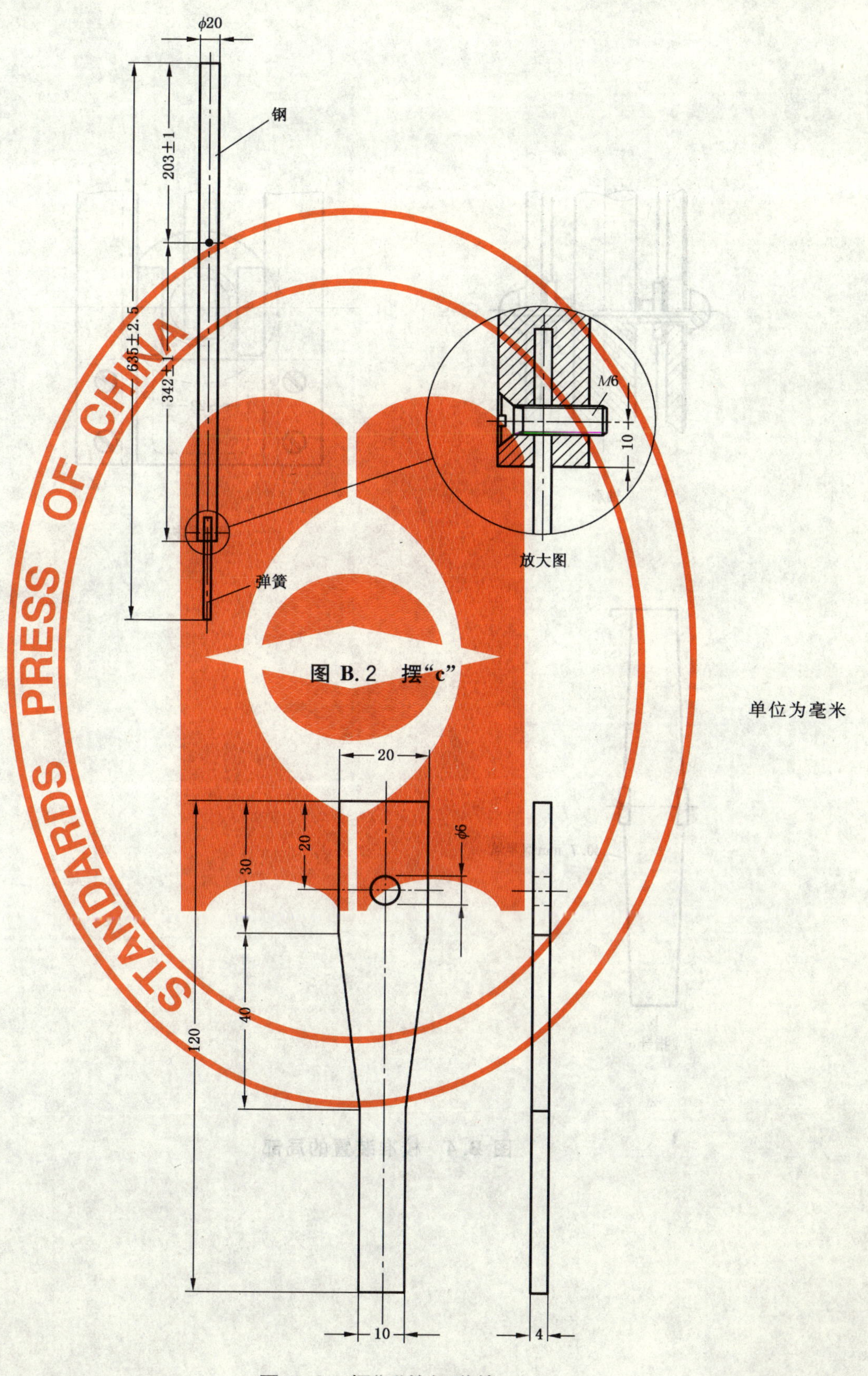

图 B.2 摆“c”

单位为毫米

图 B.3 摆“c”的钢弹簧

单位为毫米

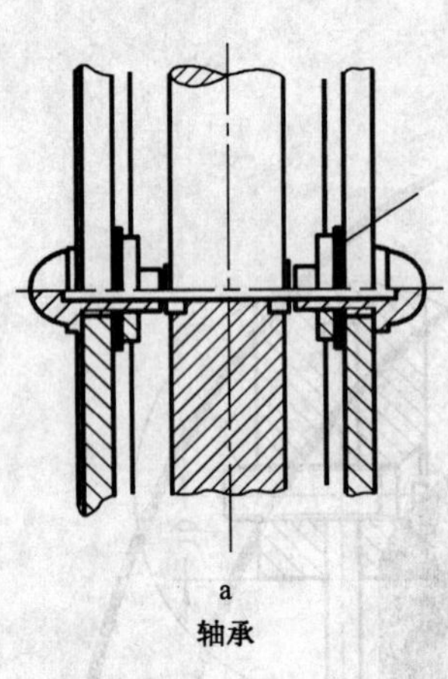

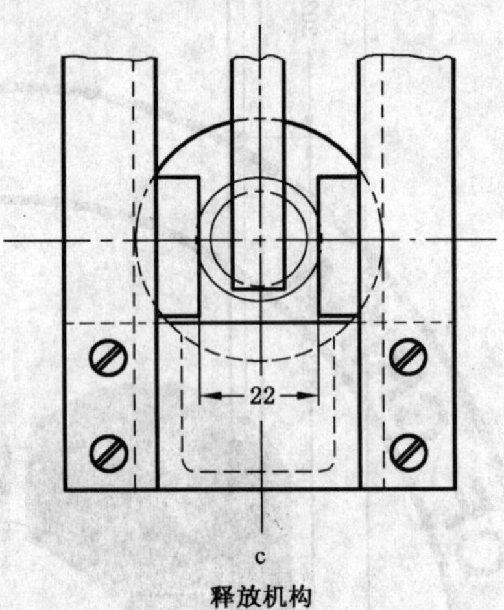

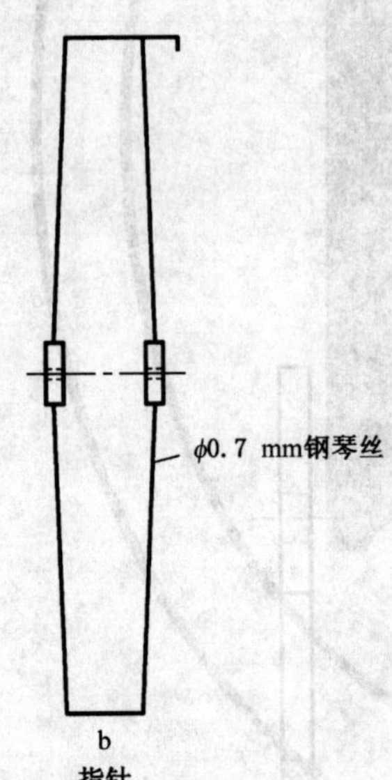

图 B.4　校准装置的局部

单位为毫米

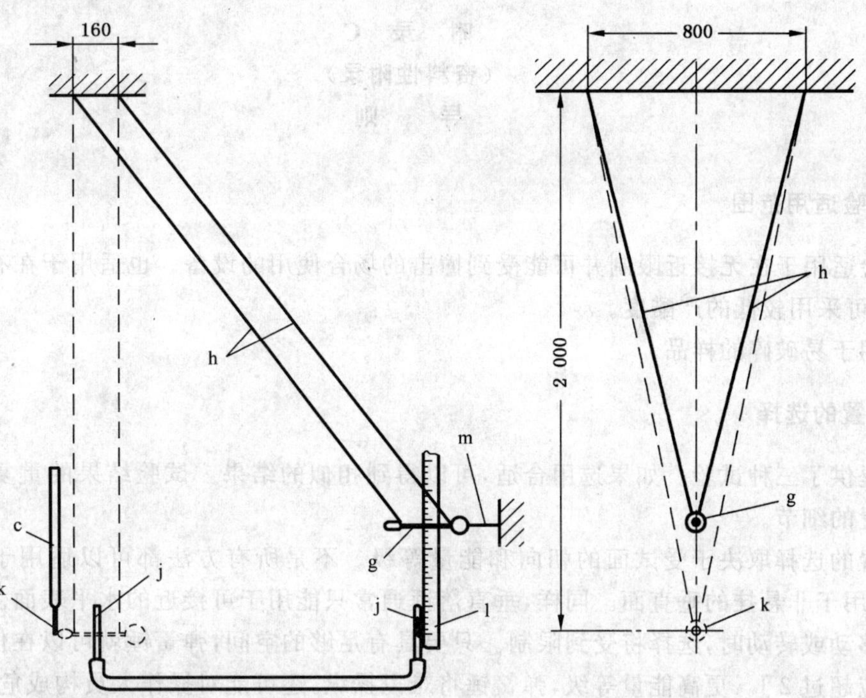

c——图 B.1 所示的摆；

g——拆卸后的撞击元件；

h——线绳；

j——玻璃管；

k——撞击点；

l——刻度；

m——细线。

为了表示得更清晰，校准装置仅用摆“c”表示。

图 B.5 校准装置的校准示意

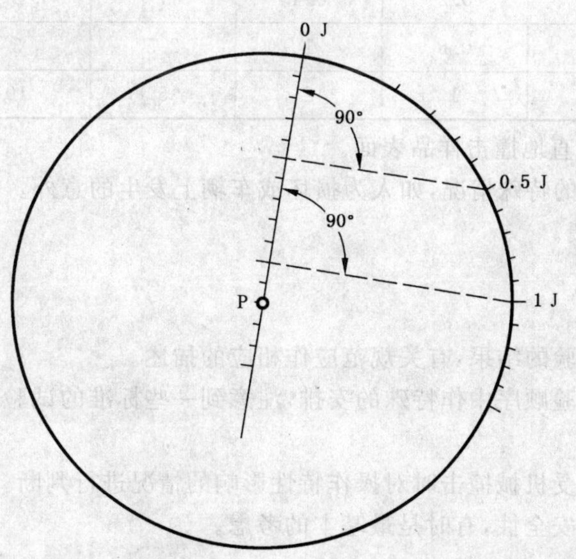

图 B.6 分度盘“f”

附 录 C
（资料性附录）
导 则

C.1 撞击试验适用范围

撞击试验适用于在无接近限制并可能受到撞击的场合使用的设备。也适用于在有接近限制场合使用的设备，但可采用较低的严酷度。

特别适用于易破碎的样品。

C.2 试验装置的选择

本部分提供了三种试验。如果选用合适，可以得到相似的结果。试验结果的重复性和再现性更多地取决于装置的细节。

试验装置的选择取决于受试面的朝向和能量等级。不是所有方法都可以适用于每种情况。很明显，摆锤只能用于非悬挂的垂直面。同样，垂直落锤通常只能用于可接近的水平表面。当样品由于其他原因不能被移动或转动时，选择将受到限制。只要具有足够的空间，弹簧锤就可以在任何位置使用。但撞击能量不应超过 2 J。更高能量等级，弹簧锤将难以操纵，还可能对操作人员构成危险。

C.3 严酷度的选择

撞击能量取决于释放运动后撞击物的质量和速度。以下表 C.1 给出了能量级的理论值，与本部分给出量值接近。

表 C.1 能量级 J

跌落高度/m	速度/(m/s)	撞击物质量/kg					
		0.1	0.2	0.5	1	2	5
0.1	1.4	0.1	0.2	0.5	1	2	5
0.2	2	0.2	0.4	1	2	4	10
0.5	3.1	0.5	1	2.5	5	10	25
1	4.4	1	2	5	10	20	50

表 C.1 的量值符合垂直地撞击样品表面。

会遇到一些更高能量的特殊情况，如人为损坏或车辆上发生的意外。在这类情况下，要考虑使用附加防护，如隔离带和防护墙。

C.4 试验的有关资料

样品的温度会影响试验的结果，有关规范应作相应的描述。

撞击试验应在系列试验顺序中作特殊的安排，注意到一些标准的试验要求用新的样品，应安排在锤击试验之前。

主要应根据样品在承受机械撞击时对操作特性影响的情况进行判断。

另一个重要的方面是安全性，有时是最基本的考虑。

附 录 D
（资料性附录）
摆锤试验装置示例

图 D.1 是能量小于 1 J 的摆锤试验装置示例。撞击元件遵照 4.2.1 和图 D.2。摆臂是一根外径（名义）9 mm 的钢管，壁厚（名义）0.5 mm。

样品安装座的质量为 10 kg±1 kg，并有一个牢固的支架。样品安放在 8 mm 厚，175 mm 的正方形胶合板上，符合 ISO 1098* 要求的胶合板更好。在安装座上下两边装有枢轴支架安装样品安装座。如图 D.3 所示。试验装置固定在坚固的墙上。

*ISO 1098 《通用胶合板 一般要求》

样品安装座的设计应保证：

a) 样品的安装位置，可以使撞击点处在摆转动的平面内；

b) 样品可以水平移动，也可以沿胶合板平面垂直方向轴线转动；

c) 胶合板可以沿平面竖直方向轴线转动。

样品应按正常使用状态安装在胶合板上。样品若不能直接安装在胶合板上，有关规范应规定合适的转换安装。图 D.4 是嵌入式开关转换安装的示例，图 D.5 是灯座转换安装的示例。

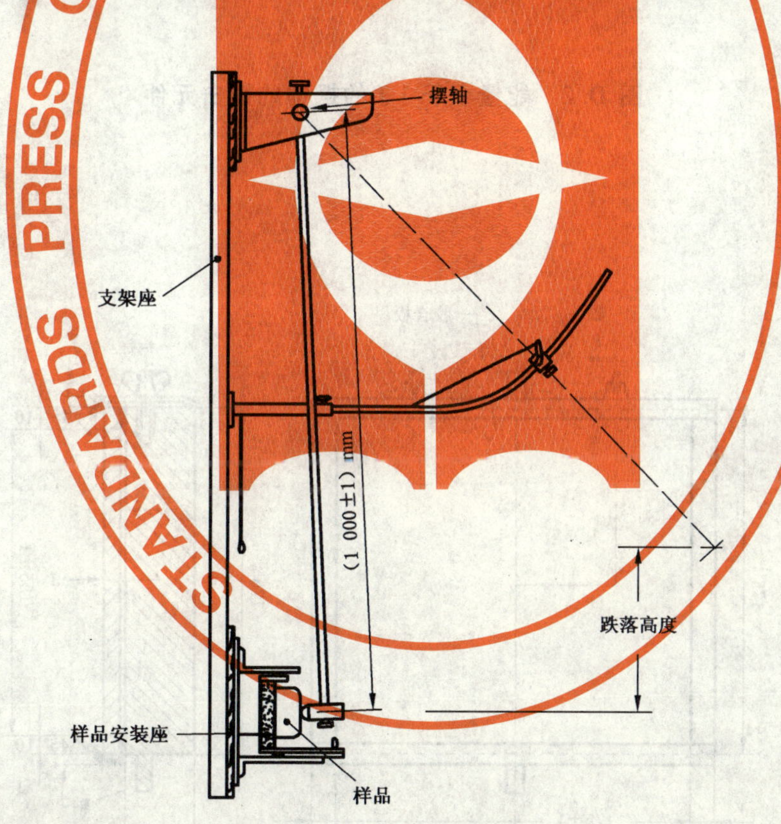

图 D.1 摆锤试验装置

单位为毫米

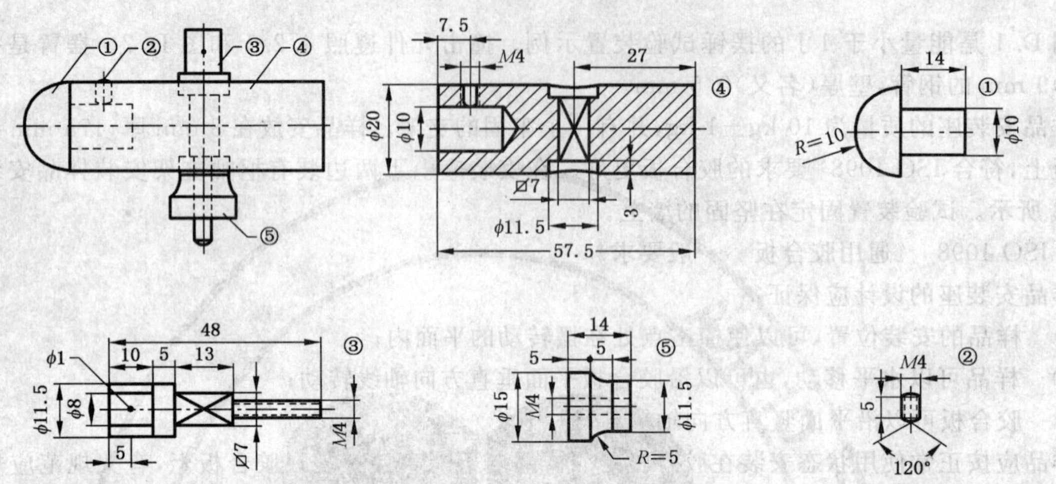

注：见表 1。

图 D.2 能量小于 1 J 的摆锤的撞击元件

单位为毫米

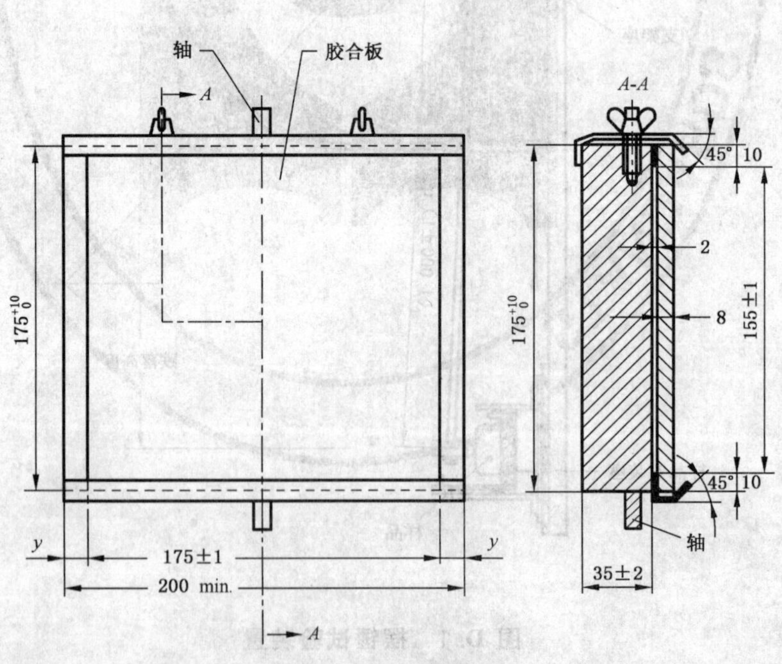

图 D.3 样品安装座

单位为毫米

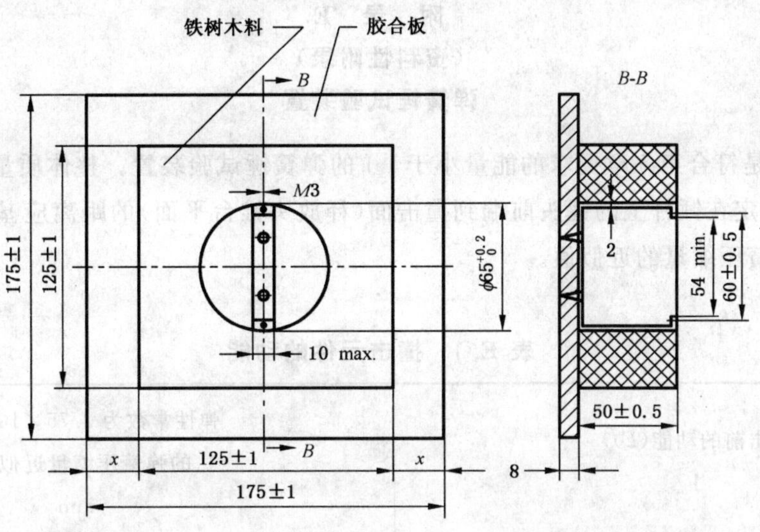

图 D.4 嵌入式开关的转换安装

单位为毫米

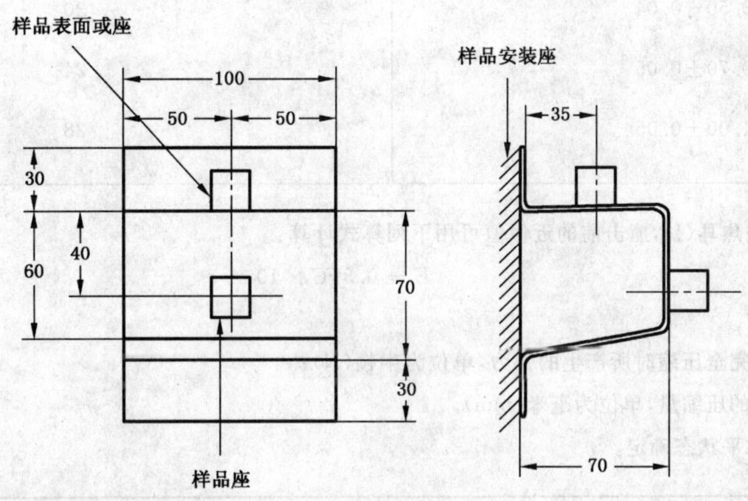

图 D.5 灯座的转换安装

附 录 E
（资料性附录）
弹簧锤试验装置

图 E.1 所示的是符合第 5 章要求的能量小于 1 J 的弹簧锤试验装置。整体质量 1 250 g±10 g。在撞击元件释放前，固定在锤杆上的锤头前端到撞击面（释放头锥台平面）的距离应基本符合表 E.1 给出的撞击前动能和弹簧压缩量的近似值。

表 E.1 撞击元件的动能

撞击前的动能(*E*)/ J	弹性常数为 2.75×10^{3} N/m 的弹簧压缩量近似值/ mm
0.14±0.014	10
0.20±0.02	13
0.35±0.03	17
0.50±0.04	20
0.70±0.05	24
1.00±0.05	28

注：动能的单位是焦耳(J)，撞击前的近似值可用下列算式计算：

$$E = 0.5FC \times 10^{-3}$$

式中：

F——锤弹簧完全压缩时所产生的弹力，单位为牛顿(N)；

C——锤弹簧的压缩量，单位为毫米(mm)。

上述能量由水平状态确定。

释放锥头质量约 60 g。当释放键处于将要释放撞击元件时，释放锥头弹簧对撞击表面的作用力约 5 N。通过调整释放机构弹簧使其有足够的压力保持释放键处于啮合位置。

拉回操作钮，直至释放键嵌入锤杆的凹槽。使弹簧锤处于待击发状态，将弹簧锤垂直于样品的受试面，释放锥头对准并接触样品的规定位置。缓慢地增加压力，使释放锥头缩回体内，直至与释放杆接触，推动释放杆驱动释放机构，使锤撞击样品。

单位为毫米

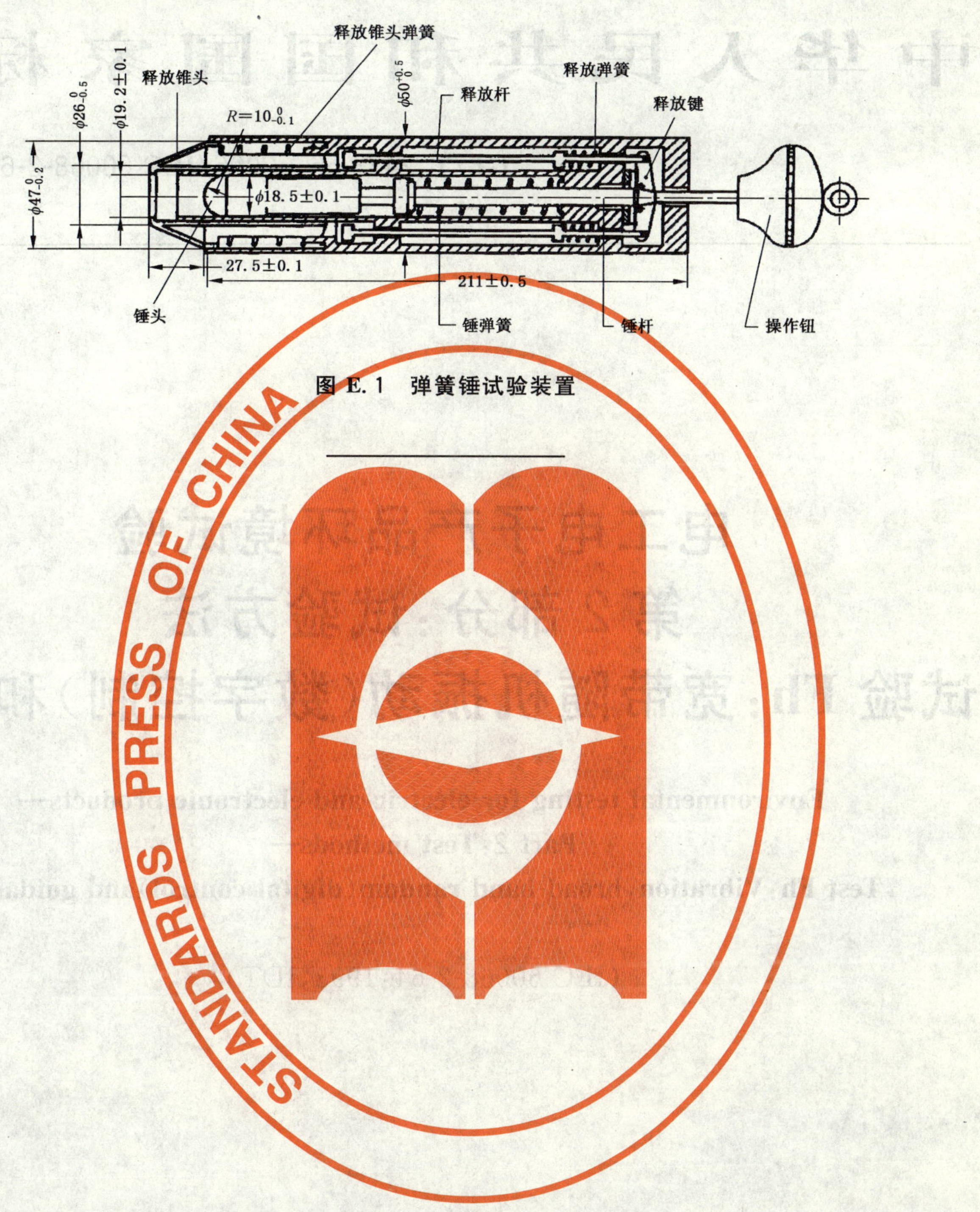

图 E.1　弹簧锤试验装置

ICS 19.020
K 04

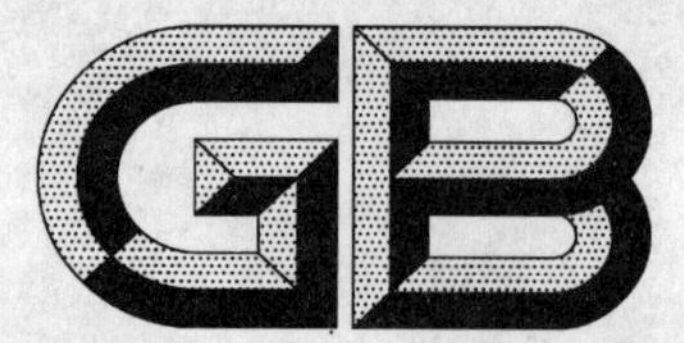

中华人民共和国国家标准

GB/T 2423.56—2006/IEC 60068-2-64:1993

电工电子产品环境试验 第2部分:试验方法 试验Fh:宽带随机振动(数字控制)和导则

Environmental testing for electric and electronic products—Part 2:Test methods—Test Fh:Vibration,broad-band random(digital control)and guidance

(IEC 60068-2-64:1993,IDT)

2006-11-08 发布 2007-04-01 实施

中华人民共和国国家质量监督检验检疫总局
中国国家标准化管理委员会 发布

前　言

GB/T 2423《电工电子产品环境试验　第2部分:试验方法》系列标准按试验方法分为若干部分。

本部分为GB/T 2423系列标准的第56部分。

本部分等同采用IEC 60068-2-64:1993《环境试验　第2部分:试验方法　试验Fh:宽带随机振动(数控)和导则》(英文版),但按GB/T 20000.2—2001《标准化工作指南　第2部分:采用国际标准的规则》的4.2b)和5.2的规定作了下列编辑性修改:

a) "IEC 60068的本部分"一词改为"GB/T 2423的本部分"或"本部分";

b) 用小数点"."代替作为小数点的逗号",";

c) 删除国际标准的前言;

d) 为了与现有GB/T 2423其他各部分的名称一致,将本部分改为当前名称。

本部分的附录A为规范性附录,附录B、附录C为资料性附录。

本部分由中国电工协会提出。

本部分由全国电工电子产品环境标准化技术委员会(SAC/TC 8)归口。

本部分由广州大学、信息产业部电子第五研究所、上海市电子仪表标准计量测试所、北京航空航天大学、航空一集团第301研究所、北京市海淀中元微型仪器公司、苏州试验仪器总厂负责起草。

本部分主要起草人:徐忠根、纪春阳、卢兆明、王德言、徐明、徐立义、张越、任珉、杨泽群、杜学英。

引　言

宽带随机振动试验标准一般适用于可能经受随机振动的电工电子产品,本部分规定的试验方法是以随机振动的数字控制为基础。有关规范如有要求,本部分允许对试验方法予以适当调整,以适用其他种类产品的试验样品。本部分替代已有的模拟方式宽带随机振动试验方法(试验 Fd,GB/T 2423.11—1982~GB/T 2423.14—1982)。

应当指出,随机振动试验是一个复杂的过程,它要求对试验的基本原理和技术有相当程度的理解,在试验中还需要具备相当多的工程判断经验。

与大多数其他试验相比,试验 Fh 不是以确定性技术而是以统计技术为基础。因而宽带随机振动试验是以概率和统计平均的形式来描述的。

附录 A(规范性附录)给出了振动响应检查的要求。

本部分的 11 章详细地列出了有关规范的编写者在采用本试验时应给出的信息。

附录 B(资料性附录)给出了本试验的导则。

附录 C(资料性附录)供有关章节参考,它给出了引用值(用 dB 或百分数表示)与其可替换值之间的转换。

电工电子产品环境试验
第2部分:试验方法
试验Fh:宽带随机振动(数字控制)和导则

1 范围

本部分提供了两种标准的试验方法(方法1和方法2),以确定试验样品承受规定宽带随机振动的能力。不能认为一种试验方法比另一种试验方法更严酷,差别主要是试验方法2提供更多的信息去量化所应用的试验,因此具有更好的再现性。

本部分还揭示了由随机振动引起的应力累积效应和特定的机械性能下降,以及使用这些信息和相关规范来评定试验样品的可接受程度。有时,本部分也用来证明样品的机械环境适应性和/或研究它们的动态特性。

本部分适用于在运输或工作环境中可能遭受随机振动的样品,如在飞机、太空飞船和陆地交通工具中,它主要用于没有包装的样品,以及在运输过程中其包装作为样品本身一部分试验样品。

本部分主要适用于电工电子产品,但并不局限于此,也可适用于其他领域的产品。

2 规范性引用文件

下列文件中的条款通过本部分的引用而成为本部分的条款。凡是注日期的引用文件,其随后所有的修改单(不包括勘误的内容)或修订版均不适用于本部分,然而,鼓励根据本部分达成协议的各方研究是否可使用这些文件的最新版本。凡是不注日期的引用文件,其最新版本适用于本部分。

GB/T 2298—1991 机械振动与冲击 术语(idt ISO 2041:1990)

GB/T 2421—1999 电工电子产品环境试验 第1部分:总则(idt IEC 60068-1:1988)

CB/T 2423.10—1995 电工电子产品环境试验 第2部分 试验方法 试验Fc和导则:振动(正弦)(idt IEC 60068-2-6:1982)

GB/T 2423.43—1995 电工电子产品环境试验 第2部分 试验方法 元件、设备和其他产品在冲击(Ea)、碰撞(Eb)、振动(Fc和Fd)和稳态加速度(Ga)等动力学试验中的安装要求和导则(idt IEC 60068-2-47:1982)

GB/T 4796 电工电子产品环境参数分类及其严酷程度分级(GB/T 4796—2001,idt IEC 600721-1:1991)

IEC 60050-301:1983 国际电工技术 术语(IEV)301章:电子测量总则

IEC 60050-302:1983 国际电工技术 术语(IEV)302章:电子测量仪器

IEC 60050-303:1983 国际电工技术 术语(IEV)303章:电子测量仪器(高级版)

IEC 60068 环境试验

IEC 60068-2 环境试验 第2部分:试验方法

3 定义

使用的术语一般在GB/T 2298—1991或IEC 60050(301、302、303):1983与GB/T 2421—1999或者GB/T 2423.10—1995中定义过。为方便读者,这里包括了出自上述标准但略有出入的定义,并且指出了它们的差别。

另外,下面增加的术语和定义也适用于本部分。

3.1

−3 dB 带宽 B_r　−3 dB bandwidth

B_r

在频率响应函数中对应于单一共振峰值最大响应 0.707 倍的两点之间的频率宽度(见 4.3.6.2)。

[GB/T 2298—1991,修正]

3.2

加速度谱密度　acceleration spectral density

当在带宽趋于零和平均时间趋于无穷的极限状态下,各单位带宽上通过中心频率窄带滤波器的加速度信号方均值(见 4.3.4)。

[GB/T 2298—1991,修正]

3.3

偏差　bias error

由于采用有限的频率分辨率估计加速度谱密度引起的系统误差(见 4.3.6.2)。

3.4

检测点　check-point

位于夹具、振动台或样品上的用于信号检测的点,应尽可能靠近某个固定点并与之刚性连接(参见 A.2.4.1)。

注 1:应有足够多的检测点以满足试验要求。

注 2:若固定点少于或等于 4 个,则全部作为检测点。否则,按照有关规范中规定取 4 个有代表性的固定点作为检测点。

注 3:在特殊情况下,例如大型或复杂样品,若检测点无法靠近固定点,则有关规范应有规定。

注 4:当许多小样品安装在同一个夹具上或一个小样品上有若干个固定点时,可以选择单个检测点(参考点)来获取控制信号。此信号与夹具有关而不与样品的固定点有关。此时夹具的最低共振频率应充分高于试验频率的上限。

3.5

控制加速度谱密度　control acceleration spectral density

在参考点上测量到的加速度谱密度(见 4.3.3)。

3.6

控制系统回路　control system loop

包括下列操作:

——参考点上模拟随机信号的数字化;

——进行必要的数据处理;

——产生更新后的模拟随机信号给振动系统功率放大器(参见 B.1)。

3.7

峰值因子　crest factor

峰值和方均根值之比(见 4.3.3)。

[GB/T 2298—1991]

3.8

阻尼比　damping ratio

粘性阻尼系统中实际阻尼和临界阻尼的比值。

3.9

失真度　distortion

失真度:

$$d = \frac{\sqrt{a_{\text{tot}}^2 - a_1^2}}{a_1} \times 100(\%) \qquad \cdots\cdots(1)$$

式中：

a_1——信号中基频分量的加速度方均根值；

a_{tot}——包含 a_1 在内的所有加速度总的方均根值。

（等同于 GB/T 2423.10—1995 第 3 章定义，不同于 GB/T 2298—1991 定义）

3.10

驱动信号的削波　drive signal clipping

对驱动信号瞬时值的限制（见 4.3.3）。

3.11

有效频率范围　effective frequency range

实际从频率低于 f_1 斜谱前端到高于 f_2 斜谱后端的频率范围（见图 2）。

3.12

加速度谱密度误差　error acceleration spectral density

规定的加速度谱密度值和控制实现的加速度谱密度值之差。

3.13

均衡　equalization

使加速度谱密度误差最小化的过程。

3.14

最终斜谱　final slope

加速度谱密度大于 f_2 的部分（参见 B.2.4）。

3.15

频率分辨率　frequency resolution

加速度谱密度的频率间隔宽度，以赫兹为单位。它等于数字分析中子样记录长度的倒数。在给定的频率范围内，谱线的数量和间隔的数量相等（见 4.3.6）。

3.16

g_n　acceleration of gravity

由于地球引力引起的标准加速度，它随海拔高度和地理纬度变化（见 5.3）。

在本部分中 g_n 圆整为 10 m/s^2。

3.17

加速度谱密度示值　indicated acceleration spectral density

受仪器误差、随机误差和偏差影响的分析仪示值（见 4.3.6）。

3.18

初始斜谱　initial slope

加速度谱密度小于 f_1 的部分（参见 B.2.4）。

3.19

仪器误差　instrument error

由控制系统及其输入的每一个模拟环节引起的误差（参见 B.2.3.2）。

3.20

多点平均控制　multipoint control，averaging

由多个检测点的加速度谱密度经算术平均形成的控制加速度谱密度（参见 B.2.1.2）。

3.21

多点最大值控制　multipoint control，external

由多个检测点对应谱线上的加速度谱密度的最大值形成的控制加速度谱密度（参见 B.2.1.2）。

3.22

优先试验轴　preferred testing axes

按实际情况尽可能选择相应于样品最薄弱的3个正交轴(见8.1)。

3.23

随机误差　random error

由于不同的实际平均时间与滤波器带宽的限制导致加速度谱密度估计误差(参见B.2.3.3)。

3.24

记录　record

用于快速傅立叶变换计算的时域的等间隔数据点的集合(参见B.1)。

3.25

参考点　reference point

从检测点中选出的点,其信号用于试验控制,以满足本部分要求。

注:该点可能是虚拟参考点(参见A.2.4.2)。

3.26

可再现性　reproducibility

按下列不同条件下对相同参量相同数值进行测量的结果之间的一致性程度:

——不同的测试方法;

——不同的测量仪器;

——不同的观察人员;

——不同的实验室;

——间隔较长的不同的测量时间;

——不同的仪器使用习惯。

注:术语"再现性"也可应用于满足上述部分条件的情况。

[IEC 60050(301,302,303)]

3.27

响应点　response points

位于试验样品上的特定部位的点,从这些点上获得数据进行振动响应分析。这些点不是检测点或参考点。(参见A.3.1)。

3.28

方均根值　root-mean-square value

在 f_1 与 f_2 区间内单值函数的方均根值,是在该区间内的函数值的平方的平均值的平方根值(见4.3.4)。

[GB/T 2298—1991,修正]

注:本试验方法,加速度、速度和位移的方均根值可以按B.2.5计算。

3.29

标准差 σ　standard deviation, σ

根据振动理论,当振动幅值的平均值等于0时,振动的标准差等于方均根值。

[GB/T 2298—1991,修正]

3.30

统计精度　statistical accuracy

加速度谱密度真值与加速度谱密度示值之比(见4.3.5)。

3.31

统计自由度　statistical degrees of freedom

用时间平均方法来估算随机数据的加速度谱密度时,统计自由度取决于频率分辨率和有效平均时间(见4.3.5)。

[GB/T 2298—1991,修正]

3.32

扫频循环 sweep cycle

在规定的频率范围内的往复扫频一次,例如 5 Hz-500 Hz-5 Hz(参见 A.2.5)。

[GB/T 2423.10—1995]

3.33

真实加速度谱密度 true acceleration spectral density

作用于试验样品上的随机波的加速度谱密度(见 4.3.6)。

3.34

窗函数 window function

在处理加权数据时为减少误差而使用的截断函数(见 4.3.6.2)。

[GB/T 2298—1991]

4 试验要求

4.1 总则

进行试验时,整个振动系统包括功率放大器、振动发生器、试验夹具、试验样品和控制系统等都应满足必要的性能要求。

本部分提供了两种试验方法。

方法 1 通常仅应用于随机振动。但有关规范也可能要求在随机振动之前或前后用正弦或随机振动激励进行振动响应检查(见 8.2 和 8.6)。

方法 2 在随机振动试验之前用正弦或随机振动激励进行振动响应检查以寻找最窄的 −3 dB 带宽的共振。在某些条件下,有关规范可能要求进行附加的振动响应检查(见 8.6)。

4.2 振动响应检查

试验 Fc(GB/T 2423.10—1995)正弦波激励的要求已在规范性附录 A 中规定。随机振动试验 4.3 的随机激励的要求也在附录 A 中规定。

4.3 随机振动试验

4.3.1 基本运动

有关规范应规定试验样品各固定点的基本运动,这些点应具有大体相同的运动,其基本运动应该是直线运动,并具有随机的特征。其瞬时加速度值应呈正态(高斯)分布。若各点的运动很难达到完全相同时,则应采用多点控制。

4.3.2 横向运动

在垂直于指定轴向的任一轴上测得的检查点的加速度谱密度不应超过规定值的 5 dB,并且相应加速度方均根值不应超过基本运动规定值的 50%。在特殊情况下,例如小样品,有关规范应限制横向运动的加速度谱密度以保证不超过基本运动 3 dB。

在某些频率上或者对于尺寸大或质心高的样品,达到这些值可能是困难的。在这种情况下,有关规范应说明采用下列两条中的一条:

a) 超出上述给定值的任何横向运动都应记录在试验报告中;

b) 已知不会对试验样品损伤的横向运动不需监测。

4.3.3 分布

在图 1 给定的容差带内,参考点的瞬时加速度值应呈正态(高斯)分布。对大部分随机振动试验系统,其分布通常会落在容差带内。在系统常规标定时应进行检定(参见 B.2.2)。

如果使用虚拟的参考点进行控制,所有用来构成加速度谱密度的检测点都应满足此分布要求。

有关规范应规定峰值因子或驱动信号的削波至少应为2.5。应对从检测点得到加速度波形进行检查以确保当前信号中包括不低于规定方均根值2.5倍的峰值。

4.3.4 振动容差

在要求方向上检测点和参考点的含仪器容许误差的规定加速度谱密度示值在如图2所示 f_1 和 f_2 之间容差应在±3 dB范围内(参见B.2.3.2)。当使用方法2时,有关规范应规定最大允许偏差(见8.1和B.2.3.4)。

在 f_1 和 f_2 内,计算或测量得到的加速度方均根值应在规定加速度谱密度的方均根值的±10%之内。此值适用于单点和多点控制。

在某些频率上或对于尺寸大或质心高的样品,达到这些值可能是困难的。在这些情况下,有关规范应规定较宽的容许误差。

初始和最终斜谱应分别不低于+6 dB/oct和不高于−24 dB/oct(参见B.2.4)。

4.3.5 统计精度

统计精度由统计自由度(N_d)决定。统计自由度按式(2)计算:

$$N_d = 2B_e \times T_a \quad \cdots\cdots(2)$$

式中:

B_e——频率分辨率;

T_a——有效平均时间;

N_d——应不低于120(参见表B.2和图6)。

4.3.6 频率分辨率

使加速度谱密度真值与示值之间误差最小所必需的频率分辨率,对于方法1应在4.3.6.1的限定值内,对方法2应在4.3.6.2计算的限定值内。

4.3.6.1 方法1

频率分辨率的最大值应从表1中选取。

表1 频率分辨率,方法1

单位为赫兹

试验频率范围		频率分辨率的上限值
f_1	f_2	
1	100	0.5
5	500	2.5
20	2 000	10
50	5 000	25

4.3.6.2 方法2

频率分辨率 B_e 应从共振频率响应检查中选择最窄的−3 dB带宽 B_r(参见A.2.6和A.3.1)。频率分辨率由式(3)计算:

$$B_e = a \times B_r \quad \cdots\cdots(3)$$

式中 $a<1$,因子 a 考虑了系统误差 E_b,应从表2中取值(参见B.2.3.4)。

表2 矩形窗函数中的因子 a 和系统误差

系统误差 E_b/dB	±3	±2	±1	±0.5
因子 a	0.87	0.75	0.56	0.40
注:对其他类型窗函数,因子 a 应除以表B.3中的因子 W(参见B.2.3.4)。				

4.4 安装

除有关规范另有规定,样品应按GB/T 2423.10—1995的规定安装,它参考GB/T 2423.43—1995。

5 严酷等级

5.1 总则

试验严酷等级根据由下列参数组成：

——试验频率范围；

——加速度谱密度值；

——加速度谱密度的谱型；

——试验持续时间。

有关规范应规定每一个参数值。它们从下列参数中选取：

a) 从5.2～5.5的给定值中选取；

b) 当从已知环境条件中得出明显不同值时，则取该值；

c) 由已知相关的数据资料中获得(例如GB/T 4796)。

5.2 试验频率范围

如果选择了5.1中选项a)，则试验频率范围应从表3中选取。

表3 试验频率范围 单位为赫兹

f_1	f_2
1	100
5	500
20	2 000
50	5 000

频率 f_1 和 f_2 以及它们与加速度谱密度的关系如图2所示。

5.3 加速度谱密度

如果选择了5.1中选项a)，则在 f_1 和 f_2 之间的加速度谱密度(图2中0 dB)应从下列数值(以 $(m/s^2)^2/Hz$ 为单位)中选取：

0.05;0.1;0.5;1.0;5.0;10.0;50.0;100.0

若采用 g_n 表达，g_n 取 $10\ m/s^2$。

5.4 加速度谱密度的谱型

规定加速度谱密度谱型为平直谱(见图2)。在特殊情况下，可能要规定近似形状的加速度谱密度谱型。此时，有关规范应按频率函数规定加速度谱密度曲线形状。应尽可能从5.2和5.3给定值中选取不同的谱密度值和相应的频率范围，即拐点。此外，有关规范应规定在不同谱密度值之间的斜率。

5.5 试验持续时间

每一个轴向的持续时间应从下列数值中选取，以分钟为单位，容差为0～5%：

1;3;10;30;100;300

6 预处理

有关规范若要求进行预处理，则应规定相应的条件。

7 初始检测

应按有关规范的要求对样品的外观、尺寸和功能进行检测(参见B.7)。

8 试验

8.1 总则

试验根据有关规范规定采用方法 1 或方法 2 按照不同的试验流程进行。其步骤如下：

方法 1：

——如果有要求，进行初始振动响应检查(见 8.2)；

——试验前用低量值激励进行均衡(见 8.3)；

——随机振动试验(见 8.4)；

——如果有要求，进行最终振动响应检查(见 8.6)。

方法 2：

——初始振动响应检查(见 8.2)；

——试验前用低量值激励进行均衡(见 8.3)；

——随机振动试验(见 8.4)；

——如果有要求，进行最终振动响应检查(见 8.6)。

除有关规范另有规定，样品应依次在每一个选定试验轴上经受振动激励。除有关规范另有规定，沿着这些轴的试验顺序是不重要的。

参考点的控制加速度谱密度，如单点控制，则从一个检测点获得；如多点控制，则从多个检测点获得。对后者，有关规范应说明，是各检测点信号的平均值应控制在规定的范围内，或是选定点的信号值，例如最大幅值，应控制在规定的范围内。在多点控制的任何一种情况下，这个点都成为虚拟的参考点。

当带有减振器的样品需要进行不带减振器的试验时，应作特殊处理(参见 B.4)。

8.2 振动响应检查

当有关规范中规定选用方法 1 时，并不要求把振动响应检查作为试验方法的一部分。但是，有关规范也可规定，在随机振动试验前或前后，进行振动响应检查(见 4.2 和附录 A)。

当有关规范中规定选用方法 2 时，应在试验频率范围内分析样品的振动特性。振动响应检查可按有关规范中规定的正弦或随机激励进行，规范应规定样品上的响应测量点(见 4.2 和附录 A)。

当用正弦激励时，有关规范应规定至少进行一次覆盖试验频率范围的扫频循环，且扫频时，加速度幅值≤10 m/s^2 或者位移幅值为 5 mm，取较小值。如果要获得更加精确的响应特性，振幅和扫频速率可与规定的值不同。应避免持续时间过长。

为了防止样品的应力比随机振动试验中的大，也可能减小振动幅值，比如当样品对正弦振动很敏感时。

当采用随机激励时，加速度方均根值不应超过随机振动试验中规定值的 25%。持续时间应尽可能短，但至少应足够长以保证自由度至少达到 $N_d=120$(参见 B.2.3.3 和图 6)。

8.3 试验前低量值激励均衡

在以规定值进行随机振动试验之前，为了均衡和进行初步分析，可能有必要对实际样品进行低量值的随机试验。重要的是在这个阶段施加的加速度谱密度保持最小。

随机激励允许的持续时间如下：

g_n 方均根值低于－12 dB：无时间限制；

g_n 方均根值在－12 dB～－6 dB 之间：不超过规定试验时间的 1.5 倍；

g_n 方均根值在－6 dB～0 dB 之间：不超过规定试验时间的 10%。

随机振动试验的规定时间不包含均衡的持续时间。

8.4 随机振动试验

有关规范应选择合适的试验频率范围(f_1 到 f_2)、加速度谱密度、加速度谱密度谱型和试验时间。若有关规范有要求，为了核实随机输入波的平稳性，在检测点上应按适当的时间间隔进行加速度谱密度和加速度方均根值的多次测量，这应记录在试验报告中。

8.5 中间检测

如有关规范有规定，在试验过程中样品应在规定的时间间隔内进行中间检测，并检测其性能(参见B.6)。

8.6 最终振动响应检查

当应用方法2或相关规范规定应用方法1进行初始振动响应检查的情况下，有关规范也会要求在随机振动试验完成后进行另外的振动响应检查，以确定自初始振动响应检查后样品是否发生了变化或失效。必须用与初始振动响应检查相同的方式、相同的响应点和相同的参数进行最终振动响应检查。如果在两次分析中得到的结果不同，有关规范应说明如何处理。

9 恢复

有时在试验后和最终检测前需要一段恢复时间让样品达到与初始检测时相同的条件，例如温度。有关规范应规定需要恢复的条件。

10 最终检测

应按有关规范规定对样品进行外观、尺寸和功能检测。

有关规范应给出样品可接受或拒收的判据。

11 有关规范应给出的信息

当有关规范中采用本试验时，只要适用，应尽可能给出下列细节，要特别注意带星号的条款，因为这些条目总是必需的。

条款

a) 初始振动响应检查，方法1(正弦或随机激励) …… 4.1,8.2
b) 使用正弦或随机激励的振动响应检查，方法2* …… 4.1,8.2
c) 最终振动响应检查，方法1和方法2 …… 4.1,8.6
d) 固定点* …… 4.3.1
e) 横向运动 …… 4.3.2
f) 峰值因子或驱动信号削波* …… 4.3.3
g) 振动容差 …… 4.3.4
h) 允许偏差(方法2)* …… 4.3.4
i) 安装 …… 4.4
j) 试验频率范围* …… 5.2,8.4
k) 加速度谱密度值* …… 5.3,8.4
l) 加速度谱密度谱型* …… 5.4,8.4
m) 试验时间* …… 5.5,8.4
n) 预处理 …… 6
o) 初始检测* …… 7
p) 方法1或方法2* …… 8.1
q) 多点控制 …… 8.1
r) 试验轴向和试验顺序 …… 8.1
s) 响应点(方法2) …… 8.2
t) 加速度谱密度的多次测量 …… 8.4
u) 中间检测 …… 8.5
v) 恢复 …… 9
w) 最终检测和接受或拒收的判据* …… 10

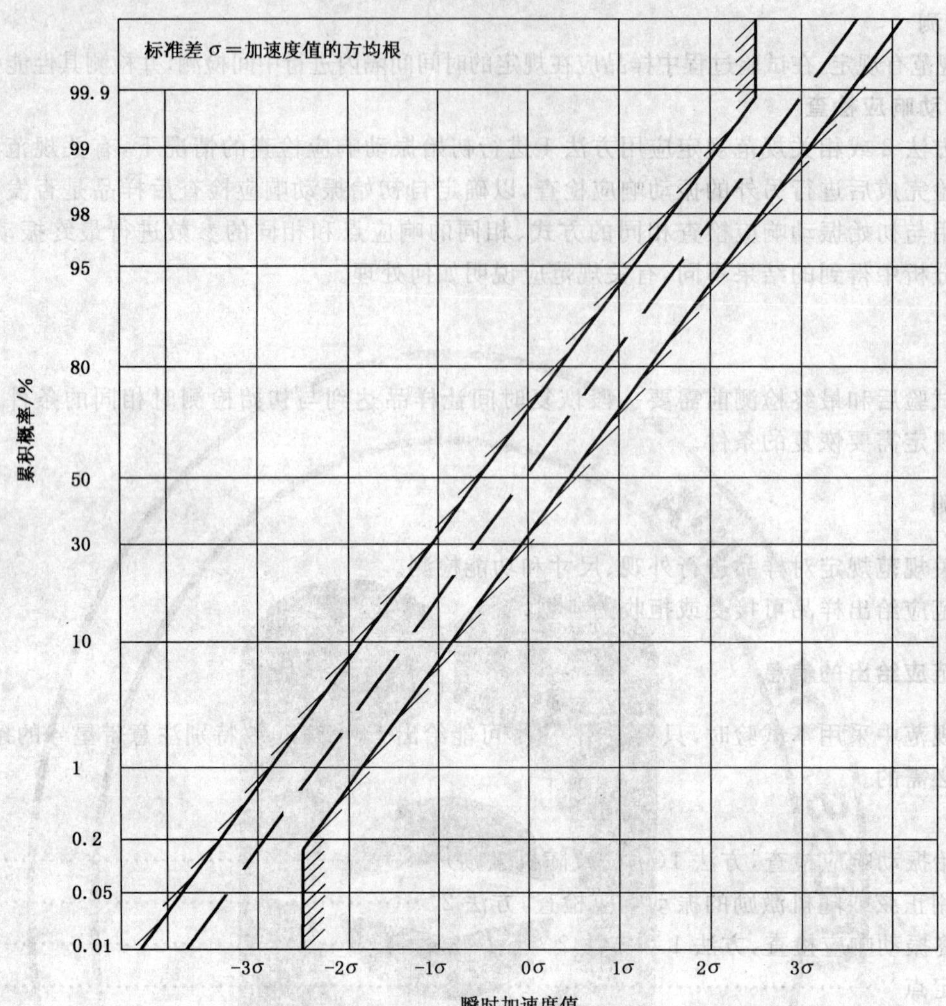

图 1　瞬时加速度值分布的容差带

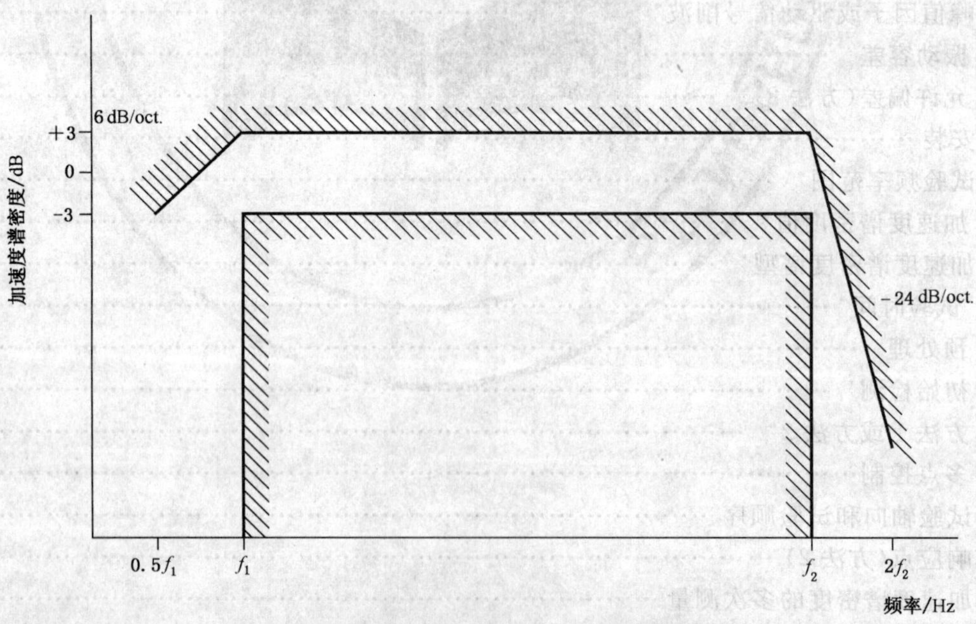

图 2　加速度谱密度的容差限

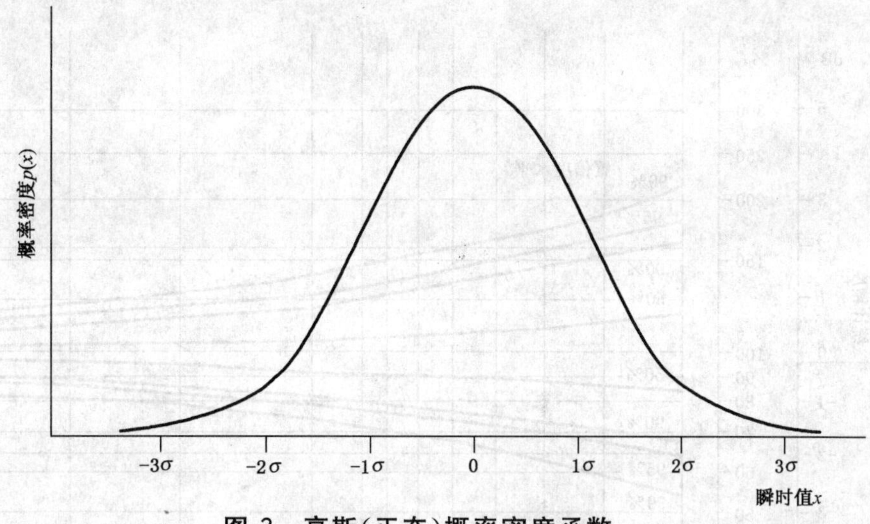

图 3　高斯(正态)概率密度函数

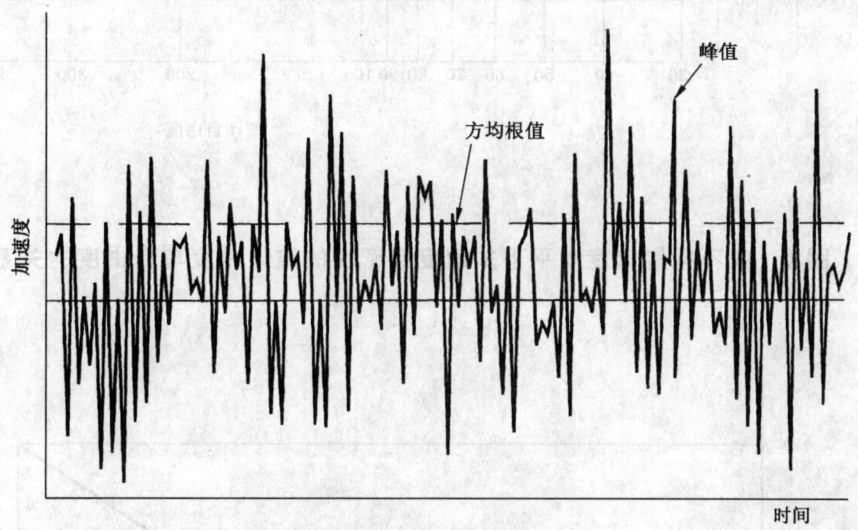

图 4　信号削波示意图

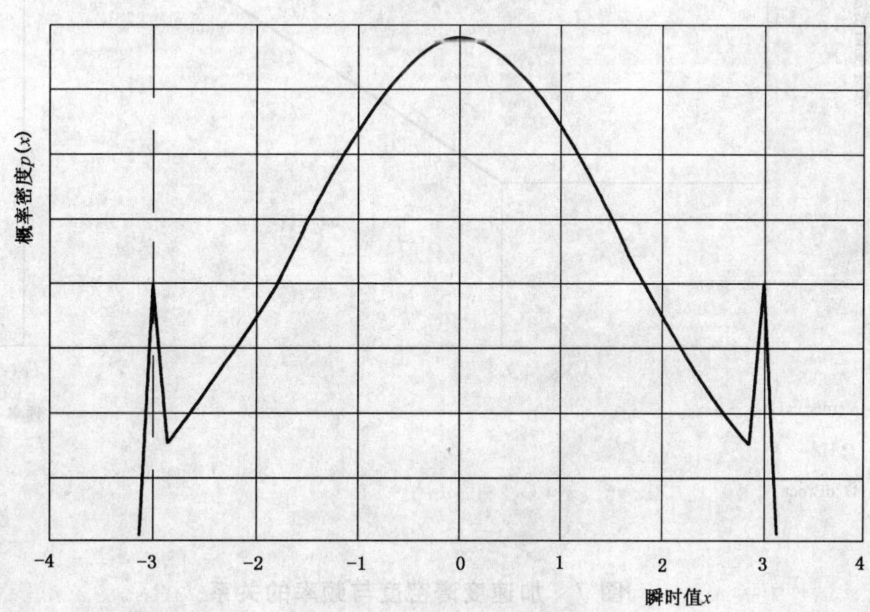

图 5　削波后的非高斯概率密度函数

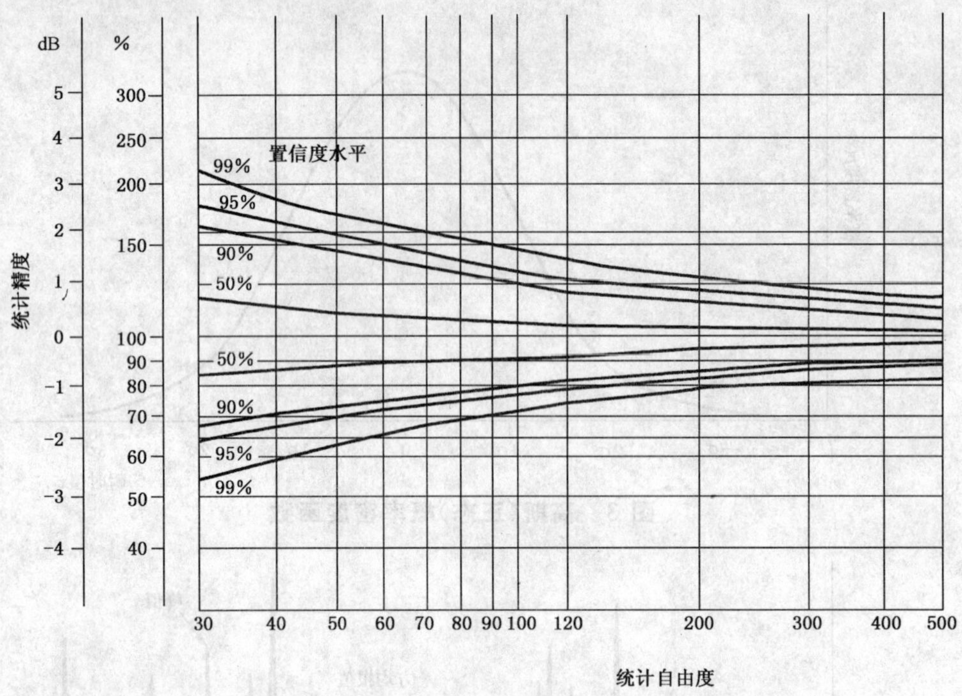

图 6 在不同置信度水平下加速度谱密度的统计精度与自由度的关系

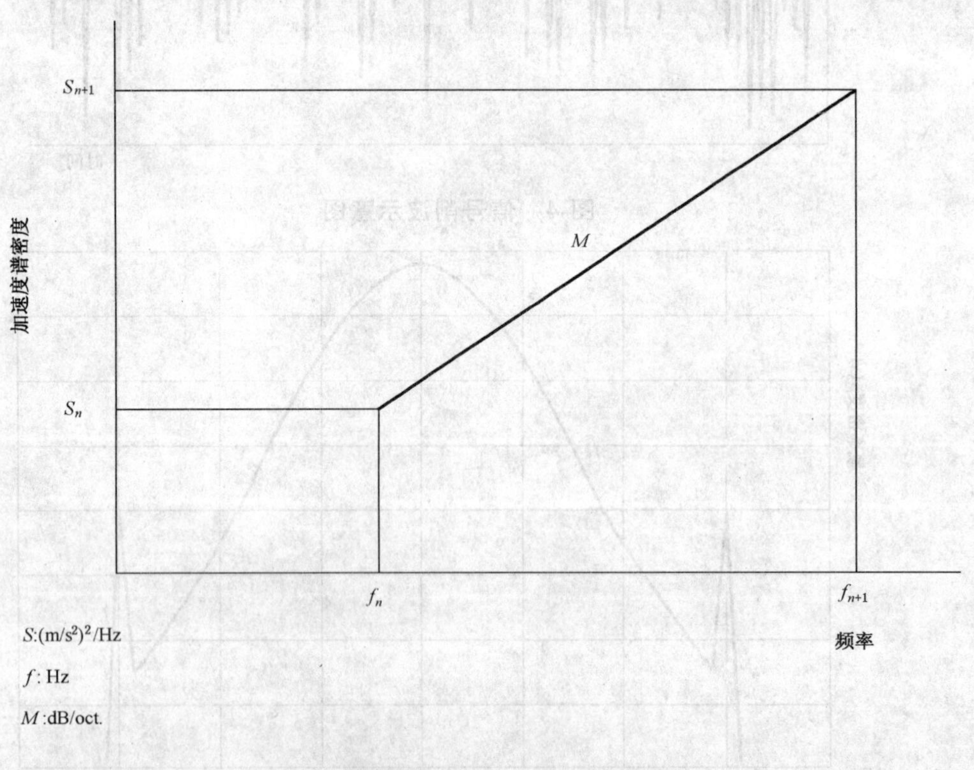

图 7 加速度谱密度与频率的关系

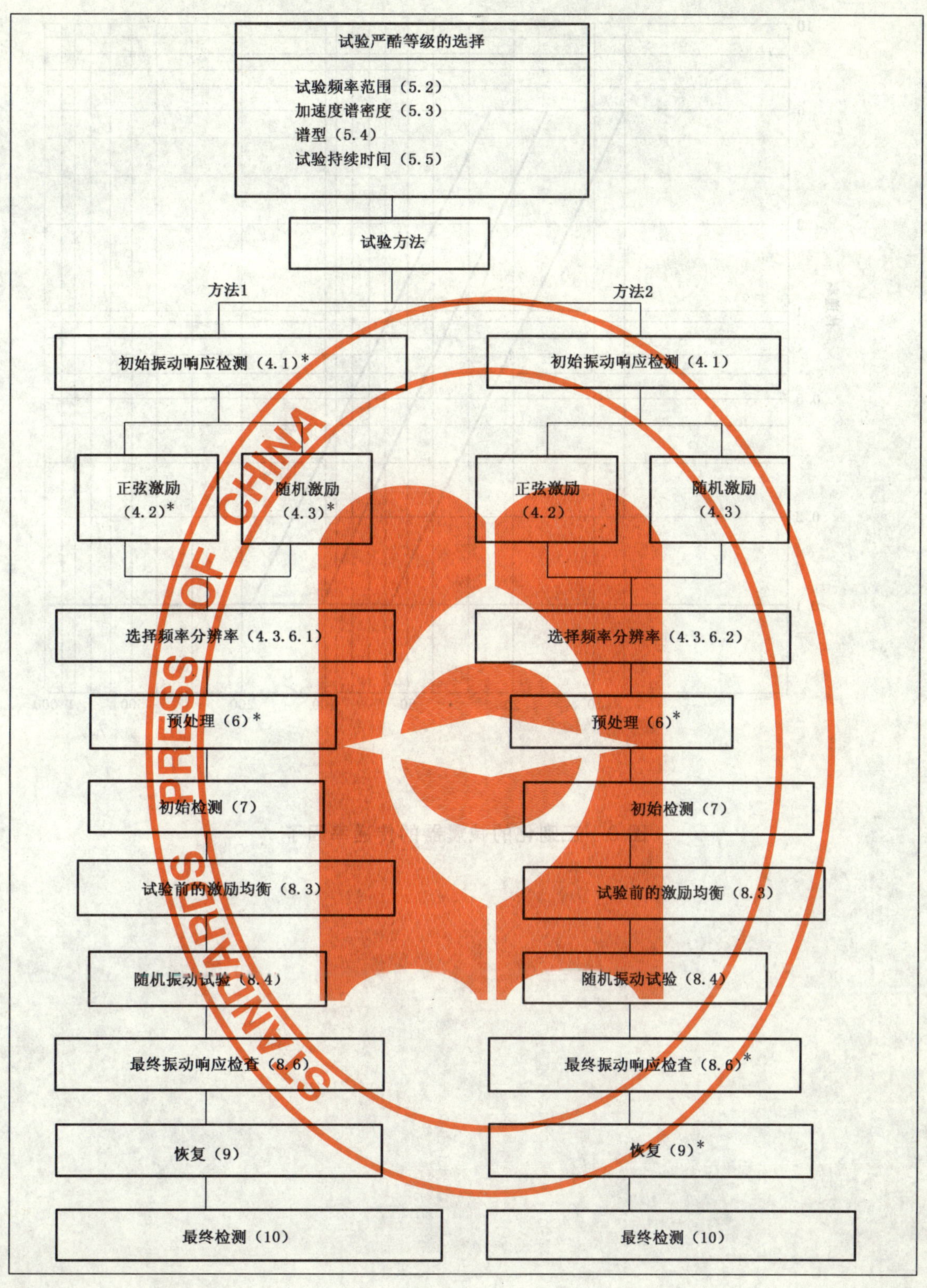

*:若有关规范有规定。

图 8　宽带随机振动试验的流程图

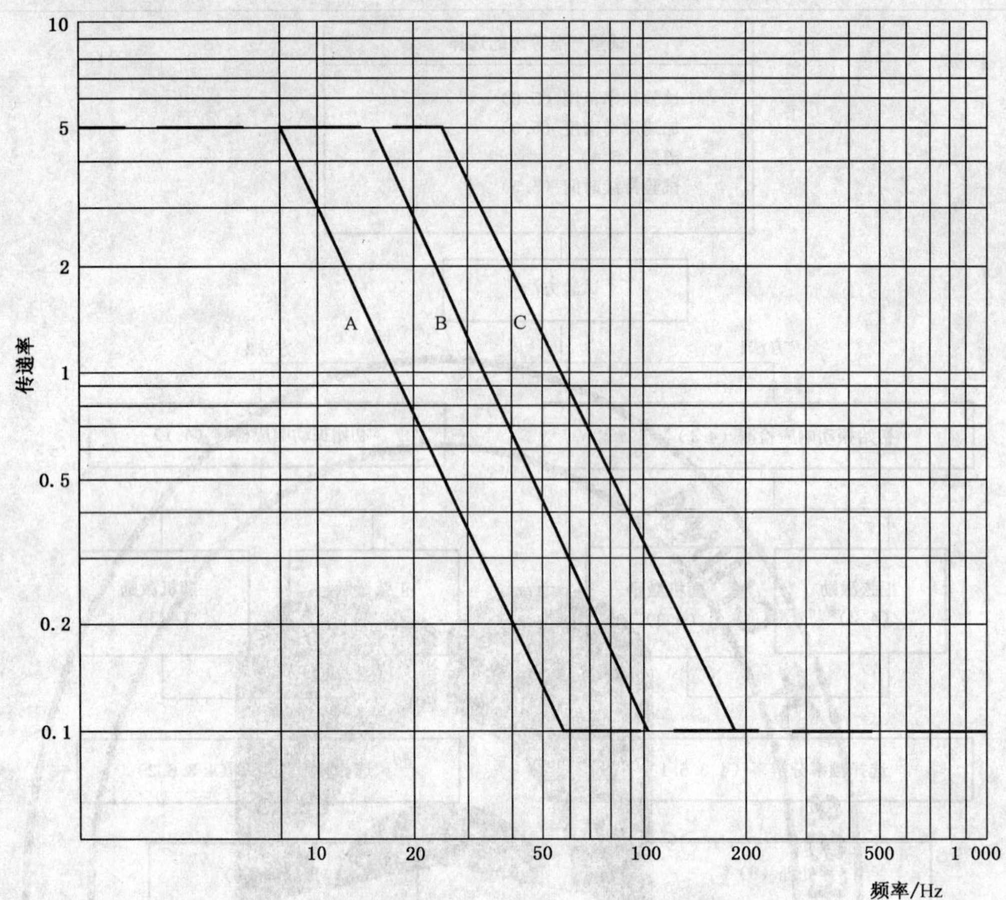

图 9　正则化的减震器的传递率因子

附 录 A
（规范性附录）
振动响应检查

A.1 引言

振动响应检查对检查样品的动态特性非常有用；如果需要确定机械或结构的影响，对于方法1可能是必要的。

对于按照方法2进行的随机振动试验，为了选择最窄的带－3 dB带宽 B_r 的共振峰值来计算公式(2)中的极限频率分辨率 B_e，振动响应检查是必要的。

必须从多个测点上获得样品的频率响应特征以避免由于选择响应点为某一特定振动模态的节点而丢失结构的共振。因此，用于寻找 B_r 的信号应从有关规范规定的响应点中选择。当有关规范不能确定这些响应点的具体位置时，建议由试验工程师来选择响应点的位置。

应注意测试装置基本不能改变样品该部分或整体的动态特性。

在非线性共振的情况下，在扫频过程中共振频率会随扫频方向的变化而改变。放大率也取决于输入振动的幅值。

随机振动试验之后进行的振动响应检查可以用来确认共振频率的改变。这些改变可能说明样品特性发生变化或产生了破坏。

A.2 正弦振动

试验应满足的要求如下，通常与试验Fc一致(GB/T 2423.10—1995)。

A.2.1 基本运动

基本运动应是时间的正弦函数，以保证有关规范规定样品的固定点基本上以同相位和在平行线上作直线运动，并满足A.2.2、A.2.3、A.2.4中所规定的限制条件。

A.2.2 横向运动

在垂直于指定轴的任一轴上检测点的最大振动幅值，在500 Hz以下应不超过规定幅值的50%，在500 Hz以上应不超过规定幅值的100%。在特殊情况下，比如小样品，除有关规范另有规定，允许横向运动的幅值可限制在25%以内。

在某些频率点上或尺寸大或质心高的样品，达到这些限值可能是困难的。在这些情况下，有关规范作如下说明：

a) 任何超出上面给定限值的横向运动都应记录在报告中；

b) 不必监控已知对试验样品无任何损伤的横向运动。

A.2.3 失真度

应对参考点的信号进行加速度失真度的检测，并且其频率覆盖到5 000 Hz或者驱动频率的5倍，取两者的较小者。然而，这个最大分析频率可达扫频试验频率的上限，除有关规范另有规定，可以超过它。

如3.9所规定，失真度不应超过基本运动的25%。

当采用正弦激励进行振动响应检查(见8.2)并且失真度高时，测量系统显示出的振动量级是不正确的，因为它包含了需要的频率成分和许多不需要的频率成分。这会导致在要求的频率处幅值比规定的低。在规定的失真度范围内是容许的；而超过这个范围，有必要把基本幅值修正到规定幅值。这有多种方法来修正它，但建议使用跟踪滤波器。如果基本幅值得到修正，样品在要求频率上将产生预期的应力。但是不需要的频率成分也在增加，由此产生一些附加应力。如果这样造成不切合实际的高应力，更适合的方法是修正失真度要求。

对于大型、复杂的样品，当频段中某些部分不能满足规定失真度要求并且不适合使用跟踪滤波器时，不必修正加速度，此时失真度应记录在试验报告中。

不管是否使用跟踪滤波器，有关规范可要求记录失真度和受影响的频率范围。

A.2.4 振动容差

在检测点和参考点上沿着指定轴向基本运动应符合规定的容差范围。这些容差包括测试的不确定性。当超出容差时，应记录在试验报告中。

A.2.4.1 检测点

对于单点控制，在每个检测点上的振动幅值容差为：

——500 Hz 以下为±25%；

——500 Hz 以上为±50%。

A.2.4.2 参考点

通常在进行单点控制试验时，参考点处振动幅值的容差为±15%（参见 B.2.1）。

如果很难达到要求，就要通过进行多点平均值控制或多点极值控制，在这两种多点控制中，控制点是虚拟的参考点。

A.2.4.3 频率

容差为：

——1 Hz～5 Hz 时为±20%；

——5 Hz～50 Hz 时为±1 Hz；

——50 Hz 以上时为±2%。

如果要进行初始和最终振动响应检查，可采用下列容差：

——1 Hz～5 Hz 时为±10%；

——5 Hz～100 Hz 时为±0.5 Hz；

——100 Hz 以上时为±0.5%。

A.2.5 扫频

通常，在整个试验频段内扫频是连续的，频率不超过 1 oct/min 的速率随时间按指数规律变化（见 3.32）。

数字控制系统并不是严格“连续”扫频，但这差别实际并不明显。

A.2.6 B_e,B_r 的计算

在进行正弦激励扫频过程中，规定响应点处的响应应除以输入的振动值绘制成图。该曲线能显示共振和与之相应的－3 dB 带宽 B_r。按式(3)计算频率分辨率 B_e 时应取共振点的最窄带宽 B_r。这个过程可以确定频率分辨率；以最低限度地检查到参考点加速度谱密度的峰谷值。

A.3 随机激励

当进行随机激励的响应检查时，应遵守 4.3 的规定，并建议输入呈平直谱型的加速度谱密度。

A.3.1 B_e,B_r 的计算

规定响应点上的加速度谱密度应除以参考点上的输入加速度谱密度，并绘制成图。绘图时，该曲线的平方根可以显示共振点及其相应－3 dB 带宽 B_r。可选择最窄带宽 B_r 处的共振点，并根据式(3)来估计频率分辨率 B_e。

应注意，这种响应检查方法频率分辨率需要足够高，以便能够充分地确定最窄－3 dB 带宽，并建议最窄－3 dB 带宽内至少包含有 5 条谱线。

附 录 B
（资料性附录）
导 则

B.1 一般要求

要做到试验的再现性并不容易。因为随机信号的统计特性、样品的复杂响应和分析过程带来的误差，不可能确切地预测样品上随机输入的加速度谱密度与样品上规定的加速度谱密度在预定的容差范围内是否一致。因为现场估计是不可能的，在试验后进行复杂、费时的分析是必要的。

用来做随机振动试验的大多数数字振动控制设备的性能是相似的。应用振动设备中的一些可选参数，可以通过初步的计算来估计加速度谱密度示值和真值之间的差别而引起的不确定性。因此可以通过选择这些相关参数，以达到两种加速度谱密度之间的最相近。

规定加速度谱密度的均衡需要多次循环，其持续时间取决于多种因素：诸如硬件配置、整个系统的传递函数、规定加速度谱密度的形状、控制算法和试验前可以调整的试验参数。这些相关试验参数包括最高分析频率、频率分辨率和驱动信号削波的峰值因子。

随机振动的控制算法包括控制精度和控制循环时间的折衷，控制循环时间受诸如每个循环记录次数的影响。高控制精度，要求有更多输入的数据，因此要有更长循环时间和更慢的加速度谱密度的动态变化响应。而且频率分辨率受误差和循环时间影响较大。一般来说，一个窄的分辨率带宽会产生高的控制精度和小的偏差；但需要更长控制循环时间，这可能导致更大的随机误差，参见 B.2.3.3。为了使样品加速度谱密度的真值和示值之间的偏差最小，上述试验参数需要进行优化。

与方法 2 相比，方法 1 达到可再现的可能性更低（见第 1 章）。对于方法 2，振动响应检查给出了样品与振动发生器相互作用的基本信息。例如这种检查能显示试验夹具过大的放大倍数或夹具与样品间同时产生共振。因此，为实现再现性，应当选择最适当的试验装置和试验参数。

方法 1 在谱线少的情况下对于低阻尼比和低共振频率的样品会产生很大的系统偏差。表 B.1 表明，如果试验样品的阻尼比为 0.1，相应的共振频率低于 f_2 的 3%（见表 3），则系统偏差将达 3 dB 或更大。在这些情况下，有关规范应规定更宽的容差或推荐用方法 2 来保证最小的试验偏差和更高的再现性。但是，除非进行频率响应检查，很难预测与表 B.1 有关样品的阻尼比和共振频率。只有很小的或刚性样品会很容易满足方法 1，而不需要频率响应检查。

表 B.1 含 200 条谱线在给定系统偏差下的低价共振频率极限

阻尼比	系统偏差为 3 dB 和 6 dB 时的共振频率（以 f_2 的百分比计）	
	3 dB	6 dB
	%	%
0.005	62	51
0.01	35	29
0.05	7	6
0.1	3	2.5

B.2 试验要求

B.2.1 单点和多点控制

要求用参考点处测得的随机信号计算出的加速度谱密度来验证。

对于刚性或小尺寸的样品，比如元部件试验，只需一个检测点，它也是参考点。

对于大的或复杂的样品，比如固定点适当分布的设备，需要从多个检测点中选择一个或一个虚拟点作为参考点。对于虚拟点,用检测点测得的随机信号来计算加速度谱密度。对大型或复杂样品推荐采用虚拟点(见 3.4)。

B.2.1.1 单点控制

在一个参考点进行测量,并且直接将显示的加速度谱密度与规定的加速度谱密度进行比较。

B.2.1.2 多点控制

当规定和有必要进行多点控制时,选择频域控制是可行的。

B.2.1.2.1 平均法

在这种方法中,用每个检测点信号来计算加速度谱密度。合成的加速度谱密度由各检测点加速度谱密度的算术平均值算出。

然后,将这种算术平均加速度谱密度和规定加速度谱密度进行比较。

B.2.1.2.2 最大值法

在这种方法中,合成的加速度谱密度由每个检测点测得的加速度谱密度的每一条谱线的最大值包络算得。

这种方法产生的加速度谱密度可以代表每一个检测点加速度谱密度的包络线。

B.2.2 分布

B.2.2.1 瞬时值分布

在试验中使用的驱动信号瞬时值的分布一般认为正态或高斯分布,它由式(B.1)定义:

$$p(x)=\frac{1}{\sigma\sqrt{2\pi}}\mathrm{e}^{-(1/2)(x/\sigma)^2} \qquad \cdots\cdots(\mathrm{B}.1)$$

式中:

$p(x)$——概率密度;

σ——驱动信号方均根值,等于标准差;

x——驱动信号瞬时值。

假定驱动信号时间历程的平均值是零。

标准概率密度函数如图 3 所示。

正态分布是理论上的,实际上通常不可能有真正的正态数据。大部分信号具有一定的取值范围,但通常正态分布信号值则必需是无限的。

假定正态分布的理由如下:

——关于正态分布有大量的理论知识。这便于建立给定状态的模型,然后对结果进行统计。

——中心极限定理表明,当许多任意分布的变量加在一起时,这些变量的总和趋向于正态分布。信号的滤波处理等价于大量观测值的叠加,并倾向于形成正态的分布信号。

——一个正态变量的任何线性变换仍然是正态的。

——现场测到的随机振动数据的瞬态变量分布通常可近似为正态分布。

B.2.2.2 峰值因子

峰值因子或者信号削波量级限制了宽带随机过程的瞬时值(见图 4)。

本标准中要求的峰值因子不小于 2.5(见 4.3.3)。对于正态分布随机振幅,这意味着,如果采用2.5的峰值因子,则大约 99%瞬时驱动信号直接施加于功率放大器。

但是,当有关规范在低频域(譬如低于 20 Hz)内规定了更高的加速度谱密度时,峰值位移可能会超过振动设备的能力。在这些情况下,有必要减少峰值因子到一个合适的量级,以便产生可接受的峰值位移。

如果施加与高频率范围相比含有大量低频段的加速度密度谱型时,则使用不小于 2.5 的峰值因子可能造成结果的驱动信号不服从正态分布。在函数中会出现 2 个类似于正弦波的尾脉冲(见图 5)。

峰值因子只能用于数字振动控制系统的输出驱动信号,由于系统的非线性,即功率放大器、振动发生器、试验夹具和样品可能改变检测点的随机波形。这些非线性有很宽的频带，一般难以控制。

B.2.3 容差

B.2.3.1 振动容差

规定参考点处加速度谱密度容差极限，应考虑所有误差，经组合后可以代表总体误差。为了选定控制统计与分析精度的参数，应明确下列误差：

——仪器误差(参见 B.2.3.2)；

——随机误差(参见 B.2.3.3)；

——系统偏差(参见 B.2.3.4)。

三种不同类型的误差应相互协调。在 B.2.3.2、B.2.3.3 和 B.2.3.4 中，对如何在总体误差中分配单个误差作出了说明。

B.2.3.2 仪器误差

仪器误差由与之相关的传感器、电缆、放大器、抗混叠滤波器和模-数转换电路误差组成。它应从试验规定的总容差限值中减去。

B.2.3.3 随机误差

当分析随机信号时，应特别注意因有效平均时间(T_a)的有限长度引起的随机误差。

查看估计加速度谱密度 $G(f)$ 的过程，$\bar{G}(f)$ 的方均误差 E 由式(B.2)给出：

$$E\{[\bar{G}(f)-G(f)]^2\}=Var[\bar{G}(f)]+b^2[\bar{G}(f)] \qquad \text{(B.2)}$$

式中：

$E\{\}$——误差估计值，它是误差函数；

$Var[\bar{G}(f)]$——方均误差的随机部分；

$b^2[\bar{G}(f)]$——方均误差的偏差部分。

随机误差：

$$Var[\bar{G}(f)]=\frac{G^2(f)}{B_e T_a} \qquad \text{(B.3)}$$

正态化随机误差：

$$E_r^2=\frac{1}{B_e T_a} \qquad \text{(B.4)}$$

式中：

E_r——方均误差中正态随机部分。

大多数数字振动控制设备都通过快速傅立叶变换来估计加速度谱密度，最终估计的加速度谱密度的每一频率线都会成为 χ^2 函数的抽样分布。估计误差的随机部分为：

$$E_r=(1/n)^{1/2} \qquad \text{(B.5)}$$

式中：

n——持续时间为 T_a 的信号样本进行平均的次数。

因此，通过 E_r 可找到统计自由度 N_d 与分析参数之间的关系：

$$N_d=2n=2B_e T_e \qquad \text{(B.6)}$$

当用指数平均来满足高阶迭代时，N_d 为：

$$N_d=2(2p-1) \qquad \text{(B.7)}$$

式中：

$1/p$——对指数平均有贡献的最后估计的小数部分。

当加速度谱密度的估计是由每次迭代中 n 次线性平均值完成时，则关系式变为：

$$N_d=2n(2p-1) \qquad \text{(B.8)}$$

表 B.2 和图 6 给出了在不同置信度下加速度谱密度的统计精度与自由度的对应关系。

表 B.2 在不同置信度下加速度谱密度统计精度

自由度 N_d	置信度水平							
	50%		90%		95%		99%	
	dB	%	dB	%	dB	%	dB	%
30	−0.64	86	−1.64	68	−1.95	64	−2.53	56
	0.86	122	2.10	162	2.52	179	3.38	217
62	−0.47	90	−1.18	76	−1.40	72	−1.83	66
	0.59	115	1.40	138	1.63	146	2.23	167
100	−0.38	91	−0.95	80	−1.12	77	−1.46	71
	0.45	111	1.08	128	1.29	135	1.71	148
120	−0.35	92	−0.87	82	−1.03	79	−1.35	73
	0.41	109	0.98	125	1.17	131	1.56	143
254	−0.25	94	−0.61	87	−0.72	85	−0.95	80
	0.27	106	0.66	116	0.79	120	1.04	127

B.2.3.4 偏差

由方均误差的式(B.2)可知,随机误差和系统误差都与频率分辨率 B_e 有关。

应知道数据处理过程的某些特征,因它直接影响频率分辨率 B_e 和偏差 E_b。

作为一阶近似正则化系统,偏差为:

$$E_b = \frac{B_e^2}{24} \times \frac{G''(f)}{G(f)} \qquad \text{(B.9)}$$

式中:

$G''(f)$——加速度谱密度对频率的二阶导数。

由式(B.9)导出:

$$E_b = \frac{1}{12} \times \left(\frac{B_e}{B_r}\right)^2 \times rW \qquad \text{(B.10)}$$

式中:

r——是样品的共振质量与剩余总体可动质量的比率、系统固有频率和品质因子 Q 的函数;

W——窗函数因子,它由振动控制系统确定。

加窗处理是一种主要的影响有效频率分辨率的数据处理方式。

当估算加速度谱密度时,在每一个窗口记录中进行平均处理。这使得不同窗口类型导致不同有效频率分辨率。

在表 B.3 中,对一些典型的窗函数给出了窗函数因子 W 的数值。

表 B.3 典型窗函数和相应因子 W

窗函数	因子 W
矩形窗	1
三角窗	1.33
汉宁窗(0.54+0.46 cos$x$)	1.36
海明窗(0.5+0.5 cos$x$)	1.50
布莱克麦哈利斯窗(4 项)	2.00

B.2.4 初始和最终斜谱

本部分要求在 f_1 和 f_2 频率范围内的加速度谱密度为平直谱(见图 2)。然而,实际试验必定有初始和最终斜坡。为了使加速度的方均根值尽可能接近规定值,斜线应尽可能的陡。

通常初始斜率应该是 6 dB/oct 或更陡。当在 f_1 处加速度谱密度值太高和有必要减小位移幅值以满足振动设备性能限制时，初始斜率可以加大。随机位移幅值计算参见 B.2.5c)。

一般，数字振动控制设备在相邻谱线之间有一个大约 8 dB 的加速度谱密度的动态范围。为获得更陡的斜率，有必要采用比方法 1 和方法 2 规定更窄的频率分辨率 B_e。如果不能实现，或者达到最大斜率仍不能得到规定的位移，有必要在低频范围中修改加速度谱密度负容差。

上述这些方法不适用于在 f_2 之上的规定加速度谱密度的那一部分的最终斜率。该斜率应该等于或陡于 −24 dB/oct。

B.2.5 加速度、速度和位移的方均根值计算

有效频率范围内的加速度、速度和位移的总方均根值是包含加速度谱密度值(S)、频率范围和斜率(M)的相应频率子域内的方均根值之和的平方根。

这些均方值可由下列各式计算，S 单位：$(\mathrm{m/s^2})^2/\mathrm{Hz}$(下标 n 和 $n+1$ 见图 7)。

a) 加速度方均值，以$(\mathrm{m/s^2})^2$ 为单位：

对 $M\neq-3$：

$$A^2=\frac{3S_{n+1}}{M+3}\times\left[f_{n+1}-f_n\left(\frac{f_n}{f_{n+1}}\right)^{M/3}\right] \qquad \text{(B.11)}$$

对 $M=-3$：

$$A^2=(S_{n+1})\times(f_{n+1})\times\left[\ln\left(\frac{f_{n+1}}{f_n}\right)\right] \qquad \text{(B.12)}$$

对 $M=0$：

$$A^2=S_n(f_{n+1}-f_n) \qquad \text{(B.13)}$$

b) 速度方均值，以$(\mathrm{m/s})^2$ 为单位：

对 $M\neq-3$：

$$V^2=\left(\frac{1}{2\pi}\right)^2\times\frac{3S_{n+1}}{M-3}\times\left[\frac{1}{f_{n+1}}-\frac{1}{f_n}\times\left(\frac{f_n}{f_{n+1}}\right)^{M/3}\right] \qquad \text{(B.14)}$$

对 $M=-3$：

$$V^2=\left(\frac{1}{2\pi}\right)^2\times\frac{S_{n+1}}{f_{n+1}}\times\left[\ln\left(\frac{f_{n+1}}{f_n}\right)\right] \qquad \text{(B.15)}$$

c) 位移方均值，以 mm^2 为单位：

对 $M\neq9$：

$$D^2=\left(\frac{10^3}{4\pi^2}\right)^2\times\frac{3S_{n+1}}{M-9}\times\left[\frac{1}{f_{n+1}^3}-\frac{1}{f_n^3}\times\left(\frac{f_n}{f_{n+1}}\right)^{M/3}\right] \qquad \text{(B.16)}$$

对 $M=9$：

$$D^2=\left(\frac{10^3}{4\pi^2}\right)^2\times\frac{S_{n+1}}{f_{n+1}^3}\times\left[\ln\left(\frac{f_{n+1}}{f_n}\right)\right] \qquad \text{(B.17)}$$

式(B.12)、式(B.15)、式(B.17)中 ln 是自然对数。

这些公式基于对数坐标系中的直线，应用时斜率 M 定义为：

$$M=3\,\frac{\log\left(\frac{S_{n+1}}{S_n}\right)}{\log\left(\frac{f_{n+1}}{f_n}\right)} \qquad \text{(B.18)}$$

B.3 试验步骤

试验步骤的流程图如图 8 所示。

附录 A 给出了处理正弦或随机激励振动响应检查的具体说明。

当试验只是简单地说明试验样品在适当激励环境下的工作能力，那么试验只需持续一段时间，充分证明在规定的频率范围内满足该条件。在需要证明某一样品承受振动载荷累积效应的能力时，例如疲劳和机械变形，试验应有足够时间去积累必要的应力循环，尽管该持续时间会超出5.5规定的数值。

对通常安装在减振器上的设备耐久性试验，这个减振器通常要固定。如果不能用合适的减振器进行试验，例如，该设备与其他设备一齐安装在一个公用的固定装置上，可以在规定的不同试验等级下进行不带减振器的设备试验。应根据试验每个轴向减振系统的传递率来确定试验等级。如果减振器的特性未知，应参考B.4.1。

有关规范可能要求在附加减振器取消或失效时对试验样品进行额外试验，以确定设备能达到合适的最小结构耐力。在这种情况下，有关规范应该规定选用的严酷等级。

B.4 通常使用减振器的设备

B.4.1 减振器的传递系数

通常当样品安装在特性未知的减震器上时，必须调整不带减震器的试验样品严酷等级以提供更合理的振动激励。推荐用图9的曲线来获得修正值，具体说明如下：

a) 曲线A相应于看作具有单一自由度时，固有频率不超过10 Hz的高弹性的带减振器情形；

b) 曲线B相应于具有如上所述的，固有频率范围在10 Hz～20 Hz的中等弹性的带减振器情形；

c) 曲线C与相应于具有如上所述的，固有频率范围在20 Hz～35 Hz的低弹性的带减振器情形。

曲线B是在作为单自由度固有频率接近15 Hz情况下，对安装高阻尼金属装置的典型航空设备进行振动测量获得的。

曲线A和C所表示的减振器的数据很难得到。它们是由固有频率分别为8 Hz和25 Hz时曲线B外推得到的。

估计传递率曲线已经包络了安装时模态耦合可能出现的传递特征。因而，这些曲线为由平动和转动的综合影响，对试验样品产生的振动水平留有余量。

最适合的传递曲线应从图9中选取。在规定使用随机激励的情况下，对每个频率规定的加速度谱密度应乘以相应曲线上对应值的平方。

由此产生的加速度谱密度可能导致试验量值在试验室中不能实现。此时，试验量值按照在整个频率范围内获得可能最大的加速度谱密度的原则进行调整，实际数据量值应记录在试验报告中。

B.4.2 温度影响

许多减振器的材料受温度影响。如果带减振器样品的一阶共振频率在试验频率范围内，应特别注意任一种激励的持续时间长度。但是在某些情况下，持续施加激励而不允许恢复是不合理的。如果这种实际的基本共振频率的激励时间分布是已知的，应尽量模拟它。如果实际的时间分布是未知的，应由工程判断来限定激励时间，以避免出现过热。

B.5 试验严酷度

B.5.1 试验严酷度的选择

选择的频率范围和给定的加速度谱密度量级应包含广泛的应用范围。当在应用中仅用了一项，如果实际环境已知，以真实环境的振动特性为基础的严酷度等级是优先的(见B.5.2)。

只要可能，用于试验样品的试验严酷等级应根据试验样品在运输或运行时所承受的环境条件确定或者如果试验的目的是为了评价机械健壮性可根据设计要求确定。

在确定试验严酷等级时，应该考虑在试验等级和真实环境间提供一个充分的安全区域。

一般持续时间越短，试验置信度水平越低。因此，应特别注意频率分辨率 B_e 和有效持续时间 T_a 的选择以使随机误差和偏差最小。

B.5.2 各种应用中典型试验等级的范例

GB/T 4796列出了不同使用的环境条件，在有些情况下实际的试验等级与GB/T 4796所列出的不同。

B.6 设备性能

有时样品在试验全过程或试验的适当阶段处于工作状态。

对于振动会影响开关功能的样品，比如干扰继电器的工作，用重复操作的功能来验证在试验频率范围内是否能够很好地运行。

如果试验仅仅为了验证完整性，样品的功能可在试验完成后进行评价。

B.7 初始和最终检测

初始和最终检测的目的是比较特定参数以评估振动对样品的影响。

除外观要求外，检测还包括电器、机械操作性能和结构的特性(见第7章和第10章)。

附 录 C
（资料性附录）
百分数和 dB 间的转换

在本部分中幅值以百分数或分贝给出。为了便于不同的用户使用本标准，表 C.1 给出了相关条款的转换。它考虑了不同情况下不同类型的量纲（电压/功率）和加权（正/负）。

表 C.1 转 换

条款参考	量纲单位	
	规定的%或 dB	相当的 dB 或%
3.1	−3 dB	70.7%
4.1	−3 dB	70.7%
4.3.2	+5 dB 50% +3 dB	320% −6 dB 200%
4.3.4	+3 dB −3 dB +10% −10%	+200% 50% +0.8 dB −1.0 dB
4.3.6.2 表 2	−3 dB +3 dB −3 dB +2 dB −2 dB +1 dB −1 dB +0.5 dB −0.5 dB	70.7% 200% 50% 158% 63% 126% 79% 112% 89%
5.3	0 dB	100%
8.2	25%	−12 dB
8.3	−12 dB −6 dB 0 dB	25% 50% 100%
A.1	−3 dB	70.7%
A.2.2	50% 100% 25%	−6 dB 0 dB −12 dB
A.2.3	25%	−12 dB
A.2.4.1	+25% −25% +50% −50%	+1.9 dB −2.5 dB +3.5 dB −6 dB

表 C.1(续)

条款参考	量纲单位	
	规定的%或 dB	相当的 dB 或%
A.2.4.2	+15%	+1.2 dB
	−15%	−1.4 dB
B.1	3%	−30.5 dB
	+3 dB	200%
表 B.1	+3 dB	200%
	+6 dB	400%
B.2.3.3	50%	−6 dB
表 B.2	90%	−0.9 dB
	95%	−0.5 dB
	99%	−0.1 dB
B.2.4	8 dB	630%
图 2	+3 dB	+200%
	0 dB	100%
	−3 dB	50%

ICS 19.040
K 04

中华人民共和国国家标准

GB/T 2424.5—2006/IEC 60068-3-5:2001

电工电子产品环境试验 温度试验箱性能确认

Environmental tests for electric and electronic products—Confirmation of the performance of temperature chambers

(IEC 60068-3-5:2001,Environmental testing—Part 3-5:Supporting documentation and guidance—Confirmation of the performance of temperature chambers,IDT)

2006-12-19 发布　　2007-09-01 实施

中华人民共和国国家质量监督检验检疫总局
中国国家标准化管理委员会　发布

前　言

GB/T 2424 包含以下部分：

——GB/T 2424.1—2005　电工电子产品环境试验　高温低温试验导则(IEC 60068-3-1:1978，IDT)

——GB/T 2424.2—2005　电工电子产品环境试验　湿热试验导则(IEC 60068-3-4:2001,IDT)

——GB/T 2424.5—2006　电工电子产品环境试验　温度试验箱性能确认(IEC 60068-3-5:2001，IDT)

——GB/T 2424.6—2006　电工电子产品环境试验　温度/湿度试验箱性能确认(IEC 60068-3-6:2001,IDT)

——GB/T 2424.7—2006　电工电子产品环境试验　试验 A 和 B(带负载)用温度试验箱的测定(IEC 60068-3-7:2001,IDT)

——GB/T 2424.10—1993　电工电子产品基本环境试验规程　大气腐蚀加速试验的通用导则(eqv IEC 60355:1971)

——GB/T 2424.11—1982　电工电子产品基本环境试验规程　接触点和连接件的二氧化硫试验导则

——GB/T 2424.12—1982　电工电子产品基本环境试验规程　接触点和连接件的硫化氢试验导则

——GB/T 2424.13—2002　电工电子产品环境试验　第 2 部分：试验方法　温度变化试验导则(IEC 60068-2-33:1971,IDT)

——GB/T 2424.14—1995　电工电子产品环境试验　第 2 部分：试验方法　太阳辐射试验导则(idt IEC 60068-2-9:1975)

——GB/T 2424.15—1992　电工电子产品基本环境试验规程　温度/低气压综合试验导则(eqv IEC 60068-3-2:1976)

——GB/T 2424.17—1995　电工电子产品环境试验　锡焊试验导则

——GB/T 2424.19—2005　电工电子产品环境试验　模拟贮存影响的环境试验导则(IEC 60068-2-48:1982,IDT)

——GB/T 2424.20—1985　电工电子产品基本环境试验规程　倾斜和摇摆试验导则

——GB/T 2424.21—1985　电工电子产品基本环境试验规程　润湿称量法可焊性试验导则

——GB/T 2424.22—1986　电工电子产品基本环境试验规程　温度(低温、高温)和振动(正弦)综合试验导则(eqv IEC 60068-2-53:1984)

——GB/T 2424.23—1990　电工电子产品基本环境试验规程　水试验导则

——GB/T 2424.24—1995　电工电子产品环境试验　温度(低温、高温)/低气压/振动(正弦)综合试验导则

——GB/T 2424.25—2000　电工电子产品环境试验　第 3 部分：试验导则　地震试验方法(idt IEC 60068-3-3:1991)

本部分为 GB/T 2424 的第 5 部分，等同采用了国际标准 IEC 60068-3-5:2001《环境试验　第 3-5 部分：支持文件和导则　温度试验箱性能确认》(英文版)。

考虑到我国实际情况，本部分对 IEC 60068-3-5 做了以下编辑性修改：

——引用了采用国际标准的我国标准，并改变了排列顺序；

——删除了 IEC 60068-3-5 的前言和引言;

——增加了国家标准的前言;

——对标准中的图表做了编辑性修改。

本部分由中国电器工业协会提出。

本部分由广州电器科学研究院负责起草。

本部分由全国电工电子产品环境技术标准化技术委员会(SAC/TC 8)归口。

本部分主要起草人:颜景莲、赖文光。

本部分为首次发布。

电工电子产品环境试验
温度试验箱性能确认

1 范围

GB/T 2424 的本部分提供了一种统一的可再现的方法，用以确认温度试验箱在没有负载的情况下是否符合 GB/T 2423 试验标准以及其他标准规定。本部分适用于用户进行常规的试验箱性能监测。

2 规范性引用文件

下列文件中的条款通过 GB/T 2424 的本部分的引用而成为本部分的条款。凡是注日期的引用文件，其随后所有的修改单(不包括勘误的内容)或修订版均不适用于本部分，然而，鼓励根据本部分达成协议的各方研究是否可使用这些文件的最新版本。凡是不注日期的引用文件，其最新版本适用于本部分。

GB/T 2421 电工电子产品环境试验 第 1 部分:总则(GB/T 2421—1999,IEC 60068-1:1988,IDT)

GB/T 2423(相关部分) 电工电子产品环境试验 第 2 部分:试验方法

GB/T 2424.6 电工电子产品环境试验 温度/湿度试验箱性能认可(GB/T 2424.6—2006,IEC 60068-3-6:2001,IDT)

GB/T 2424.7 电工电子产品环境试验 试验 A 和 B(带负载)用温度试验箱测量(GB/T 2424.7—2006,IEC 60068-3-7:2001,IDT)

GB/T 16839.1 热电偶 第 1 部分:分度表(GB/T 16839.1—1997,IEC 60584-1:1995,IDT)

GB/T 19022 测量管理体系 测量过程和测量设备的要求(GB/T 19022—2003,ISO 10012:2003,IDT)

IEC 60751 工业铂电阻敏感元件

3 术语和定义

下列术语及定义，适用于本部分。

3.1

温度试验箱 temperature test chamber

封闭体或空间，其中某部分能达到 GB/T 2423 有关部分规定的温度条件。

3.2

温度设定值 temperature setpoint

通过试验箱控制系统设定的期望温度。

3.3

实际温度 achieved temperature

稳定后，试验箱工作空间内任一点的温度。

3.4

温度稳定 tempersature stabilization

工作空间内所有点的温度达到并维持在温度设定值的给定容差内。

3.5

温度波动度 temperature fluctuation

稳定后，在规定的时间间隔内、工作空间中任一点的最高与最低温度之差。

3.6

工作空间 working space

试验箱的一部分，并能将规定条件维持在规定容差内。

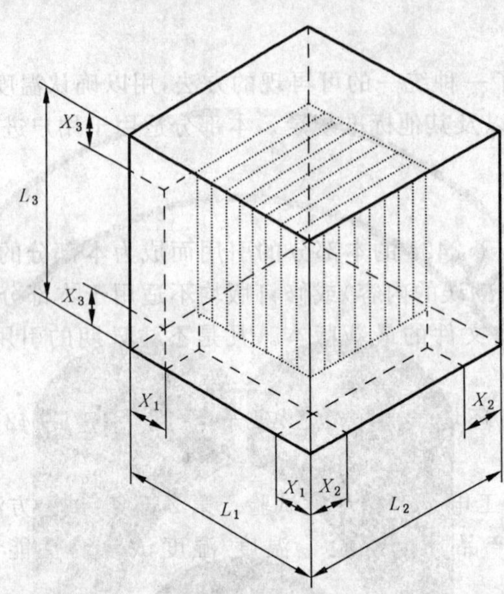

图1 工作空间

表1 实用尺寸

规格	容积/L	距离/mm	X_{min}/mm
小	<1 000	$L/10$	50
中	1 000～2 000	$L/10$	100
大	>2 000	$L/10$	150
注：并非所有的试验箱都是立方的。			

3.7

温度梯度 temperature gradient

稳定后，在任意时间间隔内，工作空间内两点之间温度平均值的最大差值。

3.8

温度变化速率 temperature rate of change

在工作空间中心测得的两个规定温度之间的转变速率，以开尔文每分钟(K/min)为单位。

3.9

空间温度差 temperature variation in space

稳定后，在任意时间间隔内，工作空间中心与工作空间其他点的温度平均值之差。

3.10

温度极值 temperatutre extremes

稳定后，工作空间内能达到的温度最大和最小测量值。

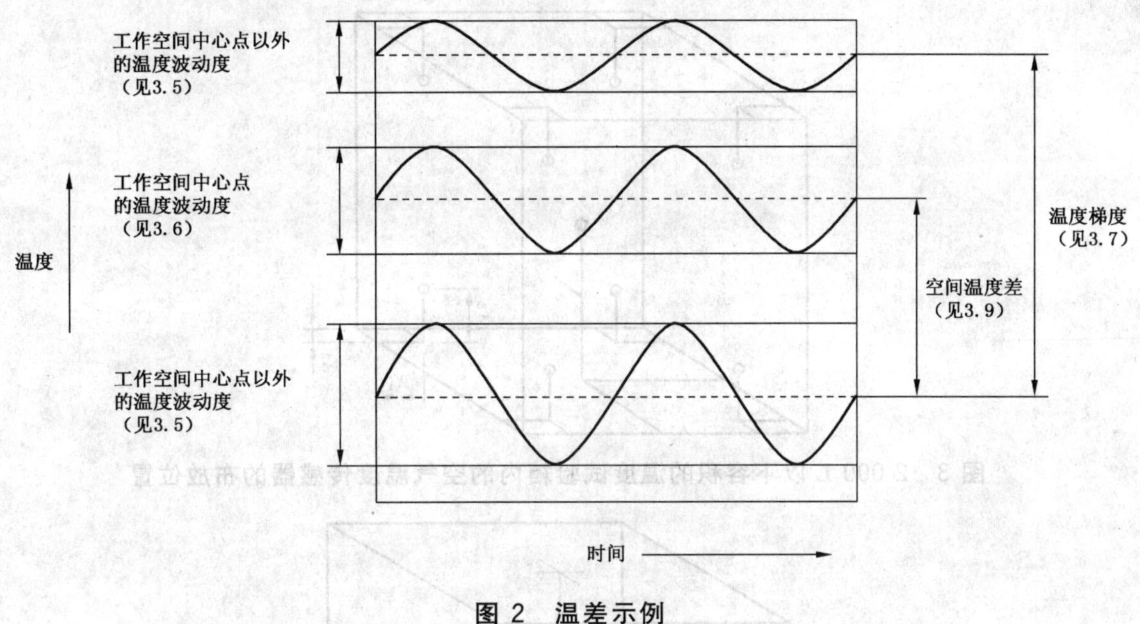

图 2　温差示例

4　试验箱性能的测量

4.1　试验区的环境

温度试验箱周围的环境可能会影响试验箱内的条件。

温度试验箱性能的确定应在标准大气条件下进行。

应当考虑以下各项要求：

——周围环境条件应当基本满足 GB/T 2421 的规定；

——试验箱不应直接暴露于阳光下；

——试验箱不应暴露在电磁干扰环境中；

——试验箱应水平放置；

——试验箱应放置在不受机械振动和声振干扰的地方。

应当考虑试验箱制造商对电力和对环境条件的建议。

应记录不正常的条件。

4.2　温度测量系统

测量系统测定结果的不确定度由系统的校准来确定，可溯源至 GB/T 19022。

一般来说，传感器应当是电阻型的（符合 IEC 60751）或是热电偶型的（符合 GB/T 16839.1）。传感器在空气中的 50%响应时间应在 10 s～40 s 之间。整个系统的响应时间应当小于 40 s。

在－200℃到＋200℃温度范围内，传感器测量不确定度应当达到 IEC 60751 的等级 A。

4.3　温度试验箱的试验负载

下述所有测量都是在空载的工作空间中进行的。如果试验箱不可能全空，则应予以记录。对于有负载（散热或不散热）时的测量参见 IEC 60751。

4.4　温度传感器的安装

温度测量传感器位于试验箱每个角和工作空间中心（见图 3，至少 9 个传感器）。对于 2 000 L 以上的温度试验箱，应当在每个箱壁中心的正前方安置传感器（见图 4，至少 15 个传感器）。测量系统的布放不应当影响空载试验箱的温度分布。应当能够记录实际到达温度。

对于确认监测系统，应当至少每分钟记录一次数据。试验箱监测传感器的数据记录装置应当独立于试验箱控制系统。

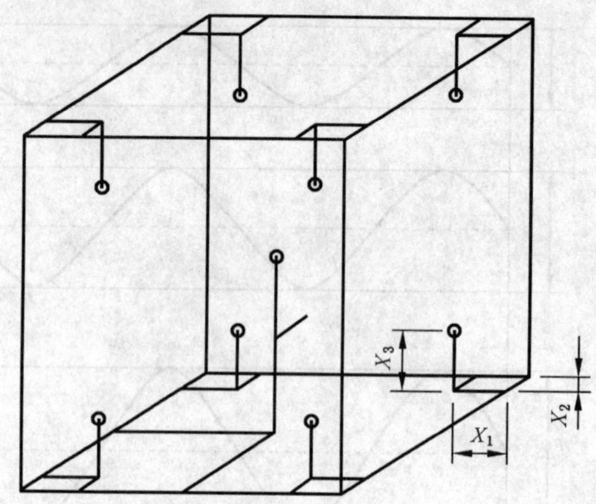

图 3　2 000 L 以下容积的温度试验箱内的空气温度传感器的布放位置

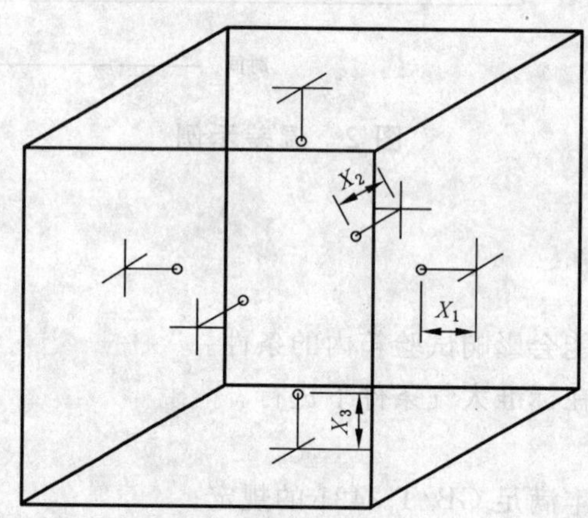

图 4　2 000 L 以上容积的温度试验箱内的附加空气温度传感器的布放位置

4.5　温度性能测定

4.5.1　实际温度、温度波动、空间温度差和温度梯度

在试验箱稳定之后，工作空间的实际温度、温度波动度和温度梯度根据测量系统的测量结果（图 3 或图 4）来确定，并应当考虑温度测量系统的不确定度。

4.5.2　温度变化速率

为了确定温度变化速率，

——把试验箱调节到最低规定温度，使之稳定；

——把试验箱调节到最高规定温度，监测温度由温度范围 10% 的温度点上升到 90% 温度点的时间；

——使试验箱稳定在最高规定温度；

——将试验箱调节至最低规定温度，监测温度由温度范围 90% 的温度点下降到 10% 温度点的时间；

这就确定了升温和降温的温度变化速率，单位是开尔文每分钟（K/min）。

5　标准温度试验顺序

建议使用下列试验顺序取得认可温度试验箱性能需要的数据。

试验区的条件应符合本部分 4.1 的要求。试验顺序如下：

——从环境条件开始；

——将试验箱调节到最高规定温度并使之稳定；

——测量最高温度时的性能；

——将试验箱调节至最低规定温度，监测温度变化速率，然后使之稳定；

——测量温度最低时的性能；

——将试验箱调节至最高规定温度，监测温度变化速率；

——将试验箱调节到大气条件并使之稳定；

——测量大气条件下的性能。

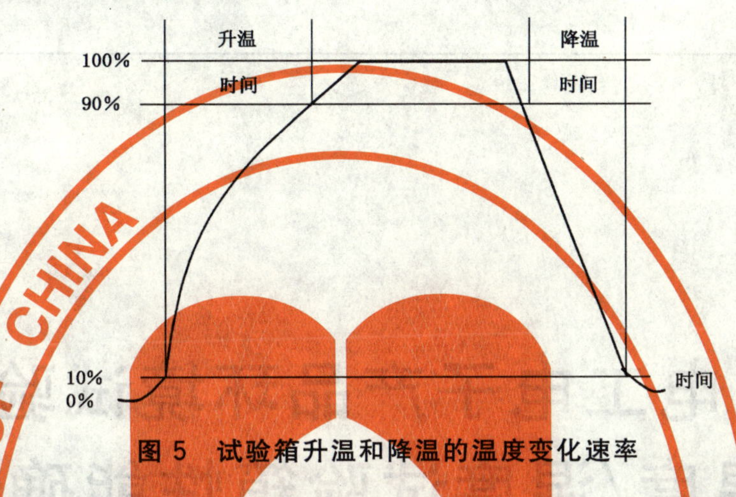

图 5 试验箱升温和降温的温度变化速率

6 评定标准

如果所有测试结果均在 GB/T 2423 有关部分规定的范围内，则认可该温度试验箱的性能。

7 性能测试报告应给出的信息

——试验区的大气条件；

——试验箱和工作空间的尺寸和容积；

——第 5 章规定的各阶段的温度波动、空间温度变化和温度梯度；

——升温和降温的温度变化速率；

——温度极值；

——任何偏差，如过冲量；

——试验负载（如果有的话）；

——数据获取系统的详情；

——测量不确定度的评估。

ICS 19.040
K 04

中华人民共和国国家标准

GB/T 2424.6—2006/IEC 60068-3-6:2001

电工电子产品环境试验 温度/湿度试验箱性能确认

Environmental testing for electric and electronic products—Confirmation of the performance of temperature/humidity chambers

(IEC 60068-3-6:2001, Environmental testing—Part 3-6: Supporting documentation and guidance—Confirmation of the performance of temperature/humidity chambers, IDT)

2006-12-19 发布　　2007-09-01 实施

中华人民共和国国家质量监督检验检疫总局
中国国家标准化管理委员会　发布

前　言

GB/T 2424 包含以下部分：

——GB/T 2424.1—2005　电工电子产品环境试验　高温低温试验导则(IEC 60068-3-1:1978,IDT)

——GB/T 2424.2—2005　电工电子产品环境试验　湿热试验导则(IEC 60068-3-4:2001,IDT)

——GB/T 2424.5—2006　电工电子产品环境试验　温度试验箱性能确认(IEC 60068-3-5:2001,IDT)

——GB/T 2424.6—2006　电工电子产品环境试验　温度/湿度试验箱性能确认(IEC 60068-3-6:2001,IDT)

——GB/T 2424.7—2006　电工电子产品环境试验　试验 A 和 B(带负载)用温度试验箱的测量(IEC 60068-3-7:2001,IDT)

——GB/T 2424.10—1993　电工电子产品基本环境试验规程　大气腐蚀加速试验的通用导则(eqv IEC 60355:1971)

——GB/T 2424.11—1982　电工电子产品基本环境试验规程　接触点和连接件的二氧化硫试验导则

——GB/T 2424.12—1982　电工电子产品基本环境试验规程　接触点和连接件的硫化氢试验导则

——GB/T 2424.13—2002　电工电子产品环境试验　第 2 部分:试验方法　温度变化试验导则(IEC 60068-2-33:1971,IDT)

——GB/T 2424.14—1995　电工电子产品环境试验　第 2 部分:试验方法　太阳辐射试验导则(idt IEC 60068-2-9:1975)

——GB/T 2424.15—1992　电工电子产品基本环境试验规程　温度/低气压综合试验导则(eqv IEC 60068-3-2:1976)

——GB/T 2424.17—1995　电工电子产品环境试验　锡焊试验导则

——GB/T 2424.19—2005　电工电子产品环境试验　模拟贮存影响的环境试验导则(IEC 60068-2-48:1982,IDT)

——GB/T 2424.20—1985　电工电子产品基本环境试验规程　倾斜和摇摆试验导则

——GB/T 2424.21—1985　电工电子产品基本环境试验规程　润湿称量法可焊性试验导则

——GB/T 2424.22—1986　电工电子产品基本环境试验规程　温度(低温、高温)和振动(正弦)综合试验导则(eqv IEC 60068-2-53:1984)

——GB/T 2424.23—1990　电工电子产品基本环境试验规程　水试验导则

——GB/T 2424.24—1995　电工电子产品环境试验　温度(低温、高温)/低气压/振动(正弦)综合试验导则

——GB/T 2424.25—2000　电工电子产品环境试验　第 3 部分:试验导则　地震试验方法(idt IEC 60068-3-3:1991)

GB/T 2424.6 是 GB/T 2424《电工电子产品环境试验》的第 6 部分。

本部分等同采用 IEC 60068-3-6:2001《环境试验　第 3-6 部分:支持文件及导则　温度/湿度试验箱性能的确认》(英文版)。

为便于使用,本部分做了下列编辑性修改:

a） “本导则”一词改为“本部分”；

b） 删除 IEC 前言；

c） 原文第 2 章引用文件 ISO 10012-12 及 ISO 10012-2 现已被 ISO 10012 取代，本部分予以更正。

本部分由中国电器工业协会提出。

本部分由全国电工电子产品环境技术标准化技术委员会(SAC/TC 8)归口。

本部分由广州电器科学研究院负责起草。

本部分主要起草人：王玲、颜景莲、王俊。

本部分为首次制定。

电工电子产品环境试验
温度/湿度试验箱性能确认

1 范围

GB/T 2424 的本部分提供了一个统一可再现的方法，用以确认温湿度试验箱在无负载时是否符合 GB/T 2423 系列标准中气候试验方法规定的要求。本部分适用于用户进行常规的试验箱性能监测。

2 规范性引用文件

下列文件中的条款通过 GB/T 2424 的本部分的引用而成为本部分的条款。凡是注日期的引用文件，其随后所有的修改单(不包括勘误的内容)或修订版均不适用于本部分，然而，鼓励根据本部分达成协议的各方研究是否可使用这些文件的最新版本。凡是不注日期的引用文件，其最新版本适用于本部分。

GB/T 2424.2—2005 电工电子产品环境试验 湿热试验导则(IEC 60068-3-4:2001,IDT)

GB/T 2424.5—2006 电工电子产品环境试验 温度试验箱性能确认(IEC 60068-3-5:2001,IDT)

GB/T 2424.7—2006 电工电子产品环境试验 试验 A 和 B(带负载)用温度试验箱的测量(IEC 60068-3-7:2001,IDT)

GB/T 16839.1 热电偶 第 1 部分:分度表(GB/T 16839.1—1997,idt IEC 60584-1:1995)

GB/T 19022 测量管理体系 测量过程和测量设备的要求(GB/T 19022—2003,ISO 10012:2003,IDT)

ISO 4677-1 调节和试验用大气 相对湿度的测定 第 1 部分:吸入式干湿球法

IEC 60751 工业铂电阻敏感元件

3 术语及定义

下列术语和定义适用于本部分。有关温度试验的术语和定义见 GB/T 2424.5—2006。

注：除非另有规定，"湿度"是指相对湿度(RH)。

3.1

温度/湿度试验箱 temperature/humidity chamber

封闭体或空间，其中某部分能达到 GB/T 2423 有关规定的温度/湿度条件。

3.2

湿度的产生 generation of humidity

见 GB/T 2424.2—2005 中的第 3 章。

3.3

绝对湿度 absolute humidity

单位容积空气中所含的水汽质量。

注：常用计量单位是 g/m³。

3.4

露点 t_d dewpoint t_d

空气中水汽分压力等于水或冰面上饱和水汽压时的温度。

3.5

饱和水汽压　saturation vapour pressure

在一定温度下，当给定体积空气中的水分不能再增加时的水汽压。

3.6

水汽分压力　partial vapour pressure

在一定温度下，在给定的体积空气中，大气压力中的水汽压力部分。

3.7

相对湿度(*RH*)　relative humidity(*RH*)

在一定温度时，在给定的体积空气中，水汽分压力与饱和水汽压力的比率，用百分数表示。

注：相对湿度是表示空气中水汽含量最常用的方法。

3.8

温度/湿度稳定　temperature/humidity stabilization

工作空间中所有各点的温度/湿度达到并维持在温度/湿度设定值的给定容差范围内。

3.9

实际湿度　achieved humidity

稳定后，试验箱工作空间内任一点的湿度。

3.10

气候图　climatogram

把温度和相对湿度结合在一起表示的图。

注：见图1。

3.11

相对湿度波动度　relative humidity fluctuation

用有最大波动度的温度值转化委相对湿度算得的波动值。

3.12

相对湿度梯度　relative humidity gradient

受工作空间温度梯度极大影响的梯度。

注：一般认为整个工作空间内的绝对湿度是相同的。

4　性能测量

在评估试验箱的温度/湿度性能时，宜用独立于试验箱控制系统的湿度测量系统。

4.1　试验区的环境

见 GB/T 2424.5—2006。

4.2　温度测量系统

测量系统输出的测量不确定度宜通过对该系统的校准确定，并能溯源至国际标准(见 GB/T 19022)。

4.3　湿度测量系统

该测量系统宜在试验条件下校准，能溯源至国际标准(见 GB/T 19022)，并按测量系统不确定度表示指南来建立湿度测量系统的测量不确定度。

下面是一些典型的湿度测量系统，但不限于以下方法。

4.3.1　干湿球法

按 ISO 4677-1，利用水从湿袋上蒸发的冷却效应，用一支温度传感器测量湿袋的温度，同时用第二支温度传感器测量空气的温度。

4.3.2　露点镜法

冷却镜面直至出现凝露，所示温度就是露点温度。

4.3.3 氯化锂传感器

该法测定的是绝对湿度值(露点温度)。

4.3.4 电容传感器

利用湿汽的渗透能改变某些材料的介电性能的特性,直接测量相对湿度。

4.4 传感器的安装

4.4.1 温度传感器

通常,传感器是电阻型(按 IEC 60751)或热电偶型(按 GB/T 16839.1)的。传感器在空气中响应时间(达温度范围的 50%时)应在 10 s~40 s 之间,总系统的响应时间应小于 40 s。

温度范围在-200℃~+200℃之间的温度传感器,其测量不确定度应为 IEC 60751 的 A 级。

4.4.2 湿度传感器

在工作空间的中心单独放一个相对湿度传感器,然后利用温差算出工作空间中装有温度传感器的各点的相对湿度。这时假设工作空间中各点的绝对湿度相同。

对于确认监测系统,宜至少每分钟记录一次数据,用来记录试验箱监测传感器数据的装置要独立于试验箱的控制系统。

传感器的测量不确定度应不超过 3%*RH*。

5 湿度性能的测定

5.1 温度

如果该试验箱也用于干热试验,则在进行湿度性能测定前,有必要测量工作空间的温度变化图(按 GB/T 2424.5—2006)。

6 标准湿度试验顺序

建议用下列试验顺序取得认可温度/湿度试验箱的工作范围所需要的数据。

对于需要在设定温度/湿度条件下连续试验的试验箱,只需检验一个值就够了。

试验区条件要符合 GB/T 2424.5—2006 中的 4.1。

表 1 是试验顺序的例子:

表 1 试验顺序的例子

步骤	温度/℃	湿度/%*RH*	备 注
1	23	50	开始
2	23	U_2	t_{d2}(min)
3	t_3(min)	U_3	t_{d3}(min)
4	t_4(min)	U_4(max)	
5	t_5(max)	U_5(min)	
6	t_6(max)	U_6	t_{d6}(max)
7	t_7(max)	50	
8	23	50	结束

根据以上数据可画出该试验箱的气候图。如图 1。

7 评定标准

如果所有测量结果都在 GB/T 2423 相关标准规定的范围内,则认可温度/湿度试验箱的性能。

8 性能测试报告应给出的信息

——试验区的大气条件；

——工作空间或试验箱的内部尺寸及容积；

——GB/T 2424.5—2006 中第 5 章中每个温度点的温度波动度、空间温度差和温度梯度；

——湿度波动度及湿度梯度；

——温度变化率，如有必要，求出湿度变化率；

——温度极值；

——任何偏差，如过冲量；

——测量不确定度的评估；

——数据采集系统的详情。

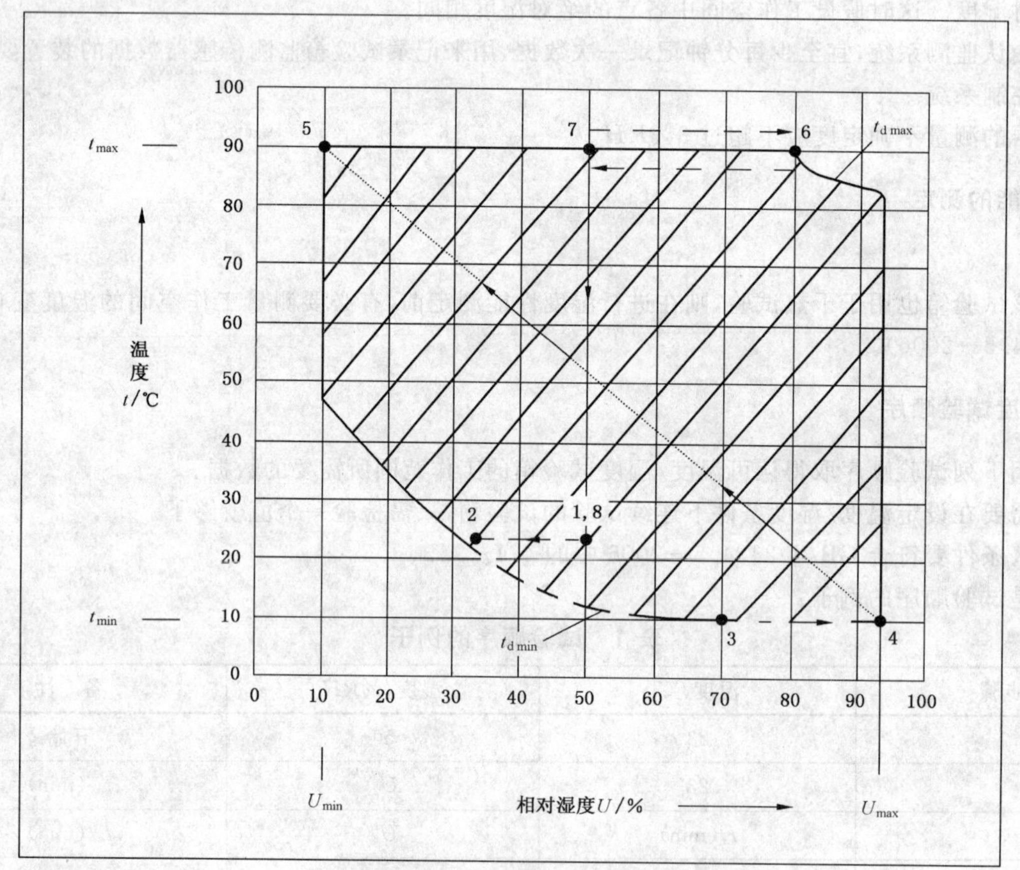

图 1 气候图例

ICS 19.040
K 04

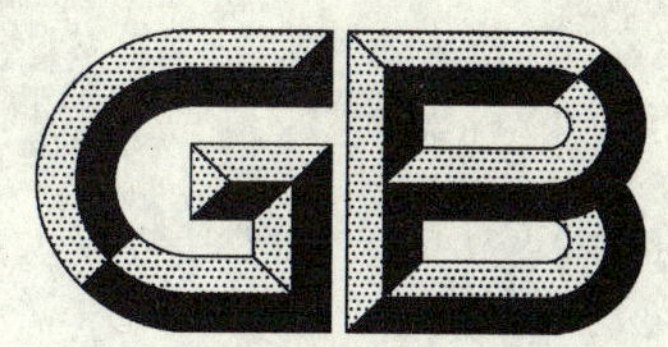

中华人民共和国国家标准

GB/T 2424.7—2006/IEC 60068-3-7:2001

电工电子产品环境试验 试验A和B(带负载)用温度试验箱的测量

Environmental tests for electric and electronic products—Measurements in temperature chambers for tests A and tests B (with load)

(IEC 60068-3-7:2001, Environmental testing—Part 3-7: Supporting documentation and guidance—Measurements in temperature chambers for tests A and tests B(with load), IDT)

2006-12-19 发布　　2007-09-01 实施

中华人民共和国国家质量监督检验检疫总局
中国国家标准化管理委员会　发布

前　言

GB/T 2424 包含以下部分：

——GB/T 2424.1—2005　电工电子产品环境试验　高温低温试验导则(IEC 60068-3-1:1978,IDT)

——GB/T 2424.2—2005　电工电子产品环境试验　湿热试验导则(IEC 60068-3-4:2001,IDT)

——GB/T 2424.5—2006　电工电子产品环境试验　温度试验箱性能确认(IEC 60068-3-5:2001,IDT)

——GB/T 2424.6—2006　电工电子产品环境试验　温度/湿度试验箱性能确认(IEC 60068-3-6:2001,IDT)

——GB/T 2424.7—2006　电工电子产品环境试验　试验A和B(带负载)用温度试验箱的测定(IEC 60068-3-7:2001,IDT)

——GB/T 2424.10—1993　电工电子产品基本环境试验规程　大气腐蚀加速试验的通用导则(eqv IEC 60355:1971)

——GB/T 2424.11—1982　电工电子产品基本环境试验规程　接触点和连接件的二氧化硫试验导则

——GB/T 2424.12—1982　电工电子产品基本环境试验规程　接触点和连接件的硫化氢试验导则

——GB/T 2424.13—2002　电工电子产品环境试验　第2部分:试验方法　温度变化试验导则(IEC 60068-2-33:1971,IDT)

——GB/T 2424.14—1995　电工电子产品环境试验　第2部分:试验方法　太阳辐射试验导则(idt IEC 60068-2-9:1975)

——GB/T 2424.15—1992　电工电子产品基本环境试验规程　温度/低气压综合试验导则(eqv IEC 60068-3-2:1976)

——GB/T 2424.17—1995　电工电子产品环境试验　锡焊试验导则

——GB/T 2424.19—2005　电工电子产品环境试验　模拟贮存影响的环境试验导则(IEC 60068 2-48:1982,IDT)

——GB/T 2424.20—1985　电工电子产品基本环境试验规程　倾斜和摇摆试验导则

——GB/T 2424.21—1985　电工电子产品基本环境试验规程　润湿称量法可焊性试验导则

——GB/T 2424.22—1986　电工电子产品基本环境试验规程　温度(低温、高温)和振动(正弦)综合试验导则(eqv IEC 60068-2-53:1984)

——GB/T 2424.23—1990　电工电子产品基本环境试验规程　水试验导则

——GB/T 2424.24—1995　电工电子产品环境试验　温度(低温、高温)/低气压/振动(正弦)综合试验导则

——GB/T 2424.25—2000　电工电子产品环境试验　第3部分:试验导则　地震试验方法(idt IEC 60068-3-3:1991)

本部分为GB/T 2424第7部分,等同采用了国际标准IEC 60068-3-7:2001《环境试验　第3-7部分:支持文件和导则　试验A和B温度试验箱(有负载)的测量》(英文版)。

考虑到我国实际情况,本部分对IEC 60068-3-7做了以下编辑性修改:

——引用了采用国际标准的我国标准,并改变了排列顺序;

——删除了 IEC 60068-3-7 的前言和引言；

——增加了国家标准的前言；

——对标准中的图表做了编辑性修改。

本部分由中国电器工业协会提出。

本部分由广州电器科学研究院负责起草。

本部分由全国电工电子产品环境技术标准化技术委员会(SAC/TC 8)归口。

本部分主要起草人：颜景莲、王玲。

本部分为首次发布。

电工电子产品环境试验
试验 A 和 B(带负载)用温度试验箱的测量

1 范围

GB/T 2424 的本部分规定了一项统一的、可再现的方法，以确认其在有散热性/非散热性试验样品负载并且工作空间内有空气循环条件下，符合 GB/T 2423.1 和 GB/T 2423.2 气候试验规定的要求。本方法主要适用于用户进行常规的试验箱性能监测。

2 规范性引用文件

下列文件中的条款通过本部分的引用而成为本部分的条款。凡是注日期的引用文件，其随后所有的修改单(不包括勘误的内容)或修订版均不适用于本部分，然而，鼓励根据本部分达成协议的各方研究是否可使用这些文件的最新版本。凡是不注日期的引用文件，其最新版本适用于本部分。

GB/T 2423.1 电工电子产品环境试验 第 2 部分：试验方法 试验 A：低温(GB/T 2423.1—2001，IEC 60068-2-1:1990，IDT)

GB/T 2423.2—2001 电工电子产品环境试验 第 2 部分：试验方法 试验 B：高温(IEC 60068-2-2:1974，IDT)

GB/T 2424.1—2005 电工电子产品环境试验 高温低温试验导则(IEC 60068-3-1:1974 和 IEC 60068-3-1A:1978，IDT)

GB/T 2424.5—2006 电工电子产品环境试验 温度试验箱性能确认(IEC 60068-3-5:2001，IDT)

GB/T 2424.6—2006 电工电子产品环境试验 温度/湿度试验箱性能确认(IEC 60068-3-6:2001，IDT)

GB/T 16839.1 热电偶 第 1 部分：分度表(GB/T 16839.1—1997，IEC 60584-1:1995，IDT)

IEC 60751 工业铂电阻温度计传感器

3 术语及定义

下列术语及定义适用于本部分。

3.1

试验规范 test specification

适用于有/无强迫空气循环的试验程序，适合于各种尺寸的试验箱。

注：表 1 汇总了 GB/T 2423.1 及 GB/T 2423.2 的试验条件。

3.2

确认方法(方法 1) confirmation method (procedure 1)

为了确定试验箱的性能是否符合 GB/T 2423.1 试验 A 和/或 GB/T 2423.2 试验 B 的要求而规定的进行连续测量的方法。

3.3

日常监测方法(方法 2) routine monitoring method (procedure 2)

为了保证试验箱的性能正常而规定的连续或间隔测量的方法。

3.4

试验负载 test load

为确认测量结果而放置在试验箱中的试验样品。

注：试验负载由几何尺寸及热性能确定。

3.5

人工负载　artificial load

依据本部分规定制造的试验负载，其几何尺寸与热性能与该试验箱适用的试验样品相关。

注：表 2 规定人工负载的数据。

表 1　试验条件

温度范围	试验	散热情况		温度变化	
		无	有	突变	渐变
−65℃～+5℃	Aa	○		○	
	Ab	○			○
	Ad		○		○
+30℃～+400℃	Ba	○		○	
	Bb	○			○
	Bc		○	○	
	Bd		○		○

表 2　人工负载——数据

几何尺寸	体积约为工作空间的 20%
热传递	约 10 kJ/(m² · K)
热辐射率	>0.7
散热	按 GB/T 2423.2—2001 的附录 C

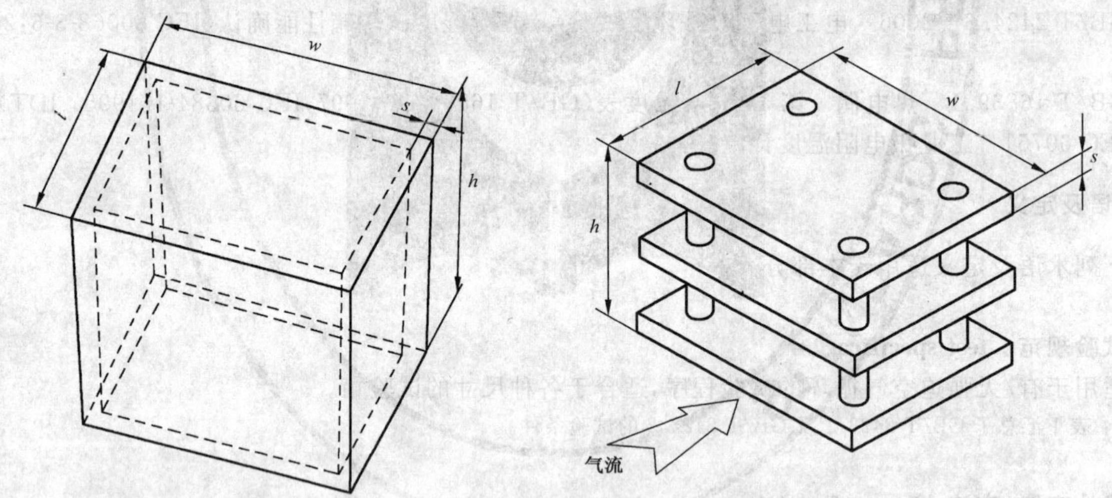

注：s=3 mm 不锈钢板或 4 mm 铝板（h,l,w 应小于工作空间的相应尺寸）。

图 1　人工负载实例

4　测量系统

用于确认及日常监测的系统，无论是内置的或独立于试验箱的均要符合下列要求：

4.1　温度

应当使用铂电阻温度计（按 IEC 60751）或热电偶温度计（按 GB/T 16839.1）。

4.1.1　温度传感器

在−200℃～+200℃温度范围内，传感器的测量不确定度要符合 IEC 60751 A 级。

4.2 湿度

仅在确认 GB/T 2423.2 的试验时有要求。

把一只独立的湿度传感器尽可能的放在工作空间的中心。

湿度监测传感器的类型见 GB/T 2424.6—2006 的 4.3。

4.2.1 湿度传感器

湿度传感器的测量不确定度不大于 3% RH。

4.3 试验箱壁辐射系数

试验箱壁辐射系数要与 GB/T 2424.1—2005 附录 I 的表 I.2 一致。

4.4 气流速度

所安装的气流传感器要能测量出冲击负载的最大气流速度。

4.4.1 气流速度传感器

气流速度传感器的测量不确定度要符合 GB/T 2423 的容差要求。

4.4.2 气流速度传感器响应时间

气流速度传感器的响应时间要大于 5 s，以避免气流波动的影响。

4.5 记录装置

对于确认监测，至少每分钟记录一次；对于日常监测，每 5 min 记录一次。记录试验箱监测传感器测得数据的记录装置应独立于试验箱控制系统。

5 温度性能的测定

5.1 试验区环境

按 GB/T 2424.5—2006 的 4.1。

5.2 试验箱负载

为测量试验箱的性能要准备几种不同的负载条件：

试验负载：	散热的
	非散热的
人工负载：	散热的
	非散热的

注：在测量大型的，散热大的样品时，最好利用“自由空气”试验箱或气流速度较低（小于 1 m/s）的试验箱，以使样品产生温度梯度。在这种情况下，工作空间内的温度可能不均匀，因此需要监测进出该试验样品的空气温度。

5.2.1 试验负载的位置

试验负载要完全放在工作空间中。

对于多个散热负载，应将互相之间的加热效应减至最小，以符合 GB/T 2423.2—2001 下列各条的要求。

无强制空气循环	29.1.1.2 和 40.1.1.2
有强制空气循环	29.1.2.2 和 40.1.2.2

5.3 温度传感器的安装

要保护温度传感器免受冷热源的直接热辐射，另外，宜用合适的绝热材料保护箱壁和负载传感器，免受周围空气对流传热的影响。

5.3.1 温度传感器的位置

按 GB/T 2424.5—2006。

5.3.2 箱壁传感器的位置

直接加热或冷却试验箱壁时，有必要按图 2 位置另放一些附加传感器。

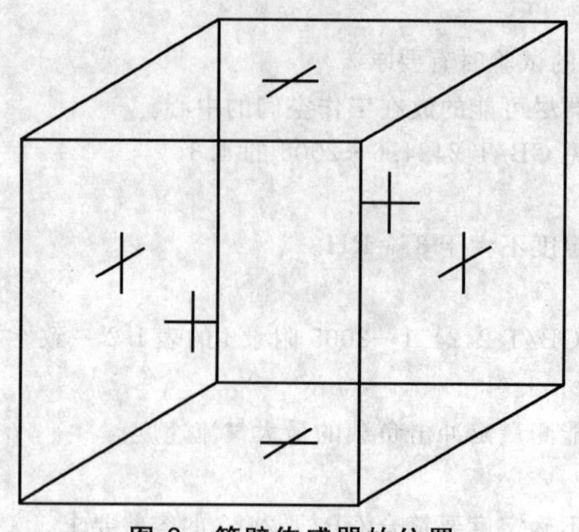

图 2 箱壁传感器的位置

5.3.3 负载传感器的位置

试验负载温度传感器宜放在负载的有代表性的点上，以指示是否达到温度稳定。

6 试验程序

6.1 确认方法

试验要在代表试验箱预定用途的温度和试验负载下进行。

6.1.1 无负载试验

按 GB/T 2424.5—2006。

6.1.2 有负载试验

——放置并启动试验负载；

——按上述 6.1.1 顺序重复试验。

6.2 日常监测方法

为了控制试验箱，日常监测要以固定的时间间隔进行。每当维护/修理修试验箱的加热致冷系统、空气循环系统或试验箱控制系统后都要进行额外监测。日常监测所用的传感器的位置要从 GB/T 2424.5—2006 的 4.4 确定的位置中选取。

监测该点的温度，每隔 5 min 记录 1 次。

日常监测用于确定对于给定试验负载，该试验箱在其容差范围内正常工作。但单一监测点的温度容差不同于确认监测规定的温度容差，即低温试验±1.5 K，高温试验±1.0 K。

7 评定标准

如果所有的试验结果都在相应的 GB/T 2423 有关部分规定的范围内，则认可该温度试验箱的性能。

8 性能报告应给出的信息

——试验区的大气条件；

——试验箱的内部尺寸和工作空间的容积；

——按 GB/T 2424.5—2006 第 5 章中各阶段的温度波动和温度梯度；

——升温和降温的温度变化率；

——温度极值；

——任何偏差，如过冲量；

——试验负载的详细情况；
——数据采集系统的详细情况；
——气流速度；
——测量不确定度的评估。

ICS 71.060.10
G 13

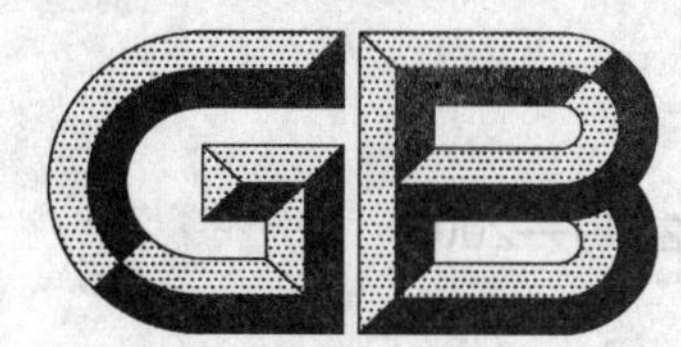

中华人民共和国国家标准

GB/T 2449—2006
代替 GB/T 2449—1992

工业硫磺

Sulphur for industrial use

2006-09-14 发布　　2007-02-01 实施

中华人民共和国国家质量监督检验检疫总局
中国国家标准化管理委员会　发布

前　言

本标准代替 GB/T 2449—1992《工业硫磺及其试验方法》。

本标准与 GB/T 2449—1992 相比主要变化如下：

——标准名称由“工业硫磺及其试验方法”变更为“工业硫磺”；

——硫的相对原子质量由 32.066 改为 32.065；

——将优等品指标适当提高；

——修改了固体硫磺中水分的质量分数的指标；

——增加了液体硫磺的采样规定；

——增加了测定硫磺的质量分数的另一种方法，原标准规定的方法确定为仲裁法；

——增加了测定有机物的质量分数的另一种方法，原标准规定的方法确定为仲裁法；

——增加了测定铁的质量分数的另一种方法，原标准规定的方法确定为仲裁法；

——增加了固体硫磺可散装和取消了包装净含量的要求；

——将 200℃时残渣的质量分数的测定、氯化物的质量分数的测定以及硒的质量分数的测定纳入资料性附录；

——作了编辑性修改。

本标准的附录 A、附录 B 和附录 C 为资料性附录。

本标准由中国石油和化学工业协会提出。

本标准由化学工业硫和硫酸标准化技术归口单位归口。

本标准由南化集团研究院负责起草。

本标准主要起草人：张汝爱、邱爱玲、冯俊婷、贺艳、郑京荣。

本标准所代替标准的历次版本发布情况：

——GB 2449～2458—1981；

——GB 7683～7685—1987；

——GB/T 2449—1992。

工 业 硫 磺

1 范围

本标准规定了工业硫磺的要求、采样、试验方法、检验规则、安全、标志、包装、运输和贮存。

本标准适用于由石油炼厂气、天然气等回收制得的工业硫磺,也适用于焦炉气回收以及由硫铁矿等制得的工业硫磺。

化学符号:S

相对原子质量:32.065(按2003年国际相对原子质量)

2 规范性引用文件

下列文件中的条款通过本标准的引用而成为本标准的条款。凡是注日期的引用文件,其随后所有的修改单(不包括勘误的内容)或修订版均不适用于本标准,然而,鼓励根据本标准达成协议的各方研究是否可使用这些文件的最新版本。凡是不注日期的引用文件,其最新版本适用于本标准。

GB 190 危险货物包装标志

GB/T 601—2002 化学试剂 标准滴定溶液的制备

GB/T 602—2002 化学试剂 杂质测定用标准溶液的制备(ISO 6353-1:1982,NEQ)

GB/T 603—2002 化学试剂 试验方法中所用制剂及制品的制备(ISO 6353-1:1982,NEQ)

GB/T 1250 极限数值的表示方法和判定方法

GB/T 6678—2003 化工产品采样总则

GB/T 6679—2003 固体化工产品采样通则

GB/T 6680—2003 液体化工产品采样通则

GB/T 6682 分析实验室用水规格和试验方法(GB/T 6682—1992,eqv ISO 3696:1987)

3 要求

3.1 固体工业硫磺有块状、粉状、粒状和片状等,呈黄色或者淡黄色。液体工业硫磺可在其凝固后,按固体工业硫磺判别。

3.2 工业硫磺中不含有任何机械杂质。

3.3 工业硫磺按产品质量分为优等品、一等品和合格品,工业硫磺技术指标应符合表1的规定。

4 采样

4.1 固体工业硫磺采样方法

4.1.1 包装产品的采样

产品按照GB/T 6678—2003中7.6.1的规定确定采样单元数。从随机选定的每个采样单元中采样,不同形状的产品采样方式为:

——对于粒状、片状、粉状产品,用采样器插入2/3深处采样;

——对于块状产品,用手锤在不同部位敲取块径小于25 mm的碎块。

采得样品充分混合均匀后缩分成2 kg的实验室样品。

表 1

项目			技术指标		
			优等品	一等品	合格品
硫(S)的质量分数/%		≥	99.95	99.50	99.00
水分的质量分数/%	固体硫磺	≤	2.0	2.0	2.0
	液体硫磺	≤	0.10	0.50	1.00
灰分的质量分数/%		≤	0.03	0.10	0.20
酸度的质量分数[以硫酸(H_2SO_4)计]/%		≤	0.003	0.005	0.02
有机物的质量分数/%		≤	0.03	0.30	0.80
砷(As)的质量分数/%		≤	0.000 1	0.01	0.05
铁(Fe)的质量分数/%		≤	0.003	0.005	
筛余物的质量分数[a]/%	粒度大于 150 μm	≤	0	0	3.0
	粒度为 75 μm～150 μm	≤	0.5	1.0	4.0

a 表中的筛余物指标仅用于粉状硫磺。

4.1.2 散装产品的采样

产品按照 GB/T 6679—2003 中 3.2.3.2 的规定确定采样单元(或点)数。从随机选定的每个采样单元(或点)上采样,不同形状的产品采样方式为:

——对于粒状、片状产品,用采样器插入 0.3 m～0.5 m 的深处采样;

——对于块状产品,用手锤在不同部位敲取块径小于 25 mm 的碎块。

采得样品充分混合均匀后缩分成 2 kg 的实验室样品。

4.2 液体工业硫磺采样方法

产品按照 GB/T 6680—2003 中第 7 章的规定采样,在不同环境条件下的采样方式:

——在槽车灌注或排出过程中采样,用自动或机械截流的方法,周期性采取点样;

——在槽车或贮存容器中采样,以实装液体硫磺为基准,分别从上、中、下部位采样,等体积混合成平均样品。

上述两种采样方式每个点样都不少于 0.2 kg。将点样合并,混合。凝固后为实验室样品。如果实验室样品大于 2 kg,则粉碎成直径小于 25 mm 的碎块,缩分成 2 kg 为实验室样品。

4.3 实验室样品处理

实验室样品等量分为试验样和保留样,分别装入样品瓶内密封。样品瓶上应贴上标签,标明产品名称、等级、批号、批量、采样日期、采样人等,其中保留样的保留时间由企业自定。

4.4 试样的制备

将取得的试验样磨碎至通过孔径为 2.00 mm 的试验筛(粉状硫磺不必研磨),以缩分法分成两份,一份供测定水分的质量分数、200℃时残渣的质量分数用。另一份继续磨碎至通过孔径为 600 μm 的试验筛,用缩分法分成两份,一份供测定灰分的质量分数、有机物的质量分数、铁的质量分数用;另一份继续磨碎至通过孔径为 250 μm 的试验筛,供测定硫的质量分数(重量法)、酸度的质量分数、砷的质量分数、氯的质量分数、硒的质量分数用。

5 试验方法

本标准中所用的试剂和水,在没有注明其他要求时,均指分析纯试剂和符合 GB/T 6682 规定的三级水。试验中所用标准滴定溶液、杂质测定用标准溶液、制剂及制品,在没有注明其他要求时,均按 GB/T 601—2002、GB/T 602—2002、GB/T 603—2002 的规定制备。

5.1 硫的质量分数的测定

5.1.1 差减法 仲裁法

5.1.1.1 原理

本方法通过扣除杂质(灰分、酸度、有机物和砷)的质量分数总和的方法,算得工业硫磺中的硫的质量分数。

5.1.1.2 结果计算

硫的质量分数 w_1,数值以%表示,按公式(1)计算:

$$w_1 = 100 - (w_3 + w_4 + w_5 + w_6) \qquad \cdots\cdots(1)$$

式中:

w_3——按 5.3 测得的灰分的质量分数,以%表示;

w_4——按 5.4 测得的酸度的质量分数,以%表示;

w_5——按 5.5 测得的有机物的质量分数,以%表示;

w_6——按 5.6 测得的砷的质量分数,以%表示。

5.1.2 重量法

5.1.2.1 原理

将试料用二硫化碳洗脱后称量,算得工业硫磺中的硫的质量分数。本方法适用于优等品硫磺中硫的质量分数的测定。

5.1.2.2 试剂

二硫化碳。

5.1.2.3 仪器

5.1.2.3.1 玻璃过滤坩埚:$P_{30}(G_3)$。

5.1.2.3.2 吸滤瓶:500 mL。

5.1.2.3.3 真空泵:60 L/min。

5.1.2.3.4 恒温干燥箱:能控制温度 105℃~110℃。

5.1.2.4 分析步骤

警告——二硫化碳有毒易燃,相关操作应在通风橱内进行。

称取 2 g~3 g 试样(4.4),精确至 0.000 1 g,置于 105℃~110℃预先恒量的玻璃过滤坩埚中。

连接好抽气装置,将坩埚置入吸滤瓶口,用滴管向玻璃过滤坩埚中加适量的二硫化碳,用玻璃棒搅拌使硫磺溶解,开启真空泵抽滤。继续用二硫化碳洗涤溶解,至绝大部分硫磺溶解后,以二硫化碳洗涤坩埚和其底部。

将坩埚在恒温干燥箱内于 105℃~110℃下烘 45 min,冷却至室温,再用二硫化碳洗涤 5~8 次,在恒温干燥箱内于 105℃~110℃下烘 30 min,置于干燥器中冷却后称量,精确至 0.000 1 g。按以上操作重复用二硫化碳处理直至连续两次称量相差不超过 0.000 2 g。

5.1.2.5 结果计算

硫的质量分数 w_1,数值以%表示,按公式(2)计算:

$$w_1 = \left[1 - \frac{m_1}{m \times (100 - w_2)/100}\right] \times 100 - w_4 \qquad \cdots\cdots(2)$$

式中:

m_1——干燥后残余物的质量的数值,单位为克(g);

m——试料的质量的数值,单位为克(g);

w_2——按 5.2 测得的水分的质量分数,以%表示;

w_4——按 5.4 测得的酸度的质量分数,以%表示。

取平行测定结果的算术平均值作为测定结果。平行测定结果的相对偏差应不大于 0.05%。

5.2 水分的质量分数的测定

5.2.1 原理

试料在恒温干燥箱中于80℃下干燥，称量其失去的质量即为失去水的质量。

5.2.2 仪器

5.2.2.1 称量瓶：直径70 mm，高35 mm。

5.2.2.2 恒温干燥箱：能控制温度80℃±2℃。

5.2.3 分析步骤

称取约25 g试样(4.4)，精确至0.001 g，于80℃±2℃预先恒量的称量瓶中，置于恒温干燥箱内，在80℃±2℃下干燥3 h，取出称量瓶置于干燥器中，冷却、称量，精确至0.001 g。重复以上操作，直至连续两次称量相差不超过0.002 g。如果干燥总时间超过16 h仍未恒量，则记录最后一次称量结果。

5.2.4 结果计算

水分的质量分数 w_2，数值以%表示，按公式(3)计算：

$$w_2 = \frac{m - m_1}{m} \times 100 \qquad \cdots\cdots(3)$$

式中：

m_1——干燥后试料的质量的数值，单位为克(g)；

m——试料的质量的数值，单位为克(g)。

取平行测定结果的算术平均值作为测定结果。

平行测定结果的绝对差值应符合表2的规定。

表 2

水分的质量分数/%	平行测定结果的绝对差值/%
≤0.10	≤0.05
>0.10～≤0.50	≤0.1
>0.50	≤0.2

5.3 灰分的质量分数的测定

5.3.1 原理

在空气中缓慢燃烧试料，然后在高温电炉中于温度800℃～850℃下灼烧，冷却，称量。

5.3.2 仪器

5.3.2.1 瓷坩埚：50 mL。

5.3.2.2 电热板。

5.3.2.3 高温电炉：能控制温度800℃～850℃。

5.3.3 分析步骤

称取约25 g试料(4.4)，精确至0.01 g，于800℃～850℃预先恒量的瓷坩埚中，置于电热板上，使硫磺缓慢燃烧。燃烧完毕后，移至高温电炉内，在800℃～850℃的温度下灼烧40 min，取出瓷坩埚，置于干燥器中，冷却至室温，称量。重复以上操作，直至连续两次称量相差不超过0.000 5 g。

5.3.4 结果计算

灰分的质量分数 w_3，数值以%表示，按公式(4)计算：

$$w_3 = \frac{m_1}{m \times (100 - w_2)/100} \times 100 \qquad \cdots\cdots(4)$$

式中：

m_1——试料灼烧后灰分的质量的数值，单位为克(g)；

m——试料的质量的数值，单位为克(g)；

w_2——按 5.2 测得的水分的质量分数的数值，以%表示。

取平行测定结果的算术平均值作为测定结果。

平行测定结果的绝对差值应符合表 3 的规定。

表 3

灰分的质量分数/%	平行测定结果的绝对差值/%
≤0.03	≤0.003
>0.03～≤0.07	≤0.005
>0.07～≤0.10	≤0.01
>0.10～≤0.30	≤0.02
>0.30	≤0.05

5.4 酸度的质量分数的测定

5.4.1 原理

用水-异丙醇混合液萃取硫磺中的酸性物质，以酚酞为指示剂，用氢氧化钠标准滴定溶液滴定。

5.4.2 试剂

本试验中的用水除应符合 GB/T 6682 三级水规定要求外，使用前还应煮沸并冷却。

5.4.2.1 异丙醇。

5.4.2.2 氢氧化钠标准滴定溶液：$c(NaOH)=0.05\ mol/L$。

按 GB/T 601—2002 的规定配制和标定 $c(NaOH)=0.5\ mol/L$ 的标准滴定溶液，将该标准滴定溶液再稀释 10 倍而得。

5.4.2.3 酚酞指示液：10 g/L。

5.4.3 分析步骤

称取试样约 25 g(4.4)，精确至 0.01 g，置于 250 mL 具磨口塞的锥形瓶中，加 25 mL 异丙醇(5.4.2.1)，盖上瓶塞，使硫磺完全润湿，然后再加 50 mL 水，塞上瓶塞，摇振 2 min，放置 20 min，其间不时地摇振，加 3 滴酚酞指示液，用氢氧化钠标准滴定溶液(5.4.2.2)滴至粉红色并保持 30 s 不褪。同时做空白试验。

5.4.4 结果计算

酸度的质量分数以硫酸(H_2SO_4)的质量分数 w_4 计，数值以%表示，按公式(5)计算：

$$w_4=\frac{[(V-V_0)/1\,000]cM/2}{m\times(100-w_2)/100}\times 100=\frac{5(V-V_0)cM}{m(100-w_2)} \quad \cdots\cdots(5)$$

式中：

V——滴定时耗用氢氧化钠标准滴定溶液(5.4.2.2)的体积的数值，单位为毫升(mL)；

V_0——空白试验时耗用氢氧化钠标准滴定溶液(5.4.2.2)的体积的数值，单位为毫升(mL)；

c——氢氧化钠标准滴定溶液浓度的准确数值，单位为摩尔每升(mol/L)；

m——试料的质量的数值，单位为克(g)；

w_2——按 5.2 测得的水分的质量分数，以%表示；

M——硫酸的摩尔质量的数值，单位为克每摩尔(g/mol)(M=98.08)。

取平行测定结果的算术平均值作为测定结果。

平行测定结果的绝对差值应符合表 4 的规定。

表 4

酸度的质量分数/%	平行测定结果的绝对差值/%
≤0.002 0	≤0.000 3
>0.002 0～≤0.006 0	≤0.000 4
>0.006 0～≤0.020	≤0.002
>0.020	≤0.003

5.5 有机物的质量分数的测定

5.5.1 滴定法 仲裁法

5.5.1.1 原理

试料在氧气流中燃烧，生成二氧化硫、三氧化硫，在铬酸和硫酸溶液中被氧化吸收。试料中的有机物燃烧生成二氧化碳，用氢氧化钡溶液吸收，然后以酚酞和甲基红-亚甲基蓝作指示剂滴定。

5.5.1.2 试剂和材料

本试验中的用水除应符合 GB/T 6682 三级水规定要求外，使用前还应煮沸并冷却。

5.5.1.2.1 硫酸。

5.5.1.2.2 三氧化铬溶液：500 g/L。

5.5.1.2.3 氢氧化钡溶液：$c[1/2Ba(OH)_2]=0.05$ mol/L，使用时现配，溶液中加入数滴酚酞指示液。该溶液需用装有碱石棉的捕集管与空气中的二氧化碳隔绝。

5.5.1.2.4 过氧化氢溶液：60 g/L。

5.5.1.2.5 盐酸标准滴定溶液：$c(HCl)=0.05$ mol/L。

按 GB/T 601—2002 的规定配制和标定 $c(HCl)=0.5$ mol/L 的标准滴定溶液，将该标准滴定溶液再稀释 10 倍而得。

5.5.1.2.6 氢氧化钠标准滴定溶液：$c(NaOH)=0.05$ mol/L。

按 GB/T 601—2002 的规定配制和标定 $c(NaOH)=0.5$ mol/L 的标准滴定溶液，将该标准滴定溶液再稀释 10 倍而得。

5.5.1.2.7 甲基红-亚甲基蓝混合指示液：1 g/L。

5.5.1.2.8 酚酞指示液：10 g/L。

5.5.1.2.9 铂石棉：含铂质量分数为 5%～10%。

5.5.1.2.10 碱石棉。

5.5.1.2.11 玻璃棉。

5.5.1.2.12 纯氧：贮于钢瓶中，配备氧气减压器。

5.5.1.3 仪器

5.5.1.3.1 **燃烧和吸收装置**

该装置用以使试料燃烧完全，如图 1 所示。

包括：

a) 汞封(A)，有一内管插入汞面以下 1 cm 深处；
b) 三支 U 形管(B_1、B_2、B_3,)，具有两支侧管和磨口塞，侧管直径为 15 mm，U 形管高为 150 mm；
c) 流量计(C)，适用于测量 20 mL/min～200 mL/min 的氧气流量；
d) 燃烧管(D)，外径 15 mm，长 700 mm 的透明石英管，管的一端有 15 mm 长的一段外径缩为 4 mm；
e) 管式炉(E)，燃烧过程中可控制温度为 800℃～900℃；
f) 管式炉(F)，燃烧过程中可控制温度为 400℃～500℃；

g) 洗气瓶(G_1～G_6)共 6 个，容量各为 250 mL。

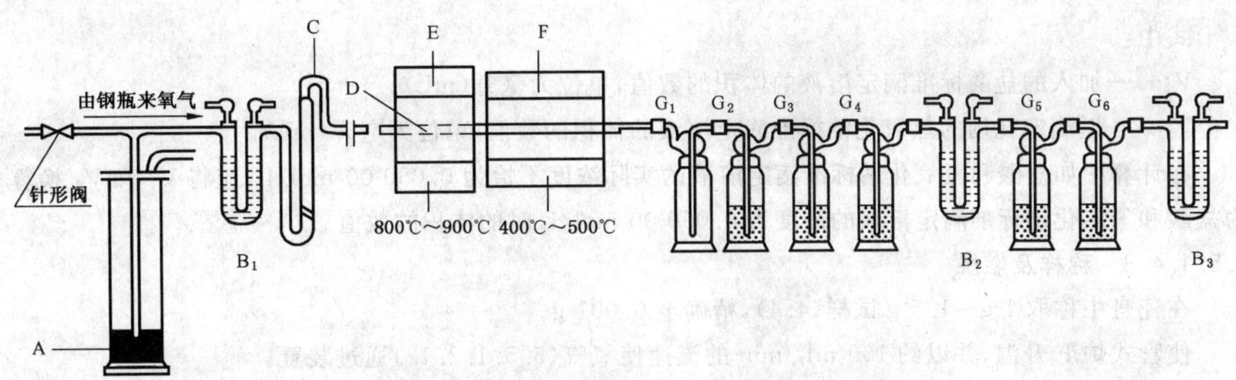

图 1 燃烧和吸收装置

5.5.1.3.2 瓷舟：88 mm×12 mm。

5.5.1.3.3 滴定管：10 mL，分度值为 0.05 mL。

5.5.1.4 分析步骤

5.5.1.4.1 燃烧装置的准备

在干燥的 U 形管 B_1、B_3 中，装入碱石棉(5.5.1.2.10)，在碱石棉上面垫一层玻璃棉。U 形管 B_2 中疏松地填入玻璃棉(5.5.1.2.11)，用以捕集测定时产生的酸蒸汽。如酸蒸汽过多，致使氢氧化钡完全被中和，则用孔径为 15 μm～40 μm 的烧结玻璃过滤器，替换 U 形管 B_2，重新测定。

除非需要开启，U 形管 B_1、B_2 和 B_3 的气孔均应关闭。

洗气瓶 G_2 中装入至少 50 mL 三氧化铬溶液(5.5.1.2.2)，洗气瓶 G_3 和 G_4 中各装入至少 50 mL 硫酸(5.5.1.2.1)。

燃烧管 D 中装入铂石棉(5.5.1.2.9)，其长度略小于管式炉 F 加热段的长度。

按图 1 所示，用橡皮短管连接整个装置。

5.5.1.4.2 空白试验

使管式炉 F 升温，同时以约 100 mL/min 的流速使氧气(5.5.1.2.12)通过装置。

当管式炉 F 温度达到 400℃～450℃后约 30 min，取下洗气瓶 G_5、G_6，各加入 20 mL 氢氧化钡溶液(5.5.1.2.3)、40 mL 水和 5 mL 过氧化氢溶液(5.5.1.2.4)，再接回装置中. 应尽快地进行这些操作，以避免吸收空气中的二氧化碳。

在继续以约 100 mL/min 的流速使氧气通过装置的情况下，使管式炉 E 通电，升温至 400℃～450℃，并维持此温度约 10 min，再继续升温至 800℃～900℃，并维持此温度约 30 min。切断管式炉 E 电源，继续通氧气约 30 min，再切断管式炉 F 的电源。

拆下洗气瓶 G_5 和 G_6，打开瓶盖，用少量水冲洗，洗液并入吸收液中，然后按下述步骤分别做空白滴定。

以酚酞指示液(5.5.1.2.8)为指示剂，用盐酸标准滴定溶液(5.5.1.2.5)滴定吸收溶液至终点。

然后往每个洗气瓶中加 2～3 滴甲基红-亚甲基蓝混合指示液(5.5.1.2.7)，加入一定体积(一般为 10.00 mL)过量的盐酸标准滴定溶液(5.5.1.2.5)，摇匀，用氢氧化钠标准滴定溶液(5.5.1.2.6)返滴定。

空白试验所耗用的盐酸标准滴定溶液，一般应少于 0.2 mL。

对 G_5、G_6 两洗气瓶内的吸收溶液做空白试验所耗用的盐酸标准滴定溶液的体积 V_0，数值以毫升

(mL)表示，按公式(6)分别计算：

$$V_0 = V_1 - V_2 \qquad (6)$$

式中：

V_1——加入的盐酸标准滴定溶液的体积的数值，单位为毫升(mL)；

V_2——返滴定耗用的氢氧化钠标准滴定溶液的体积的数值，单位为毫升(mL)。

在计算中如盐酸和氢氧化钠标准滴定溶液的实际浓度不恰为 0.050 00 mol/L，应将 V_1 和 V_2 换算为盐酸和氢氧化钠标准滴定溶液的浓度为 0.050 00 mol/L 时的体积的数值。

5.5.1.4.3 称样及燃烧

在瓷舟中称取 1 g～1.5 g 试样(4.4)，精确至 0.001 g。

使管式炉 F 升温，并以约 100 mL/min 的流速使氧气(5.5.1.2.12)通过装置。

当管式炉 F 温度达到 400℃～450℃后约 30 min，取下洗气瓶 G_5、G_6，各加入 20 mL 氢氧化钡溶液(5.5.1.2.3)、40 mL 水以及 5 mL 过氧化氢溶液(5.5.1.2.4)，用以氧化可能生成的任何亚硫酸盐。然后将洗气瓶 G_5、G_6 接回装置中。应尽快地进行这些操作，以避免吸收空气中的二氧化碳。

将盛有试料的瓷舟，送至燃烧管 D 中位于管式炉 E 前不加温的部位。立即以 100 mL/min 的流速通入氧气，并使管式炉 E 升温。

当管式炉 E 温度达到 450℃时，维持此温度不再上升。向瓷舟方向缓慢移动管式炉 E，使硫磺燃烧，而微量的含碳物留在瓷舟和燃烧管 D 内。如果燃烧过于激烈，吸收瓶 G_2 中的三氧化铬溶液可能回抽，应增大氧气流速予以防止。如果硫磺升华到瓷舟外并冷凝在瓷舟和铂石棉之间，应移动管式炉 E 使硫磺燃烧完全。

硫磺缓慢燃烧完毕后，将管式炉 E 移至加热瓷舟的位置，升温至 800℃～900℃，加热燃烧管 D 和瓷舟约 30 min，使残留的碳燃烧和碳酸盐分解。切断管式炉 E 的电源，继续通氧气约 30 min，吹净装置，再切断管式炉 F 的电源。

5.5.1.4.4 测定释出的二氧化碳量

当二氧化碳全部被吸收(藉观察洗气瓶 G_5、G_6 中的沉淀是否完全)后，拆下洗气瓶 G_5 和 G_6，打开瓶盖，用少量水冲洗，洗液并入吸收液中。然后按下述步骤分别测定两个洗气瓶中所吸收的二氧化碳。

以酚酞指示液(5.5.1.2.8)为指示剂，用盐酸标准滴定溶液(5.5.1.2.5)滴定吸收溶液，剧烈地搅拌，切勿滴过终点。

然后往每个洗气瓶中加 2～3 滴甲基红-亚甲基蓝混合指示液，加入一定体积(一般为 10.00 mL)过量的盐酸标准滴定溶液(5.5.1.2.5)，摇匀，用氢氧化钠标准滴定溶液(5.5.1.2.6)返滴定。

中和 G_5、G_6 两洗气瓶中 CO_3^{2-} 所耗用的盐酸标准滴定溶液的体积 V_3，数值以毫升(mL)表示，按公式(7)分别计算：

$$V_3 = V_4 - V_5 - V_0 \qquad (7)$$

式中：

V_4——加入的盐酸标准滴定溶液的体积的数值，单位为毫升(mL)；

V_5——返滴定耗用的氢氧化钠标准滴定溶液的体积的数值，单位为毫升(mL)；

V_0——由公式(6)得到的空白试验耗用的盐酸标准滴定溶液的体积的数值，单位为毫升(mL)。

在计算中如盐酸和氢氧化钠标准滴定溶液的实际浓度不恰为 0.050 00 mol/L，应将 V_4 和 V_5 换算为盐酸和氢氧化钠标准滴定溶液的浓度为 0.050 00 mol/L 时的体积的数值。

5.5.1.5 **结果计算**

有机物的质量分数 w_5，数值以%表示，按公式(8)计算：

$$w_5=\frac{[V/1\,000]cM/2}{m\times(100-w_2)/100}\times1.25\times100=\frac{6.25VcM}{m(100-w_2)}\qquad\cdots\cdots(8)$$

式中：

V——测定时耗用盐酸标准滴定溶液(5.5.1.2.5)的总体积[即公式(7)中 G_5、G_6 两洗气瓶 V_3 的和]的数值，单位为毫升(mL)；

c——盐酸标准滴定溶液浓度的准确数值，单位为摩尔每升(mol/L)；

m——试料的质量的数值，单位为克(g)；

w_2——按5.2测得的水分的质量分数的数值，以%表示；

M——碳的摩尔质量的数值，单位为克每摩尔(g/mol)(M=12.012)；

1.25——碳换算为有机物的系数。

取平行测定结果的算术平均值作为测定结果。

平行测定结果的绝对差值应符合表5的规定。

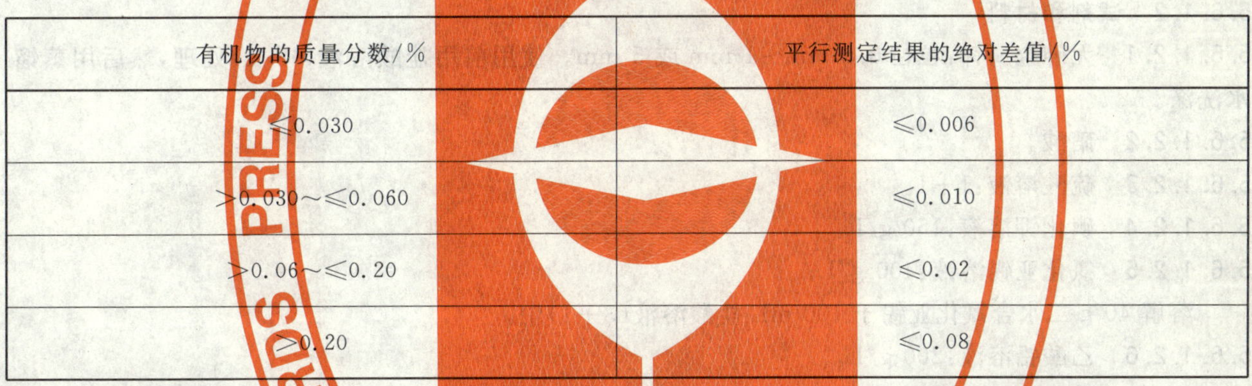

表 5

有机物的质量分数/%	平行测定结果的绝对差值/%
≤0.030	≤0.006
>0.030～≤0.060	≤0.010
>0.06～≤0.20	≤0.02
>0.20	≤0.08

5.5.2 **重量法**

5.5.2.1 **原理**

硫磺试料在温度为250℃和800℃两次灼烧后，所得残余物质量差即为灼烧过程有机物的损失。

5.5.2.2 **仪器**

5.5.2.2.1 瓷皿。

5.5.2.2.2 砂浴。

5.5.2.2.3 恒温干燥箱：能控制温度250℃±2℃。

5.5.2.2.4 高温电炉：能控制温度800℃～850℃。

5.5.2.3 **分析步骤**

称取约50 g试样(4.4)，精确至0.01 g。置于预先恒量的瓷皿中，在砂浴(或可调温电炉)上熔融并燃烧试料后，(注意温度控制不要高于250℃，也可在点燃后从砂浴上拿开。)将瓷皿与残余物在恒温干燥箱中于250℃下烘2 h，以除去微量硫。将瓷皿与残余物(由有机物和灰分组成)移入干燥器，冷却至室温，称量，精确至0.000 1 g。将带有残余物的瓷皿在高温电炉内于800℃～850℃灼烧40 min，在干燥器中冷却至室温，称量，精确至0.0001 g。重复操作直至恒量。由250℃和800℃温度下两次称量的质量差计算出有机物的质量分数。

5.5.2.4 结果计算

有机物的质量分数 w_5，数值以%表示，按公式(9)计算：

$$w_5 = \frac{m_1}{m \times (100 - w_2)/100} \times 100 \quad \cdots\cdots(9)$$

式中：

m_1——试料两次灼烧后残余物质量差的数值，单位为克(g)；

m——试料的质量的数值，单位为克(g)；

w_2——按5.2测得的水分的质量分数，以%表示。

取平行测定结果的算术平均值作为测定结果。

平行测定结果的相对偏差应不大于30%。

5.6 砷的质量分数的测定

5.6.1 二乙基二硫代氨基甲酸银分光光度法　仲裁法

5.6.1.1 原理

试料溶解于四氯化碳中，用溴和硝酸氧化。在硫酸介质中，用金属锌将砷还原为砷化氢，用二乙基二硫代氨基甲酸银的吡啶溶液吸收砷化氢，生成紫红色胶态银溶液，然后对此溶液进行吸光度的测定。反应式如下：

$$AsH_3 + 6Ag(DDTC) = 6Ag + 3H(DDTC) + As(DDTC)_3$$

5.6.1.2 试剂和材料

5.6.1.2.1 无砷金属锌：粒径0.5 mm～1 mm或5 mm。使用前用盐酸溶液(1+1)处理，然后用蒸馏水洗涤。

5.6.1.2.2 硝酸。

5.6.1.2.3 硫酸溶液：1+1。

5.6.1.2.4 碘化钾溶液：150 g/L。

5.6.1.2.5 氯化亚锡溶液：400 g/L；

溶解40 g二水合氯化亚锡于100 mL盐酸溶液(3+1)中。

5.6.1.2.6 乙酸铅溶液：200 g/L。

5.6.1.2.7 溴-四氯化碳溶液：溴与四氯化碳体积比为2∶3。

5.6.1.2.8 二乙基二硫代氨基甲酸银吡啶溶液(简称AgDDTC吡啶溶液)：5 g/L。该溶液应保存在密闭棕色玻璃瓶中，有效期为两周。

5.6.1.2.9 砷(As)标准溶液：100 μg/mL。

5.6.1.2.10 砷(As)标准溶液：2.5 μg/mL。

量取25.00 mL砷(As)标准溶液(5.6.1.2.9)，置于1 000 mL容量瓶中，用水稀释至刻度，摇匀。该溶液使用时配制。

5.6.1.2.11 乙酸铅棉花：用乙酸铅溶液(5.6.1.2.6)将脱脂棉浸透，取出沥干，在室温下干燥，保存在密闭容器内。

5.6.1.3 仪器

所用的玻璃仪器都应用铬酸洗液洗涤，然后用水充分洗涤干净，烘干。

分光光度计：具有540 nm波长。

5.6.1.3.1 定砷仪：如图2所示，其组成部分有：

a) 锥形瓶：容积100 mL，用于发生砷化氢；

b) 连接导管：捕集硫化氢用；

c) 15连球吸收管：吸收砷化氢用。

单位为毫米

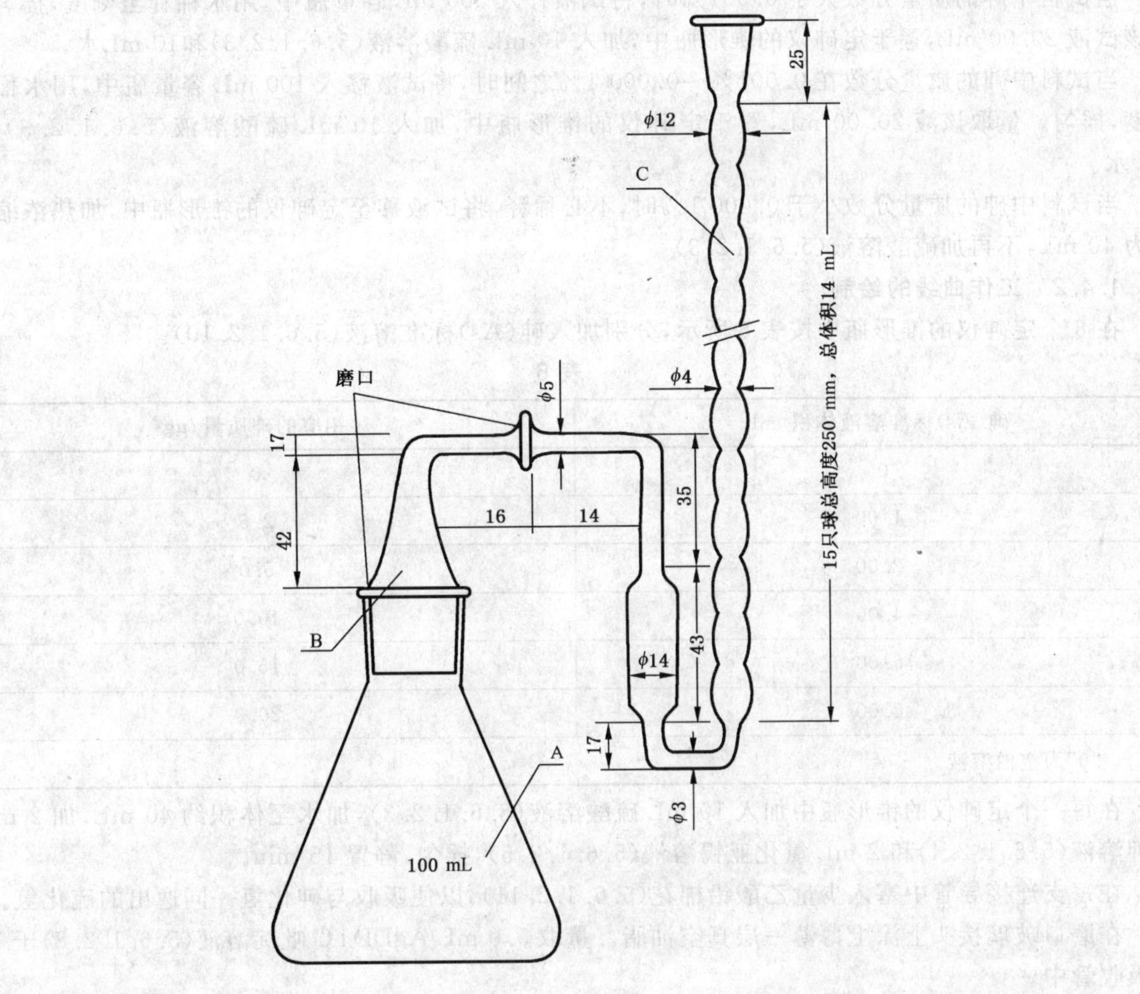

A——锥形瓶；

B——连接导管；

C——15 连球吸收管。

图 2　定砷仪

5.6.1.4　分析步骤

警告——基于吡啶的毒性和难闻的气味，操作时应小心，并应在良好的通风橱中进行。溶解试料时应戴医用手套。

5.6.1.4.1　试液的制备

称取约 5 g 试样(4.4)，精确至 0.001 g，置于 400 mL 烧杯中。在良好的通风橱内，向烧杯中加入 20 mL 溴-四氯化碳溶液(5.6.1.2.7)，静置 45 min，在轻微搅拌下，分三次加入 25 mL 硝酸(5.6.1.2.2)，也可分数次加入，以防止亚硝酸烟的逸出太快。第一次加入约 5 mL 硝酸(5.6.1.2.2)，加盖表面皿，摇匀。细心观察，待烧杯口稍有棕色烟冒出时，立即将烧杯置于冰水浴中，不断摇动，直至无明显棕色烟冒出。然后按相同步骤再次加入硝酸(5.6.1.2.2)，直至加完硝酸(5.6.1.2.2)而烧杯内剩余少量的溴为止。如果硫磺未能完全溶解，应再用数毫升溴-四氯化碳溶液(5.6.1.2.7)和硝酸(5.6.1.2.2)，继续溶解。

为了除去多余的溴、四氯化碳和硝酸，将烧杯置于沸水浴上加热，至溶液呈无色透明。如果溶液混浊，则冷却后再加一些硝酸(5.6.1.2.2)，蒸发至不再有亚硝酸烟逸出，且溶液呈无色透明。再用少量水冲洗烧杯，将烧杯置于砂浴(或可调温电炉)上蒸发至逸出白色硫酸烟雾，冷却。如此重复三次，以除去痕量的亚硝酸化合物。冷却后,用水稀释至约 80 mL。

当试料中砷的质量分数大于 0.001%时,将试液移入 500 mL 容量瓶中,用水稀释至刻度,摇匀。量取该试液 20.00 mL,置于定砷仪的锥形瓶中,加入 10 mL 硫酸溶液(5.6.1.2.3)和10 mL水。

当试料中砷的质量分数在 0.001%~0.000 1%之间时,将试液移入 100 mL 容量瓶中,用水稀释至刻度,摇匀。量取该液 20.00 mL,置于定砷仪的锥形瓶中,加入 10 mL 硫酸溶液(5.6.1.2.3)和 10 mL 水。

当试料中砷的质量分数小于 0.000 1%时,不必稀释,将试液移至定砷仪的锥形瓶中,加热浓缩至体积为 40 mL,不再加硫酸溶液(5.6.1.2.3)。

5.6.1.4.2 工作曲线的绘制

在 6 个定砷仪的锥形瓶中按表 6 所示,分别加入砷(As)标准溶液(5.6.1.2.10)。

表 6

砷(As)标准溶液体积/mL	相应的砷质量/μg
0[a]	0
1.00	2.5
2.00	5.0
4.00	10.0
6.00	15.0
8.00	20.0
a "0"为空白溶液。	

在每一个定砷仪的锥形瓶中加入 10 mL 硫酸溶液(5.6.1.2.3),加水至体积约 40 mL,加 2 mL 碘化钾溶液(5.6.1.2.4)和 2 mL 氯化亚锡溶液(5.6.1.2.5),摇匀,静置 15 min。

在每支连接导管中塞入少量乙酸铅棉花(5.6.1.2.11),以便吸收与砷化氢一同逸出的硫化氢。

在磨口玻璃接头上涂上薄薄一层真空油脂。量取 5.0 mL AgDDTC 吡啶溶液(5.6.1.2.8)于 15 连球吸收管中。

静置 15 min 后。借助漏斗往定砷仪的锥形瓶中加入 5 g 金属锌粒(5.6.1.2.1),迅速按图 2 所示连接仪器,放置 45 min,使反应完全。

拆开 15 连球吸收管,摇晃此吸收管,以使在较低部位形成的红色沉淀溶解,并使溶液完全混匀。

此种有色溶液在暗处可以稳定约 2 h,因此须在 2 h 内完成测定。

在分光光度计 540 nm 波长处,用 1 cm 吸收池,以空白溶液为参比,测量溶液的吸光度。

以标准显色溶液的吸光度值为纵坐标,相应的砷质量为横坐标,绘制工作曲线。

5.6.1.4.3 测定

在按 5.6.1.4.1 步骤准备的盛有 40 mL 溶液的定砷仪的锥形瓶中,加 2 mL 碘化钾溶液(5.6.1.2.4)和 2 mL 氯化亚锡溶液(5.6.1.2.5),摇匀,静置 15 min。然后按 5.6.1.4.2 中自"在每支连接导管中塞入少量乙酸铅棉花……"至"……测量溶液的吸光度。"的步骤进行。同时做空白试验。

5.6.1.5 结果计算

从试液的吸光度值减去空白试验的吸光度值,根据所得吸光度值差,从工作曲线上查得相应的砷质量。

砷的质量分数 w_6,数值以%表示,按公式(10)计算:

$$w_6 = \frac{m_1 \times 10^{-6}}{m \times (100 - w_2)/100} \times 100 \qquad \cdots\cdots(10)$$

式中:

m_1——从工作曲线上查得的砷质量的数值,单位为微克(μg);

m——分取试料的质量的数值，单位为克(g)；

w_2——按 5.2 测得的水分的质量分数，以%表示。

取平行测定结果的算术平均值作为测定结果。

平行测定结果的绝对差值应符合表 7 的规定。

表 7

砷的质量分数/%	平行测定结果的绝对差值/%
≤0.001	≤0.000 1
>0.001～≤0.005	≤0.000 5
>0.005～≤0.010	≤0.001
>0.01～≤0.05	≤0.005
>0.05	≤0.01

5.6.2 砷斑法

5.6.2.1 原理

试料溶解于四氯化碳中，用溴和硝酸氧化。在硫酸介质中，用金属锌将砷还原为砷化氢，砷化氢在溴化汞试纸上形成红棕色砷斑，与标准色阶比较，测定砷的质量分数。

5.6.2.2 试剂和材料

5.6.2.2.1 砷(As)标准溶液：1 μg/mL。

量取 5.00 mL 砷标准溶液(5.6.1.2.9)，置于 500 mL 容量瓶中，用水稀释至刻度，摇匀。该溶液使用时配制。

5.6.2.2.2 溴化汞试纸。

5.6.2.3 仪器

定砷器如图 3 所示。

单位为毫米

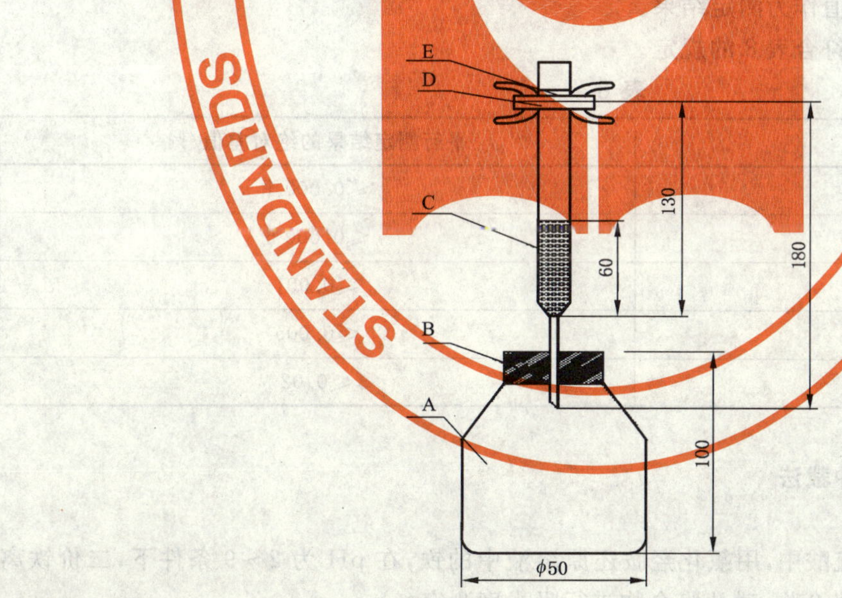

A——广口瓶；

B——胶塞；

C——玻璃管；

D——玻璃管上端管口；

E——玻璃帽。

图 3 定砷器

5.6.2.4 分析步骤

5.6.2.4.1 试液的制备

操作步骤均同5.6.1.4.1的规定，仅将5.6.1.4.1中的“置于定砷仪的锥形瓶中”改为“置于定砷器的广口瓶中”。

5.6.2.4.2 标准色阶的制作

分别量取0 mL、1.00 mL、2.00 mL、4.00 mL、6.00 mL、8.00 mL、10.00 mL砷(As)标准溶液(5.6.2.2.1)，置于定砷器的广口瓶中，加入10 mL硫酸溶液(5.6.1.2.3)，加水至体积约为40 mL，再加入2 mL碘化钾溶液(5.6.1.2.4)和2 mL氯化亚锡溶液(5.6.1.2.5)，摇匀，静置15 min。

将溴化汞试纸(5.6.2.2.2)预先剪成圆形，直径约20 mm，置于定砷器的玻璃管上端管口D和玻璃帽E之间，且用橡皮圈固定。然后往定砷器广口瓶中，加入5 g金属锌(5.6.1.2.1)，迅速按图3连接，使反应进行45 min。取出溴化汞试纸，注明相应的砷质量，用熔融石蜡浸透，贮于干燥器中。

5.6.2.4.3 测定

在盛有试液(5.6.2.4.1)的定砷器的广口瓶中，加2 mL碘化钾溶液(5.6.1.2.4)和2 mL氯化亚锡溶液(5.6.1.2.5)，摇匀，静置15 min.然后按5.6.2.4.2中第二段的步骤进行。将所得色斑与标准色阶比较，测得砷质量。

5.6.2.5 结果计算

砷的质量分数w_6，数值以%表示，按公式(11)计算：

$$w_6=\frac{m_1\times10^{-6}}{m\times(100-w_2)/100}\times100 \qquad \cdots\cdots(11)$$

式中：

m_1——从标准色阶上查得的砷质量的数值，单位为微克(μg)；

m——分取试料的质量的数值，单位为克(g)；

w_2——按5.2测得的水分的质量分数，以%表示。

取平行测定结果的算术平均值作为测定结果。

平行测定结果的绝对差值应符合表8的规定。

表8

砷的质量分数/%	平行测定结果的绝对差值/%
≤0.001	≤0.000 1
>0.001~≤0.005	≤0.000 5
>0.005~≤0.01	≤0.001
>0.01~≤0.05	≤0.005
>0.05	≤0.02

5.7 铁的质量分数的测定

5.7.1 邻菲啰啉分光光度法 仲裁法

5.7.1.1 原理

试料燃烧后，其残渣溶解于硫酸中，用氯化羟胺还原溶液中的铁，在pH为2~9条件下，二价铁离子与1,10-菲啰啉反应生成橙色络合物，对此络合物进行吸光度测定。

5.7.1.2 试剂

5.7.1.2.1 1,10-菲啰啉溶液(1 g/L)：称取0.10 g 1,10-菲啰啉溶于少量水中，加入0.5 mL盐酸溶液(5.7.1.2.3)，溶解后用水稀释至100 mL，避光保存。

5.7.1.2.2 氯化羟胺溶液：10 g/L。

5.7.1.2.3 盐酸溶液：1+10。

5.7.1.2.4 硫酸溶液:1+1。

5.7.1.2.5 乙酸-乙酸钠缓冲溶液:pH≈4.5。

5.7.1.2.6 铁(Fe)标准溶液:100 μg/mL。

称取 0.864 g 硫酸铁铵[$NH_4Fe(SO_4)_2 \cdot 12H_2O$],溶于水,加 5 mL 浓盐酸,移入 1 000 mL 容量瓶中,用水稀释至刻度,摇匀。

5.7.1.2.7 铁(Fe)标准溶液:10 μg/mL。

量取 25.00 mL 铁(Fe)标准溶液(5.7.1.2.6),置于 250 mL 容量瓶中,用水稀释至刻度,摇匀。此溶液使用时配制。

5.7.1.3 仪器

5.7.1.3.1 分光光度计:具有 510 nm 波长。

5.7.1.3.2 高温电炉:能控制温度 600℃~650℃。

5.7.1.4 分析步骤

5.7.1.4.1 试液的制备

在 50 mL 瓷坩埚中称取约 25 g 试样(4.4),精确至 0.01 g。在电炉上缓慢地加热燃烧坩埚中的硫磺,燃烧完毕后,移至高温电炉中在温度 600℃ 下灼烧 30 min。取出冷却,加 5 mL 硫酸溶液(5.7.1.2.4),在砂浴(或可调温电炉)上加热使残渣溶解,蒸干硫酸。冷却后,加 2 mL 盐酸溶液(5.7.1.2.3)、20 mL水,再加热溶解残渣,冷却后移入 100 mL 容量瓶中,稀释至刻度,摇匀,备用。

5.7.1.4.2 工作曲线的绘制

在 11 个 50 mL 容量瓶中按表 9 所示,分别加入铁(Fe)标准溶液(5.7.1.2.7)。

表 9

铁(Fe)标准溶液体积/mL	相应的铁质量/μg
0[a]	0
2.50	25
5.00	50
7.50	75
10.00	100
12.50	125
15.00	150
17.50	175
20.00	200
22.50	225
25.00	250

a “0”为空白溶液。

对每只容量瓶中的溶液作下述处理,加水至约 25 mL,加 2.5 mL 氯化羟胺溶液(5.7.1.2.2)和 5 mL乙酸-乙酸钠缓冲溶液(5.7.1.2.5),5 min 后加 5 mL 1,10-菲啰啉溶液(5.7.1.2.1),用水稀释至刻度,摇匀,放置 15 min~30 min,显色。

在分光光度计 510 nm 波长处,用 1 cm 吸收池,以水作参比,测量溶液的吸光度。

从每份标准显色溶液的吸光度值减去空白溶液的吸光度值,以所得的吸光度值差为纵坐标,相应的铁质量为横坐标,绘制工作曲线。

5.7.1.4.3 测定

量取一定量的试液(5.7.1.4.1),使其相应的铁质量在 50 μg~200 μg 之间,置于 50 mL 容量瓶中,加水至约 25 mL，然后按 5.7.1.4.2 中自“加 2.5 mL 氯化羟胺溶液……”至“……测量溶液的吸光度。”的步骤进行。同时做空白试验。

5.7.1.5 **结果计算**

从试液的吸光度值减去空白试验的吸光度值，根据所得吸光度值差，从工作曲线上查得相应的铁质量。

铁的质量分数 w_7，数值以%表示，按公式(12)计算：

$$w_7 = \frac{m_1 \times 10^{-6}}{m \times (100 - w_2)/100} \times 100 \qquad \cdots\cdots\cdots\cdots(12)$$

式中：

m_1——从工作曲线上查得的铁质量的数值，单位为微克(μg)；

m——分取试料的质量的数值，单位为克(g)；

w_2——按 5.2 测得的水分的质量分数，以%表示。

取平行测定结果的算术平均值作为测定结果。

平行测定结果的绝对差值应符合表 10 的规定。

表 10

铁的质量分数/%	平行测定结果的绝对差值/%
≤0.001	≤0.000 2
>0.001～≤0.003	≤0.000 6
>0.003～≤0.005	≤0.001
>0.005～≤0.05	≤0.005
>0.05	≤0.02

5.7.2 **原子吸收分光光度法**

5.7.2.1 **原理**

硫磺灼烧后的灰分溶解于稀硝酸中，用原子吸收分光光度计在波长 248.3 nm 处以空气-乙炔火焰测定铁的吸光度，用标准曲线法计算测定结果。硫磺中的杂质不干扰测定。

5.7.2.2 **试剂**

5.7.2.2.1 硫酸溶液：1+1。

5.7.2.2.2 硝酸溶液：1+2。

5.7.2.2.3 铁(Fe)标准溶液：100 μg/mL。

称取 0.864 g 硫酸铁铵[$NH_4Fe(SO_4)_2 \cdot 12H_2O$]，溶解于 600 mL 水中，加 10 mL 硝酸溶液(5.7.2.2.2)，移入 1 000 mL 容量瓶中，用水稀释至刻度，摇匀。

5.7.2.3 **仪器**

5.7.2.3.1 原子吸收分光光度计(附有铁空心阴极灯)。

5.7.2.3.2 砂浴。

5.7.2.3.3 高温炉：能控制温度 600℃～650℃。

5.7.2.3.4 瓷坩埚：50 mL。

5.7.2.4 **分析步骤**

5.7.2.4.1 **试液的制备**

在 50 mL 瓷坩埚中称取约 25 g 试样(4.4)(视试样中铁的质量分数的多少，可适当改变称样量)，精确至 0.01 g。在电炉上缓慢地加热燃烧坩埚中的硫磺，燃烧完毕后，移至高温电炉中在温度 600℃下灼烧 30 min。取出冷却，加 5 mL 硫酸溶液(5.7.2.2.1)，在砂浴(或可调温电炉)上加热使残渣溶解，蒸干硫酸。冷却后，用 25 mL 硝酸溶液(5.7.2.2.2)分多次溶解残渣，移入 50 mL 容量瓶中，稀释至刻度，摇匀，备用。

5.7.2.4.2 工作曲线的绘制

在6个50 mL容量瓶中按表11所示，分别加入铁(Fe)标准溶液(5.7.2.2.3)。往每个容量瓶中，加入25 mL硝酸溶液(5.7.2.2.2)，然后用水稀释至刻度，摇匀，备用。

将原子吸收分光光度计调节至最佳工作状态，点燃空气-乙炔火焰，用水净化燃烧器，待仪器稳定后，在波长248.3 nm处测量铁标准溶液的吸光度。

注：仪器的最佳工作条件随仪器型号和具体因素而不同，这里不作具体规定。

从每份标准溶液的吸光度值减去空白溶液的吸光度值，以所得的吸光度值差为纵坐标，相应的铁质量为横坐标，绘制工作曲线。

表 11

铁(Fe)标准溶液体积/mL	相应的铁质量/μg
0[a]	0
0.50	50
1.00	100
2.00	200
3.00	300
4.00	400

a "0"为空白溶液。

5.7.2.4.3 测定

将试液(5.7.2.4.1)按5.7.2.4.2中第二段的步骤进行。同时做空白试验。

5.7.2.5 结果计算

从试液的吸光度值减去空白试验的吸光度值，根据所得吸光度值差，从工作曲线上查得相应的铁质量。

铁的质量分数 w_7，数值以%表示，按公式(13)计算：

$$w_7 = \frac{m_1 \times 10^{-6}}{m \times (100 - w_2)/100} \times 100 \quad \cdots\cdots(13)$$

式中：

m_1——从工作曲线上查得的铁质量的数值，单位为微克(μg)；

m——试料的质量的数值，单位为克(g)；

w_2——按5.2测得的水分的质量分数，以%表示。

取平行测定结果的算术平均值作为测定结果。

平行测定结果的相对偏差应符合表12规定。

表 12

铁的质量分数/%	平行测定结果的相对偏差/%
<0.005	≤20
≥0.005～<0.030	≤10

5.8 粉状硫磺筛余物的质量分数的测定

5.8.1 仪器

5.8.1.1 试验筛：R40/3系列，ϕ200 mm×50 mm/75 μm和ϕ200 mm×50 mm/150 μm，附有筛底及筛盖。

5.8.1.2 振筛机。

5.8.2 分析步骤

称取约 20 g 粉状硫磺试样，精确至 0.01 g，置于孔径为 150 μm 试验筛上，将孔径为 75 μm 试验筛、筛底依次放在孔径为 150 μm 试验筛下面，盖上筛盖，机械震筛(或手工震筛)20 min。然后打开筛盖，用软毛刷捻碎结成块的硫磺粉，将筛网背面的硫磺刷入下面的筛或筛底盘中，盖上筛盖再行过筛，直至筛余物不再通过为止。

过筛完毕，用软毛刷把两个筛内的剩余物分别移至两个已称量的表面皿上，称量，精确至 0.000 1 g。

5.8.3 结果计算

每号筛内的筛余物的质量分数 w_8，数值以%表示，按公式(14)计算：

$$w_8 = \frac{m_1}{m} \times 100 \qquad (14)$$

式中：

m_1——筛余物的质量的数值，单位为克(g)；

m——试料的质量的数值，单位为克(g)。

6 检验规则

6.1 工业硫磺应由生产厂的质量监督检验部门负责按批检验，生产厂应保证每批出厂的产品符合本标准的要求。每批出厂产品都应附有质量证明书，其内容包括：产品名称、产品等级、生产厂名、厂址、批号和生产日期、本标准编号等。

6.2 按 GB/T 1250 中规定的修约值比较法判定检验结果是否符合标准。检验结果如果有一项指标不符合本标准的要求，应重新自两倍量的包装中或取样点上取样复验，复验结果即使有一项指标不符合本标准的要求时，则整批产品为不合格。

7 安全

7.1 工业硫磺无毒、易燃，自燃温度为 205℃。硫磺粉尘易爆。使用和运输工业硫磺时应防止生成或泄出硫磺粉尘。液体硫磺的生产、储运以及使用遵照相关安全规定执行。

7.2 严格遵守国家有关消防、危险品的安全条例。工业硫磺堆放场所和仓库应设置专门的灭火器材，严禁明火。允许以喷水等方法熄灭烧着的硫磺。

7.3 从事工业硫磺的生产、运输、贮存及加工的工作人员，操作时应使用必要的防护用品。

8 标志、包装、运输和贮存

8.1 工业硫磺的包装容器上应有明显、牢固的标志，内容包括：生产厂名、厂址、产品名称、商标、等级、净质量、批号、生产日期、本标准编号和符合 GB 190 规定的“易燃固体”标志。

8.2 固体产品可用塑料编织袋或者内衬塑料薄膜袋进行包装，也可散装，其中包装块状硫磺可不用内衬塑料薄膜袋，散装产品应遮盖，但粉状硫磺不可散装。液体硫磺应使用专门容器设备储装。

8.3 产品的运输按国家的有关规定执行。

8.4 块状、粒状硫磺可贮存于露天或仓库内。粉状、片状硫磺贮存于有顶盖的场所或仓库内。

8.5 袋装产品成垛堆放，堆垛间应留有不少于 0.75 m 宽的通道。袋装产品不许放置在上下水管道和取暖设备的近旁。

附　录　A
（资料性附录）
200℃时残渣的质量分数的测定

A.1　原理

试料在200℃时，于氮气流中缓慢地蒸发挥发物质和硫磺，然后称量残渣。

A.2　仪器

A.2.1　瓷舟：60 mm×30 mm×15 mm 或 50 mm×28 mm×15 mm。

A.2.2　恒温干燥箱：能控制温度200℃±2℃。

A.2.3　氮气：贮于钢瓶中，配备氧气减压器。

A.2.4　缓冲瓶、洗气瓶：容积为250 mL的洗气瓶，一只为空瓶，作缓冲用，另一只内装3/4容积的、密度为1.84 g/cm^{3}的硫酸，作洗气用。

A.3　分析步骤

A.3.1　试样的制备

取适量试样(4.4)，在恒温干燥箱内于80℃干燥2 h，置于干燥器中冷却，备用。

A.3.2　测定

称取约2 g试样(A.3.1)，精确至0.000 1 g，置于200℃恒量的瓷舟中，移入恒温干燥箱中，通入氮气，为此在恒温干燥箱底部氮气入口处接一根玻璃管，用橡皮管将其与洗气瓶、缓冲瓶(A.2.4)相连，缓冲瓶再与氮气钢瓶的氧气减压器出口接头相连。恒温干燥箱温度控制在200℃，氮气流速控制为每秒2～3个气泡。使试料中硫磺和挥发物质慢慢蒸发约12 h。然后取出瓷舟，在干燥器中冷却，称量，精确至0.000 1 g。再将瓷舟置于恒温干燥箱中，重复上述操作，直至两次称量之差小于0.001 g。

A.4　结果计算

200℃时残渣的质量分数w_9，数值以%表示，按公式(A.1)计算：

$$w_9 = \frac{m_1}{m} \times 100 \qquad \cdots\cdots (A.1)$$

式中：

m_1——试料在200℃时干燥后残渣的质量的数值，单位为克(g)；

m——试料的质量的数值，单位为克(g)。

取平行测定结果的算术平均值作为测定结果。

平行测定结果的绝对差值应不大于0.080%。

附 录 B
（资料性附录）
氯化物的质量分数的测定

B.1 原理

以异丙醇水溶液煮沸浸取出试料中的氯化物，在酸性溶液中定量取代硫氰酸汞中硫氰酸根，释放出的硫氰酸根与三价铁离子反应，生成红色的硫氰酸铁，用分光光度法测量吸光度，从而间接测定氯化物的质量分数。反应如下：

$2Cl^- + Hg(SCN)_2 = HgCl_2 + 2SCN^-$

$SCN^- + Fe^{3+} = Fe(SCN)^{2+}$

B.2 试剂

应在无氯环境中制备和贮存试剂及其溶液，试验用水为符合 GB/T 6682 规定的二级水。

B.2.1 硝酸。

B.2.2 异丙醇溶液：1+7。

B.2.3 硝酸铁溶液：8 g/L。

往 500 mL 锥形瓶中，加入 80 mL 水，4.0 g 铁丝（质量分数大于 99.5%），然后慢慢加入 80 mL 硝酸（B.2.1），将锥形瓶置于电炉上，于通风橱内缓缓加热，待激烈反应后，加热至沸，使反应完全。再加几滴过氧化氢脱色，煮沸 2 min，放冷，移入 500 mL 容量瓶中，用水稀释至刻度，摇匀。

B.2.4 硫氰酸汞溶液：0.5 g/L。

称取 0.100 g 硫氰酸汞，搅拌使之溶解于盛有 180 mL50℃的水的烧杯中，将溶液过滤，移入200 mL 容量瓶中，用水稀释至刻度，摇匀。

B.2.5 氯化物（Cl）标准溶液：100 μg/mL。

B.2.6 氯化物（Cl）标准溶液：10 μg/mL。

量取 20.00 mL 氯化物（Cl）标准溶液（B.2.5），移入 200 mL 容量瓶中，用水稀释至刻度，摇匀。该溶液使用时配制。

B.3 仪器

所用玻璃仪器应先用硝酸溶液洗涤，然后用水清洗干净。

分光光度计：具有 460 nm 波长。

B.4 分析步骤

表 B.1

氯化物（Cl）标准溶液体积/mL	相应的氯化物质量/μg
0[a]	0
1.00	10
2.50	25
5.00	50
7.50	75
10.00	100

a “0”为空白溶液。

B.4.1 工作曲线的绘制

在 6 个 50 mL 容量瓶中按表 B.1 所示，分别加入氯化物(Cl)标准溶液(B.2.6)。

往每个容量瓶中，按次序加入 5 mL 硝酸(B.2.1)，5 mL 硝酸铁溶液(B.2.3)，20 mL 硫氰酸汞溶液(B.2.4)，用水稀释至刻度，摇匀，放置 30 min，显色。

在分光光度计 460 nm 波长处，用 5 cm 吸收池，以水作参比，测量溶液的吸光度。

从每份标准显色溶液的吸光度值减去空白溶液的吸光度值，以所得的吸光度值差为纵坐标，相应的氯化物质量为横坐标，绘制工作曲线。

B.4.2 测定

称取 20 g～100 g 试样，精确至 0.01 g。置于 500 mL 烧瓶中，加入 200.0 mL 异丙醇溶液(B.2.2)。连接好回流冷凝管，打开冷却水，缓缓煮沸烧瓶中的溶液，回流 30 min。冷却后，用中速无氯滤纸过滤。弃去起初约 100 mL 滤液，收集其余滤液，不必洗涤。

注：无氯滤纸的制备：将直径 11 cm 的中速定量滤纸折叠后，紧贴于口径为 60 mm 的长颈漏斗中，然后用沸水洗涤 10～15 次。

量取适量滤液于 50 mL 容量瓶中，按次序加入 5 mL 硝酸(B.2.1)，5 mL 硝酸铁溶液(B.2.3)，20 mL硫氰酸汞溶液(B.2.4)，用水稀释至刻度，摇匀，放置 30 min，显色。

在分光光度计 460 nm 波长处，用 5 cm 吸收池，以水作参比，测量溶液的吸光度。同时做空白试验。

B.5 结果计算

从试液的吸光度值减去空白试验的吸光度值，根据所得吸光度值差，从工作曲线上查得相应的氯化物质量。

氯化物的质量分数 w_{10}，数值以%表示，按公式(B.1)计算：

$$w_{10}=\frac{m_1\times10^{-6}}{m\times(100-w_2)/100}\times100 \qquad \text{(B.1)}$$

式中：

m_1——从工作曲线上查得的氯化物质量的数值，单位为微克(μg)；

m——分取试料的质量的数值，单位为克(g)；

w_2——按 5.2 测得的水分的质量分数的数值，以%表示。

取平行测定结果的算术平均值作为测定结果。

平行测定结果的绝对差值应符合表 B.2 的规定。

表 B.2

氯化物的质量分数/%	平行测定结果的绝对差值/%
≤0.005 0	≤0.001 0
>0.005 0～≤0.010	≤0.002 0
>0.010	≤0.003 0

附 录 C
（资料性附录）
硒的质量分数的测定

C.1 原理

用溴、四氯化碳、硝酸分解试料，硒转变为亚硒酸而存在于试液中。

在弱酸性介质中，亚硒酸与 3,3′-二氨基联苯胺生成黄色络合物，其反应式如下：

$$H_2N\text{—}\underset{H_2N}{\bigcirc}\text{—}\underset{NH_2}{\bigcirc}\text{—}NH_2 + 2H_2SeO_3 \longrightarrow N\text{—}\underset{Se=N}{\bigcirc}\text{—}\underset{N=Se}{\bigcirc}\text{—}N + 6H_2O$$

在 pH 值为 6～7 的条件下，用甲苯萃取络合物。最后在分光光度计中于 420 nm 波长处测量萃取液的吸光度。

显色前加入适量氯化铵和乙二胺四乙酸二钠溶液，以消除硫酸根及多价金属的干扰。

C.2 试剂

C.2.1 氯化铵。

C.2.2 甲苯。

C.2.3 无水硫酸钠。

C.2.4 盐酸溶液：1＋1。

C.2.5 盐酸溶液：1＋4。

C.2.6 溴-四氯化碳混合液：体积比为 2∶3。

C.2.7 氨水溶液：1＋1。

C.2.8 氨水溶液：1＋4。

C.2.9 乙二胺四乙酸二钠溶液（简称 EDTA 溶液）：40 g/L。

C.2.10 甲酸溶液：1＋9。

C.2.11 3,3′-二氨基联苯胺盐酸盐溶液：5 g/L。使用时现配，贮于棕色瓶中。

警告——此试剂有毒，勿与手直接接触。

C.2.12 硒(Se)标准溶液：500 μg/mL。

称取 0.250 g 硒（光谱纯）置于 50 mL 烧杯中，加入 5 mL 硝酸，在水浴上加热溶解，至溶液呈透明无色，待冷却后全部移入 500 mL 容量瓶中，用水稀释至刻度，摇匀。

C.2.13 硒(Se)标准溶液：5 μg/mL。

量取 5.00 mL 硒(Se)标准溶液（C.2.12），移入 500 mL 容量瓶中，用水稀释至刻度，摇匀。

C.3 仪器

C.3.1 分光光度计：具有 420 nm 波长。

C.3.2 恒温干燥箱：能控制温度 80℃±2℃。

C.3.3 电动离心机。

C.3.4 pH 值计。

C.4 分析步骤

C.4.1 试样的制备

取适量试样置于扁形称量瓶内，在恒温干燥箱中于80℃干燥4 h后，放入干燥器中冷却至室温，立即称量。

C.4.2 硒的质量分数小于0.000 25%试样的测定

C.4.2.1 工作曲线的绘制

在7个盛有10 g氯化铵(C.2.1)的100 mL烧杯中，分别加入0 mL、0.50 mL、1.00 mL、1.50 mL、2.00 mL、3.00 mL、4.00 mL硒(Se)标准溶液(C.2.13)。然后分别向烧杯中各加入4 mL EDTA溶液(C.2.9)，用盐酸溶液和氨水溶液调节溶液pH值至2～3，再加入4 mL甲酸(C.2.10)和4 mL 3,3′-二氨基联苯胺盐酸盐溶液(C.2.11)。用水将每只烧杯中的溶液调至相同体积，置于沸水浴中加热显色10 min。冷却后调节溶液pH值至6～7，然后将溶液移入125 mL分液漏斗中，用水调节溶液体积约为40 mL，加入15.00 mL甲苯(C.2.2)，充分振荡1 min后静止分层，除去水相，将有机相移入15 mL离心管，并加入少许无水硫酸钠(C.2.3)，置于离心机中分离1 min～2 min，然后移入5 cm吸收池，在分光光度计420 nm波长处，以甲苯作参比，测量溶液的吸光度。

从每份标准显色溶液的吸光度值减去空白溶液的吸光度值，以所得的吸光度值差为纵坐标，相应的硒质量为横坐标，绘制工作曲线。

C.4.2.2 测定

称取约3 g试样(C.4.1)，精确至0.001 g，置于400 mL烧杯中，往烧杯中加入20 mL溴-四氯化碳溶液(C.2.6)，静置45 min，然后按5.6.1.4.1中自“在轻微搅拌下，分三次加入硝酸，……”至“……以除去痕量的亚硝酸化合物。”的步骤进行。

冷却后，将试液全部移入100 mL烧杯中，加入10 g氯化铵(C.2.1)。然后按C.4.2.1中自“各加入4 mL EDTA溶液(C.2.9)，……”至“……测量溶液的吸光度。”的步骤进行。同时做空白试验。

C.4.3 硒的质量分数不小于0.000 25%的试样的测定

C.4.3.1 工作曲线的绘制

在6个的50 mL烧杯中，分别加入0 mL、0.50 mL、1.50 mL、2.00 mL、3.00 mL、4.00 mL硒(Se)标准溶液(C.2.13)。根据测定称取的硫磺试样量，按每克硫磺需加3.3 g氯化铵(C.2.1)的比例，添加一定量的氯化铵于每只烧杯中，然后分别加入2 mL EDTA溶液(C.2.9)，用盐酸溶液和氨水溶液调节溶液pH值至2～3，再加入2 mL甲酸(C.2.10)和2 mL 3,3′-二氨基联苯胺盐酸盐溶液(C.2.11)。用水将每只烧杯中的溶液调至相同体积，置于沸水浴中加热显色10 min。冷却后调节溶液pH值至6～7，然后将溶液移入60 mL分液漏斗中，用水调节溶液体积约为26 mL，加入10.00 mL甲苯(C.2.2)，充分振荡1 min后静止分层，除去水相，将有机相移入10 mL离心管，并加入少许无水硫酸钠(C.2.3)，置于离心机中分离1 min～2 min，然后移入3 cm吸收池，在分光光度计420 nm波长处，以甲苯作参比，测量溶液的吸光度。

从每份标准显色溶液的吸光度值减去空白溶液的吸光度值，以所得的吸光度值差为纵坐标，相应的硒质量为横坐标，绘制工作曲线。

C.4.3.2 测定

称取约0.5 g～5 g(视试样含硒的质量分数的多少而定)试样(C.4.1)，精确至0.001 g，置于400 mL烧杯中，往烧杯中加入20 mL溴-四氯化碳溶液(C.2.6)，静置45 min，然后按5.6.1.4.1中自“在轻微搅拌下，分三次加入硝酸，……”至“……以除去痕量的亚硝酸化合物。”的步骤进行。

冷却后，将试液全部移入50 mL或100 mL容量瓶中，用水稀释至刻度，摇匀。量取5.00 mL或10.00 mL试液，置于50 mL烧杯中，按每克硫磺需加3.3 g氯化铵(C.2.1)的比例，添加一定量的氯化铵于烧杯中。将烧杯置于冰水浴中，在不断摇动的同时，慢慢滴入氨水溶液(C.2.7)，直至滴入1滴氨水溶液(C.2.7)后，溶液不再明显发热为止。待溶液冷却至室温，加入 2 mL EDTA 溶液(C.2.9)，然后按 C.4.3.1 中自“用盐酸溶液和氨水溶液调节溶液……”至“……测量溶液的吸光度。”的步骤进行。同时做空白试验。

C.5 结果计算

从试液的吸光度值减去空白试验的吸光度值，根据所得吸光度值差，从工作曲线上查得相应的硒质量。

硒的质量分数 w_{11}，数值以%表示，按公式(C.1)计算：

$$w_{11}=\frac{m_1\times 10^{-6}}{m\times(100-w_2)/100}\times 100 \quad \cdots\cdots\cdots\cdots\cdots\cdots\cdots\cdots(\text{C.1})$$

式中：

m_1——从工作曲线上查得的硒质量的数值，单位为微克(μg)；

m——分取试料的质量的数值，单位为克(g)；

w_2——按 5.2 测得的水分的质量分数，以%表示。

取平行测定结果的算术平均值作为测定结果。

平行测定结果的绝对差值应符合表 C.1 的规定。

表 C.1

硒的质量分数/%	平行测定结果的绝对差值/%
>0.000 2～≤0.001 0	≤0.000 08
>0.001 0～≤0.005 0	≤0.000 3
>0.005 0～≤0.010	≤0.000 5
>0.010～≤0.030	≤0.001

ICS 25.100.70
J 43

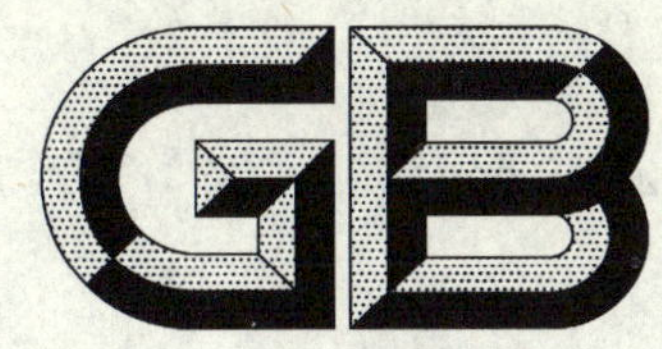

中华人民共和国国家标准

GB/T 2484—2006
代替 GB/T 2484—1994

固结磨具 一般要求

Bonded abrasive products—General requirements

(ISO 525:1999,MOD)

2006-07-20 发布 2007-01-01 实施

中华人民共和国国家质量监督检验检疫总局
中国国家标准化管理委员会 发布

前　言

本标准修改采用 ISO 525:1999《固结磨具　一般要求》(英文版)。

本标准在采用 ISO 525:1999 时进行了修改,这些技术性差异用垂直单线标识在它们所涉及的条款的页边空白处。在附录 A 中给出了技术性差异的一览表。

本标准代替 GB/T 2484—1994《普通磨具　代号和标记》,与 GB/T 2484—1994 相比主要变化如下:

——本标准对结构编排进行了修改,与 ISO 525:1999 一致;

——本标准在"形状代号和尺寸标记"中增加了 20、21、22、28 和 42 五种型号的砂轮和 5420 型的筒形珩磨磨石(本标准的第 4 章表 2);

——本标准在"形状代号和尺寸标记"中对七种不带柄磨头的型号用 16、17a、17b、17c、18a、18b、19 代替 GB/T 2484—1994 中的 5301、5302、5303、5304、5305、5306、5307(本标准的第 4 章,GB/T 2484—1994 的 4.1.2);

——本标准增加了塑料结合剂(本标准的 5.5.5);

——本标准增加了砂轮最高工作速度的序列范围(本标准的 5.5.6);

——本标准在磨具标记内容中增加了两个可选内容:磨料牌号和结合剂牌号(本标准的 6.2);

——本标准增加了磨具标志的规定(本标准的第 7 章)。

本标准由中国机械工业联合会提出。

本标准由全国磨料磨具标准化技术委员会(SAC/TC 139)归口。

本标准由郑州磨料磨具磨削研究所、白鸽集团有限责任公司、苏北砂轮厂负责起草。

本标准主要起草人:张长伍、包华、羊松灿、马建勇、张平。

本标准于 1981 年 2 月首次发布,1984 年 1 月第一次修订,1994 年 12 月第二次修订。

固结磨具　一般要求

1　范围

本标准规定了以下内容：

——标记；

——固结磨具的主要形状和名称；

——平形砂轮的标准圆周型面；

——外径范围；

——厚度范围；

——孔径范围；

——特性；

——标志。

本标准适用于普通固结磨具(砂轮、磨头、砂瓦、磨石)，不适用于金刚石或立方氮化硼磨料制品。

2　规范性引用文件

下列文件中的条款通过本标准的引用而成为本标准的条款。凡是注日期的引用文件，其随后所有的修改单(不包括勘误的内容)或修订版均不适用于本标准，然而，鼓励根据本标准达成协议的各方研究是否可使用这些文件的最新版本。凡是不注日期的引用文件，其最新版本适用于本标准。

GB/T 2476—1994　普通磨料　代号

GB/T 2481.1　固结磨具用磨料　粒度组成的检测和标记　第1部分：粗磨粒 F4～F220 (GB/T 2481.1—1998, eqv ISO 8486-1:1998)

GB/T 2481.2　固结磨具用磨料　粒度组成的检测和标记　第2部分：微粉 F230～F1200 (GB/T 2481.2—1998, eqv ISO 8486-2:1998)

GB/T 2485　普通磨具　砂轮　技术条件

GB/T 2486　普通磨具　磨头　技术条件

GB/T 2487　普通磨具　磨石　技术条件

GB/T 2488　普通磨具　砂瓦　技术条件

GB/T 2492　普通磨具　交付砂轮允许的不平衡量　测量(GB/T 2492—2003, ISO 6103:1999, MOD)

GB/T 4127　普通磨具　尺寸

3　符号

见表1。

表1　符号及其含义

符　号	含　义
A	砂瓦小底的宽度
B	砂瓦、磨石的宽度
C	砂瓦、磨石的厚度
D	磨具的外径

表 1（续）

符　号	含　义
E	杯形、碟形、钹形砂轮孔处的厚度
F	第一凹面的深度
G	第二凹面的深度
H	磨具孔径
J	碗形、碟形、斜边形和凸形砂轮的最小直径
K	碗形和碟形砂轮的内底径
L	砂瓦、磨石的长度、磨头孔深度和带柄磨头柄的长度
N	锥面深度
P	凹槽直径
R	凹形砂轮、砂瓦、磨头和带柄磨头的弧形半径
S	带柄磨头柄的直径
T	总厚度
U	斜边形、凸形和钹形砂轮的最小厚度，如 4 型和 38 型砂轮
W	杯形、碗形、筒形和碟形砂轮的环端面宽度
V	圆周型面角度[a]
X	圆周型面其他尺寸[a]
⬇	表示固结磨具磨削面的符号
a　砂轮圆周型面见 5.1。	

4　形状代号和尺寸标记

见表 2。

表 2　各类磨具的尺寸和表征

型号	示意图	特征值的标记	尺寸见相关标准
1	T H D	平形砂轮 1 型-圆周型面[a]-$D\times T\times H$	GB/T 4127
2	T W D	粘结或夹紧用筒形砂轮 2 型-$D\times T\times W$	
3	U T H J D	单斜边砂轮 3 型-$D/J\times T\times H$	

表 2（续）

型号	示 意 图	特征值的标记	尺寸见相关标准
4	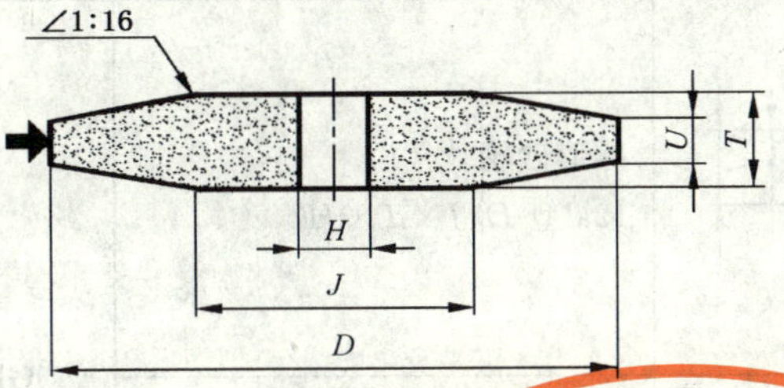	双斜边砂轮 4 型-$D \times T \times H$	—
5	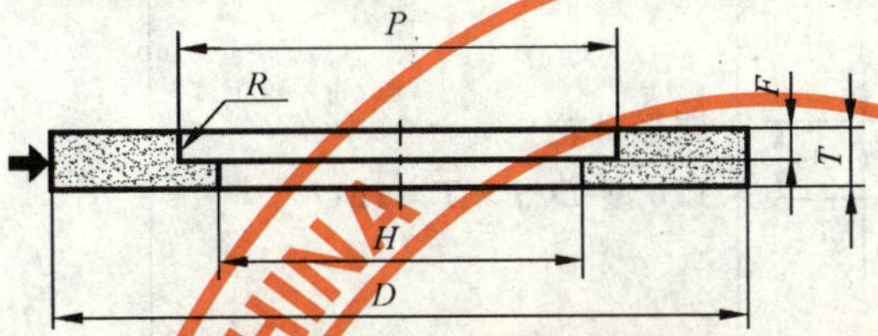	单面凹砂轮 5 型-圆周型面[a]-$D \times T \times H$-$P \times F$	GB/T 4127
6	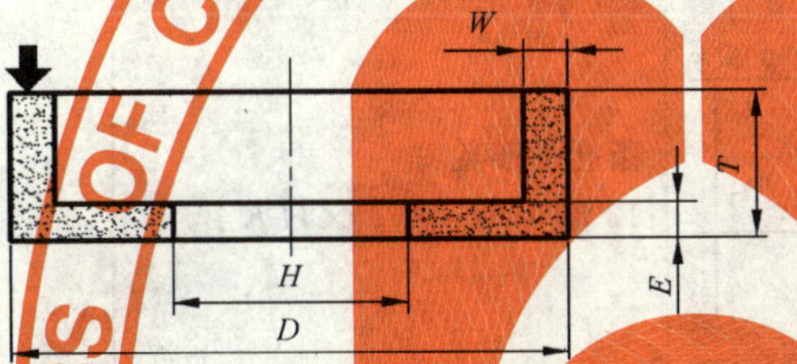	杯形砂轮 6 型-$D \times T \times H$-$W \times E$	
7	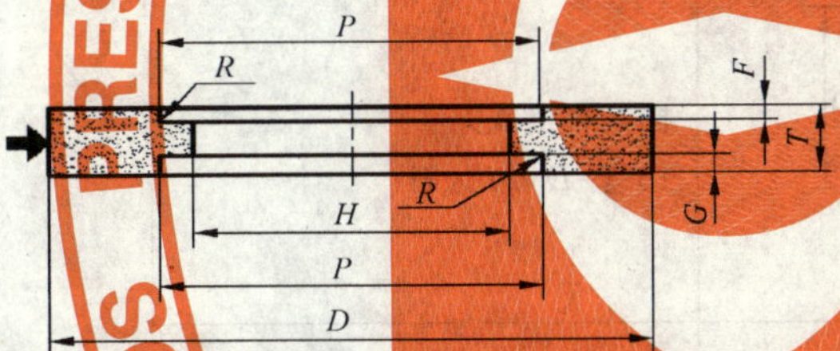	双面凹一号砂轮 7 型-圆周型面[a]-$D \times T \times H$-$P \times F/G$	
8	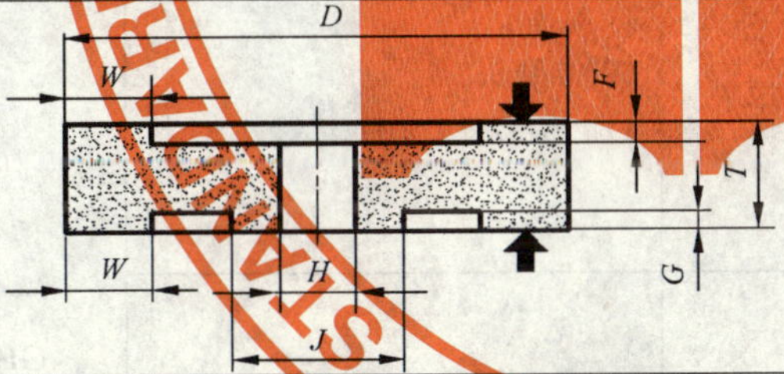	双面凹二号砂轮 8 型-$D \times T \times H$-$W \times J \times F/G$	
9	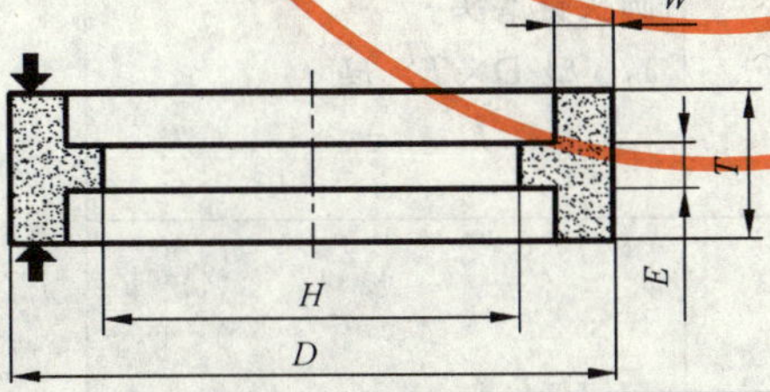	双杯形砂轮 9 型-$D \times T \times H$-$W \times E$	
11	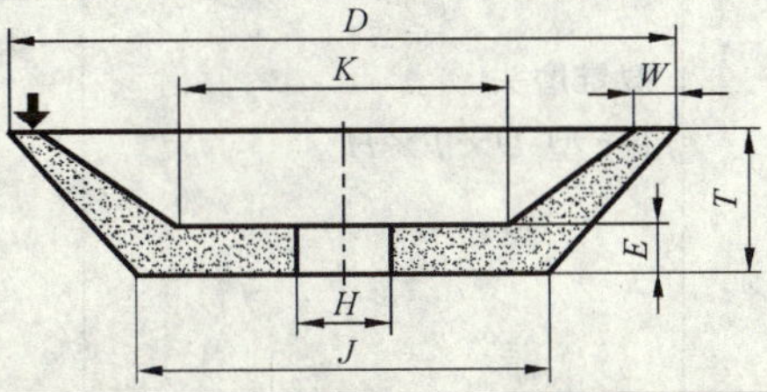	碗形砂轮 11 型-$D/J \times T \times H$-$W \times E$	

表 2（续）

型号	示意图	特征值的标记	尺寸见相关标准
12a		碟形砂轮 12a 型-$D/J\times T\times H$	GB/T 4127
12b		碟形砂轮 12b 型-$D/J\times T\times H$-U	
13		茶托形砂轮 13 型-$D/J\times T/U\times H$-K	—
16		椭圆锥磨头 16 型-$D\times T\times H$	GB/T 4127
17a		60°锥磨头 17a 型-$D\times T\times H$	
17b		圆头锥磨头 17b 型-$D\times T\times H$	
17c		截锥磨头 17c 型-$D\times T\times H$	

表 2（续）

型号	示 意 图	特征值的标记	尺寸见相关标准
18a		圆柱形磨头 18a 型-$D\times T\times H$	GB/T 4127
18b		半球形磨头 18b 型-$D\times T\times H$	
19		球形磨头 19 型-$D\times T\times H$	
20		单面锥砂轮 20 型-$D/K\times T/N\times H$	—
21		双面锥砂轮 21 型-$D/K\times T/N\times H$	
22		单面凹单面锥砂轮 22 型-$D/K\times T/N\times H\text{-}P\times F$	
23		单面凹锥砂轮 23 型-$D\times T/N\times H\text{-}P\times F$	GB/T 4127

表 2（续）

型号	示 意 图	特征值的标记	尺寸见相关标准
24	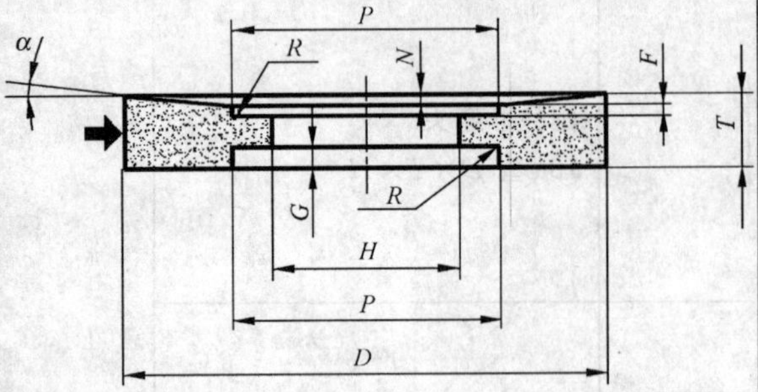	双面凹单面锥砂轮 24 型-$D\times T/N\times H$-$P\times F/G$	—
25	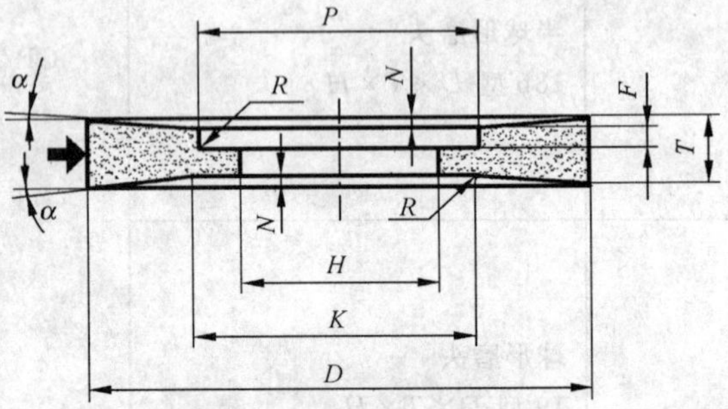	单面凹双面锥砂轮 25 型-$D/K\times T/N\times H$-$P\times F$	—
26	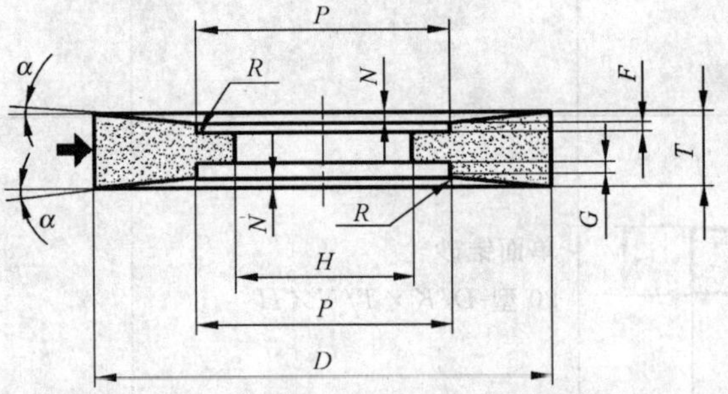	双面凹锥砂轮 26 型-$D\times T/N\times H$-$P\times F/G$	GB/T 4127
27	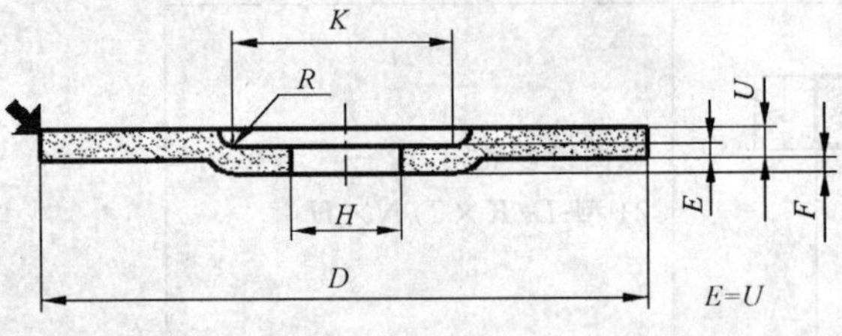	钹形砂轮 27 型-$D\times U\times H$	GB/T 4127
28	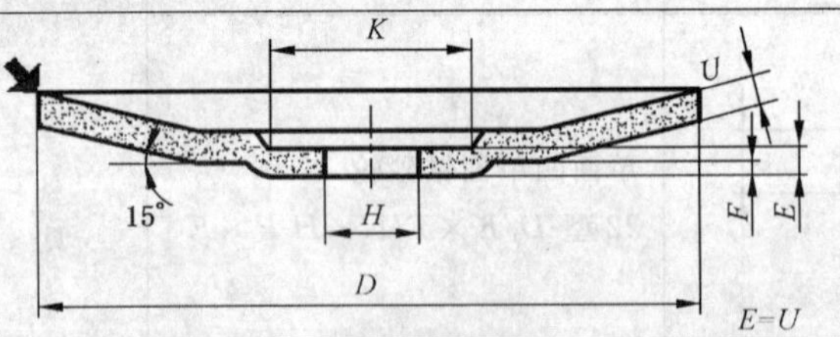	锥面钹形砂轮 28 型-$D\times U\times H$	—
31	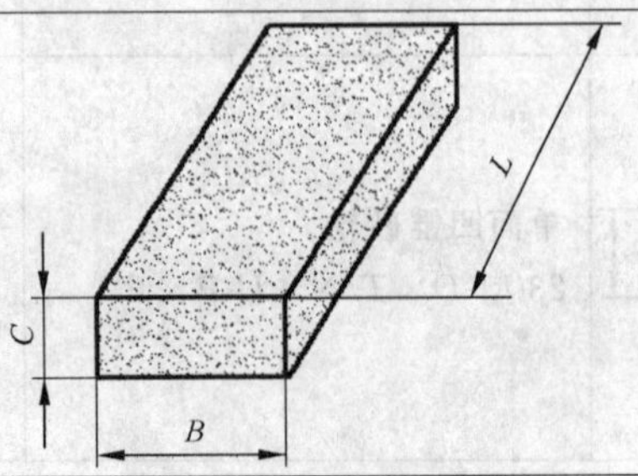	平形砂瓦 3101 型-$B\times C\times L$	GB/T 4127

表 2（续）

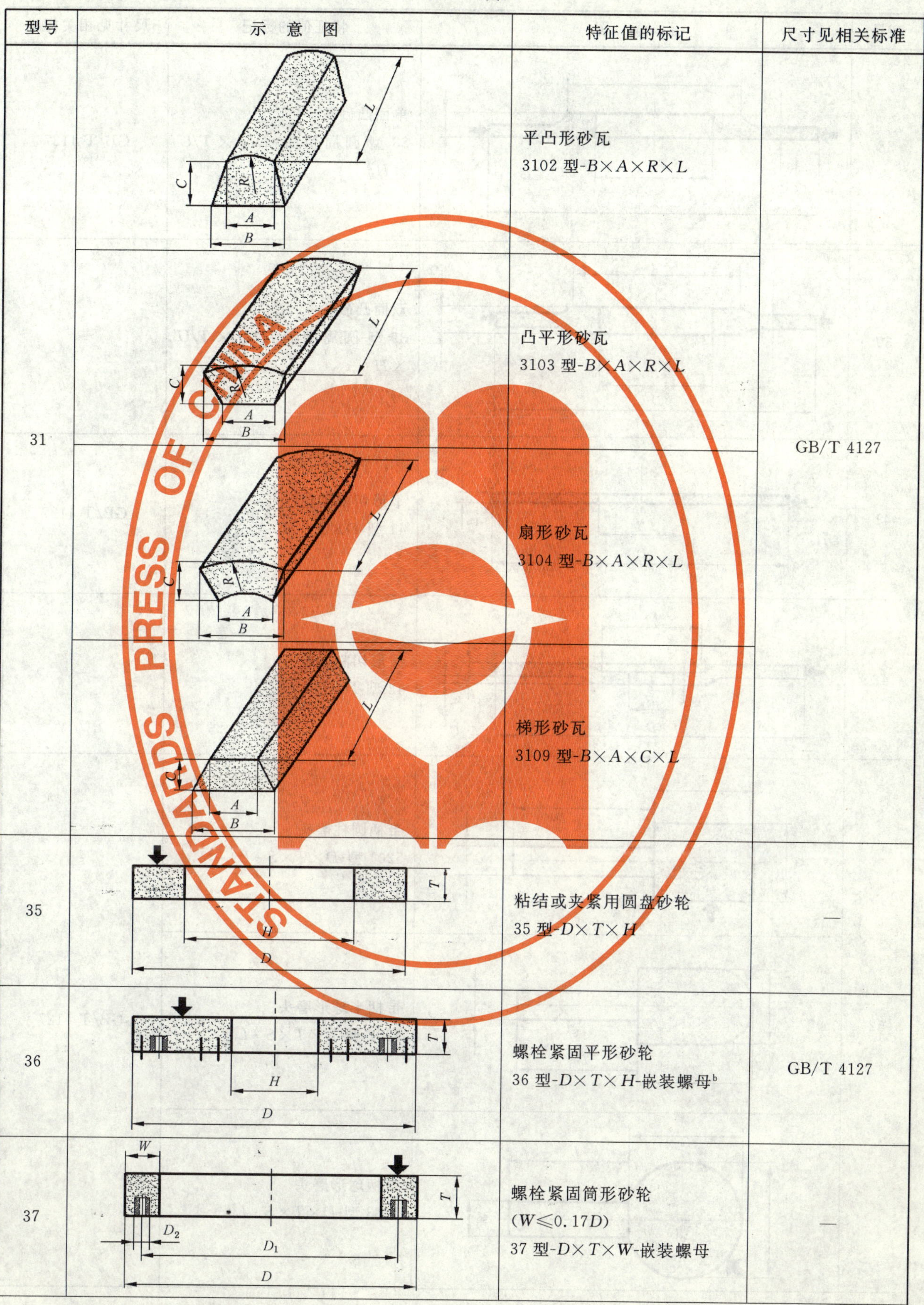

型号	示 意 图	特征值的标记	尺寸见相关标准
31		平凸形砂瓦 3102 型-$B\times A\times R\times L$	GB/T 4127
		凸平形砂瓦 3103 型-$B\times A\times R\times L$	
		扇形砂瓦 3104 型-$B\times A\times R\times L$	
		梯形砂瓦 3109 型-$B\times A\times C\times L$	
35		粘结或夹紧用圆盘砂轮 35 型-$D\times T\times H$	—
36		螺栓紧固平形砂轮 36 型-$D\times T\times H$-嵌装螺母[b]	GB/T 4127
37		螺栓紧固筒形砂轮 ($W\leqslant 0.17D$) 37 型-$D\times T\times W$-嵌装螺母	—

表 2（续）

型号	示 意 图	特征值的标记	尺寸见相关标准
38	J, T, U, H, D	单面凸砂轮 38 型-圆周型面[a]-$D/J\times T/U\times H$	GB/T 4127
39	J, T, U, H, D	双面凸砂轮 39 型-圆周型面[a]-$D/J\times T/U\times H$	—
41	T, H, D	平形切割砂轮 41 型-$D\times T\times H$	GB/T 4127
42	K, R, U, E, H, F, D, E=U	钹形切割砂轮 42 型-$D\times U\times H$	—
52	T, L, D, S	带柄圆柱磨头 5201 型-$D\times T\times S$ - L	GB/T 4127
	D, S, T, L	带柄半球形磨头 5202 型-$D\times T\times S$ - L	
	T, L, D, S	带柄球形磨头 5203 型-$D\times T\times S$ - L	

表 2（续）

型号	示 意 图	特征值的标记	尺寸见相关标准
52	T L D S	带柄截锥磨头 5204 型-$D\times T\times S$-L	GB/T 4127
	T L D S	带柄椭圆锥磨头 5205 型-$D\times T\times S$-L	
	T L D S	带柄 60°锥磨头 5206 型-$D\times T\times S$-L	
	T L D S	带柄圆头锥磨头 5207 型-$D\times T\times S$-L	
54	L C B	长方形珩磨磨石 5410 型-$B\times C$-L	GB/T 4127
	L B B	正方形珩磨磨石 5411 型-$B\times L$	
	H D T	珩磨磨石 5420 型-$D\times T\times H$	—

表 2（续）

型号	示意图	特征值的标记	尺寸见相关标准
90	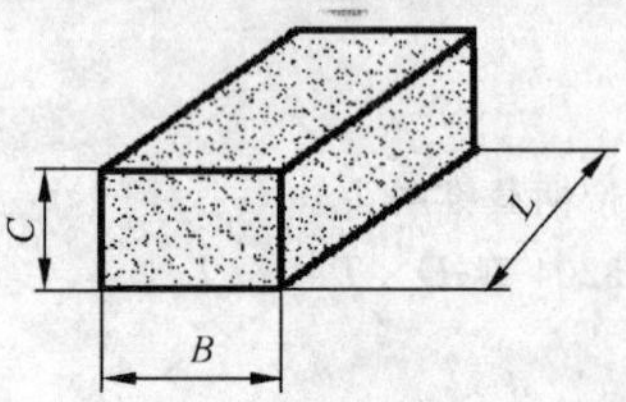 C, B, L	长方形磨石 9010 型-$B\times C\times L$	GB/T 4127
	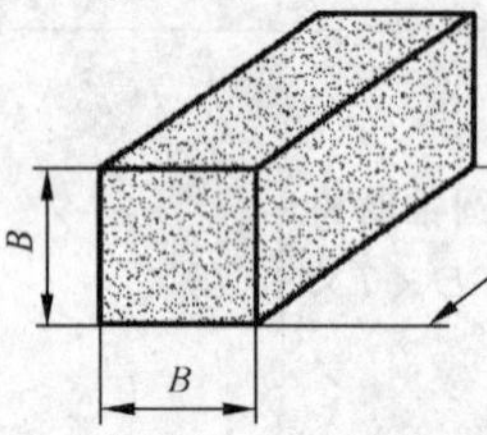 B, B, L	正方形磨石 9011 型-$B\times L$	
	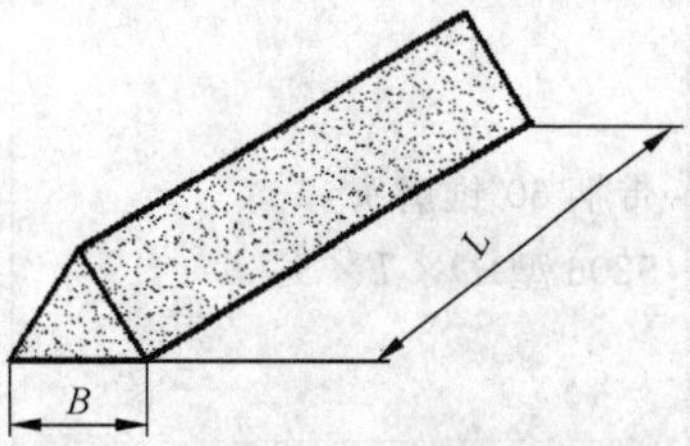 B, L	三角形磨石 9020 型-$B\times L$	
	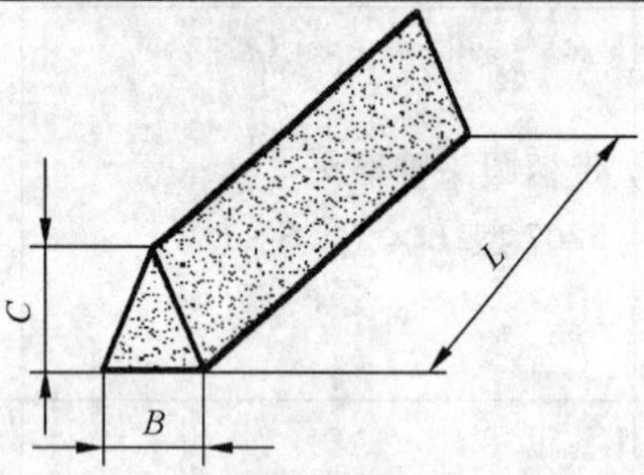 C, B, L	刀形磨石 9021 型-$B\times C\times L$	
	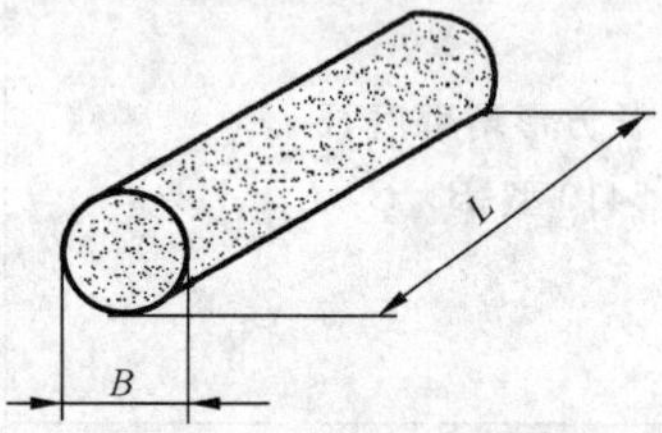 B, L	圆形磨石 9030 型-$B\times L$	
	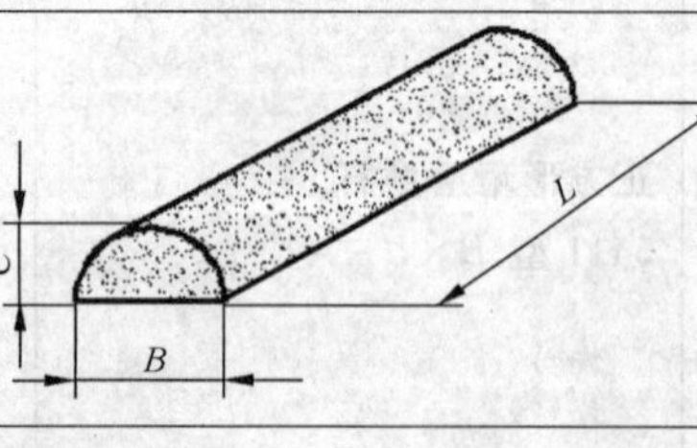 C, B, L	半圆形磨石 9040 型-$B\times C\times L$	

[a] 对应的圆周型面见 5.1。

[b] 嵌装螺母尺寸和位置见 GB/T 4127。

5 要求

5.1 圆周型面

平形砂轮的圆周可有各种型面。其中一些型面是标准化的，并由紧随砂轮型号数字后面的字母来表示(见图 1)。标记示例见第 6 章。

a　U=3.2 mm,除非订货单另有规定。

b　对于 N 型面,V 和 X 根据订货单而定。

图 1

5.2　尺寸

尺寸见 GB/T 4127。

5.2.1　外径范围

对于外径 350 mm 及更大者,表 3 包括两个尺寸范围。一个为公制尺寸,另一个为由英制尺寸转化并圆整的公制值。若所需外径小于 6 mm,应优先选择 R10 系列优先数系的圆整值。外径范围见表 3。

表 3　外径　　单位为毫米

D				
6	32	125	350/356	900/914
8	40	150	400/406	1 000/1 015
10	50	180	450/457	1 060/1 067
13	63	200	500/508	1 220
16	80	230	600/610	1 250
20	100	250	750/762	1 500
25	115	300	800/813	1 800

5.2.2　**厚度范围**

厚度范围见表 4。

表 4　厚度　　单位为毫米

T			
0.5	3.2	25	150、160
0.6	4	32	200
0.8	6	40	250
1	8	50	315
1.25	10	63	400
1.6	13	80	500
2	16	100	600
2.5	20	125	—

5.2.3　**孔径范围**

孔径范围见表 5。

表 5　孔径　　单位为毫米

H			
1.6	20	60	203.2
2.5	22.23	76.2	250
4	25	80	304.8
6	25.4[a]	100	400
10	32	127	406.4[a]
13	40	152.4	508
16	50.8	160	—

[a] 非优先尺寸。

5.3　**极限偏差和形位公差**

极限偏差和形位公差应符合 GB/T 2485、GB/T 2486、GB/T 2487、GB/T 2488 的规定。

5.4　**允许不平衡量**

允许不平衡量应符合 GB/T 2492 规定。

5.5 特性

5.5.1 磨料种类

磨料的代号类别应符合 GB/T 2476 的规定。

5.5.2 粒度

粒度见表 6。

表 6 粒度

粗磨粒 F4～F220[a]			微粉 F230～F1200[b]
粗粒度	中粒度	细粒度	极细粒度
4	30	70	230
5	36	80	240
6	40	90	280
7	46	100	320
8	54	120	360
10	60	150	400
12	—	180	500
14	—	220	600
16	—	—	800
20	—	—	1 000
22	—	—	1 200
24	—	—	—

[a] 见 GB/T 2481.1。

[b] 见 GB/T 2481.2。

5.5.3 硬度等级

硬度等级见表 7。

表 7 硬度等级

A	B	C	D	极软
E	F	G	—	很软
H	—	J	K	软
L	M	N	—	中级
P	Q	R	S	硬
T	—	—	—	很硬
—	Y	—	—	极硬

注：硬度等级用英文字母标记，“A”到“Y”由软至硬。

5.5.4 组织

磨具组织可用数字标记，通常为 0～14，数字越大，表示组织越疏松。

5.5.5 结合剂种类

结合剂种类见表 8。

表 8 结合剂种类

V	陶瓷结合剂
R	橡胶结合剂
RF	增强橡胶结合剂
B	树脂或其他热固性有机结合剂
BF	纤维增强树脂结合剂
Mg	菱苦土结合剂
PL	塑料结合剂

5.5.6 最高工作速度

磨具应按下列范围的最高工作速度进行制造，其单位为 m/s。

$<$16—16—20—25—30—32—35—40—50—60—63—70—80—100—125—140—160

6 标记

6.1 完整标记

固结磨具的完整标记应包括下列顺序的内容：

a) 符合 GB/T 4127 各部分的磨具的标记；

b) 对应 GB/T 4127 各部分的国家标准号；

c) 取自标准 GB/T 4127 各部分的型号；

d) 符合本标准 5.1 的圆周型面(若有必要)；

e) 取自 GB/T 4127 各部分的尺寸；

f) 符合本标准 5.5.1 至 5.5.5 的特性；

g) 符合本标准 5.5.6 的最高工作速度。

6.2 特性的标记

特性的标记包括按下列顺序的七个符号内容(其中两个为可选项)：

——0 磨料牌号(可选项)

——1 磨料种类

——2 粒度

——3 硬度等级

——4 组织

——5 结合剂种类

——6 生产厂自定的结合剂牌号(可选项)

第八个符号内容应标明最高工作速度，见表 9。

表 9 标记示例

特性顺序	0	1	2	3	4	5	6	7
	磨料牌号[a]	磨料种类	粒度	硬度等级	组织[a]	结合剂种类	结合剂牌号[a]	最高工作速度
示例	51	A	36	L	5	V	23	50

[a] 可选性的，符号内容由生产厂自行决定。

示例

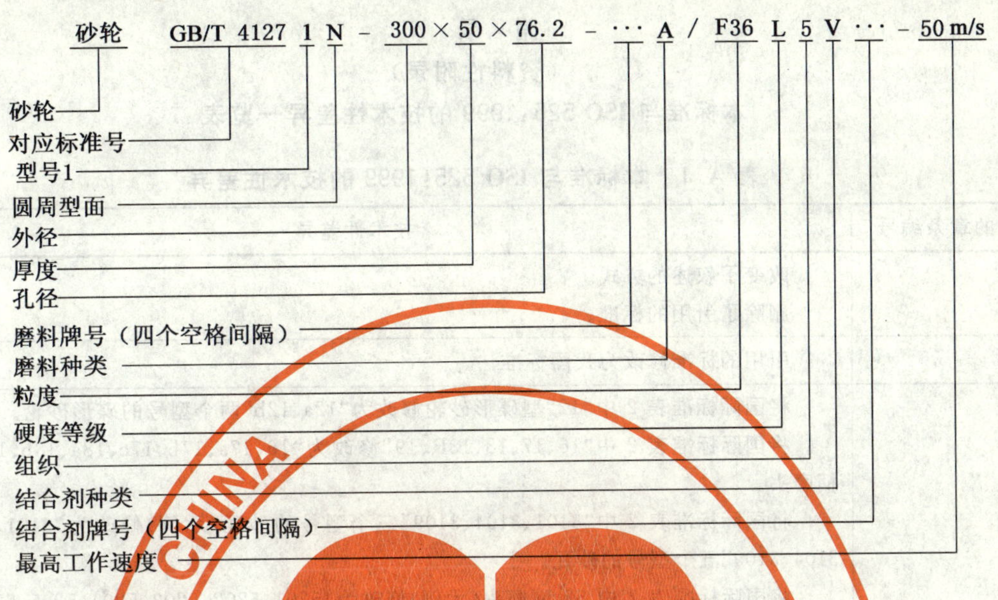

7 标志

标志的目的是向用户提供辨别磨具的必要的信息，以保证正确安装和安全使用。普通磨具产品标志的内容应符合以下规定：

a) 砂轮的标志应符合 GB/T 2485 的规定；

b) 磨头的标志可以标签或说明书的形式附在包装箱内，其标志内容应包括：生产厂名称、磨料、粒度、尺寸、最高工作速度；

c) 磨石的标志应符合 GB/T 2487 的规定；

d) 砂瓦的标志应符合 GB/T 2488 的规定。

附 录 A
（资料性附录）
本标准与 ISO 525:1999 的技术性差异一览表

表 A.1 本标准与 ISO 525:1999 的技术性差异

本标准的章条编号	技术性差异
1	改变了叙述的方式。 删除了引用的标准。
2	引用的标准修改为我国标准
4	将国际标准表 2 中“12”型碟形砂轮修改为“12a、12b”两个型号的碟形砂轮。 将国际标准表 2 中“16、17、18、18R、19”修改为“16、17a、17b、17c、18a、18b、19”七种不带柄磨头。 将国际标准表 2 中“3101、3104、3109”三个型号的砂瓦（示例）修改为“3101、3102、3103、3104、3109”五个型号的砂瓦。 将国际标准表 2 中 52 型磨头（示例）修改为“5201、5202、5203、5204、5205、5206、5207”七种带柄磨头。 将国际标准表 2 中 90 型磨石（示例）增加了 9021 型磨石。 增加了“8”型砂轮。
5.1	修改了圆周 G 型面的形状和尺寸。 增加了 Q 型面。
5.2.2	增加了 150 mm 砂轮厚度尺寸。
5.3	修改成符合我国标准。
5.4	修改成采用国际标准的我国标准。
5.5.1	修改成符合我国标准。
5.5.2	修改成采用国际标准的我国标准。
5.5.3	删除了 I、O、U、V、W 硬度的等级。
5.5.4	删除了 15～30 组织号。
5.5.5	删除了虫胶结合剂（代号:E）
5.5.6	增加了 30、60、70 m/s 最高工作速度的范围。
7	修改成符合我国标准的规定。

ICS 83.080.20
G 31

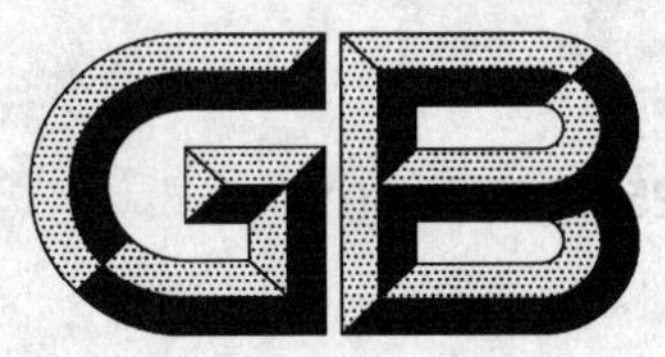

中华人民共和国国家标准

GB/T 2546.1—2006
代替 GB/T 2546—1988

塑料　聚丙烯(PP)模塑和挤出材料 第1部分:命名系统和分类基础

Plastics—Polypropylene(PP) moulding and extrusion materials—Part 1:Designation system and basis for specifications

(ISO 1873-1:1995,MOD)

2006-01-23 发布　　2006-11-01 实施

中华人民共和国国家质量监督检验检疫总局
中国国家标准化管理委员会　发布

前 言

GB/T 2546《塑料 聚丙烯(PP)模塑和挤出材料》分为如下两个部分：

——第1部分：命名系统和分类基础；

——第2部分：试样制备和性能测定。

本部分为GB/T 2546的第1部分。

本部分修改采用ISO 1873-1:1995《塑料 聚丙烯(PP)模塑和挤出材料 第1部分：命名系统和分类基础》(英文版)。本部分的结构与ISO 1873-1:1995完全相同。

本部分与ISO 1873-1:1995相比，主要的技术性差异如下：

——1.2中，将“冲击强度”改为“简支梁缺口冲击强度”以使标准前后一致；

——第2章规范性引用文件中，将“ISO 1133:1991”改为“GB/T 3682—2000(idt ISO 1133:1997)”；

——第3章命名模式中，省略了可选择的字符组：“热塑性塑料”和“国际标准号”；

——3.3.1中，将“拉伸弹性模量的可能值按其范围分为6档，各档用两个数字作代号，具体规定见表3。”改为“拉伸弹性模量以标称值为基础用三个数字作代号”。表3内容作相应修改；

——3.3.2中，将“简支梁缺口冲击强度的可能值按其范围分为6档，各档用两个数字作代号”改为“简支梁缺口冲击强度以标称值为基础用两个数字作代号”。表4内容作相应修改；

——3.3.3中，增加*MFR*的试验条件P“温度：230℃、负荷：5 kg”，并将“熔体质量流动速率(*MFR*)的可能值按其范围分为11档，各档用三个数字作代号，具体规定见表3。”改为“熔体质量流动速率以标称值为基础用一个字母及三个数字作代号。”表5内容作相应修改。

本部分代替GB/T 2546—1988《聚丙烯和丙烯共聚物材料命名》。

本部分与GB/T 2546—1988相比主要变化如下：

——1.2中，命名的特征性能增加了“拉伸弹性模量”和“简支梁缺口冲击强度”，删去“等规指数”；

——3.3.1、3.3.2和3.3.3的变化与上述本部分与ISO 1873-1:1995主要的技术性差异相同；

——3.2表2中，位置1中的字母代号删去“I”(表示吹塑薄膜)，增加“G”(表示一般用途)。位置2-8中增加“G”(表示颗粒)、“M”(表示加成核剂)、“N”(表示本色的)和“R”(表示脱模剂)；

——3.4表6中，位置2表示填料和增强材料的字母代号中去掉“S”(表示鳞状、片状的)。

本部分由中国石油化工股份有限公司提出。

本部分由全国塑料标准化技术委员会石化塑料树脂产品分技术委员会(SAC/TC 15/SC 1)归口。

本部分起草单位：北京燕化石油化工股份有限公司树脂应用研究所。

木部分主要起草人：邸丽京、王树华、陈宏愿、杨春梅、王晓丽。

本标准于1988年6月首次发布，本次为第一次修订。

塑料　聚丙烯(PP)模塑和挤出材料
第1部分:命名系统和分类基础

1　范围

1.1　GB/T 2546的本部分规定了聚丙烯(PP)热塑性塑料材料的命名系统。该系统可作为分类基础。

1.2　不同类型的聚丙烯热塑性材料用下列指定的特征性能的值以及推荐用途和(或)加工方法、重要性能、添加剂、着色剂、填料和增强材料等为基础的一种分类系统加以区分:

a)　拉伸弹性模量;

b)　简支梁缺口冲击强度;

c)　熔体质量流动速率(*MFR*)。

1.3　本部分适用于所有丙烯均聚物和其他1-烯烃单体质量分数小于50%的丙烯共聚物以及上述聚合物质量分数不小于50%的共混物。

本部分适用于常规为粉状、颗粒或碎粒状,未改性或经着色剂、添加剂、填料等改性的材料。

本部分不适用于丙烯基橡胶。

1.4　本部分不意味着命名相同的材料必定具有相同的性能。本部分不提供用于说明材料特殊用途和(或)加工方法所需的工程数据、性能数据或加工条件数据。

如果需要,可按本标准第2部分中规定的试验方法确定这些附加性能。

1.5　为了说明某种聚丙烯材料的特殊用途或为了确保加工的重现性,可在第5字符组中给出附加要求。

2　规范性引用文件

下列文件中的条款通过GB/T 2546的本部分的引用而成为本部分的条款。凡是注日期的引用文件,其随后所有的修改单(不包括勘误的内容)或修订版均不适用于本部分,然而,鼓励根据本部分达成协议的各方研究是否可使用这些文件的最新版本。凡是不注日期的引用文件,其最新版本适用于本部分。

GB/T 1844.1—1995　塑料及树脂缩写代号　第一部分:基础聚合物及其特征性能(neq ISO 1043-1:1987)

GB/T 1844.2—1995　塑料及树脂缩写代号　第二部分:填充材料及增强材料(neq ISO 1043-2:1987)

GB/T 2546.2—2003　塑料　聚丙烯(PP)模塑和挤出材料　第2部分:试样制备和性能测定(ISO 1873.2-1997,MOD)

GB/T 3682—2000　热塑性塑料熔体质量流动速率和熔体体积流动速率的测定(idt ISO 1133—1997)

3　命名和分类系统

聚丙烯的命名和分类系统基于下列标准模式:

命　　名				
特征项目组				
字符组 1	字符组 2	字符组 3	字符组 4	字符组 5

命名由表示特征项目组的 5 个字符组构成：

字符组 1：按照 GB/T 1844.1—1995 规定聚丙烯代号 PP 以及有关聚合过程或聚合物组成的信息（见 3.1）。

字符组 2：位置 1：推荐用途或加工方法（见 3.2）。位置 2～8：重要性能、添加剂和附加说明（见 3.2）。

字符组 3：特征性能（见 3.3）。

字符组 4：填料或增强材料及其标称含量（见 3.4）。

字符组 5：为达到分类的目的，可在第 5 字符组里添加附加信息。

字符组间用逗号隔开，如果某个字符组不用，就要用两个逗号即“，，”隔开。

3.1　字符组 1

这个字符组是由 GB/T 1844.1—1995 规定的聚丙烯代号“PP”和表示类型的一个字母组成。中间用一个连字符隔开。字母代号的规定见表 1。

表 1　字符组 1 中的字母代号的说明

代　　号	定　　义
H	热塑性丙烯均聚物
B[a]	热塑性丙烯耐冲击共聚物 热塑性丙烯耐冲击共聚物是由 PP-H 或 PP-R 与橡胶相通过在反应器中就地掺混或物理共混制得的以丙烯为基体的两相或多相聚合物。橡胶相是由丙烯和另一种（或多种）不含烯烃外的其他官能团的烯烃单体聚合而成。
R	热塑性丙烯无规共聚物 热塑性丙烯无规共聚物是由丙烯和另一种（或多种）不含烯烃外的其他官能团的单体聚合而成的无规共聚物。
[a] 这类聚合物过去称为嵌段共聚物。	

3.2　字符组 2

在这个字符组中，位置 1 给出有关材料的推荐用途和（或）加工方法的说明，位置 2～8 给出有关重要性能、添加剂和颜色的说明。所用字母代号的规定见表 2。

如果在位置 2～8 有说明内容，而在位置 1 没给出说明时，则应在位置 1 插入字母 X。

若聚丙烯为本色（未着色）时，命名时可以省略本色的代号“N”。若聚丙烯为颗粒时，命名时可以省略颗粒的代号“G”。

3.3　字符组 3

在这个字符组中，用三个数字组成的代号表示拉伸弹性模量的标称值（见 3.3.1）；用两个数字组成的代号表示简支梁缺口冲击强度的标称值（见 3.3.2）；用一个字母加三个数字组成的代号表示熔体质量流动速率的标称值（见 3.3.3），各代号间用一个连字符隔开。

聚丙烯的生产者应对材料进行命名。由于生产过程的容许限，材料的试验值一般与命名的值不同，该命名不受影响。

注：目前可买到的原料不一定提供所有的特征性能值。

3.3.1　拉伸弹性模量

聚丙烯拉伸弹性模量的测定按 GB/T 2546.2—2003 规定进行。

拉伸弹性模量以标称值为基础用三个数字作代号。代号的规定见表3。

表2 字符组2中所用的字母代号

字母代号	位置1	字母代号	位置2～8
		A	加工稳定的
B	吹塑	B	抗粘连
C	压延	C	着色的
		D	粉末状
E	挤出	E	可发性的
F	挤出薄膜	F	特殊燃烧性
G	一般用途	G	颗粒
H	涂覆	H	热老化稳定的
K	电缆和电线护套	K	金属钝化的
L	挤出单丝	L	光或气候稳定的
M	注塑	M	加成核剂的
		N	本色(未着色的)
		P	冲击改性的
Q	压塑		
R	旋转模塑	R	脱模剂
S	烧结	S	加润滑剂
T	窄带	T	透明的
X	未说明		
Y	纤维	Y	提高导电性的
		Z	抗静电的

表3 聚丙烯拉伸弹性模量代号的规定

拉伸弹性模量的标称值/MPa	代号的规定
≥1 000	取其标称值的三位有效数字
<1 000	将其标称值取两位有效数字并在前加“0”

3.3.2 简支梁缺口冲击强度

聚丙烯简支梁缺口冲击强度的测定按GB/T 2546.2—2003规定进行。

简支梁缺口冲击强度以标称值为基础用两个数字作代号。代号的规定见表4。

表4 聚丙烯简支梁缺口冲击强度代号的规定

简支梁缺口冲击强度标称值/(kJ/m²)	代号的规定
≥10	取其标称值的两位有效数字
<10	将其标称值取一位有效数字并在前加“0”

3.3.3 熔体质量流动速率(*MFR*)

聚丙烯熔体质量流动速率(*MFR*)的测定按GB/T 3682—2000规定进行。试验条件可选用M(温度:230℃、负荷:2.16 kg)或P(温度:230℃、负荷:5 kg)。

熔体质量流动速率以标称值为基础用一个字母及三个数字作代号。代号的规定见表5。

如果试验条件为M时,命名时可以省略字母代号“M”。

表 5 聚丙烯 *MFR* 代号的规定

MFR/(g/10 min)	代号的规定	
	字母	数　字
MFR≥10	M 或 P	在其标称值的两位有效数字后加“0”
1.0≤*MFR*＜10		在其标称值的两位有效数字前加“0”
MFR＜1.0		将其标称值取一位有效数字并在前加“00”

注：本标准下一次修订时，熔体质量流动速率(*MFR*)将被熔体体积流动速率(*MVR*)代替。

3.4 字符组 4

聚丙烯所用的填料或增强材料及类型的代号按 GB/T 1844.2—1995 规定。在这个字符组中，位置 1 用一个字母表示填料或增强材料的类型，位置 2 用第二个字母表示其物理形态，代号的具体规定见表 6。紧接着字母(不空格)，在位置 3 和位置 4 用两个数字为代号表示其质量含量。

表 6 字符组 4 中填料和增强材料的字母代号

字母代号	材料(位置 1)	字母代号	形态(位置 2)
B	硼	B	球状，珠状
C	碳[a]		
		D	粉末状
		F	纤维状
G	玻璃	G	颗粒状
		H	晶须
K	碳酸钙		
L	纤维素[a]		
M	矿物[a,b]，金属[a]		
S	有机合成材料[a]		
T	滑石粉		
W	木		
X	未说明	X	未说明
Z	其他[a]	Z	其他[a]

a　这些材料可用其化学符号或有关国际标准中规定的附加符号进一步明确表示。对于金属(M)，用化学符号表示金属类型非常重要。

b　如果可能，矿物填料应该用具体符号明确表示。

多种材料和(或)多种形态材料的混合物，可用“＋”号将相应的代号组合放在括号内表示。例如：含有 25%(质量分数)玻璃纤维(GF)和 10%(质量分数)矿物粉(MD)的混合物可表示为(GF25＋MD10)。

3.5 字符组 5

在这个可选用的字符组中，附加要求是一种将材料的命名转换成特定用途规格的方法。例如对已确定规格的产品可参考合适的国家标准或类似标准进行。

4 命名示例

4.1 命名

4.1.1 某种热塑性丙烯均聚物(PP-H)用于挤出薄膜(F)，本色(未着色)(N)，拉伸弹性模量的标称值为1 400 MPa(140)，简支梁缺口冲击强度的标称值为3 kJ/m²(03)，熔体质量流动速率的标称值为3.4 g/10 min(034)，其试验条件为温度230℃、负荷2.16 kg(M)其命名为：

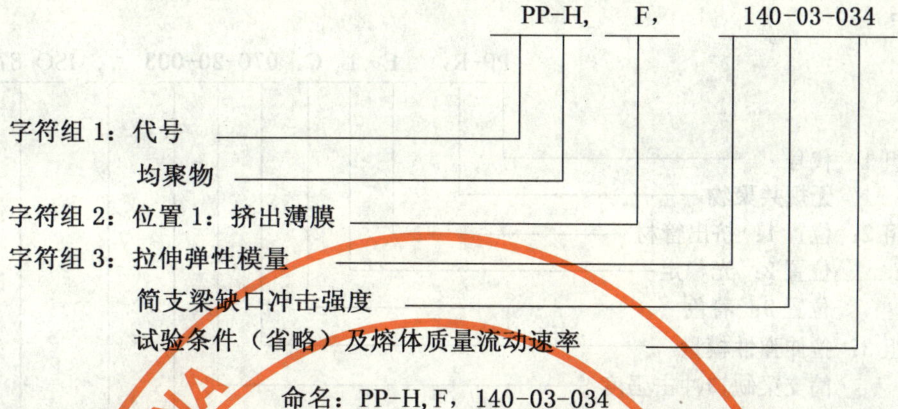

命名：PP-H，F，140-03-034

4.1.2 某种热塑性丙烯耐冲击共聚物(PP-B)，用于挤出片材(E)，未经特殊改性但着色(C)，其拉伸弹性模量的标称值为1 100 MPa(110)，简支梁缺口冲击强度的标称值为7 kJ/m²(07)，熔体质量流动速率的标称值为0.9 g/10 min(009)，其试验条件为：温度230℃、负荷2.16 kg(M)，其命名为：

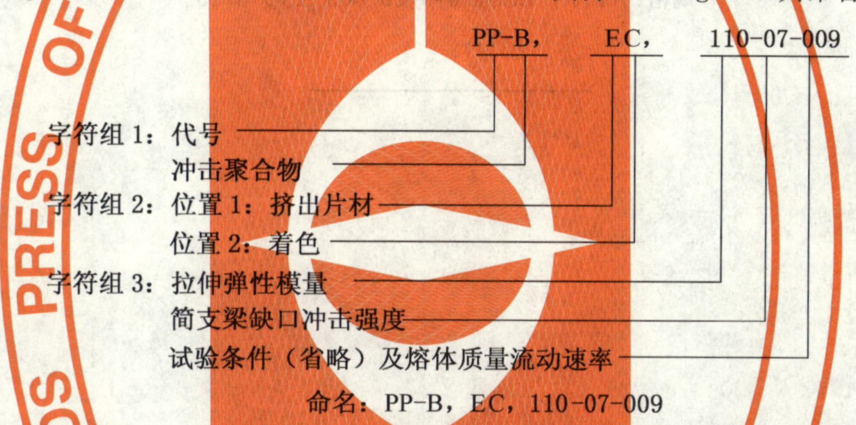

命名：PP-B，EC，110-07-009

4.1.3 某种热塑性丙烯均聚物(PP-H)，用于注塑(M)，其拉伸弹性模量的标称值为4 500 MPa(450)，简支梁缺口冲击强度的标称值为2 kJ/m²(02)，熔体质量流动速率的标称值为3.5 g/10 min(035)，其试验条件为温度230℃、负荷2.16 kg(M)，添加滑石粉增强，滑石粉的质量分数为40%(TD40)，其命名为：

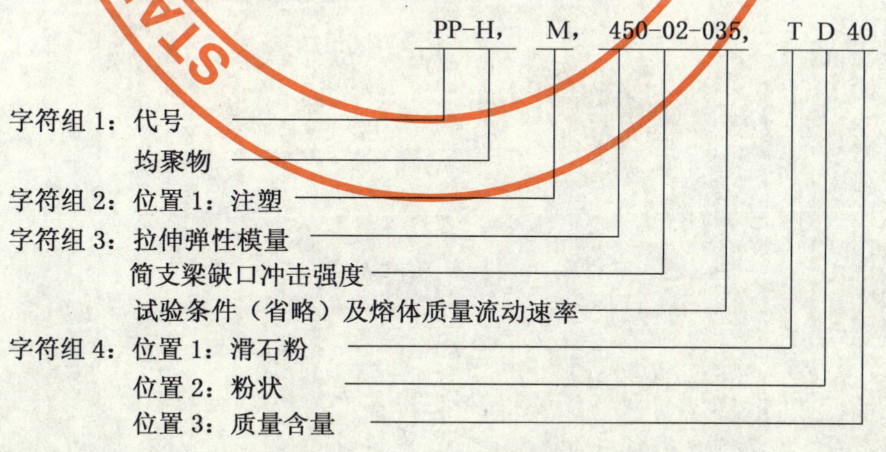

命名：PP-H，M，450-02-035，TD40

4.2 某种转成有规格的命名

某种热塑性丙烯无规共聚物(PP-R)，用于挤出排水系统用的管材(E)，具有光和气候稳定性(L)，经着色(C),其拉伸弹性模量的标称值为 700 MPa(070),简支梁缺口冲击强度的标称值为 20 kJ/m²(20),熔体质量流动速率的标称值为 0.3 g/10 min(003),其试验条件为:温度 230℃、负荷 2.16 kg(M),其命名为:

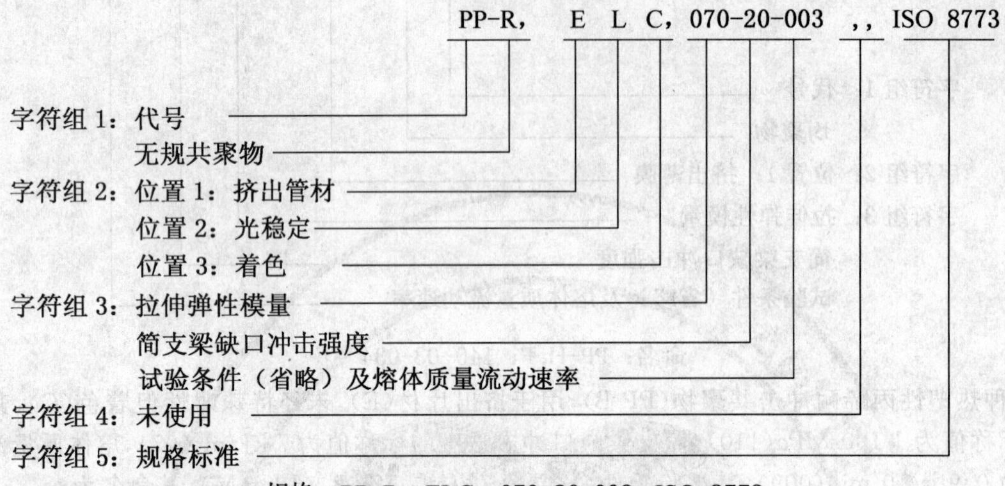

规格:PP-R,ELC,070-20-003,,ISO 8773

ICS 37.020
N 32

中华人民共和国国家标准

GB/T 2609—2006
代替 GB/T 2609—1996

显微镜　物镜

Microscopes—Objectives

2006-05-08 发布　　　　2006-11-01 实施

中华人民共和国国家质量监督检验检疫总局
中国国家标准化管理委员会　发布

前言

本标准代替 GB/T 2609—1996《显微镜　物镜》。

本标准与 GB/T 2609—1996 相比，增加了下列内容：

——补充了金相显微镜物镜的相关内容；

——对无限远物镜的规格作了具体补充；

——增加了对物镜按性能分级的规定。

本标准与日本工业标准 JIS B 7147《生物显微镜　物镜》的一致性程度为非等效，在内容上与 JIS B 7147的主要差异如下：

——扩大了标准适用范围，不仅只适用于生物显微镜；

——在物镜像差校正方面，增加了对轴外像差的校正要求；

——关于物镜按性能分级的部分，对一般消色差物镜不分级，只对平场消色差以上级别的物镜按性能分为两级(型)；

——数值孔径偏差参考徕卡公司标准，采用正、负偏差，按数值孔径大小分挡分列指标；

——增加了对带有弹簧的物镜的弹簧力的要求；

——增加了对浸液物镜密封措施的要求。

本标准由中国机械工业联合会提出。

本标准由全国光学和光学仪器标准化技术委员会(SAC/TC 103)归口。

本标准由南京东利来光电实业有限公司、上海光学仪器研究所、江南光电公司负责起草，南京江浦光学仪器厂、南京新佳品光学有限公司、宁波永新光学股份有限公司和凤凰光学控股有限公司等参加起草。

本标准主要起草人：余扬飞、胡钰、顾小浩。

本标准代替标准的历次颁本发布情况为：

——JB 1781—1976，GB/T 2609—1981、GB/T 2609—1996。

显微镜　物镜

1　范围

本标准规定了显微镜物镜的基本参数、技术要求、试验方法和标志。

本标准适用于共轭距离为 185 mm、195 mm、210 mm 和无限远的明场观察的显微物镜，不适用于具有特殊构造的物镜。

2　规范性引用文件

下列文件中的条款通过本标准的引用而成为本标准的条款。凡是注日期的引用文件，其随后所有的修改单(不包括勘误的内容)或修订版均不适用于本标准，然而，鼓励根据本标准达成协议的各方研究是否可使用这些文件的最新版本。凡是不注日期的引用文件，其最新版本适用于本标准。

GB/T 15464　仪器仪表包装通用技术条件

JB/T 5475　网格板

JB/T 5591　星点板

JB/T 7398.1　显微镜　物镜和目镜的标志

JB/T 7398.2　显微镜　光学连接尺寸

JB/T 7398.3　显微镜　物镜螺纹

JB/T 7398.13　显微镜　生物显微镜用检验标本片

JB/T 8230.6　显微镜　放大率

JB/T 10077　金相显微镜

3　术语和定义

下列术语和定义适用于本标准。

3.1

长工作距离物镜　long-working distance objective

物镜前表面顶点到物平面的沿轴距离较一般显微镜物镜明显增长的物镜。

4　基本参数

4.1　共轭距离规定为 185 mm、195 mm、210 mm(不包括放大率小于或等于 1.6× 的物镜)和无限远。

4.2　共轭距离规定为 185 mm、195 mm、210 mm 的物镜，其机械筒长规定为 160 mm。

4.3　共轭距离为无限远的物镜，其镜筒透镜焦距可为 160 mm、180 mm、200 mm、220 mm、250 mm。

4.4　物镜的齐焦距离(不包括盖玻片厚度)为 35 mm、45 mm 或 60 mm。

4.5　物镜的放大率应符合 JB/T 8230.6 的规定。

4.6　物镜的数值孔径名义值不应小于表 1 的规定。

表 1

放大率	数值孔径				
	消色差物镜	半平场消色差物镜	平场消色差物镜	平场半复消色差物镜	平场复消色差物镜
1×	—	—	0.03	—	—
1.6×	—	—	0.04	—	—
2×	—	—	0.06	—	—
2.5×	—	—	0.07	—	—
20×或25×	0.35	0.35	0.40	0.60	0.65
40×	0.60	0.60	0.65	0.75	0.80
50×	—	—	0.70	0.75	0.80
60×或63×	0.80	0.80	0.80	0.90	0.90
80×或100×	—	—	0.90	0.90	0.90
100×油浸	1.20	1.20	1.25	1.25	1.30

4.7 对于水浸、长工作距离等物镜的放大率应符合 JB/T 8230.6 的规定，但其数值孔径可不作规定。

4.8 物镜螺纹尺寸应符合 JB/T 7398.3 的规定。

5 要求

5.1 各类物镜应校正好相应像差。

消色差物镜应校正好球差、色差和彗差。

半平场消色差物镜除了必须达到消色差物镜的要求外，还应适当校正物镜的场曲。

平场消色差物镜除了必须达到消色差物镜的要求外，还应很好地校正物镜的场曲。

平场半复消色差物镜除了必须达到平场消色差物镜的要求外，还应较好地校正物镜的二级光谱。

平场复消色差物镜除了必须达到平场消色差物镜的要求外，还应很好地校正物镜的二级光谱和色球差。

对于 CF 型物镜还应校正横向色差。

5.2 物镜成像应清晰，其像方清晰范围(直径)不应小于表 2 的规定。按照清晰范围的规格，物镜区分Ⅰ型和Ⅱ型。

表 2

数值孔径	消色差物镜/mm	半平场消色差物镜/mm	平场消色差物镜/mm		平场半复消色差物镜/mm		平场复消色差物镜/mm	
			Ⅰ型	Ⅱ型	Ⅰ型	Ⅱ型	Ⅰ型	Ⅱ型
≤0.20	7	11	15	12	17	13.5	17	13.5
>0.2～0.40	7	10.5	15	12	15.5	12.5	16	13
>0.40～0.80	6.5	9.5	15	12	15	12	15	12
>0.80～1.00	5.5	8	12	9.5	12.5	10	13	10.5
>1.00	4	7	11	9	11.5	9	12	9.5

5.3 物镜放大率的偏差应符合 JB/T 8230.6 的规定。

5.4 物镜数值孔径的偏差应符合表 3 的规定。

表 3

数值孔径	偏差
<0.4	±10%
0.4~1	±8%
>1	±4%

5.5 物镜齐焦距离的偏差应符合 JB/T 7398.2 的规定。

5.6 物镜的光轴与物镜螺纹轴线的同轴度不应大于表 4 的规定。

表 4

数值孔径	同轴度/mm
≤0.1	ϕ0.1
>0.1	ϕ0.05

5.7 物镜的螺纹应符合 JB/T 7398.3 的规定。

5.8 带有弹簧的物镜其弹簧力不应大于 4 N。

5.9 浸液物镜应有可靠的密封措施。

5.10 物镜光学系统内部应清洁，不应有裂纹、霉雾、气泡、污点、尘埃和脱胶等疵病。

5.11 外观要求

5.11.1 电镀表面不应有脱皮、斑点和色泽不均匀等现象。

5.11.2 漆面色泽均匀、无脱漆、损伤痕迹及有碍美观的疵病。

5.11.3 零件表面无毛刺，外部零件接合处应齐整，锐边应倒棱。

5.11.4 物镜上的标记和刻字应清晰、明显。

6 试验方法

对于本标准中所规定的试验工具，只要达到同样的测量结果，也可采用其他试验工具代用。

6.1 物镜像差校正

6.1.1 试验工具

a) 符合 JB/T 5591 的星点板；

b) 阿贝试验板；

c) 机械筒长或镜筒透镜焦距符合被测物镜的专用显微镜架（其中机械筒长极限偏差小于 0.1 mm，镜筒透镜焦距的相对偏差应优于±0.5%）。

6.1.2 试验程序

将被检物镜安装在专用显微镜架上，浸液系物镜还应在星点板与物镜前片之间和星点板与聚光镜之间滴注相应的浸液，观察被透射光照明的星点，以星点的图像检验物镜的相应像差。对平场半复消色差物镜和平场复消色差物镜还须观察透射光斜照明条件下的阿贝试验板，检验物镜的二级光谱和色球差的校正状况。

6.2 物镜成像清晰范围

6.2.1 试验工具

a) 符合 JB/T 5475 的 100 线对/mm 网格分划板；

b) 符合 JB/T 5475 的 300 线对/mm 网格分划板；

c) 符合 JB/T 5475 的 600 线对/mm 网格分划板；

d) 符合 JB/T 7398.13 的葡萄球菌检验标本片；

e) 符合 JB/T 10077 的金相试样；

f) 10×十字分划平场目镜(视场数为 20 mm,分划值为 0.1 mm,任意两分划线间的极限偏差不大于 0.005 mm);

g) 10×十字分划平场目镜(视场数为 16 mm,分划值为 0.1 mm,任意两分划线间的极限偏差不大于 0.005 mm);

h) 同 6.1.1c)。

6.2.2 试验程序

在显微镜上装上 10×十字分划平场目镜和被检物镜,分别对网格板或标本片(或金相试样)调焦清晰,以最大的清晰范围直径作为检定值。数值孔径小于 0.2 的物镜用 100 线对/mm 网格分划板;数值孔径大于 0.2 且小于 0.4 的物镜用 300 线对/mm 网格分划板;数值孔径大于或等于 0.4 的物镜用 600 线对/mm 网格分划板。数值孔径大于或等于 1.0 的生物显微镜物镜用葡萄球菌检验标本片,数值孔径大于或等于 1.0 的金相显微镜物镜用金相试样。Ⅰ型物镜用视场数为 20 mm 的 10×十字分划平场目镜,Ⅱ型物镜用视场数为 16 mm 的 10×十字分划平场目镜。消色差与半平场消色差物镜用视场数为 16 mm 的 10×十字分划平场目镜。

6.3 物镜放大率

6.3.1 试验工具

a) 同 6.2.1c)或 g);

b) 分格值为 0.01 mm 的分划尺(任意两分划线间的极限偏差不大于 0.005 mm);

c) 同 6.1.1c)。

6.3.2 试验程序

在专用显微镜架上,用十字分划目镜测得像高,物镜放大率 M_o' 由公式(1)给出:

$$M_o' = \frac{\text{像高}}{\text{物高}} \qquad \cdots\cdots (1)$$

对于共轭距离为无限远的物镜,其物镜放大率 M_o' 由公式(2)给出:

$$M_o' = \frac{\text{像高}}{\text{物高}} \times \frac{f_{TLR}}{f_{TL}} \qquad \cdots\cdots (2)$$

式中:

f_{TL}——专用显微镜架的透镜的焦距,单位为毫米(mm);

f_{TLR}——被检物镜的显微镜相关镜筒透镜的焦距,单位为毫米(mm)。

物镜放大率相对偏差 ΔM_a 由公式(3)给出:

$$\Delta M_a = \frac{M'_o - M_o}{M_o} \times 100\% \qquad \cdots\cdots (3)$$

式中:

M_o——名义放大率。

6.4 物镜数值孔径(NA)

6.4.1 试验工具

a) 阿贝数值孔径计;

b) 专用显微镜架(带抽筒的直筒式显微镜架);

c) 对中望远镜。

6.4.2 试验程序

6.4.2.1 NA 在 0.4 以下的测量步骤

a) 将数值孔径计放在带抽筒的直筒式显微镜架的载物台上,并把显微镜抽筒调整到规定的机械筒长,显微镜筒上装被测物镜和任意目镜,对数值孔径计上的镀铝狭缝进行调焦,得狭缝清晰像,并调节至视场中央;

b) 取去目镜,并在该处换上一个针孔光阑,通过针孔便能看到一个十字目标,推动数值孔径计上的手柄，使十字目标十字线交点处于物镜出瞳直径方向左右两端的边缘；

c) 在数值孔径计上读数，得两个测量值，取其平均值即为物镜数值孔径测量值。

6.4.2.2 NA 在 0.4 以上(包括 0.4)的测量步骤

a) 专用显微镜上装上被测物镜(若是浸液物镜，还需在物镜前滴上浸液)和任意目镜，对数值孔径计上的狭缝进行调焦；

b) 将专用显微镜上的抽筒抽出，在其下部装上相应规格的辅助物镜；

c) 将装有辅助透镜的抽筒插回镜筒内，调节高度直至见到物镜的出瞳像及十字目标；

d) 推动数值孔径计上的手柄，使十字目标十字线交点处于物镜出瞳直径方向左右两端的边缘，在数值孔径计上读数，得两个测量值，取其平均值即为物镜数值孔径测量值。

6.4.2.3 没有专用显微镜架时的测量步骤

a) 在机械筒长与被测物镜相适应的普通显微镜架上，安上被测物镜及相应的目镜。显微镜载物台上安放数值孔径计(若是浸液物镜，还需在物镜前滴上浸液)。

b) 对数值孔径计上的狭缝进行调焦，使在目镜中见到狭缝清晰像。

c) 取去目镜，在目镜筒内插入对中望远镜，调节接目镜位置直至见到物镜后焦面上清晰像及十字目标并锁定。

d) 按 6.4.2.2d)步骤测得物镜数值孔径测量值。

注：当被测物镜的 NA 小于 0.4 时，则按 6.4.2.1b)、c)进行测量。

6.5 物镜齐焦距离

6.5.1 试验工具

a) 齐焦距离为标准的 40×物镜，其齐焦距离极限偏差为±0.001 mm；

b) 同 6.1.1c)；

c) 同 6.2.1f)或 g)；

d) 厚度小于 0.005 mm 的标本片；

e) 0.001 mm 的杠杆千分表或同等精度的量仪。

6.5.2 试验程序

用标准物镜和已校正好视度的分划目镜对标本片调节清晰，旋下标准物镜，在同一螺孔中旋上被检物镜，再对标本调节清晰，从千分表上读出二次读数差，即为齐焦距离偏差。

6.6 物镜同轴度

6.6.1 试验工具

a) 机械旋转工具，其安装物镜用的螺纹轴线和旋转轴线的同轴度不大于 $\phi 0.01$ mm，物镜螺纹大径≥20.320 mm，中径 $19.822^{+0.020}_{+0.007}$ mm，小径 $19.416^{+0.033}_{0}$ mm；

b) 同 6.2.1f)或 g)；

c) 同 6.3.1b)。

6.6.2 试验程序

将被检物镜安装在机械旋转工具上，并对置于载物台上的分划尺调焦清晰，旋转机械旋转工具，从十字分划目镜中测得物镜光轴对螺纹轴线间的同轴度。

6.7 物镜螺纹

用物镜螺纹环规进行检验。

6.8 物镜弹簧力

6.8.1 试验工具

400 g 砝码。

6.8.2 试验程序

被检物镜倒置，在其上轻轻加上 400 g 砝码，相当与产生 4 N 的力，物镜的滑动部分应能向下滑移；

去掉外力后，在5 s内物镜即恢复原状。

6.9 密封性

6.9.1 试验工具

a) 内盛浸液（与物镜相适应的浸液）的培养皿；

b) 4×～5×放大镜。

6.9.2 试验程序

将被检物镜前端浸入浸液内（浸液层的深度不能超过星点校正孔，但必须超过前组镜座与滑套配合间隙）4 h，用4×～5×放大镜目视观察物镜内部不应有浸液渗入。

6.10 物镜光学系统内部清洁

目视观察。

6.11 外观要求

在观察距离为250 mm处对物镜外表进行目视检查。

7 标志、包装

7.1 显微镜物镜的标志应符合JB/T 7398.1的规定，还应有镜筒透镜焦距标志。

7.2 包装应符合GB/T 15464的有关规定。

ICS 17.120.10
N 12

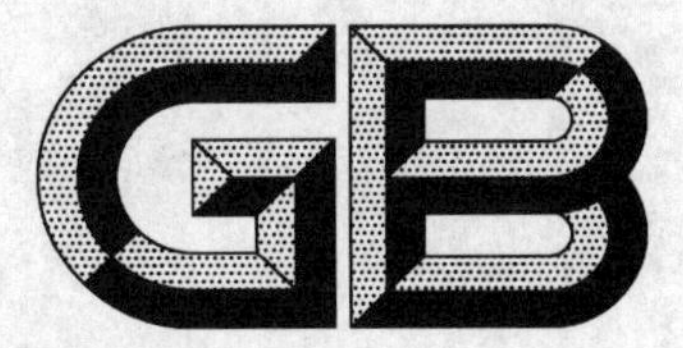

中华人民共和国国家标准

GB/T 2624.1—2006/ISO 5167-1:2003
代替 GB/T 2624—1993

用安装在圆形截面管道中的差压装置测量满管流体流量 第1部分:一般原理和要求

Measurement of fluid flow by means of pressure differential devices inserted in circular cross-section conduits running full—Part 1:General principles and requirements

(ISO 5167-1:2003,IDT)

2006-12-13 发布　　2007-07-01 实施

中华人民共和国国家质量监督检验检疫总局
中国国家标准化管理委员会　发布

前　言

GB/T 2624《用安装在圆形截面管道中的差压装置测量满管流体流量》由以下部分组成：

——第 1 部分：一般原理和要求；

——第 2 部分：孔板；

——第 3 部分：喷嘴和文丘里喷嘴；

——第 4 部分：文丘里管。

本部分为 GB/T 2624 的第 1 部分。

本部分等同采用 ISO 5167-1:2003《用安装在圆形截面管道中的差压装置测量满管流体流量　第 1 部分：一般原理和要求》(英文版)。

本部分等同翻译 ISO 5167-1:2003。

本部分在制定时按 GB/T 1.1—2000《标准化工作导则　第 1 部分：标准的结构和编写规则》和 GB/T 20000.2—2001《标准化工作指南　第 2 部分：采用国际标准的规则》的有关规定做了如下编辑性修改：

——删除了 ISO 国际标准的前言；

——将"ISO 5167 的本部分"改成"GB/T 2624 的本部分"；

——原引用标准的引导语按 GB/T 1.1—2000 的规定改成规范性引用文件的引导语；

——用小数点"."代替作为小数点的逗号","。

本部分更正了 ISO 5167-1:2003 的编辑性错误：

——表 A.1 中第四行第三栏的"$A_2=\dfrac{\mu_1 Re(D)}{D\sqrt{2\Delta p\rho_1}}$"更正为"$A_2=\dfrac{\mu_1 Re_D}{D\sqrt{2\Delta p\rho_1}}$"；

——附录 A 第 7 行中的"基本流量方程(3)"更正为"基本流量方程(1)"；

——C.2.2.1 的公式下补充了"ρ"的说明；

——图 C.8 的标题"Sprenkle 整直器"更正为"Sprenkle 流动调整器"；

——图 C.9 中"e 孔径 0.077D，节圆直径 0.90D，4 个孔"更正为"e 孔径 0.077D，节圆直径 0.90D，8 个孔"。

本部分替代 GB/T 2624—1993《流量测量节流装置　用孔板、喷嘴和文丘里管测量充满圆管的流体流量》。

本部分与 GB/T 2624—1993 相比主要变化如下：

a) 新标准分成 4 个部分，分别阐述孔板、喷嘴和文丘里管的加工技术要求以及使用时的安装要求。

b) 安装时节流件前的直管段长度较 GB/T 2624—1993 有明显变化，标准中列举的节流件前的阻流件形式也比 GB/T 2624—1993 多。孔板与喷嘴的直管段长度分别阐述，不再使用同一表格。

c) 特别强调流动调整器要进行配合性试验，并具体给出了配合性试验的方法。

本部分的附录 A、附录 B 和附录 C 为资料性附录。

本部分由中国机械工业联合会提出。

本部分由全国工业过程测量和控制标准化技术委员会第一分技术委员会归口。

本部分负责起草单位：上海工业自动化仪表研究所。

本部分参加起草单位：上海仪器仪表及自控系统检验测试所、上海仪昌节流装置制造有限公司、上海光华仪表有限公司、余姚市银环流量仪表有限公司、天津市润泰自动化仪表有限公司。

本部分主要起草人：李明华、彭淑琴、龙竹霖、叶斌、朱家顺、童复来、包国祥、吴国静。

本部分所替代标准的历次版本发布情况：GB 2624—1981；GB/T 2624—1993。

引　言

GB/T 2624 规定了孔板、喷嘴和文丘里管的几何形状及其安装在充满流体的管道中测量管道内流体流量的使用方法(安装和工作条件)。同时也给出了用于计算流量和其相应不确定度的必要资料。

GB/T 2624(所有部分)仅适用于在整个测量段内流体保持亚音速流动,并可认为是单相流的差压装置。本部分不适用于脉动流的测量。此外,每一种装置都只能在规定的管道尺寸和雷诺数极限范围内使用。

GB/T 2624(所有部分)对所涉及的装置做过大量直接校准实验,实验的数量、分布范围和质量足以使所取得的实验结果和系数能作为相关应用系统的依据,使其具有确定的可预测不确定度限值。

装入管道的装置称为“一次装置”。一次装置这个术语还包括取压口。测量所需的其他所有仪表或装置称为“二次装置”。GB/T 2624(所有部分)考虑的是这些一次装置,偶而也提到二次装置[1)]。

GB/T 2624 由下列 4 个部分组成:

a) GB/T 2624 的第 1 部分给出了一般术语和定义、符号、原理和要求,以及 GB/T 2624 的第 2 部分、第 3 部分和第 4 部分使用的测量方法和不确定度。

b) GB/T 2624 的第 2 部分详细说明孔板。孔板可以同角接取压口、D 和 $D/2$ 取压口[2)]和法兰取压口配合使用。

c) GB/T 2624 的第 3 部分详细说明形状和取压口位置各不相同的 ISA 1932 喷嘴[3)]、长径喷嘴和文丘里喷嘴;

d) GB/T 2624 的第 4 部分详细说明经典文丘里管[4)]。

GB/T 2624 的第 1 到第 4 部分并未涉及安全方面的问题。用户有责任确保系统符合适用的安全规范。

---

1) 见 ISO 2186:1973《封闭管道中的流体流量　用于一次和二次装置之间压力信号传输的连接法》。

2) GB/T 2624 不考虑具有缩流取压口的孔板。

3) ISA 是“国家标准化协会国际联合会”(International Federation of the National Standardizing Associations)的简称,该组织于 1946 年由 ISO 替代。

4) 在美国,经典文丘里管有时称为 Herschel 文丘里管。

用安装在圆形截面管道中的差压装置测量满管流体流量 第1部分:一般原理和要求

1 范围

GB/T 2624的本部分定义了术语和符号,确定了用安装在圆形截面管道中的差压装置(孔板、喷嘴和文丘里管)测量满管流体流量的一般原理和计算方法。本部分也规定了测量、安装和确定流量测量不确定度方法的一般要求。本部分还确定了这些差压装置所适用的管道尺寸和雷诺数的范围。

GB/T 2624(所有部分)仅适用于在整个测量段内保持亚音速的单相流。它不适用于脉动流的测量。

2 规范性引用文件

下列文件中的条款通过GB/T 2624的本部分的引用而成为本部分的条款。凡是注日期的引用文件,其随后所有的修改单(不包括勘误的内容)或修订版均不适用于本部分,然而,鼓励根据本部分达成协议的各方研究是否可使用这些文件的最新版本。凡是不注日期的引用文件,其最新版本适用于本部分。

GB/T 2624.2—2006 用安装在圆形截面管道中的差压装置测量满管流体流量 第2部分:孔板(ISO 5167-2:2003,IDT)

GB/T 2624.3—2006 用安装在圆形截面管道中的差压装置测量满管流体流量 第3部分:喷嘴和文丘里喷嘴(ISO 5167-3:2003,IDT)

GB/T 2624.4—2006 用安装在圆形截面管道中的差压装置测量满管流体流量 第4部分:文丘里管(ISO 5167-4:2003,IDT)

GB/T 17611—1998 封闭管道中流体流量的测量 术语和符号(idt ISO 4006:1991)

3 术语和定义

GB/T 17611确立的以及下列术语和定义适用于GB/T 2624的本部分。

注:以下定义的术语仅限于有特定意义或有必要强调其涵义的术语。

3.1 压力测量

3.1.1

管壁取压口 wall pressure tapping

管壁上钻出的环状缝隙或圆孔,其边缘与管道内表面平齐。

注:取压口通常是圆孔,但在某些情况下也可以是环状缝隙。

3.1.2

流经管线的流体静压 static pressure of a fluid flowing through a pipeline

p

由联接到管壁取压口的压力测量装置测得的压力。

注:GB/T 2624(所有部分)中只考虑绝对静压值。

3.1.3

差压 differential pressure

Δp

当业已考虑上、下游取压口之间任何高度差时，在两个管壁取压口处测得的(静)压差。管壁取压口一个位于一次装置的上游侧，另一个位于一次装置的下游侧(或文丘里喷嘴或文丘里管的喉部内)。

注：在 GB/T 2624(所有部分)中，只有当取压口位于各种标准一次装置的规定位置时才使用“差压”这个术语。

3.1.4

压力比　pressure ratio

τ

下游取压口处的绝对静压与上游取压口处的绝对静压之比。

3.2　一次装置

3.2.1

节流孔　orifice

喉部　throat

一次装置中横截面积最小的开孔。

注：标准一次装置的节流孔是圆形的，并与管线同轴。

3.2.2

孔板　orifice plate

机械加工出圆形穿孔的薄板。

注：把标准孔板描述成具有“锐利直角边缘”的“薄板”，是因为与测量段的直径相比板的厚度小，节流孔的上游边缘锐利且成直角。

3.2.3

喷嘴　nozzle

由收缩入口联接通常称为“喉部”的圆筒部分所组成的装置。

3.2.4

文丘里喷嘴　Venturi nozzle

由标准 ISA 1932 喷嘴作为收缩入口联接称为“喉部”的圆筒部分和称为“扩散段”的圆锥形扩展部分组成的装置。

3.2.5

文丘里管　Venturi tube

由圆锥形收缩入口联接称为“喉部”的圆筒部分和称为“扩散段”的圆锥形扩展部分组成的装置。

3.2.6

直径比　diameter ratio

β

一次装置节流孔(或喉部)的直径与一次装置上游测量管道的内径之比。

注：当一次装置上游圆筒段的内径与管道内径等值时(如经典文丘里管)，直径比是喉部直径与上游取压口平面处圆筒段的内径之比。

3.3　流量

3.3.1

流量　flowrate

流率　rate of flow

q

单位时间内流过节流孔(或喉部)的流体质量或体积。

3.3.1.1

质量流量　mass flowrate

质量流率　rate of mass flow

q_m

单位时间内流过节流孔(或喉部)的流体质量。

3.3.1.2

体积流量 volume flowrate

体积流率 rate of volume flow

q_V

单位时间内流过节流孔(或喉部)的流体体积。

注:在体积流量情况下,必需说明取得该体积流量时的压力和温度。

3.3.2

雷诺数 Reynolds number

Re

表示惯性力与粘性力之比的无量纲参数。

3.3.2.1

管道雷诺数 pipe Reynolds number

Re_D

表示上游管道中惯性力与粘性力之比的无量纲参数。

$$Re_D = \frac{v_1 D}{\nu_1} = \frac{4q_m}{\pi\mu_1 D}$$

3.3.2.2

节流孔或喉部雷诺数 orifice or throat Reynolds number

Re_d

表示一次装置节流孔或喉部中惯性力与粘性力之比的无量纲参数。

$$Re_d = \frac{Re_D}{\beta}$$

3.3.3

等熵指数 isentropic exponent

κ

在基本可逆绝热(等熵)转换条件下,压力的相对变化与密度的相对变化之比。

注1:等熵指数κ出现在可膨胀性[膨胀]系数ϵ的不同公式中,随气体的性质以及随其温度和压力的变化而变化。

注2:到目前为止,尚有许多气体和蒸汽的κ值未发表过,尤其是在很宽的压力和温度范围内。在这种情况下,GB/T 2624(所有部分)用理想气体的定压比热容与定容比热容之比代替等熵指数。

3.3.4

焦耳—汤姆逊系数 Joule Thomson coefficient

等焓温度—压力系数 isenthalpic temperature-pressure coefficient

μ_{JT}

等焓下相对于压力的温度变化速率:

$$\mu_{JT} = \left.\frac{\partial T}{\partial p}\right|_H$$

或

$$\mu_{JT} = \frac{R_u T^2}{pC_{m,p}} \left.\frac{\partial Z}{\partial T}\right|_p$$

式中:

T——绝对(热力学)温度;

p——流经管线的流体静压;

H——焓;

R_u——通用气体常数；

$C_{m,p}$——定压摩尔比热容；

Z——压缩系数。

注：焦耳—汤姆逊系数随气体的性质以及随其温度与压力的变化而变化，并可计算。

3.3.5

流出系数　discharge coefficient

C

为不可压缩流体确定的表示通过装置的实际流量与理论流量之间关系的系数。它由下式表示：

$$C=\frac{q_m\sqrt{1-\beta^4}}{\frac{\pi}{4}d^2\sqrt{2\Delta p\rho_1}}$$

注1：利用不可压缩流体(液体)对标准一次装置进行校准表明，对于给定安装条件下的给定一次装置，流出系数仅与雷诺数有关。

对于不同的一次装置，只要这些装置几何相似，并且流体的雷诺数相同，则 C 的数值都是相同的。

GB/T 2624(所有部分)以实验确定的数据为依据给出求 C 值的方程式。

在适宜的实验室条件下校准流量，可以降低 C 值的不确定度。

注2：量 $1/\sqrt{1-\beta^4}$ 称为"渐近速度系数"，而乘积 $C\frac{1}{\sqrt{1-\beta^4}}$ 称为"流量系数"。

3.3.6

可膨胀性系数　expansibility factor

膨胀系数　expansion factor

ε

考虑到流体的可压缩性所使用的系数：

$$\varepsilon=\frac{q_m\sqrt{1-\beta^4}}{\frac{\pi}{4}d^2C\sqrt{2\Delta p\rho_1}}$$

注：用可压缩流体(气体)对给定一次装置进行校准表明，比值

$$\frac{q_m\sqrt{1-\beta^4}}{\frac{\pi}{4}d^2\sqrt{2\Delta p\rho_1}}$$

取决于雷诺数值，也取决于气体的压力比和等熵指数值。

表示这些变化的方法是以可膨胀性(膨胀)系数 ε 乘一次装置的流出系数 C。流出系数 C 利用雷诺数值相同的液体直接校准后确定。

当流体不可压缩时(液体)，ε 等于1，当流体可压缩时(气体)，ε 小于1。

实验表明 ε 实际上与雷诺数无关。对于给定一次装置的给定直径比，ε 只取决于压力比和等熵指数。因此本方法是可行的。

GB/T 2624.2 给出的孔板的 ε 值是以实验确定的数据为依据。对于喷嘴(见 GB/T 2624.3)和文丘里管(见 GB/T 2624.4)，ε 值是以适用于等熵膨胀的热力学通用方程为依据的。

3.3.7

粗糙度廓形的算术平均偏差　arithmatical mean deviation of the roughness profile

Ra

偏离被测廓形平均线的算术平均偏差。

注1：平均线为有效表面与平均线之间的距离的平方和为最小。实际上，对于机械加工表面，Ra 可用标准设备测量，但只能判断管道较粗糙的表面。参见 ISO 4288。

注2：管道也可采用等效均匀粗糙度 k。该值可由实验确定(见 7.1.5)或查表而得(见附录 B)。

4 符号和下角标

4.1 符号

表 1 符号

符号	量	量纲[a]	SI 单位
C	流出系数	无量纲	—
$C_{m,p}$	定压摩尔比热容	$ML^2T^{-2}\Theta^{-1}mol^{-1}$	J/(mol・K)
d	工作条件下一次装置节流孔或喉部的直径	L	m
D	工作条件下上游管道内径(或经典文丘里管上游直径)	L	m
H	焓	$ML^2T^{-2}mol^{-1}$	J/mol
k	等效均匀粗糙度	L	m
K	压力损失系数(压力损失与动压 $\rho V^2/2$ 之比)	无量纲	—
l	取压口间距	L	m
L	相对取压口间距:$L=l/D$	无量纲	—
p	流体的绝对静压	$ML^{-1}T^{-2}$	Pa
q_m	质量流量	MT^{-1}	kg/s
q_V	体积流量	L^3T^{-1}	m^3/s
R	半径	L	m
Ra	(粗糙度)廓形的算术平均偏差	L	m
R_u	通用气体常数	$ML^2T^{-2}\Theta^{-1}mol^{-1}$	J/(mol・K)
Re	雷诺数	无量纲	—
Re_D	与 D 有关的雷诺数	无量纲	—
Re_d	与 d 有关的雷诺数	无量纲	—
t	流体温度	Θ	℃
T	流体的绝对(热力学)温度	Θ	K
U'	相对不确定度	无量纲	—
v	管道中流体的平均轴向速度	LT^{-1}	m/s
Z	压缩系数	无量纲	—
β	直径比:$\beta=d/D$	无量纲	—
γ	比热容比[b]	无量纲	—
δ	绝对不确定度	[c]	[c]
Δp	差压	$ML^{-1}T^{-2}$	Pa
Δp_c	流动调整器两端之间的压力损失	$ML^{-1}T^{-2}$	Pa
$\Delta \varpi$	一次装置两端之间的压力损失	$ML^{-1}T^{-2}$	Pa
ε	可膨胀性[膨胀]系数	无量纲	—
κ	等熵指数[b]	无量纲	—
λ	摩擦系数	无量纲	—

表 1(续)

符号	量	量纲[a]	SI 单位
μ	流体的动力粘度	$ML^{-1}T^{-1}$	Pa・s
μ_{JT}	焦耳—汤姆逊系数	$M^{-1}LT^{2}\Theta$	K/Pa
ν	流体的运动粘度:$\nu=\mu/\rho$	$L^{2}T^{-1}$	m^2/s
ξ	相对压力损失(压力损失与差压之比)	无量纲	—
ρ	流体的密度	ML^{-3}	kg/m^3
τ	压力比:$\tau=p_2/p_1$	无量纲	—
ϕ	扩散段的总的角度	无量纲	弧度

a M=质量,L=长度,T=时间,Θ=温度。

b γ 是定压比热容与定容比热容之比。对于理想气体,比热容比与等熵指数具有相同的值(见 3.3.3)。这些值取决于气体的性质。

c 量纲和单位是相应量的量纲和单位。

4.2 下角标

下角标	含义
1	在上游取压口平面
2	在下游取压口平面

5 测量原理和计算方法

5.1 测量原理

测量原理是以一次装置(如孔板、喷嘴、文丘里管)安装在充满流体的管线中为依据确立的。装入一次装置后装置的上游侧与喉部或下游侧之间产生一个静压差。根据该压差的实测值和流动流体的特性以及装置的使用环境,并假设该装置与经过校准的一个装置几何相似且使用条件相同(见 GB/T 2624.2、GB/T 2624.3 或 GB/T 2624.4)就可以确定流量。

质量流量与差压的关系符合 GB/T 2624 规定的不确定度限值,因此质量流量可用公式(1)确定:

$$q_m=\frac{C}{\sqrt{1-\beta^4}}\varepsilon\,\frac{\pi}{4}d^2\,\sqrt{2\Delta p\rho_1} \qquad \cdots\cdots(1)$$

同样,体积流量可用公式(2)确定:

$$q_V=\frac{q_m}{\rho} \qquad \cdots\cdots(2)$$

式中:

ρ——测定体积流量时的温度和压力下的流体密度。

5.2 标准一次装置直径比的确定方法

实际上,在确定安装在给定管道中的一次装置的直径比时,基本公式(1)中的 C 和 ε 一般是未知的。因此事先应选择:

——所要采用的一次装置的型式;

——流量和相应的差压值。

然后将 q_m 和 Δp 的相关值引入公式(1)并改写成:

$$\frac{C\varepsilon\beta^2}{\sqrt{1-\beta^4}}=\frac{4q_m}{\pi D^2\,\sqrt{2\Delta p\rho_1}}$$

式中所选一次装置的直径比可用迭代法确定(见附录 A)。

5.3 流量的计算

流量计算纯粹是一个算术运算过程，是将数值代入基本公式(1)右边的各个不同的项来实现的。

除了文丘里管的情况以外，C 与 Re 有关，而 Re 本身与 q_m 有关。在这种情况下，C 和 q_m 的最终值都必须利用迭代法获得。关于迭代法程序和初始估计的选择见附录A。

公式中提到的直径 d 和 D 是工作条件下的直径值。任何在其他条件下进行的测量，都必须对测量期间由于流体的温度和压力值变化所引起一次装置和管道任何可能的膨胀或收缩进行修正。

必须知道工作条件下流体的密度和粘度。对于可压缩流体，还必须知道工作条件下流体的等熵指数。

5.4 密度、压力和温度的确定

5.4.1 总则

只要不以任何形式干扰测量横截面处的流动分布，可以采用任何方法确定流体的实际密度、静压和温度值。

5.4.2 密度

必须知道上游取压口处的流体密度。它可以直接测得，亦可根据该处流体的绝对静压、绝对(热力学)温度和流体成分构成相应的状态方程计算出来。

5.4.3 静压

流体的静压应利用一个单独的管壁取压口或多个互相连接的此类取压口进行测量。对于特定一次装置，如果允许在取压平面内用夹持环测量差压，亦可采用夹持环测量静压。(见GB/T 2624.2—2006的5.2，GB/T 2624.3—2006的5.1.5、5.2.5或5.3.3，或GB/T 2624.4—2006的5.4。)

当把4个取压口互相连接取得一次装置的上游、下游或喉部的压力时，最好把它们互相连接成一个“三重T型”结构(见图1)。“三重T型”结构经常用于文丘里管的测量中。

静压取压口宜与测量差压的取压口分开。

允许一个取压口同时联接差压测量装置和静压测量装置，但要保证这种双重联接不会导致差压测量出现任何差错。

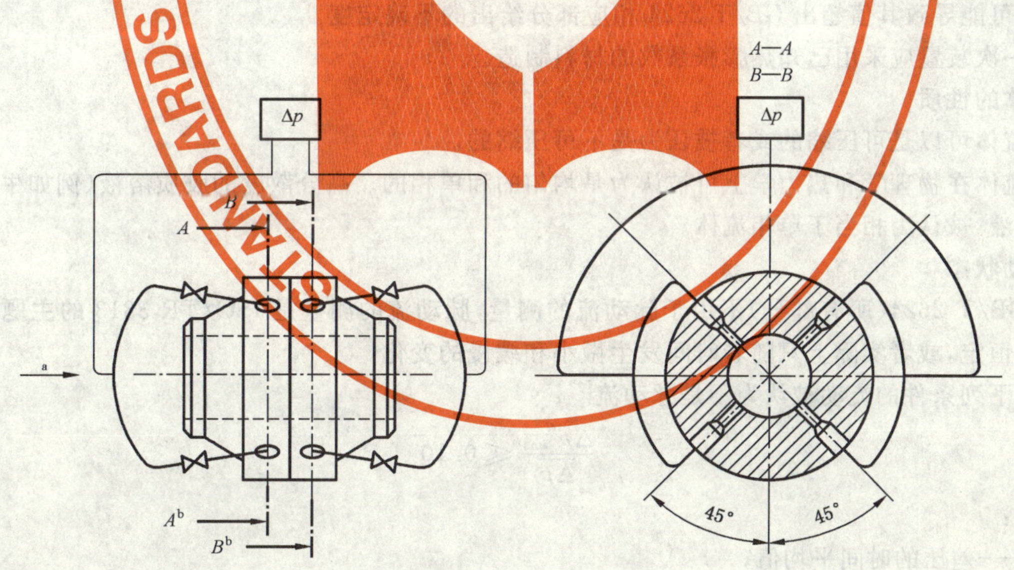

a 流向。

b 断面 A—A(上游)与断面 B—B(下游)相同。

图1 “三重T型”结构

5.4.4 温度

5.4.4.1 流体温度最好在一次装置下游测量。测量时需特别小心。温度计套管或插套所占空间应尽可能小。如果插套位于下游,其与一次装置之间的距离应至少为 $5D$(当流体是气体时,最大为 $15D$),(对于文丘里管,这个距离从喉部取压口平面处量起,而插套应离扩散段末端至少 $2D$)。如果套管位于上游,则根据一次装置的形式,分别采用 GB/T 2624.2、GB/T 2624.3 或 GB/T 2624.4 中规定的值。

在 GB/T 2624 的本部分的适用范围内,一般可以假设差压取压口上游和下游处的流体温度是相同的。然而,如果流体是非理想气体,而又需要最高的精确度,且上游取压口和一次装置下游测温处又存在较大压力损失,则假设两点之间是等焓膨胀,必须根据下游温度(距一次装置 $5D$~$15D$ 处测量)计算上游温度。计算时,应根据一次装置相应地按照 GB/T 2624.2—2006 的 5.4,GB/T 2624.3—2006 的 5.1.8、5.2.8 或 5.3.6,或 GB/T 2624.4—2006 的 5.9 计算压力损失 $\Delta\varpi$。然后,可以采用 3.3.4 所述的焦耳-汤姆系数 μ_{JT} 计算上游取压口到下游测温处的相应的温度下降 ΔT:

$$\Delta T = \mu_{JT}\Delta\varpi$$

注 1:实验工作[1]已表明这种方法适用于孔板。需要做进一步的工作来检验这种方法用于其他一次装置的正确性。

注 2:虽然假设上游取压口与下游温度测量点之间是等焓膨胀,但这同上游取压口与缩流取压口或喉部之间是等熵膨胀并不矛盾。

注 3:测量温度时,若管道内气体的流速高于约 50 m/s,可导致与温度恢复系数有关的附加不确定度。

5.4.4.2　一次装置的温度和一次装置上游流体的温度假定是相同的(见 7.1.7)。

6　测量的一般要求

6.1　一次装置

6.1.1　一次装置应根据 GB/T 2624 相应部分的规定制造、安装和使用。

当一次装置的制造特性或使用条件超出了 GB/T 2624 相应部分给出的极限时,一次装置可在实际使用条件下单独校准。

6.1.2　在每次测量或每一系列测量之后,或每隔一段时间,应检查一次装置的状况,使之与GB/T 2624 相应部分的规定保持一致。

应注意到,即使明显是中性流体也可能在一次装置上形成沉淀或结壳。一段时间可能发生的流出系数变化可能导致其值超出 GB/T 2624 相应部分给出的不确定度。

6.1.3　一次装置应采用已知热膨胀系数的材料制造。

6.2　流体的性质

6.2.1　流体可以是可压缩的或者被认为是不可压缩的。

6.2.2　流体在物理学和热力学上可被认为是均匀的和单相的。高分散度的胶质溶液(例如牛奶),也只有这类溶液,被认为相当于单相流体。

6.3　流动状态

6.3.1　GB/T 2624(所有部分)不用于脉动流的测量,脉动流的测量是 ISO/TR 3313 的主题。流体的流量应该恒定,或者实际上只随着时间发生微小和缓慢的变化。

符合下列条件的流动被认为不是脉动流[2]:

$$\frac{\Delta p'_{rms}}{\overline{\Delta p}} \leqslant 0.10$$

式中:

$\overline{\Delta p}$——差压的时间平均值;

$\Delta p'$——差压的波动分量;

$\Delta p'_{rms}$——$\Delta p'$的均方根值。

$\Delta p'_{rms}$只能采用快速响应差压传感器进行精确测量;而且整个二次系统要符合 ISO/TR 3313 规定的设计建议。但通常并不要求检查是否满足此条件。

6.3.2　只有当一次装置内没有相变时,GB/T 2624 相应部分规定的不确定度才是有效的。增大一次装置的孔径或喉部会降低差压,这样可防止相变。对于液体,喉部处的压力应不低于液体的蒸汽压力(否则会产生空化)。对于气体,如果气体温度接近露点,只需计算喉部的温度。计算喉部温度时可以假设上游状态是等熵膨胀(上游温度也许需要根据5.4.4.1中的公式来计算)。喉部的温度和压力宜是流体处于单相区域中的温度和压力。

6.3.3 如果流体是气体,3.1.4中定义的压力比应大于或等于0.75。

7 安装要求

7.1 总则

7.1.1 测量方法仅适用于流过圆形截面管线的流体。

7.1.2 流体应充满测量段内的管道。

7.1.3 一次装置应安装在两个规定最小长度的等径圆筒形直管段之间。除了GB/T 2624.2—2006、GB/T 2624.3—2006或GB/T 2624.4—2006的第6章中为特定一次装置规定的管件之外,其间再无任何其他障碍物和联接支管。

当整段管道偏离轴线不超过0.4%,可认为管道是直的。通常只需目测检查。一次装置的上游和下游直管段允许安装法兰。法兰应定中心,使其偏离轴线不超过0.4%。特定安装所需的、符合上述要求的直管段的最小长度取决于一次装置的型式、规格以及所用管件的性质。

7.1.4 整个所需最短直管段的管孔都应是圆的。只要目测检查表明截面是圆的,就可以认定。除了紧邻一次装置处($2D$)根据所用一次装置的型式有特殊要求外,一般检查可以管子外部的圆度为准。

可以使用有缝管,但其内部焊缝须与整个管段的轴线平行,以满足所用一次装置的安装要求。焊缝的高度应不大于允许直径台阶。除非采用环隙,否则焊缝不得位于与一次装置配合使用的任何单独取压口为中心的±30°扇形区内。如果采用环隙,可不考虑焊缝的位置。如果采用螺旋焊接管,则必须对管孔进行机械加工,使其光滑。

7.1.5 管道内表面应始终保持清洁,应清除随时可能从管道上脱落的污物,除去所有金属起皮之类的金属瑕疵。

管道粗糙度的容许值取决于一次装置。每种一次装置对粗糙度廓形的算术平均偏差Ra值都有限制(见GB/T 2624.2—2006的5.3.1,GB/T 2624.3—2006的5.1.2.9、5.1.6.1、5.2.2.6、5.2.6.1、5.3.1.9和5.3.4.1,或GB/T 2624.4—2006的5.2.7～5.2.10和6.4.2)。测量管道内表面粗糙度的轴向位置与测定和验证管道内径的轴向位置大致相同。确定管道内表面的粗糙度至少需要测量4次。测量Ra应使用电子平均型表面粗糙度测量仪,该仪器的截止值不小于0.75 mm,测量范围能满足测量管道Ra值的需要。如6.1.2中所述,粗糙度会随着时间而改变,在确定清洗管道或检查Ra值的周期时应予以考虑。

假设Ra等于k/π,可得到Ra的近似值,其中k是从穆迪图中查得的等效均匀粗糙度(见参考文献[3])。对样品管段做压力损失试验可直接获得k值,采用Colebrook-White公式(见7.4.1.5)从摩擦系数被测值计算出k值。亦可从参考文献的各种表格中得到不同材料的近似k值。表B.1给出了各种材料的k值。

7.1.6 管道可设置排泄孔和(或)放气孔,用于排放固体沉积物和曳出流体,但在流量测量期间不得有流体通过排泄孔和放气孔。

排泄孔和放气孔不宜设在一次装置附近,若不能符合此要求,这些孔的直径应小于$0.08D$,从任意一个孔到同侧一次装置取压口的最小直线距离应大于$0.5D$。取压口轴线与排泄孔或放气孔轴线彼此之间应相对于管道轴线相差至少30°。

7.1.7 在环境温度与流体温度之间的温度差显著影响所要求的测量不确定度的情况下,仪表可能需要隔热。尤其是在被测流体接近其临界点的情况下,微小的温度变化会导致密度发生较大变化。这对于小流量的影响可能比较大,热传递效应可能引起温度剖面变形,例如从顶部到底部的温度分层现象。从仪表的上游到下游侧的平均温度值亦可能发生变化。

7.2 最短上游和下游直管段

7.2.1 一次装置安装在管道中的位置应使其紧邻上游的流动状态近似于无旋涡和充分发展的管流。7.3中规定了满足此要求的条件。

7.2.2 安装在各种管件和一次装置之间的所需最短上游和下游直管段取决于一次装置。对于GB/T 2624.2—2006、GB/T 2624.3—2006或GB/T 2624.4—2006的第6章规定的一些常用管件，可以采用规定的最短直管段。然而，7.4所描述的流动调整器将允许使用短得多的上游管段。一次装置的上游没有足够长的直管段以达到希望的不确定度水平时，应安装这种流动调整器。

7.3 一次装置处流动状态的一般要求

7.3.1 要求

如果不能满足GB/T 2624.2—2006、GB/T 2624.3—2006或GB/T 2624.4—2006的第6章规定的条件，只要能够证明，在流量测量过程的整个雷诺数范围内，一次装置处的流动状态符合无旋涡充分发展流动的要求(如7.3.2和7.3.3的规定)，则GB/T 2624的相应部分仍然有效。

7.3.2 无旋涡状态

当管道整个截面各点上的旋涡角均小于2°时，可以推断存在无旋涡状态。

7.3.3 容许流动状态

当横跨管道截面各个点上的局部轴向速度与截面上最大轴向速度之比在5%范围之内时，可以假设存在容许速度分布状态，而在位于相同管道(充分发展的流动)的十分长的直管段(超过100D)末端截面处相同径向位置上，可在无旋涡流动中实现这个条件。

7.4 流动调整器(参见附录C)

7.4.1 配合性试验

7.4.1.1 流动调整器只要通过7.4.1.2到7.4.1.6中与特定一次装置的配合性试验，就可以用于任何直径比在0.67以下的同类型一次装置。只要流动调整器与一次装置之间的距离以及上游管件与流动调整器之间的距离符合7.4.1.6的规定，同时下游直管段符合特定一次装置的要求(GB/T 2624.2—2006的表3中第14栏，GB/T 2624.3—2006的表3中第12栏，或GB/T 2624.4—2006的表1中正文)就不必为了考虑安装而增大流出系数的不确定度。

7.4.1.2 流动调整器安装在下列各种条件下时，使用直径比为0.67的一次装置取得的流出系数与使用长直管段取得的流出系数之间的偏差应小于0.23%：

a) 在良好的流动状态中；

b) 在半关闸阀(或D型孔板)的下游；

c) 在一个产生高旋涡的装置的下游(该装置应在其下游18D的管道处产生至少24°的最大旋涡角或在其下游30D的管道处产生至少20°的最大旋涡角)。可采用旋流器或其他装置产生旋涡。图2所示的非专利Chevron旋流器就是一个实例。

b)和c)所述管件上游的直管段应足够长，使一次装置不受b)和c)所述管件上游任何其他管件的影响。

注：这些试验用于确定流动调整器：

——在良好的流动状态中没有不利影响；

——在高度非对称流中是有效的；

——在强旋涡流中(例如在集流管下游)是有效的。

做此试验并非表示流量测量应在半关闸阀的下游进行。应在一次装置的下游控制流量。有关这个试验的基础工作和Chevron旋流器的信息见参考文献[4]和[5]。

7.4.1.3 流动调整器安装在7.4.1.2c)所述管件的下游时，使用直径比为0.4的一次装置取得的流出系数与使用长直管段取得的流出系数之间的偏差应小于0.23%。

注：如果调整器下游仍然存在旋涡应进行本试验。这种旋涡对 $\beta=0.4$ 的流出系数的影响可能大于对 $\beta=0.67$ 的流出系数的影响。

a 流向。

图 2 Chevron 旋流器

7.4.1.4 为了确定试验所用的试验设备和一次装置是否符合要求，可用一根长直管段在试验设备上测得各个一次装置的基准流出系数，它们应在下列条款所述未经校准一次装置流出系数方程的不确定度限值范围之内：

——孔板：GB/T 2624.2—2006 的 5.3.2.1 和 5.3.3.1；

——ISA 1932 喷嘴：GB/T 2624.3—2006 的 5.1.6.2 和 5.1.7.1；

——长径喷嘴：GB/T 2624.3—2006 的 5.2.6.2 和 5.2.7.1；

——文丘里喷嘴：GB/T 2624.3—2006 的 5.3.4.2 和 5.3.5.1；

——“粗铸”收缩段文丘里管：GB/T 2624.4—2006 的 5.5.2 和 5.7.1；

——机械加工收缩段文丘里管：GB/T 2624.4—2006 的 5.5.3 和 5.7.2；

——粗焊铁板收缩段文丘里管：GB/T 2624.4—2006 的 5.5.4 和 5.7.3。

试验时，试验设备应首先消除旋涡，一次装置上游应有足够的长度。对于孔板来说，70D 长即可满足需要。

7.4.1.5 如果流动调整器要适用于任意一个雷诺数，则必须确定它不仅在第一个雷诺数时满足 7.4.1.2 和 7.4.1.3，而且在第二个雷诺数时也满足 7.4.1.2 的 a)或 b)或 c)。如果两个管道雷诺数为 Re_{low} 和 Re_{high}，则它们应满足下述条件：

$$10^4 \leqslant Re_{low} \leqslant 10^6 \text{ 和 } Re_{high} \geqslant 10^6$$

和

$$\lambda(Re_{low}) - \lambda(Re_{high}) \geqslant 0.003\ 6$$

其中 λ 是管道摩擦系数(见参考文献[3]),它可以从穆迪图获得或从 Colebrook-White 公式获得:

$$\frac{1}{\sqrt{\lambda}} = 1.74 - 2\lg\left(\frac{2k}{D} + \frac{18.7}{Re_D\sqrt{\lambda}}\right)$$

而 k 用 πRa 计算。

如果仅希望把流动调整器用于 $Re_D > 3\times10^6$,则以 $Re_D > 3\times10^6$ 的一个单值进行 7.4.1.2 的试验即可。

如果流动调整器要适用于任意一种管道尺寸,则必须确定它不仅在第一个管道尺寸时满足 7.4.1.2 和7.4.1.3,而且在第二个管道尺寸时也满足 7.4.1.2 的 a)或 b)或 c)。如果这两个管道直径为 D_{small} 和 D_{large},则它们应满足下述条件:

$$D_{small} \leqslant 110\ \text{mm}(公称\ 4\ \text{in})\ 和\ D_{large} \geqslant 190\ \text{mm}(公称\ 8\ \text{in})$$

注 1:对于孔板而言,为了使速度剖面充分地变化,使流出系数的变化至少是因安装引起的流出系数最大允许偏移的两倍,就要确定对摩擦系数的要求。根据参考文献[6]和[7],摩擦系数变化的影响由下式给出:

$$\Delta C = 3.134\beta^{3.5}\Delta\lambda$$

取 C 等于 0.6,$\beta \geqslant 0.67$ 时 C 的最小要求变化为$(1.26\beta - 0.384)\%$,得出

$$\Delta\lambda \geqslant \frac{0.002\ 41\beta - 0.000\ 735}{\beta^{3.5}}$$

注 2:虽然对于喷嘴来说,$\Delta\lambda$ 对 C 的影响不同于孔板,但配合性试验所要求的雷诺数值看来依然是合适的。因为对于文丘里喷嘴或文丘里管,GB/T 2624.2 或 GB/T 2624.3 只允许一个小的雷诺数范围,所以只要流动调整器在单个雷诺数时通过配合性试验,在此范围内是能满足要求的。

7.4.1.6 试验中使用的流动调整器与一次装置之间的距离范围以及上游管件与流动调整器之间的距离范围将决定使用流量计时的可接受距离范围。这些距离以管道内径的倍数表示。

7.4.1.7 如果希望对用于 β 值大于 0.67 的流动调整器进行配合性试验,首先应表明它符合 7.4.1.2～7.4.1.5,然后应在流动调整器所要使用的最大 β 值(β_{max})下进行 7.4.1.2、7.4.1.4 和 7.4.1.5 所述的试验。此时流出系数的允许偏移增大到$(0.63\beta_{max} - 0.192)\%$。在 7.4.1.5 情况下:

$$\lambda(Re_{low}) - \lambda(Re_{high}) \geqslant \frac{0.002\ 41\beta_{max} - 0.000\ 735}{\beta_{max}^{3.5}}$$

因此,只要流动调整器满足上述全部试验,就已经通过对于 $\beta \leqslant \beta_{max}$ 的配合性试验。流动调整器与一次装置之间以及上游管件与流动调整器之间的距离范围按 7.4.1.6 确定。

7.4.2 特定试验

如果未能进行允许在任意上游管件的下游使用流动调整器的配合性试验,则可进行特定流量试验。如果该种装置的试验表明其流出系数与使用一根长直管取得的流出系数之间的偏差小于 0.23%,则可认为该试验是符合要求的。对于 $0.67 < \beta \leqslant 0.75$(或喷嘴为 $0.67 < \beta \leqslant 0.8$,文丘里喷嘴为 $0.67 < \beta \leqslant 0.775$),流出系数的允许偏移可以增大到$(0.63\beta - 0.192)\%$。在这种情况下,就没有必要为了考虑这种装置而增大流出系数的不确定度。

8 流量测量的不确定度

注:有关流量测量不确定度计算的详细信息以及实例见 ISO/TR 5168。

8.1 不确定度的定义

8.1.1 GB/T 2624(所有部分)将不确定度定义为可以期望包含约 95%被测量合理赋值分布的一个测量结果区间。

8.1.2 每当声明测量符合 GB/T 2624 的相应部分时,都应据此计算并给出流量测量的不确定度。

8.1.3 不确定度可用绝对值表示也可用相对值表示，因此流量测量的结果可以下列任何一种形式表示：

——流量 $=q\pm\delta q$

——流量 $=q(1\pm U'_q)$

——流量 $=q$，其不确定度在 $(100U'_q)\%$ 之内

式中，不确定度 δq 的量纲应与 q 相同，而 $U'_q=\delta q/q$ 应为无量纲。

8.1.4 为方便起见，要区分使用者测量的不确定度与 GB/T 2624 相应部分所规定的各个量的不确定度之间的差别。后者是关于流出系数和可膨胀性（膨胀）系数的不确定度，它们给出的是由于使用者没有掌握这些数值而使测量不可避免地受到影响的最小不确定度。产生这些不确定度的原因在于允许一次装置的几何尺寸有微小变化，以及作为这些数值依据的研究不可能在“理想”条件下进行，也不可能没有一点不确定度。

8.2 不确定度的实际计算

8.2.1 不确定度的分量

根据公式(1)，质量流量 q_m 由下式计算：

$$q_m = C\varepsilon \frac{\pi}{4}d^2 \frac{\sqrt{2\Delta p\rho_1}}{\sqrt{1-\beta^4}}$$

事实上，出现在此公式右边的各个量并不是彼此无关的，因此直接从这些量的不确定度来计算 q_m 的不确定度是不正确的。

例如，C 是 d、D、v_1、ν_1 和 ρ_1 的函数，而 ε 是 d、D、Δp、p_1 和 κ 的函数。

8.2.1.1 然而，对于大多数实际应用，假定 C、ε、d、Δp 和 ρ_1 的不确定度是彼此无关的就足够了。

8.2.1.2 因此可以导出 δq_m 的实用计算公式，该公式考虑了 C 对 d 和 D 的互相依赖关系，而 D 是作为 C 对 β 的依附关系的结果而引入计算中的。应该注意到，C 还可能与雷诺数 Re_D 有关。但是这些影响造成 C 的偏差属于二阶性质而且包括在 C 的不确定度中。

同样，由 β 值、压力比和等熵指数的不确定度造成的 ε 的偏差也属于二阶性质并包括在 ε 的不确定度中。由协变量项所造成的不确定度被认为可忽略不计。

8.2.1.3 因此 δq_m 的实用计算公式中应该包括的不确定度是 C、ε、d、D、Δp 和 ρ_1 的不确定度。

8.2.2 实用计算公式

8.2.2.1 质量流量的不确定度 δq_m 的实用计算公式由公式(3)表示：

$$\frac{\delta q_m}{q_m}=\sqrt{\left(\frac{\delta C}{C}\right)^2+\left(\frac{\delta\varepsilon}{\varepsilon}\right)^2+\left(\frac{2\beta^4}{1-\beta^4}\right)^2\left(\frac{\delta D}{D}\right)^2+\left(\frac{2}{1-\beta^4}\right)^2\left(\frac{\delta d}{d}\right)^2+\frac{1}{4}\left(\frac{\delta\Delta p}{\Delta p}\right)^2+\frac{1}{4}\left(\frac{\delta\rho_1}{\rho_1}\right)^2} \quad \cdots\cdots(3)$$

公式(3)中，流出系数和可膨胀性（膨胀）系数等的不确定度见 8.2.2.2 和 8.2.2.3，而其他则必须由用户确定（见 8.2.2.4 和 8.2.2.5）。

8.2.2.2 公式(3)中，$\delta C/C$ 和 $\delta\varepsilon/\varepsilon$ 的值应从 GB/T 2624 的相应部分中查得。

8.2.2.3 当由于直管段长度的缘故而需考虑 0.5% 附加不确定度时，应按 GB/T 2624.2—2006、GB/T 2624.3—2006 和 GB/T 2624.4—2006 的 6.2.4 的要求算术相加这一不确定度，而且不随上述公式中其他不确定度一起平方。其他附加不确定度（见 GB/T 2624.2—2006 的 6.4.4 和 6.5.3 及 GB/T 2624.3—2006 的 6.4.4）应按同样方法算术相加。

8.2.2.4 公式(3)中，可采用 GB/T 2624.2—2006 的 6.4.1、GB/T 2624.3—2006 的 6.4.1、GB/T 2624.4—2006 的 5.2.2 以及 GB/T 2624.2—2006 的 5.1.8、GB/T 2624.3—2006 的 5.1.2.5、5.2.2.3、5.3.1.6 和 GB/T 2624.4—2006 的 5.2.4 中分别给出的 $\delta D/D$ 和 $\delta d/d$ 的最大值，或者可由用户计算出的较小的实际值代替。（$\delta D/D$ 的最大值将不超过 0.4%，而 $\delta d/d$ 的最大值将不超过 0.1%。）

8.2.2.5 因为 GB/T 2624 的相应部分没有详细规定量 Δp 和 ρ_1 的测定方法，所以应由用户确定 $\delta\Delta p/$

Δp 和 $\delta\rho_1/\rho_1$ 的值。这两个量的测量不确定度可能包含制造厂以满标度百分数说明的分量。低于满标度的百分数不确定度的计算应反映出这个增大的百分数不确定度。

8.2.2.6 为了使 q_m 的总的不确定度达到约 95%的置信度水平,用户确定的不确定度也应达到 95%的置信度水平。

附　录　A
（资料性附录）
迭　代　计　算

当直接计算法不能解题时，需要采用迭代计算法。

以孔板为例，始终需要用迭代计算法来计算：

——流量 q_m（在给定 μ_1、ρ_1、D、Δp 和 d 值条件下）；

——节流孔直径 d 和 β（在给定 μ_1、ρ_1、D、Δp 和 q_m 值条件下）；

——差压 Δp（在给定 μ_1、ρ_1、D、d 和 q_m 值条件下）；

——直径 D 和 d（在给定 μ_1、ρ_1、β、Δp 和 q_m 值条件下）。

原则是把基本流量方程(1)中所有已知的值重新组合在一个项内，而将未知的值组合在另一项内：

$$q_m = C\varepsilon \frac{\pi}{4} d^2 (1-\beta^4)^{-0.5} (2\Delta p \rho_1)^{0.5}$$

因而已知的项是问题的“不变量”（表 A.1 中用“A_n”表示）。

然后把第一个假定值 X_1 引入未知项，其结果是得到两个项之差 δ_1。迭代计算能代入第 2 个假定值 X_2 从而得到 δ_2。

然后把 X_1、X_2、δ_1、δ_2 代入弦截法中，计算出 X_3……X_n 和 δ_3……δ_n，直至 $|\delta_n|$ 小于某规定值，或者直至看到 X 或 δ 的两个逐次值在某个规定精确度内是“相等”的。

快收敛弦截法的实例是：

$$X_n = X_{n-1} - \delta_{n-1} \frac{X_{n-1} - X_{n-2}}{\delta_{n-1} - \delta_{n-2}}$$

在与 GB/T 2624 的本部分相关的应用计算中，如果是采用可编程序数字计算器进行计算，则采用弦截法只能略微简约逐次代换法产生的计算。

注意，代入计算的 d、D 和 β 的值主要是“工作条件”下的一般数值（见 5.3）。

对于孔板，如果孔板和测量管是用不同材料制作的，则由于工作温度造成的 β 的变化是不能忽略不计的。

迭代计算的完整方案实例见表 A.1。

表 A.1　迭代计算方案

问题	$q=$	[illegible]	$\Delta p=$	$D=$
给定量	μ_1、ρ_1、D、d、Δp	μ_1、ρ_1、D、q_m、Δp	μ_1、ρ_1、D、d、q_m	μ_1、ρ_1、β、q_m、Δp
请找出	q_m 和 q_V	d 和 β	Δp	D 和 d
不变量“A_n”	$A_1 = \frac{\varepsilon d^2}{\mu_1 D} \frac{\sqrt{2\Delta p \rho_1}}{\sqrt{1-\beta^4}}$	$A_2 = \frac{\mu_1 Re_D}{D\sqrt{2\Delta p \rho_1}}$	$A_3 = \frac{8(1-\beta^4)}{\rho_1}\left(\frac{q_m}{C\pi d^2}\right)^2$	$A_4 = \frac{4\varepsilon\beta^2 q_m}{\pi\mu_1^2} \frac{\sqrt{2\Delta p \rho_1}}{\sqrt{1-\beta^4}}$
迭代方程	$\frac{Re_D}{C} = A_1$	$\frac{C\varepsilon\beta^2}{\sqrt{1-\beta^4}} = A_2$	$\frac{\Delta p}{\varepsilon^{-2}} = A_3$	$\frac{{Re_D}^2}{C} = A_4$
弦截法中的变量	$X_1 = Re_D = CA_1$	$X_2 = \frac{\beta^2}{\sqrt{1-\beta^4}} = \frac{A_2}{C\varepsilon}$	$X_3 = \Delta p = \varepsilon^{-2} A_3$	$X_4 = Re_D = \sqrt{CA_4}$
精确度判据（其中 n 由用户选择）	$\left\lvert \frac{A_1 - \frac{X_1}{C}}{A_1} \right\rvert < 1 \times 10^{-n}$	$\left\lvert \frac{A_2 - X_2 C\varepsilon}{A_2} \right\rvert < 1 \times 10^{-n}$	$\left\lvert \frac{A_3 - \frac{X_3}{\varepsilon^{-2}}}{A_3} \right\rvert < 1 \times 10^{-n}$	$\left\lvert \frac{A_4 - \frac{X_4^2}{C}}{A_4} \right\rvert < 1 \times 10^{-n}$

表 A.1(续)

问题	$q=$	$d=$	$\Delta p=$	$D=$
第一个假定值	$C=C_{\infty}$	$C=0.606$(孔板) $C=1$(其他一次装置) $\varepsilon=0.97$(或 1)	$\varepsilon=1$	$C=C_{\infty}$ $D=\infty$(如果是法兰取压)
结果	$q_m=\frac{\pi}{4}\mu_1 DX_1$ $q_V=\frac{q_m}{\rho_1}$	$d=D\left(\frac{X_2^2}{1+X_2^2}\right)^{0.25}$ $\beta=\frac{d}{D}$	$\Delta p=X_3$ 如果流体是液体,则 Δp 在第 1 循环获得	$D=\frac{4q_m}{\pi\mu_1 X_4}$ $d=\beta D$

附 录 B
（资料性附录）
管壁等效均匀粗糙度 *k* 值的实例

表 B.1 *k* 值

单位为毫米

材 料	条 件	*k*	*Ra*
黄铜、紫铜、铝、塑料、玻璃	光滑无沉积物	<0.03	<0.01
钢	新的不锈钢管	<0.03	<0.01
	新的冷拔无缝管	<0.03	<0.01
	新的热拉无缝管 新的轧制无缝管 新的纵向焊接管	≤0.10	≤0.03
	新的螺旋焊接管	0.10	0.03
	轻微锈蚀	0.10～0.20	0.03～0.06
	锈蚀	0.20～0.30	0.06～0.10
	结皮	0.50～2	0.15～0.6
	严重结皮	>2	>0.6
	新的，涂覆沥青	0.03～0.05	0.01～0.015
	普通的，涂覆沥青	0.10～0.20	0.03～0.06
	镀锌的	0.13	0.04
铸铁	新的	0.25	0.08
	锈蚀	1.0～1.5	0.3～0.5
	结皮	>1.5	>0.5
	新的，涂覆沥青	0.03～0.05	0.01～0.015
石棉水泥	新的，有涂层或无涂层	<0.03	<0.01
	一般的，无涂层	0.05	0.015
注：本例中，*Ra* 是根据 $Ra \approx \frac{k}{\pi}$ 算出的。			

附 录 C
（资料性附录）
流动调整器和流动整直器

C.1 总则

流动调整器可分成真正的流动调整器和流动整直器。在 GB/T 2624（所有部分）中，除了本附录外，术语“流动调整器”指的是流动调整器和流动整直器两者。

本附录介绍了一些流动调整器和流动整直器，但这并非意味这些流动调整器或流动整直器已经在特定的场合用特定的一次装置通过了 7.4.1 的配合性试验。已经用特定一次装置通过了 7.4.1 配合性试验的流动调整器在 GB/T 2624 的有关部分中表述。

本附录介绍流动调整器和流动整直器并非打算限制使用其他经过试验已证明其流出系数与长直管段得到的流出系数相比偏移相当小的设计。

本附录列举了一些市场上有销售的流动调整器和流动整直器产品（见 C.2.2 和 C.3.2）。提供这个信息是为了方便 GB/T 2624 的本部分的用户，并不表示对这些产品的认可。

C.2 流动整直器

C.2.1 一般描述

流动整直器能消除或显著减少旋涡，但不能同时产生 7.3.3 规定的流动状态。

流动整直器的实例有管束式流动整直器、AMCA 整直器和 Étoile 整直器。

C.2.2 实例

C.2.2.1 管束式流动整直器

管束式流动整直器由一捆紧固在一起平行相切并刚性地夹持在管道中的管子组成（见图 C.1）。保证各管子彼此平行且与管道轴线平行至关重要。如不满足此要求，整直器本身可能会引起流体产生旋涡。

管束式流动整直器至少宜有 19 根管子，其长度宜大于或等于 $10d_t$，管子的直径 d_t 见图 C.1。管子彼此贴合，管束靠在管道上。

GB/T 2624.2—2006 的 6.3.2 详细描述了一种特殊的管束式流动整直器[19 管管束式流动整直器(1998)]。

管束式流动整直器的压力损失系数 K 取决于管子的数量和管壁厚度，但对于 19 管管束式流动整直器(1998)，其压力损失系数约等于 0.75，其 K 由下式给出：

$$K=\frac{\Delta p_c}{\frac{1}{2}\rho v^2}$$

式中：

Δp_c——流动整直器的压力损失；

ρ——管道中流体的密度；

v——管道中流体的平均轴向流速。

管束式流动整直器的另一种设计是其管束外缘固定在一个法兰上，法兰稍微凸出在管道中。

C.2.2.2 AMCA 整直器

AMCA 整直器是由方形栅格组成的蜂巢结构，尺寸如图 C.2 所示。其叶片应尽可能薄并有足够强度。

AMCA 整直器的压力损失系数 K 约等于 0.25。

C.2.2.3 Étoile 整直器

Étoile 整直器由 8 个径向叶片组成,叶片之间的角间距相等,其长度是管道直径的两倍(见图 C.3)。其叶片应尽可能薄并有足够的强度。

Étoile 整直器的压力损失系数 K 约等于 0.25。

图中:

1——最小间隙;

2——管道壁;

3——管壁厚度(小于 0.025D);

4——定中心垫片选件(一般为 4 处)。

a 管子的长度 L 应在 $2D \sim 3D$ 之间,最好尽可能接近 $2D$。

b D_f=流动整直器外径,$0.95D \leqslant D_f \leqslant D$。

图 C.1 管束式流动整直器实例

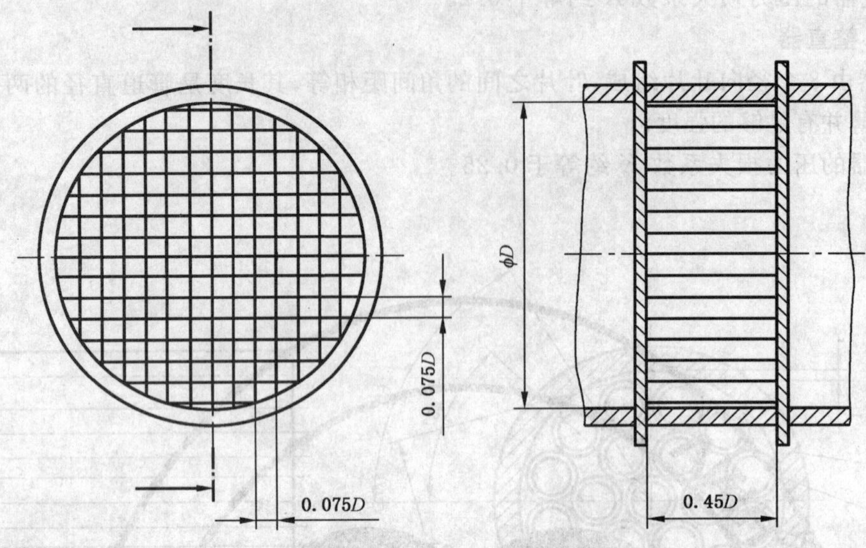

图 C.2 AMCA 整直器

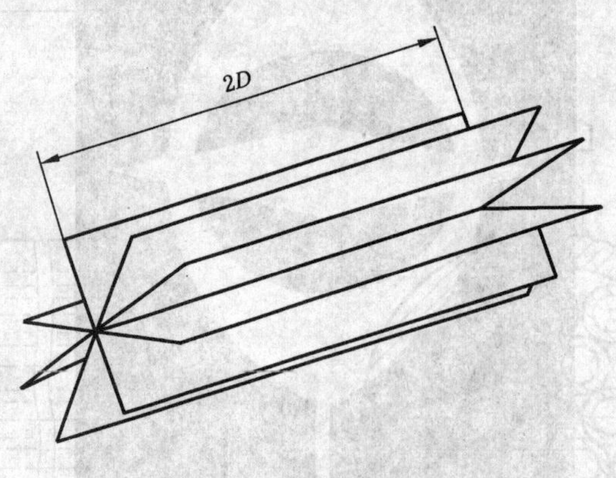

图 C.3 Étoile 整直器

C.3 流动调整器

C.3.1 一般描述

流动调整器除了能满足消除或显著减少旋涡的要求之外，还被设计成能重新分配流速分布以产生接近 7.3.3 要求的流动状态。

很多流动调整器是一块穿孔板或者含有穿孔板。目前在一些技术文献中对这几种装置都有描述，总的来说它们要比管束式流动整直器容易制造、安装和调整。与管束式装置的长度至少 $2D$ 相比，它们的优点是厚度一般为 $D/8$ 左右。此外，由于它们可以在实体上钻孔而成而不是装配式的，所以可以做成一个更为坚实的装置，具有可复现的性能。

在这些装置中旋涡被减少，与此同时利用合理设置的孔洞和板的厚度使流速分布得到重新分配。GB/T 2624.2—2006 的附录 B 介绍了一些不同的设计。板的几何尺寸对其性能、效果和板的压力损失起决定性作用。

流动调整器的具体实例有 Gallagher、K-Lab NOVA、NEL(Spearman)、Sprenkle 和 Zanker 流动调整器。

C.3.2 实例

C.3.2.1 Gallagher流动调整器

Gallagher流动调整器涉及一个现有专利。如图C.4和图C.5所示，它由一个抗旋涡装置、一个沉降室以及最后的一个成形装置组成。

Gallagher流动调整器的压力损失系数 K 取决于调整器的制造规范，约等于2。

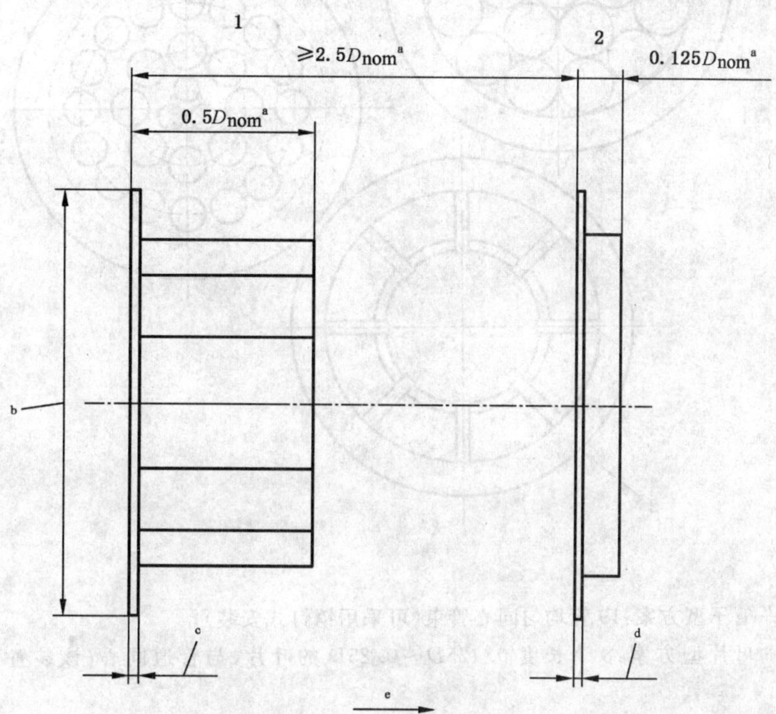

图中：

1——抗旋涡装置；

2——成形装置。

a D_{nom}＝公称管径。

b 等于凸面直径的长度。

c 3.2 mm(D_{nom}＝50 mm～75 mm管子型)；

6.4 mm(D_{nom}＝100 mm～450 mm管子型)；

12.7 mm(D_{nom}＝500 mm～600 mm管子型)；

12.7 mm(D_{nom}＝50 mm～300 mm叶片型)；

17.1 mm(D_{nom}＝350 mm～600 mm叶片型)。

d 3.2 mm(D_{nom}＝50 mm～75 mm)；

6.4 mm(D_{nom}＝100 mm～450 mm)；

12.7 mm(D_{nom}＝500 mm～600 mm)。

e 流动方向。

图C.4 Gallagher流动调整器典型配置

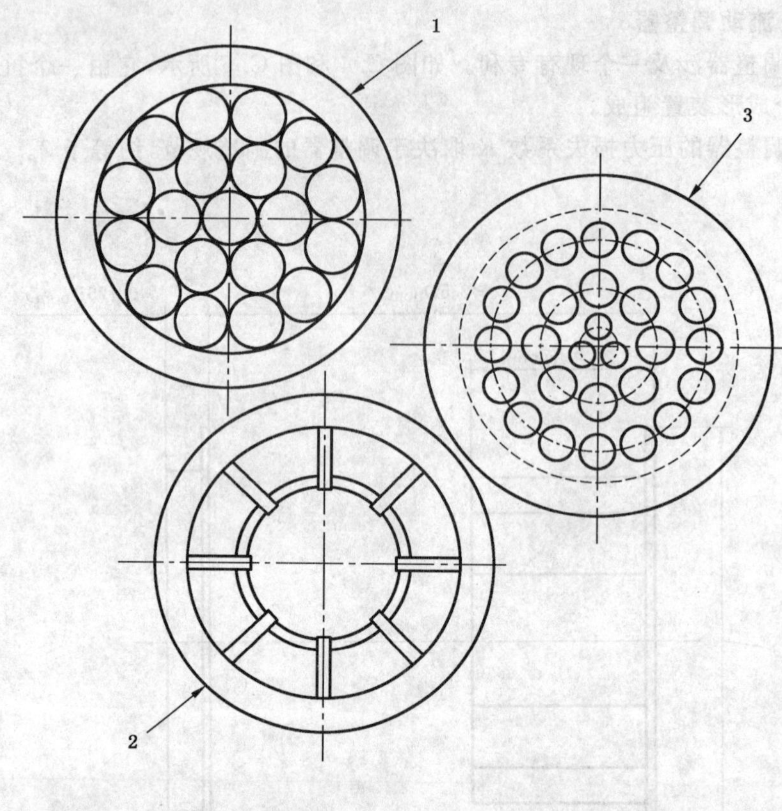

图中：

1 抗旋涡装置——管子型方案：19 管均匀同心管束(可采用销钉式安装)；

2 抗旋涡装置——叶片型方案：8 个长度 0.125D～0.25D 的叶片，与管道同心(该装置可以安装在仪表管道入口)；

3 成形装置：3-8-16 模式(见注)。

注：成形装置的 3 8 16 模式为：

——在 0.15D～0.155D 节圆直径上为 3 个孔；孔的直径为孔的面积之和占管道面积的 3%～5%。

——在 0.44D～0.48D 节圆直径上为 8 个孔；孔的直径为孔的面积之和占管道面积的 19%～21%。

——在 0.81D～0.85D 节圆直径上为 16 个孔；孔的直径为孔的面积之和占管道面积的 25%～29%。

图 C.5 Gallagher 流动调整器典型部件(正面图)

C.3.2.2 K-Lab 多孔板流动调整器的 NOVA 结构

K-Lab 多孔板流动调整器的 NOVA 结构，即 K-Lab NOVA 流动调整器，涉及一个现行专利。如图 C.6所示，它是一块有 25 个钻孔对称环形排列的板。多孔板的厚度 t_c 为 $0.125D \leqslant t_c \leqslant 0.15D$。法兰的厚度取决于应用场合，外径和法兰端面取决于法兰形式和应用场合。孔的尺寸是管道内径 D 的函数，且取决于管道雷诺数。

如果 $Re_D \geqslant 8\times10^5$，就有：

——一个直径 $0.186\ 29D \pm 0.000\ 77D$ 的中心孔；

——$0.5D \pm 0.5$ mm 节圆直径上，一圈 8 个直径 $0.163D \pm 0.000\ 77D$ 的孔；

——$0.85D \pm 0.5$ mm 节圆直径上，一圈 16 个直径 $0.120\ 3D \pm 0.000\ 77D$ 的孔。

如果 $8\times10^5 > Re_D \geqslant 10^5$，就有：

——一个直径 $0.226\ 64D \pm 0.000\ 77D$ 的中心孔；

——$0.5D \pm 0.5$ mm 节圆直径上，一圈 8 个直径 $0.163\ 09D \pm 0.000\ 77D$ 的孔；

——$0.85D \pm 0.5$ mm 节圆直径上，一圈 16 个直径 $0.124\ 22D \pm 0.000\ 77D$ 的孔。

K-Lab NOVA 流动调整器的压力损失系数 K 约等于 2。

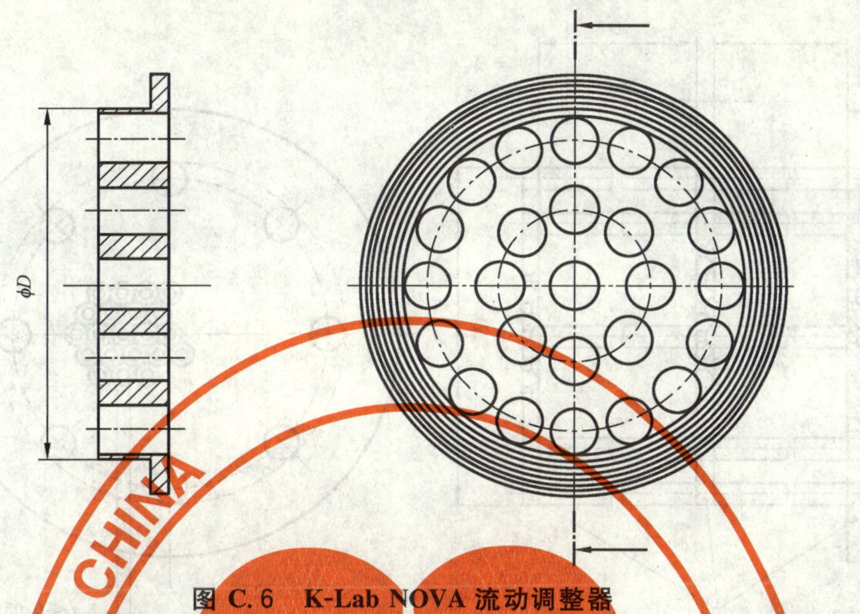

图 C.6　K-Lab NOVA 流动调整器

C.3.2.3　NEL(Spearman)流动调整器

NEL(Spearman)流动调整器如图 C.7 所示。孔的尺寸是管道内径 D 的函数。板上有：

a)　0.18D 节圆直径上，一圈 4 个直径 0.10D 的孔(d_1)；

b)　0.48D 节圆直径上，一圈 8 个直径 0.16D 的孔(d_2)；

c)　0.86D 节圆直径上，一圈 16 个直径 0.12D 的孔(d_3)。

多孔板的厚度为 0.12D。

NEL(Spearman)流动调整器的压力损失系数 K 约等于 3.2。

图 C.7　NEL(Spearman)流动调整器

C.3.2.4　Sprenkle 流动调整器

Sprenkle 调整器由三块串接的多孔板组成，相邻两板之间的间距等于 $D \pm 0.1D$。上游侧的孔最好倒角 45°，以降低压力损失。每块板上孔的总面积宜大于管道截面积的 40%。板厚与孔径之比至少为 1，且孔径宜小于或等于 0.05D(见图 C.8)。

三块板用连接杆或螺栓固定在一起，连接杆或螺栓位于管道通孔的外圆，直径应尽可能小，但应具有要求的强度。

Sprenkle 调整器的压力损失系数 K，入口倒角时约等于 11，入口不倒角时约等于 14。

C.3.2.5　Zanker 流动调整器

Zanker 流动调整器由一块钻有规定尺寸孔的多孔板及其后面一些由平板交叉形成的通道(每个孔一个)组成(见图 C.9)。各块平板应尽可能薄，但应有一定的强度。

Zanker 流动调整器的压力损失系数 K 约等于 5。

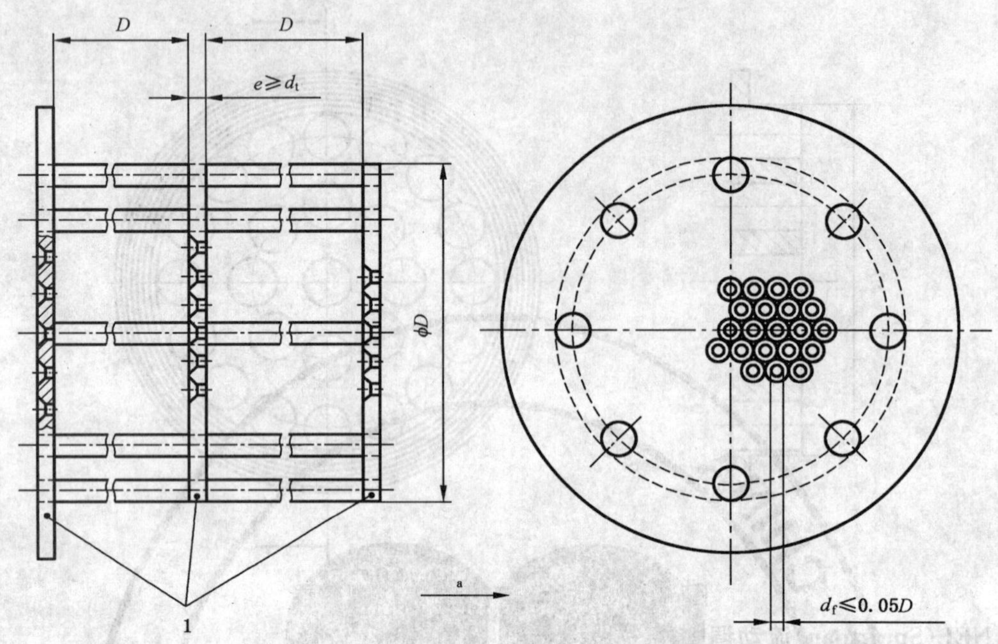

图中：

1——多孔板。

a　流动方向 2。

图 C.8　Sprenkle 流动调整器

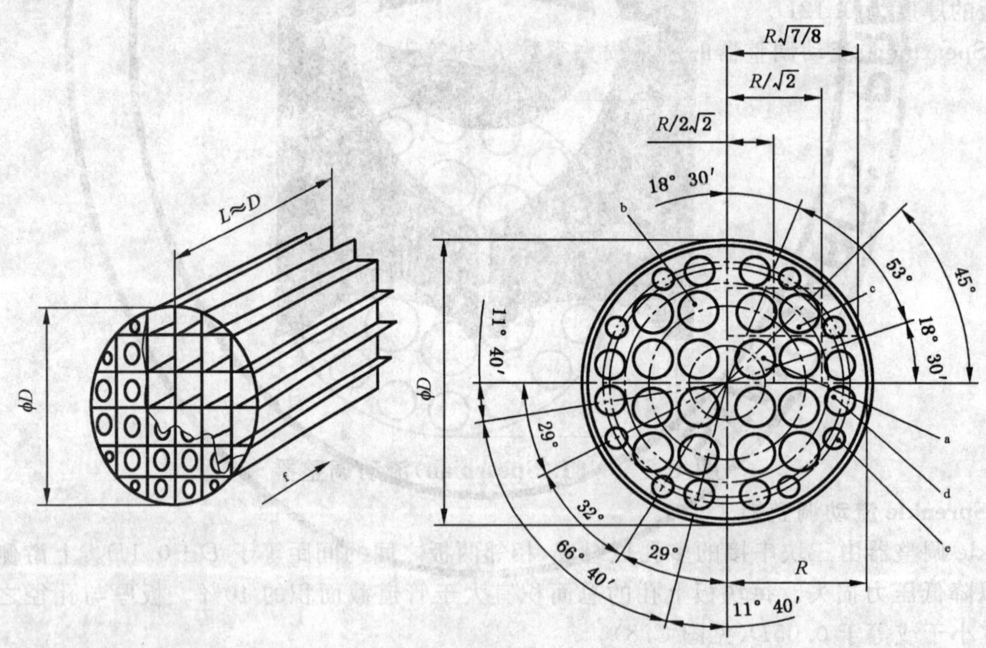

a　孔径 0.141*D*，节圆直径 0.25*D*，4 个孔；

b　孔径 0.139*D*，节圆直径 0.56*D*，8 个孔；

c　孔径 0.136 5*D*，节圆直径 0.75*D*，4 个孔；

d　孔径 0.11*D*，节圆直径 0.85*D*，8 个孔；

e　孔径 0.077*D*，节圆直径 0.90*D*，8 个孔；

f　流动方向。

图 C.9　Zanker 流动调整器

C.3.2.6 Zanker 流动调整器板

Zanker 流动调整器板是 C.3.2.5 所述 Zanker 流动调整器的一种改进。其孔的分布与 Zanker 流动调整器相同，但板上并没有附着蛋箱形蜂巢，而是将板的厚度增大到 $D/8$。

如图 C.10 所示，Zanker 流动调整器板由对称环形分布的 32 个钻孔组成，孔的尺寸是管道内径 D 的函数。板上有：

a) $0.25D \pm 0.0025D$ 节圆直径上，一圈 4 个直径 $0.141D \pm 0.001D$ 的孔；

b) $0.56D \pm 0.0056D$ 节圆直径上，一圈 8 个直径 $0.139D \pm 0.001D$ 的孔；

c) $0.75D \pm 0.0075D$ 节圆直径上，一圈 4 个直径 $0.1365D \pm 0.001D$ 的孔；

d) $0.85D \pm 0.0085D$ 节圆直径上，一圈 8 个直径 $0.110D \pm 0.001D$ 的孔；

e) $0.90D \pm 0.009D$ 节圆直径上，一圈 8 个直径 $0.077D \pm 0.001D$ 的孔；

每个孔的直径的允差，对于 $D < 100$ mm，为 ± 0.1 mm。

多孔板的厚度 t_c 为：$0.12D \leqslant t_c \leqslant 0.15D$。法兰的厚度取决于应用场合；外径和法兰端面取决于法兰的类型和应用场合。

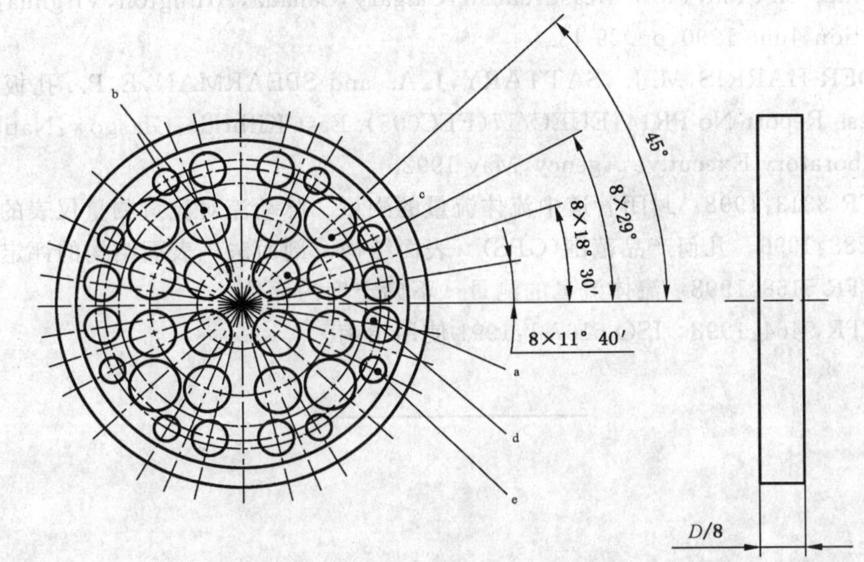

a 孔径 $0.141D$，节圆直径 $0.25D$，4 个孔；

b 孔径 $0.139D$，节圆直径 $0.56D$，8 个孔；

c 孔径 $0.1365D$，节圆直径 $0.75D$，4 个孔；

d 孔径 $0.11D$，节圆直径 $0.85D$，8 个孔；

e 孔径 $0.077D$，节圆直径 $0.90D$，8 个孔。

图 C.10 Zanker 流动调整器板

Zanker 流动调整器板的压力损失系数 K 约等于 3。

参 考 文 献

[1] NIAZI A. 和 THALAYASINGAM S.. 孔板仪表前后的温度变化,In Proc. of 19th North Sea Flow Measurement Workshop,Norway,Paper 13,October 2001.

[2] STUDZINSKI,W. and BOWEN,J.. 节流孔测量动态影响白皮书,Washington D. C. American Petroleum Institute,1997.

[3] SCHLICHTING,H.. 边界层理论. New York,McGraw-Hill,1960.

[4] STUDZINSKI,W.,KARNIK,U.,LANASA,P.,MORROW,T.,GOODSON,D.,HUSAIN,Z. and GALLAGHER,J.. 带或不带流动调整器的孔板仪表安装配置白皮书,Washington D. C. American Petroleum Institute,1997.

[5] SHEN,J. J. S.. 旋涡流的表征及其对孔板计量的影响,SPE 22865. Richardson,Texas:Society of Petroleum Engineers,1991.

[6] READER-HARRIS,M. J.. 孔板流出系数方程的管道粗糙度和雷诺数限值,In Proc. of 2nd Int. Symp. on Fluid Flow Measurement,Calgary,Canada,Arlington,Virginia:American Gas Assciation,June 1990,pp. 29-43.

[7] READER-HARRIS,M. J.,SATTARY,J. A. and SPEARMAN,E. P.. 孔板流出系数方程 Progress Report No PR14:EUEC/17(EEC005). East Kilbride,Glasgow:National Engineering Laboratory Executive Agency,May 1992.

[8] ISO/TR 3313:1998 封闭管道中流体流量的测量 脉动流对流量测量仪表的影响.

[9] ISO 4288:1996 几何产品范围(GPS) 表面结构 剖面法 表面结构的评定规则和程序.

[10] ISO/TR 5168:1998 流体流量的测量 不确定度的评估.

[11] ISO/TR 9464:1998 ISO 5167-1:1991 使用指南.

ICS 17.120.10
N 12

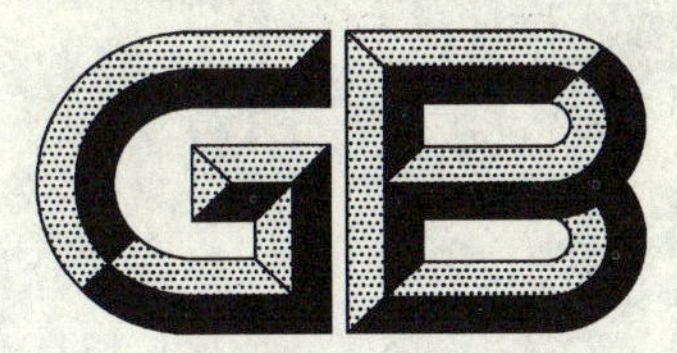

中华人民共和国国家标准

GB/T 2624.2—2006/ISO 5167-2:2003
代替 GB/T 2624—1993

用安装在圆形截面管道中的差压装置测量满管流体流量 第2部分:孔板

Measurement of fluid flow by means of pressure differential devices inserted in circular cross-section conduits running full—Part 2:Orifice plates

(ISO 5167-2:2003,IDT)

2006-12-13 发布　　　　2007-07-01 实施

中华人民共和国国家质量监督检验检疫总局
中国国家标准化管理委员会　发布

前　　言

GB/T 2624《用安装在圆截面管道中的差压装置测量满管流体流量》由以下部分组成：

——第1部分：一般原理和要求；

——第2部分：孔板；

——第3部分：喷嘴和文丘里喷嘴；

——第4部分：文丘里管。

本部分为GB/T 2624的第2部分。

本部分等同采用ISO 5167-2:2003《用安装在圆形截面管道中的差压装置测量满管流体流量　第2部分：孔板》(英文版)。

本部分等同翻译ISO 5167-2:2003。

本部分在制定时按GB/T 1.1—2000《标准化工作导则　第1部分：标准的结构和编写规则》和GB/T 20000.2—2001《标准化工作指南　第2部分：采用国际标准的规则》的有关规定做了如下编辑性修改：

——删除了ISO国际标准的前言；

——原引用标准的引导语按GB/T 1.1—2000的规定改成规范性引用文件的引导语；

——用小数点"."代替作为小数点的逗号","。

本部分在制定时更正了ISO 5167-2:2003的编辑性错误：

——6.4.3的第2段中，原"……，则允许直径和实际台阶从D的2%增大到D的6%。台阶两侧管道的直径应在0.98D和1.06D之间。"更正为"……，则允许直径和实际台阶从D的2%增大到D的6%。台阶两侧管道的直径应在0.94D和1.06D之间。"。

本部分替代GB/T 2624—1993《流量测量节流装置　用孔板、喷嘴和文丘里管测量充满圆管的流体流量》。

本部分与GB/T 2624—1993相比主要变化如下：

a) 新标准分成4个部分，分别阐述孔板、喷嘴和文丘里管的加工制造技术要求以及在使用时的安装要求。

b) 安装时节流件前的直管段长度较GB/T 2624—1993有明显变化，标准中列举的节流件前的阻流件形式也比GB/T 2624—1993多。孔板与喷嘴的直管段长度分别阐述，不再使用同一表格。

c) 特别强调流动调整器要进行配合性试验，并具体给出了配合性试验的方法。

本部分与GB/T 2624—1993相关内容的主要技术差异如下所示：

1. 使用极限

本部分规定的使用极限分别为：

角接取压孔板或D和$D/2$取压孔板	法兰取压孔板
$d \geqslant 12.5$ mm	$d \geqslant 12.5$ mm
50 mm $\leqslant D \leqslant$ 1 000 mm	50 mm $\leqslant D \leqslant$ 1 000 mm
$0.1 \leqslant \beta \leqslant 0.75$	$0.1 \leqslant \beta \leqslant 0.75$
$0.1 \leqslant \beta \leqslant 0.56$　$Re_D > 5\,000$	$Re_D \geqslant 5\,000$ 且 $Re_D \geqslant 170\beta^2 D$
$\beta > 0.56$　$Re_D > 16\,000\beta^2$	

GB/T 2624—1993 规定的使用极限分别为：

角接取压孔板或 D 和 $D/2$ 取压孔板	法兰取压孔板
$d \geqslant 12.5$ mm	$d \geqslant 12.5$ mm
50 mm $\leqslant D \leqslant$ 1 000 mm	50 mm $\leqslant D \leqslant$ 1 000 mm
$0.2 \leqslant \beta \leqslant 0.75$	$0.2 \leqslant \beta \leqslant 0.75$
$0.2 \leqslant \beta \leqslant 0.45$　$Re_D > 5\ 000$	$Re_D \geqslant 1\ 260\beta^2 D$
$\beta > 0.45$　$Re_D > 10\ 000$	

2. 流出系数

本部分采用 Reader-Harris/Gallagher(1998)公式[5]计算。

GB/T 2624—1993 采用 Stolz 方程计算。

3. 可膨胀系数

本部分为：

$$\varepsilon = 1 - (0.351 + 0.256\beta^4 + 0.93\beta^8)\left[1 - \left(\frac{p_2}{p_1}\right)^{1/\kappa}\right]$$

GB/T 2624—1993 为：

$$\varepsilon = 1 - (0.41 + 0.35\beta^4)\frac{\Delta p}{\kappa p_1}$$

4. 流出系数不确定度

本部分为：

$0.1 \leqslant \beta \leqslant 0.2$ 为$(0.7-\beta)\%$

$0.2 \leqslant \beta \leqslant 0.6$ 为 0.5%

$0.6 < \beta \leqslant 0.75$ 为$(1.667\beta - 0.5)\%$

$D < 71.12$ mm 时算术相加 $0.9(0.75-\beta)\left(2.8 - \frac{D}{25.4}\right)\%$

若 $\beta > 0.5$ 和 $Re_D < 10\ 000$ 时算术相加 0.5%

GB/T 2624—1993 为：

$\beta \leqslant 0.60$ 为 $\pm 0.6\%$

$0.6 < \beta \leqslant 0.75$ 为 $\pm\beta\%$

5. 可膨胀系数不确定度

本部分为：$3.5\frac{\Delta p}{\kappa p_1}\%$

GB/T 2624—1993 为：$(4\Delta p/p_1)\%$

6. 压力损失

本部分为：$\Delta\varpi = \frac{\sqrt{1-\beta^4(1-C^2)} - C\beta^2}{\sqrt{1-\beta^4(1-C^2)} + C\beta^2}\Delta p$

GB/T 2624—1993 为：$\Delta\varpi = \frac{\sqrt{1-\beta^4} - C\beta^2}{\sqrt{1-\beta^4} + C\beta^2}\Delta p$

本部分的附录 A 和附录 B 为资料性附录。

本部分由中国机械工业联合会提出。

本部分由全国工业过程测量和控制标准化技术委员会第一分技术委员会归口。

本部分负责起草单位：上海工业自动化仪表研究所。

本部分参加起草单位：上海仪器仪表及自控系统检验测试所、上海仪昌节流装置制造有限公司、上海光华仪表有限公司、余姚市银环流量仪表有限公司、天津市润泰自动化仪表有限公司。

本部分主要起草人：李明华、彭淑琴、龙竹霖、叶斌、朱家顺、童复来、包国祥、吴国静。

本部分所代替标准的历次版本发布情况：GB 2624—1981；GB/T 2624—1993。

用安装在圆形截面管道中的差压装置测量满管流体流量　第 2 部分:孔板

1　范围

GB/T 2624 的本部分规定了孔板的几何尺寸和安装在管道中测量满管流体流量的使用方法(安装和工作条件)。

GB/T 2624 的本部分亦提供了用于计算流量并可配合 GB/T 2624.1 规定要求一起使用的相关资料。

GB/T 2624 的本部分适用于由孔板和法兰取压口、角接取压口或 D 和 $D/2$ 取压口组成的一次装置。本部分不适用于缩流取压口和管道取压口等也可与孔板配合使用的其他取压口。GB/T 2624 的本部分仅适用于在整个测量段内保持亚音速流动、且可被认为是单相的流体。本部分不适用于脉动流的测量。本部分不涉及孔板用于管道公称通径小于 50 mm 或大于 1 000 mm,或管道雷诺数低于 5 000 的场合。

2　规范性引用文件

下列文件中的条款通过 GB/T 2624 的本部分的引用而成为本部分的条款。凡是注日期的引用文件,其随后所有的修改单(不包括勘误的内容)或修订版均不适用于本部分,然而,鼓励根据本部分达成协议的各方研究是否可使用这些文件的最新版本。凡是不注日期的引用文件,其最新版本适用于本部分。

GB/T 2624.1—2006　用安装在圆形截面管道中的差压装置测量满管流体流量　第 1 部分:一般原理和要求(ISO 5167-1:2003,IDT)

GB/T 17611—1998　封闭管道中流体流量的测量　术语和符号(idt ISO 4006:1991)

3　术语、定义和符号

GB/T 17611—1998 和 GB/T 2624.1—2006 确定的术语、定义和符号适用于 GB/T 2624 的本部分。

4　测量原理和计算方法

测量原理是以孔板安装在充满流体的管线中为依据的。孔板的存在使板的上游侧与下游侧之间产生一个静压差。质量流量 q_m 可用公式(1)确定:

$$q_m = \frac{C}{\sqrt{1-\beta^4}}\varepsilon\frac{\pi}{4}d^2\sqrt{2\Delta p\rho_1} \qquad (1)$$

不确定度按 GB/T 2624.1—2006 的第 8 章规定的程序计算。

质量流量计算纯粹是一个算术运算过程,可以用数值替换基本公式(1)右侧各个不同的项来实现。

同样,体积流量值 q_V 由下式计算:

$$q_V = \frac{q_m}{\rho} \qquad (2)$$

式中:

ρ——测量体积流量时的温度和压力下的流体密度。

正如 GB/T 2624 的本部分后文中所述,流出系数 C 取决于雷诺数 Re,而雷诺数 Re 取决于 q_m,C 必须利用迭代法获得(见 GB/T 2624.1—2006 的附录 A 中关于迭代法程序和初始估计值选择的说明)。

公式中提到的直径 d 和 D 是工作条件下的直径值,任何在其他条件下进行的测量,都必须对测量期间由于流体的温度和压力值改变引起孔板和管道任何可能的膨胀或收缩进行修正。

必须了解工作条件下流体的密度和粘度。对于可压缩流体,还必须了解工作条件下流体的等熵指数。

5 孔板

注 1:各种型式的标准孔板大同小异,因而只需描述一种孔板。每种标准孔板仪表都是由配置的取压口表明其特征。

注 2:使用限制见 5.3.1。

5.1 描述

5.1.1 总则

标准孔板的轴向平面横截面如图 1 所示。

下文中的字母可相应参照图 1。

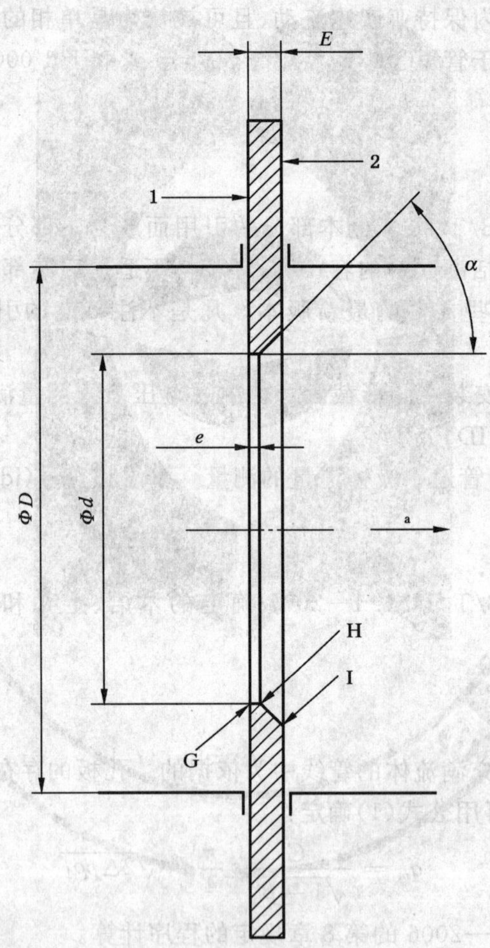

图中:

1——上游端面 A;

2——下游端面 B。

a 流动方向。

图 1 标准孔板

5.1.2 总体形状

5.1.2.1 孔板在管道内的部分应该是圆的并与管道轴线同轴。孔板的两端面应始终是平整的和平行的。

5.1.2.2 除非另有规定,以下要求只适用于位于管道内的那部分孔板。

5.1.2.3 在设计和安装孔板时,应注意保证在工作条件下,由于差压或任何其他应力引起的孔板塑性扭曲和弹性变形不致造成5.1.3.1规定的直线斜度超过1%。

注:详细信息见ISO/TR 9464:1998的8.1.1.3。

5.1.3 上游端面A

5.1.3.1 当孔板安装在管道中而孔板两侧压差为零时,孔板的上游端面A应该是平的。只要能证明安装方法不会使孔板变形,可以将孔板从管道上拆下来测量其平面度。测量时,当孔板与搁在孔板任一直径上长度为D的直规之间的最大间隙(见图2)小于$0.005(D-d)/2$时,可以认为孔板是平的;也就是说,在孔板装入测量管线之前进行检查时,斜度小于0.5%。从图2可以看出,关键区域是邻近节流孔的区域。用厚薄规测量能满足此尺寸的不确定度要求。

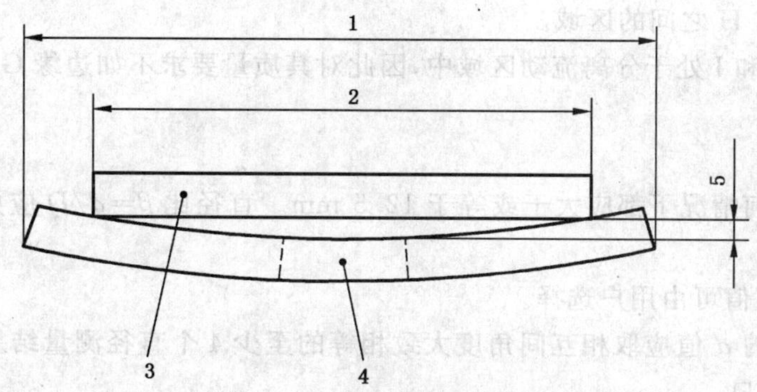

图中:

1——孔板外径;

2——管道内径;

3——直规;

4——节流孔;

5——平面度偏差(在节流孔的边缘处测量)。

图2 孔板平面度测量

5.1.3.2 在直径不小于D且与节流孔同心的圆内,孔板上游端面的粗糙度$Ra<10^{-4}d$。在所有情况下,上游端面的粗糙度都应不影响边缘尖锐度的测量。如果在工作条件下孔板不能满足规定条件,必须对直径至少1D的区域重新抛光或清洗。

5.1.3.3 如有可能,可在孔板上设置一个在安装以后仍明显可见的标志,用以表明孔板的上游端面相对于流动方向安装是否正确。

5.1.4 下游端面B

5.1.4.1 下游端面应该平直并与上游端面平行(另见5.1.5.4)。

5.1.4.2 虽然可以方便地制造出两面具有相同光洁度的孔板,但下游端面的表面粗糙度无需达到上游端面那样高的品质。(见参考文献[1];另见5.1.9)

5.1.4.3 下游端面的平面度和表面状况可通过目测检查加以判断。

5.1.5 厚度E和e

5.1.5.1 节流孔的厚度e应在$0.005D$与$0.02D$之间。

5.1.5.2 在节流孔任意点上测得的各个e值之间的差应不大于$0.001D$。

5.1.5.3 孔板的厚度E应在e与$0.05D$之间。

然而,当50 mm≤D≤64 mm时,厚度E可以达到3.2 mm。

亦应满足5.1.2.3的要求。

5.1.5.4 若D≥200 mm,则在孔板任意点上测得的各个E值之间的差应不大于$0.001D$。如D<200 mm,则在孔板任意点上测得的各个E值之间的差应不大于0.2 mm。

5.1.6 **斜角 α**

5.1.6.1 若孔板的厚度 E 超过节流孔厚度 e,孔板的下游侧应切成斜角,斜角表面应精加工。

5.1.6.2 斜角 α 应为 45°±15°。

5.1.7 **边缘 G、H 和 I**

5.1.7.1 上游边缘 G 应无卷口或毛边。

5.1.7.2 上游边缘 G 应是锐边。只要边缘半径不大于 $0.000\,4d$,就认为是锐边。

若 $d \geqslant 25$ mm,则一般认为目检可以满足此要求,用肉眼观察,检验边缘不反射光束。

若 $d < 25$ mm,则目检是不够的。

如果对是否满足本要求有任何怀疑,应测量边缘半径。

5.1.7.3 上游边缘应是直角。当节流孔与孔板上游端面之间的角度为 90°±0.3°时,可认为是直角。节流孔是孔板边缘 G 与 H 之间的区域。

5.1.7.4 下游边缘 H 和 I 处于分离流动区域中,因此对其质量要求不如边缘 G 严格,允许有些小缺陷(如一条刻痕)。

5.1.8 **节流孔直径 d**

5.1.8.1 直径 d 在任何情况下都应大于或等于 12.5 mm。直径比 $\beta = d/D$ 应始终大于或等于 0.10,小于或等于 0.75。

在上述极限值内,β 值可由用户选择。

5.1.8.2 节流孔直径的 d 值应取相互间角度大致相等的至少 4 个直径测量结果的平均值。测量时应小心不要损伤边缘和孔口。

5.1.8.3 节流孔应为圆筒形。

任何一个直径与直径平均值之差都应不大于直径平均值的 0.05%。当所有被测直径长度差都符合被测直径平均值要求时,就认为是满足了本要求。在任何情况下,节流孔圆筒形部分的粗糙度都应不影响边缘锐度的测量。

5.1.9 **双向孔板**

5.1.9.1 若想用孔板测量反向流,应满足下列要求:

a) 孔板应不切斜角;

b) 两个端面均应符合 5.1.3 中关于上游端面的规定;

c) 孔板的厚度 E 应等于 5.1.5 规定节流孔的厚度 e,因此也许有必要限制差压,以防止孔板变形(见 5.1.2.3);

d) 节流孔的两个边缘均应符合 5.1.7 中关于上游边缘的规定。

5.1.9.2 此外,对于 D 和 $D/2$ 取压口的孔板(见 5.2),应根据流动方向的不同而配备和使用上游和下游两套取压装置。

5.1.10 **材料和制造**

只要孔板在流量测量中始终符合上述规定,就可用任何材料和任何方式制造。

5.2 **取压口**

5.2.1 **总则**

对于每一块孔板,至少应在某一个标准位置上安装一个上游取压口和一个下游取压口,即 D 和 $D/2$、法兰或角接取压口。

单块孔板可与适合于不同型式标准孔板仪表的几套取压口配合使用,但为了避免相互干扰,在孔板同一侧的几套取压口应至少偏移 30°。

取压口的位置是标准孔板仪表的型式特征。

5.2.2 ***D* 和 *D*/2 取压口或法兰取压口孔板**

5.2.2.1 取压口的间距 l 是取压口中心线与孔板的某一规定端面之间的距离。安装取压口时应考虑垫圈和(或)密封材料的厚度。

5.2.2.2 对于 D 和 $D/2$ 取压口孔板(见图 3),上游取压口的间距 l_1 名义上等于 D,但可在 $0.9D$ 与 $1.1D$ 之间而无需改变流出系数。

下游取压口的间距 l_2 名义上等于 $0.5D$,但可在下列数值之间而无需改变流出系数:

——当 $\beta \leqslant 0.6$ 时,在 $0.48D \sim 0.52D$ 之间;

——当 $\beta > 0.6$ 时,在 $0.49D \sim 0.51D$ 之间。

间距 l_1 和 l_2 均从孔板的上游端面量起。

5.2.2.3 对于法兰取压口孔板(见图 3),上游取压口的间距 l_1 名义上等于 25.4 mm,并从孔板的上游端面量起。

下游取压口的间距 l_2 名义上等于 25.4 mm,并从孔板的下游端面量起。

上游和下游间距 l_1 和 l_2 在下列数值范围之内可无需改变流出系数:

——当 $\beta > 0.6$ 且 $D < 150$ mm 时,为 25.4 mm±0.5 mm;

——在其他情况下,即当 $\beta \leqslant 0.6$ 或 $\beta > 0.6$ 但 150 mm $\leqslant D \leqslant$ 1 000 mm 时,为 25.4 mm±1 mm。

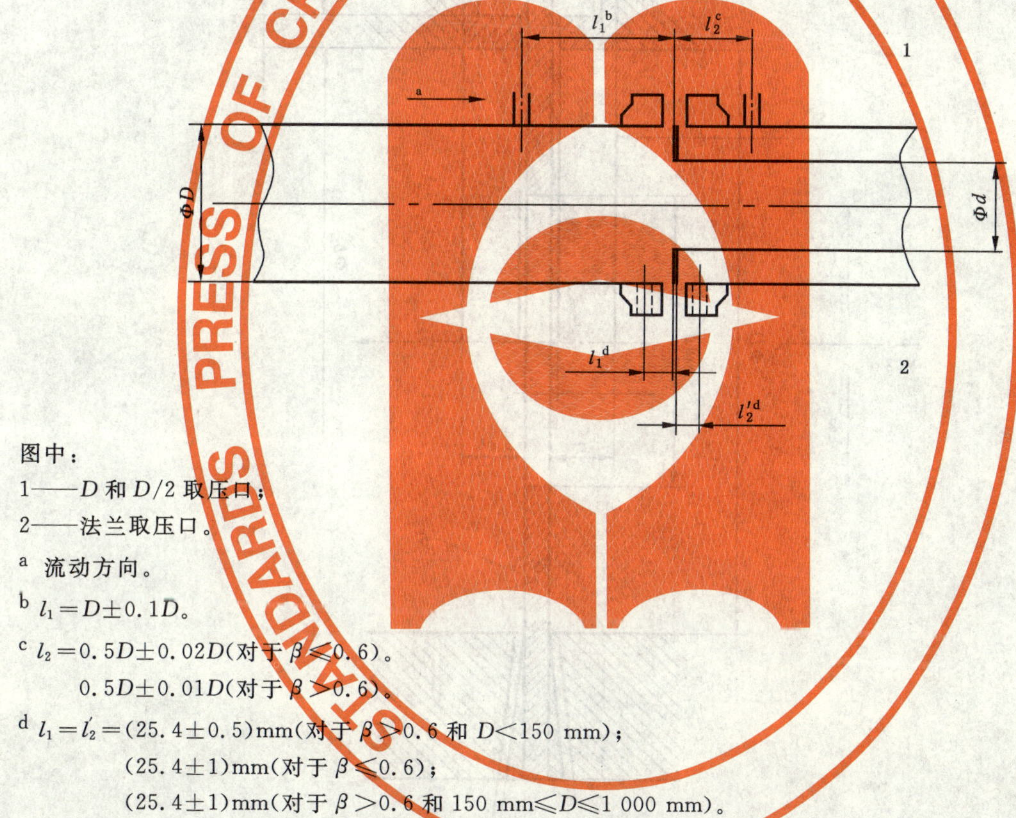

图中:

1——D 和 $D/2$ 取压口;

2——法兰取压口。

[a] 流动方向。

[b] $l_1 = D \pm 0.1D$。

[c] $l_2 = 0.5D \pm 0.02D$(对于 $\beta \leqslant 0.6$)。
$0.5D \pm 0.01D$(对于 $\beta > 0.6$)。

[d] $l_1 = l'_2 = (25.4 \pm 0.5)$mm(对于 $\beta > 0.6$ 和 $D < 150$ mm);
(25.4 ± 1)mm(对于 $\beta \leqslant 0.6$);
(25.4 ± 1)mm(对于 $\beta > 0.6$ 和 150 mm $\leqslant D \leqslant$ 1 000 mm)。

图 3 D 和 $D/2$ 取压口或法兰取压口孔板的取压口间距

5.2.2.4 取压口的中心线应尽可能以 90°与管道中心线相交,但在任何情况下都应在垂直线的 3°之内。

5.2.2.5 穿透处孔应呈圆形,其边缘应与管壁内表面齐平,并尽可能锐利。为确保去除内部边缘上的一切毛边或卷口,允许倒圆但应尽可能小,若能测量,其半径应小于取压口直径的 1/10。在连接孔的内部、在管壁上钻出的孔的边缘或者在靠近取压口的管壁上应不出现不规则状态。

5.2.2.6 可通过目测检查判断取压口是否符合 5.2.2.4 和 5.2.2.5 所规定的要求。

5.2.2.7 取压口直径应小于 $0.13D$ 和小于 13 mm。

对最小直径不加限制。在实际应用中,最小直径是根据防止偶然阻塞及取得良好动态特性的需要确定的。上游和下游取压口的直径应相同。

5.2.2.8 从管线内壁量起，在至少2.5倍取压口内径的长度内，取压口应呈圆形和圆筒形。

5.2.2.9 取压口的轴线可位于管道的任一轴向平面上。

5.2.2.10 上游取压口和下游取压口的轴线可位于不同的轴向平面上，但通常在同一轴向平面上。

5.2.3 角接取压口孔板(见图4)

5.2.3.1 取压口轴线与孔板各相应端面之间的间距等于取压口本身直径的二分之一或取压口本身宽度的二分之一。这样，取压口贯穿管壁处就与孔板端面齐平(参见5.2.3.5)。

5.2.3.2 取压口可以是单独钻孔取压口或者是环隙。如图4所示，这两种形式的取压口可位于管道、管道法兰或夹持环上。

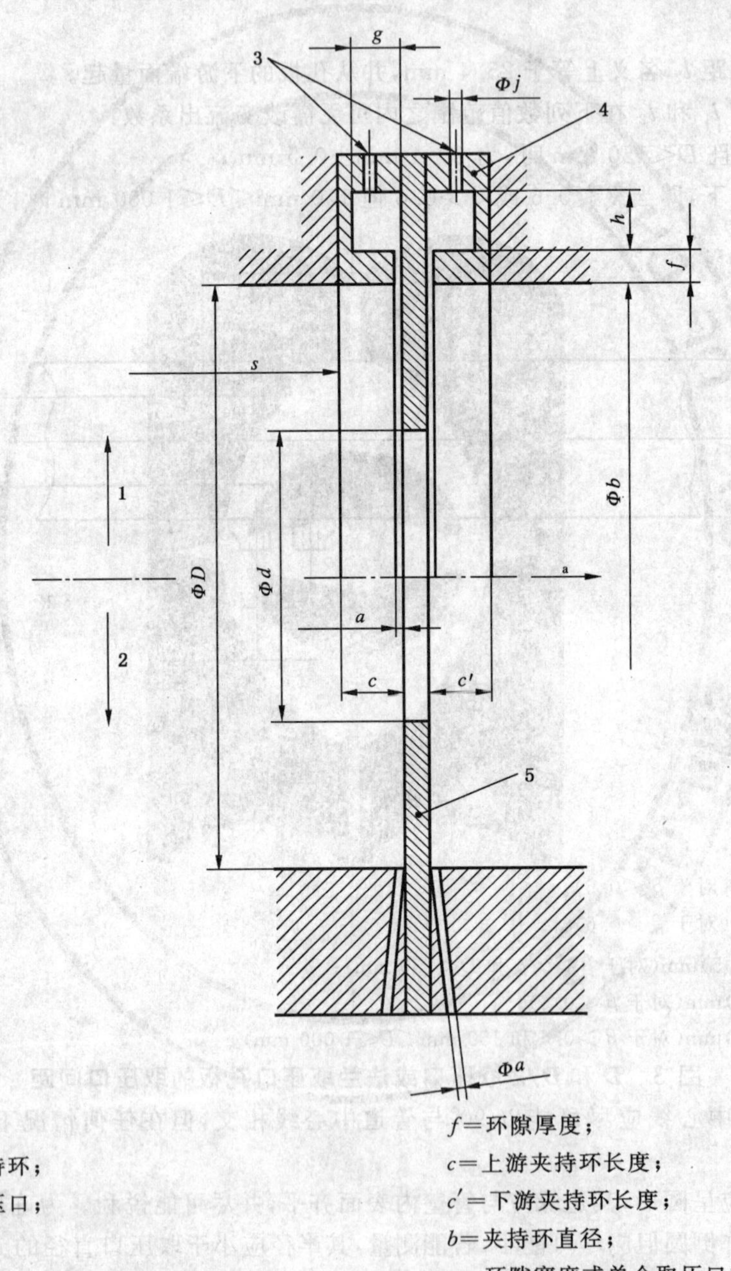

图中：

1——带环隙的夹持环；

2——单独钻孔取压口；

3——取压口；

4——夹持环；

5——孔板。

a 流动方向。

f=环隙厚度；

c=上游夹持环长度；

c'=下游夹持环长度；

b=夹持环直径；

a=环隙宽度或单个取压口的直径；

s=上游台阶到夹持环的距离；

g,h=环室的尺寸；

Φj=环室取压口直径。

图4 角接取压口

5.2.3.3 单独钻孔取压口的直径 a 和环隙宽度 a 规定如下。最小直径实际上是根据防止偶然阻塞以及取得良好动态特性的需要确定的。

对于清洁流体和蒸汽：

——对于 $\beta \leqslant 0.65$：$0.005D \leqslant a \leqslant 0.03D$；

——对于 $\beta > 0.65$：$0.01D \leqslant a \leqslant 0.02D$。

如果 $D < 100$ mm，则 a 值达到 2 mm 对于任何 β 都是可接受的。

对于任何 β 值：

——对于清洁流体：1 mm$\leqslant a \leqslant$10 mm；

——对于蒸汽，用环室时：1 mm$\leqslant a \leqslant$10 mm；

——对于蒸汽和液化气体，用单独钻孔取压口时：4 mm$\leqslant a \leqslant$10 mm。

5.2.3.4 环隙通常在整个圆周上穿通管道，连续而不中断，否则每个环室应至少由 4 个开孔与管道内部连通。每个开孔的轴线彼此互成等角，每个开孔的面积至少为 12 mm^2。

5.2.3.5 若采用如图 4 所示的单独钻孔取压口，则取压口的轴线应尽可能以 90°角度与管道轴线相交。

若在同一上游或下游平面上有几个单独钻孔取压口，它们的轴线应彼此互成等角。单独钻孔取压口的直径应符合 5.2.3.3 的规定。

从管线内壁量起，在至少 2.5 倍于取压口内径的长度内，取压口应呈圆形和圆筒形。

上游取压口和下游取压口的直径应相同。

5.2.3.6 夹持环的内径 b 应大于或等于管道直径 D，以保证它不致突入管道内，但应小于或等于 $1.04D$，并满足下列条件：

$$\frac{b-D}{D} \times \frac{c}{D} \times 100 < \frac{0.1}{0.1 + 2.3\beta^4} \qquad (3)$$

上游夹持环和下游夹持环的长度 c 和 c'（见图 4）应不大于 $0.5D$。

环隙厚度 f 应大于或等于环隙宽度 a 的两倍。环室的横截面积 gh 应大于或等于连通环室与管道内部的开孔的总面积的二分之一。

5.2.3.7 夹持环接触被测流体的表面应清洁，并有良好的加工粗糙度。表面粗糙应符合管道粗糙度要求（见 5.3.1）。

5.2.3.8 连接环室与二次装置的取压口是管壁取压口，穿透处应为圆形，直径 j 在 4 mm～10 mm 之间（见 5.2.2.5）。

5.2.3.9 上游夹持环和下游夹持环不必彼此对称，但两者均应符合上述规定。

5.2.3.10 管道直径应按 6.4.2 的规定测量，夹持环可看作是一次装置的一部分。这亦适用于 6.4.4 规定的距离要求，因而长度 s 应从夹持环形成的凹槽的上游边缘处量起。

5.3 孔板的系数及相应的不确定度

5.3.1 使用限制

标准孔板只能按 GB/T 2624 的本部分的规定在下列条件下使用：

对于角接取压口或 D 和 $D/2$ 取压口孔板：

——$d \geqslant 12.5$ mm；

——50 mm$\leqslant D \leqslant$1000 mm；

——$0.1 \leqslant \beta \leqslant 0.75$；

——对于 $0.1 \leqslant \beta \leqslant 0.56$，$Re_D \geqslant 5\,000$；

——对于 $\beta > 0.56$，$Re_D \geqslant 16\,000\beta^2$。

对于法兰取压口孔板：

——$d \geqslant 12.5$ mm；

——50 mm$\leqslant D \leqslant$1000 mm；

——$0.1 \leqslant \beta \leqslant 0.75$；

——$Re_D \geqslant 5\,000$，且 $Re_D \geqslant 170\beta^2 D$。

其中 D 以毫米(mm)表示。

如果要满足 GB/T 2624 的本部分的不确定度值，则管道内部的粗糙度应符合下述规定，也就是说，粗糙度廓形的算术平均偏差值 Ra 应使 $10^4 Ra/D$ 小于表 1 列出的最大值，并大于表 2 列出的最小值。流出系数方程(见 5.3.2.1)是根据采用已知粗糙度的管道收集的基本数据确定的；确定 Ra/D 的限值是为了使采用粗糙度不同的管道造成的流出系数偏移不致过大到不再能符合 5.3.3.1 规定的不确定度值。有关管道粗糙度的信息可参见 GB/T 2624.1—2006 的 7.1.5。有关形成表 1 和表 2 的基础工作可参见参考文献[2]～[4]。

表 1　$10^4 Ra/D$ 的最大值

β	Re_D								
	$\leqslant 10^4$	3×10^4	10^5	3×10^5	10^6	3×10^6	10^7	3×10^7	10^8
≤0.20	15	15	15	15	15	15	15	15	15
0.30	15	15	15	15	15	15	15	14	13
0.40	15	15	10	7.2	5.2	4.1	3.5	3.1	2.7
0.50	11	7.7	4.9	3.3	2.2	1.6	1.3	1.1	0.9
0.60	5.6	4.0	2.5	1.6	1.0	0.7	0.6	0.5	0.4
≥0.65	4.2	3.0	1.9	1.2	0.8	0.6	0.4	0.3	0.3

表 2　$10^4 Ra/D$ 的最小值(需要其中一个)

β	Re_D			
	$\leqslant 3\times10^6$	10^7	3×10^7	10^8
≤0.50	0.0	0.0	0.0	0.0
0.60	0.0	0.0	0.003	0.004
≥0.65	0.0	0.013	0.016	0.012

孔板上游 $10D$ 的粗糙度应符合表 1 和表 2 的要求。粗糙度要求与节流件和上游管道配置有关。下游粗糙度要求没有如此严格。

例如，在下面两种情况下可满足本条的要求：

——$1\ \mu m \leqslant Ra \leqslant 6\ \mu m$，$D \geqslant 150$ mm，$\beta \leqslant 0.6$ 和 $Re_D \leqslant 5\times10^7$；

——$1.5\ \mu m \leqslant Ra \leqslant 6\ \mu m$，$D \geqslant 150$ mm，$\beta > 0.6$ 和 $Re_D \leqslant 1.5\times10^7$。

若 D 小于 150 mm，必须利用表 1 和表 2 计算 Ra 的最大值和最小值。

5.3.2　系数

5.3.2.1　流出系数 C

流出系数 C 用 Reader-Harris/Gallagher(1998)公式[5]计算：

$$C = 0.596\,1 + 0.026\,1\beta^2 - 0.216\beta^8 + 0.000\,521\left(\frac{10^6\beta}{Re_D}\right)^{0.7} + (0.018\,8 + 0.006\,3A)\beta^{3.5}\left(\frac{10^6}{Re_D}\right)^{0.3}$$

$$+ (0.043 + 0.080e^{-10L_1} - 0.123e^{-7L_1})(1 - 0.11A)\frac{\beta^4}{1-\beta^4} - 0.031(M'_2 - 0.8M'^{1.1}_2)\beta^{1.3} \quad \cdots(4)$$

若 $D < 71.12$ mm(2.8 in)，应把下列项加入公式(4)：

$$+0.011(0.75-\beta)\left(2.8 - \frac{D}{25.4}\right)$$

式中：

$\beta(=d/D)$——直径比，直径 d 和 D 以毫米(mm)表示；

Re_D——根据 D 计算出的雷诺数；

$L_1(=l_1/D)$——孔板上游端面到上游取压口的距离除以管道直径得出的商；

$$M'_2=\frac{2L'_2}{1-\beta};$$

$$A=\left(\frac{19\ 000\beta}{Re_D}\right)^{0.8};$$

$L'_2(=l'_2/D)$——孔板下游端面到下游取压口的距离除以管道直径得出的商（L'_2 表示自孔板下游端面起的下游间距的参考符号，而 L_2 表示自孔板上游端面起的下游间距的参考符号）。

当间距符合 5.2.2.2、5.2.2.3 或 5.2.3 的要求时，上述公式中采用的 L_1 和 L'_2 的值如下所示：

——对于角接取压口：

$L_1=L'_2=0$

——对于 D 和 $D/2$ 取压口：

$L_1=1$

$L'_2=0.47$

——对于法兰取压口：

$L_1=L'_2=\dfrac{25.4}{D}$

D 以毫米(mm)表示。

Reader-Harris/Gallagher(1998)公式，即公式(4)仅对 5.2.2 或 5.2.3 中规定的取压口配置有效。尤其不允许将与这三种标准取压口配置均不相配的一对 L_1 和 L'_2 值代入公式。

只有当测量符合 5.3.1 规定的全部使用限制以及第 6 章和 GB/T 2624.1 中规定的一般安装要求时，公式(4)以及 5.3.3 给出的不确定度才有效。

为方便起见，表 A.1～A.11 给出了对应于 β、Re_D 和 D 的 C 值。这些值不供精确内插，不允许外推。

5.3.2.2 可膨胀性(膨胀)系数 ε

对于这三种取压口方式，计算可膨胀性(膨胀)系数 ε 的经验公式如下所示：

$$\varepsilon=1-(0.351+0.256\beta^4+0.93\beta^8)\left[1-\left(\frac{p_2}{p_1}\right)^{1/\kappa}\right] \qquad \cdots\cdots(5)$$

公式(5)仅适用于 5.3.1 规定的使用范围。

已知确定 ε 的试验结果的仅有空气、蒸汽和天然气，但对于将公式(5)用于等熵指数已知的其他气体和蒸汽，尚未知有任何异议。

然而，只有在 $p_2/p_1\geqslant0.75$ 时公式(5)才适用。

为方便起见，表 A.12 给出了对应于等熵指数、压力比和直径比的可膨胀性(膨胀)系数值。这些值不供精确内插，不允许外推。

5.3.3 不确定度

5.3.3.1 流出系数 C 的不确定度

对于所有三种型式的取压口，假设 β、D、Re_D 和 Ra/D 为已知且无误差，C 值的相对不确定度等于：

——$(0.7-\beta)\%$ （对于 $0.1\leqslant\beta<0.2$）；

——0.5% （对于 $0.2\leqslant\beta\leqslant0.6$）；

——$(1.667\beta-0.5)\%$ （对于 $0.6<\beta\leqslant0.75$）。

若 $D<71.12$ mm(2.8 in)，上述值应算术相加下列相对不确定度：

$$0.9(0.75-\beta)\left(2.8-\frac{D}{25.4}\right)\%$$

若 $\beta>0.5$ 和 $Re_D<10\ 000$，上述值应算术相加下列相对不确定度：

0.5%

5.3.3.2　可膨胀性(膨胀)系数 ε 的不确定度

假设 β、$\Delta p/p_1$ 和 κ 为已知且无误差，ε 值的相对不确定度等于：

$$3.5\frac{\Delta p}{\kappa p_1}\%$$

5.4　压力损失 $\Delta\varpi$

5.4.1　GB/T 2624 的本部分所述孔板的压力损失 $\Delta\varpi$ 由公式(6)近似地表明与差压 Δp 的关系：

$$\Delta\varpi=\frac{\sqrt{1-\beta^4(1-C^2)}-C\beta^2}{\sqrt{1-\beta^4(1-C^2)}+C\beta^2}\Delta p \quad \cdots\cdots(6)$$

此压力损失是孔板上游侧的管壁处测得的压力与孔板下游侧测得的压力之间的静压差。孔板上游侧的压力在接近孔板的逼近冲击压力影响仍可忽略不计的管段处(大约在孔板上游 1D 处)测得，而孔板下游侧的压力在可认为由于流束膨胀使静压恰好完全恢复的管段处(大约在孔板下游 6D 处)测得。图 5 所示为孔板测量系统内的压力分布图。

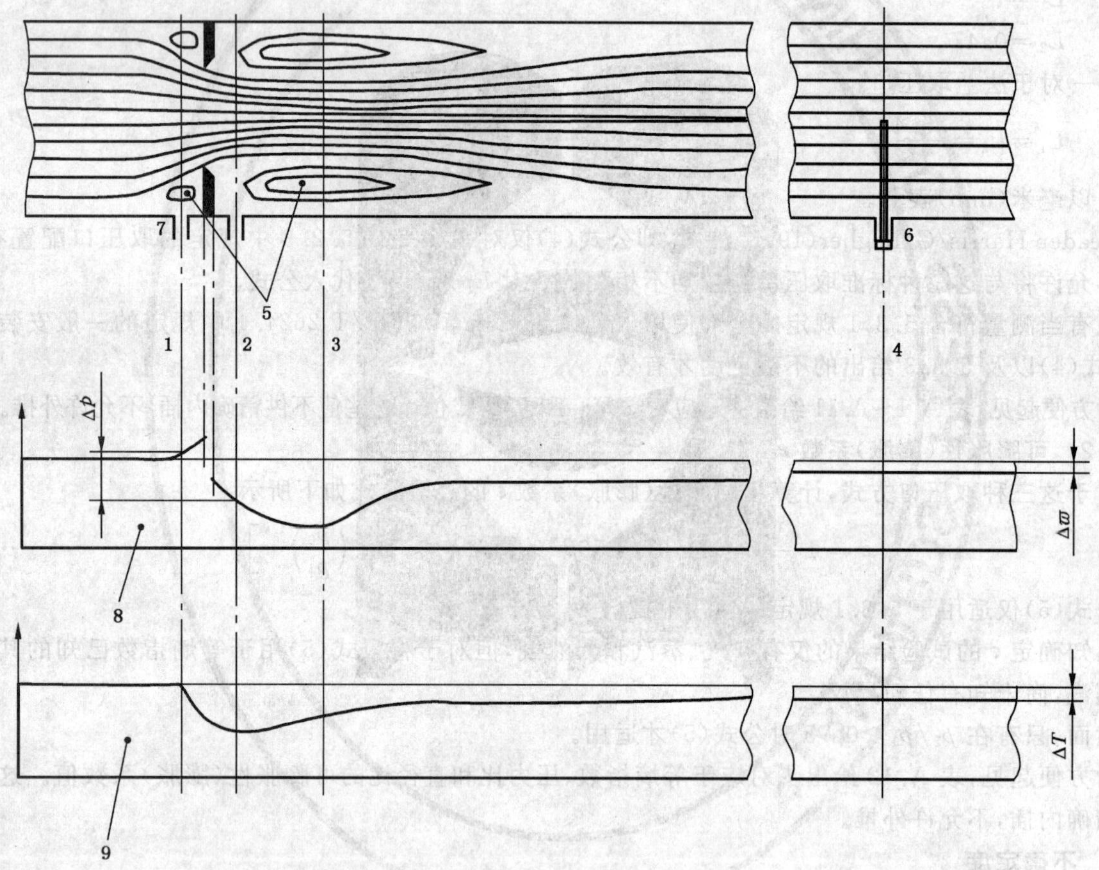

图中：

1——上游取压口平面；

2——下游取压口平面；

3——"缩流"平面(最高流速)；

4——测温探头平面；

5——旋涡流区域；

6——温度计插套或套管；

7——取压口；

8——管壁上的压力分布；

9——平均温度分布。

图 5　孔板测量系统中流量、压力和温度的近似分布图

5.4.2 $\Delta \varpi / \Delta p$ 的另一近似值是：

$$\frac{\Delta \varpi}{\Delta p} = 1 - \beta^{1.9}$$

5.4.3 孔板的压力损失系数 K 为(见参考文献[7])：

$$K = \left[\frac{\sqrt{1-\beta^4(1-C^2)}}{C\beta^2} - 1 \right]^2$$

式中 K 由下式定义：

$$K = \frac{\Delta \varpi}{\frac{1}{2}\rho_1 v^2}$$

6 安装要求

6.1 总则

GB/T 2624.1—2006 的第 7 章规定了差压装置的一般安装要求，除了要遵循这些一般要求之外，还应遵循本章规定的孔板的特殊安装要求。GB/T 2624.1—2006 的 7.3 规定了一次装置处流动状态的一般要求，GB/T 2624.1—2006 的 7.4 规定了流动调整器的使用要求。对于如表 3 中规定的一些常用管件，可以使用标明的最短直管段，详细要求见 6.2。另一方面，6.3 中规定的流动调整器将允许使用较短的上游直管段；当上游无法设置足够长的直管段以达到预期的不确定度水平时，应在孔板的上游安装流动调整器。本部分强烈推荐在集流管的下游使用流动调整器。6.2 给出的许多直管段长度和 6.3.2 给出的所有直管段长度都以参考文献[8]的数据为依据。为 6.2 中的直管段长度做出贡献的其他工作见参考文献[9]和[10]。

6.2 安装在各种管件和孔板之间的最短上游和下游直管段

6.2.1 表 3 给出了在不安装流动调整器的情况下，孔板上游和下游规定管件所需的最短直管段。

6.2.2 不使用流动调整器时，应将表 3 规定的长度视为最小值。对于研究和校验工作，建议将表 3 规定的上游值增大至少一倍，使测量不确定度减小到最低程度。

6.2.3 当使用的直管段等于或大于表 3 中 A 栏规定的“零附加不确定度”的值时，就不必增大流出系数的不确定度，以此来考虑特定安装的影响。

6.2.4 当上游或下游直管段短于表 3 的 A 栏中对应于“零附加不确定度”的值，而等于或大于 B 栏中规定管件的“0.5%附加不确定度”的值时，应在流出系数的不确定度上算术相加 0.5%的附加不确定度。

6.2.5 在下列任何一种情况下，不能用 GB/T 2624 的本部分来预测任何附加不确定度值：

a) 直管段短于表 3 的 B 栏中规定的“0.5%附加不确定度”的值；

b) 上游和下游直管段都短于表 3 的 A 栏中规定的“零附加不确定度”的值。

6.2.6 表 3 中的阀在流量测量过程中应处于全开位置。建议由位于孔板下游的阀控制流量。位于孔板上游的隔断阀应全开，并且这些阀都应是全孔型阀。阀最好配备定位杆，使阀芯对准全开位置。表 3 中的阀公称直径与上游管道相同，但其孔径导致直径台阶大于 6.4.3 的允许台阶。

6.2.7 在测量系统中，若上游阀的孔径与相邻管道的内径相匹配，而且被设计成在全开条件下直径台阶不大于 6.4.3 允许的台阶，就可以把阀看作是测量管道长度的一部分，只要在测量流量时阀处于全开状态就无需按表 3 另外增加直管段长度。

表 3　无流动调整器情况下孔板与管件之间所需的直管段

数值以管道内径 D 的倍数表示

直径比 β	孔板的上游(入口)侧																								孔板的下游(出口)侧	
	单个 90°弯头 任一平面上两个 90°弯头 ($S>30D$)[a]		同一平面上两个 90°弯头: S 形结构 ($30D\geqslant S>10D$)[a]		同一平面上两个 90°弯头: S 形结构 ($10D\geqslant S$)[a]		互成垂直平面上两个 90°弯头 ($30D\geqslant S\geqslant 5D$)[a]		互成垂直平面上两个 90°弯头 ($5D>S$)[a,b]		带或不带延伸部分的单个 90°三通斜接 90°弯头		单个 45°弯头 同一平面上两个 45°弯头 ($S\geqslant 2D$)[a]		同心渐缩管(在 $1.5D$～$3D$ 长度内由 $2D$ 变为 D)		同心渐扩管(在 D～$2D$ 长度内由 $0.5D$ 变为 D)		全孔球阀或闸阀全开		突然对称收缩		温度计插套或套管[c]直径 $\leqslant 0.03D$[d]		管件(2～11 栏)和密度计套管	
1	2		3		4		5		6		7		8		9		10		11		12		13		14	
—	A[e]	B[f]	A[e]	B[f]	A[e]	B[f]	A[e]	B[f]	A[e]	B[f]	A[e]	B[f]	A[e]	B[f]	A[e]	B[f]	A[e]	B[f]	A[e]	B[f]	A[e]	B[f]	A[e]	B[f]	A[e]	B[f]
≤0.20	6	3	10	[g]	10	[g]	19	18	34	17	3	[g]	7	[g]	5	[g]	6	[g]	12	6	30	15	5	3	4	2
0.40	16	3	10	[g]	10	[g]	44	18	50	25	9	3	30	9	5	[g]	12	8	12	6	30	15	5	3	6	3
0.50	22	9	18	10	22	10	44	18	75	34	19	9	30	18	8	5	20	9	12	6	30	15	5	3	6	3
0.60	42	13	30	18	42	18	44	18	65[h]	25	29	18	30	18	9	5	26	11	14	7	30	15	5	3	7	3.5
0.67	44	20	44	18	44	20	44	20	60	18	36	18	44	18	12	6	28	14	18	9	30	15	5	3	7	3.5
0.75	44	20	44	18	44	22	44	20	75	18	44	18	44	18	13	8	36	18	24	12	30	15	5	3	8	4

注 1：所需最短直管段是孔板上游或下游各种管件与孔板之间的直管段长度。直管段应从最近的(或唯一的)弯头或三通的弯曲部分的下游端测量起，或者从渐缩管或渐扩管的弯曲或圆锥部分的下游端测量起。

注 2：本表中直管段所依据的大多数弯头的曲率半径等于 $1.5D$。

[a] S 是上游弯头弯曲部分的下游端到下游弯头弯曲部分的上游端测得的两个弯头之间的间隔。

[b] 这不是一种好的上游安装，如有可能宜使用流动调整器。

[c] 安装温度计插套或套管将不改变其他管件所需的最短上游直管段。

[d] 只要 A 栏和 B 栏的值分别增大到 20 和 10，就可安装直径 $0.03D$～$0.13D$ 的温度计插套或套管。但不推荐这种安装方式。

[e] 每种管件的 A 栏都给出了对应于“零附加不确定度”的直管段(见 6.2.3)。

[f] 每种管件的 B 栏都给出了对应于“0.5%附加不确定度”的直管段(见 6.2.4)。

[g] A 栏中的直管段给出零附加不确定度；目前尚无较短直管段的数据可用于给出 B 栏的所需直管段。

[h] 如果 $S<2D$，$Re_D>2\times10^6$ 需要 $95D$。

6.2.8 表3给出的值是在所研究管件的上游采用很长的直管段通过实验确定的，所以紧靠管件上游的流动被认为是充分发展的且无旋涡。由于在实际应用中难以实现这样的条件，因此可以用以下内容指导正常安装实践。

a) 如果将几个表3所述类型的管件串接在孔板的上游（将表中所述的90°弯头组合看作是一个管件），应按下列规定执行：

1) 紧邻孔板上游的管件（管件1）和孔板之间的直管段，其长度至少应等于表3给出的适合于特定孔板直径比的最短直管段长度。

2) 此外，管件1和距离孔板更远的相邻管件（管件2）之间的直管段，不管所用孔板的实际 β 值为多少，其长度至少应等于管件1和管件2之间的管道直径乘以表3给出的和管件2一起使用的0.67直径比孔板的直径倍数之乘积的一半。如果选择了表3的B栏中的任何一个最短直管段（即从管件1到管件2取一半值之前），则应在流出系数不确定度上算术相加0.5%附加不确定度。

3) 如果上游测量段有一个全孔阀（如表3所示），阀的前面有别的管件（例如渐扩管），则阀可安装在自孔板起第二个管件的出口处。按2)的规定，阀和第二个管件之间所需的直管段长度应该加在表3规定的孔板与第一个管件之间的直管段长度上，见图6。必须注意，6.2.8的b)也应予以满足（如图6所示）。

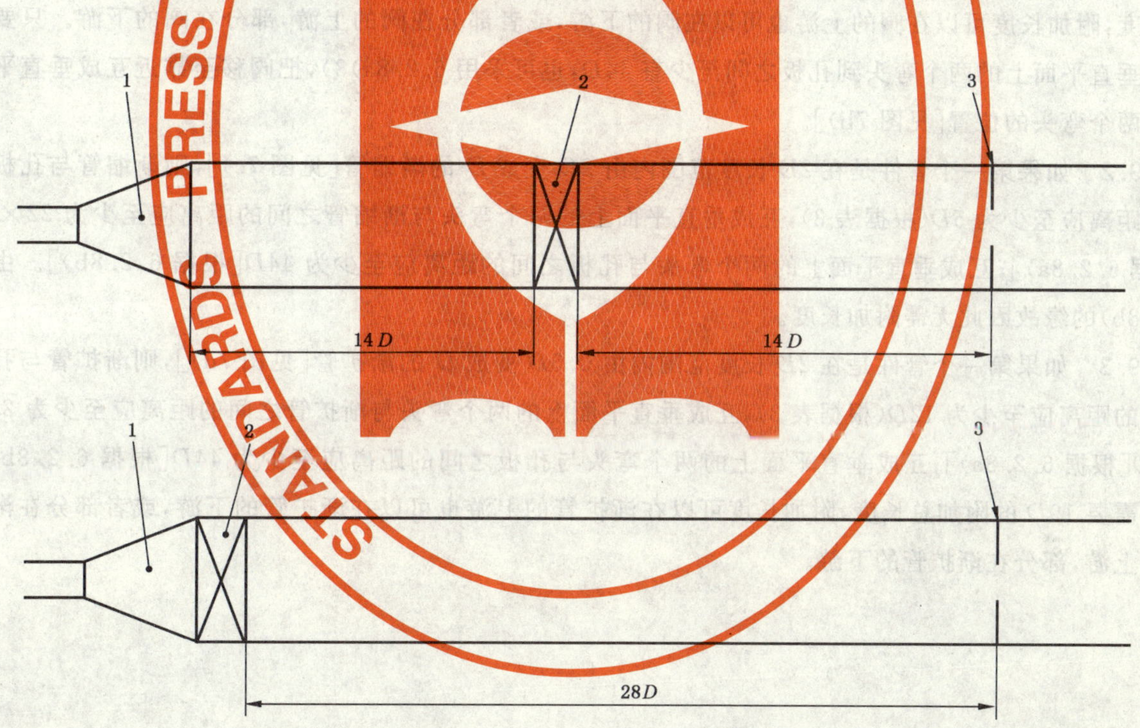

图中：

1——渐扩管；

2——全孔球阀或闸阀全开；

3——孔板。

图6 β=0.6包含一个全孔阀的布局

b) 除了 a)的规定外，任何管件(将两个相连的 90°弯头看作为一个管件)与孔板之间的距离，不管该管件与孔板之间有多少管件，至少应等于孔板处的管道直径和表 3 中该管件与相同直径比孔板之间的所需直径倍数的乘积给出的距离。孔板和管件之间的距离应沿管道轴线测量。对于任何上游管件，如果使用 B 栏而不是 A 栏的直径倍数能满足此距离要求，则流出系数不确定度应算术相加 0.5%附加不确定度，但在 a)和 b)的条款下这个附加不确定度不应二次相加。

c) 强烈建议在测量系统集流管(例如截面积约等于运行中流量测量管截面积 1.5 倍的集流管)的下游安装流动调整器(见 GB/T 2624.1—2006 的 7.4)，因为该处总是会出现流动剖面失真，出现旋涡的概率较高。

d) 当自孔板起的第二个(或较远的)管件是个弯头组合时，在使用表 3 时弯头之间的间隔按弯头本身的直径倍数进行计算。

6.2.9 以实例说明 6.2.8a)和 b)的几种应用情况。在每一种情况中，自孔板起第二个管件是互成垂直平面上的两个弯头(两弯头的间隔是弯头直径的 10 倍)，孔板的直径比为 0.4。

6.2.9.1 如果第一个管件是个全开全孔球阀[见图 7 a)]，则阀与孔板之间的距离应至少为 12*D*(根据表 3)，互成垂直平面上的两个弯头与阀之间的距离应至少为 22*D*[根据 6.2.8a)]；互成垂直平面上的两个弯头与孔板之间的距离应至少为 44*D*[根据 6.2.8b)]。如果阀的长度为 1*D*，则总共需要有 9*D* 的附加长度，附加长度可以在阀的上游也可以在阀的下游，或者部分在阀的上游，部分在阀的下游。只要从互成垂直平面上的两个弯头到孔板之间至少有 44*D*，也可采用 6.2.8a)3)，把阀移至靠近互成垂直平面上的两个弯头的位置[见图 7b)]。

6.2.9.2 如果第一个管件是在 2*D* 长度范围内由 2*D* 变成 *D* 的渐缩管[见图 7c)]，则渐缩管与孔板之间的距离应至少为 5*D*(根据表 3)，互成垂直平面上的两个弯头与渐缩管之间的距离应至少为 22×2*D*(根据 6.2.8a)]；互成垂直平面上的两个弯头与孔板之间的距离应至少为 44*D*[根据 6.2.8b)]。由于 6.2.8b)的缘故因此无需附加长度。

6.2.9.3 如果第一个管件是在 2*D* 长度范围内由 0.5*D* 变成 *D* 的渐扩管[见图 7d)]，则渐扩管与孔板之间的距离应至少为 12*D*(根据表 3)，互成垂直平面上的两个弯头与渐扩管之间的距离应至少为 22×0.5*D*[根据 6.2.8a)]；互成垂直平面上的两个弯头与孔板之间的距离应至少为 44*D*[根据 6.2.8b)]。因此需要 19*D* 的附加总长度，附加长度可以在渐扩管的上游也可以在渐扩管的下游，或者部分在渐扩管的上游，部分在渐扩管的下游。

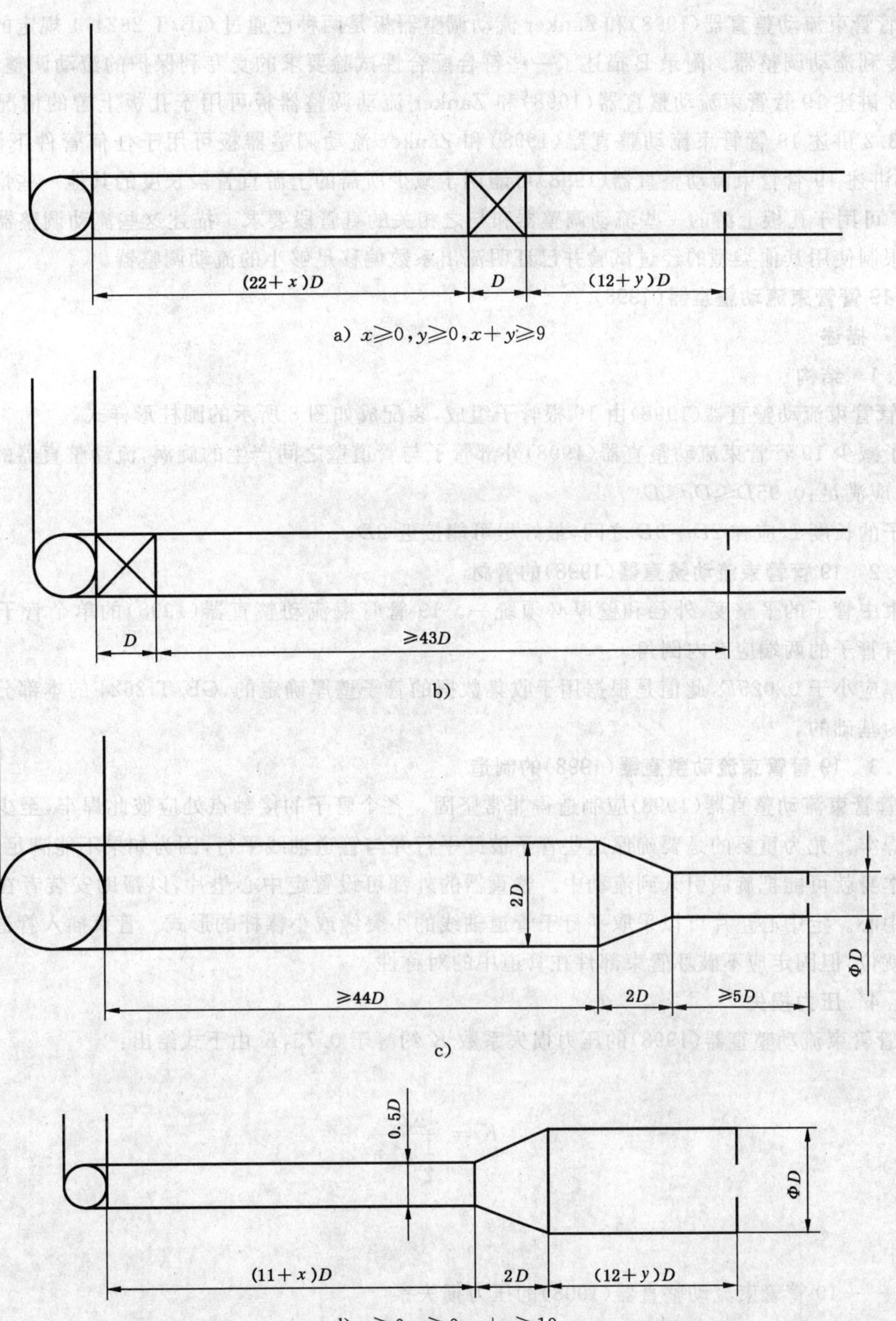

a) $x \geqslant 0, y \geqslant 0, x+y \geqslant 9$

b)

c)

d) $x \geqslant 0, y \geqslant 0, x+y \geqslant 19$

图 7 容许的安装实例(见 6.2.9)

6.3 流动调整器

6.3.1 总则

流动调整器可用于减少上游直管段长度：通过 GB/T 2624.1—2006 的 7.4.1 规定的配合性试验，它可以用在任何上游管件的下游；或者符合 GB/T 2624.1—2006 的 7.4.2 规定的要求，这样就可具备超出配合性试验的更多可能性。这两种情况都应采用孔板进行试验。

19 管管束流动整直器(1998)和 Zanker 流动调整器板是两种已通过 GB/T 2624.1 规定的配合性试验的非专利流动调整器。附录 B 描述了一些符合配合性试验要求的受专利保护的流动调整器。6.3.2 和 6.3.3 讲述 19 管管束流动整直器(1998)和 Zanker 流动调整器板可用于孔板上游的情况;6.3.2.2 和 6.3.3.2 讲述 19 管管束流动整直器(1998)和 Zanker 流动调整器板可用于任何管件下游的情况;6.3.2.3讲述 19 管管束流动整直器(1998)可能用于减少所需的上游直管段长度的其他一些情况。附录 B 讲述了可用于孔板上游的一些流动调整器和与之相关的直管段要求。描述这些流动调整器的意图并非是要限制使用其他类型的经过试验并已证明流出系数偏移足够小的流动调整器。

6.3.2　19 管管束流动整直器(1998)

6.3.2.1　描述

6.3.2.1.1　结构

19 管管束流动整直器(1998)由 19 根管子组成,装配成如图 8 所示的圆柱形样式。

为了减少 19 管管束流动整直器(1998)外部管子与管道壁之间产生的旋涡,流动整直器的最大外部直径 D_f 应满足:$0.95D \leqslant D_f \leqslant D$。

管子的长度 L 应在 $2D \sim 3D$ 之间,最好尽可能接近 $2D$。

6.3.2.1.2　19 管管束流动整直器(1998)的管材

管束中管子的平整度、外径和壁厚必须统一。19 管管束流动整直器(1998)的单个管子的壁厚应薄。所有管子的两端应有内倒角。

壁厚应小于 $0.025D$,此值是根据用于收集数据的管子壁厚确定的,GB/T 2624 的本部分就是以这些数据为基础的。

6.3.2.1.3　19 管管束流动整直器(1998)的制造

19 管管束流动整直器(1998)应制造得非常坚固。各个管子的接触点处应彼此焊牢,至少要在管束的两端焊牢。尤为重要的是要确保这些管子彼此平行并与管道轴线平行,因为如果不能满足这个要求,整直器本身就可能把旋涡引入到流动中。整直器的外部可设置定中心垫片,以帮助安装者在管道中为装置定中心。定中心垫片可以采取平行于管道轴线的小突缘或小棒杆的形式。管束插入管道后应可靠地固定就位,但固定应不破坏管束部件在管道中的对称性。

6.3.2.1.4　压力损失

19 管管束流动整直器(1998)的压力损失系数 K 约等于 0.75,K 由下式给出:

$$K = \frac{\Delta p_c}{\frac{1}{2}\rho v^2}$$

式中:

Δp_c——19 管管束流动整直器(1998)的压力损失;

ρ——管道中流体的密度;

v——管道中流体的平均轴向速度。

6.3.2.2　安装在任何管件的下游

6.3.2.2.1　只要满足 6.3.2.1 的制造规范并按 6.3.2.2.2 安装,如图 8 所示的 19 管管束流动整直器(1998)可以与直径比为 0.67 或更小的孔板一起用在任何管件的下游。

6.3.2.2.2　安装 19 管管束流动整直器(1998)应使孔板与任何上游管件之间至少有 $30D$,19 管管束流动整直器(1998)的下游端与孔板之间的距离等于 $13D \pm 0.25D$。

图中：

1——最小间隙；

2——管道壁；

3——管壁厚度；

4——定中心垫片选项(一般4处)。

a D_f 为流动整直器外径。

图8　19管管束流动整直器(1998)

6.3.2.3　附加选项

6.3.2.3.1　除了6.3.2.2所述的情况以外，19管管束流动整直器(1998)亦可用于减少所需上游直管段长度。19管管束流动整直器(1998)应如6.3.2.1中所述。

19管管束流动整直器(1998)的允许位置取决于孔板到最近上游管件的距离 L_f，此距离要量至最近的(或唯一的)弯头或三通的弯曲部分的下游端，或者量到渐缩管或渐扩管的弯曲部分或圆锥形部分的下游端。

表4提供了两个 L_f 范围的19管管束流动整直器(1998)的允许位置范围和推荐位置：

——$30D>L_f\geqslant18D$；

——$L_f\geqslant30D$。

L_f 应大于或等于18D。表4是以19管管束流动整直器(1998)的下游端与孔板之间的直管段长度描述19管管束流动整直器(1998)的位置。

对于特定的上游管件、孔板直径比和 L_f 值，如果表4没有给出19管管束流动整直器(1998)的位置，则不建议采用这种管件、β 和 L_f。在这种情况下，必须增大 L_f 和(或)减小 β。

孔板下游所需的直管段长度应如表3所示。

表4的使用实例见6.3.2.4。

6.3.2.3.2　当孔板与19管管束流动整直器(1998)之间的直管段长度等于或大于表4的A栏规定的值，下游直管段长度等于或大于表3的A栏规定的值时，就不必为考虑特定安装的影响而增加流出系数的不确定度。

6.3.2.3.3　在下列任何一种情况下，应在流出系数不确定度中算术相加0.5%附加不确定度：

a)　孔板与19管管束流动整直器(1998)之间的直管段短于表4 A栏给出的值，但等于或大于表4 B栏给出的值；

b)　下游直管段短于表3 A栏中对应于“零附加不确定度”的值，但等于或大于表3 B栏中某个给定管件的“0.5%附加不确定度”的值。

表 4　孔板与管件下游 19 管管束流动整直器(1998)之间的允许直管段长度范围(孔板与管件间距 L_f)

数值以管道内径 D 的倍数表示

直径比 β	单个 90°弯头[b]				互成垂直平面上的两个 90°弯头[b] (2D≥S)[a]				单个 90°三通				任何管件			
	30>L_f≥18		L_f≥30		30>L_f≥18		L_f≥30		30>L_f≥18		L_f≥30		30>L_f≥18		L_f≥30	
1	2		3		4		5		6		7		8		9	
—	A[c]	B[d]	A[c]	B[d]	A[c]	B[d]	A[c]	B[d]	A[c]	B[d]	A[c]	B[d]	A[c]	B[d]	A[c]	B[d]
≤0.2	5～14.5	1～n[e]	5～25	1～n[e]	5～14.5	1～n[e]	5～25	1～n[e]	5～14.5	1～n[e]	1～25	1～n[e]	5～11	1～n[e]	5～13	1～n[e]
0.4	5～14.5	1～n[e]	5～25	1～n[e]	5～14.5	1～n[e]	5～25	1～n[e]	5～14.5	1～n[e]	1～25	1～n[e]	5～11	1～n[e]	5～13	1～n[e]
0.5	11.5～14.5	3～n[e]	11.5～25	3～n[e]	9.5～14.5	1～n[e]	9～25	1～n[e]	11～13	1～n[e]	9～23	1～n[e]	[f,g]	3～n[e]	11.5～14.5	3～n[e]
0.6	12～13	5～n[e]	12～15	5～n[e]	13.5～14.5	6～n[e]	9～25	1～n[e]	[f,h]	7～n[e]	11～16	1～n[e]	[f]	7～n[e]	12～16	6～n[e]
0.67	13	7～n[e]	13～16.5	7～n[e]	13～14.5	7～n[e]	10～16	5～n[e]	[f]	8～n[e]	11～13	6～n[e]	[f]	8～10	13	7～n−1.5[e]
0.75	14	8～n[e]	14～16.5	8～n[e]	[f]	9.5～n[e]	12～12.5	8～n[e]	[f]	9～n[e]	12～14	7～n[e]	[f]	9.5	[f]	8～22
推荐值	13 对于 β≤0.67	13 对于 β≤0.75	14～16.5 对于 β≤0.75	14～16.5 对于 β≤0.75	13.5～14.5 对于 β≤0.67	13.5～14.5 对于 β≤0.75	12～12.5 对于 β≤0.75	12～12.5 对于 β≤0.75	13 对于 β≤0.54	13 对于 β≤0.75	12～13 对于 β≤0.75	12～13 对于 β≤0.75	9.5 对于 β≤0.46	9.5 对于 β≤0.75	13 对于 β≤0.67	13 对于 β≤0.75

注：表中给出的直管段长度是假定在 6.3.2.1 所述 19 管管束流动整直器(1998)的上游距孔板 L_f 处装有特定管件的条件下，19 管管束流动整直器(1998)的下游端与孔板之间的允许直管段长度。与孔板的距离 L_f 要测量到最近的(或唯一的)弯头或三通的弯曲部分的下游端，或者测量到渐缩管或渐扩管的弯曲部分或圆锥部分的下游端。推荐值给出的管束位置适用于规定 β 值范围。

[a] S 是上游弯头弯曲部分的下游端到下游弯头弯曲部分的上游端测得的两个弯头之间的间隔。

[b] 弯头的曲率半径宜等于 1.5D。

[c] 各种管件的 A 栏给出对应于“零附加不确定度”值的直管段(见 6.3.2.3.2)。

[d] 各种管件的 B 栏给出对应于“0.5%附加不确定度”值的直管段(见 6.3.2.3.3)。

[e] n 是 19 管管束流动整直器(1998)的上游端距最近管件的弯曲或圆锥部分的下游端 1D 处的直径倍数。19 管管束流动整直器(1998)的上游端与最近管件的弯曲或圆锥部分的下游端之间的长度至少是 2.5D 最为理想，不能给出孔板与 19 管管束流动整直器(1998)的下游端之间合适距离值的场合除外。

[f] 无法为该栏内所有 L_f 值找出特定管件下游 19 管管束流动整直器(1998)的合适位置。

[g] 若 β=0.46，可以是 9.5。

[h] 若 β=0.54，可以是 13。

6.3.2.3.4 在下列情况下，不能用 GB/T 2624 的本部分来预测任何附加不确定度值：

a) 孔板与 19 管管束流动整直器(1998)之间的直管段短于表 4 B 栏中给出的值；

b) 下游直管段短于表 3 B 栏规定的“0.5%附加不确定度”的值；

c) 孔板与 19 管管束流动整直器(1998)之间的直管段长度不符合表 4 的 A 栏中“零附加不确定度”的值，且下游直管段短于表 3 的 A 栏中规定的“零附加不确定度”的值。

6.3.2.3.5 表 4 给出的值是在所述管件的上游安装很长的直管段，通过实验确定的。所以紧靠管件上游的流动被认为是充分发展的且无旋涡。因为实际上这样的条件是难以实现的，因此，除了任何管件一栏外，表 4 中列出的管件与最近的管件之间至少应有 15D 的直管段。

6.3.2.4 **实例**

如果有必要在直径比为 0.6 的孔板上游安装单个弯头，不采用任何流动调整器需要 42D 上游直管段(见表 3)，而采用 19 管管束流动整直器(1998)则可减少上游直管段。采用 19 管管束流动整直器(1998)有两种选择。一种选择是允许采用如 6.3.2.2.2 中的装置[见图 9a)]，其优点是任何管件都可以安置在单个弯头上游的任何距离处。另一种是允许采用如表 4 中的装置[见图 9b)]，弯头下游所需的直管段较短，但弯头上游需要一个直管段。如果从孔板到弯头的上游直管段大于或等于 30D，也可用表 4 提供一个较宽的管束位置范围，但由于在设计装置时极少需要这些位置，所以图 9 中没有表示这些位置。

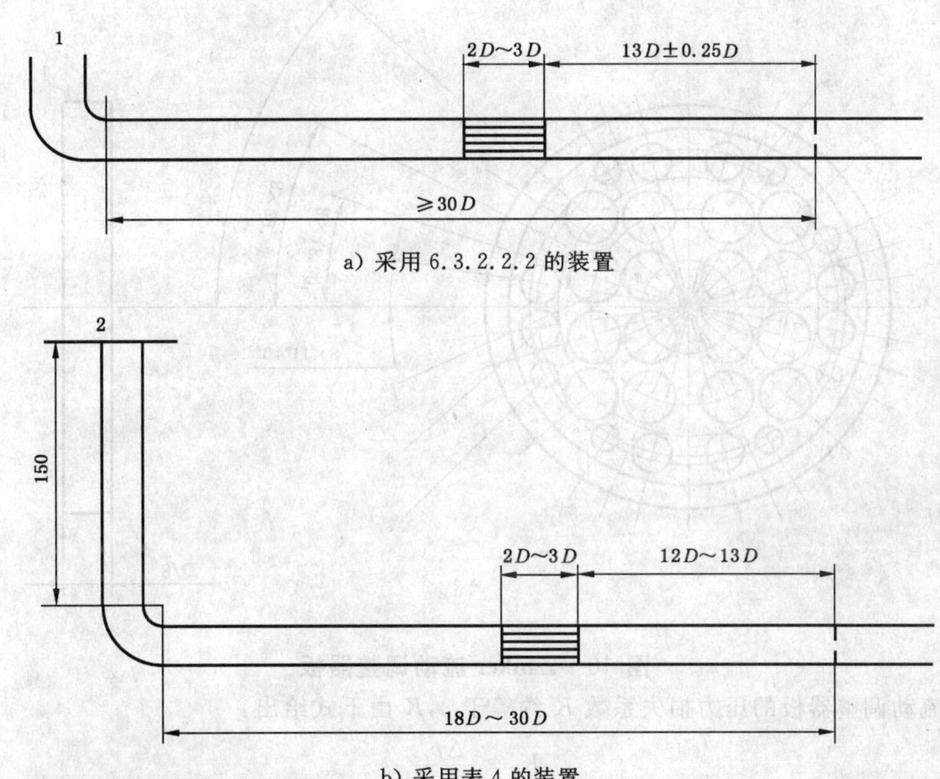

图中：

1——单个弯头上游任何距离处的任何管件的位置；

2——单个弯头上游直管段前的前一个管件的位置。

图 9 单个弯头下游采用 19 管管束流动整直器的装置实例

6.3.3 Zanker 流动调整器板

6.3.3.1 描述

Zanker 流动调整器板是 GB/T 2624.1—2006 的 C.3.2.5 所述 Zanker 调整器的一种改进。Zanker 流动调整器板板上孔洞的分布与其相同，但板上没有附置蛋箱形蜂窝，而板的厚度增大到 $D/8$。它不受专利保护。

图 10 所示的 Zanker 流动调整器板[11] 符合 GB/T 2624.1—2006 中 7.4.1.2～7.4.1.6 的配合性试验要求。符合 6.3.3.2 的制造规范并按 6.3.3.2 安装的 Zanker 流动调整器板可符合 GB/T 2624 的本部分的要求。

6.3.3.2 结构

如图 10 所示，Zanker 流动调整器板由对称环形分布的 32 个钻孔组成，孔的尺寸是管道内径 D 的函数，如下所示：

a) $0.25D \pm 0.0025D$ 节圆直径上，一圈 4 个直径 $0.141D \pm 0.001D$ 的孔；

b) $0.56D \pm 0.0056D$ 节圆直径上，一圈 8 个直径 $0.139D \pm 0.001D$ 的孔；

c) $0.75D \pm 0.0075D$ 节圆直径上，一圈 4 个直径 $0.1365D \pm 0.001D$ 的孔；

d) $0.85D \pm 0.0085D$ 节圆直径上，一圈 8 个直径 $0.110D \pm 0.001D$ 的孔；

e) $0.90D \pm 0.009D$ 节圆直径上，一圈 8 个直径 $0.077D \pm 0.001D$ 的孔。

每个孔的直径的允差，对于 $D<100$ mm，为 ±0.1 mm。

多孔板的厚度 t_c 为：$0.12D \leqslant t_c \leqslant 0.15D$。法兰的厚度取决于应用场合，外径和法兰端面取决于法兰的类型和应用场合。

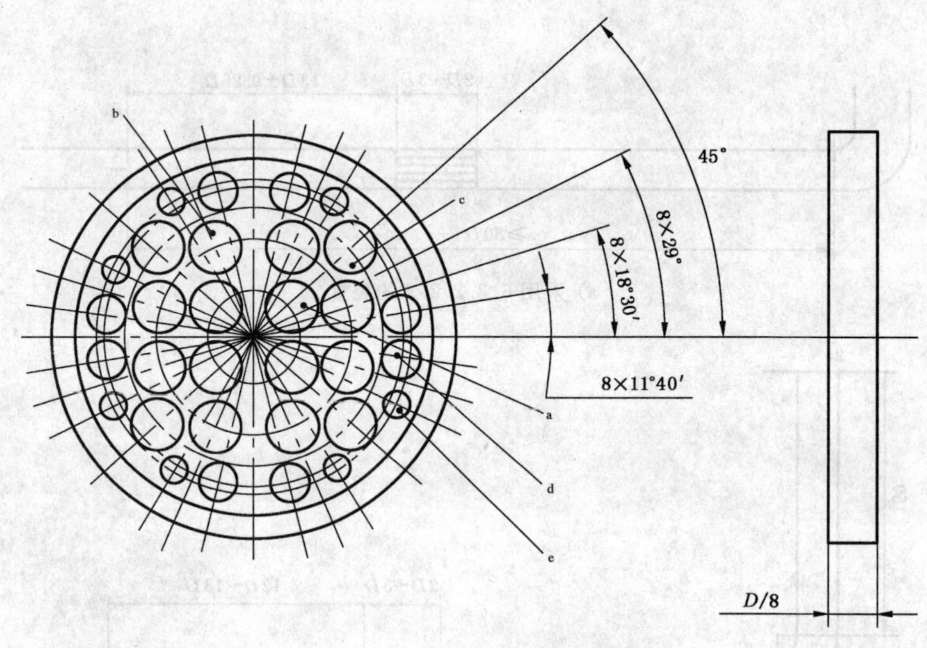

图 10 Zanker 流动调整器板

Zanker 流动调整器板的压力损失系数 K 约等于 3，K 由下式给出：

$$K = \frac{\Delta p_c}{\frac{1}{2}\rho v^2}$$

式中：

Δp_c——Zanker 流动调整器板的压力损失；

ρ——管道中流体的密度；

v——管道中流体的平均轴向流速。

6.3.3.3 安装

孔板与最近的上游管件之间的距离 L_f 应至少等于 $17D$。安装 Zanker 流动调整器板后，调整器板的下游面与孔板之间的距离 L_s 应为：

$$7.5D \leqslant L_s \leqslant L_f - 8.5D$$

Zanker 流动调整器板可用于 $\beta \leqslant 0.67$。

至弯头(或弯头组合)或三通的距离要测量到最靠近的(或唯一的)弯头或三通弯曲部分的下游端。至渐缩管或渐扩管的距离要测量到渐缩管或渐扩管弯曲部分或圆锥部分的下游端。

本条款给出的位置适用于任何管件的下游。如果上游管件的范围受到限制,或上游管件与孔板之间的总长度增大,或孔板的直径比减小,允许放宽 Zanker 流动调整器板位置范围。这里不再描述这些位置。

6.4 管道的圆度和圆柱度

6.4.1 邻近孔板(如有夹持环则邻近夹持环)的 $2D$ 长度的上游管段在加工时应格外小心,该长度内任何平面上的直径与按 6.4.2 的规定测得的 D 的平均值的偏差应不大于 0.3%。

6.4.2 管道直径 D 值应是上游取压口上游 $0.5D$ 长度范围内的平均内径。该平均内径应是至少 12 个直径测量值的算术平均值,亦即在 $0.5D$ 长度范围内平均分布至少 3 个横截面,每个横截面上分布彼此间角度近似相等的 4 个直径。其中两个截面距上游取压口 $0D$ 和 $0.5D$,如果是焊接颈部结构,则另一个截面在焊接平面内。如有夹持环(见图 4),该 $0.5D$ 值应从夹持环上游边缘测量起。

6.4.3 距孔板 $2D$ 之外,孔板与第一个上游管件或阻流件之间的上游管道可由一个或多个管段组成。

在距孔板 $2D$ 和 $10D$ 之间,只要任何两个管段之间的直径台阶(直径之间的差值)不超过按 6.4.2 的规定测得的平均 D 值的 0.3%,流出系数中就无附加不确定度。此外,在管道内周长的任何位置,由不同心和(或)直径变化造成的实际台阶应不超过 D 的 0.3%。因此在安装时,对接法兰需要匹配孔径,并可使用定位销或自定中心垫圈给法兰定中心。

在距孔板 $10D$ 之外(见参考文献[12]),只要任何两个管段之间的直径台阶(直径之间的差值)不超过按 6.4.2 的规定测得的平均 D 值的 2%,流出系数中就无附加不确定度。此外,在管道内周长的任何位置,由不同心和(或)直径变化所造成的实际台阶应不超过 D 的 2%。如果台阶上游管道直径大于台阶下游管道直径,则允许直径和实际台阶从 D 的 2%增大到 D 的 6%。台阶两侧管道的直径应在 $0.94D$ 和 $1.06D$ 之间。在距孔板 $10D$ 之外,管段之间采用垫圈,只要其厚度不超过 3.2 mm 且不突入管道中,就不违反这个要求。

在距孔板和按表 3 的 10A 栏可安装渐扩管的第一个位置 $10D$ 之外的位置,只要任何两个管段之间的直径台阶(直径之间的差值)不超过按 6.4.2 的规定测得的平均 D 值的 6%,流出系数中就无附加不确定度。此外,在管道内周长的任何位置,由不同心和(或)直径变化所造成的实际台阶应不超过 D 的 6%。台阶两侧管道的直径应在 $0.94D$～$1.06D$ 之间。按表 3 的 10A 栏可安装渐扩管的第一个位置取决于孔板的直径比,例如,若 $\beta=0.6$,则第一个位置距孔板 $26D$。

6.4.4 如果任何两个管段之间的直径台阶(ΔD)超出 6.4.3 中规定的限值但符合下述关系,则流出系数的不确定度应算术相加 0.2%的附加不确定度:

$$\frac{\Delta D}{D} < 0.002\left[\frac{\frac{s}{D}+0.4}{0.1+2.3\beta^4}\right]$$

和

$$\frac{\Delta D}{D} < 0.05$$

式中 s 为台阶至上游取压口的距离,或者,在使用夹持环情况下,至夹持环形成的凹槽上游边缘的距离。

6.4.5 如果台阶大于上述不等式给出的任何一个限值,或者如果有不止一个台阶超出 6.4.3 的限值,则该装置不符合 GB/T 2624 的本部分的要求。

6.4.6 在距孔板上游端面至少 $2D$ 长度的下游直管段内,管道直径与上游直管段平均直径之差应不大于 3%。这可通过检查下游直管段一个直径的方法进行判断。在安装时,对接法兰需要匹配孔径,并可使用定位销或自定中心垫圈给法兰定中心。

6.5 孔板和夹持环的位置

6.5.1 孔板装入管道中时应使流体从上游端面流向下游端面。

6.5.2 孔板应垂直于管道轴线,偏差在1°以内。

6.5.3 孔板应与管道同心。应测量孔板轴线与上、下游侧管道轴线之间的距离 e_c。对于各个取压口,应测定节流孔轴线与管道轴线之间的距离分量,它位于平行于和垂直于取压口轴线的方向。

对于各个取压口,在方向上平行于取压口的距离分量 e_{cl} 应是:

$$e_{cl} \leqslant \frac{0.002\,5D}{0.1+2.3\beta^4}$$

对于各个取压口,在方向上垂直于取压口的距离分量 e_{cn} 应是:

$$e_{cn} \leqslant \frac{0.005D}{0.1+2.3\beta^4}$$

对于一个或多个取压口,若:

$$\frac{0.002\,5D}{0.1+2.3\beta^4} < e_{cl} \leqslant \frac{0.005D}{0.1+2.3\beta^4}$$

则流出系数 C 的不确定度应算术相加0.3%的附加不确定度。但即使上述不等式适用于几个取压口,此附加不确定度也只能相加一次。

对于任何取压口,当 e_{cl} 或者 $e_{cn} > \frac{0.005D}{0.1+2.3\beta^4}$,GB/T 2624 的本部分给不出任何资料用于预测因同心度不好而造成的任何附加不确定度。

6.5.4 当采用夹持环时,应使夹持环对准中心,不能有任何地方突入管道。

6.6 固定方法和垫圈

6.6.1 固定和紧固方法应做到一旦孔板安装到位就保持不变。

当孔板固定在法兰之间时,必需允许它自由热膨胀以避免扭曲变形。

6.6.2 垫圈或密封环在制造和嵌入时应采取措施使其在任何点上都不会突入管道,当采用角接取压口时使其不会挡住取压口或槽。垫圈和密封环应尽可能薄,要事先考虑满足5.2的规定。

6.6.3 如果孔板与环室环之间使用了垫圈,垫圈不应突入环室。

附 录 A
（资料性附录）
流出系数表和可膨胀性（膨胀）系数表

表 A.1 角接取压孔板——$D \geqslant 71.12$ mm 的流出系数 C

直径比 β	流出系数 C, Re_D 等于											
	5×10^3	1×10^4	2×10^4	3×10^4	5×10^4	7×10^4	1×10^5	3×10^5	1×10^6	1×10^7	1×10^8	∞
0.10	0.600 6	0.599 0	0.598 0	0.597 6	0.597 2	0.597 0	0.596 9	0.596 6	0.596 5	0.596 4	0.596 4	0.596 4
0.12	0.601 4	0.599 5	0.598 3	0.597 9	0.597 5	0.597 3	0.597 1	0.596 8	0.596 6	0.596 5	0.596 5	0.596 5
0.14	0.602 1	0.600 0	0.598 7	0.598 2	0.597 7	0.597 5	0.597 3	0.596 9	0.596 8	0.596 6	0.596 6	0.596 6
0.16	0.602 8	0.600 5	0.599 1	0.598 5	0.598 0	0.597 8	0.597 6	0.597 1	0.596 9	0.596 8	0.596 8	0.596 8
0.18	0.603 6	0.601 1	0.599 5	0.598 9	0.598 3	0.598 1	0.597 8	0.597 4	0.597 1	0.597 0	0.597 0	0.596 9
0.20	0.604 5	0.601 7	0.600 0	0.599 3	0.598 7	0.598 4	0.598 1	0.597 6	0.597 4	0.597 2	0.597 2	0.597 1
0.22	0.605 3	0.602 3	0.600 5	0.599 8	0.599 1	0.598 7	0.598 5	0.597 9	0.597 6	0.597 4	0.597 4	0.597 4
0.24	0.606 2	0.603 0	0.601 0	0.600 2	0.599 5	0.599 1	0.598 8	0.598 2	0.597 9	0.597 7	0.597 6	0.597 6
0.26	0.607 2	0.603 8	0.601 6	0.600 7	0.599 9	0.599 6	0.599 2	0.598 6	0.598 2	0.598 0	0.597 9	0.597 9
0.28	0.608 3	0.604 6	0.602 2	0.601 3	0.600 4	0.600 0	0.599 7	0.599 0	0.598 6	0.598 3	0.598 2	0.598 1
0.30	0.609 5	0.605 4	0.602 9	0.601 9	0.601 0	0.600 5	0.600 1	0.599 4	0.598 9	0.598 6	0.598 5	0.598 4
0.32	0.610 7	0.606 3	0.603 6	0.602 6	0.601 6	0.601 1	0.600 6	0.599 8	0.599 3	0.599 0	0.598 8	0.598 7
0.34	0.612 0	0.607 3	0.604 4	0.603 3	0.602 2	0.601 7	0.601 2	0.600 3	0.599 8	0.599 3	0.599 2	0.599 1
0.36	0.613 5	0.608 4	0.605 3	0.604 0	0.602 9	0.602 3	0.601 8	0.600 8	0.600 2	0.599 7	0.599 6	0.599 4
0.38	0.615 1	0.609 6	0.606 2	0.604 9	0.603 6	0.603 0	0.602 4	0.601 3	0.600 7	0.600 1	0.599 9	0.599 8
0.40	0.616 8	0.610 9	0.607 2	0.605 8	0.604 4	0.603 7	0.603 1	0.601 9	0.601 2	0.600 6	0.600 3	0.600 1
0.42	0.618 7	0.612 2	0.608 3	0.606 7	0.605 2	0.604 4	0.603 8	0.602 5	0.601 7	0.601 0	0.600 7	0.600 5
0.44	0.620 7	0.613 7	0.609 4	0.607 7	0.606 1	0.605 2	0.604 5	0.603 1	0.602 2	0.601 4	0.601 1	0.600 8
0.46	0.622 8	0.615 2	0.610 6	0.608 7	0.607 0	0.606 1	0.605 3	0.603 7	0.602 7	0.601 9	0.601 5	0.601 2
0.48	0.625 1	0.616 9	0.611 8	0.609 8	0.607 9	0.606 9	0.606 1	0.604 3	0.603 3	0.602 3	0.601 9	0.601 5
0.50	0.627 6	0.618 6	0.613 1	0.610 9	0.608 8	0.607 8	0.606 9	0.605 0	0.603 8	0.602 7	0.602 2	0.601 8
0.51	0.628 9	0.619 5	0.613 8	0.611 5	0.609 3	0.608 2	0.607 3	0.605 3	0.604 0	0.602 9	0.602 4	0.601 9
0.52	0.630 2	0.620 4	0.614 4	0.612 1	0.609 8	0.608 7	0.607 7	0.605 6	0.604 3	0.603 0	0.602 5	0.602 0
0.53	0.631 6	0.621 3	0.615 1	0.612 6	0.610 3	0.609 1	0.608 0	0.605 9	0.604 5	0.603 2	0.602 6	0.602 1
0.54	0.633 0	0.622 3	0.615 8	0.613 2	0.610 8	0.609 5	0.608 4	0.606 1	0.604 7	0.603 3	0.602 7	0.602 1
0.55	0.634 4	0.623 2	0.616 5	0.613 8	0.611 2	0.609 9	0.608 8	0.606 4	0.604 9	0.603 4	0.602 8	0.602 2
0.56	—	0.624 2	0.617 2	0.614 3	0.611 7	0.610 3	0.609 1	0.606 6	0.605 0	0.603 5	0.602 8	0.602 2
0.57	—	0.625 2	0.617 9	0.614 9	0.612 1	0.610 7	0.609 5	0.606 9	0.605 2	0.603 6	0.602 8	0.602 2
0.58	—	0.626 2	0.618 5	0.615 5	0.612 6	0.611 1	0.609 8	0.607 0	0.605 3	0.603 6	0.602 8	0.602 1
0.59	—	0.627 2	0.619 2	0.616 0	0.613 0	0.611 4	0.610 1	0.607 2	0.605 4	0.603 6	0.602 8	0.602 0
0.60	—	0.628 2	0.619 8	0.616 5	0.613 4	0.611 7	0.610 3	0.607 3	0.605 4	0.603 5	0.602 7	0.601 9
0.61	—	0.629 2	0.620 5	0.617 0	0.613 7	0.612 0	0.610 6	0.607 4	0.605 4	0.603 4	0.602 5	0.601 7
0.62	—	0.630 2	0.621 1	0.617 5	0.614 0	0.612 3	0.610 8	0.607 5	0.605 4	0.603 3	0.602 3	0.601 4
0.63	—	0.631 2	0.621 7	0.617 9	0.614 3	0.612 5	0.610 9	0.607 5	0.605 2	0.603 0	0.602 1	0.601 1
0.64	—	0.632 1	0.622 2	0.618 3	0.614 5	0.612 6	0.611 0	0.607 4	0.605 1	0.602 8	0.601 7	0.600 7
0.65	—	0.633 1	0.622 7	0.618 6	0.614 7	0.612 7	0.611 0	0.607 3	0.604 8	0.602 4	0.601 3	0.600 2
0.66	—	0.634 0	0.623 2	0.618 9	0.614 8	0.612 8	0.611 0	0.607 1	0.604 5	0.602 0	0.600 8	0.599 7
0.67	—	0.634 8	0.623 6	0.619 1	0.614 9	0.612 7	0.610 8	0.606 8	0.604 1	0.601 4	0.600 2	0.599 0
0.68	—	0.635 7	0.623 9	0.619 3	0.614 9	0.612 6	0.610 6	0.606 4	0.603 6	0.600 8	0.599 5	0.598 3
0.69	—	0.636 4	0.624 2	0.619 3	0.614 7	0.612 4	0.610 4	0.605 9	0.603 0	0.600 1	0.598 7	0.597 4
0.70	—	0.637 2	0.624 4	0.619 3	0.614 5	0.612 1	0.610 0	0.605 3	0.602 3	0.599 2	0.597 8	0.596 4
0.71	—	0.637 8	0.624 5	0.619 2	0.614 2	0.611 7	0.609 4	0.604 6	0.601 4	0.598 2	0.596 7	0.595 3
0.72	—	0.638 3	0.624 4	0.618 9	0.613 8	0.611 1	0.608 8	0.603 8	0.600 5	0.597 1	0.595 5	0.594 0
0.73	—	0.638 8	0.624 3	0.618 6	0.613 2	0.610 4	0.608 0	0.602 8	0.599 3	0.595 8	0.594 2	0.592 6
0.74	—	0.639 1	0.624 0	0.618 1	0.612 5	0.609 6	0.607 1	0.601 6	0.598 0	0.594 3	0.592 6	0.591 0
0.75	—	0.639 4	0.623 6	0.617 4	0.611 6	0.608 6	0.606 0	0.600 3	0.596 5	0.592 7	0.590 9	0.589 2

注：提供本表是为方便使用。表中的数值不供精确内插之用，不允许外推。

表 A.2　具有 D 和 $D/2$ 取压口的孔板——$D \geqslant 71.12$ mm 的流出系数 C

直径比	流出系数 C, Re_D 等于											
β	5×10^3	1×10^4	2×10^4	3×10^4	5×10^4	7×10^4	1×10^5	3×10^5	1×10^6	1×10^7	1×10^8	∞
0.10	0.600 3	0.598 7	0.597 7	0.597 3	0.596 9	0.596 7	0.596 6	0.596 3	0.596 2	0.596 1	0.596 1	0.596 0
0.12	0.601 0	0.599 1	0.597 9	0.597 5	0.597 1	0.596 9	0.596 7	0.596 4	0.596 2	0.596 1	0.596 1	0.596 1
0.14	0.601 6	0.599 5	0.598 2	0.597 7	0.597 2	0.597 0	0.596 8	0.596 5	0.596 3	0.596 2	0.596 1	0.596 1
0.16	0.602 3	0.600 0	0.598 5	0.598 0	0.597 4	0.597 2	0.597 0	0.596 6	0.596 4	0.596 2	0.596 2	0.596 2
0.18	0.602 9	0.600 4	0.598 9	0.598 2	0.597 7	0.597 4	0.597 1	0.596 7	0.596 5	0.596 3	0.596 3	0.596 3
0.20	0.603 7	0.600 9	0.599 2	0.598 5	0.597 9	0.597 6	0.597 4	0.596 9	0.596 6	0.596 4	0.596 4	0.596 4
0.22	0.604 4	0.601 5	0.599 6	0.598 9	0.598 2	0.597 9	0.597 6	0.597 1	0.596 8	0.596 6	0.596 5	0.596 5
0.24	0.605 3	0.602 1	0.600 1	0.599 3	0.598 5	0.598 2	0.597 9	0.597 3	0.597 0	0.596 7	0.596 7	0.596 6
0.26	0.606 2	0.602 7	0.600 6	0.599 7	0.598 9	0.598 5	0.698 2	0.597 5	0.597 2	0.596 9	0.596 9	0.596 8
0.28	0.607 2	0.603 4	0.601 1	0.600 2	0.599 3	0.598 9	0.598 5	0.597 8	0.597 5	0.597 2	0.597 1	0.597 0
0.30	0.608 2	0.604 2	0.601 7	0.600 7	0.599 8	0.599 3	0.598 9	0.598 2	0.597 8	0.597 4	0.597 3	0.597 3
0.32	0.609 4	0.605 1	0.602 4	0.601 3	0.600 3	0.599 8	0.599 4	0.598 6	0.598 1	0.597 7	0.597 6	0.597 5
0.34	0.610 7	0.606 0	0.603 1	0.602 0	0.600 9	0.600 4	0.599 9	0.599 0	0.598 5	0.598 1	0.597 9	0.597 8
0.36	0.612 1	0.607 1	0.604 0	0.602 7	0.601 6	0.601 0	0.600 5	0.599 5	0.598 9	0.598 4	0.598 3	0.598 1
0.38	0.613 7	0.608 2	0.604 9	0.603 5	0.602 3	0.601 6	0.601 1	0.600 0	0.599 4	0.598 8	0.598 6	0.598 5
0.40	0.615 3	0.609 5	0.605 9	0.604 4	0.603 1	0.602 4	0.601 8	0.600 6	0.599 9	0.599 3	0.599 1	0.598 9
0.42	0.617 2	0.610 9	0.607 0	0.605 4	0.603 9	0.603 2	0.602 5	0.601 2	0.600 5	0.599 8	0.599 5	0.599 3
0.44	0.619 2	0.612 4	0.608 2	0.606 5	0.604 9	0.604 1	0.603 4	0.601 9	0.601 1	0.600 3	0.600 0	0.599 7
0.46	0.621 4	0.614 0	0.609 4	0.607 6	0.605 9	0.605 0	0.604 2	0.602 7	0.601 7	0.600 8	0.600 5	0.600 2
0.48	0.623 8	0.615 7	0.610 8	0.608 8	0.607 0	0.606 0	0.605 2	0.603 5	0.602 4	0.601 4	0.601 0	0.600 6
0.50	0.626 4	0.617 6	0.612 3	0.610 1	0.608 1	0.607 1	0.606 2	0.604 3	0.603 1	0.602 0	0.601 6	0.601 1
0.51	0.627 8	0.618 6	0.613 1	0.610 8	0.608 7	0.607 6	0.606 7	0.604 7	0.603 5	0.602 3	0.601 9	0.601 4
0.52	0.629 2	0.619 7	0.613 9	0.611 5	0.609 3	0.608 2	0.607 2	0.605 2	0.603 9	0.602 7	0.602 1	0.601 6
0.53	0.630 7	0.620 7	0.614 7	0.612 3	0.610 0	0.608 8	0.607 8	0.605 6	0.604 3	0.603 0	0.602 4	0.601 9
0.54	0.632 2	0.621 8	0.615 5	0.613 0	0.610 6	0.609 4	0.608 3	0.606 1	0.604 7	0.603 3	0.602 7	0.602 1
0.55	0.633 7	0.622 9	0.616 4	0.613 8	0.611 3	0.610 0	0.608 9	0.606 5	0.605 0	0.603 6	0.603 0	0.602 4
0.56	—	0.624 1	0.617 3	0.614 5	0.611 9	0.610 6	0.609 5	0.607 0	0.605 4	0.603 9	0.603 2	0.602 6
0.57	—	0.625 3	0.618 2	0.615 3	0.612 6	0.611 2	0.610 0	0.607 5	0.605 8	0.604 2	0.603 5	0.602 8
0.58	—	0.626 5	0.619 1	0.616 1	0.613 3	0.611 9	0.610 6	0.607 9	0.606 2	0.604 5	0.603 8	0.603 0
0.59	—	0.627 7	0.620 0	0.616 9	0.614 0	0.612 5	0.611 2	0.608 4	0.606 6	0.604 8	0.604 0	0.603 2
0.60	—	0.629 0	0.621 0	0.617 7	0.614 7	0.613 1	0.611 8	0.608 8	0.607 0	0.605 1	0.604 2	0.603 4
0.61	—	0.630 3	0.621 9	0.618 6	0.615 4	0.613 8	0.612 4	0.609 3	0.607 3	0.605 3	0.604 4	0.603 6
0.62	—	0.631 6	0.622 9	0.619 4	0.616 1	0.614 4	0.612 9	0.609 7	0.607 7	0.605 6	0.604 6	0.603 7
0.63	—	0.632 9	0.623 8	0.620 2	0.616 8	0.616 0	0.613 5	0.610 2	0.608 0	0.605 8	0.604 8	0.603 9
0.64	—	0.634 3	0.624 8	0.621 0	0.617 5	0.615 6	0.614 0	0.610 6	0.608 3	0.606 0	0.605 0	0.603 9
0.65	—	0.635 6	0.625 8	0.621 9	0.618 2	0.616 2	0.614 6	0.610 9	0.608 6	0.606 2	0.605 1	0.604 0
0.66	—	0.637 0	0.626 8	0.622 7	0.618 8	0.616 8	0.615 1	0.611 3	0.608 8	0.606 3	0.605 1	0.604 0
0.67	—	0.638 4	0.627 7	0.623 5	0.619 5	0.617 4	0.615 6	0.611 6	0.609 0	0.606 4	0.605 2	0.604 0
0.68	—	0.639 8	0.628 7	0.624 3	0.620 1	0.617 9	0.616 1	0.612 0	0.609 2	0.606 5	0.605 2	0.603 9
0.69	—	0.641 1	0.629 6	0.625 0	0.620 7	0.618 5	0.616 5	0.612 2	0.609 4	0.606 5	0.605 1	0.603 8
0.70	—	0.642 5	0.630 5	0.625 8	0.621 3	0.618 9	0.616 9	0.612 5	0.609 5	0.606 5	0.605 1	0.603 7
0.71	—	0.643 9	0.631 5	0.626 5	0.621 8	0.619 4	0.617 3	0.612 7	0.609 6	0.606 4	0.604 9	0.603 5
0.72	—	0.645 3	0.632 3	0.627 2	0.622 3	0.619 8	0.617 6	0.612 8	0.609 6	0.606 3	0.604 7	0.603 2
0.73	—	0.646 7	0.633 2	0.627 9	0.622 8	0.620 2	0.617 9	0.612 9	0.609 6	0.606 1	0.604 5	0.602 9
0.74	—	0.648 0	0.634 0	0.628 5	0.623 3	0.620 6	0.618 2	0.613 0	0.609 5	0.605 9	0.604 2	0.602 5
0.75	—	0.649 4	0.634 9	0.629 1	0.623 7	0.620 9	0.618 4	0.613 0	0.609 4	0.605 6	0.603 8	0.6021

注：提供本表是为方便使用。表中的数值不供精确内插之用，不允许外推。

表 A.3 具有法兰取压口的孔板——D=50 mm 的流出系数 C

直径比	流出系数 C,Re_D 等于											
β	5×10^3	1×10^4	2×10^4	3×10^4	5×10^4	7×10^4	1×10^5	3×10^5	1×10^6	1×10^7	1×10^8	∞
0.25	0.610 2	0.606 9	0.604 8	0.604 0	0.603 2	0.602 9	0.602 5	0.601 9	0.601 6	0.601 4	0.601 3	0.601 2
0.26	0.610 6	0.607 1	0.605 0	0.604 1	0.603 3	0.602 9	0.602 6	0.602 0	0.601 6	0.601 4	0.601 3	0.601 2
0.28	0.611 4	0.607 6	0.605 3	0.604 4	0.603 5	0.603 1	0.602 8	0.602 1	0.601 7	0.601 4	0.601 3	0.601 2
0.30	0.612 3	0.606 2	0.605 7	0.604 7	0.603 8	0.603 4	0.603 0	0.602 2	0.601 8	0.601 5	0.601 4	0.601 3
0.32	0.613 2	0.608 9	0.606 2	0.605 2	0.604 2	0.603 7	0.603 2	0.602 4	0.601 9	0.601 6	0.601 4	0.601 3
0.34	0.614 3	0.609 7	0.606 8	0.605 6	0.604 5	0.604 0	0.603 5	0.602 6	0.602 1	0.601 7	0.601 6	0.601 4
0.36	0.615 5	0.610 5	0.607 4	0.606 2	0.605 0	0.604 4	0.603 9	0.602 9	0.602 3	0.601 9	0.601 7	0.601 6
0.38	0.616 9	0.611 5	0.608 1	0.606 8	0.605 5	0.604 9	0.604 3	0.603 2	0.602 6	0.602 1	0.601 9	0.601 7
0.40	0.618 4	0.612 5	0.608 9	0.607 5	0.606 1	0.605 4	0.604 8	0.603 6	0.602 9	0.602 3	0.602 1	0.601 9
0.42	0.620 0	0.613 7	0.609 8	0.608 2	0.606 8	0.606 0	0.605 4	0.604 1	0.603 3	0.602 6	0.602 3	0.602 1
0.44	0.621 9	0.615 0	0.610 8	0.609 1	0.607 5	0.606 7	0.606 0	0.604 5	0.603 7	0.602 9	0.602 6	0.602 3
0.46	0.623 9	0.616 4	0.611 9	0.610 0	0.608 3	0.607 4	0.606 7	0.605 1	0.604 1	0.603 3	0.602 9	0.602 6
0.48	0.626 0	0.618 0	0.613 0	0.611 0	0.609 2	0.608 2	0.607 4	0.605 7	0.604 6	0.603 6	0.603 2	0.602 8
0.50	0.628 4	0.619 6	0.614 3	0.612 1	0.610 1	0.609 1	0.608 2	0.606 3	0.605 1	0.604 0	0.603 6	0.603 1
0.51	0.629 7	0.620 5	0.614 9	0.612 7	0.610 6	0.609 5	0.608 6	0.606 6	0.605 4	0.604 2	0.603 7	0.603 3
0.52	0.631 0	0.621 4	0.615 6	0.613 3	0.611 1	0.610 0	0.609 0	0.606 9	0.605 6	0.604 4	0.603 9	0.603 4
0.53	0.632 4	0.622 4	0.616 3	0.613 9	0.611 6	0.610 5	0.609 4	0.607 3	0.605 9	0.604 6	0.604 1	0.603 5
0.54	0.633 8	0.623 4	0.617 1	0.614 5	0.612 2	0.610 9	0.609 9	0.607 6	0.606 2	0.604 8	0.604 2	0.603 7
0.55	0.635 2	0.624 4	0.617 8	0.615 2	0.612 7	0.611 4	0.610 3	0.608 0	0.606 5	0.605 0	0.604 4	0.603 8
0.56	0.636 7	0.625 4	0.618 6	0.615 9	0.613 3	0.611 9	0.610 8	0.608 3	0.606 7	0.605 2	0.604 5	0.603 9
0.57	0.638 3	0.626 5	0.619 4	0.616 5	0.613 8	0.612 4	0.611 2	0.608 7	0.607 0	0.605 4	0.604 7	0.604 0
0.58	0.639 9	0.627 6	0.620 2	0.617 2	0.614 4	0.613 0	0.611 7	0.609 0	0.607 3	0.605 6	0.604 8	0.604 1
0.59	0.641 6	0.628 7	0.621 0	0.617 9	0.615 0	0.613 5	0.612 2	0.609 3	0.607 5	0.605 8	0.605 0	0.604 2
0.60	0.643 3	0.629 9	0.621 8	0.618 6	0.615 5	0.614 0	0.612 6	0.609 7	0.607 8	0.605 9	0.605 1	0.604 3
0.61	0.645 0	0.631 0	0.622 7	0.619 3	0.616 1	0.614 5	0.613 1	0.610 0	0.608 0	0.606 0	0.605 1	0.604 3
0.62	0.646 8	0.632 2	0.623 5	0.620 0	0.616 7	0.615 0	0.613 5	0.610 3	0.608 2	0.606 2	0.605 2	0.604 3
0.63	0.648 6	0.633 4	0.624 3	0.620 7	0.617 3	0.615 5	0.613 9	0.610 6	0.608 4	0.606 2	0.605 3	0.604 3
0.64	0.650 5	0.634 7	0.625 2	0.621 4	0.617 8	0.616 0	0.614 4	0.610 9	0.608 6	0.606 3	0.605 3	0.604 3
0.65	0.652 4	0.635 9	0.626 0	0.622 1	0.618 4	0.616 4	0.614 8	0.611 1	0.608 8	0.606 4	0.605 3	0.604 2
0.66	0.654 4	0.637 1	0.626 9	0.622 8	0.618 9	0.616 9	0.615 2	0.611 4	0.608 9	0.606 4	0.605 2	0.604 1
0.67	0.656 4	0.638 4	0.627 7	0.623 4	0.619 4	0.617 3	0.615 5	0.611 6	0.609 0	0.606 3	0.605 1	0.603 9
0.68	0.658 4	0.639 6	0.628 5	0.624 1	0.619 9	0.617 7	0.615 8	0.611 7	0.609 0	0.606 2	0.605 0	0.603 7
0.69	0.660 4	0.640 9	0.629 3	0.624 7	0.620 4	0.618 1	0.616 1	0.611 9	0.609 0	0.606 1	0.604 8	0.603 5
0.70	0.662 5	0.642 1	0.630 1	0.625 3	0.620 8	0.618 5	0.616 4	0.612 0	0.609 0	0.606 0	0.604 5	0.603 2
0.71	0.664 6	0.643 4	0.630 9	0.625 9	0.621 2	0.618 8	0.616 6	0.612 0	0.608 9	0.605 7	0.604 3	0.602 8
0.72	0.666 7	0.644 6	0.631 6	0.626 5	0.621 6	0.619 0	0.616 8	0.612 0	0.608 8	0.605 5	0.603 9	0.602 4
0.73	0.668 9	0.645 9	0.632 3	0.627 0	0.621 9	0.619 3	0.617 0	0.612 0	0.608 6	0.605 1	0.603 5	0.601 9
0.74	0.671 0	0.647 1	0.633 0	0.627 5	0.622 2	0.619 5	0.617 1	0.611 9	0.608 4	0.604 7	0.603 0	0.601 4
0.75	0.673 2	0.648 3	0.633 7	0.627 9	0.622 4	0.619 6	0.617 1	0.611 7	0.608 1	0.604 3	0.602 5	0.600 8

注：提供本表是为方便使用。表中的数值不供精确内插之用，不允许外推。

表 A.4 具有法兰取压口的孔板——D=70 mm 的流出系数 C

直径比	流出系数 C,Re_D 等于											
β	5×10^3	1×10^4	2×10^4	3×10^4	5×10^4	7×10^4	1×10^5	3×10^5	1×10^6	1×10^7	1×10^8	∞
0.17	0.602 7	0.600 3	0.598 8	0.598 2	0.597 7	0.597 4	0.597 2	0.596 7	0.596 5	0.596 4	0.595 4	0.596 3
0.18	0.603 1	0.600 5	0.599 0	0.598 4	0.597 8	0.597 5	0.597 3	0.596 8	0.596 6	0.596 4	0.596 4	0.596 4
0.20	0.503 8	0.601 1	0.599 4	0.598 7	0.598 1	0.597 7	0.597 5	0.597 0	0.596 7	0.596 6	0.596 5	0.596 5
0.22	0.604 6	0.601 6	0.599 8	0.599 0	0.598 4	0.598 0	0.597 7	0.597 2	0.596 9	0.596 7	0.596 7	0.596 6
0.24	0.605 4	0.602 2	0.600 2	0.599 4	0.598 7	0.598 3	0.598 0	0.597 4	0.597 1	0.596 9	0.596 9	0.596 8
0.26	0.606 4	0.602 9	0.600 7	0.599 9	0.599 1	0.598 7	0.598 4	0.597 7	0.597 4	0.597 1	0.597 0	0.597 0
0.28	0.607 4	0.603 6	0.601 3	0.600 4	0.599 5	0.599 1	0.598 7	0.598 0	0.597 6	0.597 4	0.597 3	0.597 2
0.30	0.608 4	0.604 4	0.601 9	0.600 9	0.600 0	0.599 5	0.599 1	0.598 4	0.597 9	0.597 6	0.597 5	0.597 4
0.32	0.609 6	0.605 3	0.602 6	0.601 5	0.600 5	0.600 0	0.599 6	0.598 8	0.598 3	0.597 9	0.597 8	0.597 7
0.34	0.610 9	0.606 2	0.603 3	0.602 2	0.601 1	0.600 6	0.600 1	0.599 2	0.598 7	0.598 3	0.598 1	0.598 0
0.36	0.612 3	0.607 3	0.604 2	0.602 9	0.601 7	0.601 2	0.600 7	0.599 7	0.599 1	0.598 6	0.598 4	0.598 3
0.38	0.613 9	0.608 4	0.605 1	0.603 7	0.602 5	0.601 8	0.601 3	0.600 2	0.599 5	0.599 0	0.598 8	0.598 6
0.40	0.615 5	0.609 7	0.606 0	0.604 6	0.603 2	0.602 5	0.602 0	0.600 8	0.600 0	0.599 4	0.599 2	0.599 0
0.42	0.617 4	0.611 0	0.607 1	0.605 5	0.604 1	0.603 3	0.602 7	0.601 4	0.600 6	0.599 9	0.599 6	0.599 4
0.44	0.619 4	0.612 5	0.608 3	0.606 6	0.605 0	0.604 2	0.603 5	0.602 0	0.601 2	0.600 4	0.600 1	0.599 8
0.46	0.621 6	0.614 1	0.609 5	0.607 7	0.605 9	0.605 1	0.604 3	0.602 7	0.601 8	0.600 9	0.600 5	0.600 2
0.48	0.623 9	0.615 8	0.610 8	0.608 9	0.607 0	0.606 0	0.605 2	0.603 5	0.602 4	0.601 4	0.601 0	0.600 6
0.50	0.626 4	0.617 6	0.612 3	0.610 1	0.608 1	0.607 0	0.606 1	0.604 2	0.603 1	0.602 0	0.601 5	0.601 1
0.51	0.627 8	0.618 6	0.613 0	0.610 7	0.608 6	0.607 5	0.606 6	0.604 6	0.603 4	0.602 2	0.601 7	0.601 3
0.52	0.629 2	0.619 6	0.613 8	0.611 4	0.609 2	0.608 1	0.607 1	0.605 0	0.603 7	0.602 5	0.602 0	0.601 5
0.53	0.630 6	0.620 6	0.614 5	0.612 1	0.609 8	0.608 6	0.607 6	0.605 4	0.604 1	0.602 8	0.602 2	0.601 7
0.54	0.632 1	0.621 6	0.615 3	0.612 8	0.610 4	0.609 2	0.608 1	0.605 8	0.604 4	0.603 0	0.602 4	0.601 9
0.55	0.633 6	0.622 7	0.616 1	0.613 5	0.611 0	0.609 7	0.608 6	0.606 2	0.604 7	0.603 3	0.602 7	0.602 1
0.56	0.635 2	0.623 8	0.617 0	0.614 2	0.611 6	0.610 3	0.609 1	0.606 6	0.605 1	0.603 5	0.602 9	0.602 2
0.57	0.636 8	0.624 9	0.617 8	0.614 9	0.612 2	0.610 8	0.609 6	0.607 0	0.605 4	0.603 8	0.603 1	0.602 4
0.58	0.638 5	0.626 1	0.618 6	0.615 6	0.612 8	0.611 4	0.610 1	0.607 4	0.605 7	0.604 0	0.603 2	0.602 5
0.59	0.640 2	0.627 3	0.619 5	0.616 4	0.613 4	0.611 9	0.610 6	0.607 8	0.606 0	0.604 2	0.603 4	0.602 6
0.60	0.641 9	0.628 4	0.620 3	0.617 1	0.614 0	0.612 5	0.611 1	0.608 2	0.606 3	0.604 4	0.603 5	0.602 7
0.61	0.643 7	0.629 6	0.621 2	0.617 8	0.614 6	0.613 0	0.611 6	0.608 5	0.606 5	0.604 5	0.603 6	0.602 8
0.62	0.645 5	0.630 9	0.622 1	0.618 6	0.615 2	0.613 5	0.612 0	0.608 8	0.606 7	0.604 7	0.603 7	0.602 8
0.63	—	0.632 1	0.622 9	0.619 3	0.615 8	0.614 0	0.612 5	0.609 1	0.606 9	0.604 8	0.603 8	0.602 8
0.64	—	0.633 3	0.623 8	0.620 0	0.616 4	0.614 5	0.612 9	0.609 4	0.607 1	0.604 8	0.603 8	0.602 8
0.65	—	0.634 6	0.624 6	0.620 7	0.616 9	0.615 0	0.613 3	0.609 7	0.607 3	0.604 9	0.603 8	0.602 7
0.66	—	0.635 8	0.625 5	0.621 3	0.617 4	0.615 4	0.613 7	0.609 9	0.607 4	0.604 8	0.603 7	0.602 6
0.67	—	0.637 0	0.626 3	0.622 0	0.617 9	0.615 8	0.614 0	0.610 0	0.607 4	0.604 8	0.603 6	0.602 4
0.68	—	0.638 2	0.627 0	0.622 6	0.618 4	0.616 2	0.614 3	0.610 2	0.607 4	0.604 6	0.603 4	0.602 1
0.69	—	0.639 5	0.627 8	0.623 2	0.618 8	0.616 5	0.614 5	0.610 2	0.607 4	0.604 5	0.603 1	0.601 8
0.70	—	0.640 7	0.628 5	0.623 7	0.619 1	0.616 8	0.614 7	0.610 2	0.607 3	0.604 2	0.602 8	0.601 4
0.71	—	0.641 8	0.629 2	0.624 2	0.619 4	0.617 0	0.614 8	0.610 2	0.607 1	0.603 9	0.602 4	0.601 0
0.72	—	0.643 0	0.629 8	0.624 6	0.619 7	0.617 1	0.614 9	0.610 1	0.606 8	0.603 5	0.601 9	0.600 4
0.73	—	0.644 1	0.630 4	0.625 0	0.619 9	0.617 2	0.614 9	0.609 9	0.606 5	0.603 0	0.601 4	0.599 8
0.74	—	0.645 1	0.631 0	0.625 3	0.620 0	0.617 3	0.614 9	0.609 6	0.606 1	0.602 5	0.600 8	0.599 1
0.75	—	0.646 2	0.631 4	0.625 6	0.620 1	0.617 2	0.614 7	0.609 3	0.605 6	0.601 8	0.600 0	0.598 3

注：提供本表是为方便使用。表中的数值不供精确内插之用，不允许外推。

表 A.5 具有法兰取压口的孔板——D=100 mm 的流出系数 C

直径比	流出系数 C,Re_D 等于											
β	5×10^3	1×10^4	2×10^4	3×10^4	5×10^4	7×10^4	1×10^5	3×10^5	1×10^6	1×10^7	1×10^8	∞
0.13	0.601 4	0.599 4	0.598 2	0.597 7	0.597 3	0.597 1	0.596 9	0.596 6	0.596 4	0.596 3	0.596 2	0.596 2
0.14	0.601 8	0.599 7	0.598 4	0.597 9	0.597 4	0.597 2	0.597 0	0.596 6	0.596 4	0.596 3	0.596 3	0.596 3
0.16	0.602 5	0.600 1	0.598 7	0.598 1	0.597 6	0.597 4	0.597 2	0.596 8	0.596 5	0.596 4	0.596 4	0.596 4
0.18	0.603 2	0.600 6	0.599 1	0.598 5	0.597 9	0.597 6	0.597 4	0.596 9	0.596 7	0.596 5	0.596 5	0.596 5
0.20	0.603 9	0.601 2	0.599 5	0.598 8	0.598 2	0.597 9	0.597 6	0.597 1	0.596 9	0.596 7	0.596 6	0.596 6
0.22	0.604 7	0.601 7	0.599 9	0.599 2	0.598 5	0.598 1	0.597 9	0.597 3	0.597 0	0.596 9	0.596 8	0.596 8
0.24	0.605 6	0.602 4	0.600 4	0.599 6	0.598 8	0.598 5	0.598 2	0.597 6	0.597 3	0.597 0	0.597 0	0.596 9
0.26	0.606 5	0.603 0	0.600 9	0.600 0	0.599 2	0.598 8	0.598 5	0.597 9	0.597 5	0.597 3	0.597 2	0.597 1
0.28	0.607 5	0.603 8	0.601 4	0.600 5	0.599 7	0.599 2	0.598 9	0.598 2	0.597 8	0.597 5	0.597 4	0.597 4
0.30	0.608 6	0.604 6	0.602 1	0.601 1	0.600 2	0.599 7	0.599 3	0.598 5	0.598 1	0.597 8	0.597 7	0.597 6
0.32	0.609 8	0.605 4	0.602 8	0.601 7	0.600 7	0.600 2	0.599 8	0.598 9	0.598 5	0.598 1	0.598 0	0.597 9
0.34	0.611 1	0.606 4	0.603 5	0.602 4	0.601 3	0.600 7	0.600 3	0.599 4	0.598 8	0.598 4	0.598 3	0.598 2
0.36	0.612 5	0.607 5	0.604 3	0.603 1	0.601 9	0.601 3	0.600 8	0.599 8	0.599 3	0.598 8	0.598 6	0.598 5
0.38	0.614 1	0.608 6	0.605 2	0.603 9	0.602 6	0.602 0	0.601 5	0.600 4	0.599 7	0.599 2	0.599 0	0.598 8
0.40	0.615 7	0.609 9	0.606 2	0.604 8	0.603 4	0.602 7	0.602 1	0.600 9	0.600 2	0.599 6	0.599 4	0.599 2
0.42	0.617 6	0.611 2	0.607 3	0.605 7	0.604 2	0.603 5	0.602 9	0.601 5	0.600 8	0.600 1	0.599 8	0.599 6
0.44	0.619 6	0.612 7	0.608 4	0.606 7	0.605 1	0.604 3	0.603 6	0.602 2	0.601 3	0.600 5	0.600 2	0.600 0
0.46	0.621 7	0.614 2	0.609 7	0.607 8	0.606 1	0.605 2	0.604 4	0.602 9	0.601 9	0.601 0	0.600 7	0.600 3
0.48	0.624 1	0.615 9	0.611 0	0.609 0	0.607 1	0.606 1	0.605 3	0.603 6	0.602 5	0.601 5	0.601 1	0.600 7
0.50	0.626 6	0.617 7	0.612 4	0.610 2	0.608 1	0.607 1	0.606 2	0.604 3	0.603 1	0.602 0	0.601 6	0.601 1
0.51	0.627 9	0.618 7	0.613 1	0.610 8	0.608 7	0.607 6	0.606 7	0.604 7	0.603 4	0.602 3	0.601 8	0.601 3
0.52	0.629 3	0.619 7	0.613 8	0.611 5	0.609 2	0.608 1	0.607 1	0.605 1	0.603 8	0.602 5	0.602 0	0.601 5
0.53	0.630 7	0.620 7	0.614 6	0.612 1	0.609 8	0.608 6	0.607 6	0.605 4	0.604 1	0.602 8	0.602 2	0.601 7
0.54	0.632 2	0.621 7	0.615 3	0.612 8	0.610 4	0.609 1	0.608 1	0.605 8	0.604 4	0.603 0	0.602 4	0.601 8
0.55	—	0.622 7	0.616 1	0.613 5	0.610 9	0.609 7	0.608 5	0.606 2	0.604 7	0.603 2	0.602 6	0.602 0
0.56	—	0.623 8	0.616 9	0.614 1	0.611 5	0.610 2	0.609 0	0.606 5	0.605 0	0.603 4	0.602 8	0.602 1
0.57	—	0.624 9	0.617 7	0.614 8	0.612 1	0.610 7	0.609 5	0.606 9	0.605 2	0.603 6	0.602 9	0.602 2
0.58	—	0.626 0	0.618 5	0.615 5	0.612 7	0.611 2	0.610 0	0.607 2	0.605 5	0.603 8	0.603 1	0.602 3
0.59	—	0.627 1	0.619 3	0.616 2	0.613 2	0.611 7	0.610 4	0.607 6	0.605 8	0.604 0	0.603 2	0.602 4
0.60	—	0.628 3	0.620 1	0.616 9	0.613 8	0.612 2	0.610 8	0.607 9	0.606 0	0.604 1	0.603 3	0.602 5
0.61	—	0.629 4	0.620 9	0.617 6	0.614 3	0.612 7	0.611 3	0.608 2	0.606 2	0.604 2	0.603 3	0.602 5
0.62	—	0.630 6	0.621 8	0.618 2	0.614 9	0.613 2	0.611 7	0.608 5	0.606 4	0.604 3	0.603 3	0.602 4
0.63	—	0.631 8	0.622 6	0.618 9	0.615 4	0.613 6	0.612 0	0.608 7	0.606 5	0.604 3	0.603 3	0.602 4
0.64	—	0.632 9	0.623 3	0.619 5	0.615 9	0.614 0	0.612 4	0.608 9	0.606 6	0.604 3	0.603 3	0.602 2
0.65	—	0.634 1	0.624 1	0.620 1	0.616 3	0.614 4	0.612 7	0.609 1	0.606 7	0.604 2	0.603 1	0.602 1
0.66	—	0.635 3	0.624 9	0.620 7	0.616 8	0.614 8	0.613 0	0.609 2	0.606 7	0.604 1	0.603 0	0.601 9
0.67	—	0.636 4	0.625 6	0.621 2	0.617 2	0.615 1	0.613 2	0.609 2	0.606 6	0.604 0	0.602 8	0.601 6
0.68	—	0.637 5	0.626 3	0.621 8	0.617 5	0.615 3	0.613 4	0.609 3	0.606 5	0.603 7	0.602 5	0.601 2
0.69	—	0.638 7	0.626 9	0.622 2	0.617 8	0.615 5	0.613 5	0.609 2	0.606 3	0.603 4	0.602 1	0.600 8
0.70	—	0.639 7	0.627 5	0.622 6	0.618 0	0.615 7	0.613 6	0.609 1	0.606 1	0.603 1	0.601 6	0.600 3
0.71	—	0.640 8	0.628 0	0.623 0	0.618 2	0.615 7	0.613 6	0.608 9	0.605 8	0.602 6	0.601 1	0.599 7
0.72	—	0.641 8	0.628 5	0.623 3	0.618 3	0.615 7	0.613 5	0.608 6	0.605 4	0.602 0	0.600 5	0.599 0
0.73	—	0.642 8	0.629 0	0.623 5	0.618 3	0.615 7	0.613 3	0.608 3	0.604 9	0.601 4	0.599 8	0.598 2
0.74	—	0.643 7	0.629 3	0.623 6	0.618 3	0.615 5	0.613 1	0.607 8	0.604 3	0.600 6	0.598 9	0.597 3
0.75	—	0.644 5	0.629 6	0.623 7	0.618 1	0.615 3	0.612 7	0.607 2	0.603 6	0.599 8	0.598 0	0.596 2

注：提供本表是为方便使用。表中的数值不供精确内插之用，不允许外推。

表 A.6 具有法兰取压口的孔板——*D*=150 mm 的流出系数 *C*

直径比 β	流出系数 C, Re_D 等于											
	5×10^3	1×10^4	2×10^4	3×10^4	5×10^4	7×10^4	1×10^5	3×10^5	1×10^6	1×10^7	1×10^8	∞
0.10	0.600 5	0.598 8	0.597 8	0.597 4	0.597 1	0.596 9	0.596 7	0.596 5	0.596 3	0.596 2	0.596 2	0.596 2
0.12	0.601 2	0.599 3	0.598 1	0.597 7	0.597 3	0.597 1	0.596 9	0.596 6	0.596 4	0.596 3	0.596 3	0.596 3
0.14	0.601 8	0.599 8	0.598 5	0.598 0	0.597 5	0.597 3	0.597 1	0.596 7	0.596 5	0.596 4	0.596 4	0.596 4
0.16	0.602 5	0.600 2	0.598 8	0.598 2	0.597 7	0.597 5	0.597 3	0.596 9	0.596 6	0.596 5	0.596 5	0.596 5
0.18	0.603 3	0.600 7	0.599 2	0.598 6	0.598 0	0.597 7	0.597 5	0.597 0	0.596 8	0.596 7	0.596 6	0.596 6
0.20	0.604 1	0.601 3	0.599 6	0.598 9	0.598 3	0.598 0	0.597 7	0.597 2	0.597 0	0.596 8	0.596 8	0.596 7
0.22	0.604 9	0.601 9	0.600 0	0.599 3	0.598 6	0.598 3	0.598 0	0.597 5	0.597 2	0.597 0	0.596 9	0.596 9
0.24	0.605 7	0.602 5	0.600 5	0.599 7	0.599 0	0.598 6	0.598 3	0.597 7	0.597 4	0.597 2	0.597 1	0.597 1
0.26	0.606 7	0.603 2	0.601 1	0.600 2	0.599 4	0.599 0	0.598 7	0.598 0	0.597 7	0.597 4	0.597 4	0.597 3
0.28	0.607 7	0.603 9	0.601 6	0.600 7	0.599 8	0.599 4	0.599 1	0.598 4	0.598 0	0.597 7	0.597 6	0.597 5
0.30	0.608 8	0.604 8	0.602 3	0.601 3	0.600 3	0.599 9	0.599 5	0.598 7	0.598 3	0.598 0	0.597 9	0.597 8
0.32	0.610 0	0.605 6	0.603 0	0.601 9	0.600 9	0.600 4	0.600 0	0.599 1	0.598 7	0.598 3	0.598 2	0.598 1
0.34	0.611 3	0.606 6	0.603 7	0.602 6	0.601 5	0.600 9	0.600 5	0.599 6	0.599 0	0.598 6	0.598 5	0.598 4
0.36	0.612 7	0.607 7	0.604 5	0.603 3	0.602 1	0.601 5	0.601 0	0.600 0	0.599 5	0.599 0	0.598 8	0.598 7
0.38	0.614 3	0.608 8	0.605 4	0.604 1	0.602 8	0.602 2	0.601 7	0.600 6	0.599 9	0.599 4	0.599 2	0.599 0
0.40	0.616 0	0.610 1	0.606 4	0.605 0	0.603 6	0.602 9	0.602 3	0.601 1	0.600 4	0.599 8	0.599 6	0.599 4
0.42	0.617 8	0.611 4	0.607 5	0.605 9	0.604 4	0.603 7	0.603 0	0.601 7	0.600 9	0.600 2	0.600 0	0.599 7
0.44	0.619 8	0.612 8	0.608 6	0.606 9	0.605 3	0.604 5	0.603 8	0.602 3	0.601 5	0.600 7	0.600 4	0.600 1
0.46	—	0.614 4	0.609 8	0.607 9	0.606 2	0.605 3	0.604 6	0.603 0	0.602 0	0.601 1	0.600 8	0.600 5
0.48	—	0.616 0	0.611 1	0.609 1	0.607 2	0.606 2	0.605 4	0.603 6	0.602 6	0.601 6	0.601 2	0.600 8
0.50	—	0.617 8	0.612 4	0.610 2	0.608 2	0.607 1	0.606 2	0.604 3	0.603 1	0.602 1	0.601 6	0.601 2
0.51	—	0.618 7	0.613 1	0.610 8	0.608 7	0.607 6	0.606 7	0.604 7	0.603 4	0.602 3	0.601 8	0.601 3
0.52	—	0.619 7	0.613 8	0.611 4	0.609 2	0.608 1	0.607 1	0.605 0	0.603 7	0.602 5	0.602 0	0.601 5
0.53	—	0.620 6	0.614 5	0.612 1	0.609 7	0.608 6	0.607 5	0.605 4	0.604 0	0.602 7	0.602 1	0.601 6
0.54	—	0.621 6	0.615 3	0.612 7	0.610 3	0.609 0	0.608 0	0.605 7	0.604 2	0.602 9	0.602 3	0.601 7
0.55	—	0.622 6	0.616 0	0.613 3	0.610 8	0.609 5	0.608 4	0.606 0	0.604 5	0.603 1	0.602 4	0.601 8
0.56	—	0.623 7	0.616 7	0.614 0	0.611 3	0.610 0	0.608 8	0.606 3	0.604 7	0.603 2	0.602 5	0.601 9
0.57	—	0.624 7	0.617 5	0.614 6	0.611 9	0.610 5	0.609 2	0.606 6	0.605 0	0.603 4	0.602 6	0.602 0
0.58	—	0.625 8	0.618 2	0.615 2	0.612 4	0.610 9	0.609 6	0.606 9	0.605 2	0.603 5	0.602 7	0.602 0
0.59	—	0.626 9	0.619 0	0.615 9	0.612 9	0.611 4	0.610 0	0.607 2	0.605 4	0.603 6	0.602 8	0.602 0
0.60	—	0.628 0	0.619 8	0.616 5	0.613 4	0.611 8	0.610 4	0.607 4	0.605 5	0.603 6	0.602 8	0.602 0
0.61	—	0.629 0	0.620 5	0.617 1	0.613 8	0.612 2	0.610 7	0.607 6	0.605 6	0.603 7	0.602 8	0.601 9
0.62	—	0.630 1	0.621 2	0.617 7	0.614 3	0.612 6	0.611 1	0.607 8	0.605 7	0.603 6	0.602 7	0.601 8
0.63	—	—	0.621 9	0.618 2	0.614 7	0.612 9	0.611 4	0.608 0	0.605 8	0.603 6	0.602 6	0.601 6
0.64	—	—	0.622 6	0.618 8	0.615 1	0.613 2	0.611 6	0.608 1	0.605 8	0.603 5	0.602 4	0.601 4
0.65	—	—	0.623 3	0.619 3	0.615 5	0.613 5	0.611 8	0.608 1	0.605 7	0.603 3	0.602 2	0.601 1
0.66	—	—	0.623 9	0.619 7	0.615 8	0.613 8	0.612 0	0.608 1	0.605 6	0.603 1	0.601 9	0.600 8
0.67	—	—	0.624 5	0.620 2	0.616 0	0.613 9	0.612 1	0.608 1	0.605 4	0.602 8	0.601 6	0.600 4
0.68	—	—	0.625 1	0.620 5	0.616 2	0.614 0	0.612 1	0.607 9	0.605 2	0.602 4	0.601 1	0.599 9
0.69	—	—	0.625 6	0.620 9	0.616 4	0.614 1	0.612 1	0.607 7	0.604 9	0.601 9	0.600 6	0.599 3
0.70	—	—	0.626 0	0.621 1	0.616 5	0.614 1	0.612 0	0.607 4	0.604 4	0.601 4	0.600 0	0.598 6
0.71	—	—	0.626 4	0.621 3	0.616 5	0.614 0	0.611 8	0.607 1	0.603 9	0.600 7	0.599 3	0.597 8
0.72	—	—	0.626 7	0.621 4	0.616 4	0.613 8	0.611 5	0.606 6	0.603 3	0.600 0	0.598 4	0.596 9
0.73	—	—	0.626 9	0.621 4	0.616 2	0.613 5	0.611 1	0.606 0	0.602 6	0.599 1	0.597 5	0.595 9
0.74	—	—	0.627 1	0.621 3	0.615 9	0.613 1	0.610 6	0.605 3	0.601 7	0.598 1	0.596 4	0.594 7
0.75	—	—	0.627 1	0.621 1	0.615 4	0.612 5	0.610 0	0.604 4	0.600 7	0.596 9	0.595 1	0.593 4

注：提供本表是为方便使用。表中的数值不供精确内插之用，不允许外推。

表 A.7 具有法兰取压口的孔板——D=200 mm 的流出系数 C

直径比	流出系数 C,Re_D 等于											
β	5×10^3	1×10^4	2×10^4	3×10^4	5×10^4	7×10^4	1×10^5	3×10^5	1×10^6	1×10^7	1×10^8	∞
0.10	0.600 5	0.598 9	0.597 9	0.597 5	0.597 1	0.596 9	0.596 8	0.596 5	0.596 3	0.596 3	0.596 2	0.596 2
0.12	0.601 2	0.599 3	0.598 2	0.597 7	0.597 3	0.597 1	0.596 9	0.596 6	0.596 4	0.596 3	0.596 3	0.596 3
0.14	0.601 9	0.599 8	0.598 5	0.598 0	0.597 5	0.597 3	0.597 1	0.596 7	0.596 6	0.596 4	0.596 4	0.596 4
0.16	0.602 6	0.600 3	0.598 9	0.598 3	0.597 8	0.597 5	0.597 3	0.596 9	0.596 7	0.596 6	0.596 5	0.596 5
0.18	0.603 3	0.600 8	0.599 3	0.598 6	0.598 1	0.597 8	0.597 5	0.597 1	0.596 9	0.596 7	0.596 7	0.596 7
0.20	0.604 1	0.601 4	0.599 7	0.599 0	0.598 4	0.598 1	0.597 8	0.597 3	0.597 1	0.596 9	0.596 8	0.596 8
0.22	0.605 0	0.602 0	0.600 1	0.599 4	0.598 7	0.598 4	0.598 1	0.597 6	0.597 3	0.597 1	0.597 0	0.597 0
0.24	0.605 8	0.602 6	0.600 6	0.599 8	0.599 1	0.598 7	0.598 4	0.597 8	0.597 5	0.597 3	0.597 2	0.597 2
0.26	0.606 8	0.603 3	0.601 1	0.600 3	0.599 5	0.599 1	0.598 8	0.598 1	0.597 8	0.597 5	0.597 5	0.597 4
0.28	0.607 8	0.604 1	0.601 7	0.600 8	0.600 0	0.599 5	0.599 2	0.598 5	0.598 1	0.597 8	0.597 7	0.597 6
0.30	0.608 9	0.604 9	0.602 4	0.601 4	0.600 5	0.600 0	0.599 6	0.598 8	0.598 4	0.598 1	0.598 0	0.597 9
0.32	0.610 1	0.605 8	0.603 1	0.602 0	0.601 0	0.600 5	0.600 1	0.599 2	0.598 8	0.598 4	0.598 3	0.598 2
0.34	0.611 4	0.606 7	0.603 8	0.602 7	0.601 6	0.601 1	0.600 6	0.599 7	0.599 2	0.598 7	0.598 6	0.598 5
0.36	0.612 8	0.607 8	0.604 7	0.603 4	0.602 2	0.601 7	0.601 2	0.600 2	0.599 6	0.599 1	0.598 9	0.598 8
0.38	0.614 4	0.608 9	0.605 6	0.604 2	0.602 9	0.602 3	0.601 8	0.600 7	0.600 0	0.599 5	0.599 3	0.599 1
0.40	—	0.610 2	0.606 5	0.605 1	0.603 7	0.603 0	0.602 4	0.601 2	0.600 5	0.599 9	0.599 7	0.599 5
0.42	—	0.611 5	0.607 6	0.606 0	0.604 5	0.603 8	0.603 1	0.601 8	0.601 0	0.600 3	0.600 1	0.599 8
0.44	—	0.612 9	0.608 7	0.607 0	0.605 4	0.604 5	0.603 8	0.602 4	0.601 5	0.600 8	0.600 4	0.600 2
0.46	—	0.614 5	0.609 9	0.608 0	0.606 3	0.605 4	0.604 6	0.603 0	0.602 1	0.601 2	0.600 8	0.600 5
0.48	—	0.616 1	0.611 1	0.609 1	0.607 2	0.606 2	0.605 4	0.603 7	0.602 6	0.601 6	0.601 2	0.600 9
0.50	—	0.617 9	0.612 4	0.610 2	0.608 2	0.607 1	0.606 2	0.604 3	0.603 2	0.602 1	0.601 6	0.601 2
0.51	—	0.618 8	0.613 1	0.610 8	0.608 7	0.607 6	0.606 7	0.604 7	0.603 4	0.602 3	0.601 8	0.601 3
0.52	—	0.619 7	0.613 8	0.611 4	0.609 2	0.608 1	0.607 1	0.605 0	0.603 7	0.602 5	0.601 9	0.601 4
0.53	—	0.620 6	0.614 5	0.612 0	0.609 7	0.608 5	0.607 5	0.605 3	0.603 9	0.602 6	0.602 1	0.601 5
0.54	—	0.621 6	0.615 2	0.612 6	0.610 2	0.609 0	0.607 9	0.605 6	0.604 2	0.602 8	0.602 2	0.601 6
0.55	—	—	0.615 9	0.613 2	0.610 7	0.609 4	0.608 3	0.605 9	0.604 4	0.603 0	0.602 3	0.601 7
0.56	—	—	0.616 6	0.613 8	0.611 2	0.609 9	0.608 7	0.606 2	0.604 6	0.603 1	0.602 4	0.601 8
0.57	—	—	0.617 4	0.614 5	0.611 7	0.610 3	0.609 1	0.606 5	0.604 8	0.603 2	0.602 5	0.601 8
0.58	—	—	0.618 1	0.615 1	0.612 2	0.610 7	0.609 4	0.606 7	0.605 0	0.603 3	0.602 5	0.601 8
0.59	—	—	0.618 8	0.615 6	0.612 7	0.611 1	0.609 8	0.607 0	0.605 1	0.603 3	0.602 5	0.601 8
0.60	—	—	0.619 5	0.616 2	0.613 1	0.611 5	0.610 1	0.607 2	0.605 2	0.603 4	0.602 5	0.601 7
0.61	—	—	0.620 2	0.616 8	0.613 5	0.611 9	0.610 4	0.607 3	0.605 3	0.603 3	0.602 4	0.601 6
0.62	—	—	0.620 9	0.617 3	0.613 9	0.612 2	0.610 7	0.607 5	0.605 3	0.603 3	0.602 3	0.601 4
0.63	—	—	0.621 6	0.617 8	0.614 3	0.612 5	0.610 9	0.607 6	0.605 3	0.603 2	0.602 2	0.601 2
0.64	—	—	0.622 2	0.618 3	0.614 7	0.612 8	0.611 1	0.607 6	0.605 3	0.603 0	0.601 9	0.600 9
0.65	—	—	0.622 8	0.618 8	0.615 0	0.613 0	0.611 3	0.607 6	0.605 2	0.602 8	0.601 6	0.600 6
0.66	—	—	0.623 4	0.619 2	0.615 2	0.613 2	0.611 4	0.607 5	0.605 0	0.602 5	0.601 3	0.600 2
0.67	—	—	0.623 9	0.619 5	0.615 4	0.613 3	0.611 4	0.607 4	0.604 7	0.602 1	0.600 9	0.599 7
0.68	—	—	0.624 4	0.619 8	0.615 5	0.613 3	0.611 4	0.607 2	0.604 4	0.601 6	0.600 3	0.599 1
0.69	—	—	0.624 8	0.620 1	0.615 6	0.613 3	0.611 2	0.606 9	0.604 0	0.601 1	0.599 7	0.598 4
0.70	—	—	0.625 2	0.620 2	0.615 5	0.613 1	0.611 0	0.606 5	0.603 5	0.600 4	0.599 0	0.597 6
0.71	—	—	0.625 5	0.620 3	0.615 4	0.612 9	0.610 7	0.606 0	0.602 8	0.599 6	0.598 2	0.596 7
0.72	—	—	0.625 7	0.620 3	0.615 2	0.612 6	0.610 3	0.605 4	0.602 1	0.598 8	0.597 2	0.595 7
0.73	—	—	0.625 8	0.620 2	0.614 9	0.612 2	0.609 8	0.604 7	0.601 2	0.597 7	0.596 1	0.594 5
0.74	—	—	0.625 8	0.619 9	0.614 5	0.611 6	0.609 2	0.603 8	0.600 2	0.596 6	0.594 9	0.593 2
0.75	—	—	0.625 6	0.619 6	0.613 9	0.611 0	0.608 4	0.602 8	0.599 1	0.595 3	0.593 5	0.591 7

注：提供本表是为方便使用。表中的数值不供精确内插之用，不允许外推。

表 A.8 具有法兰取压口的孔板——D=250 mm 的流出系数 C

直径比	流出系数 C，Re_D 等于											
β	5×10^3	1×10^4	2×10^4	3×10^4	5×10^4	7×10^4	1×10^5	3×10^5	1×10^6	1×10^7	1×10^8	∞
0.10	0.600 5	0.598 9	0.597 9	0.597 5	0.597 1	0.596 9	0.596 8	0.596 5	0.596 4	0.596 3	0.596 3	0.596 3
0.12	0.601 2	0.599 4	0.598 2	0.597 7	0.597 3	0.597 1	0.597 0	0.596 6	0.596 5	0.596 4	0.596 3	0.596 3
0.14	0.601 9	0.599 8	0.598 5	0.598 0	0.597 6	0.597 3	0.597 1	0.596 8	0.596 6	0.596 5	0.596 5	0.596 4
0.16	0.602 6	0.600 3	0.598 9	0.598 3	0.597 8	0.597 6	0.597 4	0.596 9	0.596 7	0.596 6	0.596 6	0.596 6
0.18	0.603 4	0.600 9	0.599 3	0.598 7	0.598 1	0.597 8	0.597 6	0.597 1	0.596 9	0.596 8	0.596 7	0.596 7
0.20	0.604 2	0.601 4	0.599 7	0.599 0	0.598 4	0.598 1	0.597 9	0.597 4	0.597 1	0.596 9	0.596 9	0.596 9
0.22	0.605 0	0.602 0	0.600 2	0.599 4	0.598 8	0.598 4	0.598 1	0.597 6	0.597 3	0.597 1	0.597 1	0.597 1
0.24	0.605 9	0.602 7	0.600 7	0.599 9	0.599 1	0.598 8	0.598 5	0.597 9	0.597 6	0.597 4	0.597 3	0.597 3
0.26	0.606 8	0.603 4	0.601 2	0.600 4	0.599 6	0.599 2	0.598 8	0.598 2	0.597 8	0.597 6	0.597 5	0.597 5
0.28	0.607 9	0.604 1	0.601 8	0.600 9	0.600 0	0.599 6	0.599 2	0.598 5	0.598 1	0.597 9	0.597 8	0.597 7
0.30	0.609 0	0.604 9	0.602 5	0.601 5	0.600 5	0.600 1	0.599 7	0.598 9	0.598 5	0.598 2	0.598 1	0.598 0
0.32	0.610 2	0.605 8	0.603 2	0.602 1	0.601 1	0.600 6	0.600 2	0.599 3	0.598 8	0.598 5	0.598 4	0.598 3
0.34	0.611 5	0.606 8	0.603 9	0.602 8	0.601 7	0.601 1	0.600 7	0.599 8	0.599 2	0.598 8	0.598 7	0.598 6
0.36	—	0.607 9	0.604 7	0.603 5	0.602 3	0.601 7	0.601 2	0.600 2	0.599 7	0.599 2	0.599 0	0.598 9
0.38	—	0.609 0	0.605 6	0.604 3	0.603 0	0.602 4	0.601 8	0.600 7	0.600 1	0.599 6	0.599 4	0.599 2
0.40	—	0.610 2	0.606 6	0.605 1	0.603 8	0.603 1	0.602 5	0.601 3	0.600 6	0.600 0	0.599 7	0.599 5
0.42	—	0.611 6	0.607 6	0.606 1	0.604 6	0.603 8	0.603 2	0.601 9	0.601 1	0.600 4	0.600 1	0.599 9
0.44	—	0.613 0	0.608 7	0.607 0	0.605 4	0.604 6	0.603 9	0.602 5	0.601 6	0.600 8	0.600 5	0.600 2
0.46	—	0.614 5	0.609 9	0.608 1	0.606 3	0.605 4	0.604 7	0.603 1	0.602 1	0.601 2	0.600 9	0.600 6
0.48	—	0.616 2	0.611 2	0.609 1	0.607 2	0.606 3	0.605 5	0.603 7	0.602 6	0.601 7	0.601 3	0.600 9
0.50	—	—	0.612 5	0.610 3	0.608 2	0.607 2	0.606 3	0.604 4	0.603 2	0.602 1	0.601 6	0.601 2
0.51	—	—	0.613 1	0.610 8	0.608 7	0.607 6	0.606 7	0.604 7	0.603 4	0.602 3	0.601 8	0.601 3
0.52	—	—	0.613 8	0.611 4	0.609 2	0.608 1	0.607 1	0.605 0	0.603 7	0.602 4	0.601 9	0.601 4
0.53	—	—	0.614 5	0.612 0	0.609 7	0.608 5	0.607 5	0.605 3	0.603 9	0.602 6	0.602 1	0.601 5
0.54	—	—	0.615 2	0.612 6	0.610 2	0.608 9	0.607 9	0.605 6	0.604 1	0.602 8	0.602 2	0.601 6
0.55	—	—	0.615 9	0.613 2	0.610 7	0.609 4	0.608 3	0.605 9	0.604 4	0.602 9	0.602 3	0.601 7
0.56	—	—	0.616 6	0.613 8	0.611 2	0.609 8	0.608 6	0.606 1	0.604 5	0.603 0	0.602 3	0.601 7
0.57	—	—	0.617 3	0.614 4	0.611 6	0.610 2	0.609 0	0.606 4	0.604 7	0.603 1	0.602 4	0.601 7
0.58	—	—	0.618 0	0.615 0	0.612 1	0.610 6	0.609 3	0.606 6	0.604 9	0.603 2	0.602 4	0.601 7
0.59	—	—	0.618 7	0.615 5	0.612 5	0.611 0	0.609 7	0.606 8	0.605 0	0.603 2	0.602 4	0.601 6
0.60	—	—	0.619 4	0.616 1	0.613 0	0.611 4	0.610 0	0.607 0	0.605 1	0.603 2	0.602 3	0.601 5
0.61	—	—	0.620 1	0.616 6	0.613 4	0.611 7	0.610 3	0.607 1	0.605 1	0.603 1	0.602 3	0.601 4
0.62	—	—	0.620 7	0.617 1	0.613 8	0.612 0	0.610 5	0.607 2	0.605 1	0.603 1	0.602 1	0.601 2
0.63	—	—	0.621 4	0.617 6	0.614 1	0.612 3	0.610 7	0.607 3	0.605 1	0.602 9	0.601 9	0.601 0
0.64	—	—	0.622 0	0.618 1	0.614 4	0.612 5	0.610 9	0.607 3	0.605 0	0.602 7	0.601 7	0.600 6
0.65	—	—	0.622 6	0.618 5	0.614 7	0.612 7	0.611 0	0.607 3	0.604 8	0.602 4	0.601 3	0.600 3
0.66	—	—	0.623 1	0.618 9	0.614 9	0.612 8	0.611 0	0.607 2	0.604 6	0.602 1	0.600 9	0.599 8
0.67	—	—	0.623 6	0.619 2	0.615 0	0.612 9	0.611 0	0.607 0	0.604 3	0.601 7	0.600 4	0.599 3
0.68	—	—	0.624 0	0.619 4	0.615 1	0.612 9	0.610 9	0.606 7	0.603 9	0.601 2	0.599 9	0.598 6
0.69	—	—	—	0.619 6	0.615 1	0.612 8	0.610 7	0.606 4	0.603 5	0.600 5	0.599 2	0.597 9
0.70	—	—	—	0.619 7	0.615 0	0.612 6	0.610 5	0.605 9	0.602 9	0.599 8	0.598 4	0.597 0
0.71	—	—	—	0.619 7	0.614 8	0.612 3	0.610 1	0.605 4	0.602 2	0.599 0	0.597 5	0.596 1
0.72	—	—	—	0.619 6	0.614 5	0.611 9	0.609 6	0.604 7	0.601 4	0.598 0	0.596 5	0.595 0
0.73	—	—	—	0.619 4	0.614 1	0.611 4	0.609 0	0.603 9	0.600 4	0.596 9	0.595 3	0.593 7
0.74	—	—	—	0.619 1	0.613 6	0.610 8	0.608 3	0.602 9	0.599 4	0.595 7	0.594 0	0.592 3
0.75	—	—	—	0.618 7	0.613 0	0.610 0	0.607 4	0.601 8	0.598 1	0.594 3	0.592 5	0.590 8

注：提供本表是为方便使用。表中的数值不供精确内插之用，不允许外推。

表 A.9 具有法兰取压口的孔板——$D=375$ mm 的流出系数 C

直径比 β	流出系数 C,Re_D 等于										
	5×10^3	1×10^4	2×10^4	3×10^4	5×10^4	7×10^4	1×10^5	3×10^5	1×10^6	1×10^7	1×10^8	∞
0.10	0.600 6	0.598 9	0.597 9	0.597 5	0.597 1	0.597 0	0.596 8	0.596 5	0.596 4	0.596 3	0.596 3	0.596 3
0.12	0.601 3	0.599 4	0.598 2	0.597 8	0.597 4	0.597 2	0.597 0	0.596 7	0.596 5	0.596 4	0.596 4	0.596 4
0.14	0.602 0	0.599 9	0.598 6	0.598 1	0.597 6	0.597 4	0.597 2	0.596 8	0.596 6	0.596 5	0.596 5	0.596 5
0.16	0.602 7	0.600 4	0.599 0	0.598 4	0.597 9	0.597 6	0.597 4	0.597 0	0.596 8	0.596 7	0.596 6	0.596 6
0.18	0.603 5	0.600 9	0.599 4	0.598 7	0.598 2	0.597 9	0.597 7	0.597 2	0.597 0	0.596 8	0.596 8	0.596 8
0.20	0.604 2	0.601 5	0.599 8	0.599 1	0.598 5	0.598 2	0.597 9	0.597 4	0.597 2	0.597 0	0.597 0	0.596 9
0.22	0.605 1	0.602 1	0.600 3	0.599 5	0.598 8	0.598 5	0.598 2	0.597 7	0.597 4	0.597 2	0.597 2	0.597 1
0.24	0.606 0	0.602 8	0.600 8	0.600 0	0.599 2	0.598 9	0.598 6	0.598 0	0.597 7	0.597 4	0.597 4	0.597 3
0.26	0.606 9	0.603 5	0.601 3	0.600 5	0.599 7	0.599 3	0.598 9	0.598 3	0.597 9	0.597 7	0.597 6	0.597 6
0.28	0.608 0	0.604 2	0.601 9	0.601 0	0.600 1	0.599 7	0.599 3	0.598 6	0.598 3	0.598 0	0.597 9	0.597 8
0.30	—	0.605 1	0.602 6	0.601 6	0.600 6	0.600 2	0.599 8	0.599 0	0.598 6	0.598 3	0.598 2	0.598 1
0.32	—	0.606 0	0.603 3	0.602 2	0.601 2	0.600 7	0.600 3	0.599 4	0.599 0	0.598 6	0.598 5	0.598 4
0.34	—	0.606 9	0.604 0	0.602 9	0.601 8	0.601 3	0.600 8	0.599 9	0.599 4	0.598 9	0.598 8	0.598 7
0.36	—	0.608 0	0.604 9	0.603 6	0.602 4	0.601 9	0.601 4	0.600 4	0.599 8	0.599 3	0.599 1	0.599 0
0.38	—	0.609 1	0.605 8	0.604 4	0.603 1	0.602 5	0.602 0	0.600 9	0.600 2	0.599 7	0.599 5	0.599 3
0.40	—	—	0.606 7	0.605 3	0.603 9	0.603 2	0.602 6	0.601 4	0.600 7	0.600 1	0.599 9	0.599 7
0.42	—	—	0.607 8	0.606 2	0.604 7	0.603 9	0.603 3	0.602 0	0.601 2	0.600 5	0.600 2	0.600 0
0.44	—	—	0.608 9	0.607 1	0.605 5	0.604 7	0.604 0	0.602 6	0.601 7	0.600 9	0.600 6	0.600 3
0.46	—	—	0.610 0	0.608 2	0.606 4	0.605 5	0.604 8	0.603 2	0.602 2	0.601 3	0.601 0	0.600 7
0.48	—	—	0.611 3	0.609 2	0.607 3	0.606 4	0.605 5	0.603 8	0.602 7	0.601 8	0.601 3	0.601 0
0.50	—	—	0.612 5	0.610 3	0.608 3	0.607 2	0.606 3	0.604 4	0.603 2	0.602 1	0.601 7	0.601 2
0.51	—	—	0.613 2	0.610 9	0.608 8	0.607 7	0.606 7	0.604 7	0.603 5	0.602 3	0.601 8	0.601 4
0.52	—	—	0.613 9	0.611 5	0.609 2	0.608 1	0.607 1	0.605 0	0.603 7	0.602 5	0.601 9	0.601 5
0.53	—	—	0.614 5	0.612 1	0.609 7	0.608 5	0.607 5	0.605 3	0.603 9	0.602 6	0.602 1	0.601 5
0.54	—	—	0.615 2	0.612 6	0.610 2	0.609 0	0.607 9	0.605 6	0.604 1	0.602 8	0.602 2	0.601 6
0.55	—	—	0.615 9	0.613 2	0.610 7	0.609 4	0.608 2	0.605 8	0.604 3	0.602 9	0.602 2	0.601 7
0.56	—	—	0.616 6	0.613 8	0.611 1	0.609 8	0.608 6	0.606 1	0.604 5	0.603 0	0.602 3	0.601 7
0.57	—	—	—	0.614 4	0.611 6	0.610 2	0.608 9	0.606 3	0.604 7	0.603 0	0.602 3	0.601 7
0.58	—	—	—	0.614 9	0.612 0	0.610 6	0.609 3	0.606 5	0.604 8	0.603 1	0.602 3	0.601 6
0.59	—	—	—	0.615 5	0.612 4	0.610 9	0.609 6	0.606 7	0.604 9	0.603 1	0.602 3	0.601 5
0.60	—	—	—	0.616 0	0.612 8	0.611 2	0.609 8	0.606 9	0.604 9	0.603 0	0.602 2	0.601 4
0.61	—	—	—	0.616 5	0.613 2	0.611 6	0.610 1	0.607 0	0.605 0	0.603 0	0.602 1	0.601 2
0.62	—	—	—	0.617 0	0.613 6	0.611 8	0.610 3	0.607 0	0.604 9	0.602 8	0.601 9	0.601 0
0.63	—	—	—	0.617 4	0.613 9	0.612 1	0.610 5	0.607 1	0.604 8	0.602 6	0.601 7	0.600 7
0.64	—	—	—	0.617 8	0.614 1	0.612 2	0.610 6	0.607 0	0.604 7	0.602 4	0.601 4	0.600 3
0.65	—	—	—	0.618 2	0.614 3	0.612 4	0.610 6	0.606 9	0.604 5	0.602 1	0.601 0	0.599 9
0.66	—	—	—	0.618 5	0.614 5	0.612 4	0.610 6	0.606 8	0.604 2	0.601 7	0.600 5	0.599 4
0.67	—	—	—	0.618 8	0.614 6	0.612 4	0.610 6	0.606 5	0.603 9	0.601 2	0.600 0	0.598 8
0.68	—	—	—	0.619 0	0.614 6	0.612 4	0.610 4	0.606 2	0.603 4	0.600 6	0.599 3	0.598 1
0.69	—	—	—	—	0.614 5	0.612 2	0.610 2	0.605 8	0.602 9	0.600 0	0.598 6	0.597 3
0.70	—	—	—	—	0.614 4	0.612 0	0.609 8	0.605 3	0.602 2	0.599 2	0.597 7	0.596 4
0.71	—	—	—	—	0.614 1	0.611 6	0.609 4	0.604 6	0.601 5	0.598 2	0.596 8	0.595 3
0.72	—	—	—	—	0.613 8	0.611 1	0.608 8	0.603 9	0.600 6	0.597 2	0.595 6	0.594 1
0.73	—	—	—	—	0.613 3	0.610 5	0.608 1	0.602 9	0.599 5	0.596 0	0.594 4	0.592 8
0.74	—	—	—	—	0.612 6	0.609 8	0.607 3	0.601 9	0.598 3	0.594 6	0.592 9	0.591 3
0.75	—	—	—	—	0.611 9	0.608 9	0.606 3	0.600 7	0.596 9	0.593 1	0.591 3	0.589 6

注：提供本表是为方便使用。表中的数值不供精确内插之用，不允许外推。

表 A.10 具有法兰取压口的孔板——D=760 mm 的流出系数 C

直径比 β	流出系数 C,Re_D 等于											
	5×10^3	1×10^4	2×10^4	3×10^4	5×10^4	7×10^4	1×10^5	3×10^5	1×10^6	1×10^7	1×10^8	∞
0.10	0.600 6	0.599 0	0.597 9	0.597 5	0.597 2	0.597 0	0.596 9	0.596 6	0.596 4	0.596 3	0.596 3	0.596 3
0.12	0.601 3	0.599 4	0.598 3	0.597 8	0.597 4	0.597 2	0.597 0	0.596 7	0.596 5	0.596 4	0.596 4	0.596 4
0.14	0.602 0	0.599 9	0.598 6	0.598 1	0.597 7	0.597 4	0.597 2	0.596 9	0.596 7	0.596 6	0.596 6	0.596 5
0.16	0.602 8	0.600 5	0.599 0	0.598 5	0.597 9	0.597 7	0.597 5	0.597 1	0.596 9	0.596 7	0.596 7	0.596 7
0.18	0.603 5	0.601 0	0.599 4	0.598 8	0.598 2	0.598 0	0.597 7	0.597 3	0.597 0	0.596 9	0.596 9	0.596 8
0.20	—	0.601 6	0.599 9	0.599 2	0.598 6	0.598 3	0.598 0	0.597 5	0.597 3	0.597 1	0.597 1	0.597 0
0.22	—	0.602 2	0.600 4	0.599 6	0.598 9	0.598 6	0.598 3	0.597 8	0.597 5	0.597 3	0.597 3	0.597 2
0.24	—	0.602 9	0.600 9	0.600 1	0.599 3	0.599 0	0.598 7	0.598 1	0.597 8	0.597 6	0.597 5	0.597 5
0.26	—	0.603 6	0.601 4	0.600 6	0.599 8	0.599 4	0.599 1	0.598 4	0.598 1	0.597 8	0.597 7	0.597 7
0.28	—	—	0.602 0	0.601 1	0.600 3	0.599 8	0.599 5	0.598 8	0.598 4	0.598 1	0.598 0	0.598 0
0.30	—	—	0.602 7	0.601 7	0.600 8	0.600 3	0.599 9	0.599 2	0.598 7	0.598 4	0.598 3	0.598 2
0.32	—	—	0.603 4	0.602 3	0.601 3	0.600 8	0.600 4	0.599 6	0.599 1	0.598 7	0.598 6	0.598 5
0.34	—	—	0.604 2	0.603 0	0.602 0	0.601 4	0.601 0	0.600 0	0.599 5	0.599 1	0.599 0	0.598 8
0.36	—	—	0.605 0	0.603 8	0.602 6	0.602 0	0.601 5	0.600 5	0.599 9	0.599 5	0.599 3	0.599 2
0.38	—	—	0.605 9	0.604 6	0.603 3	0.602 7	0.602 1	0.601 0	0.600 4	0.599 9	0.599 7	0.599 5
0.40	—	—	—	0.605 4	0.604 1	0.603 4	0.602 8	0.601 6	0.600 9	0.600 3	0.600 0	0.599 8
0.42	—	—	—	0.606 4	0.604 9	0.604 1	0.603 5	0.602 2	0.601 4	0.600 7	0.600 4	0.600 2
0.44	—	—	—	0.607 3	0.605 7	0.604 9	0.604 2	0.602 7	0.601 9	0.601 1	0.600 8	0.600 5
0.46	—	—	—	0.608 4	0.606 6	0.605 7	0.604 9	0.603 4	0.602 4	0.601 5	0.601 2	0.600 8
0.48	—	—	—	0.609 4	0.607 5	0.606 5	0.605 7	0.604 0	0.602 9	0.601 9	0.601 5	0.601 1
0.50	—	—	—	—	0.608 4	0.607 4	0.606 5	0.604 6	0.603 4	0.602 3	0.601 8	0.601 4
0.51	—	—	—	—	0.608 9	0.607 8	0.606 9	0.604 9	0.603 6	0.602 5	0.602 0	0.601 5
0.52	—	—	—	—	0.609 4	0.608 2	0.607 3	0.605 2	0.603 9	0.602 6	0.602 1	0.601 6
0.53	—	—	—	—	0.609 9	0.608 7	0.607 6	0.605 4	0.604 1	0.602 8	0.602 2	0.601 7
0.54	—	—	—	—	0.610 3	0.609 1	0.608 0	0.605 7	0.604 3	0.602 9	0.602 3	0.601 7
0.55	—	—	—	—	0.610 8	0.609 5	0.608 4	0.606 0	0.604 4	0.603 0	0.602 4	0.601 8
0.56	—	—	—	—	0.611 2	0.609 9	0.608 7	0.606 2	0.604 6	0.603 1	0.602 4	0.601 8
0.57	—	—	—	—	0.611 7	0.610 3	0.609 0	0.606 4	0.604 7	0.603 1	0.602 4	0.601 7
0.58	—	—	—	—	0.612 1	0.610 6	0.609 3	0.606 6	0.604 8	0.603 1	0.602 4	0.601 7
0.59	—	—	—	—	0.612 5	0.611 0	0.609 6	0.606 8	0.604 9	0.603 1	0.602 3	0.601 6
0.60	—	—	—	—	0.612 9	0.611 3	0.609 9	0.606 9	0.605 0	0.603 1	0.602 2	0.601 4
0.61	—	—	—	—	0.613 2	0.611 6	0.610 1	0.607 0	0.605 0	0.603 0	0.602 1	0.601 2
0.62	—	—	—	—	0.613 6	0.611 8	0.610 3	0.607 0	0.604 9	0.602 8	0.601 9	0.601 0
0.63	—	—	—	—	—	0.612 0	0.610 4	0.607 0	0.604 8	0.602 6	0.601 6	0.600 6
0.64	—	—	—	—	—	0.612 2	0.610 5	0.606 9	0.604 6	0.602 3	0.601 3	0.600 3
0.65	—	—	—	—	—	0.612 3	0.610 5	0.606 8	0.604 4	0.602 0	0.600 9	0.599 8
0.66	—	—	—	—	—	0.612 3	0.610 5	0.606 6	0.604 1	0.601 5	0.600 4	0.599 2
0.67	—	—	—	—	—	0.612 3	0.610 4	0.606 3	0.603 7	0.601 0	0.599 8	0.598 6
0.68	—	—	—	—	—	0.612 2	0.610 2	0.606 0	0.603 2	0.600 4	0.599 1	0.597 9
0.69	—	—	—	—	—	0.611 9	0.609 9	0.605 5	0.602 6	0.599 6	0.598 3	0.597 0
0.70	—	—	—	—	—	0.611 6	0.609 5	0.604 9	0.601 9	0.598 8	0.597 4	0.596 0
0.71	—	—	—	—	—	0.611 2	0.609 0	0.604 2	0.601 0	0.597 8	0.596 3	0.594 9
0.72	—	—	—	—	—	0.610 7	0.608 4	0.603 4	0.600 1	0.596 7	0.595 1	0.593 6
0.73	—	—	—	—	—	0.610 0	0.607 6	0.602 4	0.598 9	0.595 4	0.593 8	0.592 2
0.74	—	—	—	—	—	—	0.606 7	0.601 2	0.597 6	0.594 0	0.592 3	0.590 6
0.75	—	—	—	—	—	—	0.605 6	0.599 9	0.596 2	0.592 3	0.590 6	0.588 8

注：提供本表是为方便使用。表中的数值不供精确内插之用，不允许外推。

表 A.11 具有法兰取压口的孔板——D=1 000 mm 的流出系数 C

直径比 β	流出系数 C,Re_D 等于											
	5×10^3	1×10^4	2×10^4	3×10^4	5×10^4	7×10^4	1×10^5	3×10^5	1×10^6	1×10^7	1×10^8	∞
0.10	0.600 6	0.599 0	0.598 0	0.597 6	0.597 2	0.597 0	0.596 9	0.596 6	0.596 4	0.596 3	0.596 3	0.596 3
0.12	0.601 3	0.599 4	0.598 3	0.597 8	0.597 4	0.597 2	0.597 0	0.596 7	0.596 6	0.596 5	0.596 4	0.596 4
0.14	0.602 0	0.599 9	0.598 7	0.598 1	0.597 7	0.597 4	0.597 3	0.596 9	0.596 7	0.596 6	0.596 6	0.596 6
0.16	0.602 8	0.600 5	0.599 0	0.598 5	0.598 0	0.597 7	0.597 5	0.597 1	0.596 9	0.596 7	0.596 7	0.596 7
0.18	—	0.601 0	0.599 5	0.598 8	0.598 3	0.598 0	0.597 7	0.597 3	0.597 1	0.596 9	0.596 9	0.596 9
0.20	—	0.601 6	0.599 9	0.599 2	0.598 6	0.598 3	0.598 0	0.597 5	0.597 3	0.597 1	0.597 1	0.597 1
0.22	—	0.602 2	0.600 4	0.599 6	0.599 0	0.598 6	0.598 4	0.597 8	0.597 5	0.597 3	0.597 3	0.597 3
0.24	—	0.602 9	0.600 9	0.600 1	0.599 4	0.599 0	0.598 7	0.598 1	0.597 8	0.597 6	0.597 5	0.597 5
0.26	—	—	0.601 5	0.600 6	0.599 8	0.599 4	0.599 1	0.598 4	0.598 1	0.597 9	0.597 8	0.597 7
0.28	—	—	0.602 1	0.601 2	0.600 3	0.599 9	0.599 5	0.598 8	0.598 4	0.598 1	0.598 1	0.598 0
0.30	—	—	0.602 7	0.601 7	0.600 8	0.600 4	0.600 0	0.599 2	0.598 8	0.598 5	0.598 3	0.598 3
0.32	—	—	0.603 5	0.602 4	0.601 4	0.600 9	0.600 5	0.599 6	0.599 2	0.598 8	0.598 7	0.598 6
0.34	—	—	0.604 3	0.603 1	0.602 0	0.601 5	0.601 0	0.600 1	0.599 6	0.599 1	0.599 0	0.598 9
0.36	—	—	—	0.603 8	0.602 7	0.602 1	0.601 6	0.600 6	0.600 0	0.599 5	0.599 4	0.599 2
0.38	—	—	—	0.604 6	0.603 4	0.602 7	0.602 2	0.601 1	0.600 5	0.599 9	0.599 7	0.599 5
0.40	—	—	—	0.605 5	0.604 1	0.603 4	0.602 8	0.601 6	0.600 9	0.600 3	0.600 1	0.599 9
0.42	—	—	—	0.606 4	0.604 9	0.604 2	0.603 5	0.602 2	0.601 4	0.600 7	0.600 5	0.600 2
0.44	—	—	—	—	0.605 8	0.605 0	0.604 3	0.602 8	0.601 9	0.601 2	0.600 9	0.600 6
0.46	—	—	—	—	0.606 7	0.605 8	0.605 0	0.603 4	0.602 4	0.601 6	0.601 2	0.600 9
0.48	—	—	—	—	0.607 6	0.606 6	0.605 8	0.604 0	0.603 0	0.602 0	0.601 6	0.601 2
0.50	—	—	—	—	0.608 5	0.607 5	0.606 5	0.604 6	0.603 5	0.602 4	0.601 9	0.601 5
0.51	—	—	—	—	0.609 0	0.607 9	0.606 9	0.604 9	0.603 7	0.602 5	0.602 0	0.601 6
0.52	—	—	—	—	0.609 5	0.608 3	0.607 3	0.605 2	0.603 9	0.602 7	0.602 2	0.601 7
0.53	—	—	—	—	0.609 9	0.608 7	0.607 7	0.605 5	0.604 1	0.602 8	0.602 3	0.601 7
0.54	—	—	—	—	0.610 4	0.609 1	0.608 1	0.605 8	0.604 3	0.603 0	0.602 4	0.601 8
0.55	—	—	—	—	—	0.609 6	0.608 4	0.606 0	0.604 5	0.603 1	0.602 4	0.601 8
0.56	—	—	—	—	—	0.609 9	0.608 8	0.606 3	0.604 7	0.603 1	0.602 5	0.601 8
0.57	—	—	—	—	—	0.610 3	0.609 1	0.606 5	0.604 8	0.603 2	0.602 5	0.601 8
0.58	—	—	—	—	—	0.610 7	0.609 4	0.606 7	0.604 9	0.603 2	0.602 4	0.601 7
0.59	—	—	—	—	—	0.611 0	0.609 7	0.606 8	0.605 0	0.603 2	0.602 4	0.601 6
0.60	—	—	—	—	—	0.611 3	0.609 9	0.606 9	0.605 0	0.603 1	0.602 3	0.601 5
0.61	—	—	—	—	—	0.611 6	0.610 2	0.607 0	0.605 0	0.603 0	0.602 1	0.601 3
0.62	—	—	—	—	—	0.611 9	0.610 3	0.607 1	0.604 9	0.602 9	0.601 9	0.601 0
0.63	—	—	—	—	—	0.612 1	0.610 5	0.607 0	0.604 8	0.602 6	0.601 6	0.600 7
0.64	—	—	—	—	—	0.612 2	0.610 6	0.607 0	0.604 7	0.602 3	0.601 3	0.600 3
0.65	—	—	—	—	—	—	0.610 6	0.606 8	0.604 4	0.602 0	0.600 9	0.599 8
0.66	—	—	—	—	—	—	0.610 5	0.606 6	0.604 1	0.601 6	0.600 4	0.599 3
0.67	—	—	—	—	—	—	0.610 4	0.606 3	0.603 7	0.601 0	0.599 8	0.598 6
0.68	—	—	—	—	—	—	0.610 2	0.606 0	0.603 2	0.600 4	0.599 1	0.597 9
0.69	—	—	—	—	—	—	0.609 9	0.605 5	0.602 6	0.599 7	0.598 3	0.597 0
0.70	—	—	—	—	—	—	0.609 5	0.604 9	0.601 9	0.598 8	0.597 4	0.596 0
0.71	—	—	—	—	—	—	0.609 0	0.604 2	0.601 0	0.597 8	0.596 3	0.594 9
0.72	—	—	—	—	—	—	0.608 4	0.603 3	0.600 0	0.596 7	0.595 1	0.593 6
0.73	—	—	—	—	—	—	0.607 6	0.602 4	0.598 9	0.595 4	0.593 8	0.592 2
0.74	—	—	—	—	—	—	0.606 6	0.601 2	0.597 6	0.593 9	0.592 2	0.590 6
0.75	—	—	—	—	—	—	0.605 5	0.599 9	0.596 1	0.592 3	0.590 5	0.588 7

注:提供本表是为方便使用。表中的数值不供精确内插之用,不允许外推。

表 A.12 孔板——可膨胀性(膨胀)系数 ε

直径比		可膨胀性(膨胀)系数 ε,p_2/p_1 等于							
β	β^4	0.98	0.96	0.94	0.92	0.90	0.85	0.80	0.75
$\kappa=1.2$									
0.100 0	0.000 1	0.994 1	0.988 3	0.982 4	0.976 4	0.970 5	0.955 5	0.940 4	0.925 2
0.562 3	0.100 0	0.993 6	0.987 1	0.980 6	0.974 1	0.967 6	0.951 1	0.934 5	0.917 7
0.668 7	0.200 0	0.992 7	0.985 3	0.977 9	0.970 5	0.963 1	0.944 3	0.925 4	0.906 3
0.740 1	0.300 0	0.991 5	0.982 9	0.974 3	0.965 7	0.957 0	0.935 2	0.913 2	0.891 0
0.750 0	0.316 4	0.991 2	0.982 4	0.973 6	0.964 8	0.955 9	0.933 5	0.910 9	0.888 1
$\kappa=1.3$									
0.100 0	0.000 1	0.994 6	0.989 1	0.983 7	0.978 2	0.972 7	0.958 7	0.944 6	0.930 3
0.562 3	0.100 0	0.994 0	0.988 1	0.982 1	0.976 0	0.970 0	0.954 7	0.939 1	0.923 4
0.668 7	0.200 0	0.993 2	0.986 4	0.979 6	0.972 7	0.965 8	0.948 4	0.930 7	0.912 8
0.740 1	0.300 0	0.992 1	0.984 2	0.976 2	0.968 2	0.960 2	0.939 9	0.919 3	0.898 5
0.750 0	0.316 4	0.991 9	0.983 8	0.975 6	0.967 4	0.959 1	0.938 3	0.917 2	0.895 8
$\kappa=1.4$									
0.100 0	0.000 1	0.995 0	0.989 9	0.984 8	0.979 7	0.974 6	0.961 5	0.948 3	0.934 8
0.562 3	0.100 0	0.994 5	0.988 9	0.983 3	0.977 7	0.972 0	0.957 7	0.943 1	0.928 3
0.668 7	0.200 0	0.993 7	0.987 4	0.981 0	0.974 6	0.968 1	0.951 8	0.935 3	0.918 4
0.740 1	0.300 0	0.992 7	0.985 3	0.977 9	0.970 4	0.962 9	0.943 9	0.924 6	0.905 0
0.750 0	0.316 4	0.992 5	0.984 9	0.977 3	0.969 6	0.961 9	0.942 4	0.922 6	0.902 5
$\kappa=1.66$									
0.100 0	0.000 1	0.995 8	0.991 5	0.987 2	0.982 8	0.978 4	0.967 3	0.955 8	0.944 1
0.562 3	0.100 0	0.995 3	0.990 6	0.985 9	0.981 1	0.976 3	0.964 0	0.951 5	0.938 6
0.668 7	0.200 0	0.994 7	0.989 3	0.983 9	0.978 5	0.973 0	0.959 0	0.944 7	0.930 1
0.740 1	0.300 0	0.993 8	0.987 6	0.981 3	0.974 9	0.968 5	0.952 3	0.935 7	0.918 6
0.750 0	0.316 4	0.993 6	0.987 2	0.980 8	0.974 3	0.967 7	0.951 0	0.934 0	0.916 4
注:提供本表是为方便使用。表中的数值不供精确内插之用,不允许外推。									

附　录　B
（资料性附录）
流动调整器

B.1　总则

本附录描述了几种可在孔板上游使用的专利流动调整器和对相关直管段的要求。本附录描述了Gallagher流动调整器和K-Lab多孔板流动调整器的NOVA结构。介绍了通过配合性试验以后，流动调整器可用在任何上游管件下游的情况。本附录描述这些流动调整器并不是要限制使用其他已通过试验并证明流出系数偏移足够小的流动调整器。这些流动调整器市场上都有供应，本附录是把它们作为已通过配合性试验的例子提出的。提供这些信息的目的是为了方便GB/T 2624的本部分的用户，并不表示对这些产品的认可。

B.2　Gallagher流动调整器——配合性试验

B.2.1　图B.1所示的Gallagher流动调整器符合GB/T 2624.1—2006的7.4.1.2～7.4.1.7规定的配合性试验（部分重要的配合性试验结果可以在参考文献[8]和[13]中找到），只要它满足必要的制造规范（应从专利持有人处获得）并符合B.2.3的安装要求，就可以用在任何管件的下游。

B.2.2　Gallagher流动调整器涉及一个现行专利的保护。如图B.1a)所示，它有一个抗旋涡装置、一个沉降室以及最后的一个成形装置组成。

Gallagher流动调整器的压力损失系数K取决于调整器的制造规范，它约等于2，K由下式给出：

$$K=\frac{\Delta p_c}{\frac{1}{2}\rho v^2}$$

式中：

Δp_c——Gallagher流动调整器的压力损失；

v——管道中流体的平均轴向流速。

B.2.3　孔板与最近上游管件之间的距离L_f至少等于$17D$。安装Gallagher流动调整器后，Gallagher流动调整器的下游端与孔板之间的距离L_s为：

$$5D\leqslant L_s\leqslant L_f-8D$$

在此位置上，Gallagher流动调整器可用于$\beta\leqslant 0.67$的条件。

如果$0.67<\beta\leqslant 0.75$，Gallagher流动调整器的位置受到更多限制，而L_s等于：

$$7D\pm D$$

在此位置上，Gallagher流动调整器已满足了GB/T 2624.1—2006的7.4.1.7中对于$\beta=0.75$的要求。

至弯头（或弯头组合）或三通的距离要测量到最近的（或唯一的）弯头或三通弯曲部分的下游端。至渐缩管或渐扩管的距离要测量到渐缩管或渐扩管弯曲部分或圆锥部分的下游端。

本条款给出的位置适用于任何管件的下游。如果上游管件的范围受到限制，或上游管件与孔板之间的总长度增大，或孔板的直径比减小，允许放宽Gallagher流动调整器的位置范围。这里不再描述这些位置。

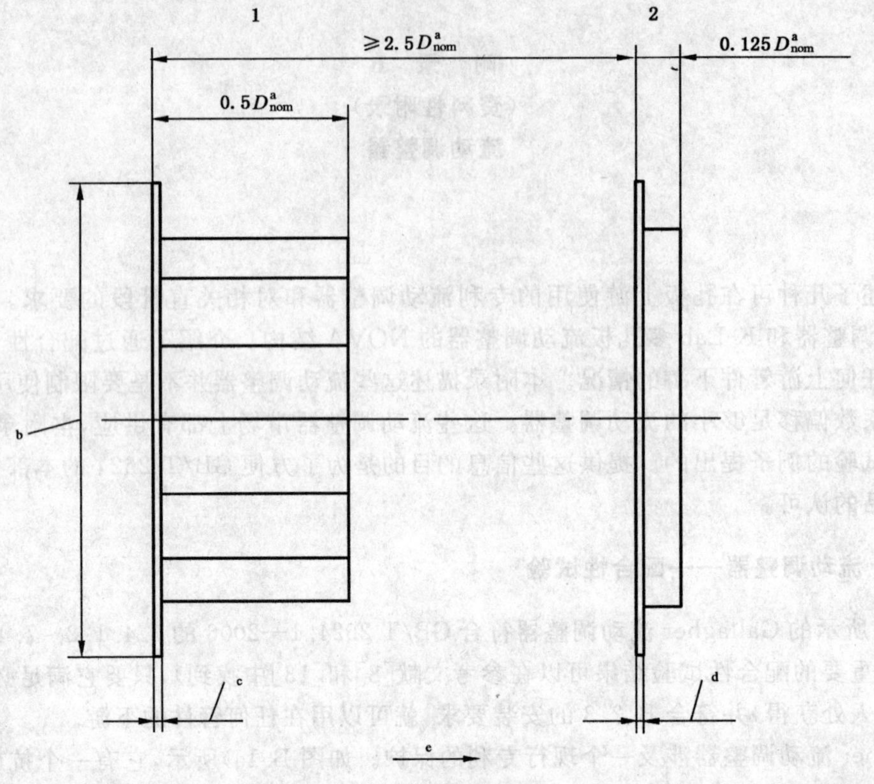

a) 典型配置

图中：

1——抗旋涡装置；

2——成形装置。

a D_{nom} = 公称通径。

b 等于凸面直径的长度。

c 3.2 mm(对于 D_{nom} = 50 mm～75 mm 管子型)；

6.4 mm(对于 D_{nom} = 100 mm～450 mm 管子型)；

12.7 mm(对于 D_{nom} = 500 mm～600 mm 管子型)；

12.7 mm(对于 D_{nom} = 50 mm～300 mm 叶片型)；

17.1 mm(对于 D_{nom} = 350 mm～600 mm 叶片型)。

d 3.2 mm(对于 D_{nom} = 50 mm～75 mm)；

6.4 mm(对于 D_{nom} = 100 mm～450 mm)；

12.7 mm(对于 D_{nom} = 500 mm～600 mm)。

e 流动方向。

图 B.1 Gallagher 流动调整器

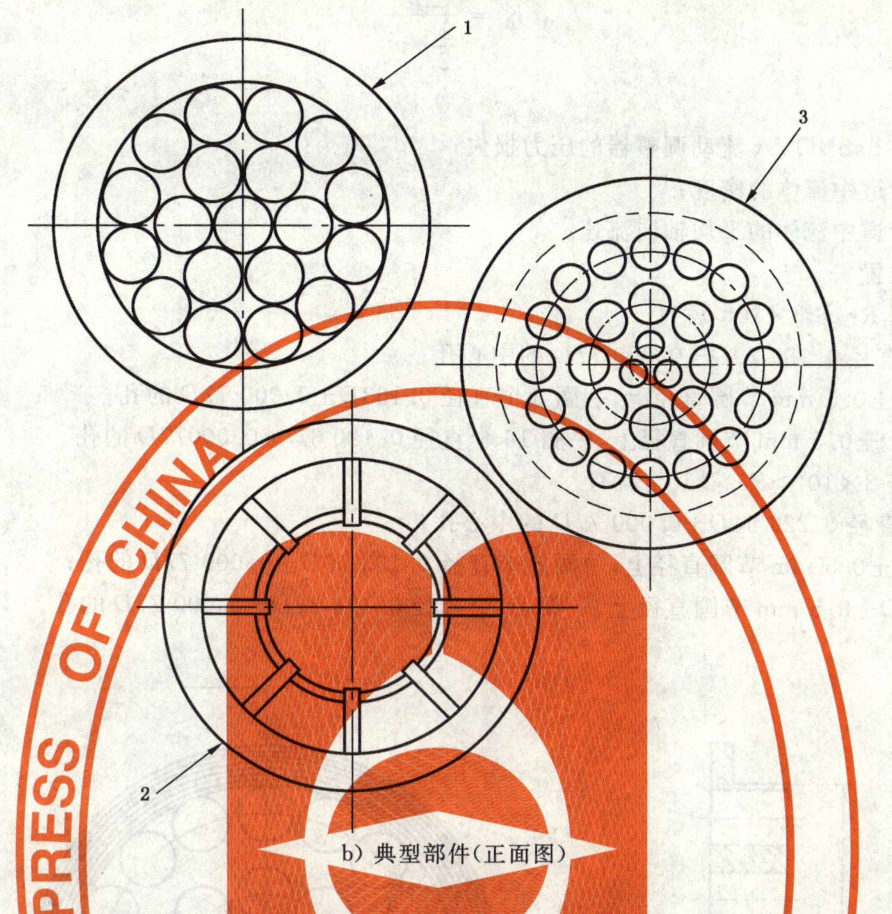

b) 典型部件(正面图)

图中:

1 抗旋涡装置——管子型方案:19 管均匀同心管束(可采用销钉安装);

2 抗旋涡装置——叶片型方案:长度为 $0.125D \sim 0.25D$ 的 8 个叶片,与管道同心(该装置可安置在仪表管道的入口处);

3 成形装置:3-8-16 模式(见注)。

注:成形装置的 3-8-16 模式为:

——3 个孔在 $0.15D \sim 0.155D$ 的节圆直径上;孔的直径为孔的面积之和占管道面积的 3%~5%。

——8 个孔在 $0.44D \sim 0.48D$ 的节圆直径上;孔的直径为孔的面积之和占管道面积的 19%~21%。

——16 个孔在 $0.81D \sim 0.85D$ 的节圆直径上;孔的直径为孔的面积之和占管道面积的 25%~29%。

图 B.1(续)

B.3 K-Lab 多孔板流动调整器的 NOVA 结构——配合性试验

B.3.1 图 B.2 所示的 K-Lab 多孔板流动调整器的 NOVA 结构(通称为 K-Lab NOVA 流动调整器)符合 GB/T 2624.1—2006 的 7.4.1.2~7.4.1.6 所述的配合性试验(配合性试验结果可以在参考文献[8]、[14]和[15]中找到),只要符合 B.3.2 和 B.3.3 中的制造规范要求并按 B.3.4 安装,就可以使用在任何管件的下游。

B.3.2 如图 B.2 所示,K-Lab NOVA 流动调整器由一块 25 个钻孔按对称圆形图案分布的板组成。钻孔的尺寸是管道内径 D 的函数并且取决于管道雷诺数。对于 $Re_D \geqslant 10^5$,孔的位置见 B.3.3。

多孔板的厚度 t_c 为 $0.125D \leqslant t_c \leqslant 0.15D$。法兰的厚度取决于应用场合;外径和法兰端面取决于法兰类型和应用场合。

K-LabNOVA 流动调整器的压力损失系数 K 约等于 2,K 由下式给出:

$$K = \frac{\Delta p_c}{\frac{1}{2}\rho v^2}$$

式中：

Δp_c——K-LabNOVA 流动调整器的压力损失；

ρ——管道中流体的密度；

v——管道中流体的平均轴向流速。

B.3.3 孔的位置

B.3.3.1 假若 $Re_D \geqslant 8\times10^5$，就有

——一个直径 0.186 29$D\pm$0.000 77D 的中心孔；

——0.5$D\pm$0.5 mm 节圆直径上，一圈 8 个直径 0.163$D\pm$0.000 77D 的孔；

——0.85$D\pm$0.5 mm 节圆直径上，一圈 16 个直径 0.120 3$D\pm$0.00077D 的孔。

B.3.3.2 假若 $8\times10^5 > Re_D \geqslant 10^5$，就有

——一个直径 0.226 64$D\pm$0.000 77D 的中心孔；

——0.5$D\pm$0.5 mm 节圆直径上，一圈 8 个直径 0.163 09$D\pm$0.000 77D 的孔；

——0.85$D\pm$0.5 mm 节圆直径上，一圈 16 个直径 0.124 22$D\pm$0.000 77D 的孔。

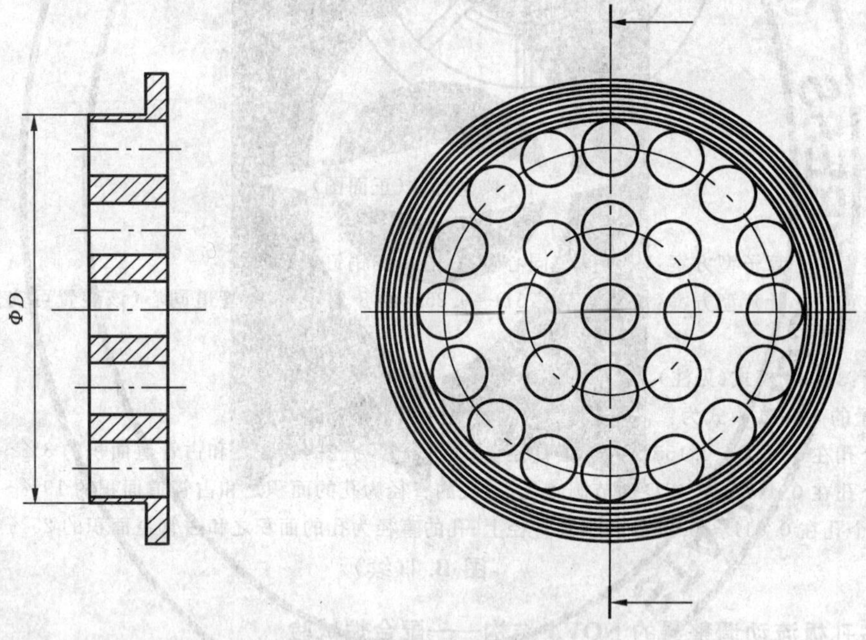

图 B.2 K-Lab NOVA 流动调整器

B.3.4 孔板与最近上游管件之间的距离 L_f 至少等于 17D。安装 K-Lab NOVA 流动调整器时，其与孔板之间的距离 L_s 为：

$$8.5D \leqslant L_s \leqslant L_f - 7.5D$$

K-LabNOVA 流动调整器可用于 $\beta \leqslant 0.67$ 的条件。

至弯头（或弯头组合）或三通的距离测量到最靠近（或唯一）的弯头或三通的弯曲部分的下游端。至渐缩管或渐扩管的距离测量到渐缩管或渐扩管弯曲部分或圆锥部分的下游端。

本条款给出的位置适用于任何管件的下游。如果上游管件的范围受到限制，或上游管件与孔板之间的总长度增大，或孔板的直径比减小，允许放宽 K-LabNOVA 流动调整器位置范围。这里不再描述这些位置。

参 考 文 献

[1] HOBBS, J. M. ,HUMPHREYS, J. S.. 孔板几何形状对流出系数的影响. *Flow Measurement and Instrumentation*, 1, April 1990. pp. 133-140.

[2] READER-HARRIS, M. J.. 孔板流出系数方程式的管道粗糙度和雷诺数限值. In *Proc. of 2nd Int. Symp. on Fluid Flow Measurement*, Calgary, Canada, Arlington, Virginia: American Gas Association, June 1990. pp. 29-43.

[3] READER-HARRIS, M. J. , SATTARY, J. A. ,SPEARMAN, E. P.. 孔板流出系数方程式. Progress Report No. PR14:EUEC/17 (EEC005). East Kilbride, Glasgow: National Engineering Laboratory Executive Agency, May 1992

[4] MORROW, T. B. and MORRISON, G. L.. 测量管粗糙度对节流孔 C_d 的影响. In *Proc. of 4th Int. Symp. on Fluid Flow Measurement*, Denver, Colorado, June 1999.

[5] READER-HARRIS, M. J. and SATTARY, J. A.. 孔板流出系数方程式—ISO 5167-1 的方程式. In *Proc. of 14th North Sea Flow Measurement Workshop*, *Peebles*, *Scotland*, East Kilbride, Glasgow, National Engineering Laboratory, October 1996, p. 24.

[6] READER-HARRIS, M. J.. 孔板膨胀性系数方程式. In *Proc. of FLOMEKO* 98, Lund, Sweden,June 1998, pp. 209-214.

[7] URNER, G.. 符合 ISO 5167 的孔板的压力损失. *Flow Measurement and Instrumentation*, 8,March 1997, pp. 39-41.

[8] STUDZINSKI, W. , KARNIK, U. , LANASA, P. , MORROW, T. , GOODSON, D. , HUSAIN, Z. and GALLAGHER, J.. 带或不带流动调整器的孔板仪表安装配置白皮书. Washington, D. C. , American Petroleum Institute, 1997.

[9] STUDZINSKI, W. , WEISS, M. , ATTIA, J. , GEERLIGS, J.. 渐缩管、渐扩管、一个闸阀和互成垂直平面上的两个弯管对孔板仪表性能的影响. In *Proc. of Flow Measurement 2001 International Conference*, *Peebles*, *Scotland*, *May 2001*, *ppr 3. 1*, East Kilbride, Glasgow, National Engineering Laboratory.

[10] WEISS, M. , STUDZINSKI, W. ,ATTIA, J.. 特定 T 形接头和弯管装置的孔板仪表性能评定标准. Submitted to *5th Int. Symp. on Fluid Flow Measurement*, Washington, D. C. , April 2002.

[11] ZANKER, K. J. ,GOODSON, D.. 按新的 API 14. 3 程序验证流动调整装置. *Flow Measurement and Instrumentation*, 11, June 2000. pp. 79-87.

[12] READER-HARRIS, M. J. ,BRUNTON, W. C.. 上游管道中的直径台阶对孔板流出系数的影响. Submitted to *5th Int. Symp. on Fluid Flow Measurement*, Washington, D. C. , April 2002.

[13] MORROW, T. B.. 计量研究设施计划孔板安装影响:10 英寸可调流动调整器试验. *Technical Memorandum GRI Report No. GRI-96/0391*. San Antonio, Texas: Southwest Research Institute, November 1996.

[14] KARNIK, U.. 小型孔板仪表/流动调整器组合. In *Proc. of 3rd Int. Symp. on Fluid Flow Measurement*, San Antonio, Texas, March 1995.

[15] KARNIK, U. , STUDZINSKI, W. , GEERLIGS, J. and KOWCH, R.. 孔板仪表应用的 Nova 流动调整器递增试验. In *Proc. of 4th Int. Symp. on Fluid Flow Measurement*, Denver, Colorado, June 1999.

[16] ISO/TR 3313:1998 封闭管道中流体流量的测量 脉动流对流量测量仪表的影响.

[17] ISO 4288:1996 几何产品范围(GPS) 表面结构 剖面法 表面结构的评定规则和程序.

[18] ISO/TR 5168:1998 流体流量的测量 不确定度的评估.

[19] ISO/TR 9464:1998 ISO 5167-1:1991 使用指南.